Die industrielle Keramik.

Ein chemisch-technologisches Handbuch

von

Dr. Albert Granger,
Professor der Chemie und keramischen Technologie an der Fachschule der Staatsmanufaktur zu Sèvres.

Deutsche Übersetzung

von

Raymond Keller,
Chemiker an der Kgl. Porzellanmanufaktur Nymphenburg.

Berlin.
Verlag von Julius Springer.
1908.

ISBN-13: 978-3-642-89342-1 e-ISBN-13: 978-3-642-91198-9
DOI: 10.1007/978-3-642-91198-9

Softcover reprint of the hardcover 1st edition 1908

Vorwort.

Die sehr günstige Aufnahme, welche Grangers Buch „La Céramique industrielle" bei der deutschen Fachpresse gefunden hat, veranlaßte mich, das Werk meines geehrten ehemaligen Lehrers ins Deutsche zu übersetzen. Wo es nur anging, war ich bestrebt, den französischen Text den deutschen Verhältnissen anzupassen, ohne jedoch den wertvollen Überblick über die französische Keramindustrie, welchen Grangers Buch gestattet, zu beeinträchtigen. Selbstverständlich wurden die anläßlich der Besprechung des französischen Werkes gemachten Anregungen sowie das inzwischen Veröffentlichte berücksichtigt. Einen vielseitigen Wunsch hoffe ich erfüllt zu haben, indem ich das vom Verfasser angelegte dreisprachige technologische Wörterbuch mit aufnahm und bedeutend erweiterte. Es enthält ungefähr 600 der gebräuchlichsten keramischen Fachausdrücke; den englischen Teil erledigte Dr. A. Searl (Sheffield).

Trotz aller Sorgfalt waren Sprachunebenheiten, deren Beseitigung den Charakter des Originals zu sehr verwischt hätten, nicht ganz zu vermeiden. Der Leser wird für diese um Nachsicht gebeten.

Zum Schlusse will ich nicht verfehlen, Herrn L. C. Frenzel (München) für seine sachdienliche Mitarbeit meinen besten Dank auszusprechen.

München-Nymphenburg, November 1907.

Der Übersetzer.

Inhalt.

6. Abschnitt. Formen der Töpferwaren.

7. Abschnitt. Trocknen und Einsetzen der Töpferwaren.

8. Abschnitt. Brennen der Töpferwaren.

9. Abschnitt. Glasuren und Emails.

10. Abschnitt. Irdenwaren.

11. Abschnitt. Feuerfeste Produkte.

12. Abschnitt. Steingut.

13. Abschnitt. Steinzeug.

14. Abschnitt. Porzellan.

15. Abschnitt. Dekoration.

17. Abschnitt. Technologisches Wörterbuch.

Einleitung.

Die Bezeichnung „Keramische Industrie“ umfaßt eine gewisse Anzahl von Fabrikationen, welche zwar verschiedenartige Waren erzeugen, aber genügend gemeinsame Punkte besitzen, um unter eine einzige Benennung vereinigt werden zu können. Man findet eben in der Herstellung sämtlicher Tonwaren die gleichen Hauptverfahren wieder: Bereitung einer mehr oder weniger plastischen Masse, Gestaltung der Masse und Brennen der gestalteten Gegenstände bei hoher Temperatur. Die ganze Keramik ist in diesem Operationskreise eingeschlossen.

Die verwendeten Rohmaterialien sind von zweierlei Art: Die einen, mit Wasser vermischt, bilden einen Teig und sind dann gestaltungsfähig; die andern werden nur deswegen der Masse beigefügt, um ihr gewisse Eigenschaften zu verleihen; erstere nennt man „plastisch“, letztere „unplastisch oder magernd“.

Bei diesen letzteren Substanzen ist noch eine Unterscheidung zu machen: Die unplastischen Materialien können chemisch träge in der Masse sein oder als Flußmittel auftreten.

Nehmen wir eines dieser Materialien, welche als plastisch bezeichnet sind (dies sind fast immer Tone), vermischen es mit Wasser und geben ihm eine Form. Öfters läßt sich das Erzeugnis schwer gestalten und verhält sich schlecht beim Austrocknen; es reißt und bricht, wenn es das Wasser verliert, von dem es durchdrungen war. Setzt man aber der plastischen Erde ein unschmelzbares Magerungsmittel zu, so vermag man ein gutes Gestalten und ein normales Austrocknen zu erreichen. Wird nun der getrocknete Gegenstand so stark erhitzt, daß das gebundene Wasser der plastischen Erde entweicht, so bleibt als Ergebnis dieses Vorgehens ein Produkt zurück, dessen Gefüge porös ist: das ist eine **„Irdenware“**; typisch dafür ist der **„Ziegelstein“**.

Will man diese Irdenware zu Gefäßen verwenden, welche mit andern als mit festen Stoffen in Berührung kommen sollen, so ist das poröse Gefüge des Scherbens nachteilig. Dieser Mangel läßt sich beseitigen, indem man auf die Irdenware die Bestandteile eines schmelzbaren Glases aufträgt. Dem Feuer ausgesetzt, verliert die mit der Glasur überzogene Irdenware ihre Porosität infolge der Bildung einer undurchdringlichen Schicht auf der Oberfläche. In diesem Falle stehen wir **„Steingut“** gegenüber.

Gewisse plastische Materialien erhalten im Feuer ein dichtes Gefüge; sie enthalten in geringer Menge schmelzbare Stoffe, welche unter Einwirkung einer hohen Temperatur die Bildung eines verglasten Körpers ermöglichen. Diese Art Töpferware nennt man **„Steinzeug“**.

Suchen wir nun unter den plastischen Materialien einen sich weiß brennenden Ton (Kaolin) aus, den wir nicht nur mit einem Magerungsmittel, wie Quarz, sondern auch mit einer unplastischen aber schmelzbaren Substanz, wie Feldspat, versetzen, so bilden wir eine Masse, welche bei hoher Temperatur sintert und durchscheinend wird, vorausgesetzt, daß sich die Bestandteile in geeigneten Verhältnissen gegenüberstehen. Mit einer Feldspatschicht überzogen weist sie nach dem Brande eine glänzende Oberfläche auf; wir haben **„Porzellan“** vor uns.

Wie diese Beispiele zeigen, vermag man mittels der soeben erwähnten Materialien verschiedenartige Töpferwaren zu erzeugen, deren Fabrikationen ebensoviele getrennte Industriezweige bilden.

Bevor wir weiter gehen, wollen wir die verschiedenen keramischen Erzeugnisse und die Unterschiede derselben angeben.

Nachstehende, fast allgemein angenommene Einteilung scheint mir die klarste und einfachste zu sein.

Die keramischen Erzeugnisse bilden zwei Hauptklassen:

Töpferwaren mit porösem Scherben und
Töpferwaren mit dichtem Scherben.

Diese zwei Klassen teilt man jede in eine gewisse Anzahl von Familien und Gruppen.

I. Klasse. Töpferwaren mit porösem Scherben.

Der Scherben ist nicht sehr dicht und läßt das Wasser durch; der Bruch ist erdig.

Erste Familie: Irdenwaren.

1. Gewöhnliche, nicht feuerfeste Irdenwaren. Der Scherben ist rot oder gelb gefärbt und läßt sich vom Stahl ritzen; bei sehr hoher Temperatur erhitzt, erweichen die gewöhnlichen Irdenwaren und verziehen sich, sie beginnen zu schmelzen. Die zu dieser Fabrikation verwendeten Tone enthalten immer Eisen- und Kalkverbindungen, meistens auch Quarzsand. Das Eisen bringt die Färbung hervor, das Eisen und der Kalk setzen den Feuerfestigkeitsgrad herab und verursachen die Schmelzbarkeit.

In diese Familie gehören die Mauer- und Dachziegel, die roten Fußbodenplatten usw.

2. Feuerfeste Irdenwaren. Der Scherben ist gefärbt, jedoch nicht so stark wie bei den Vorherigen. Die Rohstoffe sind kalk- und alkaliarme Tone und enthalten nur wenig Eisen. Diese feuerfesten Irdenwaren widerstehen den höchsten in der Industrie erzeugten Temperaturen.

Zweite Familie: Steingut.

Es sind Irdenwaren, welche mit einem geschmolzenen Glas überzogen sind, um der Porosität entgegen zu wirken.

1. Glasiertes Töpfergeschirr. Diese Töpferwaren haben einen groben, eisen- und kalkhaltigen, meistens gelb oder rot gefärbten Scherben. Die Glasur ist weich, fast immer bleihaltig, durchsichtig, sowohl farblos als auch gefärbt.

2. Gewöhnliches Steingut mit Zinnglasur. Der Scherben weist die gleichen Eigenschaften auf wie derjenige des Töpfergeschirres. Um die Farbe des Scherbens zu verdecken, überzieht man dieses Steingut mit einer Bleiglasur, welche durch Zusatz von Zinnoxyd undurchsichtig wird und eine gleichmäßige weiße Färbung aufweist.

3. Feines Steingut (Ton-, Kalk- oder Feldspatsteingut). Der Scherben ist hart und enthält sehr viel Kieselsäure. Man verwendet dazu weißbrennende Tone und versetzt sie mit Quarz und einem feldspatartigen Mineral, dessen Rolle darin besteht, das Ganze zu binden. Das feine Steingut hat weißen Scherben und erhält eine durchsichtige, gewöhnlich borsäure-, kieselsäure- und bleihaltige Glasur.

II. Klasse. Töpferwaren mit dichtem Scherben.

Diese umschließen Steinzeug und Porzellan.

Erste Familie: Steinzeug.

Der Scherben hat einen verglasten Bruch und ist immer gefärbt; Steinzeug erhält eine alkalische oder bleihaltige Glasur.

1. Gewöhnliches oder natürliches Steinzeug wird mit verglasbarem Tone hergestellt; die Glasur ist meistens eine alkalische.

2. Feines oder zusammengesetztes Steinzeug verdankt der Einführung schmelzbarer Materialien in die Masse die Verglasung des Scherbens und erhält meistens eine Bleiglasur.

Zweite Familie: Porzellan.

Töpferwaren mit durchscheinendem Scherben und verglastem Bruch.

1. Hartporzellan. Das plastische Material ist ein weißbrennender Ton (Kaolin); die Schmelzbarkeit rührt vom Feldspat, manchmal auch von Kalk her. Die Glasur ist eine Feldspat- oder Feldspatkalkglasur.

2. Weichporzellan. Das französische oder künstliche Weichporzellan enthält einen Ton als plastischen Bestandteil und eine alkalische Fritte als schmelzbaren Zusatz. Die Glasur ist ein Kristallglas.

Das englische oder natürliche Weichporzellan verdankt das Verglasen der Einführung von Kalkphosphat in die Masse und unterscheidet sich nur dadurch vom Hartporzellan. Die Glasur ist derjenigen des feinen Steingutes ähnlich.

Diese kurze Darlegung hat uns eine allgemeine Übersicht der verschiedenen Industriezweige ermöglicht. Zunächst werden wir die Rohmaterialien behandeln, dann die in sämtlichen Fabrikationen vorkommenden Allgemeinheiten, um schließlich zu der genauen Beschreibung der verschiedenen keramischen Industrien überzugehen.

1. Abschnitt.

Plastische Materialien.

Mit diesem Namen bezeichnet man Körper, welche, wenn sie mit Wasser vermischt sind, einen Teig bilden, den man mit der Hand gestalten kann.

Das eigentlich plastische Material ist der Ton; andere Körper in sehr beschränkter Anzahl können daneben gereicht werden, wie wir weiter ersehen werden.

I. Tone.

1. Allgemeines.

Die Tone sind erdige Gesteine, wesentlich Kieselsäure, Tonerde und Wasser enthaltend; ihre wichtigste Eigenschaft besteht darin, mit Wasser vermischt einen Teig zu bilden; beim Austrocknen erleiden sie eine Schwindung. Unter der Einwirkung einer hohen Temperatur verlieren sie das Wasser, werden hart und ziehen sich zusammen.

Der Ton ist kein Urgestein, sondern ein sekundäres Zersetzungsprodukt älterer, kieselsäure- oder tonerdehaltiger Mineralien. Bisweilen kommt er auf primärer Lagerstätte vor, in der Nähe feldspathaltiger Gesteine; er findet sich auch auf sekundärer Lagerstätte, durch Wasser massenhaft angeschwemmt, bis zu den neuesten Ablagerungen. Ersteres Vorkommen ist seltener, liefert aber die reineren Materialien; letzteres ist häufiger und bildet meistens mächtige Lager. Die Tone können mit Resten von Muttergesteinen mehr oder weniger vermengt sein, außerdem können sie bei der Wegschwemmung andere Mineralien in sich aufgenommen haben; daher ist es wohl begreiflich, daß je nach Umständen und Natur der mechanischen und chemischen Einwirkungen, mit andern Worten: je nach den geologischen Erscheinungen, welche die Entstehung begleiteten, die in der Natur vorkommenden Tone, wenn sie auch einem einzigen allgemeinen Typus entstammen, zahlreiche Unterschiede aufweisen, welche durch nebensächliche Umstände herbeigeführt sind, so z. B. in der Färbung. Die reinsten Tone sind weiß, meistens aber sind sie mehr oder weniger grau, manchmal auch blau oder schwarz, häufig gelb, rot oder braun.

Diese mannigfaltigen Färbungen rühren von den in der Masse eingeschlossenen Beimengungen her und wechseln selbstverständlich mit der Menge und Beschaffenheit derselben.

Die Plastizität ist ebenfalls sehr verschieden, denn nicht alle Tone haben die gleiche Innenstruktur, abgesehen davon, daß die Fremdkörper, welche dem Tone beigemengt sind, je nach deren physikalischer Beschaffenheit und chemischer Zusammensetzung die Bindekraft stark beeinflussen.

Jene Abweichungen in der Färbung, Plastizität und chemischen Zusammensetzung verhindern aber nicht, daß die Tone an einen gemeinsamen Typus geknüpft werden können. Wie wir weiter ersehen werden, stammen tatsächlich diese Gesteine von einem Tonerde-Hydratsilikat ab. Die Fremdkörper bestimmen nur die Anwendung der Tone, indem sie durch ihr Vorhandensein die Verwendbarkeit in gewissen keramischen Industriezweigen verhindern.

Physikalische Eigenschaften. Plastischer Ton fühlt sich fettig an, hat einen glänzenden Bruch und ist von sehr geringer Härte. In Berührung mit Wasser gebracht, erweicht er, saugt diese Flüssigkeit in sich auf (Ton kann bis zu 70 % Wasser enthalten, ohne zu tropfen) und wird plastisch.

Ton nimmt gleichfalls andere Substanzen, wie Öl, Farbstoffe und Gase, auf. Ein Stück Ton in eine Farbstofflösung getaucht, imprägniert sich mit dieser, und verbleibt in dem Tone, auch wenn man die Lösung verdünnt.

Gewisse Tone zeigen eine sehr große Durchdringlichkeit für Wasser und haben in feuchtem Zustande einen besonderen Geruch. Feuchter Ton wird hart und erleidet eine Volumenverminderung beim Austrocknen; man nennt diese Zusammenziehung, welche infolge Ausscheidung des Wassers entsteht, „Schwindung“. Diese Zusammenziehung kann das Zerfallen des Gegenstandes herbeiführen, wenn sie sich sehr schnell vollzieht; denn während die äußeren Teile austrocknen und schwinden, bleiben die inneren Teile noch feucht und folgen der Schwindung nicht. Daraus entstehen Spannungen, welche mehr oder weniger zahlreiche Risse herbeiführen und die fortschreitende Zerstörung des Ganzen verursachen. — Frost- und Tauwetter haben die gleiche Wirkung, denn das wiederholte Ausdehnen und Zusammenziehen hat ein Zerbröckeln der Stücke zur Folge. — Die Trockenschwindung wechselt nach Art der Behandlung des Tones, eine für die Gestaltung wichtige Tatsache; die ausgewalzten Gegenstände schwinden mehr als die zusammengedrückten; dies ist leicht begreiflich und bedarf keiner weiteren Erklärung. Als Folgerung dieser Beobachtung bemerken wir, daß jede Ungleichmäßigkeit des Druckes bei der Bearbeitung der plastischen Masse eine unheilvolle Mißgestaltung herbeiführt, da die dichteren Stellen weniger schwinden als die lockeren.

Durch Zugabe von Wasser wird der getrocknete Ton wieder plastisch.

Wirkung der Reagenzien. Flußsäure verwandelt die Tone in Fluoride, indem die Kieselsäure als Fluorsilizium entweicht. Reiner Ton wird durch heiße Schwefelsäure vollständig zersetzt, Salz- und Salpetersäure greifen ihn mehr oder weniger an; letzteres Reagens von $D = 1{,}10$ in einer geschlossenen Röhre zusammen mit reinem Kaolin bis 210° erhitzt, zerstört denselben gänzlich in 2 Stunden. Die Einwirkung der Salzsäure ist langsamer; nachdem man Limousiner Kaolin mit Salzsäure von $D = 1{,}10$ 6 Tage lang zwischen 70—90° erhitzt hatte, fand man 93,4 % lösliche Substanz, während eine vorhergehende Behandlung mit Schwefelsäure 94 % ergeben hatte.

In derselben Weise verhalten sich die verschiedenen Tone der Einwirkung der Säuren gegenüber; die reine Tonsubstanz wird durch bis zum Abrauchen erhitzte Schwefelsäure aufgelöst. Salpetersäure unter Druck, sowie Salzsäure unter atmosphärischem Druck haben gleiche Wirkung; die Salzsäure erfordert nur eine längere Beimischung, um eine vollständige Zersetzung der lösbaren Substanz zu bewirken.

Gewisse Anhydride greifen Ton an; durch Einwirkung des Silikates auf Borsäureanhydrid bildet sich z. B. eine glasartige Masse, welche durch die Reagenzien leichter angegriffen wird als das ursprüngliche Silikat.

Die schmelzenden Alkalien, die alkalischen Erden und die entsprechenden Karbonate verwandeln die Tone in alkalische oder alkalischerdige Siliko-Aluminate, welche in den Säuren löslich sind.

Setzt man Ton der Einwirkung einer kochenden, kaustischen Kalilauge von $D = 1{,}08$ aus, so kann man eine Zersetzung feststellen und nach wiederholtem Behandeln vermag man einen großen Teil der Tonsubstanz aufzulösen.

Die sauren Fluoride verhalten sich wie Flußsäure.

Die geschmolzenen Bisulfate haben eine ähnliche Wirkung wie die Schwefelsäure. Gewisse Metalloxyde wirken bei hoher Temperatur ebenfalls auf den Ton ein, so z. B. Bleioxyd und Wismutoxyd.

Im allgemeinen: Alle Körper, welche imstande sind, Bestandteile eines basischen Silikates mitzubringen, greifen den Ton unter dem Einfluß der Hitze an und ergeben vielfache, verhältnismäßig leicht schmelzbare Silikate. Dies trifft bei den meisten Beimengungen der Tone zu (bei alkalischen Gesteinen, eisen-, kalk- oder magnesiahaltigen Verbindungen) und das Vorhandensein derselben setzt den Feuerfestigkeitsgrad herab.

Im Lötrohr der Flamme ausgesetzt, zerspringt der Ton, mit Kobalt-Sulfat färbt er sich blau.

Wirkung der Hitze. Einer genügend hohen Temperatur ausgesetzt, um vom Hydratwasser gänzlich befreit zu werden, wird der Ton hart und klingend. Diese Temperatur schwankt für Kaolintone zwischen 700° und 800°.[1]) Enthydratisierter Ton hat die Plastizität verloren und ihm gegen-

[1]) Le Chatelier, Comptes rendus Bd. CIV, S. 1443 und 1517. — Bull. Soc. chim. 1887, Bd. I, S. 913; Bd. II, S. 116.

über bleibt Wasser ohne Wirkung; es ist unmöglich, dieses so entstandene Silikat wieder zu hydratisieren.

Gleichzeitig vermindert sich die Löslichkeit in den Reagenzien; geglühter Ton wird durch Säuren nur unvollständig angegriffen. Ein Kaolin, welcher 97,4 % lösliche Substanz enthielt, gab der Salzsäure, nachdem er bei 1000° geglüht worden war, nur mehr 33,5 % ab.

Eine zweite Schwindung begleitet das Entweichen des gebundenen Wassers; nach dem Brennen hat sich der Ton in ein anderes Silikat umgewandelt und neue Eigenschaften angenommen. Dieses wasserfreie Silikat erleidet im Feuer eine weitere Schwindung, welche je nach der Höhe der Temperatur wechselt.

Die reinen Tone sind feuerfest, nicht aber die unreinen. Meistens bringen die Verunreinigungen Schmelzbarkeit mit sich, infolge der Bildung von Siliko-Aluminaten mit den in den Beimengungen vorhandenen Basen. Die vom Schwefelkies herrührenden Eisenoxyde und der Kalk, den man in vielen Tonen antrifft, verringern die Feuerfestigkeit beträchtlich und machen die Materialien gänzlich unfähig, eine verhältnismäßig hohe Temperatur zu vertragen.

Die nicht feuerfesten Tone erleiden im Feuer eine große Schwindung, denn nachdem sie enthydratisiert sind, fahren sie fort, sich zusammenzuziehen, wenn sie einer Temperatur ausgesetzt werden, die vom Schmelzpunkte nicht zu sehr entfernt ist. Die Moleküle nähern sich einander und bilden eine dichte Masse.

Indem der Ton im Feuer seine chemische Beschaffenheit ändert, färbt er sich mehr oder weniger. Eisen ist die hauptsächlichste Ursache dieser Färbung, und je nachdem während des Brandes die Atmosphäre reduzierend oder oxydierend war, wird die Masse grau, grün, gelb oder rot. Der Grad der Färbung wechselt mit der Menge der vorhandenen Eisenverbindungen.

Eisen ist nicht der einzige färbende Körper, Titan und Vanadium finden sich ebenfalls oft in den Tonlagern, jedoch stets in sehr kleinen Mengen. Reine Titansäure färbt nicht aus sich selbst, wohl aber bei Vorhandensein von Eisen, und gibt dann ein rötliches Gelb. Vanadinsäure macht sich nicht gleich bemerkbar, sondern bildet an der Oberfläche des Gegenstandes grünlich-gelbliche Ausschläge. Zusammengefaßt: alle färbenden Oxyde oder diejenigen, die imstande sind, mit den im Tone enthaltenen Körpern farbige Verbindungen einzugehen, werden sich nach dem Brande bemerkbar machen, wenn sie in genügender Menge vorhanden sind. Im allgemeinen herrschen die Eisenverbindungen vor, und die durch letztere erhaltenen Färbungen sind diejenigen, welche meistens auftreten.

Die organischen Stoffe haben keine Wirkung, denn sie werden auf natürliche Weise durch die Hitze vernichtet. Ton, besonders roter Ton nimmt jedoch leicht Kohlenstoff auf; durch Verrauchen erhält man schwarze Irdenware, welche ihre Färbung dem aufgenommenen Kohlenstoff verdankt.

Physikalische Beschaffenheit. Einige Tone, mit dem Mikroskop untersucht, zeigen eine kristallinische Gestalt, andere dagegen nur formlose oder äußerst feine Teilchen. Die stark zerkleinerten Tone, deren Kristallgebilde zum größten Teil zerstört sind, sind diejenigen, die den weitesten Weg vom Orte ihrer Entstehung bis zu der gegenwärtigen Lagerstätte zurückgelegt haben, und sind plastischer als die reinen Kaoline, welche am Ursprungsort verblieben sind und deren kristallinische Struktur noch deutlich erkennbar ist. In sämtlichen Tonen, in denen man Kristalle vorfand, hat man hexagonale Platten erkannt, die oft zu prismatischen Bündeln angeordnet sind.

Nach Schumacher[1]) soll der Ton aus unregelmäßigen Teilchen gebildet sein und die Plastizität im Zusammenhang mit der Größe derselben stehen. Bei sehr fetten Tonen sind diese Teilchen am kleinsten, am größten bei den wenig plastischen Tonen, z. B. den englischen Kaolinen (China-Clay) und namentlich dem Peperclay.

Wir wollen dieses Thema nicht länger behandeln, weil es mehr in das Fach der Mineralogie oder Geologie einschlägt, als in das keramische. Zum Schlusse geben wir hier die Ergebnisse einer Arbeit von Hussak wieder. Derselbe untersuchte mit dem Mikroskop außer dem in Denver (Colorado), auf der National Belle Mine, auf Klüften in Höhlungen eines Trachytes aufgefundenen Kaolinit mehrere bekannte Kaoline aus England, Frankreich und Böhmen und kam zu dem Schlusse: Der Kaolinit ist monoklinisch, die Kristalle nähern sich in den Winkeln sehr dem hexagonalen System und zeigen Tafelform, öfters mit Pyramiden und Domflächen. Die mäßig dicken Täfelchen weisen parallele Risse auf, die keine Spaltrisse sind, sondern den Gleitflächen entsprechen. Bei den Kaolinen, welche, wie bereits bemerkt, ihre Lage nicht veränderten, findet man die Tafelform leicht wieder; wird aber der Kaolin geschlämmt, so ist es unmöglich, dieses regelmäßige Gefüge wiederzufinden, da die Täfelchen verschoben, zerrüttelt und zerbrochen wurden.

Die sedimentären Tone zeigen kurze unterbrochene Gesteinstrümmer, zu parallelen Ebenen angeordnet, deren Richtung die der Schichtenbildung ist. Öfters sind die oberen Schichten sehr dick und laufen in dünnen Blättern aus, welche kaum vom Tonschiefer zu unterscheiden sind.

Letztere Sorte, die Tonschiefer, sind trocken, hart und dicht, ohne jegliche Plastizität.

Entstehung der Tone. Die Tone sind entstanden durch die Zersetzung kieselsäure- und tonerdehaltiger Mineralien unter chemischen und mechanischen Einflüssen. Die vereinigte Einwirkung des Wassers und der Kohlensäure ist eine mächtige Zerstörungskraft; kohlensäurehaltiges Wasser besitzt andere Eigenschaften als reines Wasser und kann zur Ausscheidung gewisser Stoffe als Beförderungsmittel dienen. Unter-

[1]) Sprechsaal 1885, 24, S. 183.

geordnete, durch Hinzukommen von Alkalien, Kalk, Magnesia, Eisen- und Manganoxyd in gelöstem Zustande herbeigeführte Reaktionen begleiten die Zerstörung des Gesteins; daraus entstehen schließlich hydratisierte und silikatisierte Tonerdeverbindungen. Die so entstandenen Körper sind fast niemals rein, sondern enthalten nebensächliche Mineralien und Trümmer der Muttergesteine. Man begreift daher leicht, wie verschiedenartig diese so entstandenen Stoffe sind, wenn man die ursprünglich verschiedenen Gesteine, welche hier im Spiele sind, und ihren Zersetzungszustand mit den mechanischen Einflüssen, denen sie ausgesetzt waren, betrachtet; ebenso sind Temperaturwechsel, Reibung, Abnutzung, Frost und Auftauen einflußreichere Ursachen zum Endresultat.

Trotz des jetzigen Standes der Wissenschaft ist es schwer, mit Sicherheit alle Verwandlungserscheinungen der Gesteine in Tone oder die Kaolinisierung zu beschreiben. Wir wissen, daß Gesteine, welche entweder Feldspat oder basische Silikate, wie Pyroxen oder Amphibol, enthalten, vom kohlensäurehaltigen Wasser angegriffen werden. Es bilden sich alkalische oder alkalisch-erdige Karbonate, welche am Aufbrausen beim Behandeln mit Säure erkennbar sind; aus Tonerdesilikaten entsteht ein dem Kaolin ähnliches Produkt, daher der Name Kaolinisierung für diesen Verwitterungsvorgang.

Die alkalischen Silikate geben, indem sie sich in Karbonate verwandeln, Kieselsäure ab, und vollzieht sich die Wassersickerung zu schnell, um diese Kieselsäure gleichzeitig auflösen zu können, so bleibt letztere in dem verwitterten Gesteine zurück.

Enthält das Gestein Quarzkörner, so bleiben diese unangegriffen; die Kaolinisierung des umgebenden Feldspates und der durch Wasser gelockerten Tonsubstanz lassen den Quarz in einzelnen Körnern zurück, und so wandeln sich unter Einwirkung von Sickerwasser die meisten Granitgesteine in Sandlager um. Ein Beweis, daß die Kaolinisierung des Granitgesteines durch Luftfeuchtigkeit und Temperaturwechsel hervorgerufen wird, ist, daß in Ägypten eine solche nicht vorkommt. In diesem, durch ein gleichmäßig und durchaus trockenes Klima begünstigten Lande erhält sich der Granit jahrhundertelang ohne wesentliche Veränderung, dagegen verwittert dieser Stein in Petersburg sehr schnell, selbst wenn er poliert ist. Wenn wir von der Kaolinisierung des Feldspatgesteines sprechen, so wollen wir nicht die Bildung größerer Kaolinlager, der Limousiner z. B., dem Sickerwasser allein zuschreiben. Diese Lager stehen in inniger Verbindung mit kristallinischen Gesteinen und sind als zur Zeit der Ausbrüche dieser letzteren entstanden zu betrachten.

Die Kaolinisierung durch Regenwasser ist meistens nur eine oberflächliche, und wenn sie auch hie und da eine reine Tonader gebildet hat, welche den Namen Kaolin verdienen kann, so sind diese neueren Bildungen weit entfernt, mit den großen Lagern, welche zur Porzellanherstellung ausgebeutet werden, verglichen werden zu können.

In verschiedenen Werken findet man Formeln, welche die Umwandlung des Gesteins erläutern wollen, wie z. B. des Feldspates in Kaolin; da bis jetzt keine Beweise dafür zu verzeichnen sind, wollen wir lieber diese Formeln nicht wiedergeben.

Die Geologen haben des öfteren das Vorkommen von Kaolin in der Nähe von Zinnerzlagern erkannt und angenommen, daß die Zerstörung des Urgesteins durch Flußsäure hervorgerufen worden wäre. Daubrée ist auch dieser Ansicht, welche heute maßgebend ist und in den geologischen Lehrbüchern[1]) angeführt wird.

Es ist schwer, die Bildung des Tones in einen engeren Kreis zusammenzufassen. Wir besitzen keine Einzelheiten über die Vorgänge, welche die Zerstörung des Gesteins verursachen, wir wissen nichts mehr über das Gestein, welches den Kaolinit erzeugt. Brongniart behauptet, Feldspatkristalle beobachtet zu haben, welche vollständig in Kaolinsubstanz verwandelt waren, ohne jedoch ihre ursprüngliche Form verloren zu haben.

Man weiß jedoch, daß die Kaolintone, welche sich an ihrem Entstehungsort vorfinden, nur im Urgebirge anzutreffen sind.

Hauptsächlich sind es die Granitsteine, aus welchen sich die eigentlichen Kaolinlager gebildet haben (Saint-Yrieix, Louhossoa, Les Pieux, Aue, Zettlitz); aber auch in Porphyr- (Morl, Seilitz) sowie in Gneisgebirgen findet man Kaoline; ebenso können dioritische Schichten Kaolin bergen, wie z. B. in der Nähe von Passau (Bayern).

Die sedimentären Tone unterscheiden sich von den primären durch ihre Entfernung vom Entstehungsorte. Sie wurden durch Wasser fortgeschwemmt und in entfernteren Gegenden abgelagert, wie dies bei den plastischen Tonen der Fall ist.

Wir werden später sehen, daß wir über die Natur der Mergel sowohl wie auch über deren Ursprung wenig wissen.

Die genaue Besprechung der Bildungsweise der Tone gehört nicht in ein industrielles Werk; wir wollen uns daher mit diesen wenigen Auslegungen begnügen.[2])

2. Die verschiedenen Tonarten.

Die Tone kommen mit verschiedenartigen physikalischen und chemischen Eigenschaften vor; bei den einen ist die Plastizität sehr entwickelt, die getrocknete Substanz gibt eine weiche Masse, fühlt sich fettig an, glättet sich beim Reiben mit dem Fingernagel und klebt an der Zunge. Genügend angefeuchtet, bildet sie einen dicken Teig, der unter dem Fingerdruck nachgibt und sich leicht dehnen und auswalzen läßt; ein solcher Ton ist gestaltungsfähig, er haftet aber an den Körpern, mit denen er in

---

[1]) De Lapparent, Traité de Géologie.

[2]) Vergl.: Ebelmen, Ann. des Mines 1845 u. 1847. — De Lapparent, Géologie, 1885, S. 328 u. ff.

Berührung kommt, klebt an den Fingern und löst sich schwer davon ab. Solche Tone nennt man „fett“.

Die magern Tone sind auch noch plastisch, aber ihre plastischen Eigenschaften sind weniger ausgeprägt; mit Wasser bilden sie einen Teig und lassen sich formen, aber der Teig ist kurz und wenig bindend. Fette Tone können mit unplastischen Substanzen vermischt werden und behalten trotzdem die Gestaltungsfähigkeit; magere Tone dagegen verlieren ihre plastische Eigenschaft, wenn sie mit einem trägen Material in größerer Menge vermischt werden, und lassen sich dann nicht mehr formen.

Man findet bei den Tonen verschiedene Typen. Die physikalische Beschaffenheit hat auf die Verarbeitung der Masse großen Einfluß, aber die Zusammensetzung spielt eine bedeutendere Rolle und bestimmt die Fähigkeit des Materials, dieser oder jener Fabrikation zu dienen. Diese Verschiedenheiten führen zur Trennung der verschiedenen Tongesteine, die wir in keramischer Hinsicht näher betrachten wollen.

Die Tone können in zwei Gruppen geteilt werden: Tone, welche man an ihrem Entstehungsorte findet, oder Kaoline, und Tone, welche in Gegenden vorkommen, wo sie nicht entstanden sind; diese letzteren sind sedimentäre Tone.

Diese Tone kommen in der Natur mit sehr verschiedenen Eigenschaften vor, und ohne die chemische Zusammensetzung derselben besprochen zu haben, nur mit der Kenntnis der Einwirkung der Reagenzien, vermögen wir doch die Verwendbarkeit der einzelnen Tone vorauszusehen.

Kaoline. Die Kaoline sind erdige, lockere Materialien; die Farbe ist oft sehr weiß. In keramischen Öfen schmelzen sie selbst bei höchster Temperatur nicht, falls sie vorher durch geeignetes Behandeln von den schmelzbaren Beimengungen befreit worden sind.

Nach Brongniarts Bezeichnung nennen wir „Urgestein“ das kaolinische Gestein, und „Kaolin“ den durch Schlämmen des Urgesteines gewonnenen Ton. Kaolin besteht also aus Kaolinit, welchem Mineraltrümmer in mehr oder weniger großer Menge beigemengt sind. Diese Trümmer haben eine nicht zu verkennende Wirkung. In physikalischer Hinsicht vermindert Quarz die Plastizität; in dieser Beziehung hat zerteilter Glimmer wenig Einfluß, da er selbst plastisch ist, wenn er in genügend feinen Teilchen vorhanden ist. Dagegen hat Glimmer einen chemischen Einfluß, indem er Alkalien mit sich bringt und daher die Feuerfestigkeit vermindert.

Guter Kaolin darf sich nach dem Brande nicht färben; ist er dabei noch plastisch, so kann er zur Porzellanherstellung verwendet werden. Neben diesen sehr gesuchten Kaolinen findet man auch magere, d. h. weniger plastische, welche grob gekörnt sind und sich nicht immer rein weiß brennen. Dieses sind Kaoline zweiter Qualität, welche hauptsächlich in der Fabrikation des feinen Steingutes Verwendung finden.

Kaoline, welche wenig Mineraltrümmer enthalten, nennt man „tonig“; solche dagegen, die viel Gesteinsreste enthalten, sich rösch anfühlen, grob und wenig plastisch sind, nennt man „steinig“.

Die größten Kaolinlager in Frankreich sind die vom Limousin (Saint-Yrieix); sie rühren von der Verwitterung von Gneis und Amphibolit her.

In der Dordogne nennt man (doch mit Unrecht) die Kaoline Non Les Eyzies.[1])

Die Granitmasse der Pyrenäen enthält auch Kaolin; man findet mächtige Anhäufungen in Zubelette, Macaye, Louhossoa. Der Boden ist sehr pegmatit- und glimmerhaltig; dieser Pegmatit ist häufig mit verwittertem Gneis gemengt.

Auch andere Granitgegenden besitzen Kaolinlager; das erste in Frankreich ermittelte liegt bei Alençon, liefert aber ein minderwertiges Material. Die Gegend von Les Pieux (bei Cherbourg) hat gleichfalls Kaolin, der aber wenig plastisch ist und sehr viele Gesteinsreste enthält und im Lager mit zersetztem Syenit und Granit wechselt. In der Bretagne findet man sehr reine und gute Kaoline bei Flemet und Loudeac.

Das Allierbecken ist ebenfalls reich an Kaolin, aber das dort gefundene Material besitzt nicht die vorzüglichen Eigenschaften des Limousiner. Zum größten Teil sind diese Kaoline nur zur Herstellung von feinem Steingut verwendbar. Die Porzellanfabriken des Berry benützen jedoch dieselben, deren größte Ausbeutung bei Beauvoir erfolgt. Die Lager von Beauvoir bestehen aus sandigem Kaolin, in welchem folgende Beimengungen vorkommen: Quarz, Glimmer und Zinnstein.

In Deutschland gibt es bedeutende Lager. Eines der ältesten war das von Aue im Erzgebirge (Sachsen), inmitten zersetzten Granits; heute ist dasselbe vollständig erschöpft. In Sachsen finden wir noch zwischen zersetztem Porphyr die Kaoline von Seilitz bei Meißen, Sornzig bei Oschatz, Eibau, Sosa und Eisenberg.

Der Kaolin von Halle, oder besser gesagt von Morl, ist bekannt durch seine Verwendung in der Berliner Porzellan-Manufaktur; er rührt von der Zersetzung von Porphyr her. Im Erzgebirge kommt Kaolin auch noch an anderen Orten vor. Die Lager von Muldenstein, Lettin usw. haben sich auf Kosten des Porphyrs gebildet.

In Bayern benützt man schon lange den Kaolin von Passau. Das Gebirge besteht dort aus Amphibolit und schieferigem Diorit, welche Gneis und Pegmatit enthalten. Aus diesen Gesteinen hat sich ein erdiger, fettiger Kaolin gebildet, in welchem sich sogar manchmal Graphit vorfindet. Unter der Bezeichnung Passauer Porzellanerde versteht man in Wirklichkeit die Tone einer ganzen Reihe angrenzender Örtlichkeiten. In der Gegend von Aschaffenburg, in Franken und in der Pfalz werden

[1]) Dies sind Tone, denn es fehlt das zersetzte Gestein.

ebenfalls Kaoline ausgebeutet, welche durch Zersetzung von Granit und Gneis entstanden sind.

In Österreich stammen die besten Kaoline aus Böhmen. Die Kaoline von Zettlitz sind berühmt und in den umliegenden Fabriken sowohl wie auch in fast ganz Deutschland in Verwendung. Diese Kaoline haben bemerkenswerte plastische Eigenschaften, sie sind durch Zersetzung von Granit entstanden. Weitere Lager in Böhmen befinden sich bei Pilsen.

In Galizien und Ungarn kommen ebenfalls Kaolinlager vor.

In Italien ist einer der ältesten und meistgenannten der von Tretto bei Schio. Er rührt von der Zersetzung vom Eurit her, der sich am Fuße des Trettoberges findet. Außerdem findet man auch auf der Insel Elba und in Chiesi Kaolintone.

Großbritannien besitzt in Cornwallis und in Devonshire Kaoline, welche zur Herstellung von Porzellan rein genug sind. Diese Materialien werden besonders zur Fabrikation von feinem Steingut verwendet.

Rußland, dessen keramische Industrie sich bereits bedeutend entwickelt, sucht sorgfältig nach tonhaltigen Lagern. Man findet Kaolin hauptsächlich in den Gouvernements Tschernigow, Glanikow, Cherson, Wolyn-Podolsk und Jekaterinoslaw; diese Lager werden ausgebeutet.

Außer diesen Ländern, in denen die keramische Industrie sehr ausgedehnt ist oder sich ausdehnen will, enthalten noch andere Länder Kaolinlager, wie Bornholm (Dänemark), Ifösees (Schweden), Oporto (Portugal), Almançon, Alsabdil und Alhambra (Spanien). Gewiß gibt es außer Europa[1]) noch mächtige Kaolinlager, welche aber wenig bekannt sind und worüber bisher nichts veröffentlicht wurde.

Sedimentäre Tone. Diese Tone findet man nicht am Ursprungsorte, sondern nur in angeschwemmtem Lande. Die häufigste Lage ist die unter dem tertiären Boden. Ihre äußerste Grenze scheint bei der Kreide- und Neokomformation zu sein.

Ebenso findet man auch in der Braunkohlenformation Ton- und Tonschieferlager.

Die plastischen Tone zeigen sich in linsenförmigen Anhäufungen, sie scheinen wie hingesetzt in ellipsenartigen Lagen.

Neben Ton findet man noch Lehm, welcher sich in den weiten Tälern und an den Mündungen großer Flüsse abgesetzt hat.

Diese plastischen Erden sind sehr unrein, denn sie enthalten viele Beimengungen. Dasselbe ist der Fall bei den Erden, welche zur Ziegelfabrikation verwendbar sind und welche man dort ausbeutet, wo sie gebraucht werden.

---

[1]) Es gibt bekannte Lager in den Vereinigten Staaten, Mexiko, Queensland (Australien).

Die Tone, welche die eben beschriebenen Lager bilden, enthalten immer Fremdkörper, aber es herrscht Tonsubstanz vor. Dagegen sind die Lager, von denen zuletzt die Rede war, sehr verschiedenartig.

Die Mergel, welche man lange Zeit als Gemenge von Ton und Kalziumkarbonat ansah, sind Tonmaterialien von anderer Zusammensetzung als die gewöhnlichen Tone. Sie enthalten tatsächlich Kalziumkarbonat, aber .die plastische Substanz scheint ein Aluminiumsilikat zu sein, welches nicht identisch ist mit demjenigen, das die Kaoline und plastischen Tone bildet.

Der physikalische Zustand der Tone und die Beschaffenheit der Beimengungen bestimmen die Verwendbarkeit in der keramischen Industrie. Die wenig plastischen Tone sind schwer zu gebrauchen, die zu fetten benötigen den Zusatz eines unplastischen (magernden) Körpers. Die Erden, welche im Feuer eine Färbung annehmen, können nicht zur Anfertigung von Tonwaren mit ungefärbtem Scherben verwendet werden. Die schmelzbaren Tone sind zur Herstellung von Gegenständen, welche einer hohen Temperatur ausgesetzt werden, unbrauchbar. In der Besprechung der Fabrikationen werden wir auf die Eigenschaften, welche die Tone für bestimmte Zwecke benötigen, zurückkommen; hier begnügen wir uns damit, die hauptsächlichst verwendeten Arten von Tonen anzuführen.

Vom keramischen Standpunkt aus können diese Tone in zwei Gruppen geteilt werden: die feuerfesten und die schmelzbaren. Die ersteren vertragen schadlos die höchsten Temperaturen. Die schmelzbaren dagegen schmelzen, sobald sie einer Temperatur über 1000° ausgesetzt sind; in einem Porzellanofen z. B. erweichen sie und sinken je nach dem Grade ihrer Schmelzbarkeit mehr oder weniger zusammen.

Diese Unterschiede sind die Folgen des Vorhandenseins oder Nichtvorhandenseins von Fremdkörpern, wie Kalk, eisenhaltigen, alkalischen oder erdigen Verbindungen.

Spuren hiervon, welche man meistens in Ton vorfindet, sind ohne Einfluß; aber sobald andere Basen als Tonerde in einigen Hundertsteln vertreten sind, wird der Grad der Feuerfestigkeit bedeutend verringert.

Unter dem Namen „plastische Tone“ versteht man Tone, welche eine verhältnismäßige Reinheit besitzen, verbunden mit großer Bindekraft. Diese Tone enthalten außer dem Tonerdehydratsilikat meistens nur Quarz.

Glimmer, Eisen-, Magnesia- oder Kalkverbindungen sind nur in geringerer Menge vorhanden und sind daher diese Tone feuerfest.

Nach dem Brennen ist die Färbung meistens nicht sehr entwickelt. Die besseren Sorten brennen weiß oder grau und werden zur Herstellung von feinem Steingut verwendet.

Nehmen die Tone nach dem Brennen eine ausgesprochene Färbung an, so sind sie zur Fabrikation von Steingut nicht mehr brauchbar, können aber zu feuerfesten Produkten Verwendung finden.

Diese Tonarten kommen in mächtigen, ziemlich verbreiteten Anhäufungen vor. Die hauptsächlichsten Lager sind:

In Frankreich im Marne- und Seinebecken, nahe der Aube und Yonne (Rilly, Provins, Sézanne, Esternay, Montereau), im Poiton, Berry, in der Normandie (Randonnai, Dreux).

In Deutschland besitzen das Rheinland, die Pfalz, Sachsen, Westfalen, Schlesien, Pommern sehr bedeutende Lager. Hessen, Mecklenburg, Bayern sind ebenfalls gut versorgt.

In Österreich findet man Lager in Böhmen, Tirol, Steiermark, Kärnten, Mähren. Auch in Ungarn gibt es feuerfeste plastische Tone.

In Großbritannien versorgen die Gruben von Dorsetshire und Devonshire die Töpfereien. Wales und Schottland haben ebenfalls große Lager.

In Rußland besitzen das Uralgebiet, Südrußland und die polnischen Gouvernements große Fundstätten.

Im allgemeinen sind die plastischen feuerfesten Tone in der ganzen Welt ziemlich verbreitet, wie man aus obigen Angaben ersehen kann.

Gewisse feuerfeste Tone, die man im silurischen und devonischen Gebirge antrifft, haben eine schieferige Struktur, durch welche sie nicht so plastisch sind wie die anderen; sie werden jedoch zu gewissen Fabrikationen benützt.

Die Pfeifentone sind feuerfest und nehmen im Feuer nur wenig Färbung an.

In alten Werken findet man den Namen Siegelerde „Terra Sigillata", womit man Tone bezeichnet, welche weniger rein sind als die vorherigen. Siegelerde enthält Kalkstein, Eisen (als Schwefelkies oder Oxyd) und Quarzsand, ist nicht feuerfest und erweicht bei hoher Temperatur. Nach dem Brande ist sie stets gelb bis intensiv rot gefärbt. Diese Tonart wird zu Ziegelsteinen, irdenen Töpferwaren und gewöhnlichem Steingut verwendet.

Die Ziegelerden kommen am häufigsten vor, man stellt auch keine großen Anforderungen daran. Ziegelerde soll sich leicht formen lassen, austrocknen ohne zu reißen, und die Brenntemperatur aushalten, ohne daß die daraus geformten Steine sich verziehen, noch daß sie schmelzen. Diesen Anforderungen entspricht schon in vielen Gegenden die bei der Fundamentierung ausgehobene Erde, so daß diese auf der Stelle zur Herstellung von Ziegeln dienen kann.

Nicht feuerfeste Tone, welche sich im Feuer färben, aber doch der Brenntemperatur standhalten, sind schon für Ziegel verwendbar, wenn unter den Verunreinigungen keine Fremdkörper vorhanden sind, welche die Herstellung oder Dauerhaftigkeit der Produkte beeinträchtigen könnten.

Die Ziegelerden haben nicht viele Bedingungen zu erfüllen, daher findet man sie sehr verbreitet. Das Vorhandensein von Kalk oder Eisenoxyd ist ohne Nachteil, wenn sich diese Substanzen nicht in zu großen Mengen vorfinden. Bei der verhältnismäßig niedrigen Brenntemperatur der Ziegel hat man kein Erweichen zu befürchten.

Diese Erden enthalten bereits unplastische Substanzen (meistens Sand), welche sie zur sofortigen Verarbeitung befähigen. Neben den Ziegelerden sind auch Lehm und Löß zu erwähnen, welche, wenn auch wenig plastisch, doch zur Herstellung von gewöhnlichen Ziegeln dienen können. Lehm ist ein Gemenge von Ton und äußerst feinen Quarzteilchen und etwas Eisenhydroxyd; Löß ist kalkhaltiger Lehm.

Der zur Erzeugung von Irdenwaren und gewöhnlichem Steingut verwendete Ton hat viel Ähnlichkeit mit Ziegelerde; er enthält gleichfalls Kalk, Eisenoxyd (Pyrit), Quarzsand, öfters auch Mergel und ist plastischer wie die vorhergehenden.

Alle diese Tone vermögen nicht eine hohe Temperatur auszuhalten, ohne Spuren von Schmelzbarkeit zu zeigen; ihr Aussehen ist überaus mannigfaltig, meistens sind es dichte, verschieden gefärbte Massen. Manchmal sind die Eisenverbindungen gänzlich oxydiert und bekommt der Ton dann eine gelbbraune bis rotbraune Färbung. Manchmal verhindern die organischen Stoffe, welche die Masse durchdringen, die Oxydation, und die Färbung des Ganzen ist grau oder schwarz. In der Rotglut bei genügendem Überschuß von Luft verbrennen die organischen Stoffe, und die Tone nehmen die dem Eisengehalt entsprechende Färbung an.

Die Steinzeugtone verdienen eine besondere Erwähnung; sie halten die Mitte zwischen den plastischen feuerfesten und den plastischen schmelzbaren Tonen. Bei hoher Temperatur bekommen sie eine dichte Struktur und einen glasigen Bruch; sie enthalten schmelzbare Substanzen genug, um ein leichtes Verglasen erleiden zu können, ohne jedoch zu stark zu erweichen. Steinzeugtone haben gewöhnlich eine geringe Elastizitat. Wir werden später sehen, daß diese Tone nicht unter die Kaolintone gereiht werden können; bei manchen findet sich ein Silikat, ähnlich demjenigen, welches die Mergel bildet. Steinzeugtone sind ziemlich viel verbreitet.

Die bekanntesten Lager sind: in Frankreich die vom Beauvaisis und Nivernais, von der Ile-de-France, Normandie und von den Vogesen. In Deutschland hatten früher die Steinzeuge des Rheinlandes große Berühmtheit wegen ihrer Güte. Die Tone von Höhr (Hessen-Nassau) sind oft als Vorbild von Steingutton genannt worden.

Die Mergel enthalten Kalziumkarbonat in beträchtlicher Menge; in gewissen Arten hat man bis zu 60 % davon gefunden. Durch die Mergel vermag man in die Massen kalkhaltige, plastische Elemente zu bringen; deshalb finden sie Verwendung zur Herstellung von gewissen Tonwaren, welche Kalk enthalten sollen. In der Umgebung von Paris findet man bedeutende Lager von Mergeln, welche zur Fabrikation des sogen. Pariser Steingutes benützt werden.

3. Zusammensetzung der Tone.

Chemische Bestandteile. Unter der allgemeinen Bezeichnung „Ton" hat man eine bestimmte Anzahl von Körpern zusammengefaßt, welche in chemischer Hinsicht verschieden sind. Porzellanerde, Steinzeugton, Mergel, alles das wird mit dem Namen „Ton“ bezeichnet, obwohl jene Materialien chemisch getrennten Arten angehören.

Als Tonmineralien werden von den Mineralogen[1]) in der Regel folgende angenommen:

Halloysit, $2\,SiO_2 . Al_2O_3 . 4\,H_2O$ oder $2\,SiO_2 . Al_2O_3 . 2\,H_2O$.
Allophan, $SiO_2 . Al_2O_3 . 5\,H_2O$ oder $SiO_2 . Al_2O_3 . 6\,H_2O$.
Kaolinit, $2\,SiO_2 . Al_2O_3 . 2\,H_2O$.
Mergel, welcher als ein Gemenge von Ton und Kalkstein anzusehen ist.
Walkerde, deren unbestimmte Zusammensetzung zwischen $10\,SiO_2 . 3\,Al_2O_3 . 2{,}5\,H_2O$ und $9\,SiO_2 . 4\,Al_2O_3 . 3\,H_2O$ schwankt.
Bolus, ein an Eisenoxyd reicher Ton.
Amalgatolit (ziemlich reich an Alkalien, 6—10 % K_2O).

Vom keramischen Standpunkt aus haben wir uns nur mit denjenigen Tonen zu befassen, die für industrielle Zwecke verwendbar sind, d. h. mit denjenigen, die als Rohmaterialien in Betracht kommen können.

Während sehr langer Zeit sind die Tone sehr mangelhaft untersucht worden, da die chemische Analyse noch nicht so weit vorgeschritten war und die Untersuchungsmethoden nur die Bestimmung der chemischen Gesamtzusammensetzung ermöglichten, nicht aber die Ermittelung der einzelnen Bestandteile. In den älteren Analysen von Tonen merkt man auch, daß die Chemiker die mit der Tonerde gebundene Kieselsäure von der der Tonmasse mechanisch beigemengten nicht unterscheiden konnten. Das Vorhandensein von Alkalien, welche, wie wir jetzt wissen, von beigemengten Gesteinen herrühren, blieb ebenfalls unerklärt und führte zu der erst in den letzten Jahren widerlegten Schlußfolgerung, daß auch der reine Ton Alkalien enthalten müsse.

Weiter werden wir sehen, daß die verbesserten Verfahren der jetzigen chemischen Analyse es ermöglichen, unter den verschiedenen Hypothesen die wahrscheinlichsten herauszufinden und die richtige Zusammensetzung der verschiedenen Tonarten zu bestimmen.

Wir wollen zunächst einiges über die in der Industrie verwendbaren Tone erwähnen und dann ihre chemische Beschaffenheit eingehend betrachten.

Die Tone bestehen aus einem plastischen Stoff, meistens mit nebensächlichen Materialien vermischt, die keine Bildsamkeit besitzen. In den meisten[2]) ist der plastische Bestandteil ein kieselsaures Aluminiumhydroxyd (Tonerdehydratsilikat), der Kaolinit, dessen Formel $Al_2O_3 . 2\,SiO_2 . 2\,H_2O$ ist und welcher folgende Zusammensetzung hat:

---

[1]) De Lapparent, Minéralogie 1884, S. 396.

[2]) Schlasing, Comptes rendus Bd. LXXVIII, S. 1438; Bd. LXXIX, S. 376 u. 473.

Al_2O_3	39,70
SiO_2.	46,40
H_2O	13,90
	100,00.

Die genaue Zusammensetzung der plastischen Substanz der Tone ist erst seit kurzer Zeit bekannt. Brongniart und Malaguti nahmen an: $3\,SiO_2 . Al_2O_3 . 4\,H_2O$, Forchammer $4\,SiO_2 . 3\,Al_2O_3 . 6\,H_2O$ (nach dem älteren Wert des Symboles Si hatte Kieselsäure die Formel SiO_3).

Betrachtet man die Ergebnisse der chemischen Analyse eines Tones, so ist es schwer, daraus auf die einzelnen Bestandteile zu schließen. Das Gestein ist in der Natur selten unvermischt, deshalb findet man sich Ziffern gegenüber, die die Analyse eines Gemenges wiedergeben, in welchem man das Verhältnis der Bestandteile zu bestimmen hat, eine Aufgabe, die sich übrigens bei jeder Tonanalyse einstellt.

Glücklicherweise hat man Kaolinit in reinem Zustande in Utah (Pennsylvanien) vorgefunden; die Analyse ergab:

	Vogt[1])	Johnson[2])	Theorie für $Al_2O_3 . 2\,SiO_2 . 2\,H_2O$
SiO_2	45,64	45,93	46,64
Al_2O_3.	39,78	39,81	39,45
Fe_2O_3.	Spuren	—	—
H_2O	14,44	14,02	13,91
Hygroskopisches Wasser	0,12	—	—
	99,93	99,76	100,00.

Außerdem wurde der während langer Zeit als eine mineralogische Seltenheit betrachtete Kaolinit in den letzten Jahren an mehreren Orten aufgefunden, so z. B. von Lacroix[3]) in einem Lager von quarzhaltigem Antimonglanz bei Saint-Marc-le-Plain (Cantal), von G. Friedel in Miramont bei Soulac. In neuerer Zeit erkannte auch Lacroix bei Untersuchung der ihm aus Nossi-Bé zugesandten Proben, daß das Lager einer Blende mit kalkhaltiger Gangart von Ankalampoé Kaolinit berge. Dieses Mineral befindet sich in Höhlungen des den Bleiglanz begleitenden Kalzites und weist hexagonale, wenig feste Täfelchen auf. Der Kaolinit kommt als kleine Flitterchen vor, deren Glanz mit dem des weißen Glimmers verglichen werden kann. Mit dem Mikroskop erkennt man deutlich Kristalle in Gestalt von feinen sechseckigen, durchsichtigen Tafeln.

Erst nach einem längeren Mahlen, welches das Kristallgebilde zerstört, gewinnt Kaolinit die den Tonen eigene Plastizität und kann mit Wasser einen Teig bilden. Ungeriebene Kaolinitkristalle werden nur langsam durch Schwefelsäure angegriffen.

---

1) Vogt, Bull. Soc. Enc. 1897.

2) Johnson, American Journal of Science Bd. II, S. 43—354.

3) Bull. Soc. Min. 1902.

Ist Kaolinit die einzige vorkommende Tonsubstanz? In den Mergeln und einzelnen Steinzeugtonen kann ein durch seine chemische Zusammensetzung vom Kaolinit abweichender Stoff vorkommen. Aller Wahrscheinlichkeit nach ist der Kaolinit in diesen Tonarten von Zersetzungsprodukten des Urgesteins begleitet und daher dürften die erwähnten Abweichungen stammen.

Meiner Meinung nach wäre Kaolinit der typische Ton, vorausgesetzt, daß er genügend zerteilt ist, um plastisch zu sein. Nur ausnahmsweise trifft man reine Tone an; stets enthalten diese Gesteine Beimengungen.

Die Verunreinigungen können dem Tone besondere Eigenschaften verleihen und die Verwendbarkeit desselben bestimmen. Weiter werden wir sehen, wie sich die Tone einteilen lassen. Vorläufig wollen wir ihre chemische Beschaffenheit betrachten; dadurch wird es uns leichter sein, Unterschiede zwischen denselben zu finden.

Aus der Betrachtung einer ganzen Reihe von zu keramischen Zwecken geeigneten Tonen werden wir erfahren, daß viele dieser Gesteine aus Kaolinit bestehen, welchem sehr oft Quarz und Glimmer beigemengt sind, wenn sich die Frage auch nicht bei jedem Tone leicht beantworten läßt.

Aus der Arbeit von Vogt,[1]) der Normaltone untersuchte, sowie aus den Arbeiten von Ebelmen[2]) und Schlösing entnehmen wir einen Teil folgender Erläuterungen über die Zusammensetzung der Tone.

Sämtliche untersuchten Tone wurden auf die Bestimmung der einzelnen Bestandteile analysiert. Durch Schmelzen mit Natriumkarbonat und Aufschließen durch Flußsäure konnte man die chemische Gesamtzusammensetzung des Gesteins ermitteln. Durch Behandeln mit Schwefelsäure erreichte man eine erste Ausscheidung der Bestandteile, indem der in SO_4H_2 unlösliche Teil mit einer Natriumkarbonatlauge behandelt wurde und diesem Reagens die gebundene Kieselsäure abgab; der Rückstand wurde dann wie die gewöhnlichen Silikate analysiert. Um das Verhältnis der Kieselsäure zur Tonerde zu prüfen, griff man zu einem weiteren Reagens, dem Ätzkali; der Einwirkung einer heißen Kalilauge ausgesetzt, wird die Tonsubstanz zersetzt. Kieselsäure und Tonerde lösen sich im Molekularverhältnisse auf, und so wird es möglich, manchen zweifelhaften Punkt aufzuklären.

Hierauf dürfen wir die Frage näher betrachten und zur Besprechung der Normaltone schreiten.

1. Kaoline. Die Kaoline enthalten immer mehr oder weniger Reste der Gesteine, mit denen sie stets in Berührung sind. Sind die mineralischen Überbleibsel äußerst fein, so muß man, um ihre Natur zu ergründen, zu chemischen Prozessen Zuflucht nehmen.

---

[1]) Vogt, Bull. Soc. Enc., Mai 1897.

[2]) Ebelmen, Sur les produits de la décomposition des espèces minérales de la famille des Silicates (Annales des Mines Bd. VII, 1845, S. 3), und Sur la décomposition des roches (Annales des Mines Bd. XII, 1847, S. 627).

Schließt man Kaolin durch Schwefelsäure auf, so enthält die zurückbleibende Flüssigkeit die Tonerde aus dem Tonerdehydratsilikat, sowie die Basen der dem Kaolin beigemengten anderen Silikate, sofern letztere durch Schwefelsäure angegriffen werden. Der weiße Glimmer oder Muskovit ($6\,SiO_2 . 3\,Al_2O_3 . K_2O . 2\,H_2O$) wird durch bis zum Abrauchen erhitzte Schwefelsäure gänzlich aufgelöst, wenn er in so feinen Teilchen vorhanden ist, daß das bloße Auge ihn nicht mehr erkennen kann. Quarz und Feldspat erleiden keine Zersetzung und verbleiben als Rückstand.

Mehrere Chemiker haben das Behandeln mit Schwefelsäure angewendet, um Kaoline und Tone zu untersuchen; aber wiewohl einige von ihnen, wie Mitscherlich, das Vorhandensein von Alkalien erkannten, so versuchte doch keiner, die Herkunft derselben zu erklären.

In den letzten Jahrzehnten machte Seger, der damalige Vorsteher der mit der Königlich Preußischen Porzellanmanufaktur verbundenen Versuchsanstalt zu Charlottenburg, zahlreiche Ton- und Kaolinanalysen mit Schwefelsäure-Behandlung. Wenn er aber im gelösten Teile Alkalien oder alkalische Erden vorfand, so betrachtete er sie bei der Berechnung der Formel des gelösten Silikates, als hätten sie in der Formel $2\,SiO_2 . Al_2O_3 . 2\,H_2O$ die Stelle des Wasserstoffs eingenommen.

Wendet man diese Ansicht auf Kaoline an, welche nur wenig Alkalien in löslichem Teile enthalten, so weicht die so berechnete Formel nur wenig von der Formel $2\,SiO_2 . Al_2O_3 . 2\,H_2O$ ab; aber handelt es sich um an Alkalien in löslichem Teile reiche Kaoline, wie diejenigen von China und Japan, so bemerkt man sofort, daß die berechneten Verhältnisse mit der Formel des Tonerdehydratsilikates zu 2 Molekülen Wasser nicht mehr übereinstimmen.

Nach Seger ergab der in SO_4H_2 lösliche Teil einer japanischen Porzellanmasse, und nach Vogt der lösliche Teil einer Masse aus der Kaiserlich Chinesischen Porzellanmanufaktur folgende Ziffern:

	Japan	China
SiO_2	45,21	44,14
Al_2O_3	37,82	38,00
Fe_2O_3	1,47	1,63
CaO	0,26	0,38
K_2O	7,06	4,71
Na_2O	0,06	1,03
H_2O	8,09	10,09.

Vereinigt man nach Segers Verfahren die Alkalien mit dem gebundenen Wasser, so ergibt sich:

$$2{,}01\,SiO_2 . Al_2O_3 . 1{,}51\,M_2O.$$
$$1{,}93\,SiO_2 . Al_2O_3 . 1{,}65\,M_2O.$$

Beide Formeln weichen stark von der des Kaolinits ab. Wenn man aber bedenkt, daß Muskovit, wenn er fein zerrieben ist, durch Schwefelsäure angreifbar ist und daß er überdies an denselben Orten vorkommt wie der Kaolin, so kann man sich leicht obige Molekularverhältnisse erklären, denn der in SO_4H_2 lösliche Teil der japanischen Masse kann betrachtet werden als ein Gemenge von:

1 Molekül weißem Glimmer	$6\,SiO_2 \,.\, 3\,Al_2O_3 \,.\, 3\,M_2O$
3 Molekülen Kaolinit . .	$6\,SiO_2 \,.\, 3\,Al_2O_3 \,.\, 6\,M_2O$
	$12\,SiO_2 \,.\, 6\,Al_2O_3 \,.\, 9\,M_2O.$

Diese Summe durch 6 geteilt, ergibt als Quotient:

$$2\,SiO_2 \,.\, Al_2O_3 \,.\, 1{,}50\,M_2O,$$

welches mit der aus der Analyse berechneten Formel übereinstimmt und folgenden Gewichtsteilen entspricht:

Weißer Glimmer	50,70
Kaolinit	49,30.

Nach denselben Auslegungen ergibt die Analyse, daß der lösliche Teil der chinesischen Masse besteht aus:

1 Molekül Glimmer. . .	$6\,SiO_2 \,.\, 3\,Al_2O_3 \,.\, 3\,M_2O$
6 Molekülen Kaolinit . .	$12\,SiO_2 \,.\, 6\,Al_2O_3 \,.\, 12\,M_2O$
	$18\,SiO_2 \,.\, 9\,Al_2O_3 \,.\, 15\,M_2O.$

Diese Summe durch 9 geteilt, führt uns zu $2\,SiO_2 \,.\, Al_2O_3 \,.\, 1{,}66\,M_2O$, gleichlautend der Formel der oben angeführten Analyse, zurück.

Diese Anschauungsweise ist durch eine Anzahl von Analysen, die von Kaolinen verschiedener Herkunft stammen, bestätigt worden; man hat ein genügendes Übereinstimmen zwischen den Analyseziffern und den Berechnungen gefunden, angenommen, daß die im löslichen Teil enthaltenen Alkalien von Glimmer herrühren. Die Abweichungen, die man bei geringem Gehalt an Glimmer zwischen den Ergebnissen der Analyse und denen der Berechnungen beobachtet, erklären sich dadurch, daß in diesem Falle die Analysefehler auf der Anwendung geringer Gewichte beruhen und eine um so größere Wichtigkeit annehmen.

Dadurch erklärt sich das Vorkommen des Kali, auf welches Mitscherlich bereits vor langer Zeit hinwies. Dasselbe bringt der Glimmer mit sich.

Wenn diese Erklärung bisher denjenigen, die sich mit dieser Frage beschäftigten, entging, so ist es nur, weil der Glimmer gewöhnlich als durch Schwefelsäure unzersetzbar galt, und noch nicht festgestellt worden war, daß derselbe, fein pulverisiert, eine ähnliche Plastizität wie Kaolin besitzt und ebenfalls in der Kalilauge längere Zeit schweben kann.

2. Feuerfeste Tone. Anläßlich derselben Untersuchungsreihe konnte man auch bei feuerfesten Tonen, so z. B. bei denjenigen von Dreux, Mussidan (Dordogne), Hesdin, als Hauptbestandteil, mit anderen Gesteinen vermischt, Kaolinit ermitteln.

Der Ton von Dreux enthält 22,3 % Quarzsand, der von Mussidan 14 % Glimmer; im Tone von Hesdin findet sich zu 20 % ein anderes tonerdehaltiges Silikat, Allophan ($SiO_2 . Al_2O_3 . 4 H_2O$). Der Ton von Condé (Seine-et-Oise) enthält Kaolinit, aber daneben auch ein saureres Silikat.

3. Steinzeugtone. Die Tone von Gâtines und Rambervillers können als normale Steinzeugtone angesehen werden. In zwei Proben fand man Kaolinit und Glimmer, letzterer in vorherrschender Menge, neben Quarz und Gesteinsresten. Ein dritter Ton, ebenfalls aus Rambervillers, zeigt eine bemerkenswerte Abweichung; der Gehalt an Magnesia ist beträchtlich und die lösliche Kieselsäure ist in größerer Menge vorhanden als bei den vorherigen. Scheinbar enthält das Gemenge ein saures Magnesiasilikat, vielleicht Biotit, welches demjenigen, das die Mergel bildet, ähnlich ist.

4. Mergeltone. Die Mergel sind lange als Gemenge von Ton und Kalziumkarbonat betrachtet worden. Das Tonerdesilikat dieser Materialien scheint nicht Kaolinit zu sein, sondern vielmehr ein saureres Silikat; es ist wahrscheinlich ein Gemenge von Zersetzungsprodukten.

Der ehemals zur Herstellung von Weichporzellan verwendete Mergel von Argenteuil besteht ungefähr aus:

Kreide	61,50
Tonsubstanz	32,60
Hygroskopisches Wasser	5,09
	99,19.

Die Analyse führt zur folgenden, anormalen Formel:

$$4{,}58\,SiO_2 \left\{ \begin{matrix} Al_2O_3 \\ Fe_2O_3 \end{matrix} \right. \left\{ \begin{matrix} 0{,}114\,CaO \\ 0{,}697\,MgO \end{matrix} \right. \left\{ \begin{matrix} 0{,}079\,K_2O \\ 0{,}043\,Na_2O \end{matrix} \right. .$$

Daraus wäre zu schließen, daß die Tonsubstanz vom Kaolinit gänzlich abweicht. Ein Teil des Materials löst sich in Kalilauge auf, und es bleibt ein in Schwefelsäure löslicher Rückstand, welcher ein Silikat der Formel

$$2{,}7\,SiO_2 \left\{ \begin{matrix} Al_2O_3 \\ Fe_2O_3 \end{matrix} \right\} 0{,}730\,MgO \left\{ \begin{matrix} 0{,}231\,K_2O \\ 0{,}065\,Na_2O \end{matrix} \right\} 1{,}7\,H_2O$$

bildet; diese Formel nähert sich derjenigen eines der Tone von Rambervillers. — Ähnliche Ergebnisse lieferte ein Mergel aus Brantigny (Aube); die Formel des löslichen Teils ist:

$$2{,}50\,SiO_2 . (Al_2Fe_2)O_3 \left\{ \begin{matrix} 0{,}038\,CaO \\ 0{,}148\,MgO \end{matrix} \right. \left\{ \begin{matrix} 0{,}153\,K_2O \\ 0{,}032\,Na_2O \end{matrix} \right\} 1{,}63\,H_2O.$$

Man sieht nach diesen Beispielen, daß diese Mergel von den eigentlichen Tonen gänzlich abweichen und daß sie ein Magnesiasilikat enthalten dürften.

5. Zusammenfassung.

a) Der Kaolinit $2 SiO_2 . Al_2O_3 . 2 H_2O$ ist der hervorragend plastische Bestandteil der größten Mehrzahl der Tone.

b) Die in den Tonen vorkommenden Alkalien rühren meistens vom Muskovit oder weißen Glimmer her.

c) Die Tonsubstanz der Mergel ist von ganz anderer Beschaffenheit als der Kaolinit und scheint aus magnesiahaltigen Mineraltrümmern zu bestehen.

Beimengungen der Tone und Einfluß derselben. Wir haben bereits gesehen, daß die Tonsubstanz sozusagen nie allein im Ton vorhanden, sondern immer von Fremdkörpern begleitet ist, deren Einfluß eine große Wichtigkeit in der keramischen Verwendung haben kann.

Die Verunreinigungen, mit Ausnahme des sehr fein zerteilten Glimmers, vermindern die Plastizität und können im Tone von Anbeginn enthalten sein; sie können aber auch zufällig hinzugekommen oder auch erst später zugeführt worden sein.

1. Ursprüngliche Verunreinigungen. Die Gesteine, deren Zerstörung den Ton gebildet hat, haben selbstverständlich Überreste darin zurückgelassen.

Da es tonerdehaltige Gesteine sind, die die Tonentstehung herbeigeführt haben, so sind es auch diese, welche man als Gesteinsreste in den Tonen vermuten kann.

Quarz und Glimmer sind besonders verbreitet. Sämtliche in der keramischen Industrie verwendete Tone enthalten Quarzsand (dieser begleitet ständig die Tonmaterialien). Glimmer findet sich ebenfalls mit Kaolinit in vielen Erden vor; so enthalten gewisse plastische Materialien, wie z. B. diejenigen, welche in China verarbeitet werden, beträchtliche Mengen von Muskovit.

Obgleich die Tone auf Kosten von gewiß zahlreichen Gesteinen entstanden sind, hat man noch nicht mit Sicherheit so viel Arten von Gesteins- oder Mineraltrümmern gefunden, als man annehmen dürfte. So ist Feldspat, dessen Vorkommen in Tonen man ohne Widerspruch annimmt, meines Wissens noch nicht mit Bestimmtheit nachgewiesen worden. Man kann wohl Berechnungen machen über die Zusammensetzung der kleinen Menge des Stoffes, der den Rückstand von der Behandlung mit Schwefelsäure ergibt; aber wenn man bedenkt, von welcher Ordnung die gefundenen Ziffern sind und wie gering die entsprechenden Gewichte, so muß man die Ergebnisse, welche überdies kaum fehlerfrei zu erhalten sind, bezweifeln, da sie nur auf Spekulationen über minimale Gewichtsteile beruhen.

Als ursprüngliche Hauptbeimengungen kommen also nur Quarz und Glimmer in Betracht, wenn auch andere Mineralien vorkommen können, wie z. B. im Tone von Mussidan, in den Mergeln. Solange weitere Arbeiten diese Frage nicht genügend aufgeklärt haben, tut man klug, in diesen Fällen an der Bezeichnung „Gesteinsreste“ festzuhalten.

2. Zufällige Verunreinigungen. Die vom Enstehungsorte entfernten Tone können durch geologische Störungen weit weggeführt worden sein; es ist also nicht überraschend, daß auf dem Wege fremde Körper aufgenommen wurden und sich samt den Tonen absetzten, so z. B. alkalischerdige oder erdige Karbonate, Eisenverbindungen, Gips, Rutil usw. Nach der Ablagerung des Tones können auch chemische Einwirkungen eintreten.

Schwefelkies (Pyrit) bleibt im Tone nicht immer unversehrt; im Gegenteil ist er manchmal gänzlich oxydiert. Unter Einwirkung der Hitze wird der schwefelkieshaltige Ton porös, und zwar verwandelt sich der Schwefelkies in reduzierendem Feuer in zerreibliches Schwefeleisen, welches Sprünge verursachen kann. In oxydierendem Feuer dagegen entstehen Eisenoxyd und sauerstoffhaltige Schwefelverbindungen, die große Unannehmlichkeiten hervorrufen können, da sie die Glasuren und deren Farbkörper verderben.

Durch die Oxydation der Pyrite im Tonlager werden die Karbonate von der freigewordenen Schwefelsäure in Sulfate verwandelt, welche sich im Feuer zersetzen, und soeben haben wir auf die schädlichen Eigenschaften der Sauerstoffverbindungen des Schwefels hingewiesen.

Das vom Schwefelkies herrührende Eisenoxyd durchdringt manchmal die ganze Masse, welche dann eine völlig gleichmäßige braune oder gelbe Färbung aufweist. Manchmal scheinen die Eisenflecken von einem Mittelpunkt auszustrahlen.

Eisenverbindungen verleihen dem Tone eine leichtere Schmelzbarkeit, und wie bereits gesagt, kann ein an Eisen reicher Ton nicht feuerfest sein.

Es empfiehlt sich in der Fabrikation, Schwefelkies soviel wie möglich zu entfernen, denn die Oxydation desselben kann sich auch während der Verarbeitung vollziehen. Die geformten Gegenstände bleiben noch ziemlich lange Zeit feucht, ehe sie vollständig getrocknet sind; enthalten sie Schwefelkies, so kann die Oxydation der Pyritkörner die Zerstörung des Zusammenhanges der Tonsubstanz und schließlich ein Zerspringen der Gegenstände verursachen.

Kalk kommt meistens als Karbonat vor, welches manchmal in größeren Stücken auftritt, aber oft auch mit dem Tone so innig vermischt ist, daß sein Vorhandensein nur durch chemische Untersuchung nachgewiesen werden kann. Kalk in zu großer Menge ist für die Irdenwaren sehr schädlich; die Produkte reißen leicht und verlieren an Festigkeit. Bis zu einer genügend hohen Temperatur gebracht, um das Kalziumkarbonat zu zersetzen, entsteht Ätzkalk, dessen Hydratisierung große Störungen hervorrufen kann.

Bei höherer Temperatur kann Kalk basische Silikate bilden, welche leicht schmelzbarer sind als reiner Ton.

Später werden wir sehen, daß man gewissen Massen absichtlich Kalk zusetzt, um ihnen eine leichtere Schmelzbarkeit zu geben (Porzellan), oder ihren Ausdehnungskoeffizient abzuändern (glasiertes Steingut).

Man findet auch in den Tonen Kalziumsulfat, welches sich, wenn der Gegenstand nur schwach gebrannt wird, einfach enthydratisiert und dann an der feuchten Luft wieder hydratisiert; dabei wird die Masse von einer Menge Haarröhrchen durchdrungen und verliert an Frostbeständigkeit und Haltbarkeit.

Bei hoher Temperatur entweicht das Schwefelsäureanhydrid und die Base wird in ein Silikat verwandelt.

Kalziumsulfat kann sich auch während des Brennens kalkhaltiger Massen mit stark pyrithaltigen Kohlen bilden und die bereits erwähnten Übelstände verursachen.

3. Jüngere Verunreinigungen. Organische Stoffe (welche in der Färbung der Tone eine große Rolle spielen), Harz, Torf, Erdpech kommen ebenfalls in denselben vor; die Geologen nehmen an, daß diese Substanzen erst später zugeführt worden sind.

Kurz zusammengefaßt findet man in den Tonen hauptsächlich: Gesteinstrümmer (Quarz, Glimmer usw.), Kalk-, Eisen- und auch Titanverbindungen, organische Stoffe (Kohle, Harz usw.), und neben diesen häufig vorkommenden Körpern bisweilen unter andern: Natrium-, Blei-, Kupfer-, Vanadin-, Molybdän-, Chrom-, Gold-, Cerverbindungen in mannigfaltigen Zuständen, aber fast immer in geringer Menge. Gewisse unter diesen Körpern besitzen eine ziemlich starke färbende Kraft und machen sich daher leicht bemerkbar, so z. B. Vanadinsalze, die an Gegenständen aus Ton von Vanves grünliche Ausschläge hervorbringen und Cersalze, welche gewissen dänischen Tonen eine eigentümliche gelbe Färbung verleihen.

Gewinnung der Tone. Die Ausbeutung eines Tonlagers erfordert ein fachmännisches Leiten; sie geschieht meistens durch offenen Tagebau, manchmal aber auch durch bergmännischen Betrieb.

1. Offener Tagebau. Befindet sich das Lager nicht sehr tief unter der Bodenoberfläche, so ist die Ausbeutung ziemlich einfach; der Ton wird stufenweise abgegraben. Fig. 1 stellt das Schema eines Tonlagers dar, welches von einer durch Schraffieren gekennzeichneten Erdschicht bedeckt ist und sich zum Teil unter dem Boden erstreckt und zum Teil zu einem Hügel erhöht. Zunächst gräbt man die Erdschicht ab, bis man eine ca. 1,5—2 m hohe Böschung abgeräumt hat. Von den Stellen A bezw. B, C, D wiederholt man dieselbe Arbeit weiter. Der feste Strich stellt das Aussehen des Lagers dar, wenn das Abgraben soweit vorgeschritten ist, daß die ganze Tiefe oberhalb sowie unterhalb des Bodens in Angriff genommen ist. Auf den Stufen wird nun der Ton abgegraben und weiter befördert. Der Betrieb ist für die Arbeiter nicht ungefährlich, denn der Ton reißt, wenn er zu trocken ist, und wird schlüpfrig bei Regenwetter. Die Leistung ist dann gering und erfordert beschwerliche Anstrengungen, um die Schollen abzustechen. Um die Handarbeit möglichst zu ersparen, greift man manchmal zu Sprengstoffen (Schießpulver, Dynamit, Roburit). Man versenkt die Patrone in ein

mindestens 2 m tiefes Loch und bewirkt die Explosion entweder mittels einer Zündschnur oder elektrischen Stromes.

Nachstehend die Wirkung der verschiedenen Sprengstoffe: 1 kg Schießpulver lockert 13 cbm Ton; 1 kg Dynamit zersprengt 38 cbm; 1 kg Roburit bricht 4 cbm und lockert 8 cbm.

Es gibt auch Apparate, welche ein mechanisches Abgraben ermöglichen. Zuerst sei eine kleine Maschine erwähnt, die angewendet wird, um Ziegelerde aufzureißen; sie besteht im wesentlichen aus einer messerartigen Eisenplatte und einem auf einem Radgestelle sitzenden Blechkasten. Mittels eines Hebels wird das Messer in die Erde gesenkt und dann herausgezogen, wobei die abgestochenen Tonschollen in den vorgeschobenen Kasten fallen.

Zur Ausbeutung größerer Tonlager benützt man, z. B. in den Vereinigten Staaten, kräftigere Apparate. Bei einem dieser Apparate wird

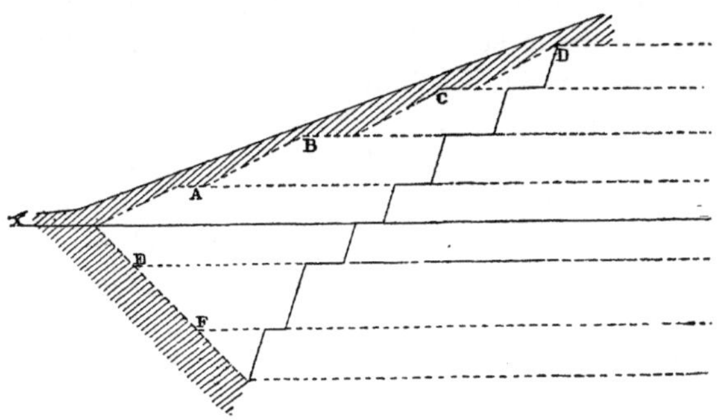

Fig. 1.

ein mit Zacken versehener Eimer in die Erde hineingeschoben und dann vermittels einer Hebel- und Kettenvorrichtung über einen Kippwagen aufgehoben und in diesen entleert. Man benützt auch Exkavatoren oder Greifbagger, die bis zu 60 cbm in der Stunde leisten.[1])

2. Unterirdischer Bau. Nicht immer gestatten die Tonlager den offenen Tagebau; bei tief liegenden Schichten muß man den bergmännischen Betrieb mittels Schächte und Stollen anwenden, wobei auch für Ventilation, Wasserablauf und Verzimmerung zu sorgen ist. Eine solche Gewinnungsweise stellt sich selbstverständlich viel teurer als der offene Tagebau und kann nur auf Rohstoffe erster Qualität Anwendung finden. Meistens teuft man zylindrische, mit Holzreifen verbaute Schächte ab, welche bis auf das Lager geführt und dort mehr oder weniger ausgedehnt werden und fördert die abgestochenen Schollen mittels eines Haspels herauf. Bei sehr tief liegenden Tonen stellt man am Fuß des Schachtes eine Kammer von 3 bis 4 m Höhe und 3—5 m Breite her (Kammernbau) und treibt um diese

---

[1]) Dümmler, Tonziegelfabrikation S. 105 u. ff.

Kammer herum Stollen und weitere Kammern, die nur notdürftig verzimmert werden. Die dichten und festen Tone der Kohlenformation lassen sich in Stollen abbauen.

II. Plastische, nicht tonhaltige Materialien.

Außer den Tonen, d. h. den Gesteinen, welche als Grundstoff den Kaolinit enthalten oder jenes noch ziemlich unbestimmte Tonerdesilikat, welches, wie oben erwähnt, in den Mergeln und gewissen Steinzeugtonen vorkommt, findet man noch andere plastische Materialien, wenn auch in geringerer Menge und mit weniger entwickelten Eigenschaften. Der wichtigste unter den plastischen, nicht tonhaltigen Stoffen ist der Glimmer, der plastisch wird, nachdem er genügend fein zermahlen wurde und stets in den chinesischen Porzellanrohstoffen vorkommt.[1] So enthalten die chinesischen Kaoline durchschnittlich 15 % Glimmer und die Hoa-Che 12—33 %; beide Gesteine sind plastische Materialien und enthalten außerdem 46—75 % bezw. 60 % Kaolinit.

Nach Brongniart sind in Spanien und Piemont der Giobertit ($MgCO_3$) und der Magnesit ($2MgO \cdot 3SiO_2 \cdot 2H_2O$) als plastische Stoffe verwendet worden. Diese Mineralien bedürfen eines längeren Mahlens, um einen sehr wenig bindenden Teig zu ergeben, welcher sogar oft einen Zusatz von plastischem Ton erfordert, um verarbeitungsfähig zu sein.

Nach demselben Gelehrten dürften auch Talk ($3MgO \cdot 4SiO_2 \cdot H_2O$) und Steatit in die plastischen Materialien eingereiht werden; wir begnügen uns aber, dieselben nur zu erwähnen.

Einige Beachtung verdient nur der Glimmer; wir verstehen darunter Muskovit oder Kaliumglimmer ($3Al_2O_3 \cdot K_2O \cdot 2H_2O \cdot 6SiO_2$), welcher weiß ist, manchmal auch grau, braun, grün, violett und sogar gelb. Sehr fein zerteilter Glimmer wird durch bis zum Abrauchen erhitzte Schwefelsäure völlig zersetzt, ebenfalls durch Salpetersäure von $D = 1{,}20$, nach 3stündiger Erhitzung bei 120^0 in einer verschlossenen Röhre. Ein von der Schwefelsäure völlig zersetzbarer Glimmer wurde 6 Tage lang zwischen 70^0 und 90^0 an der freien Luft mit Salzsäure von $D = 1{,}10$ erhitzt und löste sich zu 85 % auf.

Geglühter Glimmer wird von den Reagenzien weniger angegriffen.

---

[1]) Siehe weiter Herstellung des chinesischen Porzellans.

2. Abschnitt.

Unplastische Materialien.

I. Materialien, welche zur Herstellung der Massen verwendet werden.

Die in der Keramik verwendbaren unplastischen Materialien bilden zwei getrennte Gruppen:

1. Magerungsmittel und
2. Flußmittel.

Die Rolle der Magerungsmittel besteht darin, zu fette Tone verarbeitungsfähig zu machen. Fetter Ton läßt sich eben nicht gut gestalten; mit Wasser angefeuchtet, fühlt er sich fettig an und klebt an den Fingern. Will man ihn aufdrehen, so reißt er auf infolge des Anklebens an der Haut; wird er geformt, so entweicht das Wasser sehr langsam; der geformte Gegenstand haftet an der Gipsform und läßt sich kaum ausnehmen ohne abzureißen. Auch trocknet fetter Ton niemals gleichmäßig aus, denn es bildet sich auf der Oberfläche eine dünne harte Kruste, welche die Poren verschließt, so daß die im Innern zurückbleibende Feuchtigkeit nur mit großer Schwierigkeit entweichen kann. Der Gegenstand verzieht sich und reißt sogar, da das ungleichmäßige Entweichen des Wassers nach den verschiedenen Richtungen ungleiche Spannungen herbeiführt.

Diese Fehler lassen sich durch Zusatz von Magerungsmitteln beseitigen. Versetzt man einen fetten Ton mit unplastischer Substanz, so verteilen sich die Körner dieser letzteren in die ganze Masse und vermindern die Plastizität. Der Ton ist dann entfettet, daher der Name „entfettende“ oder „magernde“ Materialien.

Hat man den Magerungsmittelzusatz nicht übertrieben, so ist die Masse immer noch genügend plastisch und besitzt den nötigen Zusammenhang; sie klebt nicht mehr an den Fingern und läßt sich leicht aus der Form nehmen. Auch trocknet der entfettete Ton gleichmäßig aus, denn die Schwindung ist geringer und die bereits getrockneten Teile üben auf die noch feuchten eine kleinere Spannung aus; außerdem bilden die Körner der unplastischen Substanz ein Haarröhrennetz, welches mit der Luft in Verbindung bleibt und das Entweichen des inneren Wassers wesentlich erleichtert.

Flußmittel sind ebenfalls Magerungsmittel, spielen aber eine verwickeltere Rolle, da sie den Ton wohl entfetten, im Feuer aber auch chemische Erscheinungen hervorbringen; sie vermindern die Schwerschmelzbarkeit und binden die einzelnen Bestandteile zusammen, sie ermöglichen sogar in gewissen Töpferwaren das Verglasen des Produktes. Der Feldspat z. B. im feinen Steingut bindet einfach die Moleküle der Masse; im Porzellan dagegen bildet derselbe mit Tonerdesilikat und Kieselsäure ein Gemenge von Silikaten, welche beim Brennen zusammensintern.

1. Magerungsmittel.

Unter diesen Materialien, deren Anzahl nicht sehr groß ist, wollen wir nur die gebräuchlichsten besprechen.

Schamotte. Das Magerungsmittel, welches am geringsten die Zusammensetzung einer Masse beeinflußt, ist der gebrannte Ton, d. h. der von Hydratwasser völlig befreite und einer hohen Temperatur ausgesetzt gewesene Ton. Diesen zerkleinerten gebrannten Ton nennt man Schamotte. Setzt man einem plastischen aber zu fetten Tone eine geeignete Menge desselben Tones in gebranntem Zustande zu, so hat das Enderzeugnis dieselbe Zusammensetzung, als wäre es nur aus rohem Ton hergestellt worden, da Ton und Schamotte nur dadurch voneinander abweichen, daß letztere enthydratisiert ist.

Wir werden bei Besprechung der feuerfesten Produkte auf die Aufbereitung der Schamotte zurückkommen.

In allen Industriezweigen, welche ihre Erzeugnisse in Kapseln brennen, bilden die Kapselscherben bereits fertige Schamotte, die nur auf die geeignete Korngröße gebracht zu werden braucht.

Die Schamotte hat durch den Brand Härte und Schwindung erreicht und verleiht den Gegenständen ein poröses Gefüge, welches ihnen ermöglicht Temperaturwechsel zu vertragen.

Die Schamotte wird als grobes Pulver verwendet; als feines Pulver würde sie einen zu dichten Scherben mit großer Schwindung erzeugen. Form und Größe der Körner sind bei den einzelnen Erzeugnissen zu berücksichtigen. In den feuerfesten Produkten ergibt eine zu gleichmäßige Körnung kein so gutes Resultat wie eine ungleichmäßige; es empfiehlt sich daher, zur Zerkleinerung der Schamotte keine Maschinen zu benützen, die nur runde Körner liefern. Spitze und flache Körner ergeben eine größere Festigkeit.

Glattscherben. Mit dem Namen „Glattscherben“ bezeichnet man den Bruch von Töpferwaren. In gemahlenem Zustande der Masse zugesetzt, aus welcher er entstand, ändert der Glattscherben die Zusammensetzung derselben nicht. Es ist ein leicht zu beschaffendes und sogar in manchen Fabriken in zu reichlicher Menge vorhandenes Magerungsmittel.

Wie die Schamotte im Tone nimmt der Glattscherben in der Masse Raum ein und verringert die Plastizität; er soll gleichfalls frei von Verunreinigungen sein. Scherben von glasierten Waren ist nur geringerer Qualität, da er in die Masse eine wenn auch kleine Menge Glasur mitbringt.

Kieselsäurehaltige Materialien. Die Kieselsäure wird in der keramischen Industrie in verschiedenen Arten verwendet.

$$SiO_2 = 60 \left\{ \begin{array}{ll} Si \ldots\ldots\ldots & 46{,}70 \\ O \ldots\ldots\ldots & 53{,}30. \end{array} \right.$$

Quarz ist die reinste Art von Kieselsäure, wird aber in der Industrie nur in seinen gewöhnlichen Abarten gebraucht, in Wandersteinen. Diese letztern sind aus milchigem Quarz ohne bestimmte Kristallform gebildet.

Quarzsand würde eine vorteilhafte Quelle von Kieselsäure sein, wenn er immer rein wäre; aber er ist oft mit Gesteinsresten vermischt, deren Vorhandensein schädlich wirkt. Der echte Quarzsand soll nur ausschließlich Kieselsäure enthalten, aber bei einzelnen mit diesem Namen bezeichneten Materialien finden sich eine Menge Fremdkörper, wie die folgenden Analysen zeigen:

	I.	II.	III.	IV.	V.
Quarz	98,52	99,5	87,85	85,96	85,36
Tonerde	1,04	Spuren	0,13	7,30	9,06
Eisenoxyd	0,04	—	0,73	2,22	
Kalk	—	—	0,42	—	0,11
Magnesia	—	—	—	0,25	1,00
Kali	0,40	—	—	1,97	2,20
Natron	—	—	—	—	0,52
Glühverlust	—	—	11,03	2,12	2,36.

I. Quarz von Norwegen. II. Sand von Nemours. III. Infusorienerde von Oberohe. IV. Sand von Fürstenwald. V. Sand von Decize.

Die beiden letztern angeführten Beispiele sind unreine Quarzsande; sie sind mit Resten kalkhaltigen Gesteins vermischt (Glimmer), welche Schmelzbarkeit hervorrufen. Diese Stoffe sind daher unter die schmelzbaren zu reihen.

Feuerstein wird in die Hartsteingutmassen eingeführt. Im Feuerstein befindet sich oft die Kieselsäure als dichter Chalcedon; wir werden gelegentlich näher auf die abweichenden Eigenschaften, welche Chalcedon und Quarz aufweisen, zurückkommen. Der Feuerstein, der für keramische Zwecke benutzt wird, stammt von der Kreideformation, wo er zerstreut vorkommt. Abgeschreckt läßt er sich zerreiben und gibt ein weißes Pulver.

Unter der Bezeichnung **Sand** versteht man einen mineralischen Stoff in Pulverform. Manchmal gebraucht man die Bezeichnung Sand, um gewöhnliche eisen- oder kalkhaltige Quarzsande zu benennen. Dieses Material, von geringerem Werte wie das verhergehende, wird zur Herstellung von gewöhnlichen Produkten verwendet. Diese Sande kommen in der Natur viel öfter vor als weiße Sande; sie haben eine gelbe, manchmal auch graue, grüne oder schwarze Färbung. Außer der Färbung bringen dieselben auch noch Schmelzbarkeit.

Von allen magernden Materialien sind die kieselsäurehaltigen die wichtigsten.

Unter Einwirkung der Hitze gestaltet sich Quarz sehr sonderlich. Bis zu 570° hat er eine mehr und mehr wachsende, regelmäßige Ausdehnung; bei dieser Temperatur verändert er sich gewaltig und sein Umfang nimmt bedeutend zu. Darüber hinaus, bis zu wenigstens 1100°, wird die Ausdehnung negativ, der Quarz zieht sich langsam und regelmäßig zusammen. Alle diese Verminderungen sind rückfällig, d. h. bei gleicher Temperatur ist das Volumen dasselbe, bei der Erhitzung sowohl wie bei der Abkühlung.

Trydimit zeigt bei niedriger Temperatur eine viel stärkere Ausdehnung wie Quarz. Dieselbe nimmt aber bei zunehmender Temperatur ab, um bei 800° ganz aufzuhören. Bei dieser Temperatur hat die Ausdehnung ihren Höhepunkt erreicht; bei einer höheren Temperatur ist eine kleine Zusammenziehung zu bemerken, wie beim Quarz über 570°.

Sämtliche Arten der Kieselsäure gelangen, wenn sie bei der Temperatur der Stahlöfen, d. i. 1600°, mit einer kleinen Menge Schmelzstoffen (2—3 % Kalk oder Alkalien) in Berührung kommen, in einen stabilen Zustand, welcher derjenige der amorphen Kieselsäure sein dürfte. Jedenfalls wechselt die Ausdehnung regelmäßig mit der Temperatur und ist stets sehr schwach; sie weist einige Ähnlichkeit mit der von Glas auf, wovon diese Kieselsäure die äußerste Grenze sein dürfte.

Es gibt noch eine vierte Art Kieselsäure, welche bis heute mit Sicherheit keiner der kristallartigen und bekannten Quarzformen angereiht werden kann. Sie ergab sich, wenn man irgend eine Art Chalcedon über 1000° erhitzte. Sie ist durch eine besondere Ausdehnung gekennzeichnet; bei 200° erhält sie eine plötzliche Vermehrung, welche sich durch eine Differenz von ungefähr 1 % zeigt. Über dieser Temperatur wächst die Ausdehnung noch, aber sehr langsam.

Der natürliche Chalcedon bildet eine fünfte Art von Kieselsäure, aber in den keramischen Studien braucht man sich nicht damit zu befassen, da er immer während des Brennens durch die Hitze umgeändert wird. Unter 570° ist die Ausdehnung der des Quarzes ähnlich; über dieser Temperatur fängt der Chalcedon an, sich zu verändern und erleidet eine starke Anschwellung, die auch nach Abkühlung bestehen bleibt; es ist dann keine rückfällige Erscheinung, sondern eine wirkliche Ausdehnung.[1])

---

[1]) B. Coupeau, nach L. Chatelier, Bull. Soc. Enc. 1898, S. 1306.

Kohlen. In den feuerfesten Erzeugnissen dient manchmal Kohlenstoff als magerndes Material. Die Graphittiegel, welche zum Schmelzen des Stahls gebraucht werden, erhält man, wenn man der Masse eine bestimmte Menge Graphit zufügt. Wegen des hohen Preises dieser Substanz verwendet man auch Koks.

Neben diesen Stoffen kann man noch Sägespäne nennen, die ein magerndes, verbrennbares Material bilden, das der Masse bienenbauartige Struktur gibt. Ebenso ist es mit Torf.

Andere Materialien. Die Zahl der magernden Materialien könnte noch weiter ausgedehnt werden, denn die Fabrikanten haben zu verschiedenartigen Substanzen Zuflucht genommen, deren billiger Preis den Gebrauch veranlaßte. Kohlenschlacken z. B. sind magernde Mittel, ebenso alle schmelzbaren Materialien; ihre Rolle beschränkt sich aber nur darauf, wenn die Brenntemperatur keine genügende ist, um chemische Wirkungen hervorzurufen. Manche Tonwaren mit kalkhaltigen Scherben brausen bei Behandlung mit Säuren auf; der Kalkstein hat sich dabei nicht als Flußmittel verhalten.

2. Schmelzbare Materialien.

Feldspate. Gewöhnlich bezeichnet man in der Keramik unter dem Namen Feldspat den Kaliumfeldspat ($K_2O \,.\, Al_2O_3 \,.\, 6\,SiO_2$) (Orthoklas). Dieser findet sich in der Natur in Kristallform vor (wir befassen uns nur mit der gewöhnlichen Sorte); er ist milchig, fleischfarbig oder gelblichweiß gefärbt. Zum Feldspat gehören folgende Gesteine: Petrosilex, Amazonenstein, Bimsstein, Retinit; sie können wenigstens teilweise als dichte Abarten betrachtet werden, worin amorphes Gefüge vorherrscht.

Kaliumfeldspatplättchen schmelzen schwer vor dem Lötrohr, dagegen schmelzen sie im Porzellanofen; sie sind durch gewöhnliche Säure nicht angreifbar.

Fluoride und Flußsäure haben auf diese Substanz die nämliche Wirkung wie auf die andern Silikate.

Neben Orthoklas nennen wir den Natriumfeldspat, Albit ($Na_2O \,.\, Al_2O_3 \,.\, 6\,SiO_2$). Dieser schmilzt ebenfalls sehr schwer vor dem Lötrohr, und zwar nur am Rande; er ergibt dann ein aufgeblähtes Glas. Wie der vorherige ist er durch die gewöhnlichen Säuren nicht angreifbar.

Anorthit ist ein Kalziumfeldspat ($CaO \,.\, Al_2O_3 \,.\, SiO_2$), welcher sich von den vorherigen durch seine chemische Beschaffenheit und seine Eigenschaften unterscheidet. Er läßt sich durch Säuren gänzlich auflösen und schmilzt zu blasigem Glase.

Die meisten in der Keramik gebräuchlichen Feldspate sind kalihaltig; sie können mit natron- und kalkhaltigen Feldspatarten gemengt sein. Theoretisch enthalten obige Feldspate:

	Orthoklas	Albit	Anorthit
SiO_2	66,84	68,82	43,16
Al_2O_3	18,43	19,56	36,70
K_2O	16,89	—	—
Na_2O	—	11,82	—
CaO	—	—	20,14.

Vergleichen wir diese Zahlen mit denen, welche die Analyse folgender Feldspatarten ergibt:

	I.	II.	III.	IV.	V.
Kieselsäure	67,92	65,64	64,44	64,08	69,98
Tonerde	18,90	18,04	18,75	21,73	19,39
Eisenoxyd	1,28	0,88	0,65	0,93	0,12
Kalk	2,02	0,31	0,27	0,53	0,23
Magnesia	0,39	—	—	0,78	—
Kali	1,87	10,65	13,82	1,48	12,92
Natron	6,93	4,49	2,40	10,08	2,47
Glühverlust	0,60	—	—	—	0,24.

Herkunft: I. Odenwald. II. Böhmen. III. Norwegen. IV. Pfalz. V. Norwegen.

Pegmatit. Cornish-stone. Pegmatit ist ein quarz- und feldspatartiges Gestein. Es ist aus großen Mengen Feldspat gebildet, welche durch und durch von unregelmäßigen Quarzprismen durchzogen sind. Es ist schwerer zu zerkleinern wie Feldspat. Pegmatit, oder vielmehr das Gestein, welches unter diesem Namen in der keramischen Industrie verwendet wird, enthält durchschnittlich 25 % Quarz und 75 % Feldspat.

Cornish-stone oder Cornwall-stone ist ein verwitterter Granit; für den Gebrauch hat er den andern gegenüber den Vorteil, daß er sich leicht zerkleinern läßt, daher findet er in verschiedenen Fabrikationen, so z. B. zur Herstellung von Hartsteingut, Verwendung. Pegmatite und Cornishstone weichen natürlich durch ihre Zusammensetzung vom Feldspat ab; sie enthalten mehr Kieselsäure und weniger Alkalien, wie man sich durch einige Analysen überzeugen kann.

	I.	II.	III.	IV.
Kieselsäure	74,23	74,51	74,55	68,88
Tonerde	15,11	15,03 (Tonerde und Eisenoxyd)	17,37	16,77
Eisenoxyd	0,35		0,26	0,83
Kalk	1,44	2,13	1,68	0,99
Magnesia	0,20	0,20	0,54	0,17
Natron	3,92	4,69	3,68 (Natron und Kali)	6,77 (Natron und Kali)
Kali	4,45	4,30		
Glühverlust	0,43	0,31	2,04	5,79.

I. und II. Pegmatite. III. und IV. Cornish-stone.

Die chemische Beschaffenheit der Cornish-stone ist nicht besonders bekannt. Dieses Gestein unterscheidet sich vom Pegmatit und Feldspat dadurch, daß es sich durch Schwefelsäure angreifen läßt. Diese Säure löst leicht 15 % eines glimmerartigen Stoffes.

Glimmer. Bis heute hat man nicht absichtlich Glimmer in die Massen gebracht, aber dieses Mineral kommt, wie wir schon gesehen haben, in vielen Tonen und Sanden vor. Glimmerhaltige Tone haben eine geringere Feuerfestigkeit, und glimmerhaltige Sande bringen der Masse, worin sie enthalten sind, Schmelzbarkeit. Wenn man als Typus hierfür Muskovit annimmt, findet man nach Prüfung der chemischen Zusammensetzung, daß derselbe sehr alkalihaltig ist. Alle an Glimmer reichen Materialien müssen sorgfältig untersucht werden, denn durch die Alkalien, welche sie enthalten, wird immer Schmelzbarkeit herbeigeführt.

Hier einige Analysen von glimmerartigen Materialien:

	I.	II.	III.
Kieselsäure	78,67	49,00	77,32
Tonerde	12,69	36,43 (Tonerde und Eisenoxyd)	13,89
Eisenoxyd	1,16		0,46
Kalk	0,31	0,10	1,14
Magnesia	0,28	0,45	—
Kali	4,10	2,53	3,05
Natron	1,54	0,63	1,95
Glühverlust	2,50	11,33	2,70.

I. Sand aus Lange-Rollin. II. Chinesischer Kaolin von Tong-Kang. III. Chinesischer Yeou-Ko aus Koui-Koui.

In den beiden letzten Beispielen ist die in dem Gestein enthaltene Menge Glimmer sehr hoch, sie beträgt 13,58 und 31,3 %. Der Sand aus Lange-Rollin enthält genügend Glimmer, um als Flußmittel in Massen eingeführt werden zu können.

Kalksteine. Kalziumkarbonat oder Kalk solchen Silikaten beigefügt, wie Kaolinit, Glimmer und Feldspat, geben unter Einwirkung der Hitze mehr oder weniger glasartige Massen, welche schmelzbarer als die früheren Silikate sind. Ihr Vorhandensein in einer Masse vermindert deren Feuerfestigkeitsgrad. Kalkhaltige Massen sind unbrauchbar für Töpferwaren, welche einer hohen Temperatur ausgesetzt werden sollen. Tonerdehaltigen und kalkarmen Massen hinzugefügt, begünstigen sie die Verglasung. Deshalb führt man in einige Porzellanmassen Kalk ein, welcher sich mit den Silikaten oder der freien Kieselsäure verbindet und mit den alkalischen Silikaten Körper erzeugt, welche erheblich schmelzbarer sind wie Kalziumsilikat.

Kalkstein ist ein sehr verbreitetes Gestein. Seine Abart, die Kreide, ist sehr niedrig im Preise, ziemlich rein und leicht zu mahlen. Sie wird den andern Kalkarten vorgezogen.

$$CaCO_3 = 100 \begin{cases} CaO \; . \; . \; . \; . \; . \; . \; . \; . \; 56 \\ CO_2 \; . \; . \; . \; . \; . \; . \; . \; . \; 44. \end{cases}$$

Gips. Das natürliche Kalziumsulfathydrat ($CaSO_4 + 2H_2O$) wurde früher als schmelzbares Mittel gebraucht. Man findet z. B. nach Brongniart, daß die Masse der Porzellanmanufaktur in Nymphenburg 5,5 % Gips enthielt. Gips hat Kalk gegenüber nur Nachteile; er bringt Schwefelsäureanhydrid mit sich, dessen Vorhandensein schädlich ist. Bei hoher Temperatur entweicht das Anhydrit, zersetzt sich, und in Berührung mit den Feuergasen ergibt es Schwefel oder Schwefelwasserstoff. Letztere Stoffe greifen eine Anzahl von keramischen Produkten an.

Gips ist besonders wichtig zur Herstellung der Formen, wir werden später darauf zurückkommen.

$$CaSO_4 + 2H_2O = 172 \begin{cases} CaO \; . \; . \; . \; 32,55 \\ SO_3 \; . \; . \; . \; 46,52 \\ H_2O \; . \; . \; . \; 20,93. \end{cases}$$

Baryum- und Strontiumhaltige Verbindungen. Man begreift leicht, daß die Baryum- und Strontiumkarbonate und -sulfate die nämliche Rolle spielen können wie die entsprechenden Kalziumverbindungen. Ihr Gebrauch ist nicht sehr verbreitet. Hier und da findet man Baryt zur Herstellung von Massen und Glasuren erwähnt. Es ist wahrscheinlich, daß man bei dem niedrigen Preise der Kalke nicht daran denkt, andere Produkte derselben chemischen Natur zu suchen, die diese ersetzen könnten, außer in ganz besonderen Fällen.

$$BaCO_3 = 197,0 \begin{cases} BaO \; . \; . \; . \; . \; . \; . \; 77,60 \\ CO_2 \; . \; . \; . \; . \; . \; . \; . \; 22,40. \end{cases}$$

$$BaSO_4 = 233,0 \begin{cases} BaO \; . \; . \; . \; . \; . \; . \; 65,67 \\ SO_3 \; . \; . \; . \; . \; . \; . \; . \; 34,33. \end{cases}$$

$$SrCO_3 = 147,5 \begin{cases} SrO \; . \; . \; . \; . \; . \; . \; 70,17 \\ CO_2 \; . \; . \; . \; . \; . \; . \; . \; 29,83. \end{cases}$$

$$SrSO_4 = 183,5 \begin{cases} SrO \; . \; . \; . \; . \; . \; . \; 56,40 \\ SO_3 \; . \; . \; . \; . \; . \; . \; . \; 43,60. \end{cases}$$

Kalziumphosphat. Dieses Phosphat kommt in gebrannten Knochen in großer Menge vor. In dieser Form bildet es einen der Bestandteile des englischen Knochenporzellans. Außer den Phosphaten tierischen Ursprungs gibt es auch natürliche Phosphate; ihr Gebrauch in der Keramik hat jedoch nicht den Erfolg der tierischen Phosphate gezeigt.

Kalziumphosphat gibt den Massen Schmelzbarkeit; einigen Glasuren beigemischt, verleiht er diesen Undurchsichtigkeit.

$$3CaO . P_2O_5 = 310 \begin{cases} CaO \; . \; . \; . \; . \; . \; 54,19 \\ P_2O_5 \; . \; . \; . \; . \; . \; 45,81. \end{cases}$$

Asbest, Federweiß, Talk. Diese magnesiahaltigen und nicht feuerfesten Mineralien bringen den Massen Schmelzbarkeit. Obgleich sie in einigen Werken erwähnt werden, glaube ich nicht, daß viel Gebrauch davon gemacht wird. Seit einigen Jahren gebraucht man Asbest als Zusatz zu Massen. Einige davon, obgleich porös, sind sehr unrichtigerweise Porzellan genannt worden.

Schlacken. Glasscherben. Die meisten schmelzbaren und silikathaltigen Materialien können Verwendung finden. Gewisse Fabrikationen, welche billige Produkte erzeugen, müssen sich auch sehr billige Rohstoffe verschaffen. So bilden Hochofenschlacken ein gutes Bindemittel. Ihre chemische Zusammensetzung nähert sie den keramischen Erzeugnissen.

Zusammengefaßt: Solche Stoffe, wie Alkalien, alkalische Erden, Magnesia, Eisenoxyd, welche Metalloxyde mit sich bringen, führen die Bildung von schmelzbaren Silikaten herbei und spielen in der Masse eine große Rolle, indem sie die einzelnen Partikelchen binden oder zur Verglasung der Masse beitragen.

II. Bestandteile der Glasuren, Flufsmittel, Emails und Farben.

Unter der Bezeichnung Glasur verstehen wir schmelzbare Verbindungen, welche auf keramische Erzeugnisse aufgetragen werden. Ihre Schmelzbarkeit verursacht die Bildung eines glasigen Überzuges über den Scherben. Die Natur dieser Verbindungen ist wenig veränderlich; im allgemeinen findet man Kieselsäure, manchmal Borsäure mit Alkalien, alkalischen Erden oder Bleioxyd verbunden. Wir werden später die Glasuren eingehender behandeln.

Emails und Farben sind durch schmelzbare Verbindungen gebildet, welche färbende Körper enthalten. Bei den Emails ist der Farbkörper im Flußmittel aufgelöst, bei den Farben dagegen ist er nur in Suspension.

Wir unterscheiden also zwei Arten von Produkten: Flußmittel und Farbkörper.

1. Bestandteile der Glasuren, Flußmittel und Emails.

Die Materialien, welche dazu verwendet werden, sind dieselben, welche auch zur Herstellung der Gläser dienen; einige Stoffe werden jedoch nur zu keramischen Zwecken verwendet.

Kieselsäure. Kieselsäurehaltige Materialien haben wir schon beschrieben.

Silikate. Die schmelzbaren Silikate, wie Feldspat, Cornish-stone usw., dienen gleichfalls zur Herstellung von Glasuren. Der lepidolithaltige Glimmer, ein sehr schmelzbares Mineral, wird wohl bald mehr in Gebrauch kommen, da sein Preis bedeutend heruntergegangen ist. Es enthält bis 5 % Lithin mit 12 % Alkalien, 50 % Kieselsäure, 28 % Tonerde und

5—8 % Fluor. Zu diesen Hauptbestandteilen kommt Wasser, Natron, Eisen- und Manganoxyd, manchmal auch Kalk und Magnesia hinzu.

Die tonhaltigen Silikate werden den Verbindungen beigemischt, welche das Vorhandensein von Tonerde ohne Zusatz von Alkalien erfordert. Man bedient sich auch ihrer plastischen Eigenschaften, um das Auftragen von gewissen Glasuren zu erleichtern.

Borsäure und Borate. Manche Flußmittel und Glasuren sind borsäurehaltig. In Form von Borsäure und Borax wird Bor in Glasuren und Schmelzmittel eingeführt. Man hat auch verschiedene Versuche mit Pandermit, einem natürlichen Kalkborat, gemacht; es scheint jedoch, daß der Preis dieses Stoffes vorläufig noch zu hoch ist.

Borsäure ist weiß, in Plättchen kristallisiert, welche in kaltem Wasser (1 Teil in 35 Teilen Wasser) wenig löslich sind. Der Einwirkung der Hitze unterworfen, schmilzt sie zunächst im Kristallwasser, trocknet aus und schmilzt wieder bei höherer Temperatur. Sie ist flüchtig, und in den Körpern, welche Borsäure enthalten, bemerkt man oft Verluste, welche durch diese Verflüchtigung entstehen.

Die in den Handel gebrachte Borsäure ist nicht immer rein, die toskanische Säure z. B. enthält manchmal bis zu 15 % fremde Salze, welche sehr schädlich wirken können. Einige anderer Herkunft sind reiner und gleichen mehr dem Borsäurehydrat. Man tut gut, die Säure zu untersuchen und die Fremdkörper zu bestimmen (Chloride, Sulfate).

$$B(OH)_3 = 62 \begin{cases} B_2O_3 \; \dots\dots \; 54{,}4 \\ H_2O \; \dots\dots \; 45{,}6. \end{cases}$$

$$B_2O_3 = 70 \begin{cases} B \; \dots\dots \; 31{,}43 \\ O \; \dots\dots \; 68{,}57. \end{cases}$$

Borax ersetzt in manchen Zubereitungen die Borsäure, denn in den borsäurehaltigen Verbindungen findet man meistens Natrium.

$$2\,B_2O_3\,.\,Na_2O + 10\,H_2O \begin{cases} B_2O_3 \; \dots \; 36{,}6 \\ Na_2O \; \dots \; 16{,}2 \\ H_2O \; \dots \; 47{,}2. \end{cases}$$

Natronborat von englischer Herkunft ist von guter Qualität; es wird durch Einwirkung von roher Borsäure auf Soda hergestellt. Nach wiederholtem Umkristallisieren ist es rein genug für den Gebrauch. Natürlicher Borax ist mit einer großen Menge fremder Salze vermengt und man kann nicht immer durch Raffinieren ein so reines Produkt erhalten, als durch ersteres Verfahren. Man erhält auch guten Borax, wenn man von den Kalkboraten ausgeht.

Borax ist löslicher als Borsäure (1 Teil in 12 Teilen Wasser). Unter Einwirkung der Hitze schmilzt er in seinem Kristallwasser, bläht auf und gibt das Hydratwasser ab. Stärkerem Feuer ausgesetzt, schmilzt er zu einer glasartigen Substanz zusammen.

Priceit ($3\,CaO \,.\, 4\,B_2O_3 \,.\, 7\,H_2O$) und Borokalzit ($CaO \,.\, 2\,B_2O_3 \,.\, 6\,H_2O$) sind natürliche Kalkborate. In Panderma in Kleinasien findet man große Mengen Borokalzite, welche gereinigt den Namen Pandermit führen. Wenn man eine Analyse von Pandermit und Borokalzit nebeneinander stellt, kann man leicht den Abgang von Wasser und Gang ersehen.

	Pandermit	Borokalzit
Borsäureanhydrid	55,73	45,20
Kalk	37,07	30,70
Magnesia	0,45	0,50
Schwefelsäureanhydrid . . .	2,55	2,20
Kohlensäureanhydrid . . .	Spuren	0,20
Tonerde und Eisenoxyd . .	0,10	0,90
Wasser	3,63	18,46
Rückstand	0,38	1,78.

Man könnte Pandermit in vielen Fällen gebrauchen, wenn, wie gesagt, der Preis hierfür nicht zu hoch wäre.

Natriumkarbonat. Natriumkarbonat oder Soda des Handels findet man in Kristallform ($Na_2CO_3 + 10\,H_2O$) und als Solvaysalz oder Ammoniaksoda (Na_2CO_3).

Die kristallisierte Soda verwittert an der Luft und verliert allmählich 5 Moleküle Wasser. Bei Erhitzung löst sie sich in ihrem Kristallwasser auf und schmilzt bei der Rotglut. Sie ist in Wasser leicht löslich (64 Teile in 100 Teilen Wasser bei 14°). Die in den Handel gebrachte Soda enthält bis zu 15 % fremde Salze; das Vorhandensein von Sulfaten ist in der keramischen Industrie sehr schädlich.

Zu Zubereitungen, bei welchen man Hitze anwendet, ist es vorteilhafter, wasserfreie Soda zu gebrauchen, welche kein Aufblähen verursacht, wie dies beim kristallisierten Karbonat der Fall ist. Im Handel findet sich diese Soda schon in sehr reinem Zustand (99 %).

$$Na_2CO_3 = 106 \left\{ \begin{array}{lr} Na_2O \;.\;.\;. & 58 \\ CO_2 \;.\;.\;.\;. & 41. \end{array} \right.$$

$$Na_2CO_3 + 10\,H_2O = 286 \left\{ \begin{array}{lr} Na_2O \;.\;.\;. & 22 \\ CO_2 \;.\;.\;.\;. & 15 \\ H_2O \;.\;.\;.\;. & 63. \end{array} \right.$$

Kaliumkarbonat. Kaliumkarbonat hat die unangenehme Eigenschaft, zerfließlich zu sein. Es löst sich in seinem Eigengewicht kalten Wassers und wird weniger benutzt wie Natriumkarbonat.

Man vermeide, unreines Salz, welches Chloride oder Sulfate in großen Mengen enthält, zu verwenden.

$$K_2CO_3 = 138 \left\{ \begin{array}{lr} K_2O \;.\;.\;.\;.\;.\;.\;.\;.\;. & 68 \\ CO_2 \;.\;.\;.\;.\;.\;.\;.\;.\;. & 32. \end{array} \right.$$

Natriumchlorid oder Kochsalz. In einigen Formeln für Glasuren findet man Natriumchlorid anstatt Natriumkarbonat. Um das Steinzeug zu salzen, verwendet man auch gewöhnliches Meersalz. Salz kann mit Kieselsäure kein Silikat bilden, nur bei Vorhandensein von Wasserdampf und reduzierenden Gasen und bei hoher Temperatur verwandelt es sich in Silikate, indem Chlor und Chlorwasserstoff entweichen.

$$NaCl = 58{,}5 \begin{cases} Na \ldots\ldots\ldots & 39{,}35 \\ Cl \ldots\ldots\ldots & 60{,}65. \end{cases}$$

Kaliumnitrat. Salpeter ist ein leicht zu zersetzendes Oxydierungsmittel, daher findet er Verwendung zu Zubereitungen, welche Alkalien enthalten sollen und einer Oxydierung bedürfen. Das Kaliumnitrat, welches für solche Verfahren gebraucht wird, muß sehr rein sein. Gewöhnlicher Salpeter enthält stets Chloride und sehr oft Sulfate.

$$KNO_3 = 101 \begin{cases} K_2O \ldots\ldots\ldots & 46{,}55 \\ N_2O_5 \ldots\ldots\ldots & 53{,}45. \end{cases}$$

Alkalisch-erdige Karbonate. Kalziumkarbonat wurde bereits besprochen. Baryumkarbonat wird nur zu einigen Glasuren und Schmelzmitteln verwendet.

Das Vorhandensein von Eisen und Mangan, welche sie oftmals mitführen, kann nur schädlich sein.

Bleiverbindungen. Schon von alters her hat man Blei zur Herstellung von Glasuren verwendet. Die gewöhnlichen Töpferwaren haben eine Glasur, welche aus Bleisilikat besteht.

Die frühern Töpfer benutzten den Bleiglanz (PbS) und man darf sich nicht wundern, heute noch Fabrikanten von gewöhnlichen Tonwaren zu finden, die sich dieses Minerals bedienen.

Man gebraucht in der keramischen Industrie Bleiglätte, Mennige (oder Minium) und Bleiweiß. Man zieht Mennige der Bleiglätte vor, weil sie sich in einer höhern Oxydationsstufe befindet. Dadurch hat man eine Reduzierung des Bleis weniger zu befürchten. Beim Erhitzen verhält sich Mennige wie ein oxydierendes Mittel, da sie bei niedriger Temperatur den Sauerstoff abgibt, welchen PbO aufnahm, um Pb_3O_4 zu bilden.

Mennige ist ein Pulver, dessen rote Farbe sehr bekannt ist; sie ist manchmal gefälscht durch Zusatz von zerstoßenen Ziegeln und Eisenoxyd. Mennige aus Bleiweiß hergestellt, hat ein orangefarbigeres Aussehen als Mennige, welche durch Oxydierung hergestellt ist. Im allgemeinen enthält Minium einen Überschuß an Bleiprotoxyd. Stark kalziniert verliert es Sauerstoff und es entsteht Protoxyd; theoretisch müßte der Gewichtsverlust 2,34 $^0/_0$ betragen.

$$Pb_3O_4 = 685 \begin{cases} Pb \ldots\ldots\ldots & 90{,}65 \\ O \ldots\ldots\ldots & 9{,}35. \end{cases}$$

In einigen Formeln wird auch Bleiglätte angeführt. Bleiprotoxyd ist etwas reicher an Blei als Mennige, aber der Unterschied ist gering.

$$PbO = 223 \begin{cases} Pb \; . \; . \; . \; . \; . \; . \; . \; . \; . \; . & 92{,}80 \\ O \; . \; . \; . \; . \; . \; . \; . \; . \; . \; . & 7{,}20. \end{cases}$$

Bleiweiß oder basisches Bleikarbonat weist eine mit der Herstellungsart wechselnde Zusammensetzung auf. Die Formel, die wir hier wiedergeben, ist eine durchschnittliche.

$$2\,PbCO_3 \,.\, Pb(OH)_2 = 775 \begin{cases} PbO \; . \; . & 86{,}34 \\ CO_2 \; . \; . & 11{,}34 \\ H_2O \; . \; . & 2{,}32. \end{cases}$$

Bleiweiß wird öfters mit Baryumsulfat gefälscht, dessen weiße Farbe und spezifisches Gewicht diese Fälschung begünstigen.

Kalziumfluorid. Flußspat ist ziemlich leicht schmelzbar. In der Natur findet man ihn in verschiedenen Färbungen. Aber alle diese Arten geben einen weißen Staub, dessen Verhalten stets dasselbe ist. Bei Vorhandensein von Kieselsäure und Silikaten gibt das Fluor, welches dieses Mineral enthält, Veranlassung zu verwickelten Einwirkungen, mit mehr oder weniger Verlust an Fluor. Welcher Art die Wirkung auch ist, sie kann den Verlust der Durchsichtigkeit der Glasur zur Folge haben. Kalziumfluorid wird auch zur Herstellung von fluorhaltigen Farbkörpern benützt.

$$CaFl_2 = 78 \begin{cases} Ca \; . \; . \; . \; . \; . \; . \; . \; . \; . & 51{,}28 \\ Fl \; . \; . \; . \; . \; . \; . \; . \; . \; . & 48{,}72. \end{cases}$$

Kryolit. Dieses Natrium-Aluminiumfluorid ist schmelzbarer als der Flußspat und kann zu demselben Zwecke verwendet werden. Man gebraucht es zur Herstellung verschiedener Milchgläser.

$$Al_2Fl_6 \,.\, 6\,NaFl = 420{,}80 \begin{cases} Al \; . \; . \; . \; . & 13{,}02 \\ Na \; . \; . \; . \; . & 32{,}80 \\ Fl \; . \; . \; . \; . & 54{,}18. \end{cases}$$

Wismutoxyd. Wismutoxyd wird besonders zur Herstellung von Flußmitteln für Vergoldung verwendet. Man hat auch vorgeschlagen, Wismutflüsse als Ersatz für die bleihaltigen Schmelzfarbenflüsse anzuwenden.

$$Bi_2O_3 = 468 \begin{cases} Bi \; . \; . \; . \; . \; . \; . \; . \; . \; . & 89{,}70 \\ O \; . \; . \; . \; . \; . \; . \; . \; . \; . & 10{,}30. \end{cases}$$

Wismutoxyd bereitet man, indem man das basische Nitrat, das man durch Niederschlag einer Wismutnitratlösung durch Wasser erhält, leicht kalziniert. Es ist einfacher, gleich das basische Nitrat zu verwenden, dessen Zersetzung leicht erfolgt und welches zugleich die im Flußmittel etwa vorhandenen reduzierenden Stoffe oxydiert.

Das ausgefällte Oxyd ist wasserhaltig.

Die Zubereitung des basischen Nitrates geschieht, indem man das Metall in Salpetersäure löst. Die Flüssigkeit wird mit Wasser verdünnt, bis sich ein Niederschlag zeigt. Der erste enthält neben Wismut noch Arsen. Gießt man die Flüssigkeit in eine große Menge warmes Wasser, so bildet sich ein reichlicher Niederschlag, der aus basischem Nitrate besteht.

In der Lösung bleibt neutrales Nitrat, welches dadurch, daß freie Salpetersäure entsteht, nicht zersetzt werden kann. Nach der Neutralisierung ist es möglich, das in der Lösung zurückbleibende Wismut als Oxyd auszufällen, indem man Alkali hinzufügt.

2. Verbindungen, welche zur Herstellung der Farbkörper verwendet werden.

Tonerde. Die Tonerde bringt keine Färbung in den Glasuren hervor, sie ändert nur die Tönungen, welche durch gewisse färbende Oxyde hervorgebracht sind. Bei Protoxyden wirkt sie wie ein Anhydrid und ergibt Aluminate, welche eine eigene Färbung besitzen.

Die Tonerde muß eisenfrei sein. Dies ist nicht immer leicht zu bewerkstelligen. Im Handel findet man jedoch Tonerde von sehr guter Qualität. Wollte man dieses Oxyd zubereiten, so müßte man ein Aluminiumsalz durch Ammoniak niederfällen oder das Aluminiumnitrat kalzinieren.

Das Kalzinieren des Ammoniakalauns ist nicht zu empfehlen, denn es ist sehr schwer, die Schwefelsäure und das Ammoniumsulfat durch Hitze gänzlich zu entfernen.

Der getrocknete Tonerde-Niederschlag ist durch ein normales Hydrat gebildet, $Al_2(OH)_6$ oder $Al_2O_3 + 3H_2O$. Durch Kalzinieren erhält man das wasserfreie Oxyd (Al_2O_3).

Wir wissen, daß die kalzinierte Tonerde sowie die Aluminate einer großen Zahl von Reagenzien widerstehen. Sie lösen sich am besten in richtig verdünnter Schwefelsäure.[1] Kaliumbisulfat und geschmolzenes Kali wirken am stärksten auf diese Körper ein.

$$Al_2O_3 = 102{,}80 \left\{ \begin{array}{ll} Al \;\ldots\ldots & 53{,}30 \\ O \;\ldots\ldots & 46{,}70. \end{array} \right.$$

$$Al_2O_3 \,.\, 3H_2O = 156{,}80 \left\{ \begin{array}{ll} Al_2O_3 \;\ldots & 65{,}05 \\ H_2O \;\ldots\ldots & 34{,}95. \end{array} \right.$$

Chromoxyd. Diesen Stoff bereitet man gewöhnlich, indem man Kaliumbichromat mit Schwefel reduziert. Meistens bringt man die Mischung in einen heißen Tiegel, indem man sie nach und nach, nicht in theoretischen Verhältnissen, sondern mit einem Überschuß an Schwefel (die Hälfte des Salzgewichtes) hineingibt. Man wäscht nach Abkühlung den erhaltenen Bodensatz aus, um ihn von dem zurückgelassenen Kaliumsulfat zu befreien. Es ist jedoch einfacher, wenn man die Mischung von Schwefel und Bichromat in einer Schale anzündet und dann einem Auslaugen unterzieht. Ammoniumbichromat, leicht angewärmt, kann angezündet werden und er-

---

[1]) 8 Teile Säure und 3 Teile Wasser. (Mitscherlich.)

gibt nach der Verbrennung gleichfalls Chromoxyd als Rückstand; dieses braucht nicht ausgewaschen zu werden.

Man erhält ein sehr zerteiltes Oxyd von schöner grüner Färbung, wenn man ein Gemenge von 4 Teilen Bichromat und 1 Teil Stärke pulverisiert, innig mischt und stark erhitzt. Außer Chromoxyd bildet sich Kaliumkarbonat, welches durch Auslaugen entfernt werden kann.

Durch Kalzinieren von Quecksilberchromat bekommt man ein Oxyd, welches feiner zerteilt ist wie die vorherigen. Dagegen ist es im Preise zu hoch, als daß man einen großen Gebrauch davon machen könnte.

Durch Chromoxyd erhält man grüne Färbungen.

$$Cr_2O_3 = 152{,}40 \begin{cases} Cr \ldots\ldots\ldots & 68{,}51 \\ O \ldots\ldots\ldots & 31{,}49. \end{cases}$$

Chromate. Baryumchromat ist seit langem als schön gelbfärbend bekannt. Es wird bereitet, indem man eine Lösung von Baryumchlorid durch eine Lösung von neutralem Kaliumchromat zum Niederschlag bringt. Dieser ist gelb, in Wasser unlöslich, jedoch in Salpetersäure löslich.

$$BaCrO_4 = 253{,}2 \begin{cases} BaO \ldots\ldots & 60{,}43 \\ CrO_3 \ldots\ldots & 39{,}57. \end{cases}$$

Eisenchromat ist ein Niederschlag von braunroter Färbung, dessen Zusammensetzung noch nicht mit Sicherheit bekannt ist. Brongniart hat eine sonderbare Zubereitungsart angegeben (Einwirkung des neutralen Kaliumchromates auf das Eisensulfat), welche wohl Eisenhydroxyd oder ein basisches Salz ergeben dürfte.

Man kann Eisenchromat leichter erhalten, wenn man eine Ferriverbindung zum Niederschlag bringt, anstatt eine Ferroverbindung. Der Niederschlag ist in Salzsäure löslich. Mit einer sauren Lösung bereitet und unvollständig ausgewaschen, kann dieses Salz Eisenkaliumchromat enthalten.

Kobaltchromat wird zu grünen Farben gebraucht und wie Baryumchromat zubereitet, jedoch mit dem Unterschied, daß man vom Kobaltsulfat ausgeht. Die Formel hierfür wäre:[1])

$$CrO_4Co \,.\, Co(OH)_2 + H_2O.$$

Dieses Chromat ist also kein neutrales Chromat, aber wohl ein basisches Salz, wenn das Kobalthydratoxyd nicht nur einfach gemengt ist. Beim Kochen erhält man einen gräulichen Niederschlag von anderer Zusammensetzung:

$$CoCrO_4 \,.\, 2\,Co(OH)_2 + 2\,H_2O.$$

Dieser Niederschlag ist grau und oxydiert an der Luft schon beim Auswaschen. Durch ein anderes Verfahren kann man ein ebenso vorteil-

---

[1]) Nach Freese.

haftes Färbemittel bekommen. Man verdampft den Rückstand der Behandlung eines Kobaltsalzes (vorzugsweise des Nitrates) mit Ammoniumchromat.

Bleichromat muß frei von Sulfaten sein (manchmal enthält es Blei-, Kalzium- und Baryumsulfat). Man bereitet es, indem man eine Bleisalzlösung mit einer Kaliumchromatlösung zum Niederschlag bringt. Dieser ist gelb und enthält kein überschüssiges Bleioxyd. Wenn man die Neutralität der Bleisalzlösung nicht sorgfältig prüft, kann man ein anderes Chromat ausfällen. Bei Vorhandensein von Alkalien erhält Bleichromat eine rote Farbe und ist dann basisch.

$$PbCrO_4 = 323{,}20 \begin{cases} PbO \;.\;.\;.\;.\;.\;.\;. & 69 \\ CrO_3 \;.\;.\;.\;.\;.\;.\;. & 31. \end{cases}$$

Kobaltoxyd. Dieses erhält man als schwarzes Pulver, dessen Tönung manchmal ins Braune geht, wenn das Material Sesquioxyd in beträchtlicher Menge enthält. Das im Handel vorkommende schwarze Oxyd ist größtenteils aus Co_3O_4 gebildet. Gewöhnlich enthält es mindestens 70 % Kobalt.

$$CoO = 165{,}80 \begin{cases} Co \;.\;.\;.\;.\;.\;.\;.\;.\;. & 78{,}61 \\ O \;.\;.\;.\;.\;.\;.\;.\;.\;. & 21{,}39. \end{cases}$$

Dieser Farbkörper findet sich im Handel in verschiedenem Reinheitszustande vor und ist fast immer von Nickeloxyd begleitet. Er kann auch Arsen und Schwefel enthalten, die aus dem Erz stammen und bei der Herstellung nicht ganz ausgeschieden wurden. Nickel schädigt die Kobaltfarben, da es aufkocht und dunkle Flecken bildet. Will man nickelfreies Kobaltoxyd haben, so bleibt einem nichts anderes übrig, als das im Handel befindliche zu reinigen oder reines Oxyd von einer gewissenhaften Chemikalienfabrik zu beziehen.

Die Reinigung geschieht, indem man eine nickelhaltige Kobaltlösung mit Kaliumnitrit zum Niederschlag bringt. In der Praxis gebraucht man Natriumnitrit und Kaliumchlorid. Zu der durch Kali neutralisierten Flüssigkeit fügt man etwas Essigsäure und dann die Mischung von Natriumnitrit und Kaliumchlorid. Es bildet sich ein gelber Niederschlag:

$$[3(CoO\,.\,N_2O_3 + K_2O\,.\,N_2O_3) + H_2O],$$

welcher mit einer 11 %igen Kaliumazetatlösung und mit etwas Nitrit ausgewaschen wird. Diese Reinigung ist kostspielig und nimmt sehr viel Zeit in Anspruch.

Die Oxyde, welche von schwefel- oder arsenhaltigen Erzen stammen, können Arsen- oder Schwefelspuren enthalten. Dieses ist nicht der Fall bei den aus Asbolan gewonnenen. Dagegen können letztere eisenhaltig sein, da Eisen in diesem Erze ein Begleiter des Kobalt ist.

In Deutschland bezeichnet man die Oxyde durch Buchstaben; wir wollen einige Erklärungen über ihre Zusammensetzung sowohl wie auch über diejenige einiger wichtiger Kobaltverbindungen geben.

	Prozentgehalt in Protoxyd gerechnet	
	CoO	NiO
Oxyde *GKO*	95,4	2,5
Oxyde *FFKO*	95,4	0,5
Oxyde *FKO*	95,0	5,0
Oxyde *RKO*	86,4	6,0
Oxyde *PO*	85,5	7,5
Hydrokarbonat (*KOH*)	54,6	5,5
Phosphat (*PKO*)	40,7	2,0
Arsenat (*AKO*)	36—30	3—5.

Will man auf chemischem Wege ein Kobaltoxyd untersuchen, so kann man leicht Nickel ermitteln, indem man Nickel von Kobalt durch Nitroso-β-Naphthol scheidet. Dieses schlägt in essigsaurer Lösung die Kobaltlösung als Nitroso-β-Naphtholat nieder, während Nickel in der Lösung zurückbleibt. Man muß die Lösung mit Salzsäure, worin das Nickelsalz sich auflöst, ansäuern.

Zunächst fügt man Ammoniak hinzu, bis es einen Niederschlag gibt, den man mit Salzsäure wieder auflöst, und fügt dann der Lösung gleiches Volumen 50 %ige Essigsäure und das in Essigsäure gelöste Nitroso-β-Naphthol bei. Es bildet sich dann ein reichlicher Kobaltniederschlag, welcher durch Filtrieren geschieden wird, nachdem er mit 12 %igem salzsaurem Wasser ausgewaschen wurde. Im Filtrat bleibt Nickel zurück. Es ist unbedingt notwendig, um diese Methode mit Erfolg anzuwenden, Nitroso-β-Naphthol zu verwenden, welches in Essigsäure gänzlich löslich ist.

Dieses Verfahren ist sehr wertvoll für Versuche, denn es geht sehr schnell vor sich.

Kobaltphosphat ($Co_3(PO_4)_2 + 8\,H_2O$). Kobaltphosphat erhält man, wenn man ein Kobaltsalz mit Natriumphosphat zum Niederschlag bringt. Hierzu muß das Natriumphosphat mit Natriumkarbonat in entsprechender Menge gemischt werden zur Bildung eines trialkalischen Phosphats, d. h. 0,5 Moleküle Karbonat für 1 Molekül Phosphat oder 143 Gew.-Teile Natriumkarbonat zu 10 Molekülen Wasser und 364 Gew.-Teile gewöhnliches bibasisches Natriumphosphat zu 12 Molekülen Wasser. Da dieses letztere Salz leicht verwittert, ist es gut, seinen Wassergehalt vor dem Gebrauche zu prüfen, denn es kann bei gewöhnlicher Temperatur $5\,H_2O$ verlieren.

Der rosige Kobaltphosphat-Niederschlag ist gallertartig. Kobaltsulfat im Überschuß löst Kobaltphosphat auf kaltem Wege; auf warmem Wege wird das gelöste Phosphat wieder gefällt.

Kobaltphosphat und Kobaltarsenat haben gleiche Zusammensetzung.

Kobaltkarbonat. Wenn man auf kaltem Wege ein Kobaltsalz mit einem alkalischen Karbonat zum Niederschlag bringt, ergibt sich ein basisches Karbonat:

$$2\,[CoCO_3 + Co(OH)_2] + 5\,H_2O.$$

Mit kochendem Wasser ausgewaschen, ändert es seine Zusammensetzung und wird

$$2\,CoCO_3 + 3\,[Co(OH)_2] + H_2O,$$

indem es Kohlensäure verliert. Der erstere dieser Körper ist rosa, letzterer grauviolett.

Das Karbonathydrat ($3\,CoCO_3 + 2\,H_2O$) erhält man nur durch Digerieren des basischen Salzes in einer Lösung von Ammoniakbikarbonat.

Das wasserhaltige Kobaltkarbonat, welches in der keramischen Industrie verwendet wird, ist ein basisches Karbonat.

Nickeloxyd. Die Nickelverbindungen sind nicht so wichtig wie die Kobaltverbindungen. Nichtsdestoweniger werden sie gebraucht, um gewisse braune Färbungen zu erzielen.

Nickeloxyd ist grünlich-grau; es ergibt durch Kalzinieren an der Luft schwieriger höhere Oxyde als Kobaltoxyd. Durch Kalzinieren des Hydroxydes, Karbonates oder Nitrates hergestellt, kann es Sesquioxyd enthalten. Wenn man eine Lösung eines Nickelsalzes mit Kali oder Natron zum Niederschlag bringt, ergibt sich Nickelhydroxyd ($Ni(OH)_2 = NiO\,.\,H_2O$) in apfelgrünen Flocken.

$$NiO = 74{,}80 \begin{cases} Ni \;.\;.\;.\;.\;.\;.\;.\;.\;.\; 78{,}60 \\ O \;.\;.\;.\;.\;.\;.\;.\;.\;.\; 21{,}40. \end{cases}$$

Wir haben gesagt, daß das Kalzinieren einiger Nickelverbindungen die Bildung von Sesquioxyd hervorrufen kann. Letzterer Körper bildet sich, wenn die Zersetzung nicht bei zu hoher Temperatur vollzogen wird.

Da Nickeloxyd in Ammoniak löslich ist, kann es nur durch gewisse Alkalien zum Niederschlag gebracht werden. Dieser ist sehr schwer auszuwaschen und ist es vorteilhafter, soviel wie möglich das durch Kalzinieren des Nitrates hergestellte Oxyd zu benützen. Das so erhaltene Produkt enthält keine Fremdkörper, wenn es ordentlich zubereitet ist.

Nickelkarbonat. Der Niederschlag eines Nickelsalzes durch alkalische Karbonate ist ein Hydrokarbonat von unbestimmter Zusammensetzung. Die Nickellösung gibt, kalt behandelt, durch ein Karbonat einen Niederschlag, welcher, bei 100° getrocknet, die Zusammensetzung

$$2\,CO_3Ni + 3\,Ni(OH)_2 + 2\,H_2O$$

haben dürfte.

Eisenoxyd. Eisenoxyd (Fe_2O_3) ist lange Zeit durch Kalzinieren von Eisensulfat hergestellt worden. Es ist ein altes Verfahren, welches in Büchern angegeben ist und dessen man sich noch heute bedient. Um nach diesem Verfahren Eisen-Sesquioxyd zu erhalten, muß man zuerst bei gelinder Temperatur Eisensulfat austrocknen. Das Kristallwasser entweicht langsam und fast gänzlich bei 100°. Nach einiger Zeit erhält man eine graue, pulverähnliche Masse, welche nur 1 Molekül Wasser enthält. Dieses letztere wird nur bei höherer Temperatur (300°) entfernt. Wenn man, anstatt die Entwässerung des Salzes langsam vorzunehmen, die Masse plötzlich erhitzt, schmilzt das Salz im Kristallwasser und bildet sich dann eine Masse, deren Zersetzung sich weniger regelmäßig vollzieht als diejenige des durch langsames Austrocknen vorbereiteten Pulvers. Bei sehr starker Hitze zersetzt sich das Sulfat und ergibt Eisenoxyd und sauerstoffhaltige Schwefelverbindungen. Das erhaltene Oxyd wird dann sorgfältig ausgewaschen.

$$Fe_2O_3 = 160 \begin{cases} Fe \;.\;.\;.\;.\;.\; 70{,}00 \\ O \;.\;.\;.\;.\;.\; 30{,}00. \end{cases}$$

$$Fe_2O_3 \,.\, 3\,H_2O = 214 \begin{cases} Fe_2O_3 \;.\;.\;.\;.\; 74{,}80 \\ H_2O \;.\;.\;.\;.\; 25{,}20. \end{cases}$$

Eisenoxyd hat eine verschiedenartige Färbung, je nachdem es hergestellt wurde. Stark kalziniert, ist es grauviolett, schwach erhitzt, geht es mehr ins Rot über. Wenn man von Eisenhydroxyd ausgeht, erzielt man dieselben Resultate. Es genügt, das Ferrichlorid mit Ammoniak niederzufällen und den gut ausgewaschenen Niederschlag auszutrocknen und zu kalzinieren.

Das Kalzinieren geschieht sehr vorteilhaft in einer Gasmuffel; da die Hitzeverteilung sich gleichmäßiger vollzieht, kann man gleichmäßigere Produkte erzielen als mit der direkten Erhitzung.

Wenn man eine Eisensulfatlösung der Luft aussetzt, setzt sich ein gelbliches Eisenhydroxyd ab. Nach einigen Tagen wird der Satz abgehoben und gewaschen und dann an der Luft getrocknet.

Das durch Ammoniak gefällte Eisenoxyd wird in einigen Fällen verwendet. Seine Herstellung ist bekannt. Das kalzinierte Sesquioxyd ist wasserfrei, dasjenige, welches durch Oxydieren von Eisensulfat erzeugt wird, hat wohl dieselbe Zusammensetzung wie der Rost:

$$2\,Fe_2O_3 \,.\, 3\,H_2O,$$

das durch Alkalien ausgefällte Oxyd ist das normale Hydrat:

$$Fe_2O_3 \,.\, 3\,H_2O.$$

Neben Eisenoxyd können wir gewisse Naturkörper hinstellen, welche man gebrauchen kann, um Eisen in die Verbindungen zu bringen. Nach Brongniart[1]) findet man, daß die eisenhaltigen Erden (wie Siennaerde), gelber und roter Ocker als Färbemittel dienen können. Dies sind aber Materialien von sehr wechselnder Zusammensetzung.

Der Sandstein von Thiviers ist in der Manufaktur von Sèvres benutzt worden, um die roten Farben für den Fries im Grand-Palais von 1900 zuzubereiten. Er ist ein sehr eisenhaltiger Quarz.

Manganoxyd. Das natürliche Manganperoxyd (Pyrolusit oder Braunstein) findet sich in verschiedener Reinheit vor. Es enthält manchmal

[1]) Traité des arts céramiques, 2. Ed., S. 539.

beträchtliche Mengen von Fremdkörpern, wie Eisenoxyd und Karbonate. Wenn es unvermischt ist, kann man es gebrauchen, wie es ist, als Peroxyd oder nach Kalzinieren als Oxyduloxyd (Mn_3O_4). Die Zubereitung von reinem Peroxyd auf chemischem Wege ist langwierig, aber man kann sehr gut MnO_2 durch Mn_3O_4, das leichter herzustellen ist, ersetzen.

Ein eisenfreies Mangansalz, durch ein alkalisches Karbonat zum Niederschlag gebracht, ergibt Mangankarbonat. Dieses Salz, ausgewaschen und kalziniert, ergibt Oxyduloxyd (Mn_3O_4).

$$Mn_3O_4 = 229 \begin{cases} Mn \dots\dots\dots 72{,}20 \\ O \dots\dots\dots 27{,}80. \end{cases}$$

$$MnO_2 = 87 \begin{cases} Mn \dots\dots\dots 63{,}22 \\ O \dots\dots\dots 36{,}78. \end{cases}$$

Zinkoxyd. Diese Verbindung bringt aus sich selbst keine Färbung hervor, da die Zinksalze weiß sind. Gewissen färbenden Oxyden beigemischt, ändert es deren Tönung. Es ist wahrscheinlich, daß die Bildung von Zinkaten diese Erscheinung hervorruft. Zinkoxyd, welches durch Verbrennungsprozeß des Zinkes herstammt, scheint nicht alle wünschenswerten Eigenschaften zu besitzen, um zu Farben verwendet zu werden, obwohl es sehr leicht und zerteilt erhalten wird.

Man verwendet vorteilhafter Zinkhydrokarbonat, welches durch Kalzinieren Zinkoxyd ergibt. Diesen Körper erhält man, wenn man metallisches Zink in einer Säure auflöst. Wenn das Metall gänzlich aufgelöst ist, peroxydiert man die Flüssigkeit entweder durch Chlor- oder Salpetersäure, um das Eisen in Ferrisalz umzuwandeln. Die Flüssigkeit wird dann verdünnt und Natriumkarbonat in kleiner Menge beigefügt; der erste Niederschlag nimmt das Eisen mit sich und wird entfernt; die Zinklösung wird dann durch Natriumkarbonat zum Niederschlag gebracht.

Der in warmer Flüssigkeit erhaltene Niederschlag ist alkalienfrei und pulverförmig; seine Zusammenstellung ist nicht genau bekannt. Lefort gibt an: $3\,CO_3Zn\,.\,5\,Zn(OH)_2 + H_2O$, Rose gibt $4\,CO_3Zn\,.\,5\,Zn(OH)_2 + H_2O$ an, nachdem es zu 100° ausgetrocknet ist; Brongniart gibt die Analyse eines verwandten Körpers an: $3\,CO_3Zn\,.\,6\,Zn(OH)_2 + H_2O$. Am besten kalziniert man einen kleinen Teil des getrockneten Stoffes, aus welchem man das Zinkoxyd ermittelt.

$$ZnO = 81{,}20 \begin{cases} Zn \dots\dots 80{,}25 \\ O \dots\dots 19{,}75. \end{cases}$$

$$ZnO\,.\,H_2O = 99{,}20 \begin{cases} ZnO \dots\dots 81{,}90 \\ H_2O \dots\dots 18{,}10. \end{cases}$$

Uranoxyd. Im Handel gebraucht man den Namen Uranoxyd für die verschiedenen Uranverbindungen, welche in der keramischen Industrie verwendet werden; man unterscheidet diese Körper nur durch ihre Färbung, z. B. nennt man Uranoxyd schwarzes Uranoxyd, Natriumuranat gelbes

Oxyd, Bleiuranat Orangeoxyd. Die Uranverbindungen stammen aus Joachimsthal und aus Sachsen.

Uranoxyd ist schwarz als UO_2 und braun als UO_3, Pechblende ist das Uranerz. Dieses Mineral wird mit Schwefelsäure, indem man nach und nach kleine Mengen Salpetersäure hinzufügt, behandelt und der Einwirkung der warmen Reagenzien so lange ausgesetzt, bis die Masse gänzlich weiß geworden ist. Hierauf verdünnt man mit Wasser und leitet einen Strom von Schwefelwasserstoff hinein, welcher die fremden Metalle zum Niederschlag bringt. Die abgekochte und durch Salpetersäure peroxydierte Flüssigkeit ergibt durch Zusetzung von Ammoniak Ammoniumuranat. Dieser Niederschlag wird gereinigt durch Digerieren mit Ammoniak, dem Ammoniumkarbonat beigefügt ist. In der Flüssigkeit setzt sich Uranammoniumkarbonat ab. Dieses Salz ergibt nach Kalzinieren grünes Uranoxyd [U_3O_4 (U_3O_8)]. Die Mutterlauge, mit Schwefelammonium behandelt, ergibt einen Niederschlag von Sulfiden (Kobalt, Nickel, Zink, Mangan); man filtriert dann ab und läßt die Flüssigkeit kochen, bis sich ein Salz von Ammoniumuranat bildet. Dieses Salz ergibt durch Kalzinieren U_3O_4.

In der keramischen Industrie gebraucht man hauptsächlich das Natriumuranat, Bleiuranat und Uranoxyd. Diese Verbindungen sind leicht herzustellen, wenn man vom Urannitrat ausgeht, welches erhalten wird, indem man U_3O_4 in Salpetersäure auflöst.

Grünes Uranoxyd erhält man durch Kalzinieren von Ammoniumuranat oder Urannitrat.

Uranoxyd (UO_3) entsteht durch mäßiges Kalzinieren (250 ^{0}) des Nitrates.

Uranate. Ammoniumuranat bildet sich als Niederschlag, wenn man in die Lösung eines Uransalzes Ammoniak gießt. Es ist ein gelbliches Pulver, wenig löslich im Wasser, besonders wenn dieses Wasser mit Salmiak gesättigt ist und ist durch Hitze zersetzbar.

Bleiuranat ist orangefarbig; man erhält es durch Einwirkung von Uranazetat auf Bleiweiß.

Kupferoxyd. Kupferoxyd (CuO) erhält man sehr leicht durch direktes Oxydieren des Metalls. Wenn man an der Luft Kupferstücke erhitzt, überzieht sich das Metall mit einer schwarzen Schicht. Man zerschlägt die Metallstücke, um die Oxydschicht herunterfallen zu lassen und erhitzt das Metall wieder. Dies geht so weiter, bis alles metallische Kupfer verschwunden ist. Das auf diese Weise erhaltene Oxyd ist schwarz, in Form von porösen Schuppen.

Man erhält ein feiner zerteiltes und dichteres Oxyd durch Kalzinieren des Nitrates. Man löst Kupfer in Salpetersäure auf und verdampft den Rückstand bis zur Trockene, bis die Masse sich grün färbt. Dann löst man den festen Rückstand von der Schale und erhitzt ihn in einer Schale aus feuerfestem Ton, bis er schwarz wird.

Die Änderungen in der chemischen Bezeichnung und die verschiedenartigen Benennungen, welche man dem Kupferoxyd gegeben hat, können Irrtümer hervorrufen. Das schwarze Kupferoxyd, das wir beschrieben haben, ist CuO (früher Bioxyd genannt); es handelt sich um dieses, wenn man ohne andere Erläuterungen „Kupferoxyd" sagt.

Das rote Kupferoxyd oder Kupferoxydul (Cu_2O) (früher Protoxyd genannt), wird in einigen Versätzen erwähnt. Man erhält es, wenn man Kupferoxyd mit Metallkupfer erhitzt (5 Teile CuO + 4 Teile Kupferspäne). Man wendet aber einfacher das Verfahren von Malaguti[1]) an und erhitzt eine Mischung von

	Kupfersulfat	100
mit	kristallisiertem Natriumkarbonat	57
oder mit	wasserfreiem Natriumkarbonat	21.

Es ist nicht notwendig, das Ganze bis zu einer hohen Temperatur zu erhitzen, es genügt, daß die Masse verhärtet ist. Man pulverisiert dann das Ganze und fügt ihm 25 Teile Kupferspäne hinzu. Dies wird stark erhitzt und während 20 Minuten dem stärksten Feuer ausgesetzt. Nach Abkühlung ergibt die pulverisierte und ausgewaschene Masse Cu_2O, von sehr schönem Rot und sehr zerteilt.

Antimonoxyd. Den Namen Antimonoxyd kann man nur für Sb_2O_3 anwenden. Diese Verbindung ist weiß und in Salz-, Schwefel- und Weinsäure löslich. Unter Einwirkung der Hitze wird die Farbe gelb und nach Abkühlung wieder weiß; bei der Rotglut oxydiert und verwandelt sich Sb_2O_3 in $Sb_2O_3 . Sb_2O_5$.

Antimonoxyd wird verwendet, um Glasuren undurchsichtig zu machen, da es mit einigen Flußmitteln Weiß ergibt. Es wird meistens in der Emailindustrie, außerdem aber auch zu keramischen Farben benützt. Man bereitet es durch direktes Oxydieren des Antimons. Es ist jedoch vorteilhafter, dieses Präparat zu kaufen, denn die Antimondämpfe sind sehr gesundheitsschädlich. Die Fällung des Antimonchlorides durch Natriumkarbonat ergibt ein Hydroxyd, welches durch Erhitzen in wasserfreies Oxyd verwandelt wird.

Im Handel erhält man heute Antimonoxyd, welches 97—98 % Sb_2O_3 enthält.

Antimonsäure. Man erhält dieses Präparat (Sb_2O_5) (Antimonsäureanhydrid), wenn man Antimon mit Salpetersäure behandelt.

Antimoniate. Diese Stoffe werden vom Antimonsäureanhydrid (SbO_5) hergeleitet. Die in der Keramik verwendeten Antimoniate sind das Kalium- und das Bleiantimoniat. Letzteres ist manchmal von Nebenkörpern begleitet, wie Zink- und Eisenoxyd, welche die Färbung ändern sollen; manchmal findet auch Eisenantimoniat Verwendung.

---

[1]) Malaguti, Ann. de Chim. et de Phys., A. LIV, S. 217.

Kaliumantimoniat dient nur zur Zubereitung von Bleiantimoniat; da dieses schön gelb ist, wird es als Farbkörper angewendet.

Dieses Kaliumantimoniat nennt man diaphoretisches Antimon. Es wird erhalten, wenn man Antimon mit Kaliumnitrat behandelt. Man zerreibt 1 Teil Antimon und mischt es mit dem 4fachen Gewicht an pulverisiertem Kaliumnitrat. Dies gibt man nach und nach in einen erhitzten Tiegel. Der Rückstand wird ausgewaschen und es bleibt dann ein saures Antimoniat ($K_2O \,.\, 2\,Sb_2O_5$).

Brongniart führt, um dieses Salz herzustellen, andere Verhältnisse an (1 Teil Antimon zu 2 Teilen Nitrat). Dieser Stoff wird mit Bleioxyd verwendet und ergibt dann Bleiantimoniat.

Bleiantimoniat findet man im Handel unter dem Namen „Neapelgelb" mit wechselnder Zusammensetzung. Es wird bereitet, indem man entweder vom Kaliumantimoniat ausgeht, oder Antimonsäureanhydrid mit Mennige erhitzt. Einige Praktiker umgehen die Antimonsäure und stellen sich eine Mischung von Bleioxyd und Antimon her und kalzinieren diese. Bleiantimoniat ist keine chemisch bestimmte Verbindung, sondern wahrscheinlich eine Mischung von Bleiantimoniat mit dem Überschuß eines der Bestandteile. Die Farbenfabrikanten nennen es oftmals „gelbes Oxyd".

Arsenik. Man bezeichnet so im Handel das Arsenigsäureanhydrid. In einigen Flußmitteln löst es sich nicht auf, diese werden weiß und milchig. Arsenik ist weiß und flüchtig und, wie bekannt, ein sehr heftig wirkendes Gift.

Kaliumarsenat. Dieses Salz kann verwendet werden, um den Zubereitungen Arsen zuzuführen. Das einzige Kaliumarsenat, das leicht zu handhaben ist, ist $KH_2 \,.\, AsO_4$. Kaliumbiarsenat ist unkristallisierbar, Kaliumtriarsenat zerfließlich.

Man findet manchmal das Kaliumarsenat mit einer alten Bezeichnung, nämlich Kaliumbiarsenat.

Zinnoxyd. Das im Gebrauche befindliche Zinnoxyd ist das Stannioxyd. Wie die entsprechenden Verbindungen des Arsens oder Antimons ist es kein Farbkörper, sondern verleiht Undurchsichtigkeit.

Meistens ist im Handel Zinnoxyd mit Bleioxyd vermischt. Man erhält es, wenn man eine schmelzende Blei- und Zinnlegierung oxydiert. In einer gut erwärmten Schamottepfanne vollzieht sich dieses Verfahren sehr leicht, die Masse trübt sich und überdeckt sich mit einer gelblichen Schicht von Oxyd, welche man abschäumt, damit sich kein isolierender Überzug bildet, der das Oxydieren stören würde. Wenn die Masse nicht mehr glüht, ist die Umwandlung erreicht. Das so erhaltene Produkt nennt man Zinnasche oder Äscher oder auch Kalzine.

Das Verhältnis des Bleis zum Zinn ändert sich je nach den Fabrikanten; daher findet man Zinnasche, die in ihrer Zusammensetzung Abweichungen aufweist.

Für industrielle Zwecke bereitet man Zinnasche in eigens dazu gebauten Öfen, die man „Äscheröfen“ nennt. Diese bestehen aus einer rechtwinkligen Sohle, welche durch zwei seitlich gestellte Brennherde geheizt wird (Fig. 2). Die Flamme stößt an einen kleinen Vorsetzer, streicht über die Sohle und findet ihren Ausgang durch eine Öffnung, welche in der Höhe der Sohle und in der Mitte des Ofens angebracht ist. Von da aus gelangen die heißen Gase in einen Abzug, welcher vor dem Ofen steht, und steigen dann in den Kamin. Das Oxydieren der Mischung geschieht auf der Sohle des Ofens, auf einer Schamotte- oder Eisenplatte. Die Äscheröfen haben nicht alle gleiche Größe, gewöhnlich hat die Sohle nicht über 2 qm Fläche. Um Zinnasche zu bereiten, muß man zunächst den Ofen anheizen; sobald er anfängt, glühend zu werden, bringt man Blei und Zinn hinein. Ein mittlerer Ofen erhält eine Ladung von 50 kg Blei und 12,5 kg Zinn. Sind die Metalle geschmolzen, so bildet sich an der Oberfläche eine Oxydschicht, deren Erscheinen von Funken begleitet ist. Das gebildete Oxyd wird sofort in den Hintergrund des Ofens gedrängt und so ist es möglich, daß sich schnell nacheinander Oxydlagen bilden können. 200 kg Metall brauchen höchstens 6—7 Stunden, um gänzlich oxydiert zu werden. Man erkennt das Ende des Verfahrens am Erlöschen der Masse. Damit das Metall schnell verbrennt, ist es notwendig, sobald die Masse sich erhärtet, öfters die Zinnaschelagen abzuschütten, um die Oberfläche stets zu erneuern.

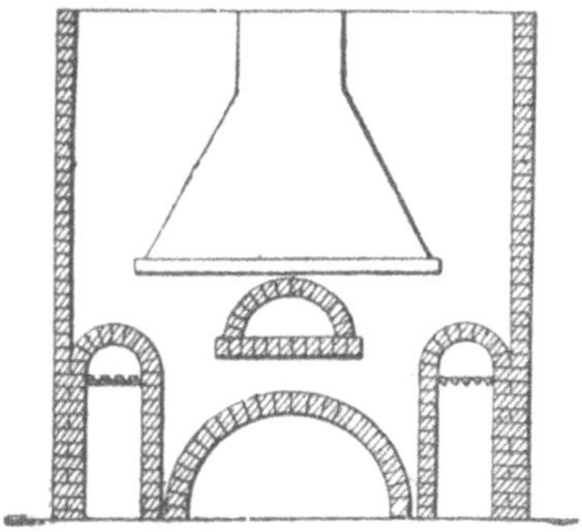

Fig. 2.

Das oben angegebene Verhältnis kann Änderungen erleiden. Die Fabrikanten verwenden aus Sparsamkeit weniger zinnhaltige Zinnasche, die aus einer 20 %igen Zinnlegierung hergestellt wird. Manchmal steigert man den Zinngehalt bis zu 30 %, um ein schöneres Weiß zu erhalten. Blei und Zinn müssen kupferfrei sein.

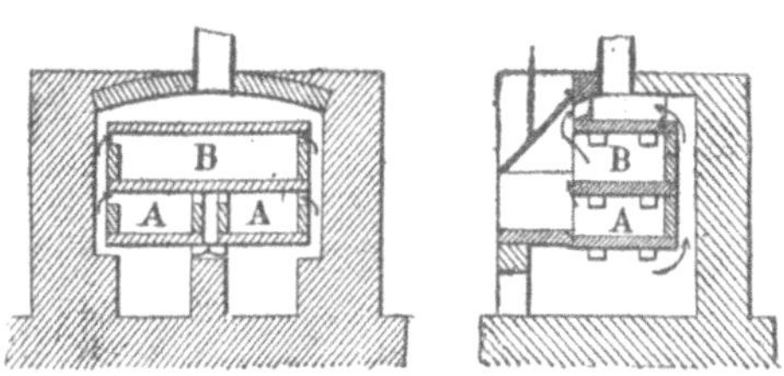

Fig. 3.

Der Äscherofen, den wir beschrieben haben, ist umgeändert worden. Fig. 3 versinnlicht die jetzt gebräuchliche Bauart.

Der Ofen besteht aus drei viereckigen Kammern, welche übereinanderliegen. Die obere füllt die ganze Breite des Ofens aus; unten befinden sich zwei kleinere Kammern, die an der Vorderseite offen sind und durch ihre Bauart an Muffeln von Kugelöfen erinnern. Die Feuerungen befinden sich unter A und heizen unmittelbar die unteren Muffeln, dann erst die obere.

Man fängt das Oxydieren in den kleinen Kammern A, A an. Eine jede erhält eine Ladung von 15 kg Legierung, welche in 1 Stunde oxydiert ist. Von da aus wird die Masse in die Kammer B gebracht, wo sich die Oxydierung vollendet. Man kann also in 10 Stunden 300 kg oxydieren.

Zinnoxyd wird auch in reinem Zustande gebraucht. Das Oxydieren des Zinns durch Salpetersäure ergibt Zinnsäure, welche sich durch Kalzinieren in Zinnoxyd (SnO_2) verwandelt. Zinn an der Luft erhitzt, brennt, indem es die gleiche Verbindung ergibt.

Silber. Metallisches Silber kann mit einem Flußmittel verbunden zur Versilberung verwendet werden. Man nimmt zu diesem Verfahren reduziertes Silber. Die Zubereitung des Metalles durch Fällung mit Kupfer wird auch angeführt. Es frägt sich, ob nicht eine andere Reduktionsart, wobei man nicht zu befürchten hätte, Kupfer in die Zubereitung hineinzubringen, hätte vorgeschlagen werden können, wie z. B. durch Zucker.

Man hat auch mit Erfolg Silberkarbonat angewendet. Es ist ein leichtes, dieses Salz durch Fällung von Silbernitrat mit Natriumkarbonat zu bereiten.

Der Niederschlag, ausgewaschen und getrocknet, muß im Dunkeln aufbewahrt werden. Silberkarbonat läßt sich leicht durch Hitze zersetzen.

Silberchlorid. Dieses gebraucht man nur nebensächlich zur Bereitung der Schmelzfarben. Man fügt es dem Karmin bei, um ihm Glanz zu geben. Silberchlorid bereitet man durch Fällung eines löslichen Silbersalzes, wie Silbernitrat. Wenn man vom Silber ausgeht, welches Kupfer enthält, wird der Niederschlag der salpetersäurehaltigen Flüssigkeit mit Salzsäure kein Kupfer mit sich ziehen. Der Niederschlag wird ausgewaschen, bis das Wasser keine Reaktion mehr mit Silbernitrat (Chloride) und Kaliumferrocyanid (Kupfer) zeigt. Um die Veränderung des Chlorides durch Licht zu vermeiden, muß man mit künstlichem Licht oder mit vor Licht geschützten Gefäßen arbeiten.

Gold. Gold wird zum Vergolden verwendet; in diesem Falle fügt man ihm ein Flußmittel bei. Es kann auch zur Herstellung von Rosa, Karmin und Purpur dienen. Gold wird als sehr zerteilter Niederschlag im metallischen Zustande benützt. Man verwendet zur Fällung Merkuronitrat oder Eisensulfat. Zu einigen Farben gebraucht man auch den Kassiuspurpur. Wir werden noch näher auf die Herstellungsweise eingehen, wenn wir über die Vergoldung und die Farben sprechen werden.

Platin. Platin wird wie Gold in metalischem Zustande gebraucht. Im allgemeinen ergibt es eine stumpfgraue Tönung. Zu diesem Zwecke stellt man Platin her, indem man Ammonium-Platinchlorid durch Erhitzen zersetzt. Als Farbe gibt Platin ein Grau.

Iridiumoxyd. Das im Handel befindliche Iridiumoxyd ist ein Rückstand der Behandlung der Platinmetalle und ist sehr unrein; man hat gar keinen Vorteil, sich ein solches Produkt selbst zu bereiten, denn dieses Oxyd ist nicht mit sich selbst zu vergleichen. Sein Gebrauch zwingt, bei jeder neuen Herstellung erst Versuche zu machen, um sich des Grades seiner Färbekraft zu versichern. Es ist vorteilhafter, das Iridiumoxyd zu gebrauchen, welches heutzutage bei jedem Fabrikanten, der Platinmetalle bereitet, zu haben ist. Das reine Oxyd ist teurer als das gewöhnliche Oxyd, hat aber mehr Farbkraft, führt keine andern Stoffe in die Flußmittel und verhält sich stets gleichmäßig.

Das im Handel erhältliche Oxyd kann man auf folgende Weise reinigen:

Zuerst erhitzt man Iridiumoxyd stark in einer Muffel, dann schmilzt man es mit Kaliumbisulfat, welches das Rhodium auflöst. Der Rückstand des Schmelzprozesses wird ausgewaschen und getrocknet.

Diese Behandlung, auf Oxyd erprobt, welches nur eine graue Tönung ergab, ermöglichte die Erzeugung eines sehr schönen Schwarz. Das so erhaltene Oxyd ist nicht rein, aber für keramische Zwecke genügend frei von Fremdkörpern.

Die Herstellung von chemisch reinem Oxyd ist eine Laboratoriumsarbeit. Leidié[1]) gibt die dazu nötigen Anweisungen an.

Titan. Titansäure kann sich unter Einwirkung reduzierender Gase in blaues Titanoxyd verwandeln, daher auch seine Verwendbarkeit. Bei Vorhandensein von Eisenoxyd gibt sie ein etwas fuchsiges Gelb. Der Gebrauch von Titan sowie von noch folgenden Metallen kommt nur in Betracht bei artistischen Arbeiten und hat nur geringe Bedeutung.

Wolfram. Mit Titansäureanhydrid vermischt ergibt Wolframsäureanhydrid eine gelbe Farbe und behält diese Farbe unter gewissen Bedingungen. Allein und in reduzierender Atmosphäre wird es blau.

Die Frage des Wolframgelbes ist nicht aufgeklärt;[2]) es ist wahrscheinlich, daß durch Zugabe von Titansäureanhydrid die Bildung von farblosem Siliko-Wolframat vermieden wird.

Molybdän und Vanadium. Die Oxyde dieser Metalle können verschiedene Färbungen geben, und zwar je nach der Atmosphäre der Öfen.[3]) Ihre Verwendbarkeit ist nur eine zufällige. In der Praxis werden sie nicht gebraucht.

Beryllium. Dieses wurde zu einem besonders grünen Farbkörper benützt.

---

[1]) Bull. Soc. chim. A. XXV, S. 9.

[2]) Granger, Comptes rendus A. CXXVII, 1898, S. 106.

[3]) Granger, Bull. Soc. chim. A. XIX, 1898, S. 793. — Hertwig, Sprechsaal 1903, S. 1845 und Monit. scient. 1904, S. 282; Sprechsaal 1904, S. 791 und Die Keramik 1904, S. 56.

III. Tabelle der in der Keramik gebräuchlichsten Chemikalien.

Chemische Benennung	Gebräuchlichste Ausdrücke	Lateinische Benennung	Symbol bezw. Formel	Atom- bezw. Molekulargewicht[1])
Aluminium	Aluminium	Aluminium	Al	27,1
Aluminiumhydroxyd	Tonerdehydrat	Aluminium oxydatum hydricum	$Al_2O_3,\ 3H_2O$	156,2
Aluminiumoxyd	Tonerde	Aluminium oxydatum	Al_2O_3	102,2
Aluminiumhydrosilikat	Tonerdehydratsilikat	Aluminium silicicum hydricum	$Al_2O_3,\ 2SiO_2,\ 2H_2O$	259
Aluminiumsilikat	Tonerdesilikat (kieselsaures Al.)	Aluminium silicicum	$Al_2O_3,\ 2SiO_2$	223
Aluminiumsulfat	Schwefelsaures Aluminium	Aluminium sulfuricum	$Al_2(SO_4)_3,\ 18H_2O$	666,2
Ammoniumhydroxyd	Ätzammoniak (Salmiakgeist)	Liquor Ammonii caustici	$(NH_4)OH$	35
Ammoniumalaun	Doppelsulfat von Al. und Am.	Alumen ammoniacale	$Al_2(SO_4)_3,\ SO_4(NH_4)_2,\ 24H_2O$	906,2
Ammoniumchlorid	Chlorammonium (Salmiak)	Ammonium chloratum	NH_4Cl	53,5
Ammoniumkarbonat	Kohlensaures Ammon. (Hirschhornsalz)	Ammonium carbonicum	$(NH_4)_2CO_3$	96
Ammoniumnitrat	Salpetersaures Ammonium	Ammonium nitricum	NH_4NO_3	70
Ammoniumsulfat	Schwefelsaures Ammonium	Ammonium sulfuricum	$(NH)_2SO_4$	132
Ammoniumsulfid	Schwefelammonium	Liquor ammonici hydrosulfurati	$(NH_4)HS$	64
Antimon	Antimon	Stibium	Sb	120,2
Antimontrioxyd	Antimonoxyd	Stibium oxydatum	Sb_2O_3	288,4
Antimonpentoxyd	Antimonsäureanhydrid	Stibium peroxydatum	Sb_2O_5	320,4

[1]) Berechnet nach den Internationalen Atomgewichten für 1907. (Sprechsaal 1906, S. 1505.)

Chemische Benennung	Gebräuchlichste Ausdrücke	Lateinische Benennung	Symbol bezw. Formel	Atom- bezw. Molekular-gewicht[1])
Arsen	Arsen	Arsenicum	As	75
Arsenigsäureanhydrid	Arsenik (weißer Arsenik)	Acidum Arsenicosum	As_2O_3	198
Baryum	Baryum	Baryum	Ba	137,4
Baryumchlorid	Baryumchlorid (Chlorbaryum)	Baryum chloratum	$BaCl_2, 2H_2O$	244,4
Baryumchromat	Chromsaures Baryum	Baryum chromicum	$BaCrO_4$	253,5
Baryumkarbonat	Kohlensaures Baryum	Baryum carbonicum	$BaCO_3$	197,4
Baryumoxyd	Baryumoxyd	Baryum oxydatum	BaO	153,4
Baryumhydroxyd	Ätzbaryt	Baryum oxydatum hydric.	$Ba(OH)_2, 8H_2O$	315,4
Baryumsulfat	Schwefelsaures Baryum (Schwerspat)	Baryum sulfuricum	$BaSO_4$	233,4
Blei	Blei	Plumbum	Pb	206,9
Bleiantimoniat	Antimonsaures Blei (Neapelgelb)	Plumbum stibicum	$Pb_3(SbO_4)_2$	989,1
Bleibichromat	Basisches chromsaures Blei (Chromrot)	Plumbum bichromicum	$PbCr_2O_7$	423,1
Bleichromat	Chromsaures Blei (Chromgelb)	Plumbum chromicum	$PbCrO_4$	323
Bleikarbonat	Basisches kohlensaures Blei (Bleiweiß)	Plumbum carbonicum	$2PbCO_3, Pb(OH)_2$	774,7
Bleioxyd	Bleiglätte	Plumbum oxydatum	PbO	222,9
Bleioxyduloxyd	Mennige-Minium	Minium	Pb_3O_4	684,7
Bleisilikat	Kieselsaures Blei	Plumbum Silicicum	PbO, SiO_2	283,3
Bleisulfat	Schwefelsaures Blei	Plumbum sulfuricum	$PbSO_4$	302,9
Bleisulfid	Bleiglanz	Plumbum sulfuratum	PbS	238,9
Bor	Bor	Borium	B	11
Borsäure	Borsäure	Acidum boricum	BO_3H_3	62
Borsäureanhydrid	Borsäureanhydrid	Acidum boricum fusum	B_2O_3	70
Brom	Brom	Bromum	Br	79,96

Cadmium	Cadmium	Cadmium	Cd	112,4
Calcium	Calcium	Calcium	Ca	40,1
Calciumchlorid	Chlorcalcium	Calcium chloratum	$CaCl_2$	111
Calciumkarbonat	Kohlensaures Calcium	Calcium carbonicum	$CaCO_3$	100,1
Calciumoxyd	Ätzkalk, Kalk	Calcium oxydatum	CaO	56,1
Calciumcarbid	Calciumcarbid	Calciumcarbid	CaC_2	64,1
Calciumhydroxyd	Kalkhydrat (gelöschter Kalk)	Calcium oxydatum hydric.	$Ca(OH)_2$	74,1
Calciumsilikat	Kieselsaures Calcium	Calcium silicicum	$CaO, 2SiO_2$	116,5
Calciumsulfat	Schwefelsaures Calcium	Calcium sulfuricum	$CuSO_4$	136,1
Chlor	Chlor	Chlorum	Cl	35,45
Chlorwasserstoffsäure	Salzsäure	Acidum hydrochloricum	HCl	36,45
Chrom	Chrom	Chromium	Cr	52,1
Chromalaun	Doppelsulfat von Al. und Cr.	Alumen chromicum	$Cr_2K_2(SO_4)_4, 24H_2O$	998,5
Chromhydroxyd	Chromoxydhydrat	Chromium oxydatum hydricum	$Cr_2O_3, 7H_2O$	278,2
Chromoxyd	Chromoxyd (Chromgrün)	Chromium oxydatum	Cr_2O_3	152,2
Eisen	Eisen	Ferrum	Fe	55,9
Eisenoxyd (Ferrioxyd)	Eisenoxyd	Ferrum oxydatum	Fe_2O_3	159,8
Eisenoxydul	Eisenoxydul	Ferrum oxydulatum	FeO	71,9
Eisensulfat	Schwefelsaures Eisen (Eisenvitriol)	Ferrum sulfuricum oxydulatum	$FeSO_4, 7H_2O$	767
Eisensulfid	Schwefeleisen	Ferrum sulfuratum	FeS	87,9
Fluor	Fluor	Fluorum	Fl	19
Fluorwasserstoffsäure	Flußsäure	Acidum hydrofluoricum	HFl	20

[1]) Siehe Anmerkung auf S. 55.

Chemische Benennung	Gebräuchlichste Ausdrücke	Lateinische Benennung	Symbol bezw. Formel	Atom- bezw. Molekulargewicht[1])
Gold	Gold	Aurum	Au	197,2
Goldchlorid	Chlorgold	Aurum chloratum	$AuCl_3HCl$	340
Iridium	Iridium	Iridium	Ir	193
Iridiumsesquioxyd	Iridiumoxyd	Iridium sesquioxydatum	Ir_2O_3	434
Jod	Jod	Jodum	J	126,97
Kalium	Kalium	Kalium	K	39,15
Kaliumantimoniat	Antimonsaures Kalium	Kalium stibicum	$K_2O,\ 2Sb_2O_3$	382,7
Kaliumkarbonat	Kohlensaures Kalium (Pottasche)	Kalium Carbonicum	K_2CO_3	138,3
Kaliumalaun	Schwefelsaures K. und Al. (Alaun)	Alumen kalicum	$Al_2(SO_4)_3,\ SO_4K_2,\ 24H_2O$	948,5
Kaliumhydroxyd	Kalihydrat (Ätzkali)	Kalium hydricum	KOH	56,15
Kaliumoxyd	Kali	Kalium oxydatum	K_2O	94,3
Kaliumpermanganat	Übermangansaures Kalium	Kalium permanganicum	$KMnO_4$	158,15
Kaliumnitrat	Salpetersaures Kalium (Salpeter)	Kalium nitricum	KNO_3	101,15
Kaliumsulfat	Schwefelsaures Kalium	Kalium sulfuricum	K_2SO_4	174,3
Kaliumbisulfat	Saures schwefelsaures Kalium	Kalium bisulfuricum	$KHSO_4$	136,1
Kobalt	Kobalt	Cobaltum	Co	59
Kobaltchlorid	Chlorkobalt	Cobaltum chloratum	$CoCl_2,\ 6H_2O$	237,90
Kobaltkarbonat	Kohlensaures Kobalt	Cobaltum carbonicum	$CoCO_3$	119
Kobaltoxyd	Kobaltoxyd	Cobaltum oxydatum	CoO	75
Kobaltnitrat	Salpetersaures Kobalt	Cobaltum nitricum	$Co(NO_3)_2,\ 6H_2O$	291

Kobaltphosphat	Phosphorsaures Kobalt	Cobaltum phosphoricum	$Co_3(PO_4)_2, 2H_2O$	403
Kobaltsulfat	Schwefelsaures Kobalt	Cobaltum sulfuricum	$CoSO_4, 7H_2O$	267
Kohlenstoff	Kohlenstoff	Carboneum	C	12
Kohlenoxyd	Kohlenoxyd	—	CO	28
Kohlensäure	Kohlensäure	Acidum carbonicum	CO_2	44
Kupfer	Kupfer	Cuprum	Cu	63,6
Kupferkarbonat	Kohlensaures Kupfer (Grünspan)	Cuprum carbonicum	$Cu_2CO_3(OH)_2$	221,2
Kupferoxydul	Kupferoxydul	Cuprum oxydulatum	Cu_2O	143,2
Kupferoxyd	Kupferoxyd	Cuprum oxydatum	CuO	79,6
Kupferoxalat	Oxalsaures Kupfer	Cuprum oxalicum	CuC_2O_4	151,6
Kupfersulfat	Schwefelsaures Kupfer (blauer Vitriol)	Cuprum sulfuricum	$CuSO_4, 5H_2O$	249,6
Lithium	Lithium	Lithium	Li	7,03
Magnesium	Magnesium	Magnesium	Mg	24,36
Magnesiumoxyd	Magnesia (Bittererde)	Magnesium oxydatum	MgO	40,36
Magnesiumkarbonat	Kohlensaures Magnesium (Magnesit)	Magnesium carbonicum	$MgCO_3$	84,36
Magnesiumsulfat	Schwefelsaures Magnesium (Bittersalz)	Magnesium sulfuricum	$MgSO_4, 7H_2O$	222,36
Magnesiumsilikat	Kieselsaures Magnesium	Magnesium silicicum	MgO, SiO_2	100,7
Mangan	Mangan	Manganum	Mn	55
Mangankarbonat	Kohlensaures Mangan	Manganum carbonicum	$MnCO_3$	115
Mangansuperoxyd	Braunstein	Manganum peroxydatum	MnO_2	87
Natrium	Natrium	Natrium	Na	23,05
Natriumborat	Borsaures Natrium (Borax)	Natrium biboricum	$Na_2B_4O_7, 10H_2O$	382,1
Natriumbikarbonat	Doppeltkohlensaures Natrium	Natrium bicarbonicum	$NaHCO_3$	84,05
Natriumkarbonat	Kohlensaures Natrium (Soda)	Natrium carbonicum	$Na_2CO_3, 10H_2O$	286,1

[1]) Siehe Anmerkung auf S. 55.

Chemische Benennung	Gebräuchlichste Ausdrücke	Lateinische Benennung	Symbol bezw. Formel	Atom- bezw. Molekular-gewicht[1])
Natriumkarbonat (wasserfr.)	Kalzinierte Soda	Natrium carbonicum anhydricum	Na_2CO_3	106,1
Natriumchlorid	Chlornatrium (Kochsalz)	Natrium chloratum	$NaCl$	58,5
Natriumhydroxyd	Natronhydrat (Ätznatron)	Natrium hydricum	$NaOH$	40
Natriumoxyd	Natron	Natrium oxydatum	Na_2O	62,1
Natriumnitrat	Salpetersaures Natrium (Chilisalpeter)	Natrium nitricum	$NaNO_3$	85,05
Natriumsulfat	Schwefelsaures Natrium (Glaubersalz)	Natrium sulfuricum	Na_2SO_4, $10H_2O$	322,1
Natriumsilikat	Kieselsaures Natrium (Wasserglas)	Natrium silicicum	$Na_2Si_4O_9$	303,7
Nickel	Nickel	Niccolum	Ni	58,7
Nickelkarbonat	Kohlensaures Nickel	Niccolum carbonicum	$NiCO_3$	118,7
Nickeloxydul	Nickeloxyd	Niccolum oxydulatum	NiO	74,7
Nickelsulfat	Schwefelsaures Nickel (Nickelvitriol)	Niccolum sulfuricum	$NiSO_4$, $7H_2O$	266,7
Osmium	Osmium	Osmium	Os	191
Palladium	Palladium	Palladium	Pd	106,5
Phosphor	Phosphor	Phosphorus	P	31
Phosphorsäureanhydrid	Phosphorsäureanhydrid	Acidum phosphoricum anhydricum	P_2O_5	145
Platin	Platin	Platin	Pt	194,8
Platinchlorid	Chlorplatin	Platin chloratum	$PtCl_4$, $2HCl$, $6H_2O$	503,5
Quecksilber	Quecksilber	Hydrarygrum	Hg	200
Quecksilberchlorid	Merkurichlorid (Sublimat)	Hydrarygrum bichloratum corrosivum.	$HgCl_2$	270,9

Quecksilberchlorür	Merkurochlorid (Calomel)	Hydrarygrum chloratum	Hg_2Cl_2	470,9
Quecksilberoxyd	Quecksilberoxyd	Hydrarygrum oxydatum	HgO	216
Quecksilbersulfid	Schwefelquecksilber (Zinnober)	Hydrarygrum sulfuratum	HgS	232
Quecksilberchromat	Chromsaures Quecksilber	Hydrarygrum chromicum	$HgCrO_4$	316,1
Sauerstoff	Sauerstoff	Oxygenium	O	16
Schwefel	Schwefel	Sulfur	S	32
Schwefligsäureanhydrid	Schwefelsäureanhydrid	Acidum sulfurosum anhyd.	SO_2	64
Schwefelsäureanhydrid	Schwefelsäureanhydorid	Acidum sulfuricum anhyd.	SO_3	80
Schwefelsäure	Schwefelsäure	Acidum sulfuricum	SO_4H_2	98
Silber	Silber	Argentum	Ag	107,93
Silberchlorid	Chlorsilber	Argentum chloratum	$AgCl$	143,38
Silbernitrat	Salpetersaures Silber (Höllenstein)	Argentum nitricum	$AgNO_3$	169,93
Silicium	Silicium (Kiesel)	Silicicum	Si	28,4
Siliciumdioxyd	Kieselsäureanhydrid (Kieselsäure)	Acidum silicicum anhyd.	SiO_2	60,4
Stickstoff	Stickstoff	Nitrogenium	N	14
Salpetersäure	Salpetersäure	Acidum nitricum	NO_3H	63
Strontium	Strontium	Strontium	Sr	87,6
Strontiumoxyd	Strontian	Strontium oxydatum	SrO	103,6
Strontiumkarbonat	Kohlensaures Strontium	Strontium carbonicum	$SrCO_3$	147,6
Strontiumsulfat	Schwefelsaures Strontium	Strontium sulfuricum	$SrSO_4$	183,6
Titan	Titan	Titanium	Ti	48,1
Titanhydroxyd	Titansäure	Acidum titanicum	H_2TiO_3	98,1
Uran	Uran	Uranium	U	238,5
Uranoxydul	Schwarzes Uranoxyd	Uranium oxydatum nigrum	UO_2	270,5
Uranat (Natrium)	Urangelb	Uranium oxydatum flav.	$Na_2U_2O_7,\ 10H_2O$	815,1

[1]) Siehe Anmerkung auf S. 55.

Chemische Benennung	Gebräuchlichste Ausdrücke	Lateinische Benennung	Symbol bezw. Formel	Atom- bezw. Molekulargewicht[1]
Vanadium	Vanadium	Vanadium	V	51,2
Wasserstoff	Wasserstoff	Hydrogenium	H	1,008
Wasserstoffoxyd	Wasser	Aqua	H_2O	18
Wolfram	Wolfram	Wolframium	W	184
Wolframsäure	Wolframsäure	Acidum Wolframicum	WO_3, H_2WO_4	482
Wismut	Wismut	Bismuthum	Bi	208
Wismutoxyd	Wismutoxyd	Bismuthum oxydatum	Bi_2O_3	464
Wismutnitrat	Salpetersaures Wismut	Bismuthum nitricum	$Bi(NO_3)_3$, $5H_2O$	484
Wismutnitrat (basisches)	Untersalpetersaures Wismut	Bismuthum subnitricum	$BiNO_3(OH)_2$, $2HNO_3$	430
Zink	Zink	Zincum	Zn	65,4
Zinkoxyd	Zinkoxyd (Zinkweiß)	Zincum Oxydatum	ZnO	81,4
Zinn	Zinn	Stannum	Sn	119
Zinnchlorür	Zinnchlorür (Stannochlorür)	Stannum chloratum	$SnCl_2$	189,9
Zinnchlorid	Zinnchlorid (Stannichlorid)	Stannum bichloratum	$SnCl_4$	260,8
Zinnsulfid	Schwefelzinn (Musivgold)	Stannum sulfuratum	SnS_2	183
Zinndioxyd	Zinnoxyd (Zinnasche)	Stannum oxydatum	SnO_2	151

[1]) Siehe Anmerkung auf S. 55.

3. Abschnitt.

Prüfung der Rohstoffe und Analyse der Massen, Glasuren und Farben.

I. Chemische Untersuchung.

Die Analyse der Materialien, welche die Massen und Glasuren bilden, verursacht Schwierigkeiten, sobald es sich um silikathaltige Substanzen handelt. Dies ist aber meistens der Fall, denn die am häufigsten verwendeten Materialien sind mehr oder weniger zusammengesetzte Silikate, wie wir es bereits gesehen haben.

Um den Wert eines Probemusters von Kalk, Eisenoxyd usw. zu bestimmen, genügen die Verfahren der elementarisch-analytischen Chemie. Dagegen wird der chemische Versuch schwieriger, sobald es sich um Substanzen wie Ton, Feldspat usw. handelt. Die Analyse der Silikate ist eins der schwersten Probleme der analytischen Chemie, deshalb wollen wir diese Frage eingehend behandeln.

1. Analyse von Silikaten.

Um die Zusammensetzung der natürlichen, sowohl als der künstlichen Verbindungen, welche Kieselsäure mit verschiedenen Oxyden verbunden enthalten, zu bestimmen, sind viele Methoden vorgeschlagen worden. Ihre große Zahl beweist, wie schwierig die Aufgabe zu lösen ist. Wir werden zunächst die hauptsächlichsten und gebräuchlichsten Methoden erwähnen, und dann einige weniger bekannte neue Verfahren, die bei Untersuchung des silikathaltigen Materials zur Anwendung kommen, anführen.

Soviel wie möglich schöpfen wir aus Originalquellen. Als Ausgangspunkt nehmen wir die Methode von Rose an, und vervollständigen dieselbe durch einige Anführungen aus Schriften anderer Verfasser. Man hat wohl Rose bekrittelt, aber wenige Verbesserungen gebracht.

Vom analytischen Standpunkte aus bilden die Silikate zwei Gruppen: Die erste umfasst die Silikate, welche sich durch Säure leicht zersetzen lassen (Salz-, Salpeter- oder Schwefelsäure); die zweite Gruppe umfaßt alle Verbindungen, welche diesen Säuren Widerstand leisten, und die einem einzelnen Verfahren unterworfen werden müssen, um die Kieselsäure von den Basen, mit denen sie verbunden ist, zu trennen.

Das einfachste Verfahren besteht darin, die Silikate der Einwirkung einer Säure auszusetzen, welche das Kieselsäureanhydrid frei macht, und dessen Stelle in den silikathaltigen Verbindungen einnimmt. Im Falle diese unmittelbare Behandlung ohne Wirkung bleibt, muß man durch vorhergehende Behandlung (Schmelzen mit einem geeigneten Reagens) das Silikat in eine durch Säure leicht zersetzbare Silikatverbindung umwandeln.

Wir begnügen uns, nur die meistens vorkommenden Fälle zu besprechen, und nur von den am häufigsten vorkommenden Körpern zu verhandeln.

a) Behandlung der durch Säure zersetzbaren Silikate.

Das Silikat, fein pulverisiert und gut gesiebt, wird zuerst bei 100 ^{0} getrocknet (wir erörtern hier nicht die Fälle, wo es sich besonders um wasserhaltige Silikate handelt, die leicht ihr Wasser verlieren) und dann gewogen. Man verdünnt in einer Schale das Material mittels Wassers, bis es einen dünnen Brei bildet, und fügt Salzsäure mittlerer Konzentrierung hinzu. Der Gebrauch zu stark konzentrierter Salzsäure würde den Gang des Verfahrens beeinträchtigen. Es könnte sich eine Kieselsäureschicht bilden, welche die Masse umgibt und die spätere Wirkung der Säure hindert. Man tut gut, die Behandlung am Wasserbad vorzunehmen und die Mischung öfters umzurühren. Wenn man beim Andrücken der Masse an die Wände der Schale kein Knirschen oder Krachen mehr verspürt, kann man von der vollständigen Zersetzung des Silikates überzeugt sein. Nun kann man die Kieselsäure durch Auswaschen und Filtrieren noch nicht entfernen; ein Teil dieser Substanz befindet sich als Lösung in der Säure und muß erst die Flüssigkeit bis zur Trockene verdampft werden, um sie auszuscheiden. Durch die Verdunstung wird die ausgeschiedene Kieselsäure unlöslich in Säuren. Gegen Ende des Verfahrens muß man die Masse mit einem Stäbchen umrühren. Sie bildet dann Klumpen, die am Wasserbad erhitzt werden, bis man keinen Salzsäuregeruch mehr wahrnimmt. Um guten Erfolg zu haben, verlangt die Durchführung des Verfahrens besondere Achtsamkeit. Die Verdunstung der Flüssigkeit muß am Wasserbad und nicht auf einer Flamme erfolgen. Sobald man die Temperatur des siedenden Wassers überschreitet, können sich große Irrtümer ergeben; denn die freie Kieselsäure kann sich wieder mit den Basen verbinden, von denen man sie geschieden hat und Salze bilden, die der Säureeinwirkung widerstehen. Man tut daher gut, während der ganzen Behandlungsdauer die Masse zu rühren, denn wenn man dieses versäumt, kann sich ein gallertartiger Kieselsäureklumpen bilden, der für Säuren wenig durchdringlich ist.

Einmal ausgetrocknet und abgekühlt, wird die Masse mit Salzsäure angefeuchtet, und eine Viertelstunde der Säurewirkung ausgesetzt, ohne erwärmt zu werden. Man fügt dann Wasser hinzu und filtriert, indem man die Kieselsäure durch Abgießen auswäscht. Das Abwasser nimmt manchmal kleine Mengen Kieselsäure mit, daher ist es gut, die Flüssigkeit ein zweites Mal zu verdunsten und wie das erste Mal zu verfahren.

Bei Angriff der Silikate durch Säure ist es schwer, um nicht zu sagen unmöglich, reine Kieselsäure zu erhalten; sie enthält stets mehr oder weniger Oxyde, wovon man sie befreien muß; daher ergibt sich die Notwendigkeit, die Kieselsäure nach dem Kalzinieren zu prüfen. Das einfachste und sicherste Verfahren hierfür ist, eine Auflösung mit Flußsäure oder Ammoniumfluorid vorzunehmen; durch Verdunsten verschwindet die Kieselsäure als Siliziumfluorid, und die Basen bleiben im Rückstand als Fluoride, welche in Sulfate verwandelt werden. Nun braucht man nur diese Salze aufzulösen und in der Lösung die Basen zu trennen.

Um diese doppelte Verdunstung zu vermeiden, hat man vorgeschlagen, den Rückstand einige Zeit auf 118—120° zu erhalten; dadurch wird die Kieselsäure ganz unlöslich gemacht. Diese Behandlungsart ist der vorherigen vorzuziehen; die Verfasser empfehlen sie mit Recht und sollte sie immer angewendet werden.

Die filtrierte Kieselsäure wird getrocknet; um Verluste, welche während der Handhabung, die dem Kalzinieren vorangeht, entstehen, zu vermeiden, ist es gut, den Filter mit seinem Inhalt in feuchtem Zustand in den Tiegel zu tun und den Filter mit dem Niederschlag zu verbrennen.

Alle andern Verfahren führen zu Irrtümern, da es fast unmöglich ist, mit getrockneter, staubförmiger Kieselsäure umzugehen, ohne etwas davon zu verlieren.

Die kalzinierte Kieselsäure wird zum Auskühlen in einen Exsikkator gebracht, der Tiegel mit Deckel wird gewogen.

Um Kieselsäure abzuwiegen, muß man darauf achten, daß dieser Stoff sehr aufsaugungsfähig ist. Während des Abkühlens ist der Deckel geschlossen zu halten und der Tiegel abzuwiegen, sobald er abgekühlt ist. Man tut gut, das Abkühlen in einem Exsikkator vorzunehmen; man ist dann sicher, daß der Tiegel keine Feuchtigkeit aufnimmt, und hat Zeit, ihn später zu wiegen. Den Niederschlag kalziniert man ein zweites Mal und wiegt ihn nochmals ab, um sich durch Übereinstimmung der Gewichte der richtigen Bestimmung zu vergewissern. Es ist unerläßlich, sich von der Reinheit der Kieselsäure zu überzeugen; dies geschieht, indem man diese mit reiner Flußsäure erwärmt. Reine Kieselsäure verflüchtigt sich gänzlich als Siliziumfluorid, und wenn ein Rückstand bleibt, befeuchtet man diesen mit Schwefelsäure, verdunstet ihn und erhitzt bis zum Rotwerden. Die Basen sowie Titansäure, welche öfters im Ton vorgefunden wird, bleiben im Zustand von Sulfaten zurück; man rechnet damit für die Folge der Analyse.

In den Analysen von gleichen Substanzen, unter gleichen Bedingungen und vom selbigen Chemiker vorgenommen, findet man kleine Abweichungen in der Menge von Kieselsäure und Tonerde; aber wenn man die Summe beider Ergebnisse nimmt, erhält man genügend annähernde Werte. Die Kieselsäure hat Tonerde mitgeführt, diese enthält etwas Kieselsäure; die Summe von beiden bleibt die gleiche.

Die abfiltrierte Flüssigkeit enthält, in Chloride umgewandelt, die Metalle, welche mit der Kieselsäure gebunden waren. Die häufigsten Elemente sind: Aluminium, Eisen, Kalzium, Magnesium, Kalium und Natrium. Titan, welches man manchmal vorfindet, wird später besprochen.

Man übersättigt die Flüssigkeit mit frischem Ammoniak, um Tonerde zum Niederschlag zu bringen; die Menge des dadurch mit der Lösung in der freien Salzsäure gebildeten Ammoniumchlorides genügt gewöhnlich zum Gebrauch der Scheidung.

Man darf sich jedoch nicht ganz darauf verlassen; es kann gut sein, Ammoniumchlorür beizufügen, ehe man Ammoniak zugießt, wenn die Lösung wenig säuerlich ist. Man entfernt dann den Überfluß am Reagens durch schwache Erhitzung und vermeidet so die Bildung eines Kalkniederschlags während des Filtrierens und Auswaschens. Wenn man in diesem Augenblick die Flüssigkeit, welche den Tonerdeniederschlag enthält, kurze Zeit stehen läßt, bildet sich an der Oberfläche eine Haut. Diese entsteht durch die Bildung von Kalziumkarbonat; infolge der Karbonisation entsteht Ammoniumkarbonat. Unglücklicherweise läßt sich von einer neutralen Flüssigkeit der Niederschlag schlechter abfiltrieren als von einer ammoniakhaltigen. Die Praxis lehrt, die ammoniakhaltige Flüssigkeit in warmem Zustande zu filtrieren, sobald sich der Niederschlag gebildet hat, schnell vorzugehen und die Flüssigkeit so wenig wie möglich mit der Luft in Berührung kommen zu lassen.[1])

Der Niederschlag enthält Tonerde und Eisenoxyd; eine sehr gute Scheidungsart besteht in dem Gebrauch von Nitroso-β-Naphthol, welches mit den Ferriverbindungen eine unlösliche Verbindung eingeht.

Hierzu löst man die kalzinierte Tonerde entweder in Kaliumbisulfat oder, wie Mitscherlich angibt, in einer Mischung von 1 Teil SO_4H_2 und $^3/_8$ Wasser wieder auf. Von letzterer nimmt man 22 mal das Tonerdegewicht.

Ist diese Auflösung erfolgt, so fügt man Wasser hinzu und fällt die Oxyde mit Ammoniak aus. Man wäscht den Niederschlag aus und löst ihn in einer möglichst kleinen Menge Salzsäure auf. Dann fügt man eine essigsäure Lösung von Nitroso-β-Naphthol hinzu und die Hälfte des Volumens von 50 $^0/_0$iger essigsaurer Lösung.

---

[1]) Die Löslichkeit der Tonerde in Ammoniak ist zu gering, um Irrtümer hervorzurufen.

Es bildet sich ein dunkler Niederschlag von Eisen-Nitroso-β-Naphtholat, welcher langsam zunimmt und sich nach einigen Stunden absetzt. Man filtriert und wäscht ihn und kalziniert ihn langsam, nachdem man ihm sein Volumen reine Oxalsäure zugesetzt hat. Verfährt man auf diese Weise, so geschieht die Zersetzung ohne Explosion und das Eisen bleibt als Sesquioxyd zurück. Man kann die Einführung von Oxalsäure vermeiden, wenn man langsam vorgeht.

Kalk wird durch Ammoniumoxalat gefällt und wie gewöhnlich abgewogen.

Man verdunstet dann die filtrierte Flüssigkeit und erhitzt den Rückstand, um die Ammoniaksalze zu vertreiben. Es bleibt dann die Dosierung des Magnesiums und der alkalischen Metalle. Man kann die Scheidung von Magnesium und alkalischen Metallen auf verschiedene Arten vornehmen; die hauptsächlichsten sind: Fällung der Magnesia als Magnesium-Ammoniumkarbonat, oder Behandlung mit Quecksilberoxyd, oder Fällung als Magnesium-Ammoniumphosphat.

Das erstere Verfahren, obwohl von Rose empfohlen, ist vorsichtig anzuwenden und hat öfters, von unerfahrenen Händen ausgeführt, schlechte Resultate ergeben. Man verringert die Flüssigkeit zu einem kleinen Volumen und gießt Schaffgotsch-Reagens hinein (eine Lösung von 250 g Ammoniumkarbonat in 360 ccm Ammoniakflüssigkeit von 0,92 Dichtigkeit, verdünnt zu 1 l durch Zusatz von Wasser). Nach Verlauf von 24 Stunden hat sich das Doppelsalz gesetzt; man filtriert es nach Auswaschen mit dem oben angegebenen Reagens. Nach Fresenius sind die Resultate zweifelhaft bei Vorhandensein von Kali, denn Magnesia kann eine kleine Menge dieses Körpers zurückhalten, welcher sich durch Waschen schwer entfernen läßt.

Das Verfahren mit Quecksilberoxyd wäre ausgezeichnet, wenn es leicht möglich wäre, durch Fällung mit Alkalien ein Oxyd zu bereiten, welches weder Kali noch Natron zurückhält. Diese einfache Behandlung (man braucht nur die Flüssigkeit mit dem im Wasser aufgerührten Oxyd zu verdunsten und den Rückstand zu kalzinieren) ergibt unmittelbar Magnesia, welches durch Auswaschen von den alkalischen Salzen geschieden wird. Gewöhnlich sind die Ergebnisse zu hoch. Wenn man das Reagens untersucht, stellt man fest, daß ein Rückstand bleibt, falls es bis zur Rotglut erhitzt wird.

Die Fällung der Magnesia als Magnesium-Ammoniumphosphat muß mittels Ammoniumphosphat bewerkstelligt werden und muß man dazu die nötige Vorsicht gebrauchen. Nach dem Auswaschen wird durch Wärme der größte Teil Ammoniak entfernt, dann wird der Überschuß an Ammoniumphosphat durch Bleiazetat zum Niederschlag gebracht. Das überschüssige Bleisalz wird dann durch Schwefelsäure niedergeschlagen (und die letzten Spuren durch H_2S). Dieses Verfahren ist zeitraubender als das vorherige, aber leichter und sicherer zu bewerkstelligen. Man hat auch empfohlen, um die Phosphorsäure nach der Fällung der Magnesia zu entfernen, die abfiltrierte Flüssigkeit mit einem Eisensalz zu behandeln, indem man sie mit Ammoniak zum Niederschlag bringt. Diese Art von Analyse ist Anfängern jedoch nicht zu empfehlen. Schlecht ausgeführt, führt die Fällung des basischen Eisenphosphats die Bildung eines gallertartigen, oft sehr schwer zu filtrierenden Niederschlags herbei.

Bevor wir zur Scheidung und Bestimmung von Kalium und Natrium übergehen, müssen wir vorher nochmals die Ammoniak-Verbindungen, welche in der Lösung enthalten sind, entfernen. Dann verwandelt man die alkalischen Salze in Sulfate und wiegt sie ab. Die Lösung wird mit einem Überschuß an Platinchlorid verdunstet, der Rückstand mit Alkohol angefeuchtet und mit diesem ausgewaschen und filtriert. Das Kaliumplatinchlorid wird auf tariertem Filter abgewogen oder in Platin umgewandelt, das man dann abwiegt. Der Natron bleibt dann in der Flüssigkeit zurück und kann im Zustande von Sulfat, nachdem das Platin entfernt ist, dosiert werden.

H. Sainte-Claire Deville empfiehlt die Zersetzung der Silikate mittels Salpetersäure, welche die Basen dann als Nitrate zurückläßt, und wendet man dann zur Scheidung das bekannte Verfahren an, woraus man großen Vorteil ziehen kann.

Das pulverisierte Silikat wird mit Salpetersäure in einer Platinschale im Sandbad erwärmt oder noch besser in einem Trockenkasten. Man überdeckt die Schale mit einer Platinplatte als Deckel und erhitzt, bis Salpeterdämpfe entstehen. Nach Abkühlung wird mit einer konzentrierten Ammoniumnitratlösung angefeuchtet und angewärmt. Es verflüchtigt sich dann Ammoniak; man wiederholt dieses Verfahren, bis kein Ammoniak mehr entweicht. Alsdann fügt man Wasser hinzu und läßt das Ganze bei gelinder Wärme digerieren. Man sammelt nun Kieselsäure, Tonerde und Eisenoxyd auf einen Filter. Behandelt man diesen Rückstand mit Salpetersäure, so löst sich AlO_3 und Fe_2O_3 auf und SiO_2 bleibt zurück.

Die filtrierte Flüssigkeit enthält Kalk, Magnesia und Alkalien; man scheidet und dosiert sie wie vorhergehend.

Einige Silikate, welche bei gewöhnlichem Druck durch Säure schwer zu zersetzen sind, werden bei starkem Druck durch die gleichen Säuren zersetzt. Dieses letztere Verfahren ist nur in Ausnahmefällen anzuwenden; der Gebrauch verschlossener Röhren bringt in die Analyse stets Alkalien, worauf man Rücksicht nehmen muß.

b) Behandlung der durch Säure nicht zersetzbaren Silikate.

Diese können in Silikate, die durch Säure zersetzbar sind, umgewandelt werden, wenn man sie mit gewissen geeigneten Körpern schmilzt. Es genügt dann, das neue Silikat mit einer Säure zu behandeln und wie früher angegeben, zu verfahren; nur gestattet das zur Umwandlung zugefügte Reagens nicht, daß die gleichen Elemente dosiert werden, und so bleibt die Analyse unvollständig.

Die Fluoride und die Flußsäure geben ein gutes Mittel ab, um die widerspenstigen Silikate zu zersetzen; man kann aber dann die Kieselsäure nicht dosieren, da sie als Siliziumflorid entweicht.

Dieses Verfahren, mit dem vorhergehenden vereinigt, ermöglicht eine vollständige Analyse. Einige Chemiker haben versucht, die Analyse mittels eines einzigen Aufschließens auszuführen. Wir werden später sehen, bis zu welchem Punkte ihre Methode anwendbar ist.

Schmelzen mit Natriumkarbonat. Das Silikat in Pulverform wird mit dem fünf- bis zehnfachen Gewicht reinem und wasserfreiem Natriumkarbonat vermischt. Man kann das Karbonat durch reines Bikarbonat ersetzen, das man verwendet, wie es im Handel zu erhalten ist. Man muß dann das doppelte Gewicht nehmen. In verschiedenen Büchern hat man die Verwendung eines äquimolekularen Gemenges von Natrium- und Kaliumkarbonat angegeben. Diese Umständlichkeit kann jedoch vermieden werden. Der Vorteil der Mischung der beiden Karbonate besteht in der Schmelzbarkeit, die dann größer ist als die eines jeden einzelnen Salzes.

Die zuzusetzende Reagenzmenge wechselt mit der Beschaffenheit des zu analysierenden Körpers. Tonerdehaltige Körper zersetzen sich beim Vorhandensein einer großen Menge alkalischer Karbonate leichter. Will man daher einen Ton nach diesem Verfahren zersetzen, so mischt man das gesiebte und abgewogene Material mit dem achtfachen Gewicht Natriumkarbonat, welches rein und wasserfrei sein muß.[1] Gewöhnlich wiegt man dasselbe im Platintiegel, in welchem die Schmelzung vollzogen wird; dann fügt man nach und nach Karbonat hinzu und rührt die Masse mit einem Platindraht, damit die Mischung so innig wie möglich wird. Man erhitzt sie erst leicht, dann ziemlich stark, um die Masse zum Schmelzen zu bringen. Sobald die im Tiegel befindliche Masse gut geschmolzen ist, d. h. wenn sich keine Blasen mehr zeigen, ist die Zersetzung vollendet. Die Schmelze läßt man noch einige Zeit ruhen, dann entfernt man mittels Zange den Tiegel vom Feuer und stellt ihn, während er noch glühend ist, auf einen Eisen- oder Gußeisenblock.

Die Mischung erkaltet plötzlich, wenn man so verfährt, und löst sich leicht aus dem Tiegel, wenn man letzteren schwach drückt. Man läßt den Satz in eine Schale fallen, begießt ihn mit lauwarmem Wasser und läßt ihn einige Stunden ruhen, z. B. vom Abend bis zum folgenden Tag. Dann gibt man nach und nach Salzsäure hinzu, damit kein zu starkes Aufbrausen entsteht. Wenn die Blasenbildung aufgehört hat, vergewissert man sich von der Säuerlichkeit der Flüssigkeit und verdunstet sie im Wasserbad.

---

[1]) Man kann auch Bikarbonat gebrauchen.

Um sicher zu sein, daß die zu analysierende Substanz durch die Schmelzung mit Karbonat gänzlich zersetzt ist, drückt man während der Verdunstung die Masse gegen die Wände des Gefäßes; läßt sich dann ein Knirschen wahrnehmen, so ist noch unzersetztes Material vorhanden.

Während der Verdunstung rührt man die Masse mit einem Glasstäbchen und bringt sie in kleine Klumpen. Man erhitzt sie immer noch im Wasserbad, bis der Geruch von Salzsäure verschwunden ist und man keine Klumpen mehr findet, welche im Innern noch feucht scheinen, wenn man sie zerdrückt. Die Masse ist dann vollkommen ausgetrocknet.

Nach dem Abkühlen wird sie mit Salzsäure gleichmäßig angefeuchtet; man läßt das Ganze eine halbe Stunde bei gewöhnlicher Temperatur stehen, dann fügt man Wasser hinzu.

Alle lösbaren Teile lösen sich, während Kieselsäure zurückbleibt und dann nur noch abfiltriert werden muß.

Diese Ausscheidung der Kieselsäure ist sehr schwer zu erhalten und erfordert Vorsicht. Manchmal, um schneller vorzugehen, wird die Verdunstung beschleunigt, indem man sich des Sandbades oder offenen Feuers bedient.

Die filtrierte Flüssigkeit enthält die Basen als Chloride, man kann Tonerde und Eisen davon dosieren; natürlich ist es unmöglich, die Alkalien zu bestimmen, auch ist es nicht vorteilhaft, die alkalischen Erden bei dem großen Überschuß an Natriumchlorid auszuscheiden.

Aufschließen mit Baryt. Wenn man das alkalische Karbonat durch Baryt ersetzt, ist es möglich, die vollständige Analyse auszuführen, wenn das Material frei von Baryum ist, was öfters vorkommt. Baryt greift leider die Platintiegel an, und muß man sich der Silbertiegel bedienen, welche aber die zur Zersetzung nötige Temperatur nicht ertragen. Die Blasenbildung während der Erhitzung macht das Verfahren schwierig. Daher versuchte man es mit Nickeltiegeln, jedoch auch diese können angegriffen werden.

Der Satz wird wie ein durch Säure angreifbares Silikat behandelt, nur entfernt man das Baryum durch Schwefelsäure, sobald die Lösung vollzogen und die Scheidung der Kieselsäure vollendet ist. Man begegnet einer andern Schwierigkeit, nämlich dem unvollständigen Auswaschen des Baryumsulfates. Dieses kann lösliche Salze zurückhalten.

Zersetzung durch Kalk. Deville hat vorgeschlagen, Kalziumkarbonat zur Zersetzung der Silikate zu gebrauchen. Die Zersetzung erfolgt leicht, aber es bleibt im Tiegel ein Glas zurück, welches schwer zu entfernen ist. Deville hat empfohlen, den Satz gewaltsam zu entfernen, ohne den Verlust in Betracht zu ziehen und die Analyse auf einen beliebigen abgewogenen Teil zu beschränken. Zur Scheidung gebraucht er Salpetersäure.[1])

---

[1]) Dieses Verfahren ist vollständig beschrieben in Wöhlers Grundriß der chemischen Analyse.

Oft enthalten die für keramische Zwecke verwendeten Materialien Kalk; das Verfahren bietet dann keinen Vorteil und ist schwer auszuführen.

Lawrence Smith hat diese Methode sehr günstig umgeändert und kann man sie gemeinsam mit der Natrium-Karbonatbehandlung anwenden, um eine genaue Analyse der Silikate zu erhalten. Durch das erstere Verfahren kann man die Alkalien und durch das letztere die anderen Elemente bestimmen.

Man mischt das pulverisierte Silikat mit fünfmal Eigengewicht Kalziumkarbonat und $^3/_4$ Eigengewicht Ammoniumchlorid und erhitzt den Boden des Tiegels langsam während 45 Minuten. Die Mischung schmilzt nicht, sondern frittet.

Man behandelt den Satz mit warmen Wasser, filtriert ab und fällt mit Ammoniumkarbonat aus; dann verdunstet man bis zu einem kleinen Volumen und fügt etwas Ammoniumkarbonat und Ammoniak hinzu. Die filtrierte Flüssigkeit enthält die alkalischen Chloride und etwas Ammoniumchlorid. Die Ergebnisse sind genau, wenn man nicht zu stark erhitzt hat.

Zersetzung durch Flußsäure. Alle Silikate, die für uns Interesse haben, werden durch Flußsäure zersetzt. Die einzige Schwierigkeit des Verfahrens besteht in der Möglichkeit, sich reine Säure zu beschaffen, und in der Aufbewahrung des Reagens. Es ist nicht gut, Flußsäure in Guttapercha aufzubewahren, sondern vorteilhafter, sich eine Platin- oder Silberflasche anzuschaffen.

Das zerriebene Silikat wird in eine Platinschale getan und ein wenig Wasser hinzugefügt, so daß es einen Brei bildet. Man gibt dann reine Flußsäure im Verhältnis von 10 ccm auf 1 g Material hinzu und läßt stehen. Der Angriff geschieht schon auf kaltem Wege und läßt man ihn eine Nacht über dauern. Dann erhitzt man im Wasserbade, steigert die Temperatur und verdunstet bis zur Trockne. Man fügt dann nochmals einige Kubikzentimeter Flußsäure hinzu und läßt abermals verdunsten. Der trockene Rückstand wird mit Wasser verdünnt und mit 50 %iger Schwefelsäure[1]) begossen. Man kann leicht die Menge des beizugebenden Reagens im voraus bestimmen, da man das Gewicht der gebrauchten Flußsäure kennt. Dann bringt man die Mischung aufs Wasserbad, steigert langsam die Temperatur, bis sich Schwefelsäuredämpfe entwickeln, und läßt auskühlen, fügt nochmals Wasser mit Salzsäure angesäuert hinzu und verfährt weiter wie zur Bestimmung der Basen. Sollte ein unlösbarer Rückstand bleiben, so kommt dies von einem unangegriffenen Teil, den man dann ein zweites Mal behandeln muß.

Berzelius hat geraten, Flußsäure durch eine Mischung von Schwefelsäure und Kalziumfluorid zu ersetzen. Man könnte vielleicht anstatt dieses

[1]) Diese Zugabe muß im Anfang der Analyse gemacht werden (wie die meisten Verfasser es angeben), wenn man das Entweichen von flüchtigen Fluoriden befürchtet.

letzteren Baryumfluorid gebrauchen, welches den Gang der Analyse weniger beeinträchtigt.

Zersetzung durch Ammoniumfluorid. Im Handel findet man reines Ammoniumhydrofluorid, dessen Gebrauch vorteilhafter ist wie Flußsäure, denn es zersetzt einige Körper, welche der Wirkung der Flußsäure widerstehen.

Man fügt zu 1 Teil des zu analysierenden Materials 7—10 Teile Fluorid, dann genügend Wasser, um eine breiartige Masse zu bilden. Man läßt ruhen, erwärmt im Wasserbad, und sobald die Masse trocken ist, steigert man fortschreitend die Temperatur, ohne aber die Dunkelrotglut zu erreichen (obgleich einige Verfasser angeben, daß das Erhitzen bis zum Rotglühen ohne Schaden geschehen kann); aber es ist sicherer, wie angegeben zu verfahren. Der Rückstand wird mit Schwefelsäure[1]) behandelt und fährt man fort wie früher.

Zersetzung durch Bleioxyd. Alle Verfahren, welche wir bisher angeführt haben, haben den Nachteil, eine nur teilweise Analyse zu ergeben. Die einen machen das Bestimmen der Alkalien oder alkalischen Erden unmöglich, die andern das Dosieren der Kieselsäure. Man muß daher zwei Angriffe vornehmen. Meistens macht man einen Angriff mit Natriumkarbonat und einen mit Flußsäure. Man hat versucht, ein Reagens zu gebrauchen, dessen Vorhandensein die Analyse nicht stören würde. Berthier hat vor 50 Jahren Bleioxyd angegeben, und nach ihm haben verschiedene Chemiker das nämliche Verfahren empfohlen. Die letzte diesbezügliche Veröffentlichung verdanken wir Leclère.[2]) Wir geben sie hier beifolgend wieder: Man bringt mit einer gesättigten Oxalsäurelösung eine 15 %ige Bleinitratlösung, welche 3 % freie Salpetersäure enthält, zum Niederschlag. Man scheidet diesen, trocknet und kalziniert ihn bis zum Rotglühen. Man nimmt davon den vierten Teil, den man mit Salpetersäure tränkt und den man mit dem pulverisierten Material mischt. Durch Kalzinieren bereitet man ein sehr brauchbares und feinpulveriges Minium.

Das Verfahren mit Bleioxyd hat nicht viele Vorteile. Man muß das Blei, welches für den Fortgang störend ist, entfernen, und Kieselsäure entfernt sich vielleicht nicht besser vom Bleioxyd, wie von der Tonerde. Jedenfalls ist es nicht leicht, eine von Bleispuren freie Kieselsäure zu bekommen. Außerdem findet man Blei in einer großen Zahl von keramischen Materialien.

---

[1]) Wie früher angegeben, raten wir, die Schwefelsäure nicht mit dem Fluorid zu vermischen. Dies ist nur notwendig, wenn das Silikat Stoffe enthält, deren Fluoride flüchtig sind; in den meisten Fällen ist es unvorteilhaft. Man erhält dann große Mengen Ammoniumsulfat, die schwer zu entfernen sind und den Gang der Analyse stören.

[2]) Leclère, Comptes rendus Bd. CXXV, 1897, S. 893.

Zersetzung durch Borsäureanhydrid. Jannasch, Heidenreich und Weber[1]) haben verschiedentlich das Resultat ihrer Versuche, durch Borsäureanhydrid Silikate zu zersetzen, veröffentlicht. Ihre Verfahren scheinen beachtenswert zu sein, sind aber bis heute wenig im Gebrauch.

Zu 0,5 porphyrisiertem Silikat fügt man 15 Teile fein geriebenes Borsäureanhydrid und erhitzt beide Substanzen, innig vermischt, vorerst auf einem gewöhnlichen Gasbrenner, dann auf einem Brenner mit Luftzuführung. Man fährt mit der Hitzewirkung fort bis zur Schmelzung. Bleibt die Masse trübe, so fügt man noch 2—3 g Borsäureanhydrid hinzu, damit man eine ganz durchsichtige Flüssigkeit erhält, gleich wie geschmolzenes Glas. Dieses Verfahren erfordert höchstens 10—15 Minuten. Während des Auskühlens muß die Masse ihre Durchsichtigkeit behalten. Trübt sie sich, so kann man dies auf einen Kieselsäureniederschlag zurückführen.

Man nimmt den noch heißen Tiegel und bringt ihn in eine Porzellanschale, die kaltes Wasser enthält und mit einer Glasplatte überdeckt ist. Man gießt eine Methylchloridlösung hinein, die man zubereitet, indem man Chlorwasserstoffgas mit trockenem und reinem Methylalkohol sättigt. Dann wird die Schale sehr langsam erwärmt. In 10—15 Minuten hat man eine klare Lösung, welche man im Wasserbade austrocknet. Dieses Verfahren wird 3 mal wiederholt und der Tiegel mit demselben Reagens gespült. Der Rückstand wird im Wasserbad aufgelöst und der früheren Lösung beigegeben. Borsäureanhydrid wird als Methylborat ausgeschieden. Der Verfasser hat folgende Mineralien analysieren können: Quarz, Disthen und Topas; das Verfahren kann also zur Analyse der keramischen Verbindungen angewendet werden.

c) Dosieren des Wassers.

In den uns interessierenden Silikaten kommt Wasser fast ausschließlich in den Tonen als gebundenes Wasser vor. Dieses Wasser entweicht erst bei 600°. Es ist daher leicht, um das hygrometrische Wasser zu bestimmen, die Mischungen einer genügend hohen Temperatur auszusetzen, um eine schnelle Austrocknung zu erhalten. Der sogen. Devillesche Trockenapparat, bestehend aus einer Porzellanschale, auf welche ein Trichter gestürzt ist, eignet sich sehr gut hierfür. Durch diese Einrichtung kann man leicht den Inhalt bis auf 200—300° erhitzen.

Unter der Bezeichnung „Glühverlust“ versteht man das Wasser, welches nur bei hoher Temperatur entweicht. Wenn das Material organische Substanzen enthält, so werden diese durch die Hitze vernichtet. Da sie aber gewöhnlich in kleinen Mengen vorkommen, ist die Gewichtsabnahme durch das Verschwinden dieser Stoffe gering und hat daher nur wenig Einfluß auf das Endresultat. Wenn das Silikat mit Karbonaten

---

[1]) Berichte Bd. XXVIII, 1895, S. 2822 und Bd. XXXII, 1899, S. 1670.

gemengt ist (dies ist der Fall bei vielen kalkhaltigen Tonen), ergibt das Kalzinieren $H_2O + CO_2$. Eine besondere Bestimmung dieses letzteren Körpers ist notwendig.

Der Glühverlust wird bestimmt, indem man ein bekanntes Gewicht an Material auf einer Gasflamme erhitzt. Zuletzt benutzt man die ganze Flamme, und will man schneller vorgehen, so erhizt man einen Moment mit dem Gasgebläse. Das Verfahren wird als beendet betrachtet, wenn zwei aufeinanderfolgende Abwägungen keinen Unterschied zeigen.

2. Analyse und chemische Untersuchung der Tone.

Nur ausnahmsweise findet man reinen Ton. In den Lagern ist der Ton meistens mit Gesteinstrümmern vermischt. Wenn man einen Ton nach den angegebenen Verfahren analysiert, findet man wohl in der Mischung verschiedene Elemente, aber man kann sich über die Natur des Gesteins, welches den Ton bildet, keine Vorstellung machen. Folgendes Beispiel, welches die Gesamtanalyse eines tonhaltigen Materials widergibt, erlaubt uns nicht, Folgerungen zu schließen.

SiO_2	47,93
Al_2O_3	36,57
Fe_2O_3	1,63
CaO	0,45
MgO	0,26
K_2O	0,86
Na_2O	0,33
Glühverlust	12,49
	100,52.

Für diese Art von Materialien greift man zu andern Verfahren. Man behandelt den Ton mit Schwefelsäure, welche die Tonsubstanz allein zersetzt; Quarz und feldspathaltige Gesteine[1]) bleiben unangegriffen. Einige Silikate, wie Glimmer und die Verwitterungsprodukte des Gesteines, welches den Cornish-stone bilden, sind in Schwefelsäure löslich, wenn sie stark zerkleinert sind. Man muß sich vor Augen führen, was wir schon angedeutet haben.

Man beginnt damit, den zerriebenen Ton aufzuweichen, und zwar mit lauwarmen Wasser, erhitzt ihn am Wasserbad mehrere Stunden lang mit Schwefelsäure, letztere verdünnt mit demselben Volumen an Wasser. Dann steigert man nach und nach die Temperatur bis zum Siedepunkt und erhält dieselbe, bis die Flüssigkeit schwefelsaure Dämpfe verbreitet. Ist die Verdunstung beendet, so wiederholt man diese Be-

[1]) Der zerteilte Feldspat ist in Wirklichkeit etwas löslich in Schwefelsäure; Seger sagt wenigstens, daß man eine schwache Menge davon lösen kann.

handlung. Während der Behandlung mit Schwefelsäure muß man einige Vorsicht gebrauchen. Für 1 g Material nimmt man 10 cbm von mit ihrem Gewicht Wasser verdünnter Schwefelsäure und 100 ccm Wasser. Die Erhitzung am Wasserbad dauert 12 Stunden, und erst nach dieser Zeit kann man zur Verdunstung der Säure schreiten. Das Produkt der Zersetzung wird dann mit Salzsäure behandelt und 30 Minuten am Wasserbad erhitzt. Man fügt Wasser hinzu und erhitzt es unter den gleichen Bedingungen 1 Stunde lang. Die Auflösung erzielt man durch Abgießen, indem man die Flüssigkeit jedesmal auf einen Filter bringt. Erst nach dreimaligem Auswaschen spült man die Masse auf einen Filter. Da der Rückstand durch den Filter gleiten könnte, muß man Sorge tragen, daß das Waschen mit salzsäurehaltigem Wasser vorgenommen wird.

Die Flüssigkeit wird behandelt wie gewöhnlich für das Bestimmen der Basen. Der abfiltrierte Rückstand wird in einem Platintiegel bis zum Glühen erhitzt und gewogen. Er enthält Kieselsäure, aus der Silikatzersetzung stammend, Quarzsand und etwa vorhandene Gesteinstrümmer.

Wenn man diesen Rückstand mit einer 7%igen Natriumkarbonatlösung[1]) erhitzt, so wird man die amorphe Kieselsäure, welche durch Wirkung der Schwefelsäure frei geworden ist, auflösen. Man muß dieses Verfahren öfters anwenden, da die ganze Kieselsäure erst aufgelöst ist, wenn die Karbonatlösung sich durch Zugabe von Ammoniumchlorid nicht mehr trüben läßt. Befindet sich Kieselsäure in der Auflösung, so bildet sich ein Niederschlag. Die alkalische Kieselsäurelösung wird mit Salzsäure behandelt und man verfährt genau wie bei der Bestimmung der Kieselsäure in einem durch die Säuren zersetzbaren Silikate. So erhält man das Gewicht der gebundenen Kieselsäure. Eine Behandlung mit Flußsäure oder mit Fluorid zersetzt die nicht angegriffenen Silikate, wenn solche vorhanden sind, wobei man die Basen derselben bestimmen kann.

In den meisten Fällen genügt die Behandlung mit Schwefelsäure, um die vollständige Zusammensetzung des Tones zu erhalten, nicht; so macht man gleichzeitig einen Angriff mit Natriumkarbonat und Flußsäure. Man kann dann, da man die gesamte Kieselsäure kennt, die von den durch Schwefelsäure nicht zersetzten Gesteinen herrührende Kieselsäure durch Differenz abrechnen.

Da man gleichzeitig mit der Tonsubstanz den stark zerteilten Glimmer angreift, muß man, bevor man das Verhältnis von Glimmer und Tonsubstanz durch Berechnung feststellt, das Verhältnis der Kieselsäure prüfen. Hierzu läßt man das Silikat mit einer Kalilauge von $D = 1{,}08$ sieden, welche nur den Ton auflöst und Quarz, Feldspat und die nicht magnesiahaltigen Glimmer fast unversehrt läßt.

---

[1]) Seger behandelt direkt mit Natronlauge, welche die amorphe Kieselsäure sehr rasch auflöst. Dieses Verfahren geht schneller wie dasjenige mit Karbonat.

Die Analyse eines Tones ist nicht so oft nötig wie man glaubt. Man kann in den meisten Fällen die Arbeit vereinfachen und sich mit einigen leichten Bestimmungen begnügen.

Haben wir Kaolin oder einen guten plastischen Ton vor uns, dann können wir seinen Gehalt an Tonsubstanz oder Kaolinit durch ein einfaches Kalzinieren erkennen. Man braucht nur das Material zu trocknen und den Verlust beim Glühen zu bestimmen. Wir wissen, daß Kaolinit 13,65 % Wasser enthält. Aus dem Ergebnis ist es leicht, das Verhältnis des Kaolinits zum Ganzen zu bestimmen. Beim Mergel möchte man die Menge Kreide, die in mergelhaltigen Tonen ist, kennen. Da es sich nicht um wissenschaftliche, sondern um praktische Bestimmungen handelt, geht man auf folgende Weise vor: In ein abtariertes Becherglas, welches mit einem Uhrglas bedeckt ist, gibt man Wasser und Salzsäure und ein bestimmtes Gewicht an Ton. Die Kohlensäure entweicht; dann wird das Ganze abermals abgewogen; die Verminderung des Gewichtes entspricht der entwichenen Gasmenge. Um eine genauere Bestimmung zu erhalten, muß man die übliche Dosierung machen.

Für eine oberflächliche Tonuntersuchung kann das Lötrohr einigen Dienst leisten, aber sein Gebrauch ist sehr beschränkt.

3. Analyse der Massen.

Will man die Zusammensetzung einer Masse, von der man ein Muster hat, bestimmen, so können zwei Fälle vorkommen: entweder ist die Masse in rohem Zustande, oder sie ist gebrannt. In einer rohen Masse hat der Ton seine Eigenschaften behalten, und steht man vor einer einfachen Mischung. Ist kein Karbonat vorhanden, so kann man schon das Wasser dosieren. Dann behandelt man mit Schwefelsäure, welche die Menge der Tonsubstanz ergibt und die gefundenen Ergebnisse für den Glühverlust ergänzt. Dann macht man die Analyse des Rückstandes und die elementarische Analyse der Mischung.

Die Materialien, welche zur Herstellung der Massen dienen, sind nicht so verschieden, daß man keine Angabe über deren Natur besitzt; hat man z. B. Porzellanmasse vor sich, so weiß man, daß sie Kaolin, Feldspat und Quarz enthält. Man weiß, daß das Verhältnis $\frac{SiO_2}{Al_2O_3}$ mit 3,52 im Feldspat gleich ist, und so ist es leicht, den Gehalt an Feldspat zu bestimmen. Nehmen wir A als Gehalt an Tonerde des unlöslichen Teiles an und multiplizieren wir A mit 3,52, so bekommen wir das Gewicht der entsprechenden Kieselsäure. Die Summe der Tonerde A, des Ausdruckes $A \times 3{,}52$ und der Alkalien und alkalischen Erden des in Schwefelsäure unlöslichen Teiles ergibt das Gewicht des Feldspats. Dieses Gewicht des Feldspats, vom Ganzen des unlöslichen Teiles abgezogen, ergibt das Gewicht des Quarzes. Der in Schwefelsäure lösliche Teil besteht nicht nur aus Kaolinit; enthält er Alkalien, so ist diese

Zugabe eine Folge des Vorhandenseins von Glimmer. Man rechnet die Alkalien in Kalium um, d. h. man berechnet, wieviel Kali dem gefundenen Natron entspricht. Dieses Totalgewicht Kali ergibt, mit 10 multipliziert, den gesamten Glimmer. Der Glimmer, vom Gewichte des löslichen Teiles abgezogen, ergibt das Gewicht der Tonsubstanz.

Wenn zufälligerweise die Masse kalkhaltig ist, so muß man die Kohlensäure für sich dosieren, stark kalzinieren, um den Glühverlust zu bestimmen, und von der gefundenen Ziffer den Gehalt an Kohlensäureanhydrid abziehen, was das Gewicht des gebundenen Wassers ergibt.

Einer solchen Analyse darf man nicht unbedingt vertrauen; dieselbe Methode, bei Hartsteingutmassen angewendet, wäre nicht von Erfolg begleitet. Diese Massen enthalten Cornish-stone, ein Gestein, welches teilweise verwittert ist und kaolin- und glimmerartige Materialien enthält. Man könnte deren Verhältnis nicht so leicht feststellen und würde nur eine schwer zu erklärende Auskunft erhalten.

Behandelt man Glattscherben, so wird das Resultat der Analyse die elementare Zusammensetzung der Masse ergeben. Man kann nicht mehr die rationelle Analyse anwenden und muß sich auf die Geschicklichkeit des Chemikers verlassen, welcher seinem besten Ermessen nach die Masse wiederherzustellen hat.

4. Analyse der Glasuren.

Bei den Analysen von Glasuren muß man gleichfalls zwei Fälle unterscheiden. Wie alle Silikate, ist auch die Glasur durch Säuren angreifbar, oder sie widersteht ihrer Einwirkung. Die bleihaltigen Glasuren sind gänzlich zersetzbar; die alkalischen oder alkalisch-erdigen Silikate, welche diese Bedingung erfüllen, werden für keramische Zwecke zu Glasuren nicht verwendet. Es ist besser, bei Vorhandensein von Blei sich der Salpetersäure zur Zersetzung zu bedienen. Man verfährt genau wie für die in Säuren löslichen Silikate. Die einzige Vorsicht ist, sich des Bleies durch Schwefelwasserstoff zu entledigen, nachdem die Kieselsäure dosiert ist. Es ist einfach, Blei als Sulfid zu dosieren, ohne Umwandlung, indem man das Verfahren, das Rose angibt, anwendet. Wenn das Material der Säureeinwirkung widersteht, gebraucht man die gewöhnlichen Verfahren: Zersetzung mit Natriumkarbonat, Fluorid oder Flußsäure. In den meisten dieser Zubereitungen muß man aber mit dem Vorhandensein von Blei rechnen.

Die Zersetzung mit Karbonat, unter ungünstigen Umständen vorgenommen, d. h. mit Reduktion, kann den Verlust des Platintiegels, worin man die Behandlung vornimmt, zur Folge haben. Man muß dann dem Karbonat etwas Nitrat zusetzen.

Die Zersetzung mit Flußsäure oder mit Fluorid ergibt mit den Verbindungen, die Blei enthalten, Bleisulfat. In der abfiltrierten Flüssigkeit dosiert man, wie schon früher angegeben, die Alkalien.

In verschiedenen Glasuren, wie die des Hartsteingutes, findet man noch Borsäure, deren Dosierung schwer hält. Die Methode von Gooch, sogar etwas umgeändert, läßt sich in Laboratorien anwenden; bei industriellen Versuchen dagegen ist sie schwer durchzuführen. Wir geben hier den Gang einer Analyse über eine Verbindung dieser Art, wenn z. B. Kieselsäure, Borsäureanhydrid, Tonerde, Bleioxyd und Alkalien vorhanden sind.

Eine Zersetzung mit Natriumkarbonat ergibt, nachdem der Rückstand mit Salpetersäure behandelt ist, die unlösliche Kieselsäure, dann die Nitrate der oben angeführten Basen und Borsäure. Durch Ammoniumsulfid fällt man Blei und Tonerde aus; Bor, Kalium und Natrium bleiben in der Lösung.

Bor kann eine teilweise Verflüchtigung als Borsäureanhydrid erlitten haben und kann nicht bestimmt werden.

Um die Alkalien herauszubringen, bedient man sich der Zersetzung durch Flußsäure.

Das Dosieren der Borsäure kann nur durch einen besonderen Angriff mit Natriumkarbonat bewerkstelligt werden; dadurch geht das Bor in alkalisches Borat über. Man löst die Schmelze in Wasser auf und filtriert dann ab. Die filtrierte Flüssigkeit, vom Blei, das etwas Kieselsäure mitnimmt, befreit, darf nicht mit Säure behandelt werden; mit Ammoniumkarbonat macht man die Kieselsäure unlöslich. Die Lösung enthält dann die Borsäure und die Alkalien. Borsäure wird nach dem Verfahren von Marignac dosiert.

5. Analyse der Farben, Farbkörper und Emails.

Die Farbkörper befinden sich oftmals im Zustande von kalzinierten Oxyden, welche durch die gewöhnliche Behandlung schwer aufzulösen sind. Das Schmelzen mit Kaliumbisulfat gestattet, sie in lösliche, für die Analyse bequeme Formen zu bringen. Nehmen wir einen blauen Farbkörper an, welcher Kobaltoxyd, Tonerde und Zinkoxyd enthält. Es kann vorkommen, daß man in solchen Farbkörpern Alkalien vorfindet, trotzdem sie zur blauen Färbung nicht notwendig sind.

Man schmilzt mit Kaliumbisulfat, löst die Schmelze in Wasser auf und erhält dadurch eine Lösung der drei Sulfate. Man verfährt dann wie gewöhnlich.

In einer Farbe ist die Aufgabe wegen des Vorhandenseins von Schmelzmitteln schwieriger. Man hat einen Farbkörper und ein durch seine Bestandteile einer Glasur ähnliches Material vor sich.

Handelt es sich um Emails, dann ist die Aufgabe gleich schwierig. Die zu dosierenden Bestandteile sind: Kieselsäure, Borsäureanhydrid und öfters Tonerde, Alkalien und Bleioxyd. Zu diesen letzteren, welche am häufigsten vorkommen, kommt noch der eigentliche Farbkörper hinzu.

Der Gang der Analyse ergibt sich aus den früheren Beispielen und ist von der Natur der vorhandenen Körper abhängig.

Auch Zinnoxyd und Arsenigsäureanhydrid findet man in weißen Emails. Nach Schmelzen mit Natriumkarbonat findet sich dann das Zinnoxyd mit der durch Behandeln mit Schwefelsäure frei gewordenen Kieselsäure. Man kann auch das Schmelzen mit einem alkalischen Sulfid oder mit getrocknetem Natriumthiosulfat anwenden. Das Arsen findet sich dann als alkalisches Salz. In den seltenen Fällen, wo Gold und Silber vorkommen, geschieht die Ausscheidung durch Kupellieren.

II. Praktische Untersuchung.

1. Prüfung der Tone.

Die Prüfungen, denen man den Ton unterzieht, können auf die physikalischen oder chemischen Eigenschaften Bezug haben. Da der Ton unter die Silikate geordnet wird, gehört seine chemische Analyse in das vorhergehende Kapitel. Wir begnügen uns, hier von den praktischen Versuchen zu sprechen.

Fig. 4.

Mechanische Analyse. Bei Untersuchung eines Tones ist es interessant, zu ergründen, was er wirklich an plastischem Material enthält. Man erreicht dieses durch Schlämmen. Der klassische Apparat für dieses Verfahren ist der von Schulze. Er besteht aus einer Reihe von konischen Gläsern (Fig. 4) in Form der Champagnergläser, welche von oben bis unten von einem Wasserstrome durchzogen sind. Jedes Glas ist mit einem Metalldeckel versehen, durch dessen in der Mitte befindliche Öffnung man ein trichterförmiges Rohr, welches Wasser einläßt, einführen kann. Durch eine seitliche Öffnung kann das Wasser in ein zweites größeres Glas laufen; aus diesem zweiten Glas gelangt die Flüssigkeit in ein drittes, und von dort in einen Behälter. Der Wasserstrom ist ein gleichmäßiger (er kommt aus einer Mariotteflasche) und fließt ziemlich schnell in den Trichter; hat er denselben passiert, wird er bedeutend langsamer, denn das Glas hat einen größeren Querschnitt als das Rohr des Trichters. Im zweiten Glase angekommen, läuft das Wasser noch langsamer, denn es gelangt in einen größeren und breiteren Behälter; das gleiche gilt für das dritte Glas. Führen wir nun durch den Trichter in das erste Glas ein bestimmtes zu untersuchendes Gewicht von Ton, der im Wasser aufgeweicht ist, und lassen wir das Wasser laufen, dann bleibt der feine Ton im Wasser schweben und wird aus dem Apparat fortgeschwemmt, während die gröberen Teile sich in den Gläsern niedersetzen, und zwar je schneller, je größer ihr Umfang ist. Man wiegt dann die getrockneten Rückstände.

Schöne hat eine viel handlichere Vorrichtung angewendet. Sein Schlämmapparat (Fig. 5) besteht aus einem U-förmigen Rohr mit ungleichen

Armen. Einer derselben besteht aus einem geraden Rohr von gleichmäßigem Durchmesser. Am unteren Ende ist dieses Rohr halbkreisförmig umgebogen und erweitert sich dann allmählich, so daß es an der Stelle EF einen Durchmesser von 5 cm erreicht. Auf eine Länge von 10 cm bleibt es zylindrisch, verengt sich dann, um eine Öffnung, die mit einem Gummistopfen versehen ist, zu bilden. Letzterer ist durchlöchert und enthält ein Rohr, dessen beide Krümmungen ein unregelmäßiges N bilden. Bei L befindet sich eine Öffnung von 1,5 mm und von L bis M trägt das Rohr eine Einteilung. Nehmen wir an, daß durch D ein Wasserstrom mit regelmäßiger Geschwindigkeit fließt; durch A bringt man dann den aufgeweichten Ton in das Rohr und schließt den Apparat mit dem Rohr $A\,K\,L\,M$. Das Wasser setzt den Ton in Bewegung und die Körner werden je nach deren Größe in die Höhe getrieben. Wie im vorher beschriebenen Apparate nimmt die Geschwindigkeit ab, sobald das Wasser mit dem Ton in Berührung kommt; in dem zylindrischen Teil des Apparates, von B bis F, hat der Strom eine gleichmäßige Geschwindigkeit. Die mitgeführten feineren Körner steigen in das obere Rohr und kommen bei L heraus. Die Öffnung ist eng und die Flüssigkeit, die in $L\,M$ steigt, verursacht einen Druck und dient als Manometer. Die etwas gröberen Teile werden nur von schnell fließendem Wasser mitgeführt. Man kann daher die verschiedenen Größen der Körner trennen, wenn man bei jeder Geschwindigkeitsänderung ein anderes Gefäß nimmt.

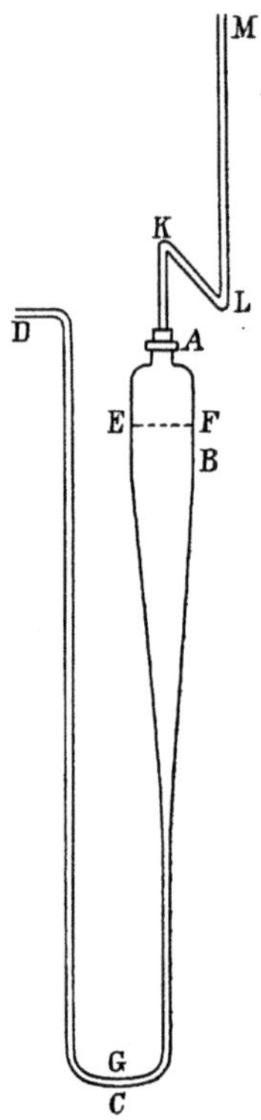

Fig. 5.

Um eine Tonschlämmung vorzunehmen, nimmt man ungefähr 100 g lufttrockenes Material, siebt es durch ein Sieb mit Maschen von 2 mm, löst dann den Ton in destilliertem Wasser auf, nachdem man 1 ccm Sodalauge zugefügt hat, um eine schnellere Zerteilung des Tones zu erhalten. Man erwärmt dann das Ganze und rührt mit einem Glasstäbchen. Dann läßt man die Masse abkühlen und ruhen. Nach einiger Zeit gießt man sie ab und schlämmt nur den abgesetzten Teil. Hierfür läßt man langsam einen Wasserstrom in das Rohr laufen, und wenn das Wasser bis B steigt, läßt man das Material mittels Spritzflasche hineinfallen. Dann bringt man den Manometer an und stellt einen Behälter unter L. Bei einer bestimmten Schnelligkeit des Wasserstrahles kann man annehmen, daß man gleichgroße Körner und von gleichem spezifischen Gewicht fortschwemmt. Man kann also, wenn man verschiedenen Druck anwendet,

Einteilungen der Materialien machen und durch Abwiegen der verschiedenen Sätze die Folgerung der Zusammensetzungen des Musters vom physischen Standpunkt aus ziehen.

Diese von Bischof[1]) beschriebene Einrichtung ist durch das Laboratorium der Tonindustrie-Zeitung[2]) verbessert worden, welches jetzt ein anderes Verfahren und eine andere Einrichtung anwendet.

Anstatt ein Rohr zu verwenden, gebraucht man deren zwei, ein großes und ein kleines. Der zylindrische Teil des großen Rohres hat 10 cm Länge und 5 cm Durchmesser von der Basis des Zylinders bis zur Krümmung; das trichterförmige Rohr hat eine Länge von 50 cm. Sein kleinster Durchmesser ist 5 mm und ist dieser Durchmesser in dem Teil *CD* beibehalten. Ein gleiches Rohr von kleinerem Umfang ist davorgestellt; es nimmt den Satz, welcher durch das Schlämmen des Materials entstanden ist, auf, während der flüssige Teil in das große Rohr gegossen wird. Um die Schwemmung regelmäßig mit Wasser zu versorgen, empfiehlt er, die Flüssigkeit in einen Behälter zu tun, der 30 l faßt.

Die mechanische Analyse eines Tones kann man viel einfacher machen. Man läßt den Ton in Wasser aufgehen, als ob man wie mit den vorher beschriebenen Apparaten vorgehen wollte, aber man tut dies in einer Schale. Diese bringt man dann auf das Wasserbad, indem man Sorge trägt, daß die Körner gut zerrieben werden, und macht dann einige Schwemmungen durch Abgießen. Ist das Wasser klar, so trocknet man den Rückstand und wiegt ihn. Dieses Verfahren ist von Schloesing[3]) vorgeschlagen worden.

Die Analyse durch Schlämmen ist nur eine mechanische Analyse. Sie gibt die Größe der Tonkörner wohl an, aber nicht den Gehalt an Ton. Durch das Verfahren erhält man eine mechanische Scheidung der feineren, mittleren und gröberen Teile, aber der feine Sand bleibt mit dem feinen Ton und der grobe Ton wird mit der gröberen Masse fortgeführt.

Man sieht gewöhnlich als Ton die Körner an, welche nicht größer als 0,01 mm sind. Hier folgen die von Seger mit vier Arten Ton erzielten Resultate: I. fetter Senftenberger Ton, II. magerer Senftenberger Ton, III. Grenzhauser Ton, IV. Berliner Ton.

	I.	II.	III.	IV.
Grober Sand (über 0,333 mm)	0,58	0,34	0,18	21,20
Feiner Sand (von 0,333—0,040 mm)	3,00	28,46	10,64	11,58
Sand in Staubform (von 0,040—0,025 mm)	3,52	13,84	9,08	1,84
Schlamm (von 0,025—0,010 mm)	11,16	20,24	10,88	2,14
Ton (über 0,010 mm)	82,18	37,10	68,32	62,00
	100,44	99,98	99,10	98,76.

[1]) Die feuerfesten Tone, 3. Aufl., 1904, S. 68.

[2]) Tonindustrie-Zeitung 1899, No. 92.

[3]) Comptes rendus 1874, Bd. LXXVIII, S. 1277.

Schloesing[1]) hat kürzlich einen Apparat vorgeschlagen, der zur mechanischen Analyse der Tone Verwendung finden könnte. Um eine so genaue und vielleicht noch genauere Einteilung, wie die durch Schlämmen erhaltene, zu erzielen, läßt man in einem zylindrischen Gefäß das Wasser mit der aufgeweichten Erde ruhen und trifft dann Maßnahmen, um die

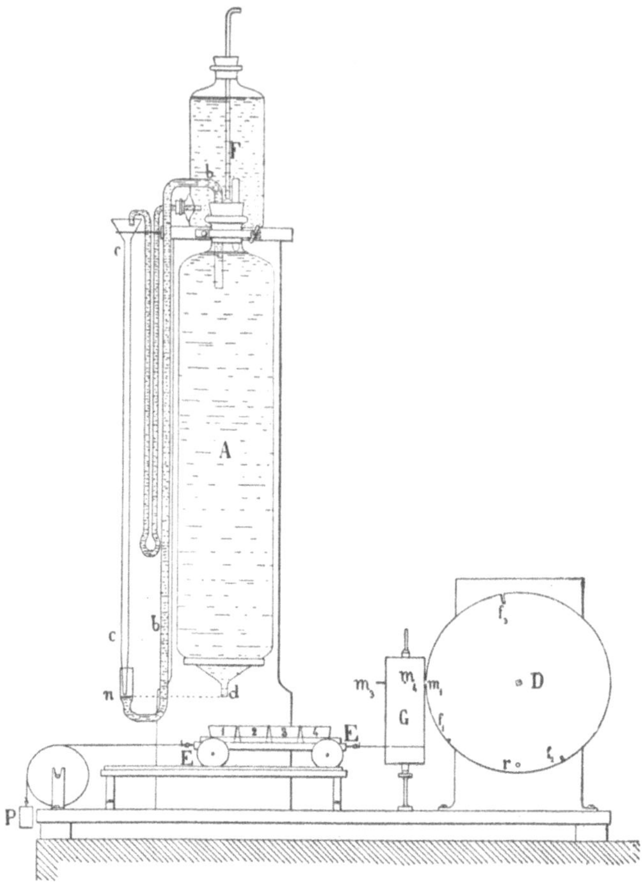

Fig. 6.

gebildeten Sätze, die sich in 24 Stunden ergeben, nach und nach sammeln zu können.

Er bedient sich dazu eines Apparates (Fig. 6), dessen Hauptbestandteil ein Zylinder A ist von einer Länge von 33 cm; an dessen Ende befindet sich ein Rohr, das nur 0,3 cm innern Durchmesser auf 1,5 cm

[1]) Comptes rendus 1903, Bd. CXXXVI, S. 1608 und Rép. chim. pure et appliquée, 1903, S. 478.

Länge hat. Dieses Rohr ist eng genug, damit der mit Wasser gefüllte Zylinder, sobald der Hals verschlossen ist, die Flüssigkeit zurückhält. Gießt man bei *n* Wasser hinein, so wird bei *d* die gleiche Menge ausfließen.

Wenn man in den Zylinder Wasser, mit erdigen Elementen vermischt, gießt, fallen diese Elemente nach und nach auf die Seiten des Trichters und von dort rollen sie bis zum Rohr *d*. Sie gehen nicht plötzlich fort, aber der Chemiker kann sie in dem Maße, wie sie ankommen, entfernen und so viele aufeinanderfolgende Teile machen wie er will, und zwar auf einfachste Art, indem er bei *n* Wasser tropfenweise einfüllt, damit es sich bei *d* nicht verstopft.

Ein Muster von 10—12 g, mit schwacher Salpetersäure ausgewaschen, läßt man mit destilliertem leicht ammoniakhaltigem Wasser digerieren, entfernt durch Schwemmen den groben Sand und läßt es austrocknen. Man gießt die abgegossenen Wässer mit ihrem Inhalt in den Zylinder, nachdem man bei *d* zugestopft hat. Den Zylinder gießt man voll reines Wasser, den oberen Teil läßt man jedoch frei, und nachdem man mit einem Stopfen geschlossen hat, schüttelt man fest. Diesen Stopfen ersetzt man durch einen anderen, mit 2 Löchern versehenen, bringt das Rohr *b b*, welches vorher mit Wasser gefüllt ist, bis *n* und schließt es. Man stellt den Zylinder auf sein Gestell, schließt das zweite Loch des Stopfens, öffnet *b b*, und indem man eine tarierte Kapsel unter *d* stellt, öffnet man dieses Rohr und beginnt die Analyse.

Der Verfasser hat für die Zeit eine Reihenfolge angenommen, die mit fünf Minuten beginnt und deren Grenze wie die Potenz von 2 wächst. Das Verfahren braucht 21 Stunden, es muß daher ohne Aufsicht vollendet werden können. Eine Mariotteflasche mit langsamem Lauf sorgt für den Abgang der Sande, und ein Hilfmechanismus bringt die Kapseln 1, 2, 3, 4 unter *d*.

Wir begnügen uns, das Prinzip dieses geistreichen Apparates anzugeben. Bezüglich Handhabung und Theorie halte man sich an die Originalbeschreibung.[1])

Plastizität (Bildsamkeit, Bindevermögen). Von zwei Tonen ist derjenige, welcher das größte Quantum eines trägen Körpers aufnehmen kann, ohne dabei seine plastische Eigenschaft zu verlieren, der plastischere.

1. Bestimmung der Plastizität mittels Magerungsmittel. Die Bestimmung kann vorgenommen werden, indem man einem Ton ein 1-, 2-, 3faches usw. Volumen Quarzsand zusetzt und die Mischung in Gestalt kleiner Zylinder formt, welche mit der Zahl numeriert werden, die der Menge des hinzugefügten unplastischen Materiales entspricht. Reibt man dann die ausgetrockneten Zylinder mit dem Fingerballen, so

[1]) Comptes rendus 1903, Bd. CXXXVI, S. 1629 und Bd. CXXXVII, S. 369.

zerbröckeln die einen, während die anderen ohne Nachteil das Reiben aushalten.

Unter den Proben wird diejenige, welche ein leichtes und reichliches Abreiben zeigt, als Norm angenommen. Selbstverständlich müssen die Mischungen mit der größten Sorgfalt hergestellt werden.

Der Ton muß zuerst ein Sieb von 225 Maschen pro Quadratzentimeter passieren, desgleichen der Quarzsand. Zu jedem Versuche nimmt man 1 ccm Ton und mischt ihn mit einem 1-, 2-, 3fachen Volumen Sand. Ton und Sand sind zuvor bei 100° auszutrocknen.

Ist die Mischung hergestellt, so rührt man sie mit Wasser an und bildet einen festen Teig, den man zu kleinen Zylindern formt. Diese werden numeriert und zwischen 100—120° ausgetrocknet.

Dr. Bischof,[1]) dem wir diese Vorschriften entnehmen, hat sein erstes Verfahren verbessert und eine Einrichtung erdacht, durch welche man die Pulverisierung der Versuchszylinder mechanisch vornehmen kann. Anstatt den Ton mit der Hand abzureiben, läßt er einen Pinsel über den Zylinder, der eine Rotationsbewegung erhält, streichen.

Wenn man so verfährt, erhält man Ziffern, durch welche man die Plastizität der verschiedenen Tone vergleichen kann: 6 für Kaolin von Zettlitz, 14 für einen belgischen plastischen Ton usw.

Es kann sich jedoch eine Schwierigkeit für die richtige Bestimmung der Mischung ergeben. So hat man bei dem belgischen Ton beobachtet, daß die Nummern 10, 11 und 12 keine Spur eines Angriffs durch den Pinsel zeigten. Bei No. 13 bemerkte man einen Anfang von Angriff, welcher bei No. 14 fortschritt und bei No. 15 sehr deutlich wurde. Wenn man die Oberfläche beobachtet, kann man leicht aus dem Zweifel kommen. Bei einem leichten Angriff erscheint die Oberfläche konvex, bei einer stärkeren Reibung dagegen konkav; bei einem regelmässigen Angriff erscheint sie jedoch glatt.

2. Indirekte Bestimmung. Man hat beobachtet, daß die plastischen Tone mehr hygroskopisches Wasser enthalten als die mageren. Bis zu einem gewissen Grade kann man aus dieser Beobachtung einen Schluß ziehen, um die Plastizität der Tone zu vergleichen und zu bestimmen.

Die Resultate werden nicht nach dem Wasserverluste, den der Ton erleidet, wenn er getrocknet wird, bestimmt, sondern nach der Menge Wasser, welche er in feuchter Luft aufnimmt. Das zu untersuchende Material wird gewogen und bei 100° getrocknet und dann unter eine Glocke, welche eine Schale voll Wasser überdeckt, gestellt. Durch wiederholtes Abwiegen kann man die Menge Wasser, die das Material aufgenommen hat, bestimmen.

Wir geben hier die Ziffern wieder, welche vermittels dieses Verfahrens erhalten wurden:

---

[1]) Bischof, Die feuerfesten Tone, 3. Aufl., S. 77 u. f.

Ton von Altwasser	1—2
Kaolin von Zettlitz	3
Ton von Grünstadt	8
„ „ Nieder-Pleis	8—9
„ „ Oberkaufungen	9
„ „ Mühlheim	9—10
„ „ Belgien.	10—11.

Ordnen wir jetzt diese Zahlen nach der steigenden Hydratisierung:

Ton von Altwasser	3,26
„ „ Nieder-Pleis	6,55
„ „ Oberkaufungen	6,88
„ „ Grünstadt	7,43
Kaolin von Zettlitz	8,90
Ton von Mühlheim	10,46
„ „ Belgien.	10,73.

Man ersieht daraus, daß keine Übereinstimmung in den Ergebnissen dieser beiden Verfahren herrscht. Wenn auch einige Tone in beiden Versuchen dieselbe Reihenfolge beibehalten, so ist dies wohl nur der gleichen Beschaffenheit ihres physikalischen Zustandes zuzuschreiben; dagegen zeigt sich ein Mangel an Übereinstimmung bei anderen Tonen und kann man sich dieses erklären, wenn man annimmt, daß die innere Struktur dieser Materialien verschieden ist. Kaolin z. B. nimmt etwas mehr Wasser auf wie der Ton von Grünstadt. Dieser letztere kommt jedoch in dem ersten Versuche nach dem Kaolin. Berechnungen nach dem Konstitutionswasser können nur Wert haben, wenn es sich um gleichartige Tone handelt, denn für die nicht kaolinhaltigen, wie die von Grünstadt, Nieder-Pleis, Oberkaufungen, findet man bei jedem Versuche verschiedene Ergebnisse.

Man kann auch anders verfahren und aus dem Tone eine Masse bilden. Man bringt ihn dann in eine geeignete Form (als Form wählt man die von Michaelis, welche für Zementversuche dient) und formt ein Probestück, welches man wiegt. Der Inhalt solcher Form ist 70 ccm; man findet für einen sehr plastischen Ton 120—125 g, für einen plastischen 125—130 g; dann steigt das Gewicht, je mehr die Plastizität abnimmt. Über 140 g kann das Material als sehr mager betrachtet werden.

Im Laboratorium der Tonindustrie-Zeitung in Berlin wird ein anderes Verfahren, welches auf anderen Annahmen beruht, angewendet.[1])

Da man keine genaue Methode kennt, um die Plastizität der Tone direkt zu bestimmen, umgeht man die Frage und berechnet den Widerstand des Tones mit verschiedenen Magerungsmittelmengen vermischt. Als ein solches ist Schamotte zu empfehlen. Man nimmt zuerst die beiden

[1]) Tonindustrie-Zeitung 1901, No. 52, S. 827.

Materialien in einem solchen Verhältnis, daß der Raum zwischen den Schamottekörnern mit Ton ausgefüllt ist. Hierzu bestimmt man das Gewicht eines Liters gerüttelter Schamotte. Aus dem spezifischen Gewichte eines Liters Schamotte und aus dem Gewichte eines Liters gerüttelter Schamotte kann man leicht das Volumen des zwischen den Schamottekörnern vorhandenen Raumes berechnen. Verfahren wir mit einem Gefäße von bekanntem Inhalt, z B. 8 l, welches 14,53 kg Schamotte enthält, und nehmen wir an, daß 1 l Schamotte 2,54 kg wiegt, so erhalten wir, wenn wir 14,53 durch 2,54 teilen, das Volumen der Schamotte, nämlich 5,72 l. Ziehen wir diese Zahl vom ganzen Volumen ab, 8 — 5,72 = 2,28 l, so ergibt sich das Volumen des Zwischenraumes. Diese 2,28 l müssen mit Ton gefüllt werden. Es ist einfach das Gewicht des entsprechenden Tones zu berechnen, wenn man dessen spezifisches Gewicht kennt. Wenn, wie im vorliegenden Falle, 2,40 das spezifische Gewicht ist, muß man 5,47 kg Ton nehmen. Die Mischung muß dann im Verhältnis von 14,5 : 5,5 vorgenommen werden.

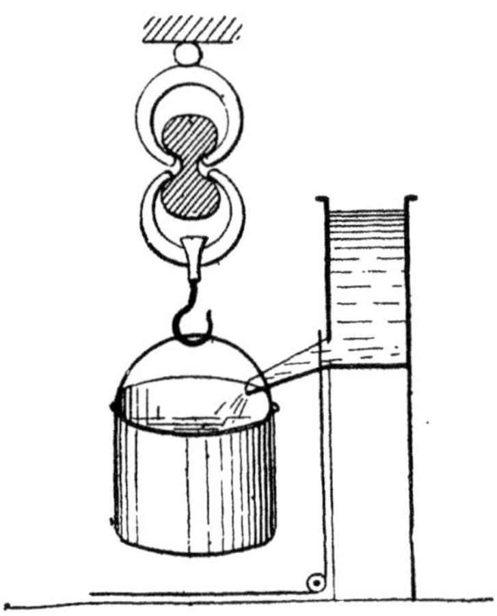

Fig. 7.

Man befeuchtet den Ton so, daß ein dicker Brei entsteht und schüttet Schamotte in entsprechender Menge hinein. Wenn es der Mischung an Festigkeit mangelt, läßt man sie in einem geheizten Raume so weit trocknen, bis sie sich kneten läßt. Die so erhaltene Masse wird in eine 8förmige Form gebracht, welche derjenigen für Zementversuche gleicht. Man muß die Form gut ölen, damit die Masse nicht anklebt, letztere gleichmäßig hineinpressen, damit keine Unregelmäßigkeiten vorkommen, und dann mit einem Messer die Oberfläche glatt streichen.

In der Praxis macht man Ballen von 2 cm Breite, 3 cm Höhe und 7,5 cm Länge. Diese werden in die Form gegeben und mit den Fingern gut hineingeknetet. Während des Austrocknens können Risse entstehen, welche die Genauigkeit der Bestimmung beeinträchtigen.

Einmal getrocknet, werden diese Proben in einer Zange aufgehängt, wie Fig. 7 zeigt. Am unteren Ende befestigt man mit einer zweiten Zange einen Metalleimer. Um den Bruch herbeizuführen, läßt man Breischrot in den Eimer laufen. Im Augenblicke, wo durch die Schwere der Bruch erfolgt, fällt der Eimer auf eine Klappe, die die Öffnung des Blei enthaltenden Gefäßes schließt. Man braucht nur noch den Eimer samt Inhalt zu wiegen, um die ausgeübte Kraft zu kennen. Da die Bruchfläche 5 qcm groß ist, teilt man das gefundene Gewicht durch 5, um den Druck pro Quadratzentimeter zu erfahren. Man kann selbstredend diese Versuche mit Mischungen von Ton und Schamotte in anderen Verhältnissen wiederholen.

3. Direkte Bestimmung. Es wäre praktischer, um die Plastizität eines Tones zu kennen, dieselbe zu messen. Dieses Verfahren kann man zwar nicht direkt anwenden, aber doch annähernde Bestimmungen machen.

Man mißt die Längen, bei welchen Stränge von gleichem Durchmesser der zu untersuchenden Tone aufreißen. Versucht man einen Tonstrang an den beiden Enden auszuziehen ohne ihn zu zerreißen, so kann man eine Verlängerung erzielen. Die plastischsten Materialien vertragen diese Ausdehnung am besten.

Schwindung. Schwindung nennt man die Volumenverminderung, welche die Tone unter Einwirkung der Hitze erleiden. Schwindung ist eine Folge der Austrocknung, Enthydratisierung und Erhitzung des von seinem Konstitutionswasser befreiten Materials.

Die Schwindung kann auf einfache Weise gemessen werden. Man formt eine Scheibe, deren Durchmesser vor und nach dem Brennen gemessen wird; es ist leicht, die Zusammenziehung zu bestimmen. Man erzielt dasselbe Resultat, wenn man auf einem Stäbchen zwei Striche macht, deren Entfernung man sich merkt. Es genügt dann, nach dem Brennen den erhaltenen Zwischenraum zu messen.

Schmelzbarkeit. Es ist sehr wichtig, den Grad der Feuerfestigkeit eines Tones zu kennen, d. h. welche Temperatur er ertragen kann ohne sich zu verziehen, noch zu schmelzen.

1. Direkte Bestimmung der Schmelzbarkeit. Der Ton kann im Brennofen selbst geprüft werden. Man formt Versuchsstäbe, welche man auf zwei feuerfeste Unterlagen legt. Der Versuchsstab wird sich biegen, sobald er das geringste Erweichen erleidet.

Um einen regelrechten Versuch zu machen, ist es am besten, den Ton bis zu einer bestimmten Temperatur zu erhitzen; man beobachtet dann, wie er sich verhalten hat.

Hier geben wir unter andern das Verfahren des Laboratoriums der Tonindustrie-Zeitung an: Man formt den Ton zu kleinen Pyramiden von 1 qcm Basis und 2 cm Höhe. Ist die Erde mit organischen Stoffen vermischt, so erhitzt man zuerst die Proben bis zur schwachen Rotglut, bis vollständige Verbrennung der Kohle erfolgt. Der Ton wird dann in einem hochfeuerfesten Tiegel in einem Ofen, nach Art des Devilleofens, erhitzt. Der Tiegel besteht aus einer aus gleichen Teilen Zettlitzer Kaolin und Tonerde hergestellten Schamotte, der man die zum Formen nötige Menge Kaolin desselben Lagers beigefügt hat.

Der Devilleofen (Fig. 8) ist zylindrisch, der Teil, in welchem die Verbrennung geschieht, leicht konisch; die Wände bestehen in dem am stärksten zu erhitzenden Teile aus Magnesia und im oberen Teile aus einer Mischung von 90 Teilen kalzinierter Magnesia und 10 Teilen Kaolin von Zettlitz. Die für diese Versuche benutzten Tiegel widerstehen der Schmelzung des Segerkegels 36.

Um eine Bestimmung vorzunehmen, stellt man einen Segerkegel neben die Probe in den Tiegel und zündet dann Holzkohlen (200 g) mit 30 g zerknittertem und aufgehäuftem Papier an. Man tritt den Blasebalg (etwa 25 Tritte in der Minute), fügt dann 900 g Retortenkohle hinzu und vermehrt die Tritte des Blasebalges. Das Brennmaterial wird in Haselnußgröße verwendet. Mit den angegebenen Mengen erreicht man das Niederschmelzen des Kegels 26. Um eine höhere Temperatur zu erzielen, macht man wiederholte Zugaben von 25 g Brennmaterial. Der zu diesen Versuchen gebräuchliche Ofen hat eine Höhe von 35 cm, 9 cm Durchmesser an dem unteren Teile und 11 cm Durchmesser an dem oberen. Die Dicke der Wände verringert sich vom Boden bis zur Einfüllungsmündung, 12 cm vom Boden ist sie im unteren Teile 6 cm stark.

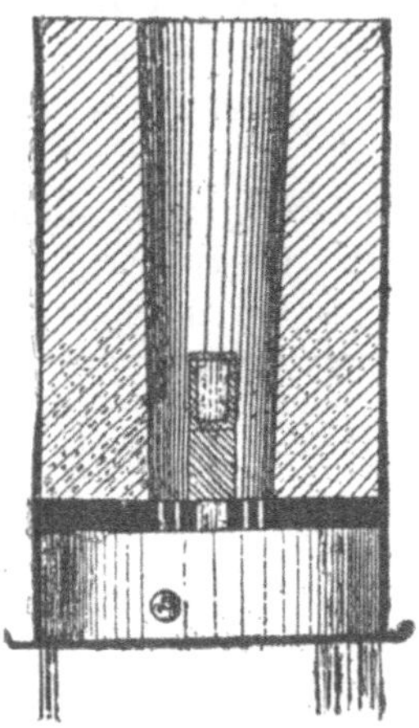

Fig. 8.

Diese Versuche können auch mit anderen Einrichtungen, z. B. mit Versuchsmuffeln und Gasöfen vorgenommen werden. Der beste gebräuchliche Anzeiger, um die Art zu bestimmen, wie ein Ton sich im Feuer verhält, ist der Segerkegel.[1]) Die Schmelzbarkeit der Kegel bestimmt die Minimaltemperatur, zu der die Probe erhitzt wurde. Der Kegel nimmt wenig Raum ein; man stellt ihn neben die Probe, welcher man, um eine größere Übereinstimmung der Bestimmungen zu erzielen, dieselbe Form gibt.

2. Indirekte Bestimmung der Schmelzbarkeit. Die empirischen Methoden, die man zur pyrometrischen Untersuchung der Tone angegeben hat, sind nicht in die Praxis übergegangen; wir werden jedoch einiges darüber angeben.

Ändern wir die Säuerungsstufe eines Tones durch Zugabe von Kieselsäure, so ändern wir seine Schmelzbarkeit. Man scheint zur Annahme gekommen zu sein, daß das Maximum der Schmelzbarkeit mit $Al_2O_3 . 9 SiO_2$ übereinstimmt. Man sieht also, daß nach der Menge der beigefügten Kieselsäure, um eine relative Schmelzbarkeit zu erhalten ähnlich der von $Al_2O_3 . 9 SiO_2$, man sich einen Begriff von der Feuerfestigkeit des Tones machen kann.

Dr. Bischof hat diese Fragen besonders studiert. Dieselben gehören aber zu sehr ins wissenschaftliche Gebiet und verweisen wir deshalb auf das schon erwähnte Werk.

[1]) Siehe Pyrométrie.

Derselbe Verfasser hat aus der chemischen Zusammensetzung der Tone die Schmelzbarkeit zu bestimmen versucht.[1])

Bezeichnet man mit a die Zahl der Tonerdemoleküle, mit b die der Kieselsäure und mit c die der Flußmittel und setzt das Verhältnis

$$\frac{a}{c} = A, \quad \frac{b}{a} = B,$$

so ist der Feuerfestigkeitsquotient:

$$\frac{A}{B} = \frac{a:c}{b:a} = \frac{a^2}{bc}.$$

Seger hat eine Änderung vorgeschlagen, und zwar setzt er:

$$\frac{a^2}{bc} + \frac{a}{c}.$$

Bischof erklärt, daß für sandhaltige Tone ein anderer Feuerfestigkeitsquotient angewendet werden sollte, und behält sich vor, diese Frage weiter zu bearbeiten.

Zur Lösung dieser Frage haben auch unter anderen Jochum[2]) und Ludwig[3]) verdienstvolle Beiträge geliefert. Die Ludwigsche Methode besitzt entschieden einen praktischen Wert und soll hier in den Grundzügen wiedergegeben werden.

Ludwig betrachtet das Schmelzen der Tone als eine Folge der Bildung von verschieden schmelzbaren Lösungen, und zwar bilden sich zunächst flußmittelreichere Lösungen und mit steigender Temperatur flußmittelärmere.

Nun folgen diese Lösungen, auch wenn sie einen hohen Schmelzpunkt haben, den für verdünnte Lösungen allgemein gültigen Gesetzen, insbesondere dem von Richter aufgestellten, welches lautet:

> „Eine gleiche Anzahl von Molekülen (oder äquimolekularen Mengen) verschiedener Stoffe, in der gleichen Menge des gleichen Lösungsmittels gelöst, erniedrigen den Erstarrungspunkt (den Schmelzpunkt) um gleiche Beträge.“

Um aus der chemischen Zusammensetzung auf die Schmelzbarkeit eines Tones zu schließen, muß man die Gewichtsprozente der Analyse in Moleküle umrechnen, d. h. die Ziffern der einzelnen Bestandteile durch deren Molekulargewichte dividieren. Da die Schmelzwirkung des Eisens als FeO eine doppelte ist gegen Fe_2O_3, dividiert man das gefundene Fe_2O_3 durch 80 statt durch 160.

---

[1]) Bischof, Die feuerfesten Tone, 3. Aufl., S. 63 u. 64.

[2]) Jochum, Die chemische Analyse als Maßstab der Feuerbeständigkeit der Edeltone.

[3]) Ludwig, Über Beziehungen zwischen der Schmelzbarkeit und der chemischen Zusammensetzung der Tone; Tonindustrie-Zeitung 1904, No. 63.

Nehmen wir als Beispiel den Grünstädter Kaolin; die Analyse ergibt:

Al_2O_3	38,15
SiO_2	47,69
TiO_2	0,12
Fe_2O_3	0,77
CaO	0,21
MgO	—
K_2O	1,26.

Die Umrechnung in Moleküle ergibt:

$$Al_2O_3 = 38{,}15 : 102 = 0{,}37402$$
$$SiO_2 = 47{,}69 : 60 = 0{,}79484$$
$$TiO_2 = 0{,}12 : 80 = 0{,}00150$$
$$Fe_2O_3 = 0{,}77 : 80 = 0{,}00963$$
$$CaO = 0{,}21 : 56 = 0{,}00374$$
$$MgO = 0$$
$$K_2O = 1{,}26 : 94 = 0{,}01340.$$

Um verschiedene Tone miteinander vergleichen zu können, führt man nun sämtliche Molekularzahlen auf 1 Molekül Al_2O_3 zurück, indem man die für die einzelnen Bestandteile gefundenen Molekularziffern durch die Zahl der Moleküle Al_2O_3 dividiert; man erhält so:

$$Al_2O_3 = 0{,}37402 : 0{,}37402 = 1$$
$$SiO_2 = 0{,}79484 : 0{,}37402 = 2{,}125$$
$$TiO_2 = 0{,}00150 : 0{,}37402 = 0{,}0040$$
$$Fe_2O_3 = 0{,}00963 : 0{,}37402 = 0{,}0257$$
$$CaO = 0{,}00374 : 0{,}37402 = 0{,}0100$$
$$MgO = 0$$
$$K_2O = 0{,}01340 : 0{,}37402 = 0{,}0358.$$

Nach dem Grundgesetze darf man nun sämtliche Flußmittel addieren und kommt zur Summenformel:

$$Al_2O_3, \quad 2{,}125\,SiO_2, \quad 0{,}0755\,F,$$

in welcher F als Abkürzung für Flußmittel anzusehen ist.

Die Zahl der SiO_2 gibt sofort an, ob der Ton sauer oder basisch ist. Die Summenformel besteht aus einer Konstante Al_2O_3 und zwei Variabeln SiO_2 und F; sie läßt sich deshalb in einem Koordinatensysteme graphisch darstellen, indem man als Abszisse die Zahl der Moleküle SiO_2 und als Ordinate diejenige der Flußmittelmoleküle einträgt.

Der Ton wird also graphisch durch einen Punkt dargestellt, und zwar liegt der Punkt um so weiter nach rechts, je mehr SiO_2 der Ton enthält, und um so weiter nach oben, je reicher der Ton an Flußmitteln ist.

In dem Koordinatensystem (Fig. 9) trug Ludwig die Segerkegel 28—39, die arm an Flußmitteln sind, ein und erhielt feste Punkte in der horizontalen Richtung. Um feste Punkte in der vertikalen Richtung zu bestimmen, setzte er reinem Kaolin 0,05, 0,10 usw. Moleküle Flußmittel zu und ermittelte den jeweiligen zum Erreichen des Schmelzpunktes der Kegel 28—39 nötigen Zusatz. Es ergab sich als genügend, die entsprechenden vertikalen und horizontalen Punkte durch Gerade zu verbinden, um Linien zu erhalten, auf welchen sämtliche Punkte liegen, die dem Schmelzpunkte des betreffenden Segerkegels entsprechen.

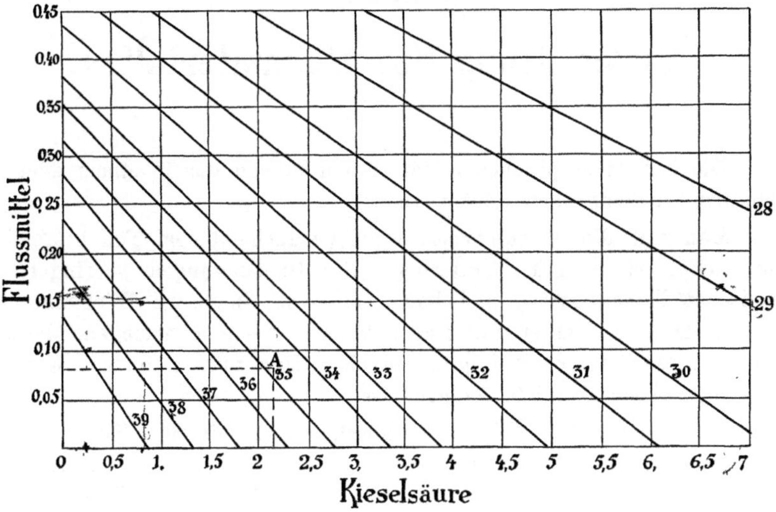

Fig. 9.

Will man nun den Schmelzpunkt eines feuerfesten Tones suchen, dessen Analyse bekannt ist, so genügt es, aus den Analyseziffern die Summenformel, wie oben angegeben, zu berechnen und in die Tabelle einzutragen. Die in nächster Nähe befindliche Linie bezeichnet die Schmelzbarkeit. So erhalten wir für den als Beispiel genommenen Grünstädter Kaolin den Punkt *A* in der Nähe der dem Segerkegel 35 entsprechenden Linie. Der Schmelzpunkt des Grünstädter Kaolins liegt also etwas unter dem Segerkegel 35.

Eine große Reihe von Versuchen bewies, daß diese Methode, wenn auch nicht unbedingt sicher, doch eine genügende Übereinstimmung zwischen dem berechneten und dem direkt ermittelten Schmelzpunkte ergibt.

4. Abschnitt.

Aufbereitung der Rohmaterialien.

Die bereits besprochenen Materialien können nur in einem genügend zerteilten Zustande verwendet werden.

Man muß die Fremdkörper, welche manchmal dem Ton beigemischt sind, soviel wie möglich entfernen. Die Beimengungen verringern die plastischen Eigenschaften und haben oft eine chemische Wirkung. Man muß die Tone in Wasser aufweichen können, um eine homogene Masse zu bilden. Diese letztere Bedingung erreicht man nur, wenn das Korn des plastischen Materials nicht zu groß ist.

Die anderen Bestandteile vermischen sich mit dem Ton nur dann, wenn sie genügend zerkleinert sind. Um eine regelmäßige Plastizität zu erzielen, müssen die Partikeln sehr klein sein und denen des Tones gleichen. Man muß daher vor Herstellung der Massen sämtliche Bestandteile auf einen genügenden Feinheitsgrad bringen und nötigenfalls dieselben reinigen.

I. Aufbereitung des Tones.

Man findet den Ton nicht immer so, daß er gleich in die Masse eingeführt werden kann.

Die Vorbereitung des Tones ändert sich je nach den verschiedenen Fabrikationen. In gewissen Fällen kann man ihn in dem Zustande gebrauchen, in dem er vorgefunden wird, wie dies bei der Herstellung der Feldziegel der Fall ist. Die Behandlung des Tones kann manchmal umständlich sein, sobald es sich darum handelt, das Material zur Herstellung von Steingut- oder Porzellanmassen brauchbar zu machen. Die Fremdkörper, die man nur zu zerreiben braucht, z. B. wenn es sich um Irdenwaren handelt, müssen bei feineren Waren soviel wie wöglich entfernt werden.

Man hat bei der Vorbereitung des Tones zwei Punkte zu beobachten: die physikalische und die chemische Vorbereitung. Um den Ton in die Masse in einem solchen Zustande bringen zu können, daß er mit Wasser vermischt eine plastische Masse bildet und sich formen läßt, muß man ihn in kleine Stücke zerteilen, welche sich leicht anfeuchten lassen und der Masse eine möglichst große physikalische Gleichmäßigkeit geben. Andererseits sind die im Tone vorkommenden Beimengungen oft der Güte der Erzeugnisse von Nachteil. Eisenpyrit z. B. macht oft die mit unreiner Erde geformten Stücke ganz wertlos. Eine unmittelbare chemische Behandlung läßt sich hierfür nicht anwenden, jedoch kann man durch Schlämmen und Abgießen eine mehr oder weniger vollkommene Reinigung des Tones erreichen.

Wir werden die verschiedenen Verfahren zur Aufbereitung des Tones behandeln und beim Besprechen der verschiedenen Erzeugnisse darauf zurückkommen, wenn es erforderlich ist.

1. Auswintern.

Beim Ausheben enthalten die Tone hygroskopisches Wasser, welches nach Austrocknen der Masse Risse und Zerkleinerung der Schollen herbeiführt. Die Verdunstung geschieht erst an der Oberfläche und verursacht eine oberflächige Schwindung; da der Kern nicht teil daran nimmt, entsteht eine Trennung zwischen diesem und dem äußeren Teil. Die Wirkung der Entwässerung schreitet fort, eine neue Lage trocknet aus und trennt sich ebenfalls ab, so daß nach einer gewissen Zeit die ganze Tonscholle zerfällt und in kleine Stücke zerbröckelt. Ist die Verdunstung eine langsame, so bilden sich die Risse nur schwer, und ist es daher begreiflich, daß, je schneller die Austrocknung geschieht, um so schneller die Zerbröckelung erfolgt.

Je nach dem Klima entsteht die Zerbröckelung von selbst. Die Austrocknung bewirkt mechanisch das Zerfallen der Masse. Hat man Regenniederschläge zu befürchten, so bringt man die Erde unter Schuppen mit genügendem Luftzuge.

Durch Auswintern können die Tone auch chemisch gereinigt werden. Man findet in denselben oftmals Eisenpyrit, und es ist am besten, soviel wie möglich von diesen Mineralien auszuscheiden. Manchmal sind sie in kleinen Kristallen in der Masse vorhanden und können nur mit Mühe auf mechanischem Wege gänzlich entfernt werden. Man kann die gleichzeitige Einwirkung von Frost und Feuchtigkeit benutzen, um das Oxydieren dieser eisenhaltigen Verbindungen herbeizuführen. Man setzt den Ton, den man in Haufen von einem Meter Höhe bringt, dem Froste aus. Das darin enthaltene Wasser dehnt sich beim Gefrieren aus und durch diese Ausdehnung zerreißen die Schollen. Ist der Ton zu trocken, so tut man gut ihn zu befeuchten, bevor der Winter eintritt; man vermehrt dadurch die zerstörende Einwirkung des Frostes.

Diese Zerstörung ist vorteilhaft, besonders für die plastischen Tone, die dadurch besser und verarbeitungsfähiger werden.

Die Engländer[1]) gebrauchen zur Herstellung ihres Steingutes Tone, welche überwintert haben; außer der mechanischen Wirkung des Frostes ziehen sie noch aus der durch feuchte Luft hervorgerufenen Oxydierung Nutzen, um die pyrithaltigen Verbindungen zu entfernen. Der Schwefelkies oxydiert, verwandelt sich in Sulfat, das durch Regenwasser, welches den Ton durchdringt, aufgelöst und entfernt wird. Diese chemische Reinigung erfolgt von selbst, sie ist von einer mechanischen Vorbereitung begleitet, da der Frost die Masse feucht und zerbröckelt vorfindet.

2. Zerkleinerung des Tones.

Für die Vorbearbeitung des Tones darf man nicht zu große Schollen nehmen. Aufweichen und Zermalmen können mit zu großen Stücken nicht vorgenommen werden. Man muß den Ton genügend zerkleinern, um die Arbeit zu erleichtern. Die Zerkleinerung kann auf verschiedene Weise bewerkstelligt werden.

Zermalmen. Der Ton wird zwischen zwei parallele Walzen gebracht; diese drehen sich in entgegengesetzter Richtung um ihre Achse, so daß sie die Masse in den Zwischenraum hineinziehen. Dieser kann nach Bedarf vergrößert oder verkleinert werden. Durch dieses Walzwerk kann trockner Ton zerstückelt oder feuchter ausgewalzt werden. Harte Körper werden zwischen beiden Walzen gepreßt und zerbrochen. Um Betriebsstörungen zu vermeiden, sind die sich stark abnutzenden Teile leicht auswechselbar. Die Erden, welche Unreinigkeiten enthalten, sind schwer zu zermalmen. Um sie auf den nötigen Teilungszustand zu bringen, muß man die Arbeit mehrmals vornehmen. Man beginnt mit verhältnismäßig weiter Entfernung der Walzen, dann gibt man den Ton zwischen andere, deren Spaltweite kleiner ist.

Die Walzen sind glatt oder gezahnt. Die Umdrehungsgeschwindigkeit kann für jede verschieden sein.

Die Walzwerke werden in verschiedenen Bauarten hergestellt. Der Durchmesser der Walzen überschreitet selten 1 m, und ist 0,50 m wohl das Mindestmaß. Die Nutzlänge wechselt zwischen 0,40 und 0,70 m. Die Leistung steigert sich mit der Größe der Maschinen. Die kleinsten leisten stündlich 0,5 cbm, die größeren bis 4 und 5 cbm. Der Kraftverbrauch ändert sich nach der physikalischen Eigenschaft des Tones und überschreitet gewöhnlich für die größeren Maschinen, welche schwer zu zermalmenden Ton zu bearbeiten haben, 10 PS nicht.

Die Walzwerke bestehen aus einem starken Gestell, worauf die beiden Walzen ruhen. Die eine davon bewegt sich in festen Lagern, während die andere auf beweglichen ruht, welche durch Stellschrauben

---

[1]) Lambert, Beschreibung der gegenwärtigen Fabrikation von feinem Steingut und andern Tonwaren in England. Brüssel 1865.

eine Regulierung der Spaltweite gestatten. Zum Reinigen der Walzen sind Schaber angebracht. Es ist vorteilhafter, Walzen von großem Durchmesser zu gebrauchen, da diese die Erde leichter aufgreifen.

Fig. 10 zeigt uns eine solche Maschine. Die Walzwerke mit geriffelten oder gezahnten Walzen dienen hauptsächlich zur Zerkleinerung harter Tonschollen und werden nur als Vorbereitungsmaschinen gebraucht. Die Bauart ist eine derartige, daß die Zähne der einen Walze in die Höhlungen der anderen greifen. Gewöhnlich haben beide Walzen verschiedenen Durchmesser. Die eine hat Zahnradantrieb, die andere wird durch die erstere mit in Bewegung gesetzt. Die Glattwalzwerke haben eine ähnliche Bauart und drehen sich mit ungleicher Geschwindigkeit. Wenn man die Anordnung des Walzwerkes umändert, kann man es auch als Tonreiniger gebrauchen.

Fig. 10.

Die Walzen werden dann durch Kegelstumpfen, welche sich in entgegengesetzter Richtung um ihre Achse drehen, ersetzt, so daß sie eine gleiche Entfernung zwischen zwei sich gegenüber liegenden Erzeugenden behalten. Der Ton kommt in den Zwischenraum; die festen Teile bleiben auf den Kegelstumpfen, steigen nach den großen Flächen, welche sich mit einer größeren Geschwindigkeit drehen, und fallen dann auf den Boden. Um die trocknen Tone zu zerkleinern, benutzt man Kollergänge oder Kugelmühlen, wovon wir später sprechen werden.

Das Zerkleinern des Tones durch Maschinenbetrieb ist nur für große Produktion vorteilhaft. Für kleineren Betrieb läßt sich ein Motor nicht ohne große Unkosten aufstellen. In einigen kleineren Fabriken findet man noch Handbetrieb. Wenn man auf einem Steinboden eine ausgehöhlte Steinwalze hin und her bewegt, erlangt man auch Zerkleinerung des Tones.

Brechen. Das Zerkleinern der Masse kann auch auf andere Weise geschehen, z. B. durch Brechwerke, welche von den Schollen Späne abreißen und sie in einen für die Arbeit passenden Zustand bringen. Diese

Maschinen (Fig. 11) bestehen hauptsächlich aus einer am Boden eines Zylinders befestigten Scheibe, deren Öffnungen mit Messern versehen sind. Während die Schollen durch Umdrehung der Scheibe mitgezogen werden, stoßen sie an die Schaufeln und werden von den Messern zerrissen; die abgerissenen Späne fallen dann durch die Öffnungen heraus. Die Umdrehungsgeschwindigkeit muß eine ziemlich große sein, damit die Schollen abreißen und nicht abgleiten. Ein Brechwerk von 2 PS kann stündlich 4—6 cbm Ton zerschneiden.

Granulieren. Die Granulatoren sind Brechwerke, welche etwas anderer Bauart sind. Sie bestehen aus einer durchgehenden Messerwelle,

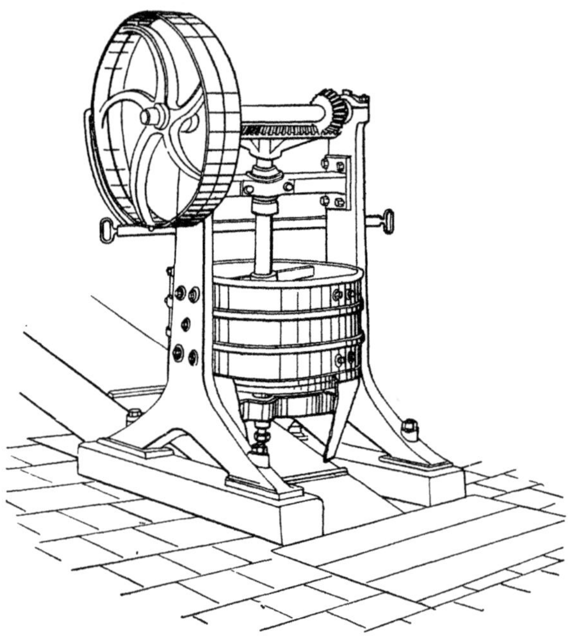

Fig. 11.

die mit schneckenförmigen Messern versehen und unter einem Fülltrichter angebracht ist. Der Ton wird geschnitten, zerteilt und aus dem Apparate getrieben.

Die Leistung der Granulatoren ist eine größere als die der Brechwerke; man braucht diese Maschinen bei großen Betrieben. Es gibt Granulatoren, welche täglich bis 200 cbm leisten.

3. Schlämmen.

Die Tone sind immer mehr oder weniger von Fremdkörpern begleitet. Diese bilden oft größere Bruchstücke als die Tonkörner. Wenn man das Material schlämmt, d. h. in Wasser aufweicht, bleibt das feinere plastische Material im Wasser schweben, während die größeren Steine auf den Boden sinken. Durch Abgießen scheidet man die feineren Teile von den gröberen. Trotzdem ist das plastische Material noch von Fremdkörpern begleitet; dies sind Mineralientrümmer von gleicher Schwere wie die Tonkörner.

Geschlämmter Ton wird sehr oft gleich vom Bewässerungsapparat aus in Gebrauch genommen; er kann jedoch auch entwässert, d. h. wieder in festen Zustand gebracht werden.

In den Steingutfabriken wird der Ton in mit Wasser angefüllte Bottiche gebracht. Ein mit Schaufeln versehener Rührer bewirkt die Lockerung des Materials. Die Tonschollen zerteilen sich und sind nach einiger Zeit gänzlich aufgeweicht. Die Flüssigkeit, welche nunmehr die feinen Teile enthält, läßt man ablaufen. Durch ein erstes Sieben kann man die zu großen Teile, welche noch mit dem Wasser abgeflossen sind, absondern.

Einer der meistgebrauchten Tonschlämmapparate besteht aus einem konischen Bottich, der auf seiner größeren Fläche ruht. In der Mitte befindet sich eine Rotationsachse mit hölzernen Rührern versehen. Fig. 12 zeigt uns die Einrichtung. In diesem Holzbottich hat man einen Boden aus festen Steinen angebracht, mit Erdpech und Zement ausgefügt, damit er eine harte und unzerstörbare Unterlage bildet. Die Rotationsachse ist durch ein Rohr isoliert, damit sie nicht mit der Flüssigkeit in Berührung kommt, sie geht durch den Boden des Bottichs und wird durch einen unteren Antrieb in Bewegung gesetzt. Man muß beachten, daß der Ton von größeren Steinen befreit ist und nur Stücke von mittlerer Größe hineinbringen. Große Schollen weichen sehr langsam auf und kleben aneinander.

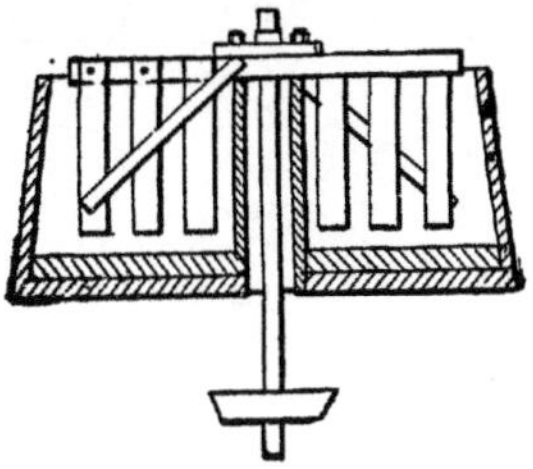

Fig. 12.

Die Rührbottiche (Fig. 13) können eine andere Anordnung erhalten. Der Bottich hat z. B. die Form eines Zylinders oder eines Parallelipipedons; die vertikale Hauptwelle ist durch eine andere, mit Rührern versehene Welle ummantelt. Man bringt dann den Ton durch eine im oberen Teile angebrachte Öffnung in den Bottich. Die Einrichtungen dieser Bottiche haben nichts bestimmtes; man hat verschiedene Änderungen, welche ohne Wichtigkeit für das Endresultat sind, vorgenommen.

Das Schlämmen der Kaolintone geschieht öfters auf andere Weise. Der Ton wird in stufenförmigen Lagen ausgebreitet, über welche Wasser geleitet wird. Dadurch werden die feineren Körner von den gröberen getrennt, und je feiner die Körner sind, desto weiter werden sie fortgeschwemmt. Auf diese Weise wird Ton und feiner Sand von dem groben Sande getrennt.

Dieses stufenförmige Schlämmen kann mit leicht zu handhabenden Apparaten bewerkstelligt werden. Fig. 14 zeigt eine Reihe von Holzbottichen, welche zum Schlämmen eingerichtet sind; die Abbildung ist leicht verständlich und bedarf keiner weiteren Erklärung. Diese Ein-

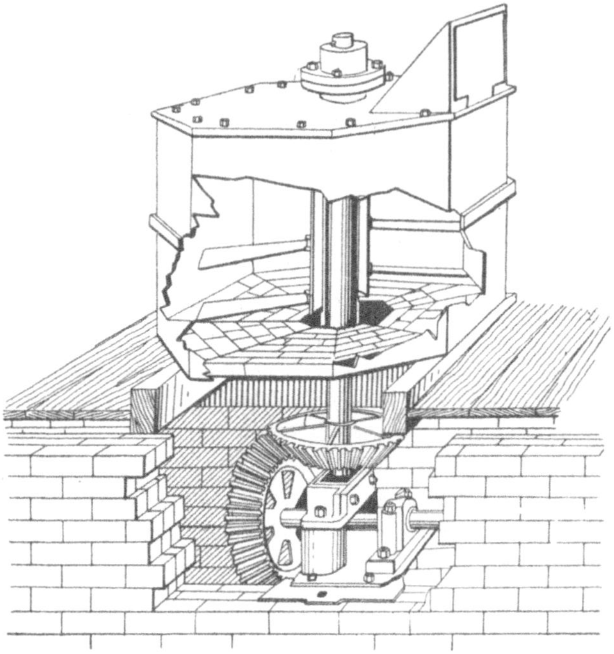

Fig. 13.

richtung gestattet das Schlämmen des Tones, wenn genügend fließendes Wasser vorhanden ist. — Zum Schlusse des Schlämmens läßt man das Wasser, welches Tonstoffe enthält, durch ein Sieb laufen, auf welchem das unplastische Material, das noch im Wasser schwebt, zurückbleibt.

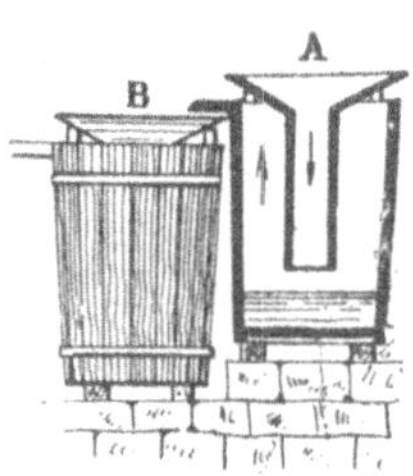

Fig. 14.

4. Mechanisches Sieben.

Das Schlämmen nimmt lange Zeit in Anspruch und ist kostspielig; man benötigt Vorrichtungen hierzu und Zeit. In vielen Fällen kann man die Arbeit vereinfachen, indem man den Ton siebt. In teigigem Zustande kann der Ton durch Öffnungen von kleinem Durchmesser durchgedrückt werden, wenn man ihn stark genug preßt. Man legt den Ton in einen durchlöcherten Zylinder, in welchem sich ein Kolben bewegt. Der Apparat ist so eingerichtet, daß man den Kolben herausnehmen kann, um den Ton hineinzugeben. Ist der Behälter mit Ton angefüllt, so übt man einen Druck aus, bis der Kolben am Ende seines Laufes angelangt ist; man nimmt ihn dann heraus und leert den Behälter. Die so bewirkte Reinigung erstreckt sich nur auf die Entfernung größerer Steine und genügt für manche Erzeugnisse.

Die Tonreiniger haben verschiedene Einrichtungen, einige sind mit Handbetrieb; der Kolben wird mittels Zahnstange und Kurbel in Bewegung gesetzt. Es gibt stehende und liegende Tonreiniger. Diese Vorrichtung gestattet keine unausgesetzte Arbeit. Um dies zu vermeiden, hat man andere Apparate hergestellt. Die Reinigung geschieht durch zwei maschinell bewegte Zylinder, durch welche der Ton in einen mit Metallgitter versehenen Behälter getrieben wird.

5. Entwässern und Austrocknen.

Der Ton wird im trocknen Zustand aufbewahrt und versandt. Einige Betriebe verarbeiten auch den Ton in Staubform. Es ist daher notwendig, die Tone entwässern zu können. Wenn es sich um genügend feste Erde handelt, ist es am einfachsten, diese der Luft auszusetzen. In Ländern mit gemäßigtem Klima geschieht diese Austrocknung bei gutem Wetter ohne andere Kosten, als die, welche durch Fortschaffung des Materials entstehen. Will man nicht von der Witterung abhängig sein, dann muß man den Ton vor Regen schützen. Das Material wird in Schuppen gebracht, die genügend Luftzug haben.

Die durch Schlämmen gereinigten Tone sind beinahe flüssig. Man läßt sie in zementierten Becken ruhen. Nach einiger Zeit setzt sich das feste Material und man braucht nur die Flüssigkeit ablaufen zu lassen. Die Behälter können mit Ablaufhähnen oder mit einem beweglichen Rohr, welches als Heber dient, versehen werden.

Der in dem Becken zurückgebliebene Satz ist dick und hat eine gewisse Festigkeit. Um ihm das überflüssige Wasser zu entziehen, muß man noch andere Vorkehrungen treffen.

Der Ton, der noch viel Wasser enthält, wird verdickt und in Massezustand gebracht durch ein aufsaugendes Material, wie z. B. Gips. Um Tone einzudicken, benützt man Gipskasten. Durch Aufsaugen dringt das Wasser durch die Poren des Gipses, der Ton verdickt sich allmählich und braucht nur entfernt zu werden, wenn er zur Bearbeitung geeignet scheint. Diese Gipskasten sind schwer, teuer und leisten wenig, deshalb ist dieses Verfahren nur für kleine Mengen anwendbar. Man ersetzt es vorteilhaft durch Filterpressen; diese sind sehr bequem, wenn es sich um nicht zu fette Tone handelt, wie die Kaoline. Später werden wir hierauf zurückkommen.

Will man trocknen Ton haben, der für gepreßte Erzeugnisse dient, so muß man in der Austrocknung des Materials weiter gehen. Man vertreibt die letzten Spuren von Wasser durch Wärme. Die hierfür gebräuchlichen Apparate sind verschieden. Man trocknet den Ton in einem mäßig gewärmten Ofen. Eine zu hohe Temperatur würde schaden, da, wie wir wissen, der Ton durch gänzliche Entwässerung seine plastische Eigenschaft verliert. Ein Ofen ist immer schwer zu regulieren, wenn man ein gutes Ergebnis haben will und nicht befürchten muß, daß die Tonschollen dem Feuer zu nahe kommen. Deshalb hat man Apparate konstruiert, in welchen das Trocknen durch heiße Luft oder Dampf erzielt wird und keine Überhitzung entsteht, und welche sehr leistungsfähig sind.

Als Vorbild eines solchen Trockenofens nennen wir den Schachtofen. Dieser ist von unten anzuheizen; die Verbrennungsgase zirkulieren zwischen zickzackartig angeordneten Platten, auf welchen der Ton liegt, nehmen die Feuchtigkeit mit und entweichen in den Schlot. Das Einfüllen geschieht von oben und das Ausleeren von unten durch eine seitliche Öffnung, damit der Ton nicht mit Asche verunreinigt wird. In Höhe der Platten angebrachte Türen gestatten den Ton nach unten zu schieben.[1])

II. Aufbereitung des unplastischen Materials.

Diese Stoffe findet man in Sand- oder Gesteinszustand, meistens in letzterem, so daß der Zerreibung des Materials eine Zerkleinerung vorausgehen muß. Einige Substanzen müssen vorher gewaschen werden, z. B. Sand und Quarzit.

1. Schlämmen.

In Drevant findet man feldspathaltige Sande, welche in den Porzellanmanufakturen der Gegend verwendet werden.[2]) Diese Sande, welche Glimmer und eisenhaltige Verbindungen enthalten, müssen vor dem Gebrauch gereinigt werden. Die Schlämmapparate bestehen aus einem leicht geneigten Metallbehälter, worin sich eine Schneckenschraube befindet, die das Material nach oben befördert. Ein starker Wasserstrom durchfließt den Apparat von oben bis unten, und nimmt den Sand, der sich in entgegengesetzter Richtung bewegt, mit. Die glimmer- und eisenhaltigen Reste werden durch den Wasserlauf mitgezogen. Oben angekommen, wird der Sand fortgeschafft.

Die Quarzite kommen in Blöcken vor, deren Oberfläche mit wenig anhaftenden Mineralien beschmutzt ist. Diese werden ebenfalls gewaschen. Ein zu diesem Zwecke benutzter Apparat besteht aus einem liegenden, sich um seine Achse drehenden Zylinder. An jedem Ende ist eine Öffnung angebracht. Durch die eine wird der Quarzbrocken eingeworfen, durch die andere herausgenommen. Durch richtig verteilte Schaufeln werden die Brocken im Innern des Zylinders schneckenförmig hindurchbefördert.

---

[1]) Dümmler, Ziegelfabrikation.

[2]) Marc Larchevèque, fabrication industrielle de la porcelaine dure, S. 18.

Auf diesem Wege werden sie von einem Wasserstrom getroffen und auf allen Seiten gewaschen. Zum Schlusse fallen sie auf ein Gitter, welches das Mineraltrümmer enthaltende Wasser durchläßt. Von hier aus gelangen sie in einen Steinbrecher. Dieser Apparat wird in Euskirchen (im Rheinland) zum Schlämmen der Quarzite, welche zur Herstellung der Dinaziegeln dienen, benützt.

Diese beiden Beispiele genügen, um sich einen Begriff über die Schlämmapparate, die zum Schlämmen der Sande und Gesteine dienen, zu machen.

2. Zerkleinern und Mahlen.

Es werden verschiedene Apparate hierzu benutzt. Die Steinbrecher geben nur kleine Stücke und bereiten die Arbeit für die Mahlapparate, welche das Material noch weiter zerkleinern müssen, vor. Unten den Namen Zerkleinerungs- und Mahlapparate bezeichnet man zwei Gattungen von Apparaten, die sehr zahlreich und verschieden sind. Wir werden die wichtigsten davon besprechen.

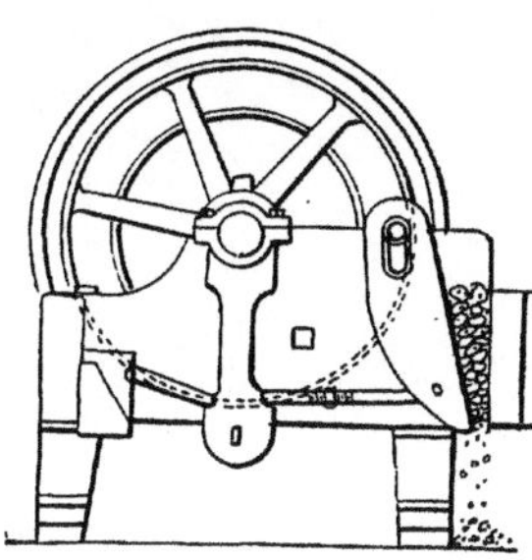

Fig. 15.

Zerkleinerungsapparate. Handelt es sich um hartes und gröberes Material, so gebraucht man einen Steinbrecher (Fig. 15). Dieser besteht aus zwei starken Metallstücken (Hartguß), wovon das eine beweglich und das andere fest ist. Mittels eines auf einer Rotationswelle befestigten Exzenters, kann sich das bewegliche Stück in einem gewissen Winkel um eine feste Achse drehen, und sich dem festen Stücke nähern. Die Entfernung zwischen beiden Stücken läßt sich so einstellen, daß zu große Blöcke nicht hindurch können. Wenn man nun das Material zwischen diese beiden Stücke oder Brechbacken bringt, wird es gepreßt und zermalmt. Die Brechbacken werden so gestellt, daß die zu zerkleinernden Stücke in den oberen Teil des Steinbrechers eingefüllt werden, und durch ihr eigenes Gewicht niederfallen.

Der Steinbrecher hat also eine große Gewalt anzuwenden, um die harten, quarzhaltigen Gesteine, die in der keramischen Industrie Verwendung finden, zu zerkleinern, daher tut man gut, sich bei der Konstruktion vorzusehen, da ausnahmsweise harte Stücke vorkommen können. Deswegen bringt man gewöhnlich ein Stück an, welches durch Bruch oder Biegung den Brechbacken erlaubt nachzugeben, im Falle ein Material hineingerät, das sich nicht zerkleinern läßt.

Die Stampfwerke sind am längsten im Gebrauch und sind die erste Verbesserung zum Zerkleinern gegenüber dem Handmörser. Sie bestehen aus Stampfern mit hölzernem Stiele. Hebedaumen, durch eine liegende Welle getrieben, heben die Stampfer auf. Hammer und Pochwerk sind aus Gußeisen oder harten Steinen hergestellt. Diese letzteren werden nur dann benutzt, wenn man vermeiden will, daß eisenhaltige Teilchen das Material verunreinigen. Um Staubbildung zu vermeiden, umgibt man den Apparat mit einem Blechmantel.

Die Stampfwerke haben den Nachteil, Körner von ungleicher Größe zu ergeben, nutzen sich sehr schnell ab und verursachen einen betäubenden Lärm.

Walzwerke werden ebenfalls benutzt, um die harten Materialien zu zerkleinern; wie die vorher beschriebenen Apparate dienen sie zur Vorarbeit der Zerkleinerung. Sie bestehen aus zwei nebeneinanderliegenden Walzen, deren Mantel aus geschmiedetem Stahl hergestellt ist. Die Achsen der Walzen ruhen in liegenden Lagern, diese sind verschiebbar, und kann die Spaltenweite zwischen beiden Walzen nach Belieben geregelt werden. Die kleinsten Walzen haben einen Durchmesser von 25 cm, die größeren von 100 cm. Man rechnet einen Kraftverbrauch von 2—12 PS für eine Produktion von 500—5000 kg.

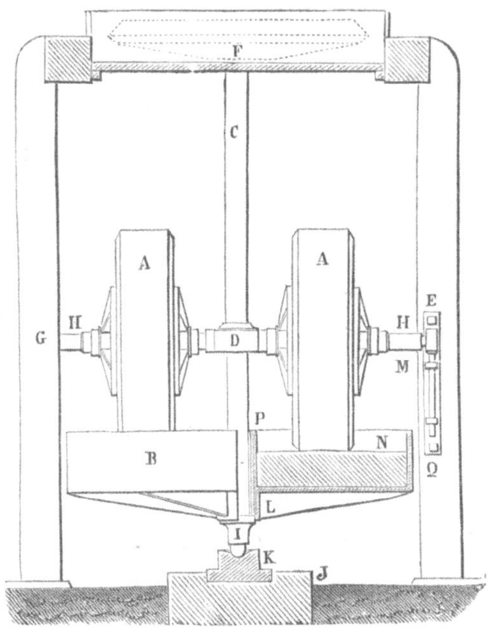

Fig. 16.

Die Walzwerke geben Körner von der Größe einer Erbse bis zu grobem Sand. Will man ein feineres Pulver haben, so legt man zwei Paar Walzen übereinander. Diese Apparate unterscheiden sich von den Tonwalzwerken nur durch ihre stärkere Bauart.

Die Kollergänge bestehen aus zwei Läufern, welche gemeinsam auf einer liegenden Welle montiert sind und sich auf einer Grundplatte bewegen. Manchmal läßt man den Teller drehen, anstatt den Läufer. Die Läuferachse muß beweglich sein, sonst könnten zu harte Stücke einen Bruch verursachen. Bei festen Läufern und rotierendem Teller ist die Konstruktion eine einfache. In der Fig. 16 sieht man deutlich, daß die Hängevorrichtung der Läufer es ermöglicht, diese ohne Schaden aufzuheben.

Sind die Läufer beweglich, so muß die Befestigungsart der horizontalen an der vertikalen Achse eine solche sein, daß die Läufer Stücke Material, welche noch nicht zerkleinert sind, überwinden können. Die

Teller, worauf die Läufer sich bewegen, sind meistens, um Zuführung von Eisen in das Material zu vermeiden, aus hartem Stein. Manchmal jedoch sind sie aus Gußeisen und die Läufer sogar aus Metall. Man hat versucht, die Kollergänge zu verbessern, und daher findet man viele verschiedene Arten. Der erste hier angeführte ist mit rotierendem Teller aus hartem Stein. Man benützt diesen Kollergang in der Manufaktur von S è v r e s, um die Pegmatite zu zerkleinern. Der zweite Kollergang (Fig. 17) weicht in seiner Bauart wenig von dem ersten ab. Die Läufer haben nicht gleiche, sondern parallele Mahlbahnen. In neuerer Zeit hat man bei Kollergängen mit beweglichen Läufern andere Anordnungen angewendet. Bei einigen erfolgt das Ausleeren automatisch. Der Teller (Fig. 18) ist von Löchern durchbohrt, und durch ein Scharrwerk wird das Material

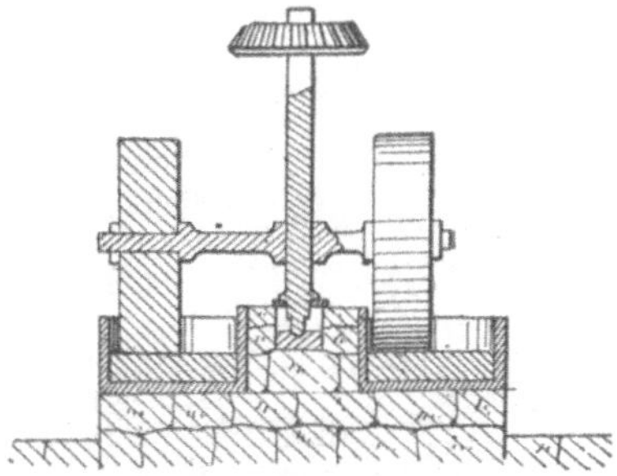

Fig. 17.

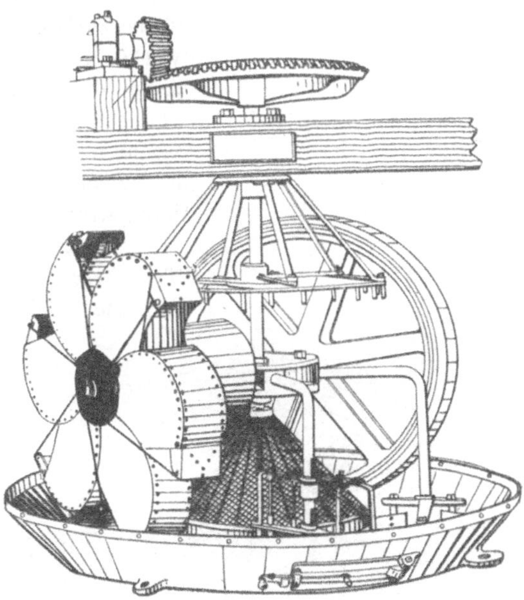

Fig. 18.

unter die Läufer geschoben. Bei anderen sammelt ein mit Becken versehenes Schöpfrad das zerkleinerte Material auf und schüttet es auf ein kegelförmiges Sieb, welches die feinen Körner durchläßt und die größeren Stücke wieder unter die Läufer bringt. Man kann, wie dies beim Ulzer-

Kollergang (Fig. 19) der Fall ist, mehrere Kollergänge übereinander anbringen, wodurch die Leistung vermehrt wird.

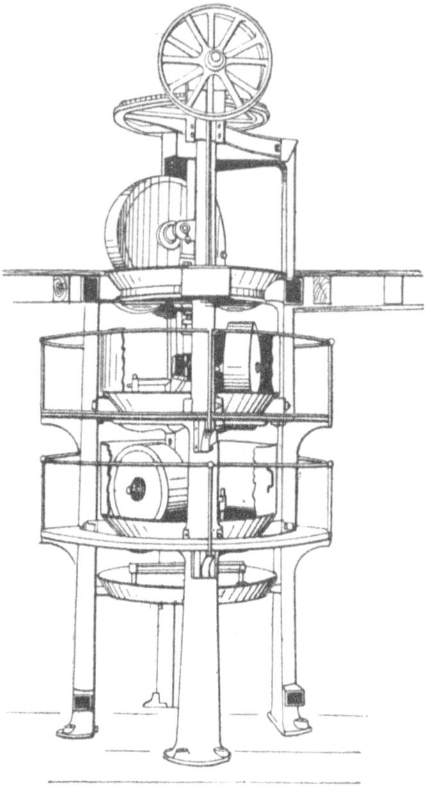

Fig. 19.

Die Leistung des Kollerganges richtet sich nach seiner Bauart und Größe. Durchschnittlich ist der Kraftbedarf für einen Kollergang mit Läufer von 65—150 cm Durchmesser 1—10 PS. Solche Läufer wiegen 300—3000 kg. Die Kollergänge können 300—1000 kg stündlich leisten.

Der Kugelkollergang (Fig. 20) besteht aus einem geneigten Teller, der eine Rotationsbewegung erhält, und an dessen tiefster Stelle eine schwere Kugel befestigt ist. Diese wird durch eine Führung in dem Teller zurückgehalten. Scharrwerke bringen das Material unter die Kugel. Der Teller hat einen siebförmigen Rand, wodurch das Material, welches genügend zermalmt ist, entfernt wird.

In der von Laeis & Co. in Trier hergestellten Maschine hat die Kugel 0,83 m Durchmesser,

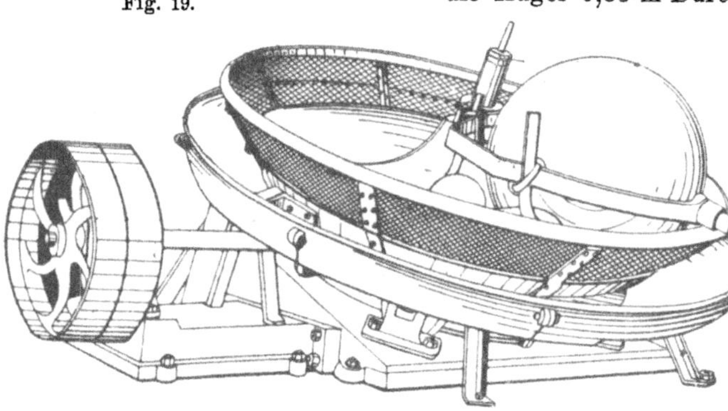

Fig. 20.

das Gewicht schwankt zwischen 1000—2000 kg. Mit einem Sieb von 4 mm Maschen und einer Kugel von höchstens 2000 kg kann man bei 5 PS stündlich 2200 kg kalzinierten Feuerstein oder Steingutscherben, oder 1500 kg Feldspat zerkleinern. Die Kugel und der Boden des Tellers bestehen aus Granit.

Man benützt manchmal, um Schamotte für Kapseln herzustellen, eine Mühle (Fig. 21), der Getreidemühle ähnlich. Sie besteht aus zwei liegenden Mühlsteinen, von denen der oberste beweglich und der unterste fest ist. Durch die im Mühlstein angebrachte Öffnung führt man das Material in kleinen Stücken ein. Der bewegliche Mühlstein zieht es mit sich und zermalmt es, indem es die Umdrehung mit ausführt. Sobald das Material auf der ganzen Fläche des Mühlsteins zerrieben ist, kommt es an den Seiten heraus.

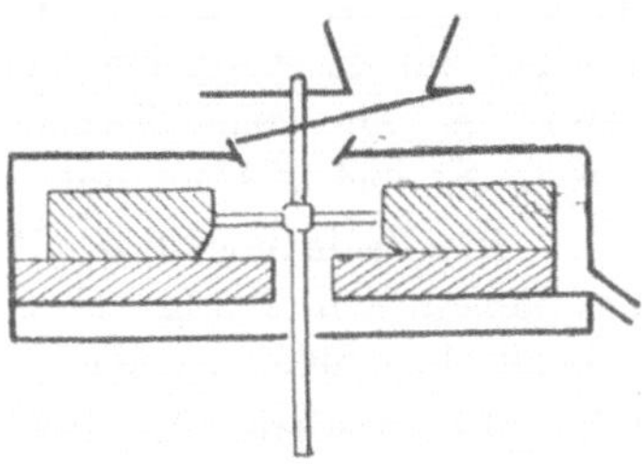

Fig. 21.

Eine andere Art von Mühle besteht aus zwei liegenden Scheiben. Jede Scheibe ist gezähnt und besteht aus einem inneren Kegel und einem Kranz. Die obere Scheibe ist fest und trägt den Fülltrichter, durch welchen das Material zugeführt wird. Die untere Scheibe dreht sich um eine vertikale Achse. Das Material fällt vom Sieb auf die untere Scheibe und gelangt, nachdem es zermalmt ist, an der Außenseite hinaus. Die Entfernung zwischen beiden Scheiben läßt sich einstellen, um die gewünschte Feinheit

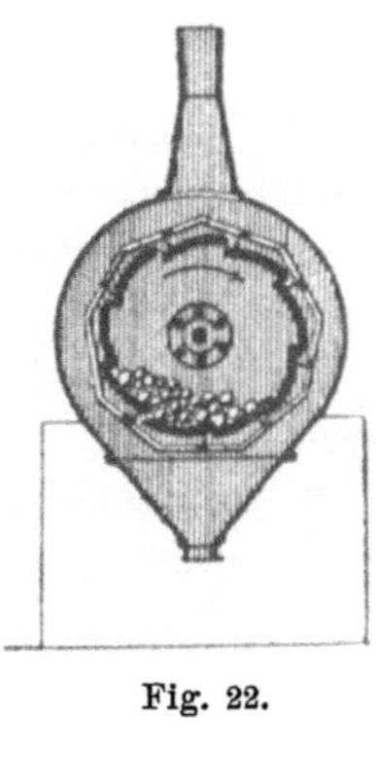

Fig. 22.

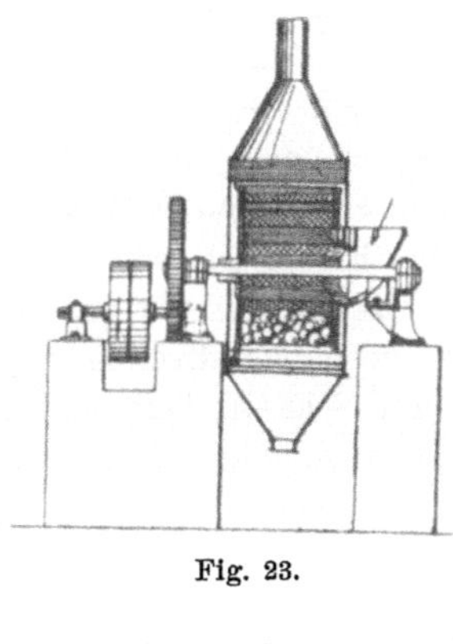

Fig. 23.

zu erreichen. Dieser Apparat ist im großen und ganzen wie eine Getreidemühle beschaffen, nur mit dem Unterschied, daß hierbei der obere Mühlstein fest ist. Die erzielten Körner sind flach und länglich.

Wenn man gut getrocknete Tone verwendet, kann man sie mit Apparaten, deren Tätigkeit auf anderen Prinzipien beruht, zerkleinern.

Die Kugelfallmühlen (Fig. 22 u. 23) bestehen aus einer zylindrischen Trommel, welche auf einer Achse befestigt ist, die durch Vorgelege getrieben wird. In der Trommel befinden sich Stahlkugeln, die während der Umdrehung mit dem Material in Berührung kommen und dasselbe zerkleinern.

Die Wände der Trommel sind mit Löchern von 10 mm Durchmesser versehen. Damit die Kugeln nicht nur rollen, sind die Platten, welche das Innere der Trommel bekleiden, ziegeldachförmig angebracht, so daß die Kugeln während der Umdrehung von einer Platte zur anderen fallen und so die Zerstückelung des Materials herbeiführen.

Hinter jeder dieser Platten befindet sich ein Sieb aus Eisenblech; die Trommel selbst ist mit einer Ummantelung aus gelochtem Blech versehen, welches auf diese Art die feineren Körner von den mittleren trennt. Das Ganze ist von einem Eisenblech umgeben, dessen unterer Teil trichterförmig ist und welches die aus dem Sieb fallenden Körner auffängt.

Die Bedienung dieser Mühle ist eine fortwährende. Die Einführung des faustdicken Mahlgutes geschieht durch eine seitliche Öffnung. Die Schnelligkeit einer solchen Maschine braucht nicht sehr groß zu sein, sie schwankt zwischen 20—40 Umdrehungen in der Minute.

Die Kugelmühlen haben eine andere Vorrichtung wie die vorher beschriebenen erhalten. Bei neueren Maschinen ist die Rotationsachse anstatt horizontal vertikal, und die Zerreibung geschieht auf einem Teller. Die Kugeln, welche in kleiner Anzahl vorhanden sind, rollen mit ziemlich großer Geschwindigkeit. In den letzten Jahren hat man sogen. Schleudermühlen hergestellt. Dieses sind Apparate, die sich mit großer Geschwindigkeit drehen und aus einem Gehäuse bestehen, in welchem auf einer horizontalen Welle Schlaghämmer angebracht sind. Das Mahlgut, welches durch seitliche Öffnungen eingeführt wird, wird durch Zentrifugalkraft gegen die Wände geschleudert und erhält auf seinem Umlauf zahlreiche Stöße. Diese Apparate leisten sehr viel, bedürfen jedoch großer Antriebskraft.

Der Zerkleinerungsapparat Carr besteht aus zwei Gruppen von parallelen und konzentrischen Kränzen, welche sich einer in den anderen einschalten. Jeder Kranz ist auf einer horizontalen Welle befestigt und besteht aus einer Reihe von gleichmäßig verteilten Stahlstangen, welche oben und unten durch Metallreifen festgehalten sind. Bewegt man die Rotationsachsen mit Schnelligkeit und in entgegengesetzter Richtung, so wird das in die Kränze eingeführte Material mitgezogen, erhält in jeder Richtung eine Menge starker Stöße und wird dadurch zerkleinert. Der ganze Apparat ist mit einer Ummantelung versehen, welche die Staubverteilung und das Auswerfen des Materials verhindert. Die Feinheit des Produktes ändert sich mit der Geschwindigkeit.

Diese Maschinen können nicht zur Zerkleinerung von besonders hartem Material, wohl aber von Ton oder Schamotte verwendet werden. Die Leistung kann ziemlich groß sein (4000—15000 kg pro Stunde), der Kraftverbrauch ist 2,5—4 PS für 1000 kg pro Stunde. Die zu gebende Schnelligkeit ist 400 Umdrehungen für die kleineren und 300 Umdrehungen für die größeren Apparate.

Die Vapartsche Schleudermühle besteht aus drei auf einer senkrechten Welle befestigten Scheiben, welche radial angeordnete Beschläge tragen. Zwischen den Scheiben befinden sich zwei Trichter, welche die Trümmer, die von der darüber liegenden Scheibe fallen, aufnehmen. Das Ganze ist von einer zylindrischen Umhüllung umgeben. Wenn der Apparat in Bewegung ist, wird das Material durch eine obere Öffnung eingeführt. Die Stücke fallen auf die erste Scheibe, werden an die Wände geschleudert und stoßen gegen die Beschläge. Von da aus fallen sie auf die zweite Scheibe, wo sie derselben Wirkung ausgesetzt sind, und weiter auf die dritte.

Mahlapparate. Will man eine größere Zerteilung des Materials erzielen, so daß die Körner durch ein 120er Sieb fallen, dann muß man sich anderer Apparate bedienen. Die bis jetzt beschriebenen geben nur eine unvollkommene und in vielen Fällen ungenügende Zerkleinerung. Man bedient sich verschiedener Mühlen, Steinbrecher usw. zur Vorzerkleinerung, sodann führt man die groben Körner in die Apparate, die wir beschreiben werden und welche als Zerreiber dienen (Fig. 24).

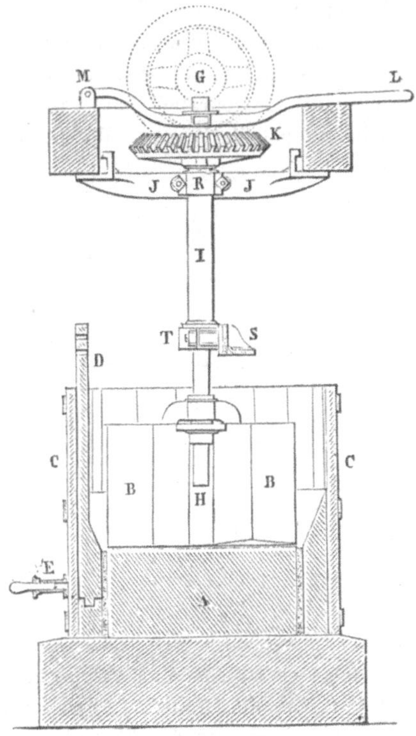

Fig. 24.

Die Mühlen bestehen aus einem liegenden, ausgeschnittenen oder elliptischen Mühlstein, auf einem Steinlager reibend. Diese beiden Teile sind aus sehr hartem Granit. In den meisten Fällen ruht der obere Mühlstein durch sein eigenes Gewicht, und die ihn durchquerende Welle hat nur den Zweck, ihn in Rotation zu bringen. Diese Mühlen haben stets einen kleinen Umfang, ihr Durchmesser überschreitet nicht 70 cm. Die ovalen haben als kleinen Durchmesser $^2/_3$ des großen. Die untere Fläche wird ausgehauen, um besser anzugreifen. Mehrere solcher Apparate werden zusammengruppiert und durch dasselbe Vorgelege angetrieben. Die Schnelligkeit beträgt 4 Umdrehungen in der Minute. Die Leistung ist eine geringe (60 kg Sand und 80 kg Feldspat in 48 Stunden). Man muß nicht die ganze Ladung, die der Apparat fassen kann, auf einmal hineingeben, da sonst Störungen vorkommen können.

Diese Mühlen verschwinden allmählich und werden durch stärkere und vorteilhaftere ersetzt.

In den Schleppmühlen (Figuren 25 u. 26) geschieht das Zerkleinern durch harte Steine, welche auf einem Lager von gleichem Material *E* reiben. Arme und Schaufeln *D*, an eine Rotationswelle befestigt, führen die Blöcke *L* mit und stoßen sie vorwärts. Die Zerkleinerung geschieht in Wasser, und die Rotationswelle erhält, damit sie mit der Flüssigkeit nicht in Berührung kommt, einen Mantel, welcher bis zum Boden des Bottichs reicht. Die Blöcke sind mindestens 100 kg schwer, und die Bottiche haben 3—5 m Durchmesser. Der Antrieb geschieht von oben oder unten.

Mit einer Geschwindigkeit von 9—10 Umdrehungen in der Minute zerreibt man 240 kg Material in 24 Stunden. Diese Schleppmühlen sind noch viel im Gebrauch, man findet sie besonders in den englischen Steingutfabriken. Lambert gibt als vorteilhaft an, die Wand gegen die Achse

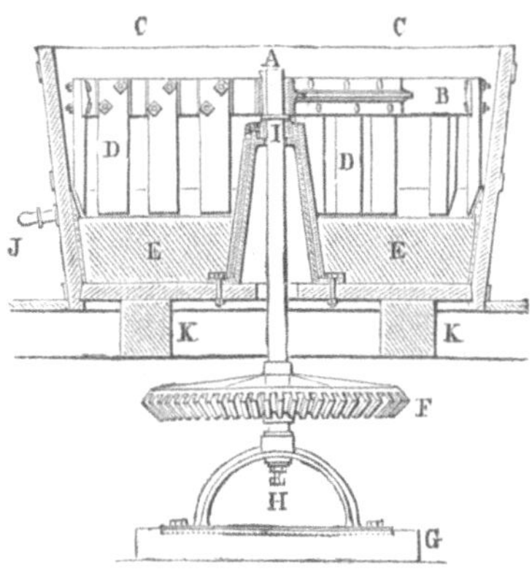

Fig. 25.

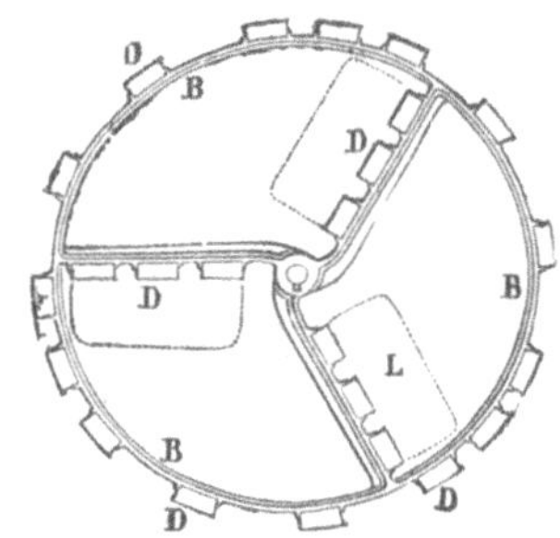

Fig. 26.

leicht zu neigen. Mit einer leichten Neigung (unter 5 cm) ist die Bewegung der Blöcke eine ruhigere, und bleiben die Steine in gleicher Entfernung von der Achse. Auch häuft sich das zu zerkleinernde Material an der Außenkante der Bottiche nicht an, wie dies bei geradem Rande der Fall ist. Die Steine, welche man zur Bekleidung verwendet, müssen hart und scharf sein, auch dürfen sie keine schädlichen Stoffe enthalten, da sie sich langsam abnützen. Man gibt in England dem Rande eine Stärke von 40—50 cm.

Die Trommelmühle (Fig. 27) ist für die Zerkleinerung eine bedeutende Verbesserung. Sie mahlt das Material sehr fein, ohne Staub zu entwickeln. Sie besteht aus einem gußeisernen Zylinder mit einer inneren Bekleidung von Steinzeug oder Porzellan oder sogar von hartem Granit. Das Füllen und Ausleeren geschieht durch eine in der Wand angebrachte Öffnung, welche man mit einem Deckel schließen kann, der mit Schrauben befestigt wird. Das Material wird in den Apparat gebracht, mit harten Flintsteinen vermischt (3 mal das Gewicht), mit Wasser angefüllt, und dann wird der Apparat in Bewegung gesetzt. (Man kann auch ohne Wasser verfahren, es ist aber weniger vorteilhaft.)

Das Danarohr (Fig. 28) besteht aus einem langen Rohr, welches sich um seine liegende Achse dreht und ungefähr bis zur Hälfte mit Flintsteinen gefüllt ist. Das Rohr ist aus Eisen, inwendig mit Steinen bekleidet, und dreht sich in den Lagern auf Zapfen. Die Bewegung wird

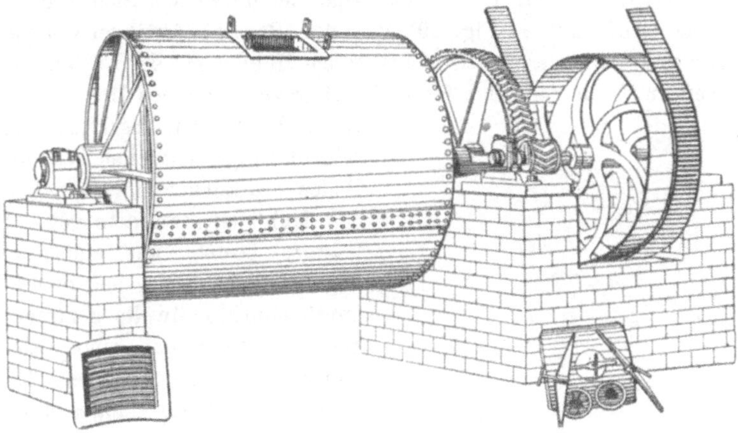

Fig. 27.

durch Zahnräder übertragen. Die Einfüllung des Materials geschieht durch einen hohlen Zapfen, in dem sich eine Schneckenschraube *T* befindet. Die Ausleerung erfolgt durch eine am entgegengesetzten Ende, am äußeren Rande angebrachte Öffnung *U*. Das Material kommt also in die Mitte des Apparates und wird zwischen die Flintsteine genommen. Je mehr

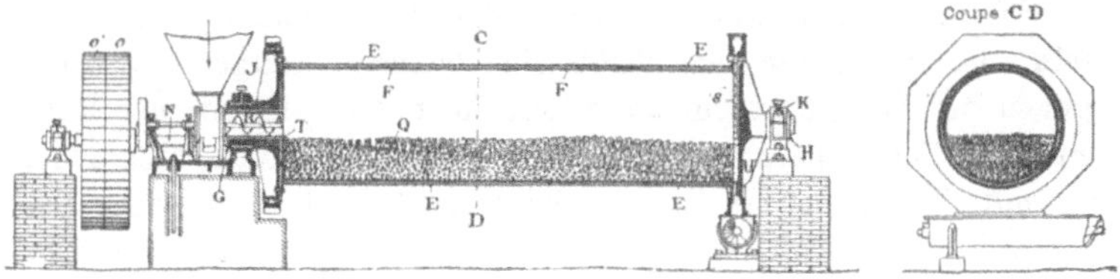

Fig. 28.

die Zerkleinerung fortschreitet, um so mehr füllt das Material den Raum zwischen den Flintsteinen aus und dringt allmählich in dem Rohr vor. Je feiner das Material ist, desto mehr ist es verteilt. Je mehr die Masse vordringt, desto größer ist die Reibungsfläche, mit der das Material in Berührung kommt. Es ballt sich kein Staub in dem Rohr zusammen, und man erhält daher beim Austreten des Mahlgutes ein sehr feines Pulver, welches nicht gesiebt zu werden braucht. Dieses Resultat ist sehr merkwürdig; es ist die Folge der langen Wanderung des Materials zwischen den Flintsteinen. Das Rohr hat eine Länge von 5 m, und das Gewicht an Flintsteinen beträgt 3800 kg. Diese Vorrichtung hat eine durchschnittliche Reibungsfläche von 250 qm (inkl. innere Fläche des Rohres).

Die Feinheit des Materials wird durch die Umdrehungsgeschwindigkeit bestimmt. Je größer die letztere ist, desto gröber ist das Korn. Die im Jahre 1900 ausgestellte Maschine lieferte stündlich 500 kg Quarzsand bei 19 PS Kraftverbrauch. Dieser Sand lief durch das Sieb 200.

Die Griffinmühle (Fig. 29) von der Bradley-Fertilizer-Company in Boston besteht im wesentlichen aus einem Mühlsteine *A*, welcher an einer schwebenden Welle befestigt ist und sich gegen den einen Mörser bildenden Rand dreht. Die Zerkleinerung geschieht an den seitlichen Wänden; der Boden des Bottichs hat keine Reibung des Mühlsteins zu ertragen. Dieser letztere besteht aus einem harten, kegelförmigen Stein, der in der Mitte durch eine Metallwelle gehalten wird. Der Mühlstein hat einen kleineren Durchmesser als der Mörser. Ersterer rollt während des Ganges des Apparates gegen den Seitenrand. Die Welle, die den Mühlstein treibt, ist im Innern einer Rolle mittels eines Gelenkes, welches sich mit der Rolle dreht, aufgehängt. Dieses Gelenk gestattet eine freie Bewegung der Welle.

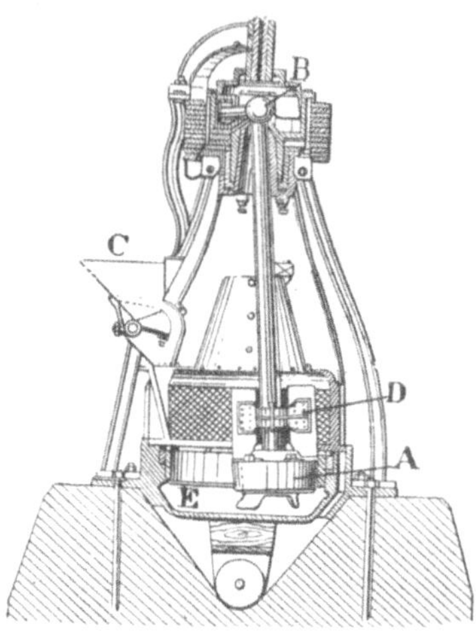

Fig. 29.

Das zu zerkleinernde Material wird durch eine seitliche Öffnung eingefüllt. Sobald dasselbe auf den Boden der Mühle gelangt, wird es durch Schaufeln, die sich unter dem Mühlsteine befinden, aufgehoben. Es wird dann gegen die Wände geschleudert und dort bearbeitet es der Mühlstein. Während der Zerkleinerung bildet sich ein feiner Staub, der durch den Luftzug mittels an der Welle angebrachter Flügel in Schwebe gehalten wird. Der Staub fällt, wenn genügend zerkleinert, durch ein über dem Bottich angebrachtes Sieb, fällt dann in eine unten angebrachte Rinne und wird mittels Schnecke fortgeschafft.

Die Leistung beträgt 1000—3000 kg stündlich, je nachdem das Mahlgut durch ein Sieb von 6400 oder 725 Maschen pro Quadratzentimeter geht. Der Kraftverbrauch pro 1000 kg beträgt 10—15 PS. Das Rohr kann sowohl naß wie auch trocken mahlen.

5. Abschnitt.

Zubereitung der Massen.

I. Mischen der Materialien.

Hat man sich für die Zusammensetzung einer Masse entschieden, so kann man das Mischen der Bestandteile auf verschiedene Weise vornehmen. Sind dieselben trocken, dann kann man nach Volum- oder Gewichtsverhältnissen verfahren; wenn sie aus einem Zerkleinerungsapparat kommen, befinden sie sich in einem schlammartigen Zustande (d. h. wenn sie naß gemahlen wurden). Es ist dann notwendig, sie in diesem Zustande zu mischen.

1. Mischen nach dem Volumen im trocknen Zustande.

Einige Fabriken, wie die der Tonwaren (Ziegelsteine, Dachziegel), benützen die Tone so wie sie aus der Grube kommen, ohne jede vorherige Reinigung. Man begnügt sich mit dem Mischen der Erde mit oder ohne Zusatz von Magerungsmitteln, und erhält so eine Masse, deren Plastizität für die Bearbeitung hinreichend ist. Das Mischen nach dem Volumen ist in diesem Falle völlig angebracht. Man fährt die Stoffe auf Schubkarren oder Rollwagen herbei, und dies ist zugleich die Maßeinheit, die zu ihrer weiteren Behandlung dient. Die auf diese Weise erzielte Genauigkeit genügt für diese Art der Erzeugnisse.

Man bildet aus den verschiedenen Stoffen Haufen, die man mit Wasser begießt und überläßt sie dann längere oder kürzere Zeit der Ruhe. Diese Ruhepause ist je nach der Art der Tone und der Massenzusammensetzung verschieden. Man schaufelt die Haufen um, damit die einzelnen Teile in Berührung kommen. Zu langsam aufweichenden Tonen benützt man einen dazu hergerichteten, gemauerten oder betonierten Platz, um den Wasserablauf in den Boden zu vermeiden.

2. Mischen der Stoffe auf nassem Wege.

In vielen Fabriken wird der Ton vor dem Gebrauch geschlämmt, die harten Stoffe werden naß zerkleinert. Die Bestandteile der Masse sind also mit der Flüssigkeit vermischt; man behilft sich dann ebenfalls mit der Volumenmischung. Kennen wir einmal die Massenzusammensetzung, so müssen wir den Wassergehalt eines jeden Schlammes kennen, um die Masse richtig herzustellen. Es genügt dann, die Mengen der verschiedenen Flüssigkeiten im richtigen Verhältnisse zu mischen.

Die erste zu lösende Aufgabe besteht in der Schätzung des festen Stoffgehaltes eines gegebenen Schlammes.

Man nimmt ein Meßglas von 200 ccm Inhalt, das man mit dem zu messenden Schlamme füllt. (Bei diesem Versuch muß man von der möglichst homogenen Masse eine Probe entnehmen). Man wiegt das vorher austarierte Glas. Aus diesem Resultat und dem spezifischen Gewicht des schwebenden Körpers kann man das Gewicht des in dem Masseschlamm enthaltenen trocknen Stoffes berechnen.

Bezeichnen wir mit

v den Inhalt des Meßglases in Kubikzentimetern,
P das Gewicht des das Meßglas füllenden Masseschlamms,
p das Gewicht des im Meßglas enthaltenen trocknen Stoffes,
π das spezifische Gewicht des Stoffes.

Das Gewicht des Masseschlammes ist dann gleich der Summe der Gewichte der einzelnen Bestandteile.

$$P = p + v - \frac{p}{\pi}.$$

Das Gewicht des Wassers ist offenbar gleich dem totalen Volumen in Gramm ausgedrückt, vermindert um das Volumen des trocknen Körpers.

$$P = p + v - \frac{p}{\pi} = p \cdot \left(1 - \frac{1}{\pi}\right) + v = \left(\frac{\pi - 1}{\pi}\right) \cdot p + v,$$

$$p = (P - v) \cdot \frac{\pi}{\pi - 1}.$$

Aus dieser letzten Gleichung erhalten wir das Gewicht des im Meßglas enthaltenen trocknen Stoffes; es ist dann leicht mit einer einfachen Proportion der Inhalt eines beliebigen Volumens zu bestimmen. Ist V das Volumen und P_1 das Gewicht des eingeschlossenen Stoffes, so ist

$$P_1 = \frac{V}{v} \cdot \frac{\pi}{\pi - 1} \cdot (P - v).$$

Diese Rechnung setzt das spezifische Gewicht als bekannt voraus; ist dasselbe jedoch unbekannt, so kann man es leicht bestimmen.

1. Die Methode des Pyknometers ist sehr einfach in ihrer Anwendung, da man ein Gefäß von bekanntem Inhalt besitzt.
2. Man verdampft den Schlamm z. B. in einer Kapsel bis zur Trockne und erhält dadurch das Gewicht des in einem bestimmten Volumen enthaltenen trocknen Stoffes.

Nehmen wir zur Berechnung die weiter oben abgeleitete erste Gleichung her:

$$P = p + v - \frac{p}{\pi},$$

so kann man schreiben:

$$\frac{p}{\pi} = p + v - P,$$

$$\pi = \frac{p}{p + v - P}.$$

Auf diese Weise erhält man π.

Die Anwendung des Aräometers ist nicht empfehlenswert. Das Instrument verliert seine Beweglichkeit in den etwas dicken Schlammmassen, und seine Angaben sind daher unbrauchbar.

Es erscheint auf den ersten Blick einfacher, den Gehalt an trocknem Material auf direktere Weise zu bestimmen, z. B. durch Verdampfung. Dieses Verfahren ist indes langwierig; man zieht es vor, die hauptsächlichsten Bestimmungen ein für allemal auszuführen und die ganze Berechnung auf eine Wägung zu reduzieren.

Es wäre recht unpraktisch, den Masseschlamm in einer konstanten Dichte herzustellen; wenn man Tabellen im voraus einrichtet, so kann man aus dem Flüssigkeitsvolumen das nötige Gewicht bestimmen. Man stellt Tafeln für jeden Stoff auf und schreibt in die Reihe des Masseschlammgewichtes das des trocknen Körpers. Es ist hier ein Beispiel einer solchen Tafel angeführt, wie sie von den Steingutfabrikanten benützt werden. Der angeführte Stoff ist ein Pegmatit.

Gewicht von 1 l Masseschlamm		Gewicht des trocknen Körpers	
g	g	g	g
1296	1447	498	748
1327	1476	509	798
1357	1507	598	848
1377	1536	648	898.
1417		706	

Um das Mischen vorzunehmen, bedient man sich eines zylindrischen oder prismatischen Kübels, in welchen man die richtigen Volumenteile der einzelnen Stoffe schüttet. Das Messen des Inhaltes des Kübels beschränkt sich infolge der Form auf das bloße Ablesen der betreffenden Höhe. Man stellt einen vertikalen Maßstab in den Kübel und füllt dann den Masseschlamm bis zur richtigen Höhe an. Nun läßt man die Flüssigkeit in einen Behälter fließen, verfährt mit einem zweiten Schlamm genau so wie mit dem ersten usf., bis alle Stoffe gemischt sind. Die ganze Arbeit besteht daher nur in einer Messung des Schlammes durch eine Höhenablesung des Maßstabes.

Um das Setzen des Masseschlammes zu vermeiden, muß man diesen in ständiger Bewegung halten. Kommt derselbe nicht direkt aus der Mühle, so muß man in die ihn enthaltenden Kübel Quirle stellen, die den zerstoßenen Stoff in Schwebe halten. Die Behälter, in denen die Mischung vor sich geht, sind ebenfalls mit Rührern versehen. Im Ruhezustand würden sich die im Schlamm enthaltenen festen Körper niederschlagen, und dies um so rascher, je schwerer sie sind. Die Mischung würde dann keine Homogenität und keine sichere Zusammensetzung besitzen.

In einigen Werken stellt man übereinstimmende Gewichts- und Volumentafeln des Masseschlammes auf Holzstäben her. Ist die Dichte desselben bekannt, so genügt es, ihn in den Kübel zu gießen, bis die Ziffer erreicht ist.

Diese Methode ist in manchen Fabriken so gebräuchlich, daß man an Stelle des Massengewichtes die Höhe desselben angibt. So findet man in England in einigen Rezepten für die Herstellung des Steinguts die folgenden Bezeichnungen:

Steingutmasse.

Plastischer Ton . . .	11	Zoll	oder	27,5 cm.
Kaolin	$7^1/_2$	„	„	18,5 „
Cornish-stone	$7^1/_2$	„	„	18,5 „
Feuerstein	1	„	„	2,5 „

Diese schlammigen Stoffe besitzen nicht alle denselben Gehalt an trocknen Körpern. Im vorigen Beispiel beziehen sich die Zahlen auf folgende Mischungssorten:

Plastischer Ton	wiegt	24	Unzen	pro	Pinte	oder	1364	g	pro Liter.
Kaolin . . .	„	26	„	„	„	„	1424	„	„ „
Cornish-stone .	„	32	„	„	„	„	1751	„	„ „
Feuerstein . .	„	32	„	„	„	„	1751	„	„ „

3. Mischung nach dem Gewicht.

Wenn man die Rohstoffe im trocknen Zustand besitzt, kann man nach dem Gewicht vorgehen. Man muß indes den Gehalt der Materialien an trocknem Stoff kennen, denn je nach dem Feuchtigkeitsgehalt und je nach der Natur der Substanzen findet man in denselben verschiedene Mengen von Wasser. Wägungen, die solche Bestimmungen nicht berücksichtigen, können schwere Fehler verursachen. Sind die Materialien einmal abgewogen, so brauchen sie nur noch gemischt zu werden. Man rührt sie dann mit Wasser zusammen und verwendet dazu einen ähnlichen Apparat wie den bei der Behandlung der Tone besprochenen. Man könnte das Zerkleinern auch in einem Apparat wie die Blockmühle zu Ende führen, wobei gleichzeitig die Mischung erfolgen würde.

4. Sieben.

Man kann nicht annehmen, daß das Zerkleinern gleichartige Teile von hinreichend kleinen Dimensionen hervorbringt. Mit Hilfe eines Siebes kann man sich von der Feinheit der Körner vergewissern, wenn man den Masseschlicker durch ein Sieb von bestimmter Feinheit laufen läßt. Die Siebe werden durch eine mechanische Vorrichtung ständig in Bewegung gehalten. Eine der gebräuchlichsten ist das Spiegelsieb. Dieses, das mit einer hin und her gehenden Stange verbunden ist, gleitet vor- und rückwärts auf einem Spiegel, welcher in der Mitte eine Öffnung besitzt. Die Flüssigkeit fällt von oben durch das Sieb und fließt durch das Loch im Spiegel aus (Fig. 30). Die Siebe können auch über einem Bottich aufgehängt sein und seitlichen Stößen unterworfen werden, wie dies in den Figuren 31 u. 32 der Fall ist.

Man bedient sich auch der Trommelsiebe; in diesem Falle bildet das Sieb die Oberfläche eines Prismas, das sich um seine Achse dreht. Die Flüssigkeit tritt durch eine seitliche Öffnung in der Nähe der Achse

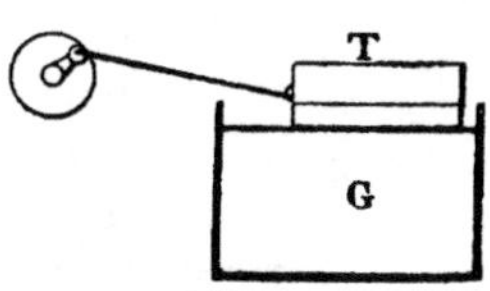

Fig. 30.

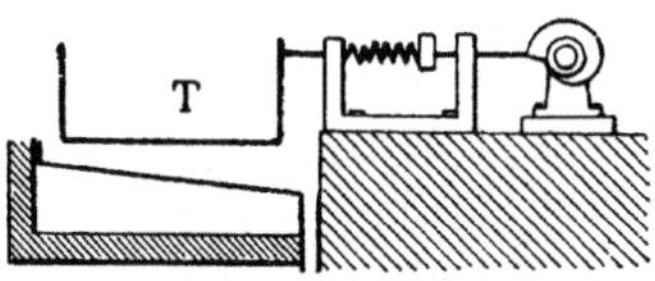

Fig. 31.

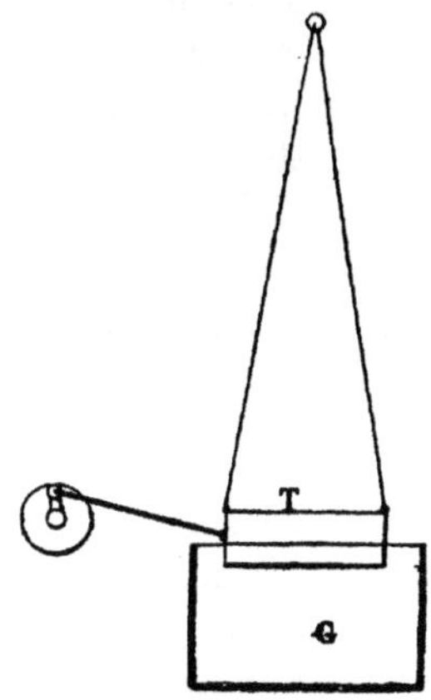

Fig. 32.

ein, und durch die Rotation wird sie auf der ganzen Innenfläche des Trommelsiebes ausgebreitet.

Die Siebe sind aus Seide oder aus Drahtgewebe hergestellt.

Die Bezeichnung des Feinheitsgrades sollte sich nach der Anzahl der auf den Quadratzentimeter treffenden Maschen richten. Doch ist es nicht immer so; wenn man auch Siebnummern findet, die sich auf die Fädenzahl pro Quatratzentimeter beziehen, so trifft man doch auch Bezeichnungen, die mit dem metrischen Maß in keinem Zusammenhang stehen, sondern z. B. den Zoll als Einheitsmaß ansehen.

II. Berechnen der Massen.

Wir wollen neben einer Masse von bekannter Zusammensetzung eine gleiche zubereiten. Die Berechnung kann auf verschiedene Weise ausgeführt werden:

1. Berechnung der Gewichte der einzelnen Stoffe zur Herstellung einer chemisch gegebenen Masse.
2. Berechnung der Mischungsgewichte zur Herstellung einer Masse, deren Zusammensetzung durch die Formel angegeben ist.
3. Berechnung der Mischungsgewichte einer Masse in dem Falle, wo sie auf nassem Wege hergestellt werden soll.

1. Berechnung einer Masse, deren Zusammensetzung durch die Analyse gegeben ist.

Wir nehmen an, daß es sich um die folgende Masse handelt:

Kieselsäure	66,6
Tonerde	28,0
Eisenoxyd	0,7
Kalk	0,3
Magnesia	0,6
Kali	3,8
	100,0.

Die verfügbaren Stoffe enthalten:

	Kaolin	Feldspat	Quarz
Kieselsäure	59,75	64,22	98,55
Tonerde	28,19	19,50	1,25
Eisenoxyd	1,87	0,20	0,13
Kalk	0,50	0,15	—
Magnesia	0,15	0,42	—
Alkalien	1,00	15,11	—
Glühverlust	8,57	0,40	0,12.

Wir rechnen zuerst das Eisensesquioxyd in Tonerdesesquioxyd um, ferner die Monoxyde in gleichwertige Kalimoleküle. Dadurch erhalten wir:

	Masse	Kaolin	Feldspat	Quarz
SiO_2	66,6	59,75	64,22	98,55
Al_2O_3	28,4	29,38	19,62	1,34
K_2O	4,4	2,27	16,05	—

Nun muß ein System aus drei Gleichungen mit drei Unbekannten gelöst werden. Wir bezeichnen mit x, y, z die zu nehmenden Mengen an Kaolin, Feldspat und Quarz und setzen die Gleichungen der Kieselsäure, der Tonerde und der Alkalien an:

$$\begin{aligned} 59{,}75x + 64{,}22y + 98{,}55z &= 66{,}60 \\ 29{,}38x + 19{,}62y + \ \ 1{,}34x &= 28{,}40 \\ 2{,}27x + 16{,}05y \qquad\qquad &= \ \ 4{,}40. \end{aligned}$$

2. Berechnung einer Masse, deren Zusammensetzung durch eine Formel gegeben ist.

Es hindert uns nichts an der Darstellung einer glasartigen Masse, wie z. B. Porzellan, durch eine Formel. Dieses Silikatgemenge kann durch eine ähnliche Bezeichnung wie die Gläser ausgedrückt werden. Diese Schreibweise ist besonders bequem zur Vergleichung und Berechnung der Massen.

Nehmen wir z. B. folgende alkalische kalkhaltige Masse an:

$$8{,}02\,SiO_2,\ 2{,}82\,Al_2O_3,\ 0{,}66\,CaO,\ 0{,}34\,K_2O.$$

Die Materialien sind Kaolin, Feldspat, Kreide und Quarz; sie entsprechen den Formeln:

$$2\,SiO_2,\ Al_2O_3,\ 2\,H_2O,$$
$$6\,SiO_2,\ Al_2O_3,\ K_2O,$$
$$CaCO_3,$$
$$SiO_2.$$

Diese Materialien sollten immer in ihren Formeln ausgedrückt werden, was ein leichtes ist, wenn ihre Zusammensetzung bekannt ist.

Wir müssen folgende Stoffmengen anwenden, Mengen, die in Molekülen ausgedrückt sind:

Kreide .	$0{,}66\,CaCO_3$	entspr. mit	$0{,}66\,CaCO_3$
Feldspat	$0{,}34\,(6\,SiO_2,\ Al_2O_3,\ K_2O)$	„ „	$2{,}04\,SiO_2,\ 0{,}34\,Al_2O_3,\ 0{,}34\,K_2O$
Kaolin .	$2{,}48\,(2\,SiO_2,\ Al_2O_3,\ 2\,H_2O)$	„ „	$4{,}96\,SiO_2,\ 2{,}48\,Al_2O_3$
Quarz . .	$1{,}02\,SiO_2$	„ „	$1{,}02\,SiO_2$
			$8{,}02\,SiO_2,\ 2{,}82\,Al_2O_3,\ 0{,}34\,K_2O,\ 0{,}66\,CaCO_3.$

Die Summe gibt die gewünschte Zusammensetzung.

Es bleibt nur noch übrig, das Resultat nach Gewichtsteilen auszudrücken, was leicht mit Hilfe der Molekulargewichte geschehen kann.

3. Berechnung der Bestandteile einer Masse, wenn die Mischung auf nassem Wege erfolgen soll.

Ist die Zusammensetzung der Masse als Masseschlamm gegeben, so können wir die Gewichtsverhältnisse suchen.

Plastischer Ton .	27,5	cm von der Dichte	1,364
Kaolin	18,5	„ „ „ „	1,424
Feuerstein . .	2,5	„ „ „ „	1,751
Cornish-stone .	18,5	„ „ „ „	1,751.

Diese Zahlen stellen die Höhen vor, bis zu welchen man die Flüssigkeiten in einem zylindrischen Kübel gießen muß.

Die Bestimmungen, die wir bei der Herstellung der Massen angegeben haben, können uns auch hier dienen. Ist man nicht in ihrem Besitz, so muß man eine Rechnung anstellen, die die Kenntnis der Dichte aller im festen Zustand befindlichen Stoffe voraussetzt. Wir führen ein Rechenbeispiel an.

Es sei P das Gewicht eines Liters Masseschlamm und p das des trocknen Körpers. Das Gewicht des Wassers wird durch die Zahl ausgedrückt, die sein Volumen darstellt. Diese letztere Menge ist die Differenz zwischen dem Totalvolumen 1 l und dem Körperinhalt $\frac{p}{d}$, wobei d die Dichte bezeichnet. Es ist also:

$$P = p + 1000 - \frac{p}{d} = p \cdot \left(1 - \frac{1}{d}\right) + 1000,$$

$$p = (P - 1000) \cdot \frac{d}{d-1} \cdot$$

Man findet daher:

Ton	299,3	pro Liter.
Kaolin	489,2	„ „
Feuerstein	997,8	„ „
Cornish-stone	947,2	„ „

Da die Mischung in einem Gefäß von konstantem Boden vorgenommen wird, so stehen der Inhalt und infolgedessen die eingeführten Gewichte im Verhältnis zu ihren Höhen.

Die Stoffe werden in folgenden Zahlenverhältnissen eingeführt:

Ton	299,3 . 27,5 = 8231
Kaolin	489,2 . 18,5 = 9218
Feuerstein	997,8 . 2,5 = 2494
Cornish-stone	947,2 . 18,5 = 17525.

Dies gibt in Prozenten der Zusammensetzung ausgedrückt:

Ton	21,97
Kaolin	24,60
Feuerstein	46,77
Cornish-stone	6,66.

Es kann auch die umgekehrte Aufgabe vorliegen, sie ist indes einfacher zu behandeln. Es sei z. B. die folgende Masse zusammenzusetzen:

Ton	22,00
Kaolin	25,00
Feuerstein	45,00
Cornish-stone	8,00.

Es genügt, den Gehalt an trocknem Stoff der verschiedenen Masseschlickern aufzusuchen, wenn er unbekannt ist.

Setzen wir voraus, daß sie pro Liter enthalten:

Ton	340 g.
Kaolin	400 „
Feuerstein	800 „
Cornish-stone	900 „

Die zu nehmenden Volumina sind dann:

Ton	$\frac{1000}{340} \cdot 22 = 64{,}70$
Kaolin	$\frac{1000}{400} \cdot 25 = 62{,}50$
Feuerstein	$\frac{1000}{800} \cdot 45 = 56{,}25$
Cornish-stone	$\frac{1000}{900} \cdot 8 = 8{,}88.$

Die in dem Kübel zu erreichenden Höhen stehen dann in demselben Verhältnisse wie die Volumina.

In England, wo man andere Maße hat wie bei uns, bezeichnet man, wie wir bereits gesehen haben, die Zusammensetzung der Masse in Masseschlickern. Will man eine Umrechnung in trockne Stoffe vornehmen, so kann diese Rechnung leicht ausgeführt werden. Hier sei eine englische Formel angeführt:

15	Zoll	plastischer Ton . . .	24	Unzen	Gewicht	pro	Pinte.
9	„	Kaolin	26	„	„	„	„
6	„	Feuerstein	32	„	„	„	„
4	„	Cornish-stone	32	„	„	„	„

Die Fabrikanten haben die Teilungsfaktoren bestimmt, die für die Umrechnung nötig sind; das Verfahren geht sehr rasch vor sich.

Es reicht aus, wenn man die beiden ersten Zahlen durch 3 und 2 teilt und die beiden letzten so läßt, wie sie sind. Eine solche Formel schreibt sich dann:

Plastischer Ton	5,0
Kaolin	4,5
Feuerstein	6,0
Cornish-stone	4,0.

Will man umgekehrt verfahren und die Gewichtsformel in die Masseschlickerformel umrechnen, so kann man die Rechnung unter Berücksichtigung des in den Masseschlickern eingeschlossenen Wassers ausführen.

Plastischer Ton enthält 18 %, Kaolin 12,5 % und die anderen Masseschlicker 3 und 4 % Wasser.

Bezeichnen x, y, z und w die Gewichte der Masseschlicker, so erhalten wir:

5,0 plastischer Ton	sind gleichwertig mit	$x - \frac{18}{100} x$
4,5 Kaolin	„ „ „	$y - \frac{12,5}{100} x$
6,0 Feuerstein	„ „ „	$z - \frac{3}{100} z$
4,0 Cornish-stone	„ „ „	$w - \frac{4}{100} z.$

Diese Gleichungen brauchen nun nur noch aufgelöst zu werden:

$$x - \frac{18}{100} x = 5,0 \qquad x = 6,10$$

$$y - \frac{12,5}{100} y = 4,5 \qquad y = 5,14$$

$$z - \frac{3}{100} z = 6,0 \qquad z = 6,09$$

$$w - \frac{4}{100} w = 4,0 \qquad w = 4,16.$$

Besitzen die Masseschlicker andere Gehaltswerte als die gebräuchlichen, so kann man diese immer durch die Rechnung auf Masseschlicker von bekannter Zusammensetzung zurückführen und dann auf diese die Rechnung anwenden.

III. Vorbereitung der Massen.

Die einmal zusammengesetzten Massen können nicht ohne weiteres geformt werden. Diejenigen, welche mit einfach angefeuchteten Stoffen zubereitet werden, besitzen wohl Plastizität, es fehlt ihnen indes die physikalische Homogenität. Die Masse muß daher zuerst geknetet werden, wodurch alle Teile gleichmäßige Plastizität erhalten. Die aus Masseschlickern hergestellten Massen besitzen noch nicht den zum Kneten gewünschten Zustand; sie enthalten noch sehr viel überschüssiges Wasser. Man muß sie zuerst von diesem Überschuß an Wasser befreien.

1. Entwässerung.

Zur Entwässerung der Massen verwendet man die Filterpressen. Vor der Erfindung dieses Apparates behalf man sich mit langwierigen und kostspieligen Methoden, die man aber jetzt fast überall verlassen hat.

Die ältesten Apparate bestanden aus einer durchlochten Platte, welche mit einem Tuch bedeckt war. Dieses Tuch diente als Filter, worauf man den Masseschlamm goß. Die Platte endigte in einen Trichter, dessen Spitze in einen Aspirator mündete.

Die Filterpresse arbeitet unter Druck und liefert einen guten Ertrag.

Die Filterpresse. Wir nehmen einen Sack aus Drelltuch, der zwischen zwei Holz- oder Metallrahmen eingeklemmt wird. Bringt man in diesen Sack Masseschlamm, so fließt das Wasser durch die Maschen des Gewebes und läßt auf der Wand einen tonhaltigen Satz zurück, der noch feucht ist. Die Filterpresse wird durch eine Saug- und Druckpumpe vervollständigt, welche die Flüssigkeit in den Apparat befördert.

Die Rahmen sind rechteckig oder quadratisch, manchmal auch rund, aus Holz oder Gußeisen. Sie schließen sich durch ihre Umfassung, wobei sie einen Hohlraum zwischen sich lassen, in welchem das eine Art Sack bildende Tuch sich befindet. Im unteren Teil hat man eine kleine Öffnung angebracht und vertikale Rinnen in den Einfassungswänden ausgespart, die mit dem Tuch in Berührung kommen. Man vereinigt mehrere dieser Rahmen, wodurch eine Reihe von Abteilungen entsteht; denn jede Einfassung wird auf beiden Seiten ausgenützt, ausgenommen die erste und die letzte. Ein Mittelkanal, welcher alle Einfassungen durchbricht, führt die Flüssigkeit herbei. Dieser Kanal besteht aus einem Metallrohr, das alle Abteilungen miteinander verbindet. Der Filter wird von zwei Tüchern oder einem gefalteten Tuch gebildet, welches in der Mitte mit einer Öffnung versehen ist, in welche das Metallrohr eingeführt wird. Man legt die Einfassungen auf zwei als Unterlage dienende Stangen, stellt sie nebeneinander und drückt sie mittels Schraube zusammen.

Bei den alten Modellen ist die Konstruktion etwas anders gestaltet. Jede Abteilung ist abgetrennt. Sie erhält den Masseschlamm durch den oberen Teil und steht mit dem die Flüssigkeit zuführenden Kanal in Verbindung. Bei dieser Anordnung braucht man ebensoviel Verbindungsröhren der Presse mit dem Hauptkanal, als Abteilungen vorhanden sind.

Die Tücher der Filterpressen erhalten eine besondere Zubereitung, die ihre Lebensdauer verlängert.

Die die Filterpresse speisende Pumpe ist eine Membranpumpe, deren Ventile verschiedene Gestalt besitzen; je nachdem man Klappen oder Kugelventile anwendet, ist der Apparat verschiedenartig gebaut. Die Figuren 33—36 stellen die Pumpe, die Details der Membran und der Ventilklappen (*O* bezeichnet das mit der Pumpe verbundene Rohr), ferner die Anordnung der Kammern dar.

Eine selbsttätige Pumpe ist vorzuziehen; mittels Dreiweghahnes kann die Pumpe zwei Filter bedienen. Sie drückt auf den einen, während der andere ausgeleert und wieder zum Betrieb hergerichtet wird. Der Filterbetrieb wird durch ein Manometer kontrolliert.

Die Schnelligkeit der Filtration ändert sich naturgemäß mit der physikalischen Beschaffenheit der Masse, sie steigt mit dem Druck. Die plastischen Tone sind am schwierigsten zu pressen. Die Dauer des Vorgangs ist daher um so größer, je reicher die Masse an plastischem Ton ist.

Die Anwendung von zu hohlen Platten bringt keinen Vorteil mit sich. Der sich bildende Niederschlag verzögert die Filtration und verhindert sie vollständig, wenn er zu dick ist. Die Massekuchen sind 10 bis 30 mm stark. Die Pressung beträgt zuerst 1—4 kg, dann geht man bis 7 kg weiter.

Die in den Porzellanwerken von Berry verwendeten Filter besitzen durchschnittlich 51 Platten, die 50 Kuchen von je 5 kg, zusammen also 250 kg liefern. Das Pressen dauert 35—40 Minuten.

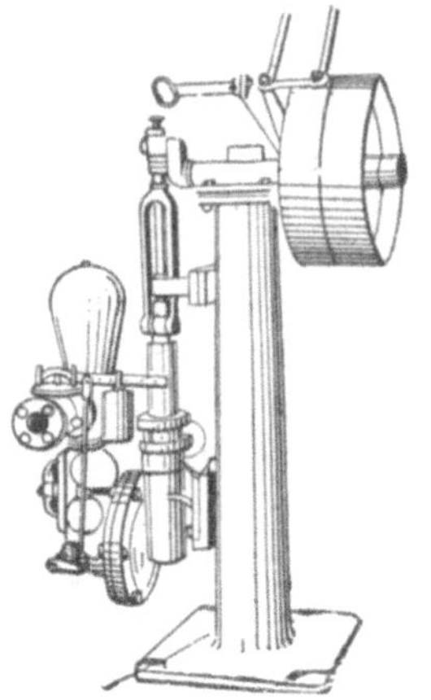

Fig. 33.

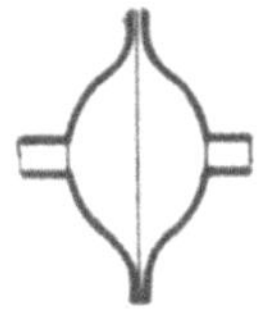

Fig. 34.

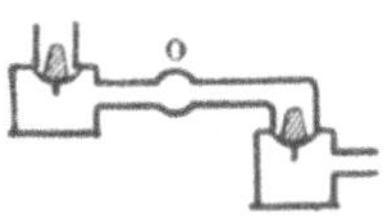

Fig. 35.

Man kann sich auch größerer Filter bedienen. Ich habe Gelegenheit gehabt, eine Filterpresse mit 85 Kammern mit einem Ertrage von 2300 kg Masse zu sehen.

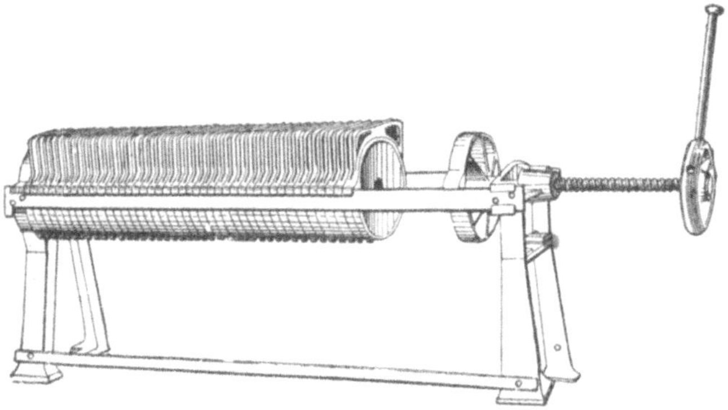

Fig. 36.

Die Steingutmassen verlangen ein länger dauerndes Pressen als die vorhergehenden.

Der Gebrauch der Filterpressen beschränkt sich nicht auf die Entwässerung der Massen; auch bei der Gewinnung der Kaoline werden sie nach dem Schlämmen zur Beseitigung des überschüssigen Wassers verwendet.

2. Kneten.

Das Kneten hat den Zweck, der Masse die fehlende physikalische Homogenität zu verleihen. Selbst die auf nassem Wege hergestellte Masse muß dieses Verfahren durchmachen; es sind im Filter mehr oder weniger stark gepreßte Teile vorhanden, die notgedrungen ungleichen Widerstand und Feuchtigkeitsgehalt besitzen.

Früher nahm man ein Treten der Masse vor. Man machte einen Haufen und ein Arbeiter trat vom Gipfel bis zum Fuß, wobei er eine Spirale beschrieb, und kam dann in die Mitte zurück. Heutzutage wird dieses Verfahren nur noch ausnahmsweise angewandt und dies nur in ganz einfachen Werken. Man greift eben zu Maschinen, die einen größeren Ertrag liefern und gleichmäßiger arbeiten.

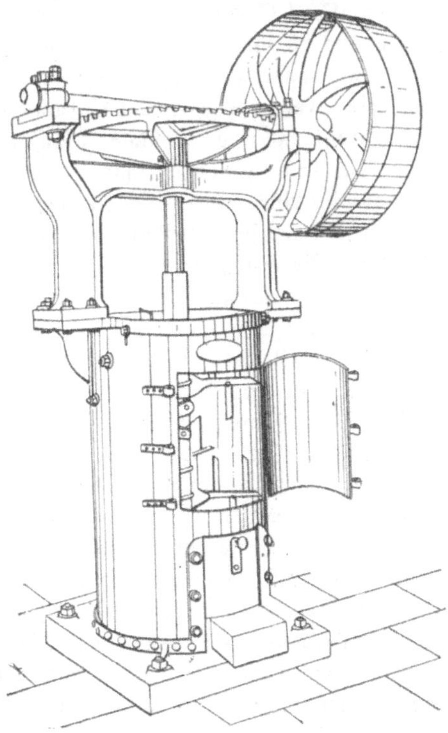

Fig. 37.

Die bei der Bearbeitung der Tone besprochenen Walzwerke werden bei Ziegelmaschinen benützt, um die Masse zu zermalmen. Durch eine Reihe von Walzen mit immer engerer Spaltweite wird die Masse genügend homogen gemacht.

Die eigentlichen Tonschneider zeigen abweichende Konstruktionen. Sie bestehen gewöhnlich aus einem Zylinder, in dem sich eine mit Flügeln versehene Welle dreht. Der Apparat wird stehend oder liegend angeordnet.

Bei der ersten Gattung wird die Masse durch den oberen, offen gelassenen Teil hineingeworfen und fällt dann auf Arme, die sie erfassen, zerdrücken und auf den Boden zwingen. Eine unten angebrachte Tür gestattet das Austreten der Masse. Gibt man der Öffnung keine zu großen Dimensionen, so entsteht beim Austritt ein gewisser Druck, und die Masse wird in Prismaform ausgestoßen.

Um der Masse das Austreten zu erleichtern, bringt man die Flügel schraubenförmig an (Fig. 37).

Kraftverbrauch und Leistungsfähigkeit dieser Apparate sind mit der Natur der Masse eng verbunden. Die großen Modelle sind wirtschaftlicher als die kleinen. Die stehenden Tonschneider erhalten Durchmesser von 0,5—1 m und eine Höhe von 1—2 m.

Die liegenden Tonschneider sind ebenso gebaut. Ihre Achse besteht aus einer beweglichen Welle, die mit Flügeln versehen ist. Die Zuführung der Masse geschieht durch eine Öffnung im oberen Teil und die Abführung der Masse durch eine seitliche Öffnung; diese Anordnung wird bedingt durch die durch den Zylinder gehende Achse.

Um die Rotation der Masse im Zylinder zu vermeiden, bei der kein Kneten und Zertrümmern derselben eintreten würde, ordnet man auf der inneren Wand Gegenflügel an, die sich der Bewegung der Masse entgegensetzen und so ihre Rotation verhindern.

Bei anderen Modellen bedient man sich statt der Flügelwellen einer Schnecke, welche das Ausstoßen der Masse besorgt.

Wie man sich denken kann, sind diese Tonschneidermodelle sehr zahlreich. Sie weichen indes nur wenig voneinander ab, die Hauptbestandteile sind immer die gleichen.

Die Porzellanfabrikanten benützen eine etwas anders eingerichtete Maschine, die sogen. Masseschlagmaschine. Sie besteht aus zwei konischen Zinktrommeln mit geriffelter Oberfläche, die auf einer horizontalen Achse sitzen, die selbst wieder in der Mitte auf einer meist vertikalen Rotationsachse aufgekeilt ist. Unter den konischen Zinktrommeln befindet sich ein Zinktisch, auf den die Masse geworfen wird. Bei der Bewegung rollen die konischen Trommeln auf der Masse umher und quetschen sie. Man muß sie, wie Fig. 38 zeigt, so anordnen, daß die Masse eine doppelte Zerdrückung nach zwei verschiedenen Richtungen erleidet. Hinter jeder Trommel laufen zwei vertikale Rollen, die sich um ihre Achse drehen können und an einer horizontalen, mit der Hauptwelle verbundenen Stange aufgehängt sind. Die Entfernung der beiden Zylinder ist kleiner als die Breite der zerquetschten Masse, daher heben die beiden Stücke die Masse auf und drücken sie zusammen. Die Masse erleidet demnach eine Zerdrückung von oben nach unten, dann eine seitliche Pressung und schließlich eine zweite Zerdrückung von oben nach unten, aber nur, wenn eine der konischen Trommeln der ersten entgegengesetzt angeordnet ist, sodann eine zweite seitliche Pressung während einer Umdrehung der Maschine.

Die Resultate dieses Knetens sind sehr befriedigend. Man rechnet gewöhnlich 20 Minuten zum Kneten von 200 kg Masse.

Die geknetete Masse wird in Ballen zerschnitten und je nach Bedarf in kleinere Stücke zerteilt.

Vor der Verarbeitung wird die Masse noch öfter geschnitten und geschlagen, bis sie keine Luftblasen mehr enthält.

3. Faulen der Massen.

Im Ruhezustand sind die Massen der Sitz chemischer Wirkungen. Wenn sie eisenhaltige Verbindungen oder organische Körper einschließen, hat man die Entwicklung von schwefliger Säure, sowie die Schwärzung der Masse durch die Bildung von Eisensulfür oder fein verteilter Kohle konstatiert. Diese Körper werden dann auch oxydiert, infolgedessen wird die Masse weiß. Man glaubt, daß diese Wirkungen, welche der Erscheinung den Namen Faulen gegeben haben, einen guten Einfluß auf die Verarbeitungsfähigkeit der Masse ausüben. Die Entwicklung von Gasen, glaubt man, bringt eine innere Arbeit wie das Kneten mit sich. Die bloße Wirkung

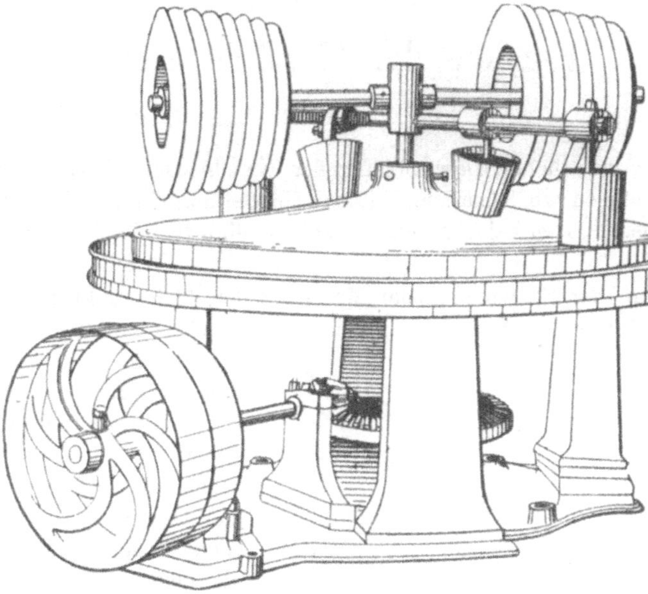

Fig. 38.

des Wassers kann einen Einfluß ausüben. Vielleicht ist die Flüssigkeit die Ursache der Zerteilung der tonhaltigen Teilchen und vermehrt dadurch die Plastizität. In dem Gebiet der Hypothesen kann man eben sehr weit gehen.

Man hat über diesen Gegenstand sehr unwahrscheinliche Dinge berichtet. So wird behauptet, die Chinesen z. B. hätten ihre Massen ein ganzes Jahrhundert lang ablagern lassen. Die von Scherzer mitgebrachten Schriftstücke erwähnen jedoch nichts darüber. Außerdem ist kaum anzunehmen, daß Versuche angestellt wurden, die sich über mehrere Menschenalter hinaus erstrecken.

6. Abschnitt.

Formen der Töpferwaren.

Bevor wir in die Beschreibung der verschiedenen Formenverfahren eintreten, müssen wir bemerken, daß zur Herstellung eines Modellabdruckes von gegebenen Dimensionen die Kenntnis einiger einleitender Lehren nötig ist.

Infolge der Schwindung der Masse ist der Abdruck kleiner als das Original. Man muß daher beim Formen die Schwindung nach dem Trocknen und Brennen berücksichtigen und ein Modell bauen, das zur Kontrollierung der Fabrikation dienen kann und solche Dimensionen besitzt, daß die danach erzeugten Gegenstände nach dem Brande die gewünschten Maße aufweisen.

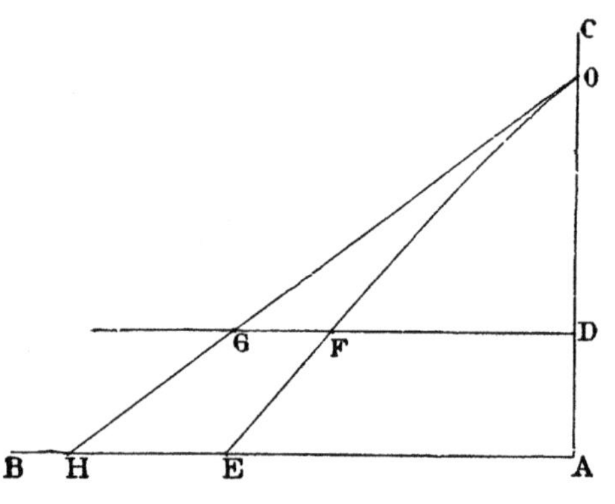

Fig. 39.

Ist die Schwindungsgröße bekannt, so kann man leicht mit Hilfe einer graphischen Konstruktion die Dimensionen bestimmen, welche man dem Modell zur Herstellung eines Gegenstandes von gegebener Größe geben muß. Wir nehmen nach Fig. 39 zunächst einen Punkt A auf einer horizontalen Geraden an, errichten in diesem Punkt eine Senkrechte AC und ziehen durch einen andern Punkt D derselben eine Parallele zu AB. Wir tragen nun auf AB eine Strecke AE, die die Höhe eines Massezylinders im Rohzustand darstellt, und eine Strecke DF von der Höhe desselben, aber gebrannten Massezylinders auf. Die verlängerte Linie EF schneidet AC in O. Von O aus schneidet bekanntlich jede Sekante auf den Parallelen AB, DF Strecken ab, die den Strecken AE und AF proportional sind. Will man nun die Höhe eines Gegenstandes im rohen Zustande wissen, welcher nach dem Brande eine bestimmte Höhe h haben soll, so trägt man einfach AD, $DG = h$ auf und verbindet G mit O. Der so auf AB durch Verlängerung von OG erhaltene Punkt H schneidet ein Stück AH von der passenden Länge ab.

Da das Schwinden in vertikaler Richtung stärker ist als in horizontaler, so muß man hierauf Rücksicht nehmen und die Bestimmungen doppelt ausführen. Mit Hilfe eines Zylinders, von dem man vor- und nach dem Brande die Höhe und den Durchmesser mißt, kann man leicht die Größe der Schwindung nach beiden Richtungen finden.

Die Eigenschaften der Sekanten, ähnlicher Dreiecke und harmonischer Büschel gestatten uns, andere graphische Lösungen zu finden, auf die wir hier nicht näher eingehen wollen.

Selbstverständlich kann man auch die Dimensionen berechnen. Die Schwindungsbestimmung wird verwickelter, wenn es sich um Krümmungen handelt. Man kann sich ein Bild von den Krümmungen machen, wenn man an gewisse Punkte Tangenten legt und die Berührungspunkte untersucht. Dieses Resultat kann nur durch eine Versuchsreihe gefunden werden.

Um der Masse die gewünschte Form zu geben, greift man zu verschiedenen Verfahren, die wir der Reihe nach untersuchen wollen:

Das Drehen, Formen, Schablonieren, Aufeinanderlegen von Tonsträngen, Pressen, Auspressen und Gießen.

I. Drehen.

Die Drehscheibe des Töpfers (Fig. 40) ist ein sehr alter Apparat; ihre Erfindung reicht weit zurück, denn man findet sie schon in den Gemälden der Thebaner dargestellt. Sie besteht im wesentlichen aus einer in einer Pfanne ruhenden Achse, die am Ende eine Scheibe *a*, Scheibenkopf genannt, trägt. Wird die Drehscheibe durch den Fuß bewegt, so befindet sich am unteren Teile eine zur Achse konzentrische Schubscheibe *d*, auf welche der Arbeiter seinen Fuß stellt, um die Bewegung einzuleiten. Diese Scheibe ist schwer; sie dient als Schwungrad und bewahrt der sich drehenden Scheibe die Rotation, wobei sie alle Reibungswiderstände der Masse überwindet. Manchmal ist die Scheibe durch ein Rad ersetzt. Bei anderen Modellen geschieht die Bewegungsübertragung durch eine Kurbel, die von dem Fuß des Arbeiters bewegt wird.

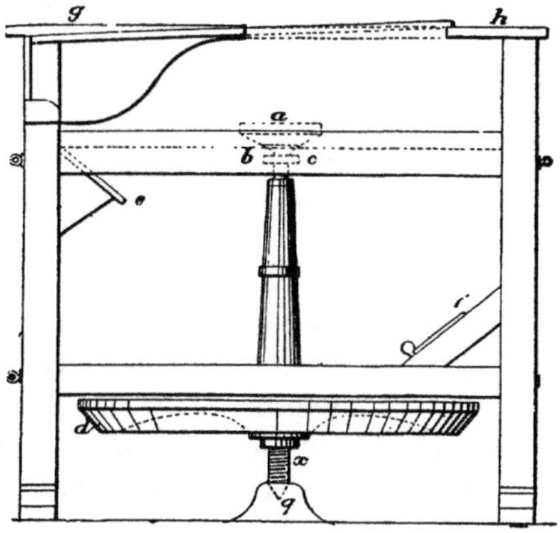

Fig. 40.

Manchmal wird die Drehscheibe von einem Gehilfen bedient. In diesem Fall erhält die auf der Achse befestigte Seilscheibe ein endloses Seil, das über ein großes, von einem Lehrjungen bedientes Rad läuft. Manche Drehscheiben werden von Zahnrädern angetrieben. Die eigentliche Drehscheibe ist mit einem Holzgestell umgeben, welches zugleich als Stütze dient. Die Achse wird in ihrem oberen Teil durch ein am Gestell angeschraubtes Halslager geführt; die Pfanne, in welcher sie ruht, ist eben-

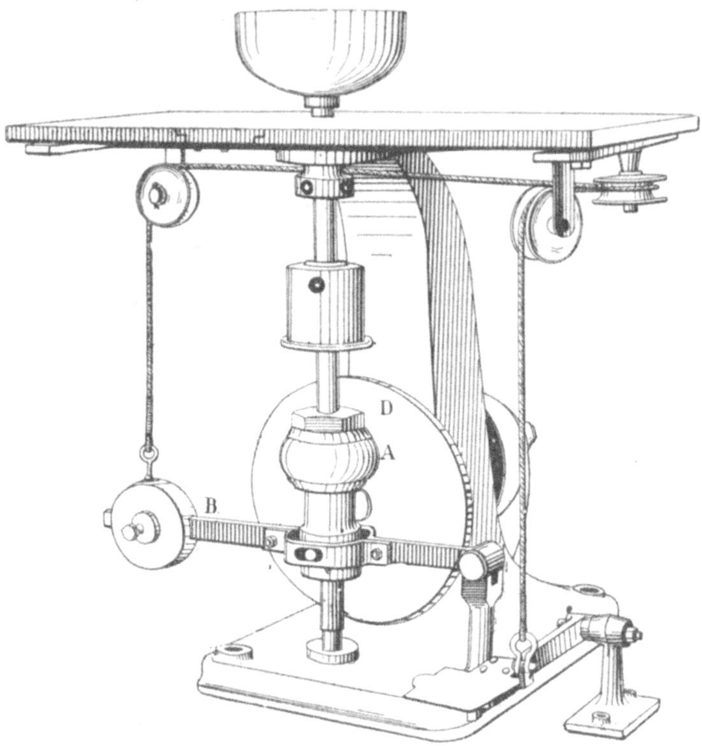

Fig. 41.

falls am Gestell befestigt. Der Apparat erhält eine passende Einrichtung, damit er zugleich als Sitz und Tisch für den Dreher dienen kann.

Das gewöhnlich verwendete Drehscheibenmodell, das wir hier anführen, gehört zur zuerst beschriebenen Gattung.

Heutzutage werden die Drehscheiben in vielen Fabriken mechanisch angetrieben. Die Arten der Antriebsvorrichtungen sind sehr zahlreich; hier seien einige der gebräuchlichsten angeführt. Für das praktische Drehen ist es bequem, daß der Arbeiter nach Belieben die Rotation beschleunigen oder verzögern kann. Dies kann auf verschiedene Weise erreicht werden.

Nehmen wir z. B. an, daß die Achse ein zylindrisches oder kugelförmiges, konzentrisches Stück trägt, das sich auch auf der Achse senkrecht verschieben läßt. Wenn man dieses Stück auf einer sich in einer vertikalen Ebene drehenden Kreisscheibe stützt, so wird, sobald Reibung eintritt, die Achse mitgenommen, und mit einer um so größeren Geschwindigkeit, je rascher die Platte bewegt wird. In dem von Faure gebauten Apparate (Fig. 41) trägt die Achse ein Stück A, welches durch die Reibung der rotierenden Platte D in Bewegung gesetzt wird. Das Gegengewicht B links sucht das Stück gegen den Mittelpunkt der Platte zu senken und infolgedessen die Geschwindigkeit der Achse zu verzögern. Stellt der Arbeiter den Fuß auf den Tritt C, so hebt er das Gegengewicht und damit auch A, das beim Anstoßen an mit immer größerer Geschwindigkeit drehende Stellen der Platte der Achse eine zunehmende Rotation erteilt.

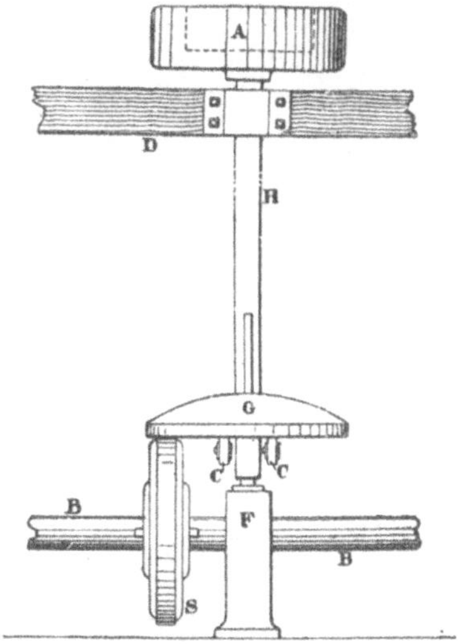

Fig. 42.

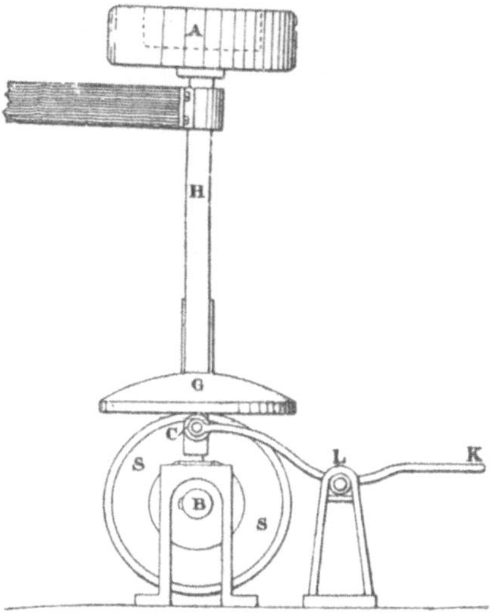

Fig. 43.

Die mechanische Friktionsdrehscheibe wird auch anders gebaut; so kann man die vorhergehende Anordnung umkehren. Die Drehscheibenachse trägt in ihrem unteren Teile eine Platte G, welche sich an einem sich um eine horizontale Achse drehenden, über der Plattenfläche befindlichen Stücke S reibt. Die dargestellte Malingsche Drehspindel (Fig. 42 u. 43) ist ein solcher Apparat. Wenn sich das an der Platte reibende Stück auf der Rotationsachse R verschiebt, bringt es die Platte in verschiedene Abstände vom Mittelpunkt und erteilt ihr dadurch verschiedene Geschwindigkeiten. Diese Anordnung wurde in Sèvres angenommen, als man die mit dem Fuße betriebenen Drehscheiben in mechanisch angetriebene umänderte.

Bei der Kegeldrehscheibe von Boulton (Fig. 44) ist der Grundgedanke ein anderer. Die Drehscheibenachse trägt oben eine konische Trommel B, mit der sie ein Stück bildet. Dieser konischen Trommel gegenüber hat man ein fast gleiches Stück C angebracht, das aber umgekehrt befestigt ist. Die große Fläche ist oben. Der Schnitt durch die Achse ist keine geradlinige Figur; die Trapezseiten sind die einzigen geraden Linien, die Seiten bilden Kurven. Bringt man das Stück *C* mit der konischen Trommel in Berührung, so tritt eine Reibung nur auf einer kleinen Fläche ein. Erteilt man diesem Stück *C* eine Drehbewegung um seine Achse, so wird die Trommel und damit auch die Drehscheibe mitgenommen.

Da die zweite Trommel auf eine an beiden Enden durch ein bewegliches Stück gehaltene Achse montiert ist, genügt eine kleine Neigung, um die Reibungsfläche und die Geschwindigkeit zu ändern. Im Anfang reibt sich die große Trommelseite an der kleinen bewegten Trommelseite.

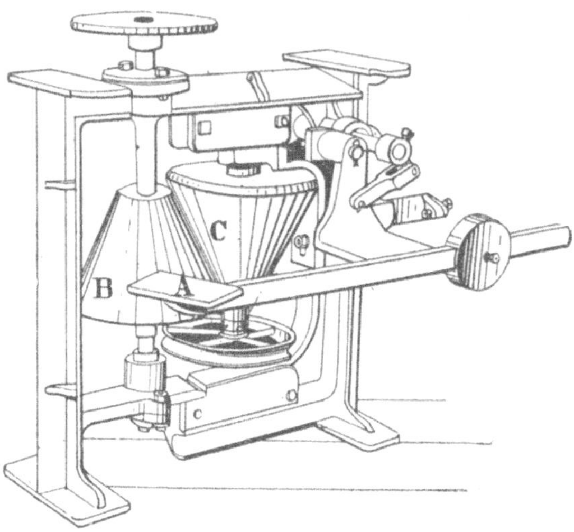

Fig. 44.

Der Apparat ist in diesem Fall auf die kleinste Schnelligkeit eingestellt. Tritt man auf den Fußtritt *A*, so schaukelt das System. Die Reibungsfläche steigt und geht bis zur Berührung der kleinen Seite des Stückes *B* mit der großen Seite von *C*. In diesem Augenblick ist die Geschwindigkeit am größten.

Die Geschwindigkeit braucht nicht immer veränderlich zu sein. Beim Ein- und Überformen werden wir sehen, daß die Apparate mit einer bestimmten Geschwindigkeit arbeiten und daß die Drehscheiben einzig und allein ein- und ausgerückt zu werden brauchen. Man kann dies auf mehrfache Weise erreichen, indem man den Riemen von einer Leer- auf eine Vollscheibe schiebt und umgekehrt, oder indem man eine bewegliche Kuppelung einschaltet. Bei kleiner Leistung können die Drehscheiben leicht durch ein endloses Seil angetrieben werden. Die Drehscheibenwelle trägt eine Seilscheibe; gegenüber befindet sich ein auf einer drehbaren

Scheibe aufliegendes Seil in Bewegung. Zur Erzeugung der Rotationsbewegung genügt es, dieses Seil mit der Drehscheibe in Berührung zu bringen, indem man einfach die bewegliche Scheibe verschiebt; um den Apparat anzuhalten, braucht man nur die Scheibe in ihre frühere Stellung zurückzuschieben.

Um mittels Drehscheibe zu formen, nimmt der Arbeiter einen Masseballen und wirft ihn auf eine auf dem Scheibenkopf zentrierte Gipsplatte. Die Platte ist vorher benetzt, dann an den Rändern mit Masseschlicker beschmiert worden; dadurch haftet sie an dem Scheibenkopf genügend fest. Während der Rotation faßt der Arbeiter die Masse mit der Hand, läßt sie auf- und abgleiten, wobei er sorgfältig während der ganzen Zeit einen gleichmäßigen Druck ausübt. Und erst wenn er die Masse zu einer großen Linse geformt hat, drückt er sie mit beiden Daumen ein. Dadurch, daß er die Masse mit seinen Fingern drückt, steigt sie. Mit Hilfe eines schwächeren Druckes gibt er der Masse eine grobe Gestalt, aus welcher er das endgültige Stück herausdrehen kann; dies ist das Aufdrehen oder Freidrehen.

Das Aufdrehen ist ziemlich schwierig; wenn der Arbeiter nicht gleichmäßig auf die Masse drückt, gräbt er mehr oder weniger tiefe Rinnen, die spiralförmig auf der Oberfläche verlaufen. Daher rührt auch die Bezeichnung „Wund“ für diesen Übelstand. Abgesehen von dem unschönen Aussehen, verleiht das der Masse eine ungleichmäßige Struktur, da die einzelnen Teile verschieden stark gedrückt wurden.

Das Verhältnis der Rotationsgeschwindigkeit zur Handbewegung des Arbeiters ist von großer Bedeutung. Die resultierende Bewegung ist eine Spirale, deren Windungen so nahe als möglich aneinander sein müssen.

Die sehr plastischen Tone sind schwieriger aufzudrehen als die gewöhnlichen. Erstere sind empfindlicher als die letzteren, daher zeigen sie auch beim Brand und sehr oft schon beim Trocknen die erlittenen Druckungleichmäßigkeiten.

Bei der gewöhnlichen Töpferware erhält man die gesuchte Form durch einfaches Aufdrehen. Der Arbeiter behilft sich mit einem Richtmaße, um die gewünschte Höhe und Breite zu erreichen. Dieses Richtmaß kann sehr einfach angefertigt werden. Ein auf einer vertikalen Stütze horizontal befestigtes Holzstück gibt die Stückhöhe an, ein anderes Holzstück den Lichtdurchmesser oder die Tiefe.

Die Dreher verfahren bisweilen fast auf dieselbe Art und nehmen zuerst einen starken Masseballen. Um z. B. kleine Tiegel herzustellen, dreht der Arbeiter auf der Spitze des Masseballens eine konisch verlaufende Säule auf. Ist das Formen beendet, so trennt er die Furche mit Hilfe eines horizontal geführten Drahtes ab. Mit einem einzigen Ballen stellt man so eine große Zahl kleiner Stücke her.

Bei der Herstellung des Porzellans und des Steinguts kann man nicht so einfach verfahren. Man nimmt zuerst, wie wir gesehen haben, ein Freidrehen vor, und dreht später, wenn die Masse durch das Trocknen fester geworden ist, dieselbe ab und gibt ihr die endgültige Form.

Um dem Stück das richtige Innenprofil zu geben, bedient man sich einer Schablone. Dies ist eine Metall- oder Schieferplatte, dem Profil entsprechend, die der Arbeiter in das Innere der aufzudrehenden Höhlung steckt. Er hält die Schablone mit der linken Hand und drückt mit der rechten die Masse an das Profil. Statt die Schablone mit der Hand zu halten, kann man sich auch eines festen Schablonenhalters bedienen.

Das Freidrehen wird nur noch in kleinen Fabriken angewendet. Die mechanische Bearbeitung ist vorteilhafter, obwohl die Freidreher eine bedeutende Produktion erreichen. Das Aufdrehen einer Suppenterrine z. B. dauert kaum 4 Minuten.

Es ist klar, daß zur raschen Bearbeitung der Dreharbeiter von einem Lehrling bedient werden muß, der ihm seine Masseballen zuträgt und die aufgedrehten Stücke in den Trockenraum trägt. In großen Fabriken trifft man nur noch Freidreher zur Ausführung der Phantasiestücke, ihre Zahl geht immer mehr zurück. Ein einziger Arbeiter reicht mitunter aus, um ein ganzes Werk zu versorgen. Bei gewissen Stücken dreht man zwei einzelne Teile, die man dann vereinigt.

Das Abdrehen ergänzt das Aufdrehen. Es geht auf der Drehbank unter Anwendung der sogen. Abdreheisen vor sich. Gewöhnlich arbeitet man auf einer englischen oder Horizontaldrehmaschine. Die Stücke werden auf einen Kern befestigt und abgedreht. Der Apparat weist keine wesentlichen Unterschiede von der gewöhnlichen Holz- oder Metalldrehbank auf.

Nach Lambert[1]) scheint es, daß man die mechanisch angetriebenen Drehspindeln zuerst in England zum Abdrehen benützt hat. Er führt einen Apparat an, der durch eine ähnliche Anordnung angetrieben wird, wie der von Faure zum Aufdrehen benützte, und den wir vorher beschrieben haben. Nur die auf der Scheibe sich reibende Rolle ist hier, statt daß sie sich in einer horizontalen Ebene dreht, vertikal angeordnet. Diese Scheibe ist selbstverständlich verschiebbar. Der Arbeiter kann mit Hilfe eines Fußhebels ihre Lage und dadurch auch die Umdrehungsgeschwindigkeit verändern.

Bei einem anderen Modell hat man die bei der gewöhnlichen Drehscheibe angenommene Anordnung beibehalten. Nur an Stelle des Scheibenkopfes befindet sich eine horizontale Scheibe, die mittels gekreuzten Riemens die Bewegung auf eine vertikale Scheibe der Abdrehmaschine überträgt.

II. Aufeinanderlegen von Tonsträngen.

Bei einigen Völkern, welche die Drehscheibe nicht kannten, hat man die Töpfe einfach durch Modellieren hergestellt. Der Arbeiter bedient sich der Erde, die vorher in Strängen ausgewalzt wird. Die Stränge

[1]) Loc. cit. S. 88.

werden aneinander gelegt, dann mit der Hand vereinigt. So baut man nach und nach die Wände auf, wenn einmal der Boden vorhanden ist.

Dieses bei afrikanischen und amerikanischen Völkern allgemein übliche Verfahren findet sich in vielen Gegenden, und selbst heutzutage wird es noch bei großen Gegenständen angewandt.

Die in der Galvanoplastik gebrauchten Steingutbottiche sowie die großen säurefesten Gefäße werden nach diesem Verfahren erzeugt.

Das Gelingen dieser Arbeit erfordert besondere Geschicklichkeit, denn jeder Fehler in der Homogenität birgt die Gefahr eines Bruches in sich.

III. Formen.

Diese Art der Gestaltung bedingt eine Form, die der Masse auch als Stütze dienen kann und auf der dieselbe ihre Gestalt annimmt. Der Abdruck eines Gegenstandes macht also die Herstellung einer Form nötig.

1. Arten der Gipsbereitung.

Die Formen werden aus einem aufsaugenden Stoff gebildet. Man greift zumeist zum Gips; früher benützte man Formen aus gebranntem Ton. Die Chinesen und Japaner, denen der Gips unbekannt war, haben bis heute Tonformen verwendet; es ist wahrscheinlich, daß jetzt dort die Verwendung von Gips sich verbreitet. Man muß vorzüglichen, völlig gebrannten Gips benützen. Damit die Form aufsaugungsfähig wird, muß man den Gips genügend klar einrühren, so daß er im Augenblick des Festwerdens kein zu dichtes Gefüge bekommt. Dieses Gefüge würde das Wasser der Masse zu langsam einsaugen.

Wir führen hier verschiedene Arten der Gipsbereitung an:

	Gips	Wasser
Hart	63	37
Normal	58	42
Weich	50	50
Sehr weich	46	54.

Diese verschiedenen Gipssorten werden je nach der benötigten Härte der Formen angewandt.

Für unseren Fall ist der weiche Gips der richtigste.

2. Untersuchung des Gipses.

Es folgen hier die nach dem Laboratorium der Tonindustrie-Zeitung[1]) mit dem Gipse anzustellenden Versuche.

---

[1]) Tonindustrie-Zeitung 1891, No. 50, S. 778.

1. **Wassergehalt.** In einem Trockenkasten erhitzt man ein gewisses Gewicht an Gips, ungefähr 5 g in einem Tiegel auf 100—110°. Nach einer Stunde erhöht man die Temperatur, indem man den Tiegel über einen Bunsenbrenner stellt und solange erhitzt, bis sich das Gewicht nicht mehr ändert.

2. **Gewicht eines Liters.** Man siebt zuerst den Gips mit einem Sieb von 10 cm Durchmesser und 200 Maschen pro Quadratzentimeter. Dann füllt man mit diesem Pulver einen Meßzylinder von 1 l Inhalt bis zum Rand. Nach der Austarierung des Meßzylinders wird beides gewogen; man erhält so das Gewicht eines Liters Gips im gewöhnlichen Zustand.

Sodann erneuert man das Verfahren, um das Gewicht eines Liters gerütteltem Gipses zn bestimmen. Man schüttet den Gips in kleinen Mengen (etwa je 3 Löffel) in das Meßgefäß und stampft ihn mittels eines Holzstückes. Ist das Gefäß voll, so streift man den Überschuß ab und trägt es zur Wage. Man schüttet noch etwas Gips auf, entfernt den Überschuß und wiegt ihn von neuem. Die beiden Wägungen dürfen nicht mehr als 1 g voneinander abweichen. Ist der Unterschied größer, so ist der Gips schlecht gerüttelt und muß von neuem eingestampft werden.

3. **Feinheitsgrad.** Man überzeugt sich von der Feinheit des Gipses aus den durch das Sieben übriggebliebenen Resten. Man beginnt beim Sieb 60 und geht bis zum Sieb 900.

4. **Wasservermögen.** Es ist zu untersuchen, welche Wassermenge man 1 kg Gips zusetzen muß, um einen leichtflüssigen Brei zu erhalten. Man bedient sich hierzu der Hälfte eines Gummiballes von 14 cm Durchmesser.

Man legt diese Gummischale auf einen Ring und tariert beides auf der Wage aus. Dann gießt man 150 g Wasser von 15° hinein. Hierauf läßt man Gips vom Sieb 20 in die Schale laufen, bis man keine Spur von der Flüssigkeit mehr bemerkt. In diesem Augenblick wird das Gefäß gewogen. Die Gewichtszunahme ist dann das Gewicht des beigefügten Gipses. Teilt man 150000 durch diese Ziffer, so erhält man das für 1 kg Gips nötige Wassergewicht.

5. **Abbindezeit.** Der Beginn des Erhärtens macht sich beim Gips durch eine Temperaturzunahme bemerkbar. Das Erhärten kann als beendet angesehen werden, wenn die Temperatur ein Maximum erreicht hat. Man verfährt wie vorher mit einem Gummiball. Zu 150 g Wasser fügt man das vierfache Gewicht an Gips, der durch das Sieb 20 gelaufen ist und bearbeitet die Masse 30 Sekunden lang mit einem Holzlöffel, so daß der Brei homogen wird. Dann stellt man ein in Zehntelgrad geteiltes Thermometer in dieses Gemisch. Das Steigen des Quecksilbers gibt den Beginn des Erhärtens an. Das Ende desselben ist durch das Stillstehen des Quecksilbers gekennzeichnet.

6. Gießfähigkeitsdauer. Es ist wichtig, die Zeit zu kennen, während welcher der eingemischte Gips noch gegossen werden kann. Man stellt, wie bei der vorhergehenden Bestimmung, einen Gipsbrei her, schüttelt ihn und taucht alle 30 Sekunden einen 5—6 mm starken Glasstab in die Mischung. Der Beginn des Erhärtens macht sich dadurch bemerkbar, daß man mit dem Glasstabe die Masse nicht mehr durchstoßen kann.

7. Dauer der Gipsbearbeitung. Man muß auch die Zeit kennen, innerhalb welcher der Gips leicht zu bearbeiten bleibt. Man braucht nur auf der soeben erhaltenen Gipsmasse Linien mit einem Messer einzuschneiden. Man tut dies alle 30 Sekunden und hört auf, wenn das Messer nicht mehr ohne Anstrengung 2—3 mm tief eindringen kann.

3. Formen und Modelle aus Gips.

Die zur Herstellung der Formen nötigen Modelle werden von den Modelleuren gefertigt. Diese Modelle sind aus Gips. Ihre Dimensionen werden so zugemessen, daß die Formen Gegenstände von bestimmter Größe liefern können. Auf das abzubildende Modell gießt man Gips. Die so hergestellte Form kann noch nicht ohne weiteres zum Formen benützt werden, sondern nur zur Erzeugung eines Negativs, von dem man die ganze Reihe der Arbeitsformen herstellt.

Diese Haupt- oder Mutterform liefert eine ziemlich beträchtliche Zahl von Modellabgüssen (Arbeitsmodellen), von denen man die entgültigen Formen gewinnt.

Es ist nicht immer möglich, eine Form zu erhalten, die wenige Stücke umfaßt. Wenn es sich um ein etwas verwickeltes Stück handelt, so muß man die Form aus einzelnen Teilen zusammensetzen, welche man dann in einer Gipskappe vereinigt.

Wenn es sich um einfache Garnituren handelt, so ist die Herstellung nicht sehr umständlich. Wenn es dagegen auf dem Modell vorspringende Teile gibt, so muß man die Formen zerschneiden und in so vielen einzelnen Teilen herstellen, als Schnittstücke vorhanden sind. Die in der Form verbleibenden vorspringenden Teile würden zur Erzeugung von Spalten und dadurch von Schwindungsunregelmäßigkeiten führen.

Ist man in den Besitz der Formen gelangt, so kann man mit dem Formen beginnen.

Man stellt die Masse in Ballen oder Blättern je nach der Natur des zu erzeugenden Gegenstandes her. Im ersten Fall drückt man in die Form kleine Masseballen. Um das Ankleben der Masse an der Haut zu verhindern, legt der Arbeiter zwischen Hand und Masse ein feines Tuch, so daß er sehr stark drücken kann, ohne beim Zurückziehen der Hand ein Zerreißen befürchten zu müssen. Man kann sich auch eines Schwammes bedienen, um die Masse in der Form einzudrücken. Man vereinigt dann die beiden Hälften und preßt sie stark gegeneinander.

Bei gewissen Formen verwendet man die Masse in Gestalt eines Blattes. Die geschlagene Masse wird auf eine gut hergerichtete, mit einem Tuch oder einem Fell bedeckte Fläche zwischen zwei parallele Lineale gelegt, die etwas weiter voneinander abstehen als das herzustellende Blatt breit sein soll. Auf diesen beiden Linealen gleitet eine Rolle.

Die Dicke der Lineale bestimmt die Höhe des Blattes. Soll das Blatt größere Dimensionen besitzen, so geht das Zerdrücken der Masse nur nach und nach vor sich. An Stelle der beiden Lineale bedient man sich dann zweier aufeinandergelegter Linealreihen; nach jedem Rollendurchgang nimmt man auf jeder Seite ein Lineal fort. Durch dieses Verfahren wird der dicke Masseballen allmählich abgeflacht, ohne daß Unregelmäßigkeiten eintreten können.

Man hebt dann das Blatt samt seiner Unterlage auf und legt sie auf den Kern der Form. Hierauf deckt man diesen Kern mit dem hohlen Teil der Form zu, nachdem man das Tuch oder Fell entfernt hat.

Diese Art des Formens dient hauptsächlich zum Formen von Hohlstücken, wie z. B. von Saucieren.

Die Masse verliert Wasser in der Form und schwindet; sie kann sich dann leicht zusammenziehen. Die mit Feuchtigkeit getränkten Formen verhalten sich anders, da sie kein Wasser mehr einsaugen; sie müssen daher getrocknet werden. Man arbeitet mit einer ganzen Reihe von Formen, um jede Unterbrechung zu vermeiden.

Nach dem Verlassen der Form müssen die Stücke auf eine ebene Fläche gelegt werden. Dazu genügen Gipsplatten.

Wenn das Formen in mehreren Teilen geschehen ist, so müssen die erhaltenen Stücke zusammengefügt werden. Man kratzt die betreffende Fläche mit einem eisernen Werkzeug ab, indem man Kreuzlinien bildet, damit eine rauhe Oberfläche vorhanden ist. Dann legt man mittels eines Pinsels die breiartige Masse (Masseschlicker) auf die Flächen, auf denen man die Vereinigung vornehmen will und setzt an. Zu viel Schlicker beim Ansetzen führt zu Unregelmäßigkeiten beim Schwinden an der Berührungsstelle und bringt daher Deformationen mit sich. Eine ungenügende Menge Schlicker klebt nicht hinreichend an.

IV. Ein- und Überformen.

Das Ein- und Überformen ist ein Mittelding zwischen Formen und Drehen. Es geschieht auf einer Drehscheibe mittels einer Form und einer Schablone. Die Form stellt die äußere oder innere Gestalt des Stückes dar. Ist die Masse auf die Form aufgebracht, so schneidet man das Profil der anderen Fläche mit einem Metallstück (Stahl) aus.

Dieses Verfahren kann nur bei Gegenständen angewendet werden, deren Form ein Rotationskörper ist. Die Formen werden wie die gewöhnlichen Formen hergestellt.

Zur Herstellung der Mutterform bedient man sich am besten einer Spezialmaschine, der sogen. Formmaschine; diese ist eine Drehspindel mit vertikaler Achse, wie die gewöhnliche Drehscheibe der Töpfer. Der Scheibenkopf ist durch ein Drehfutter ersetzt, in das man den zu bearbeitenden Gips preßt. Ein Schablonenhalter oder eine Vorrichtung, wie sie Fig. 45 darstellt, trägt Schablonen, welche zum Einschneiden des Gipses dienen und ihm die gewünschte Gestalt geben.

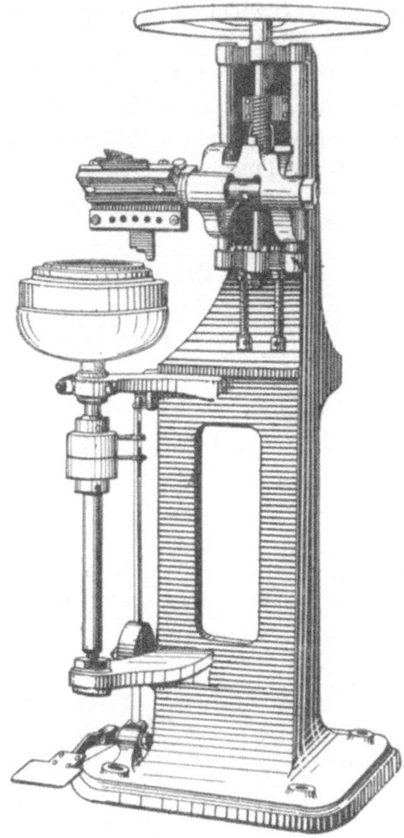

Fig. 45.

Man kann also mit Hilfe dieses Apparates das Originalmodell entbehren. Es genügt ein Gipsmodell zu drehen, es einzustellen und dann die Mutterform gleich zum Formen zu verwenden. Die Formen müssen alle gleich sein, ihre Dicke darf sich nicht ändern und das Einlegen in das Drehfutter soll gleichartig sein. Man erreicht dies dadurch, daß man die Mutterformen auf Formmaschinen ausbessert, so daß alle Dimensionen gleichmäßiger werden. Man gießt dann Gips in die mit Zinkreifen umgebenen Formen. Sobald der Gips genügend angezogen hat, bringt man die Mutterform oder diesen Reifen auf die Formmaschine. Die Schablone beseitigt dann die unnötigen Teile und läßt eine vollständig regelmäßige Form zurück. Man wiederholt dieses Verfahren solange als nötig; alle so hergestellten Formen sind dann einander völlig gleich.

Die zum Ein- und Überformen verwendete Drehspindel ist auf ihre wesentlichen Bestandteile beschränkt. Der umgebende Rahmen ist nicht mehr vorhanden. Eine Vorrichtung zum Ein- und Ausrücken gestattet die Inbetriebsetzung und das Anhalten der Apparate. Der Scheibenkopf ist hohl und dient zugleich als Drehfutter, indem er die Formen festhält. Die Formen zentrieren sich von selbst und halten durch das eigene Gewicht (Figuren 46 u. 47).

Um die Abnutzung des Gipses durch die Reibung zu verhüten, bekleidet man die Teile, welche das Verschieben aushalten müssen, mit Blei-

oder Zinkringen. An Stelle eines Scheibenkopfes bedient man sich auch einer Metallplatte, um die Formen zu befestigen (Fig. 48).

Die Schablone ist an einer beweglichen Vorrichtung befestigt, die entweder aus einer drehbaren Klappe oder einer vertikal verschiebbaren Stange besteht, welch letztere durch ein Gegengewicht in die erste Lage zurückgeführt wird.

Die Handhabung der Schablone ist nicht immer so einfach, wie wir hier angegeben haben. Sie ist nur bei der Herstellung sehr offener Stücke möglich. Wenn der obere Teil eine Verengung aufweist, ist die Einführung der Schablone mit dieser Anordnung nicht mehr möglich. Man greift dann zu einer exzentrisch angeordneten Schablone.

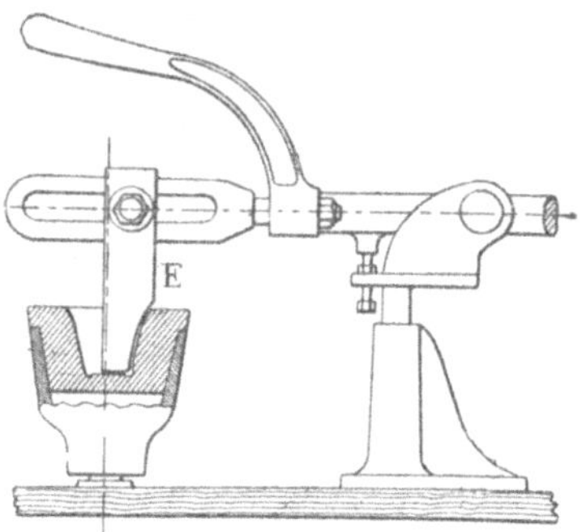

Fig. 46.

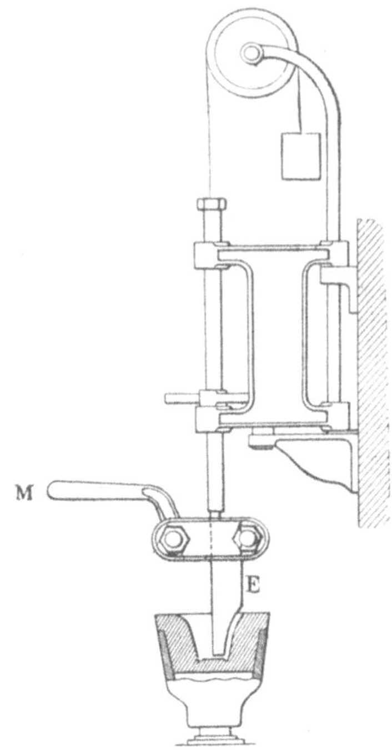

Fig. 47.

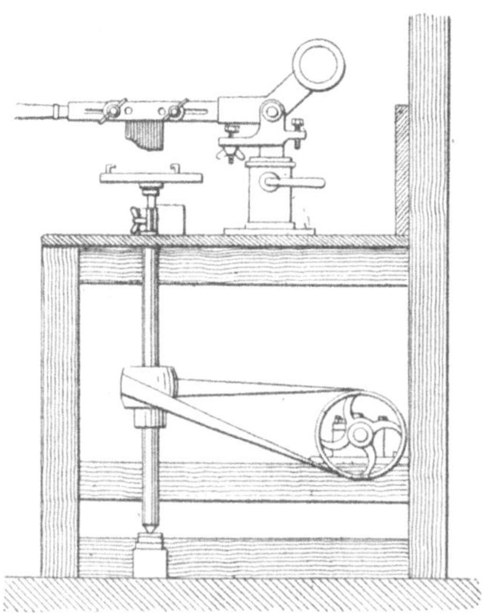

Fig. 48.

Eine Form mit enger Öffnung verlangt eine besondere Aufhängung der Schablone. Dieselbe ist auf einer Welle befestigt, die etwas exzentrisch zur Drehscheibenachse und infolgedessen auch zur Form steht. Senkrecht nach unten verschoben, dringt sie vollständig in die Form ein; sie bleibt indessen von den Wänden entfernt. Wenn man die Welle durch eine Handkurbel um gewisse Winkel dreht, kann man bei genauer Lageberechnung der Schablonen diese nahe genug an die Wände heranbringen, um die Masse auf die Form zu bringen und sie in der gewünschten Dicke abzuschneiden. Nach beendetem Schablonieren dreht man die Schablone in ihre erste Lage zurück und hebt sie heraus.

Hier ist ein Beispiel eines Apparates mit exzentrischer Schablone angeführt. Die Fig. 49 stellt in horizontaler Projektion eine Form mit enger Öffnung dar, in welche eine Schablone einzuführen ist. *W* bezeichnet den weitesten inneren Durchmesser der Form, *H* die engste Stelle und die Punktierung, den weitesten inneren Durchmesser des eingeformten Gegenstandes. Die vertikale Stange, welche die Schablone trägt, befindet sich in *e*. Im Ruhezustande nimmt die Schablone die Lage *a b* auf der Achse *c* ein. Will man den Apparat in Betrieb setzen, so senkt man das System, daß es, so wie es ist, in den Kreis *H* eintreten kann. Eine der Achse *e* gegebene Winkeldrehung gestattet dann der Schablone die bezeichnete Lage *c d* zu geben.

Die bei diesen Apparaten getroffenen Anordnungen sind bei jeder Konstruktion verschieden. Trotz alledem kann man in allen einen gemeinsamen Grundsatz finden, ob die Schablone durch einen Schablonenhalter oder eine vertikale Stange in Berührung mit der Masse gebracht wird, nur greift sie senkrecht in die Masse selbst ein. Mit einem Schablonenhalter greift die Schablone die Masse schräg an und verschiebt sie erst, wenn sie am Ende ihres Laufes angekommen ist. Beim mechanischen Senken der Schablone drückt dieselbe die Masse während des Senkens zusammen; sie drückt nur vertikal darauf.

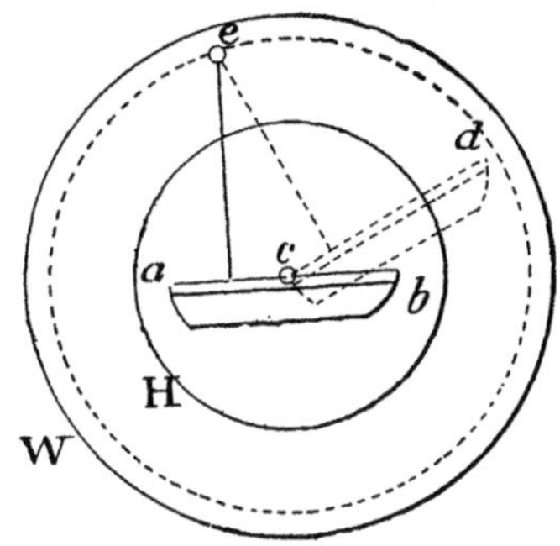

Fig. 49.

Faure hat bei seinen Maschinen eine sehr glückliche Abänderung getroffen. Die Schablone wird in die Höhlung der Form eingeführt, indem man sie in gewissen Abstand, der größer als die Massendicke ist, von letzterer hält. Der Schablonenhalter, welcher zu ihrer Handhabung dient, besitzt ein elastisches Gelenk, das ihm etwas Spielraum nach vorwärts läßt. Ist er heruntergeschlagen, so liegt er auf einer festen Unterlage auf, welche den beweglichen Arm festhält. Aus der durch Fig. 50a dargestellten Lage treten wir mittels eines eisernen Griffes *P* in die zweite Lage, welche die auf die Masse wirkende Schablone zeigt. Die Schablone *E* greift dann senkrecht in die Masse ein. Hebt man sie durch einen Hebel in die Höhe, so wird der Arm *A* wenige Millimeter weit getrieben und nimmt dadurch die Schablone mit sich (Fig. 50b).

Eindrehen oder Einformen. Man versteht darunter das mechanische Drehen von Stücken, die keine großen Dimensionen haben und keinen großen Hohlraum aufweisen. Man stellt die Form auf den Scheibenkopf, setzt die Drehscheibe in Rotation und wirft in die Höhlung einen Masseballen (Quetschverfahren). Dann senkt man die Schablone, die Masse wird vom Mittelpunkt gegen die Ränder gezwungen, wobei sie sich an die Wand der Form drückt, bis die Schablone ihren Weg vollendet hat. Der zwischen Schablone und Formwand befindliche Teil wird dann von der Masse ausgefüllt. Man schneidet die Unebenheiten weg, hebt die Schablone auf, zieht die Form heraus und trägt sie in den Trockenraum. Nun wird eine neue Form auf die Drehscheibe gestellt und das ganze soeben beschriebene Verfahren geht von neuem vor sich.

Bei gewissen Stücken muß man die Masse vorbereiten, damit sie sozusagen das Eindrehen erleiden kann. Bei einer großen Form oder auch bei einer Form, die große Hohlräume darstellt, kann man diese nicht immer mit der in Gestalt von Ballen verwendeten Masse formen.

Man verfährt z. B. bei der Herstellung einer Schale aus Porzellan auf folgende Weise (Hubeldrehen). Auf einen Kegelstumpf, der auf der

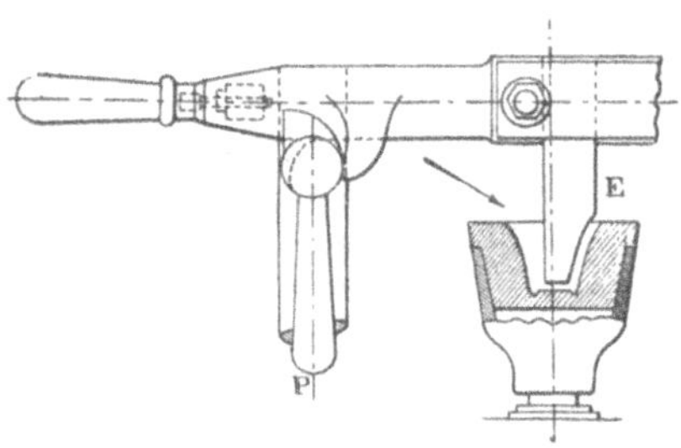

Fig. 50 a.

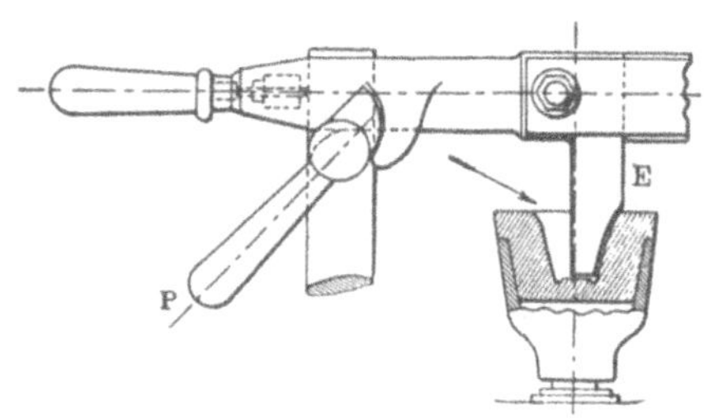

Fig. 50 b.

Drehscheibe sitzt und die Hohlseite der Schale bildet, legt man nasse Leinwand, die man mit Masse bedeckt. Hierauf setzt man die Drehscheibe in Bewegung, während man eine Schablone senkt, die die ungefähre äußere Oberfläche erzeugt. Endlich kehrt man die so geformten Hubel samt Unterlage in eine Form um, die sich ebenfalls auf einer Drehscheibe befindet; man nimmt die Leinwand und die Unterlage weg und senkt nach Inbetriebsetzung des Apparates die Schablone.

Bei kleinen Stücken kann man einfach die Hubel aufdrehen. So formt man im Westerwald die Steinzeugbierkrüge. Da alle diese Gefäße mit Ornamenten geschmückt sind, fertigt man zunächst einen Hubel, welchen man dann in eine zylindrische Form einführt. Man schabloniert auf der Drehscheibe und bedient sich dabei einer Schablone mit geradlinigem Profil, da ja diese Gefäße zylindrisch sind. Die zu dieser Herstellung dienenden Formen müssen leicht auseinandergehen wegen der Reliefs. Sie werden deshalb von drei durch eine Kappe zusammengehaltenen Teilen gebildet.

Manchmal würde die herzustellende Stückform einen schwierig auszuführenden Hubel verlangen, um ohne Risse aus der Form zu kommen.

Wir wollen annehmen, daß die Form des Gefäßes nahezu eine Kugel sei; man wirft zuerst in die Form einen den Boden bildenden Ballen, sodann stellt man einen konischen Hubel darauf, welchen die Schablone quetscht und der einzig und allein zum Formen der Wände dient.

Zur Erzeugung der Hubel kann man sich des einfachen Freidrehens oder des Schablonierens bedienen. Die Faure-Maschine liefert sehr gleichmäßige Hubel bei sehr geringem Arbeitsaufwand. Sie besteht der Hauptsache nach aus einer vertikalen beweglichen Achse, die in einen Scheibenkopf endet und von einem Gußgestell gehalten wird (Fig. 51). Eine auf dem Kopf befestigte Gipsform bestimmt die innere Form des Hubels. Eine Schablone senkt sich herunter und regelt die Dicke. Um den Hubel zuzubereiten, bedeckt man das Gipsstück mit einer Leinwandhaube, sodann mit Masse, und setzt es mittels des linken Fußtrittes, welcher den Riemen von der Leer- auf die Vollscheibe leitet, in Bewegung. Der rechte Fußtritt dient zur Bewegung der Schablone. Diese letztere ruht durch eine Rolle auf einem Hebedaumen, dessen Rotation selbsttätig das Steigen und Sinken der Schablone veranlaßt. Ist der Apparat einmal auf die gewünschte Dicke eingestellt, so besteht die ganze Arbeit nur in der Bedienung des Fußtrittes.

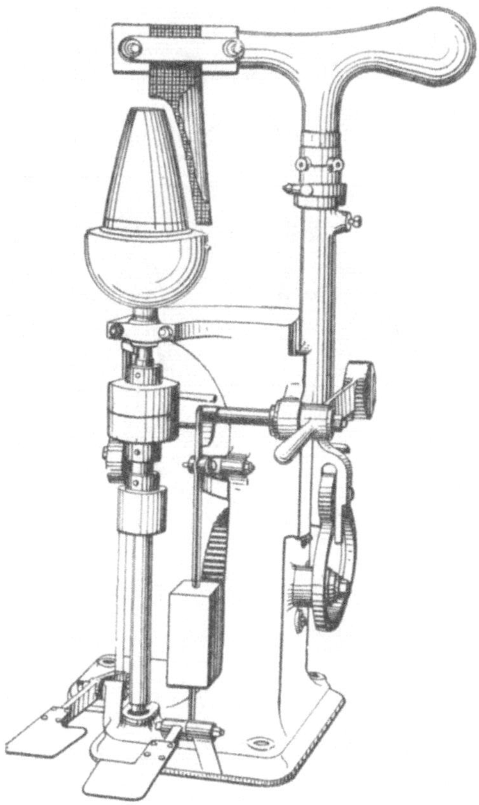

Fig. 51.

Überformen oder Überdrehen. Man benutzt dieses Verfahren hauptsächlich für Stücke von sehr großer Öffnung (z. B. für Platten oder Teller). Man beginnt mit der Herstellung eines Massekuchens oder Blattes auf einer Drehspindel, indem man eine Kugel ausbreitet. Das Blatt wird dann auf eine Gipsform gebracht, welche den Hohlraum des Tellers darstellt und schabloniert.

Je nach der Natur der zu bearbeitenden Masse sind die während des Vorgangs einzuhaltenden Vorsichtsmaßregeln sehr verschieden. Bei der Porzellanfabrikation werden wir sehen, daß die Gestaltung gewisse Sorgfalt verlangt. Die Steingutmassen werden einfacher behandelt. Ein Lehrling stellt einen Masseballen auf eine Drehspindel und zerdrückt diesen mit einem Lineal. Ist das Blatt fertig, so nimmt er es mit der Hand und legt es auf die Form. Der Dreher senkt sodann eine Schablone und der Vorgang ist zu Ende.

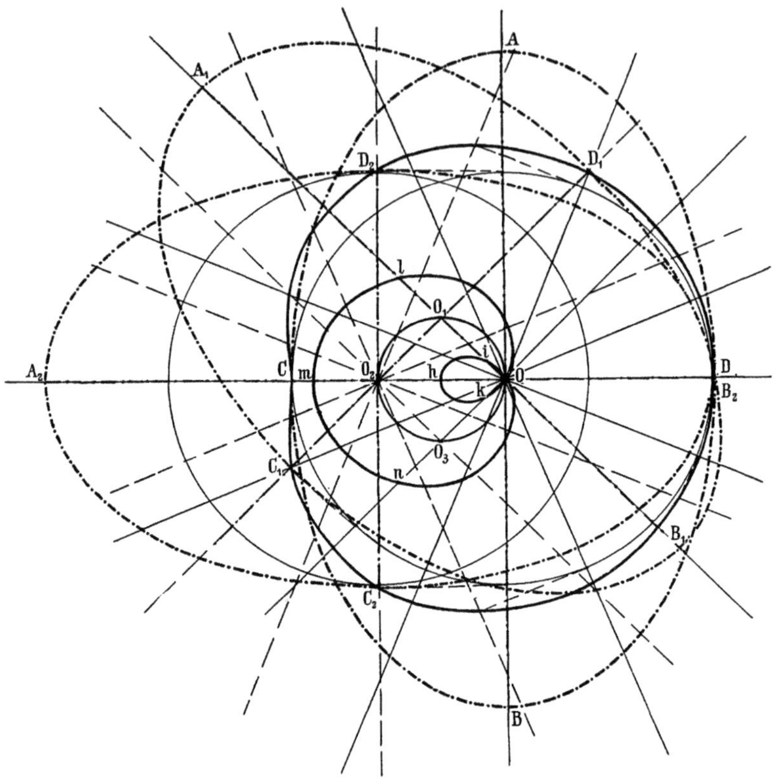

Fig. 52.

Überdrehen von ovalen Stücken. Man kann ovale Stücke gerade so wie die Platten mechanisch überformen. Die Schablone ist fest, aber die Form durch ein Stück gehalten, welches sich so bewegt, daß alle Punkte des ovalen Stücks unter der Schablone durchgehen.

Es ist hier auf den Grundgedanken einer Ovaldrehscheibe eingegangen. Die Form ruht auf dem Drehscheibenkopf auf einem metallischen Stück, das in einer Gleitschiene durch eine schwalbenschwanzförmige Vorrichtung gehalten wird. Die Form kann sich also nach einer geraden Linie verschieben. Zwei parallele, an den Enden des Gleitstückes verbundene Leisten stützen sich auf einen Metallkreis, den man senkrecht zur Achsenrichtung verschieben kann. Wenn der Scheiben- und Achsenmittelpunkt zusammenfällt, ist die Bewegung kreisförmig. Verschiebt man dagegen die Scheibe, so veranlassen die beiden Lineale während der Rotation das Stück zum Gleiten.

Betrachten wir eine horizontale Projektion des schematischen Apparates (Fig. 52), wobei die Achse des Experimentes mit O und die der Drehspindel mit O_2 bezeichnet ist. Bei der Rotation dieses Systems beschreibt O einen Kreis, jeder andere an O gebundene Punkt beschreibt aber eine Pascalsche Kurve, wie z. B. $O\,i\,h\,k\,l\,m\,n$ und $D\,D_1\,D_2\,C\,C_1\,C_2$. Betrachten wir nun eine Ellipse $A\,C\,B\,D$, deren große Achse $A\,B$ senkrecht auf $O\,O_2$ in O und gleich der kleinen Achse $+ 2\,O\,O_2$ ist. Hat sich das System um 45° gedreht, so nehmen die Achsen die Lagen $A_1\,B_1$ bezw. $C_1\,D_1$ ein, und nach einer Rotation von 90° die Lagen $A_2\,B_2$ bezw. $C_2\,D_2$, wobei nach den bekannten Lehren sämtliche Punkte des Teiles $D\,B$ der Ellipse an den Punkt D, wo sich die Schablone befindet, vorbeigehen müssen. Daraus ersieht man, daß nach einer ganzen Umdrehung sämtliche Punkte der Ellipse an D vorbeigegangen sein werden.

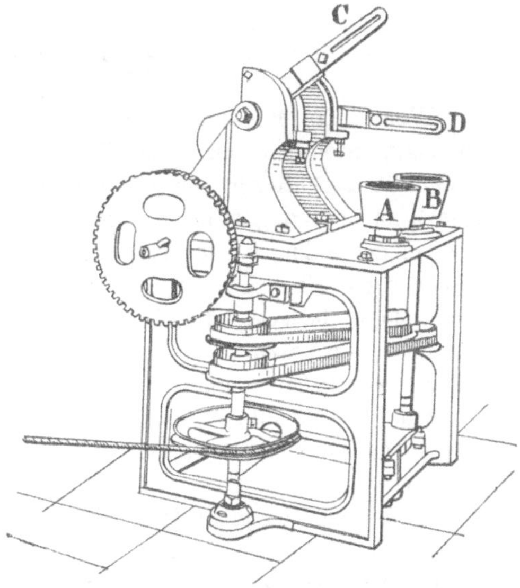

Fig. 53.

Automatisches Ein- und Überformen. Die Gesellschaft William Boulton ltd. in Burslem hat eine Maschine zum automatischen Schablonieren gebaut, deren Besprechung und Arbeitsweise hier folgt.

Die Maschine ist doppelt und besteht aus zwei Drehspindeln, auf denen ein zur Aufnehmung der Formen A und B dienendes Stück befestigt ist. Die Bewegung wird auf diese Spindeln von einer parallelen, rotierenden Welle durch Transmissionsriemen übertragen. Diese Welle ist in der Fig. 53 auf der linken Seite des Apparates sichtbar. Die Umdrehungsgeschwindigkeit der Formhalter beträgt 700 Touren pro Minute. Die Schablonen sind an zwei beweglichen Armen $C\,D$ befestigt und bewegen sich abwechselnd von unten nach oben und umgekehrt. Die Regulierung findet in der Weise statt, daß die eine steigt während die andere sich senkt und das Schablonieren bewirkt. Diese Bewegung wird durch ein auf der Hauptrotationsachse sitzendes Zahnrad vermittelt. Mit dieser Vorrichtung kann also ein Arbeiter zwei Stück zugleich eindrehen, da er während des Sinkens der Schablone auf eine der Formen, die andere Drehscheibe freimachen und neu besetzen kann. Ist einmal eine neue Form eingestellt, so ist das Einformen des anderen Stückes fertig und nun wird die andere Drehscheibe automatisch von ihrer Schablone befreit.

Eine derartige Maschine braucht nur 1 qm Fläche; von einem geschickten Arbeiter bedient, liefert sie in 10 Stunden 7200 Stück. Im Mittel kann man 6000 annehmen.

Das Einformen verlangt eine sehr große Zahl Formen, denn eine jede kann nur solange benutzt werden, als sie trocken genug ist. Außerdem bleibt die Form durch das Stück besetzt, solange letzteres die zum Ausstoßen nötige Festigkeit nicht besitzt.

V. Gießen.

Wenn man Masseschlicker in eine trockene Gipsform gießt, dann sieht man, wie sich längs der Wände ein Ansatz bildet. Dieser rührt von dem Masseschlicker her, der infolge der Wassereinsaugung durch die poröse Wand ein teigartiges Gefüge erhalten hat. Läßt man den Schlicker länger in der Form, so verdickt sich die Masseschicht. Schüttet man den überschüssigen Schlicker aus, so findet man die Formwände mit einer Schicht Masse bedeckt, die die genaue Form derselben angenommen hat. Nach einigen Minuten löst sich, während das Schwinden der Masse unter der trocknenden Einwirkung des Gipses fortschreitet, das Stück selbst von der Form. Nicht alle Schlicker verhalten sich gleich gut. Um daher einen guten Guß zu erhalten, muß man auf eine ganze Reihe von Regeln achten.

Bei ein und derselben Masse wächst die Stärke der niedergeschlagenen Schicht mit der Zeit. In derselben Zeit gibt der Masseschlamm um so stärkere Niederschläge, je dicker der Brei ist. Endlich geben bei gleicher Zeit und bei gleicher Dicke die sehr tonhaltigen Schlicker eine weniger starke Schicht als die mageren. Der Ton vermindert dabei die Wirkung der Porosität. Außerdem ist es augenscheinlich, daß die Porosität der Formen und der Grad ihrer Entwässerung von Einfluß sind, kurz gesagt, daß eine Form aus weich angemachtem Gips sehr einsaugefähig ist und daß die Form beim Gebrauch immer weniger einsaugend wird.

Marc Larchevêque[1]) empfiehlt eine ganze Reihe für die Regelung des Verfahrens sehr nützlicher Bestimmungen.

Mit jedem Schlicker muß man eine Reihe von Güssen in Formen ausführen, und zwar müssen hier Gipssorte und Form immer dieselbe sein. Man schüttet den Schlicker in die Formen und läßt ihn hier verschieden lang stehen. Die Stücke werden dem Trocknen überlassen und dann ausgeformt. Ihre Stärke wird durch Schublehren mit Nonius bestimmt. Die

---

[1]) Fabrication industrielle de la porcelaine dure S. 86 u. f.

so gefundene Zahlenreihe gibt die in bekannten Zeiträumen gebildete Stärke an. Man muß auch eine gewisse Anzahl aufeinanderfolgender Güsse gleicher Dauer in einer Form vornehmen. So erhält man die verschiedenen Stärken der aufeinanderfolgenden Güsse.

Diese Resultate werden in einer Tabelle vereinigt. Mit Hilfe dieser Tabellen kann man Kurven konstruieren, wenn man als Abszisse die Zeit und als Ordinaten die Stärke aufträgt. Aus diesen Kurven läßt sich stets die Zeit finden, die zur Erzeugung einer gegebenen Stärke mit einer Masse von bekannter Dichte notwendig ist.

Suchen wir z. B. die Gußdauer, die zur Herstellung einer Stärke von 5 mm mit einem Schlicker von 1,750 erforderlich ist. Die Fig. 54 stellt zwei dieser Kurven dar. D_1 entspricht einem Schlicker von der Dichte 1,750, D_2 einem solchen von der Dichte 1,740. Verfolgen wir die auf einer vertikalen Achse berechnete, einer Stärke von 5 mm entsprechende Horizontale bis zu ihrem Schnittpunkte A mit der Kurve und fällen wir von hier aus ein Lot auf die horizontale Achse, so bestimmt der Fußpunkt dieses Lotes die der gesuchten Zeit entsprechende Länge. Diese beträgt 7 Sekunden.

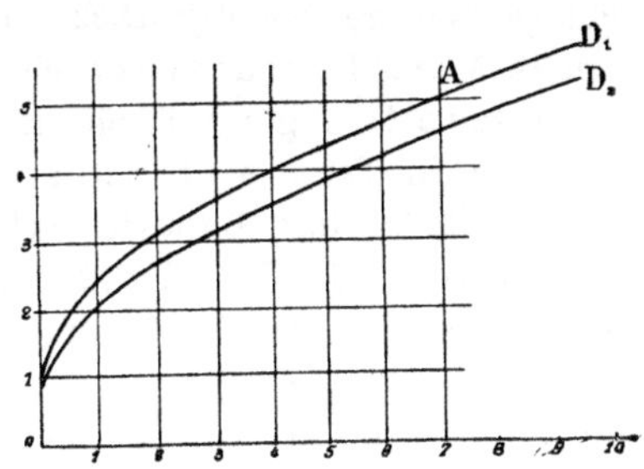

Fig. 54.

Diese Kurven müssen natürlich für jeden Guß und jede Dichte gezeichnet werden.

Der Masseschlicker muß genügend flüssig sein, damit er die Form in allen ihren Teilen ausfüllen kann und keine unebenen Flächen zurückläßt, wenn man die Form beim Entleeren umkehrt.

Er muß einen Niederschlag geben, der beim Entleeren nicht zerreißt und sich nicht verbiegt. Da man die gegossenen Stücke nicht verstärken kann, muß man sich einer sehr feuerbeständigen Zusammensetzung bedienen. So verwendet man z. B. sehr tonerdereiche Massen.

Beim Gießen vermeidet man Stücke mit sehr großen horizontalen oder vertikalen Oberflächen, weil diese Gestaltung das Stützen der an der Form klebenden Masse sehr schwierig macht.

Der Gußschlicker wird aus Masse hergestellt, welcher man zur Erzeugung eines wenig dicken Breies genügend Wasser zusetzt. Um körnige Teile und Luftblasen zu entfernen, läßt man den Schlicker zuerst durch ein Sieb laufen und rührt ihn dann vorsichtig, bis keine Luftblasen mehr an der Oberfläche auftreten.

Um eine leichtflüssige Masse zu erhalten und dabei so wenig Wasser als möglich zu verwenden, setzt man dem Masseschlamm Soda zu. Man kann auch gleichzeitig mit der Soda Natriumsilikat zugeben.

Man gießt den Schlicker in Formen, in denen man ihn zur Erzeugung eines Niederschlags von bestimmter Stärke eine gewisse Zeit stehen läßt. Die Formen sind dann mit einer Masseschichte ausgekleidet, welche fest wird, da der Gips das Wasser einsaugt. Wird der Augenblick, in dem die Entwässerung stillzustehen scheint, beobachtet, so macht man nötigenfalls einen zweiten Guß, um das Stück zu verstärken. Diesem zweiten kann noch ein dritter folgen.

Ist das Stück entwässert, so nimmt man es aus der Form und stellt oder legt es auf eine Gipsplatte, wobei man sorgfältig darauf achtet, daß es weder gestoßen noch gedrückt wird.

Das Gießen wird in der Fabrikation des Steinguts und Porzellans verwendet. Es gestattet uns, durch einen einzigen Guß verwickelte Formen ohne Ansetzen herzustellen. Mit passenden Masseschlickern gießt man Gefäße mit Ausgüssen oder Henkeln und sogar mit beiden. Um die Messung der nötigen Zeit, die der Schlicker zur Bildung eines Niederschlags von genügender Dicke auf den Formen braucht, zu vermeiden, wendet Marc Larchevêque einen elektrischen Melder an. Der Apparat erhält seine Bewegung durch ein Uhrwerk, das so reguliert ist, daß der Zeiger einen Teilkreis in 20 Minuten durchlaufen kann. Der Zeiger ist mit dem Pole einer Batterie verbunden. Der andere Pol liegt an einem Kupferbolzen. In den Stromkreis ist eine Klingel geschaltet. Wenn man den Bolzen in einer Entfernung vom Zeiger aufstellt, welche der zum Gießen nötigen Zeit entspricht, so wird bei der Berührung des Zeigers mit dem Bolzen der Strom geschlossen und die Klingel ertönt. Zur Betätigung des Apparates dient ein Elektromagnet, durch welchen man sogleich nach Füllung der Form den Strom leitet.

VI. Auspressen mittels Strangpresse.

Wenn man auf eine plastische Masse, die in einem mit einer Öffnung versehenen Behälter enthalten ist, drückt, so zwingt man dieselbe, als fester Körper in der Querschnittsform dieser Öffnung auszutreten. Auf dieser Tatsache beruhen zahlreiche Ziegelmaschinen. Die Öffnung heißt Mundstück.

Die Ziegelstrangpresse (Fig. 55) besteht aus einem Metallbehälter, welcher die Masse enthält. Dieselbe wird von zwei Walzen zermalmt und durch eine Öffnung in den Behälter getrieben. In dem Preßkasten knetet eine Schnecke die Masse, treibt sie vorwärts und zwingt sie zum Austreten in Prismenform, wie sie die Ziegelsteine besitzen.

Das Abschneiden der Ziegelsteine geschieht mittels einer besonderen Vorrichtung, dem sogen. Abschneideapparat. Er besteht der Hauptsache nach aus parallel gespannten Metalldrähten, die durch eine bewegliche Vorrichtung auf das Prisma heruntergedrückt werden können und die

Masse vollständig durchschneiden. Die Entfernung der Drähte voneinander ist ein für allemal festgelegt.

Der Abschneideapparat empfängt die Ziegel auf Gipsrollen, welche in zwei Metallstangen verzapft sind. Auf diese Weise kann sich das aus dem Mundstück austretende Prisma ohne Reibung vorwärts bewegen und erleidet keinen Bruch. Die Rollen drehen sich bei der Berührung ohne jede Bewegungshemmung. In dem Augenblick, wo man das Abschneiden

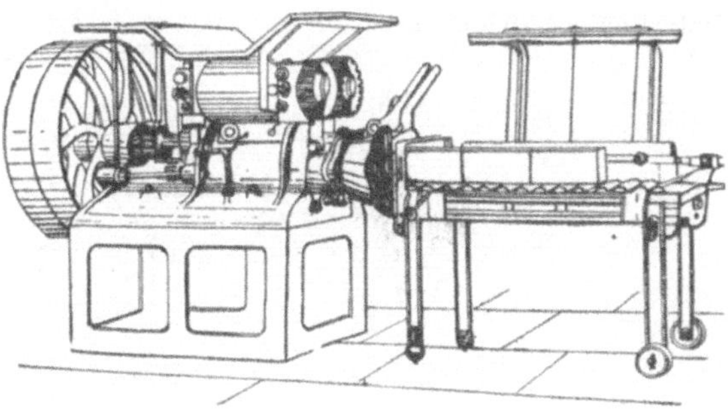

Fig. 55.

vollzieht, hebt man eine Gegendruckschiene auf, die am Ende des Apparates sitzt. Das Masseprisma stößt dann gegen den auf Rollen ruhenden Abschneideapparat. Das Abschneiden geht infolgedessen glatt vor sich, was nicht der Fall wäre, wenn das Prisma sich auf einem festen Apparat verschieben würde. Der Vorgang vollzieht sich, als wenn Prisma und Apparat unbeweglich wären. Sind die Ziegel einmal weggenommen, so braucht man nur den Abschneideapparat in seine frühere Lage zurückzuführen.

VII. Pressen.

Zur Erlangung gewisser Dichtigkeitseigenschaften müssen die Massen einer starken Pressung ausgesetzt werden. Das Formen mit der Hand reicht dazu nicht aus. Man unterwirft dann die Form einem starken Druck. Die Dachziegel, die sogen. mechanischen Ziegel, werden mit der Presse geformt. Man bereitet einen Tonkuchen, den man in eine Form einschließt. Die Form besteht zumeist aus Gips und setzt sich aus zwei Teilen zusammen. Der untere Teil der Form ruht auf dem Preßtische, der obere ist am beweglichen Teil dieses Apparates angebracht (Fig. 56). Bei den gewöhnlichen Pressen bewirkt man den Druck mittels Schraube, wie bei den Spindelpressen. Der überschüssige Ton entweicht durch die Fugen. Man hebt die obere Form in die Höhe und schiebt die untere vorwärts. Eine Stange, auf welcher die Form gleitet, gestattet diese Bewegung. Da die Stange rund ist, kann man die Form drehen und den gepreßten Dachziegel auf eine Unterlage umkippen.

VIII. Trockenpressen.

Man kann die keramischen Massen auch im trocknen Zustand bearbeiten. Man verwendet sie dann in Form von Staub, den man sehr stark zusammenpreßt. Der erzeugte Druck muß genügend stark sein, damit das aus der Form kommende Erzeugnis hinreichende Härte und Dichte besitzt, um in den Trockenraum gebracht zu werden und dabei keine Formänderung zu erleiden.

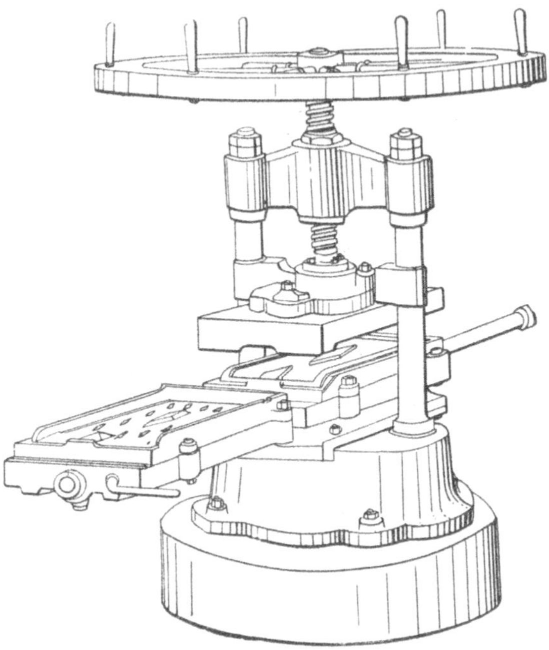

Fig. 56.

Man verwendet zu diesem Zwecke hydraulische Pressen; zunächst übt man einen mäßigen Druck aus, um die in der pulverförmigen Masse eingeschlossene Luft zu beseitigen, und dann einen stärkeren Druck, um die Masse zusammenzudrücken.

Die hydraulische Presse (Fig. 57) besteht aus einem am unteren Teile geschlossenen Zylinder, in welchem sich ein mit einer Ledermanschette versehener Kolben bewegt. In dem Preßtisch sind Säulen befestigt, welche eine obere Platte (Kopfplatte) tragen. Wegen des hohen Druckes, welchen diese Apparate auszuhalten haben, empfiehlt es sich, sämtliche Teile aus Stahl herzustellen.

Das Trockenpressen wird meistens zur Fußbodenplattenerzeugung angewendet und ist besonders zu einer großen Leistung geeignet. In diesem Falle werden die Pressen durch maschinell angetriebene Pumpen betrieben, welche gewöhnlich nicht direkt auf die Pressen, sondern auf eingeschaltete Akkumulatoren (Fig. 58 auf S. 150) wirken. Diese dienen als Druckausgleicher und bestehen aus einem am unteren Teile geschlossenen Zylinder, in welchem sich ein wasserdicht eingefügter Kolben bewegt. Der Kolben ist mit einer Scheibe verbunden, die als Gegengewicht dient. Belastet man diese mit genügenden Gewichten, so kann man einen bestimmten Druck erzeugen. Der Akkumulator wird durch zwei Ventile ergänzt; das eine wirkt als Sperrventil, während das andere die Rolle

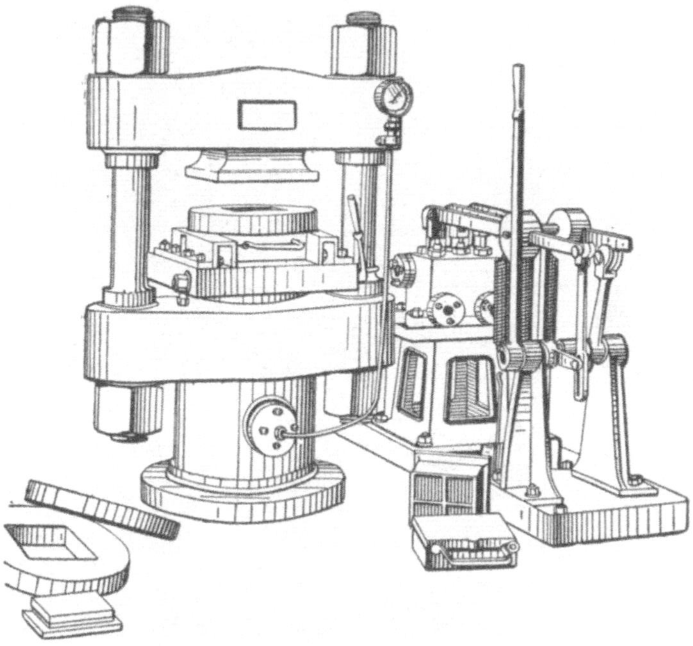

Fig. 57.

eines Sicherheitsventiles spielt und sich öffnet, wenn der Kolben am Ende seines Hubes angelangt ist. Das Sicherheitsventil ist auf die gewünschte Druckhöhe eingestellt. Es empfiehlt sich in den meisten Fällen, sowohl Niederdruck- wie auch Hochdruckakkumulatoren aufzustellen.

In Fig. 59 auf S. 151 ist die häufigste Anordnung der einfachen Presse dargestellt. Der Tisch, der die gefüllte Form trägt, ruht auf dem Kolben. Zwei parallele Führungsrinnen sind auf dem Tische angebracht und dienen zur Bewegung der Formen. Zwischen diesen beiden Rinnen können mittels eines Hebels Metallstücke steigen. Die Form besteht aus einem hohlen Rahmen, dessen Innendimensionen denen der zu pressenden Platte entsprechen, und welcher auf einem mit Griffen versehenen Sockel ruht. Die Form liegt auf ihrer Unterlage und wird mit pulverförmigem Material gefüllt. Man schließt sodann die Form mit einem Stempel und schiebt das Ganze in die Tischleisten der Presse. Zunächst übt man den Niederdruck, sodann einen zweiten von derselben Stärke und endlich den Hoch-

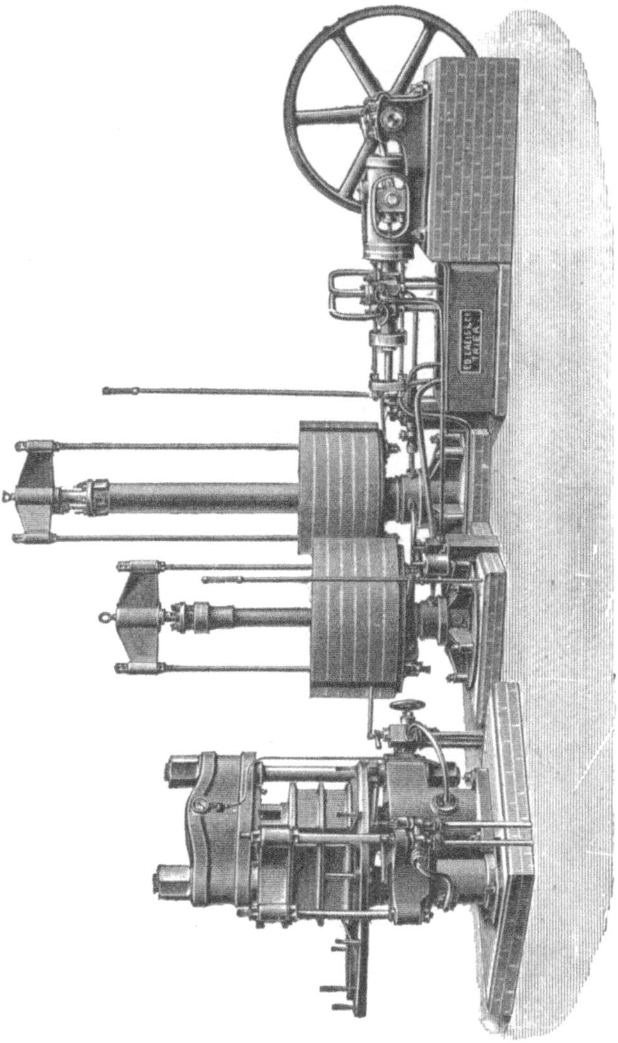

Fig. 58.

druck aus. Hierauf läßt man das im Zylinder enthaltene Wasser in den Behälter ablaufen, worauf der Kolben sinkt. Nun setzt man den auf die Metallstücke in den Gleitstangen wirkenden Hebel in Tätigkeit. Die Stücke gehen in die Höhe und nehmen den Rahmen mit sich. Man preßt von neuem zum Ausstoßen.

Bei anderen Anordnungen hat man den Preßtisch und die darauf befindlichen Gleitstangen verlängert. Eine Ausstoßvorrichtung ist über dem vergrößerten Teil des Tisches angebracht. Während der Arbeiter die Form unter die Ausstoßvorrichtung bringt, stellt er eine neue Form hin. Durch Ausübung eines Druckes stößt er die fertige Platte auf einem Filz aus.

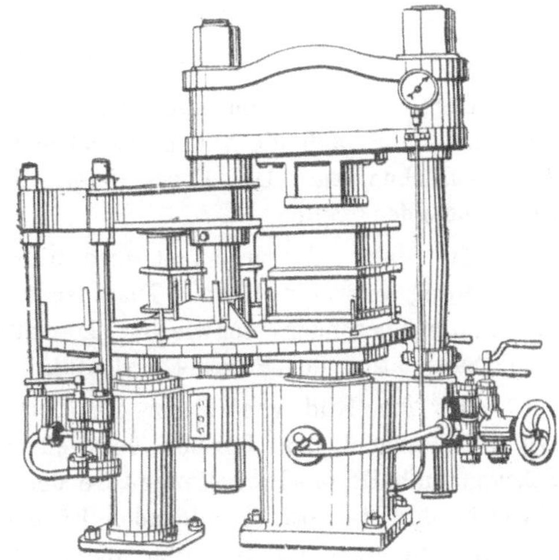

Fig. 59.

Die Drehtischpressen bestehen aus einer Metallscheibe, die in gleichen Abständen drei oder mehr Öffnungen enthält. Die eine derselben befindet sich über dem Preßstempel, die zweite über der Ausstoßvorrichtung. Mit den so konstruierten Pressen kann zugleich das Pressen der Masse, das Ausstoßen und das Füllen der Form vorgenommen werden.

IX. Vollendungsarbeiten.

1. Abdrehen.

Mit dem Aufdrehen kann der Masse nur eine rohe Form gegeben werden; will man dem Stück Feinheit geben, so muß man seinen Umfang mit einem scharfen Werkzeuge abdrehen. Dieses bereits besprochene Verfahren kann indes nur angewandt werden, wenn die aufgedrehte Masse fest genug ist, um ohne Bruch den Eingriff des Werkzeuges auszuhalten. Die Stücke besitzen mitunter vor dem Abdrehen eine solche Stärke, daß ein Ungeübter kaum die endgültige Form erraten kann.

2. Retouchieren.

Die geformten Stücke zeigen nach dem Ausnehmen Spuren der Formennähte. Durch das Retouchieren verschwinden dieselben, sowie die Blasen, Höhlungen und Risse, die beim Formen vorkommen können. Die Beseitigung der Nähte muß sorgfältig vorgenommen werden; bei Unachtsamkeit erzielt man nicht die erwarteten Resultate, denn beim Brand können diese wieder zum Vorschein kommen. Man darf diese Massewülste nicht hineindrücken, sondern muß sie durch ein Kratzeisen, das aus einer sägeförmigen, scharfen Klinge besteht, beseitigen.

Wenn es sich darum handelt, Löcher auszufüllen, so muß der Arbeiter eine Masse von derselben Dichte wie die des Stückes nehmen.

3. Ausschneiden.

Durch das Formen kann man nicht direkt durchbrochene Stücke erhalten. Man muß die vollen Oberflächen formen und dann die einzelnen Teile ausschneiden. Die Form liefert eingraviert die Umrisse der auszuschneidenden Teile.

Mit einem Messer öffnet man alle Spalten, sobald das Stück die Bearbeitung ertragen kann. Dies ist bei langgestreckten Formen, wie bei Rauten, besonders schwierig. Die Stäbe können sich werfen und so eine Deformation des Stückes herbeiführen.

Um ein Bild von dieser Bearbeitungsweise zu erlangen, führen wir als Beispiel das Formen der geflochtenen Stücke an. Bei diesen Stücken umhüllt ein Porzellangewebe den Gegenstand und läßt durch seine Maschen den die Stücke bildenden Körper sehen. Der äußere Teil wird geformt und dann auf das Gefäß angesetzt; erst nach diesem Vorgang vollzieht sich das Ausschneiden.

Marc Larchevêque schlägt neuerdings eine sehr einfache Formmethode vor, durch die das Ausschneiden bei den durchbrochenen Tellern leichter erfolgen kann. Die Form, deren er sich bedient, trägt überall da eine Erhabenheit, wo sie einen Durchbruch besitzen muß. Die Schablone ist so ausgeschnitten, daß sie an den Stellen der Formvorsprünge einen Einschnitt besitzt. Auf diese Weise entstehen mit Kreisreliefs versehene Teller. Ist der Teller trocken, so wird er abgedreht, wodurch die Reliefs verschwinden und der Durchbruch auftritt; die Formvorsprünge sind so angeordnet, daß sie über die normale Höhe der Masse hinausragen.

4. Stempeln und Rädeln.

Mit Hilfe eines auf die noch weiche Masse gebrachten Laufrädchens kann man leicht die Stücke mit einer wiederholten Zeichnung bedecken. Mit einer Form kann man Reliefornamente auf ebene Oberflächen auftragen.

Zu dieser Arbeit muß man den Zeitpunkt wählen, wo die Masse noch plastisch genug ist, um einen solchen Abdruck zu erleiden, ohne unter dem Druck der Form oder des Laufrädchens nachzugeben. Um das Anhängen der Masse an diesem Instrument und dadurch das Zerreißen zu verhindern, tut man gut, die mit der Masse in Berührung kommenden Flächen mit Öl oder Petroleum einzufetten.

Ist die Masse nicht sehr plastisch, wie die Porzellanmasse, so darf das Stempeln oder Rädeln nur auf einer starken Stelle vorgenommen werden, wenn man das Brechen vermeiden will.

Wird beim Stempeln zu energisch vorgegangen, so treten Dichtigkeitsänderungen in der Masse auf, welche eine Veränderung der Form herbeiführen.

5. Guillochieren.

Soll ein Stück Rippen, Rundfalten oder Riffeln bekommen, so kann man zum Formen greifen. In gewissen Fällen erreicht man dieses Resultat auf andere Art: durch das Guillochieren. Die gewöhnliche Guillochierscheibe kann zu diesem Verfahren dienen; man muß den Apparat so anordnen, daß er keine für das Gelingen der Stücke gefährlichen Stöße hervorruft.

Die guillochierten Waren sind oft verhängnisvollen Stößen ausgesetzt, so daß sie zur Verhütung von Brüchen mit genügender Dicke aufgedreht werden müssen.

X. Garnieren und Ansetzen.

Das Formen ermöglicht nicht immer, den Gegenstand gleich auf einmal in der gewünchten Form zu erhalten. Die Verzierungen der Stücke, wie die Henkel, werden in der Regel später an dem Hauptstück angebracht, wenn auch das Gießen die Herstellung mancher Stücke vereinfacht hat.

Man nennt diese Art des Zubereitens und Anbringens an die Stücke das Garnieren. Die Garnituren werden meistens geformt. Das Formen des Zubehörs erfordert Sorgfalt, denn Ungleichmäßigkeiten beim Druck erzeugen mangelhafte Stücke. Zur Vermeidung des Schiefwerdens sind besondere Vorsichtsmaßregeln geboten.

Einige Garnituren werden voll, die anderen wegen der Gewichtsersparnis, oder wenn es ihr Zweck erfordert, hohl geformt. Die großen Henkel und Ausgüsse der Kaffee- und Teekannen gehören hierher. Man bedient sich einer zweiteiligen Form. In jedem Teil derselben formt man eine Schicht in Halbkreisform, die man dann an den Rändern vereinigt. Man putzt sodann das Innere des durch die Vereinigung der beiden Hälften entstandenen Kanals. Sind die Garnituren einmal geformt und losgelöst, so werden sie sogleich ausgebessert.

Man tut gut, sie auf passende Gipsunterlagen zu stellen. Um das zu rasche Trocknen der Garnitur zu verhindern, erhält man das Stück in Feuchtkästen feucht.

Die keine Vorsprünge aufweisenden Ornamente können durch Gießen hergestellt werden. Handelt es sich um Henkel, so behilft man sich oft mit durch ein Mundstück austretenden Strängen. Man gibt ihnen dann die gewünschte Krümmung, nachdem man die Enden, an denen sie angesetzt werden, geebnet hat.

Sind die Garnituren einmal ausgebessert, so werden sie angesetzt. Die zu vereinigenden Teile müssen gleichmäßig trocken oder feucht sein und müssen dieselbe Schwindung besitzen.

Nachdem der Arbeiter die Stelle des Ansetzens angezeichnet hat, ritzt er leicht kleine gekreuzte Furchen da ein, wo das Ansetzen stattfinden soll. Dann trägt er mit dem Pinsel etwas Schlicker auf und setzt die Garnitur daran an. So verfährt man mit feuchter Masse.

Sind die zusammenzufügenden Teile trocken, so verfährt man zwar genau so, aber man bedient sich eines mit Gummi vermischten Schlickers, der infolge seiner langsamen Trocknung ein genügendes Ankleben bewirkt.

Um ein gutes Ankitten zu erhalten, darf man an der Ansatzstelle nicht zu viel Schlicker auftragen; dieser, der eine andere Dichte als die Masse besitzt, ruft infolge der verschiedenartigen Schwindung leicht Beschädigungen hervor.

Das Anbringen der Schnäbel geschieht wie bei den Henkeln. Man muß hierzu das Stück anschneiden. Das Ansetzen geschieht dann an den Schnittstellen.

Das Ansetzen dient daher unabhängig vom Anbringen der Garnituren zur Beendigung des Formens.

Das Garnieren verlangt Übung und Überlegung, denn wenn man das Arbeiten der Masse während des Brandes nicht berücksichtigt, setzt man sich Irrtümern aus. So darf eine gedrehte Tasse nicht mit ihrem Henkel genau vertikal garniert werden. Will man einen wohlgestellten Henkel erhalten, so muß man ihn leicht nach vorne im umgekehrten Sinn der Drehbewegung neigen, denn die Masse setzt im Feuer diese Drehbewegung fort und bringt dadurch die Henkel an die richtige Stelle.

7. Abschnitt.

Trocknen und Einsetzen der Töpferwaren.

I. Trocknen.

Die keramischen Erzeugnisse können nicht direkt in den Ofen zum Brennen gebracht werden, wenigstens nicht in der Regel. Man unterwirft sie zunächst dem Austrocknen, damit sie den größten Teil des eingeschlossenen überschüssigen Wassers verlieren. Stellt man sie sofort in einen Raum, dessen Temperatur höher ist als die umgebende, so sind sie infolge der starken Entwässerung dem Zerspringen und Zerbrechen ausgesetzt; da das Schwinden, das die Verdunstung des Wassers begleitet, Spannungen hervorruft, so werden bei zu rascher und lebhafter Wasserentziehung Sprünge und Risse herbeigeführt.

Ein vorsichtiges Trocknen läßt die Verdampfung ohne Übelstände vor sich gehen. Ist dagegen die Verdunstung zu lebhaft, so ist die Entwässerung an der Oberfläche zu rasch, im Innern zu schwach, und führt dies eine äußere Zusammenziehung herbei, während der Mittelpunkt noch feucht ist; daher treten die bereits besprochenen Übelstände auf.

Wenn man untersucht, was sich ereignet, während eine Masse ihr Wasser verliert, so findet man zuerst eine Volumenverminderung. Später, wenn das Wasser weiter verdampft, hört diese Zusammenziehung auf.

Eine 3 Teile Ton und 1 Teil Wasser, d. h. 75 % Ton und 25 % Wasser enthaltende Masse erleidet durchschnittlich 8 % Schwindung und enthält dann nur 8 % Wasser. Von diesem Augenblicke an schreitet die Zusammenziehung bis zum völligen Austrocknen nur wenig weiter. Je nach der Natur der Massen beobachtet man Unterschiede zwischen der Entwässerungsschnelligkeit und dem Prozentsatz der Schwindung. Die kaolinhaltigen Massen schwinden weniger als die plastischen, tonhaltigen Massen; diese letzteren brauchen demnach längere Zeit zum Trocknen.

Da die Verdampfung auf der Oberfläche und das Entweichen des Wassers aus den in der Masse sich bildenden Kapillarröhren geschieht, geht das Trocknen um so rascher vor sich, je größer die Oberfläche in bezug auf das Volumen ist.

Bei dünnen Stücken kann man annehmen, daß diese Gesichtspunkte zutreffen; handelt es sich dagegen um dicke Stücke, so vollzieht sich die Verdampfung nur langsam, da die bereits angeführten Kapillarröhren die einzigen an der Oberfläche ausmündenden Wege sind.

Die Schnelligkeit des Trocknens bietet Interesse. Je nach der Form des Gegenstandes, dem Gefüge der Masse sollen die Einflüsse der Wasserentziehung vorausgesehen werden. Man legt z. B. nasse Lappen auf gewisse Stücke, um eine zu rasche Verdunstung, die sehr schädliche Störungen verursachen würde, zu verhindern.

Zum Trocknen gibt es verschiedene Verfahren. Wenn man diese Frage vom allgemeinen Standpunkt aus betrachtet, sind zuerst die Vorbedingungen der Wasserverdunstung zu erwähnen.

Die Masse muß in eine verhältnismäßig trockne Atmosphäre gestellt werden, anders gesagt: die Umgebung darf nicht ganz oder nahezu mit Wasserdampf gesättigt sein. In diesem letzteren Falle kann offenbar keine Trocknung eintreten. Die umgebende Luft sättigt sich mit der Feuchtigkeit der Waren und führt so das Trocknen herbei. Sie muß daher stets erneuert werden, denn nach Ablauf einer gewissen Zeit besitzt sie nicht mehr die Fähigkeit, Wasser aufzunehmen. Außerdem muß man mit der Tatsache rechnen, daß beim Übergang des Wassers aus dem flüssigen in den dampfförmigen Zustand Wärme absorbiert und dadurch eine Abkühlung herbeigeführt wird. Diese Abkühlung veranlaßt ein Sinken der Dampfspannung und eine Verminderung der Absorptionsfähigkeit der Luft; man beschleunigt daher das Trocknen durch fortwährende Zufuhr neuer Luftmassen, die mit den Waren in Berührung kommen, und außerdem durch Zuführung von Luft mit höherer Temperatur als die der Umgebung.

Wir wollen nun die zur Verdampfung einer bekannten Wassermenge, etwa 1 kg, in einer Masse nötige Wärme berechnen.

Das Trocknen vollzieht sich nur durch Vermittlung der Luft; es handelt sich hier nicht um eine rasche Verdampfung des Wassers, sondern um genügende Luftzuführung, um das Wasser in mit Luft gemischtem, dampfförmigem Zustande fortzuführen.

Ein Luftvolumen sättigt sich um so mehr mit Feuchtigkeit, je weiter es von seinem Sättigungspunkt entfernt ist, kurz gesagt, je kleiner die Spannung des in der Luft enthaltenen Wasserdampfes ist. Vom Standpunkt der Leistungsfähigkeit aus betrachtet, würde trockne Luft das Ideal sein.

Ein Kubikmeter Luft enthält im Sättigungszustande je nach der Temperatur verschiedene Wassermengen.

Die beigegebene Tabelle zeigt uns, daß bei steigender Temperatur die Menge des in diesem Luftvolumen enthaltenen verdunsteten Wassers rasch wächst.

0°	4,9 g	22°	19,4 g	35°	39,5 g
5°	6,8 „	23°	20,5 „	40°	51,0 „
10°	9,4 „	24°	21,6 „	50°	82,7 „
15°	12,8 „	25°	23,0 „	60°	130,0 „
16°	13,6 „	26°	24,3 „	70°	197,0 „
17°	14,4 „	27°	25,7 „	80°	291,0 „
18°	15,1 „	28°	27,1 „	90°	421,0 „
19°	16,3 „	29°	28,6 „	100°	592,0 „
20°	17,2 „	30°	30,2 „	120°	1120,0 „
21°	18,3 „				

Man kann auch den Einfluß der Temperatur untersuchen, indem man das Luftvolumen berechnet, das in gesättigtem Zustand 1 kg Wasser enthält. So findet man

bei 5°	147,0 cbm.
„ 10°	106,4 „
„ 15°	78,1 „
„ 20°	58,5 „
„ 25°	43,8 „
„ 30°	33,1 „
„ 35°	25,5 „
„ 50°	12,1 „

Nach dem, was wir soeben gesehen haben, kann sich die Trocknung vollziehen, wenn die feuchten Waren mit nicht gesättigter Luft in Berührung kommen. Bei gewöhnlicher Temperatur erfordert die Trocknung ein sehr großes Luftvolumen; besitzt aber die Luft eine höhere Temperatur als die Umgebung, so ist das zur Wegführung der Feuchtigkeit nötige Luftvolumen viel kleiner. Vergleichen wir die vorigen Tabellen bei 15° und 50°, so sehen wir, daß im ersten Fall 78,1 cbm gesättigter Luft 1 kg Wasser enthalten, oder daß 1 cbm gesättigte Luft 12,8 g Wasser aufnimmt; im zweiten Falle enthalten 12 cbm gesättigter Luft dieselbe Wassermenge und 1 cbm dieser Luft 82,7 g Wasser.

Man muß während der Trocknung noch einen anderen Umstand berücksichtigen. Bei der Verdunstung des Wassers wird Wärme verbraucht, infolgedessen führt die Wasserentziehung eine Abkühlung der umgebenden Luft herbei. Die Temperatur der Luft sinkt in dem Maße, als die Luft Feuchtigkeit aufnimmt. Tatsächlich bildet die Erneuerung der Luft den während des Trocknens der Waren zu berücksichtigenden Hauptgesichtspunkt. Die Luft entfernt sich unbedingt von den trocknenden Stücken mit einer niederen Temperatur als bei ihrer Ankunft; je mehr sie mit Feuchtigkeit beladen ist, um so näher ist sie ihrem Sättigungspunkte gekommen. Trifft diese feuchte Luft kalte Körper, so kann sich ihre Temperatur noch mehr erniedrigen, und wenn sie ihren Taupunkt erreicht, schlägt sie sich als Wasser auf der Oberfläche der Körper nieder. Dieser Übelstand ist während des Trocknens möglich, sowie in gewissen Öfen, in denen sich das Trocknen im Apparate selbst mittels heißer, wasserdampfhaltiger Gase vollzieht; man muß das Zusammentreffen dieser feuchten Gase mit den kalten, noch nicht trocknen Waren verhüten. Hierdurch geht man sowohl dem Taupunkte als auch dem Wasserniederschlage aus dem Wege.

Die Luft verläßt die Waren nicht im Zustande vollständiger Sättigung, wenigstens im allgemeinen nicht. Bei niedriger Temperatur führt sie nur wenig Wasser mit sich, denn ihre Abkühlung und daher ihre abgegebene Wärme kann nicht bedeutend sein. Betrachten wir einen Ziegelstein, der soeben geformt worden ist. In diesem Zustande wiegt derselbe 4 kg, er kann ein Viertel seines Gewichtes an Wasser enthalten; während des Trocknens verschwindet nur ein Teil des Wassers, der Rest verdampft erst im Ofen. Man kann das im Ziegelstein verbleibende Wasser auf 25 % desselben schätzen. Das Trocknen entzieht also nur 750 g. Geht die Verdampfung bei einer Lufttemperatur von 15° vor sich, so muß man aus dieser etwa 402 Kalorien entnehmen. Wenn die Temperatur der Luft zur Lieferung dieser 402 Kalorien um 1° sinkt, so braucht man ein Luftvolumen von 1355 cbm, entsprechend einem Gewicht von 1696 kg. Rechnet man zum Trocknen fünfzehn Tage, so findet man, daß man für je 1,116 Kalorien 3,755 cbm Luft stündlich durchströmen lassen muß.

Kurz gesagt, die Verdampfung ändert sich proportional mit der Differenz $(F-f)$. In diesem Ausdruck bedeutet F die höchste Spannung des Wasserdampfes und f die Dampfspannung bei der Temperatur der umgebenden Luft; die Verdunstung geht um so rascher vor sich, je größer die Oberfläche und je höher die Temperatur ist.

1. Trocknen in der freien Luft.

Das Trocknen der Waren vollzieht sich manchmal in der freien Luft. Dieses Mittel wird am häufigsten zum Trocknen der Ziegelsteine verwendet, welche der Luft ausgesetzt bleiben, bis sie genügend Festigkeit zum Aufschichten erhalten haben. Man stellt sie sodann in Horden und schützt sie mit Strohmatten, bis sie gebrannt werden können.

In den Porzellanfabriken überläßt man die Stücke sich selbst zum Trocknen und benützt dazu die Arbeitsräume.

2. Trockenanlagen.

Anstatt das Wasser durch die umgebende Luft entziehen zu lassen, kann diese Entziehung auch durch zugeführte heiße Luft bewerkstelligt werden. In diesem Falle liegt die Sättigungsgrenze tiefer, da die Spannung des Wasserdampfes mit der Temperatur steigt.

Man hat an die Ausnützung der Ofenwärme gedacht. Man findet daher in manchen Tonwarenfabriken über dem Ofen aufgestellte Trockenräume. Der in der Zeichnung dargestellte Bock-Ofen[1]) zeigt einen dieser über einen Dauerbrandofen gebauten Trockenräume. Diese Anordnung erfordert aber für die Handhabung der Waren einen ziemlich bedeutenden Arbeitsaufwand. Man kann auch die heißen Ofenabgase benützen, indem man sie über die Waren hinleitet.

Die Notwendigkeit, schnell zu fabrizieren, und das Verlangen, nicht immer eine Menge noch trocknender Steine um sich haben zu müssen, haben zur Herstellung von direkt durch unabhängige Mittel geheizten Trockenräumen viel beigetragen. Wir werden bei Besprechung der Ziegelsteine darauf zurückkommen.

Die Steingutfabriken, welche Artikel in bedeutenden Mengen liefern müssen, haben großes Interesse daran, nicht behindert zu sein. Sie verwenden daher zum Trocknen ihrer Erzeugnisse Trockenräume mit heißer Luft. Die Erwärmung der Luft geschieht im allgemeinen durch Dampfheizung. Hinter den Arbeitern sind Regale angebracht, auf denen das Trocknen beginnt. Von hier aus werden die Stücke in den Trockenraum gebracht, wo das Trocknen zu Ende geführt wird.

In den letzen Jahren hat man auch daran gedacht, den Trockenräumen Tunnelform zu geben, die die auf Wagen geladenen Produkte durchfahren müssen. Die Stoffe treffen bei diesem Durchgang auf einen entgegenkommenden Luftstrom. Diese Apparate werden in dem Abschnitt über Herstellungsmethoden näher beschrieben.

II. Einfüllen und Einsetzen.

Die genügend trockenen Stücke werden in Öfen gebrannt. Ihr Unterbringen in letztere Apparate verlangt Vorsichtsmaßregeln, die je nach Art und Form der Gegenstände verschieden sind.

Die Irdenwaren und die gewöhnlichen Töpferwaren werden ohne Umhüllung, frei eingesetzt. Man ordnet sie übereinander an, wobei man sorgfältig darauf achtet, daß die unteren Stücke nicht zu stark belastet werden. Dieses Verfahren nützt das Ofenvolumen am vorteilhaftesten aus.

Wenn sich die Form der Gegenstände zu dieser Art des Einsetzens nicht eignet, so richtet man Böden und Unterlagen aus gebrannten Erdplatten her.

Die angewandten Platten sind quadratisch mit ausgeschnittenen Ecken. Ihre Fläche beträgt gewöhnlich etwa 60 qcm; sie werden von Stützen getragen, die die Gestalt kleiner Säulen mit breitem Fuß und

[1]) Siehe später Brennen der Ziegelsteine.

Kopf besitzen, damit sie besser stehen. Die Höhe der Stützen schwankt zwischen 15—30 cm.

Man gebraucht diese Anordnung zum Brand von Waren, die glasiert werden sollen.

Während des Brandes der letzteren tritt ein Schmelzen der glasartigen Masse ein; wären Berührungspunkte zwischen den Gegenständen vorhanden, so würde man nach dem Erkalten aneinandergeklebte Stücke finden. Man könnte sie nur schwer trennen und die berührte Stelle ließe deutliche Spuren zurück. Beim Einsetzen mit Tonplatten hat man diesen Übelstand nicht zu fürchten, da die Stücke nebeneinander liegen und nicht aufeinander.

Wenn die Stücke auf der Stützfläche Glasur bekommen, verhütet man mittels besonderer Unterlagen das Hängenbleiben.

Stets wenn es sich um sorgfältig auszuführende Waren handelt, hat man die Ablagerung von Brennstoffteilchen auf den Stücken zu befürchten. Dieser Übelstand, der bei den gewöhnlichen Waren keinen Einfluß hat, setzt den Wert gewisser Produkte sehr stark herunter. In diesem Falle hüllt man die Stücke in Behälter aus feuerfestem Material, die man Kapseln nennt. Das Einlegen in die Kapseln heißt Einfüllen.

Das Einfüllen beansprucht ein ganz besonderes Material. Die Kapseln selbst müssen aufeinandergeschichtet werden können; sie besitzen entweder die Form von Hohlzylindern oder von rechteckigen Hohlprismen. Bisweilen stellen diese Kapseln einfache Zylinder ohne Boden dar, es sind die Ringe.

Wir sehen später den Nutzen der verschiedenen Formen, welche man dem Einfüllmaterial gibt.

Die Kapseln bestehen aus feuerfesten Tonen; sie gehören als Vertreter der Töpferwaren zur Gruppe der feuerfesten Irdenwaren.

Die Kapseln müssen porös sein, damit sie den plötzlich auftretenden Temperaturänderungen widerstehen können, die von dem Auftreffen der Flammen auf die Säulen herrühren. Die Größe und Form der Schamottekörner sind von bedeutendem Einfluß.

Die Kapselmasse wird nach den allgemeinen Verfahren, wie wir sie bereits angegeben haben, geformt; es muß indes dieser Arbeit große Aufmerksamkeit geschenkt werden. Ein schlechtes Kapselmaterial bringt schwere Übelstände mit sich, die den Erfolg der Fabrikation in Frage stellen können. Wenn es sich um Waren handelt, die im Feuer nicht erweichen und nicht glasiert werden, so ist das Einfüllen leicht. Man legt die Stücke ineinander, um so wenig als möglich Platz zu verlieren, oder man schichtet sie in den Kapseln auf.

Die glasierten Töpferwaren können nicht aufeinander und nicht dicht nebeneinander gestellt werden. Man läßt sie auf besonderen Unterlagen aufruhen, die sie nur auf einer sehr kleinen Anzahl unentbehrlicher Punkte berühren, so daß man ein Umfallen nicht zu befürchten hat.

Die Pinnen sind dreiseitige Prismen aus feuerfestem Ton mit scharfen Kanten. Man läßt die Stücke auf einer dieser Kanten aufliegen; wenn ein Ankleben eintritt, so findet die Berührung nur auf einer so kleinen Fläche statt, daß man sie kaum bemerkt.

Die Dreifüße sind dreizackige Sterne, deren Zacken Pinnen sind.

Die Fingerhüte sind Stücke in der Form von Fingerhüten, besitzen jedoch scharfkantige Ansätze. Sie können ineinander eingreifen und dienen zur Trennung der flachen Gegenstände.

Die Hahnenfüße sind Treträder mit gekrümmten Flächen und stark ausgeprägten Spitzen. Sie liegen auf drei Spitzen auf und besitzen immer eine freie Spitze.

Die beigefügten Figuren 60 u. 61 reichen aus, um uns eine Vorstellung von den angenommenen Anordnungen zu geben. In Fig. 61 ist

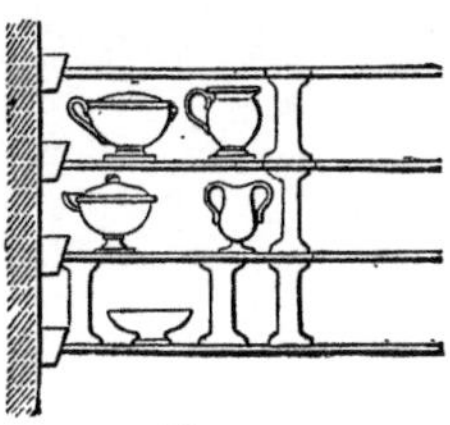

Fig. 60.

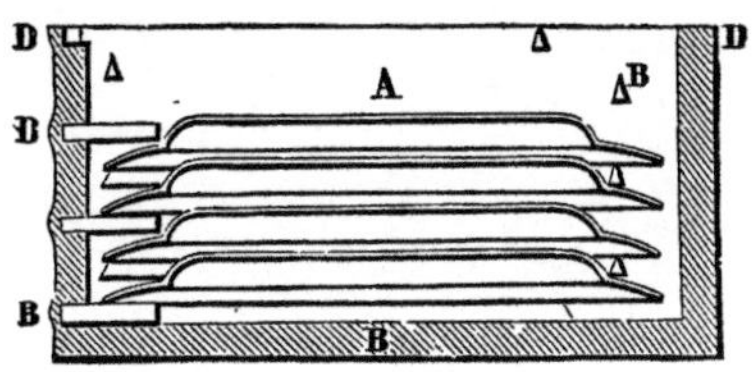

Fig. 61.

eine Kapsel dargestellt, welche mehrere Schüsseln (A) einschließt. Diese sind glasiert und auf Pinnen umgestürzt.

Wenn die Ware beim Brande erweicht, wie dies bei Porzellan der Fall ist, so ist die Aufgabe schwieriger. Man muß die Stücke stützen, um eine Senkung zu vermeiden, und sie so halten, daß durch die Berührung mit der Unterlage keine Spuren zurückbleiben. Die sich wenig werfenden Stücke werden auf ihrem Fuß ohne Unterlage gebrannt. Sobald eine Unterlage nötig wird, muß man sie mit einem Isoliermittel bestreichen, um die Stücke voneinander zu trennen und ihr Zusammenkleben zu verhindern. Man trägt zu diesem Zwecke auf den Flächen kalzinierten Sand auf, der mit etwas Kaolin vermischt und mit gelöstem Gummi gebunden ist. Kalzinierte Tonerde ergibt ein besseres Material zum Verschmieren infolge ihrer Unschmelzbarkeit.

Bei jedem Einsatz stehen die Säulen genau senkrecht. Der Boden des Ofens muß eben und horizontal sein. Bestreut man den Boden mit einer Sandschicht, so kann man die Stöße aufstellen, ohne daß ein Ankleben eintritt.

Bei den Öfen, welche in der Sohle ausmündende Füchse haben, muß man natürlich vermeiden, diese Füchse mit den Füßen der Kapselstöße zu verstellen. Man stellt daher die Säulen auf gute, feuerfeste Ziegelsteine, so daß die Flammen unter den Säulen hindurchstreichen können.

Um die Last auf den Säulen zu verringern, schließt man oben mit leichten Kapseln ab. An die von der Flamme direkt bestrichenen Teile bringt man dicke Kapseln, da diese der Einwirkung der weißglühenden Gase mehr Widerstand leisten.

Man verschmiert die Kapseln mit einem Gemenge von Ton und Sand, welches in Form von Strängen auf den Rand jeder Kapsel gelegt wird. Das Gewicht der obersten Kapseln drückt den Strang zusammen und dieser gibt dadurch eine vollständige, genügend starke Verdichtung.

8. Abschnitt.

Brennen der Töpferwaren.

Zweck des Brennens ist die Verwandlung der Silikate und hydratisierten Stoffe, die in der Massenzusammensetzung enthalten sind, in wasserfreie Stoffe.

Während des Brandes wird die Masse härter und dichter. Je nach der Zusammensetzung derselben können noch andere Erscheinungen auftreten. So erleiden gewisse Massen, welche schmelzbare Bestandteile enthalten, innere Veränderungen, welche dem Stoffe ein glasartiges Gefüge geben, das die Ware völlig undurchlässig macht.

Der Brand bewirkt außerdem das Schmelzen der Glasur und das Entwickeln und Fixieren der Farben. Wir werden seinen Einfluß besser verstehen, wenn wir die Einzelheiten bei der Herstellung näher betrachten.

I. Brennmaterialien.

Die Brennmaterialien sind Stoffe, deren Bestandteile sich mit dem Sauerstoff unter großer Wärmeentwicklung verbinden; die in der keramischen Industrie gebräuchlichsten Brennstoffe sind: Kohle verschiedener Art (Steinkohle, Braunkohle, Torf), Holz, Petroleum und einige Gase (Luft- oder Wassergas, Naturgas).

1. Kohlen.

Die zum Brennen keramischer Waren verwendete **Steinkohle** ist eine langflammige Kohle. Sie muß soviel wie möglich frei von Pyrit sein, da schwefelhaltige Kohle beim Verbrennen in gewissen Fällen schädliche Schwefelverbindungen erzeugt.

Die Steinkohle enthält durchschnittlich 70 % Kohlenstoff; bei einigen Sorten kann der Gehalt an Kohlenstoff bis zu 89 % steigen.

Steinkohle benutzt man auch in Form von Briketts, die aus zerstoßenen und zusammengepreßten Kohlenstücken hergestellt werden.

Anthrazit ist eine Abart der Steinkohle. Die Verwandlung der organischen Stoffe hat hier ihren Höhepunkt erreicht.

Die Anthrazite haben sehr hohen Kohlenstoffgehalt, der den der Steinkohlen bedeutend übersteigt; sie besitzen eine höhere Dichte als die gewöhnlichen Steinkohlen. Die Dichte dieser schwankt zwischen 1,16 und 1,60, die des Anthrazites beträgt ungefähr 2.

Der Anthrazit ist eine hochwertige Kohle, die erst bei ziemlich hoher Temperatur verbrennt. Er ist ein vorzügliches Brennmaterial und erinnert infolge seines Aussehens und seines Glanzes an die gewöhnliche Erdkohle.

Braunkohle rührt, wie die Steinkohle, von der Zerstörung der Pflanzen her; sie ist älter als der Torf, aber jünger als die Steinkohle. Sie ist weniger verkohlt als letzterer Stoff, von dem sich auch ihr Aussehen unterscheidet. Sie ist ein brauner oder schwarzer Körper, der während seiner Verbrennung unangenehmen Geruch verbreitet, und ist auch stickstoffärmer als die Steinkohle. Diese entwickelt beim Erhitzen ammoniakhaltige Dämpfe, während jene infolge des Vorhandenseins von Essigsäure saure Gase bildet. Der mittlere Kohlenstoffgehalt der Braunkohle schwankt zwischen 50—60 %, manchmal erreicht er sogar 70 %.

Die Braunkohlenbergwerke liefern im allgemeinen die Kohle nicht in großen, sondern in kleinen Stücken. Um diese Brennstoffbrocken zu verwerten, preßt man sie in Briketts, die man wie die Steinkohlenbriketts verwendet.

Torf ist eine verhältnismäßig junge Kohle. Je nach dem Grad der Zersetzung und der Schichtentiefe, aus der er herrührt, zeigt er verschiedenes Aussehen. Bald ist die Oberfläche glänzend, bald sind die Pflanzenfasern zu erkennen, und dann ist die Masse locker, filzartig. Das Gewicht der Asche erreicht bis zu 13 %. Diese Asche enthält: 41 % Kalk, 16 % Eisenoxyd, 14 % Schwefel, 15 % Kohlensäure, ferner in kleinen Mengen Alkalien, Tonerde und Phosphorsäure.

Die Dichte des Torfes ist verschieden. Man findet in bezug auf dieselbe sehr große Unterschiede; das Gewicht von 1 cbm beträgt im Mittel 400 kg; es kann indes bis 113 kg sinken und bis 1039 kg steigen, doch sind diese äußersten Grenzen nur ausnahmsweise zu finden.

Außer dem als Bestandteil zu betrachtenden Wasser enthält der Torf auch bedeutende Mengen hygrokopisches Wasser, bis zu 60—80 %, wenn er frisch gegraben ist.

Die Luft trocknet den Torf sehr gut aus und entzieht ihm einen ziemlichen Betrag dieses Wassers.

Der Heizwert des Torfes ist je nach der Natur desselben verschieden. Überdies zeigt er den Nachteil, daß sein Heizwert im Verhältnis zum Volumen klein ist. Dieser Übelstand wird durch das Zusammenpressen vermindert; dadurch aber steigt der Torf im Preise dergestalt, daß er nur in der Gegend verwendbar ist, wo er gewonnen wird.

Koks enthält mehr Kohlenstoff als die Braunkohle, da die flüchtigen Bestandteile während der trocknen Destillation zerstört oder ausgetrieben worden sind. Demnach bleiben andere Stoffe als Kohlenstoff, hauptsächlich Schwefel, im Koks zurück.

Die Einwände, welche man gegen die Steinkohle gemacht hat, gelten auch für den Koks. Ist der Kohlenstoffgehalt ein höherer, so ist auch das Gewicht der Asche größer. Infolge des Entweichens der flüchtigen Bestandteile ist der Gehalt an Schwefel von 1,92 auf 2,52 gestiegen. Das Entweichen dieses Stoffes ist also nicht bedeutend. Der Hochofenkoks ist schwefelärmer als der Gaskoks, nur ist er sehr teuer.

Der Preis des Koks im Verhältnis zur Braunkohle und sein Brennen mit kurzer Flamme bewirken, daß man ihn in der Keramik nicht zur direkten Heizung der Öfen verwendet; bei der Erzeugung von Generatorgas indes greift man bisweilen zu diesem Brennstoff. Dies ist sozusagen die einzige Art, wie Koks zum Brennen von Töpferwaren benutzt wird.

2. Holz.

Das Holz ist das älteste der zum Brennen von Töpferwaren verwendeten Materialien. Die Kohle hat es in den meisten Fällen infolge ihres weniger hohen Preises verdrängt. In einigen Ländern, wo die Beschaffung leicht und wenig kostspielig ist, hat man diesen Stoff als Brennmaterial bis jetzt beibehalten. Man trifft auch bisweilen noch Apparate mit Holzfeuerung. Der in der Braunkohle enthaltene Schwefel übt auf die Farben oft eine zerstörende Wirkung aus; die sehr unangenehmen Übelstände der Kohle haben daher die Fabrikanten öfters bewogen, zur Heizung der Muffeln Holz zu verwenden. In Gegenden, wie in Mexiko, ist man gezwungen, für die Öfen Holz zu benützen, da hier die Kohlen sehr teuer sind. Sogar in Europa brennt man mit Vorteil Reisigbündel und Gestrüpp. Das Holz ist demnach als Brennstoff immerhin noch von Bedeutung. Wenn sein Einkaufspreis nicht höher ist als der der Braunkohle, zieht man das Holz vor. Es enthält eben nicht die schädlichen Stoffe der Braunkohle und brennt leichter. Wenn die zu brennenden Waren an und für sich einen solch hohen Wert besitzen, daß die aus der Ersetzung des Holzes durch Kohlen sich ergebende Wirtschaftlichkeit im Selbstkostenpreis nicht bedeutend beeinflußt wird, so wird man dem Holz den Vorzug geben.

Das Holz besteht aus Zellen und Zellgefäßen, die von der Zellulose ($C_6H_{10}O_5$) gebildet werden und den Saft in sich bergen. Dieser letztere enthält Wasser, mineralische Stoffe, die man in der Asche wiederfindet, und organische, nach der Art des Holzes verschiedene Substanzen. Frisch geschlagenes Holz enthält ziemlich bedeutende Mengen an Wasser. Die Weißbuche, die am wenigsten aufweist, enthält 18,6 %; bei der Eiche steigt der Gehalt bis zu 35 % und erreicht bei der Ulme sogar 44 %.

Durch das Austrocknen an der Luft wird nicht alles Wasser entzogen; man findet im Holz, nachdem man es der Luft ausgesetzt hat, noch 12—20 %. Die Gegenwart desselben verringert den Heizwert, da dieses Wasser im Brennstoff viel Platz einnimmt und zu seiner Verdampfung viel Wärme erfordert. Außerdem weist das Holz Unterschiede in der Zusammensetzung auf, die ebenfalls den Heizwert beeinträchtigen.

Die als Brennmaterialien gebräuchlichsten Hölzer sind: Kiefer, Tanne, Fichte, Buche usw.

Es ist vorteilhaft, leicht spaltbare Hölzer anzuwenden; das Spalten ist kostspielig und soll möglichst umgangen werden.

3. Flüssige Brennstoffe.

Die mineralischen Öle haben in der Keramik noch keine große Verwendung gefunden. Abgesehen von Rußland, wo man soviel als möglich das Petroleum auszunutzen bestrebt ist, ist es in Europa nur bei den Versuchen geblieben.

Das **Rohpetroleum** hat ein spezifisches Gewicht von 0,75—0,98; es besteht aus Kohlenwasserstoff. Bei den amerikanischen Petroleumarten gehören diese Verbindungen in die Reihe der Paraffine, bei den russischen in die Naphthagruppe.

Das Petroleum ist aus 80—86 % Kohlenstoff und 12—14 % Wasserstoff zusammengesetzt. Diese Zahlenwerte haben sich aus einer Versuchsreihe von dreizehn Petroleumsorten ergeben.

An die Seite des Petroleums stellt sich das **Masut**, ein Rückstand der Petroleumraffinerie. Masut ist ein schweres, dickes, schwärzliches Öl, das bei 300° siedet und sich bei 700° entzündet. Es ist ein Gemisch aus Kohlenstoffverbindungen der Äthylenreihe und enthält 88 % Kohlenwasserstoffe und 12 % Wasserstoff. In Rußland ist der Verbrauch dieses Brennstoffes sehr bedeutend.

Die Verwendung dieser Flüssigkeiten zum Heizen der Öfen bietet einige Schwierigkeiten. Man muß das Produkt verflüchtigen und dann das Gemisch mit Luft mengen. Es sind der Reihe nach Wannen-, Tropf- und Zerstäubfeuerungen vorgeschlagen worden. Beim letzten System tritt die in eine Düse geleitete Flüssigkeit fein zerstäubt aus und verbrennt in dieser Form.[1])

4. Gasförmige Brennstoffe.

In der Industrie verwendet man als Brennstoffe auch Gase, welche hauptsächlich aus Kohlenoxydgas und Kohlenwasserstoffen bestehen. Luft-, Wasser- und Naturgas können zum Brand von Töpferwaren verwendet werden.

---

[1]) Nähere Angaben über diese Apparate sind in der Tonindustrie-Zeitung 1900, No. 80, S. 1162 und M. S. J. 1900, No. 3, S. 302 zu finden.

Luft- oder Generatorgas. Das Gas entsteht, wenn in einer besonderen Feuerung Luft über glühende Kohle streicht. Die sich anfangs bildende Kohlensäure wird durch die überschüssige Kohle zu Kohlenoxyd reduziert. Man hält überhaupt die Brennmaterialschichte genügend dick, damit sich nur Kohlenoxyd bilden kann. Kohlenoxydgas führt auch Stickstoff der Luft mit sich, so daß man das Gas überhaupt als eine Mischung von Kohlenoxyd und Stickstoff betrachten kann.

Bei der Umwandlung des Kohlenstoffs in Kohlenoxyd werden 29400 Kalorien frei und bei Verbrennung des Kohlenoxydgases entsteht Kohlensäure; die entwickelte Wärme entspricht dann der Differenz zwischen beiden Reaktionen:

$$C + O = CO + 29400 \text{ Kal.},$$
$$C + O_2 = CO_2 + 97600 \text{ Kal.},$$

also 68200 Kalorien pro 12 kg Kohle. Wäre der Generator in unmittelbarer Nähe des Ofens, so wäre der aus der Bildung des nicht ausgenützten Kohlenoxydes stammende Verlust verhältnismäßig unmerklich. Bei einer Gasverteilung im Ofen ist indes ein weitläufiges Röhrensystem nötig, welches Abkühlungen mit sich bringt. Man kann daher nur die Verbrennung des Kohlenoxydes praktisch verwerten. Da das Generatorgas aus der unvollständigen Verbrennung des Kohlenstoffes in der Luft stammt, enthält es infolge der Einwirkung des Wasserdampfes auf glühender Kohle außer dem in der atmosphärischen Luft enthaltenen Stickstoff noch Wasserstoff und Methan sowie Kohlensäure.

Die Zerlegung des Wasserdampfes (8 kg) erfordert 28000 Kalorien. Dieser Umstand muß in Betracht gezogen werden, da die atmosphärische Luft immer feucht ist. Man weiß seit langer Zeit, daß, wenn man Wasser in den Aschenkasten gießt, die Roststäbe und das Mauerwerk[1]) geschont werden.

Das Luftgas enthält stets eine gewisse Menge Kohlensäure, die die latente Wärme herabsetzt und aus der Zersetzung des Kohlenoxydes herrührt. Diese besonders bei niedrigen Temperaturen schwer zu vermeidende Zersetzung verursacht in den Generatorgasröhren und Sammlern Rußniederschläge. Wenn die Vergasung unter schlechten Verhältnissen vor sich geht, kann infolge der vollkommenen Verbrennung einer größeren Kohlenstoffmenge ziemlich viel Kohlensäure vorhanden sein. Tatsächlich haben Versuche gezeigt, daß ein über rotglühenden Koks streichender Luftstrom Kohlensäure bildet, wobei sich Spuren von Kohlenoxyd vorfinden, wenn die Strömungsgeschwindigkeit der Luft groß genug ist.

---

[1]) Interessante Einzelheiten über die Generatoren und ihre Arbeitsverhältnisse finden sich in den Mémoires, herausgegeben von Ebelmen, Ann. des Mines 1841 u. 1843, und Lurmann, Stahl und Eisen 1903, S. 434 u. 515, und Monit. scient. 1905, S. 34.

Aus neueren[1]) Untersuchungen weiß man, daß die Bildung des Kohlenoxydes auf Kosten der Kohlensäure und des Kohlenstoffes schon bei 500° vor sich geht, wenigstens ist sie bei dieser Temperatur schon bemerkbar. Die Reduktion wächst sehr rasch mit der Temperatur: die Umwandlung beträgt bei 1000° etwa 99,3 %. Bei niedrigeren Temperaturen als 1000° ist die Umwandlung der Kohlensäure in Kohlenoxyd begrenzt.

Die Reaktion $CO_2 + C = 2CO$ hängt von mehreren Faktoren ab. Die besten Verhältnisse sind folgende:

1. Temperatur so hoch als möglich,
2. große Porosität des Brennstoffes,
3. feinste Verteilung des Brennstoffes,
4. kleinste Gasgeschwindigkeit.

Das Generatorgas setzt sich durchschnittlich zusammen aus: 20 bis 26 % Kohlenoxyd, 2—10 % Wasserstoff, 4—7 % Kohlensäure, 2—7 % Kohlenwasserstoffen, 55—65 % Stickstoff.

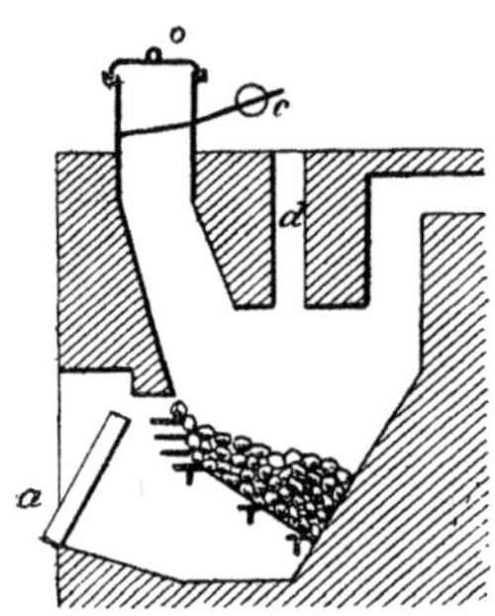

Fig. 62.

Die Generatoren haben vielerlei Anordnungen erhalten. Als Beispiel geben wir den Fichetschen Generator an (Fig. 62). Derselbe besteht aus einem Schachtraum aus feuerfesten Steinen, der an seinem unteren Teil durch einen geneigten Rost geschlossen ist. Eine vorn befindliche hohle Tür *a* gestattet das Regulieren der Verbrennung im Apparate; sie ist unten mit einer ins Freie führenden Öffnung und oben mit einer anderen versehen, welche mit der Feuerung in Verbindung steht. Die Luft dringt durch diese beiden Öffnungen und erwärmt sich, bevor sie auf die Kohle trifft. Man öffnet die untere Öffnung mehr oder weniger, um die geeignete Luftmenge hindurchstreichen zu lassen.

Die Brennstoffzufuhr geschieht durch den oberen Teil. Der Deckel *o* wird abgehoben und die Kohle hineingeschüttet. Ist der Hohlraum aufgefüllt, so hebt man das Gegengewicht *c*, damit der Brennstoff nach dem Schließen auf den Rost fällt. Diese Anordnung verfolgt den Zweck, keine Luft in den Generator eindringen zu lassen.

Aus dem weiter oben Gesagten geht hervor, daß die Umwandlung des Kohlenoxydes in Kohlensäure etwa 30 % der totalen Wärmemenge freigibt. Luftgeneratoren setzen also von vornherein die totale Wärmesumme herab, sie gestatten indes die Anwendung vorteilhafterer Apparate für den Brand.

Wassergas. Dieses Gas entsteht durch Einwirkung von Wasser auf rotglühende Kohle. Die Reaktion hängt von der Bedingung der Einwirkung ab.

---

[1]) Boudouard, Recherches sur les équilibres chimiques S. 70 u. f.

1. Bei genügend hoher Temperatur tritt folgender Prozeß ein:

$$C + H_2O = CO + H_2,$$

2. bei niederer Temperatur dagegen:

$$C + 2H_2O = CO_2 + H_4,$$

wobei auch zwei untergeordnete Reaktionen zu berücksichtigen sind:

$$H_2O + CO = CO_2 + H_2,$$

$$2C + 2H_2O = CH_4 + CO_2.$$

Die erstere zeigt, daß das Kohlenoxyd den Wasserdampf zersetzen kann. Diese Erscheinung tritt von 625° an ein; sie kann durch Kohlenstoffüberschuß umgangen werden, was im Generator leicht verwirklicht werden kann.

Das durch diese Prozesse erhaltene Gas enthält immer große Mengen an Wasserstoff. Es sind zahlreiche Versuche angestellt worden, wie man die so erzeugten Gase ausnützen könnte. Beim Dawson-Apparat leitet man Luft, die durch einen Dampfstrahl angesaugt wird, über rotglühende Kohlen. 1 kg Anthrazit liefert 4,8 cbm Gas; dieses gibt pro 1 cbm 1345 Kalorien ab.

Man bezeichnet diese Gasart mit dem speziellen Namen **Mischgas,** da es durch eine Mischung von Luft und Wasserdampf erzeugt wird.

Das Wassergas kann nicht dauernd erzeugt werden, da es Wärmeenergie verbraucht, wodurch eine Abkühlung der Kohlenmasse herbeigeführt wird. Man muß sich vor diesem Übelstand dadurch schützen, daß man Luft einbläst, sobald durch die Dampfwirkung die Masse abgekühlt ist. In Essen (Westfalen) leitet man zur Herstellung des Wassergases 4 Minuten lang in einen Kohle enthaltenden Zylinder Dampf. Während dieser Zeit bildet sich Wassergas. Während elf weiterer Minuten bläst man Luft ein, wodurch Generatorgas entsteht. Man setzt, fortwährend abwechselnd, die Einwirkung des Wasserdampfes und der Luft fort. Die andauernde Verwandlung würde eine hohe Temperatur der Kohlenmasse erfordern und ist als sehr kostspielig erkannt worden. Man hat verschiedene Versuche mit Mischgas gemacht. In Wirges in Hessen-Nassau hat man einen Ofen gebaut, der das Wassergas gleichzeitig mit der Kohle ausnützt. Anstatt die Verbrennung mit Wassergas zu unterhalten, erzeugt man das Gas im Ofen selbst. Der Brennstoff, in diesem Fall Koks, wird in den Ofen wie in den Hoffmann-Ofen eingeführt, d. h. durch den oberen Teil. Er fällt auf einen Rost. Ein unten eingeleiteter Dampfstrahl erzeugt dann bei der Berührung mit der weißglühenden Kohle Wassergas.

Naturgas. In Amerika findet man kohlenwasserstoffhaltige, natürliche Gase, welche für die Heizung genügen und sich aus dem Boden in Mengen entwickeln. Das Gas ist besonders reich an Methan.

Sein Gehalt steigt bis zu 93 % Methan, 3 % Stickstoff und 2 % Wasserstoff.

Das Naturgas wird in großen Mengen in der Keramik als Brennstoff angewendet: in den Vereinigten Staaten, in East-Liverpool (Ohio) und in Wheeling (Ostvirginia) in mindestens dreißig Werken. Dr. Hermann Zimmer, dem ich diese Mitteilungen verdanke, hat dasselbe vom Jahre 1891—1901 zur vollsten Zufriedenheit verwendet. Infolge mangelnden Druckes war er von 1892—1893 gezwungen, die Heizung mit Kohle vorzunehmen; er hat indes die zahlreichen Vorteile feststellen können, die das Gas aufwies. Die gefärbten Glasuren (Königsblau, Pinck usw.) zeigten einen Glanz und eine Färbung, wie sie durch Kohlenheizung niemals zu erreichen war. Das Naturgas ist zum Brande von feinem Steingut, Knochenporzellan und sogar Hartporzellan verwendet worden.

5. Bemerkungen über die Verbrennung.

Damit ein Stoff verbrennen kann, müssen zwei Bedingungen erfüllt sein. Man muß den Körper auf genügend hohe Temperatur erwärmen (Entzündungstemperatur) und ihm eine genügende Menge Sauerstoff zuführen.

Besitzen wir einen z. B. Teere entwickelnden Brennstoff und sind die erzeugten Gase nicht genügend warm, so wird ein Teil der Teerdämpfe kondensiert und nicht verbrannt. Anderseits kann infolge Sauerstoffmangels keine vollständige Verbrennung stattfinden; sehr fein zerteilter Kohlenstoff scheidet aus den durch die Wärme zersetzten kohlenstoffhaltigen Verbindungen aus. Es tritt dann Rauchentwicklung ein; der Rauch besteht aus festen, sehr fein zerteilten, in dem den Apparat verlassenden Gasstrom zerstäubten Teer- oder Kohlenstoffteilchen.

Wenn man gasförmige Brennstoffe anwendet, so ist die Erscheinung nicht immer dieselbe. Wenn das aus dem Generator kommende Gas Teere mit sich führt, kann es vorkommen, daß an kalten Stellen Kondensation eintritt; ist indes die Verbrennung unvollständig, so kann der Brennstoff, der keine solchen Kohlenwasserstoffe enthält, keinen Niederschlag von Kohlenstoff in Form von Ruß zurücklassen. Das brennbare Gas ist dann stets im Überschuß vorhanden.

Bisweilen ist es in der Keramik notwendig, dem Brand einen bestimmten Gang zu geben, einen oxydierenden oder reduzierenden. Im ersten Falle verlangen die erhitzten Materialien zur Vermeidung unangenehmer Verwandlungen einen Überschuß an Sauerstoff; man kann dieses Resultat nur dadurch erreichen, daß man in den Feuerungen eine vollständige Verbrennung herbeiführt und eine größere Luftmenge einläßt, als die vollständige Oxydation verlangt. Im zweiten Fall dagegen ist es vollkommen unerläßlich, unverbrannte Stoffe und besonders kohlenhaltige Stoffe in der Flamme zu lassen. Man erreicht dies durch Beschränkung der Luftzufuhr und einen Überschuß von Brennstoffen in der Feuerung.

Man darf die Verengung einer Feuerung nicht mit der eines Luftzutrittes verwechseln. Bei den Öfen mit Holzfeuerung[1]) führt die Verminderung der Verbrennungsfläche eine Steigerung der Luftgeschwindigkeit herbei, die dann rascher über eine kleinere Menge Brennstoff streicht. Die Erweiterung derselben Fläche führt zur Ausbreitung auf eine größere Brennstoffoberfläche, die von der Luft mit geringerer Geschwindigkeit als im ersten Fall bestrichen wird.

6. Vergleichung der verschiedenen Brennstoffe.

Man nennt Heizwert oder Verbrennungswärme eines Körpers die bei der Verbrennung einer bestimmten Menge des Körpers mit Sauerstoff erzeugte Wärme.

Die Kenntnis der Verbrennungswärme ist von großer Bedeutung, denn sie allein kann uns ein Bild von dem Wert eines Brennstoffes geben. Die beste Methode zu ihrer Bestimmung ist die kalorimetrische Methode durch Verbrennen in der Bombe.[2])

Man hat folgende Formel zur Berechnung der Wärmewirkung eines kohlenstoffhaltigen Körpers von bekannter Zusammensetzung angenommen:

$$p = 8000\,C + 29000\left(H - \frac{O}{8}\right) + 2300\,S - 600\,W.$$

In dieser Formel bedeuten C, H, O, S den Prozentgehalt an Kohlenstoff, Wasserstoff, Sauerstoff und Schwefel, W die Summe aus dem hygrometrischen und gebundenen Wasser.

Es sind die wasserstoffreichen Brennstoffe, die die größte Wärmeentwicklung aufweisen, daran reihen sich die kohlenstoffhaltigen Gase und die Generatorgase. Wir erinnern daran, daß bei der Umwandlung von

1	kg	Wasserstoff	in	H_2O	29360	kal.	frei	werden.
1	„	Kohlenstoff	„	CO_2	8080	„	„	„
1	„	Kohlenoxyd	„	CO_2	2428	„	„	„

II. Brennöfen.

Die zum Brennen von Töpferwaren benutzten Apparate sind sehr zahlreich. Trotz der Mannigfaltigkeit der Typen können wir sie dennoch in zwei Hauptgruppen einteilen: in Öfen mit unterbrochenem und solche mit dauerndem Betrieb. Bei den ersteren unterscheiden wir Vertikal- und Horizontalöfen. Die Flamme streicht im ersten Fall horizontal, im zweiten vertikal durch den Ofen. Die Dauerbrandöfen sind wegen ihrer verschiedenartigen Kon-

---

[1]) Siehe weiter hinten.

[2]) Scheurer-Kestner, Rev. gén. Chim. pure et appliquée Bd. I, S. 401 und 455.

struktionsprinzipien schwieriger einzuteilen. Wir finden auch Dauerbrandöfen mit horizontaler Achse, wir werden indes verwickelte Modelle kennen lernen, auf deren Beschreibung wir näher eingehen werden.

Bei den einfachsten Öfen begnügt man sich, vorn oder an der Seite oder unter dem Ofen einen gewissen Raum zur Verbindung mit dem Brennraum frei zu lassen. In diesem Raum wird der Brennstoff verbrannt.

Die vollkommenen Öfen, in welchen das Porzellan und das Steingut gebrannt werden, zeigen dagegen eine besondere Anordnung, die eine bessere Verbrennung gestattet.

Die Feuerung hat im allgemeinen die Form eines rechteckigen Schachtes, der an die Mauer angebaut oder in dieselbe eingelassen ist. Diese Art der Feuerung hat je nach dem verwendeten Brennstoff verschiedene Anordnung erhalten.

Die Holzfeuerung, auch Pultfeuerung genannt, zeigt gewöhnlich den durch die Figuren 63 u. 64 dargestellten Bau. Die beiden Seitenmauern

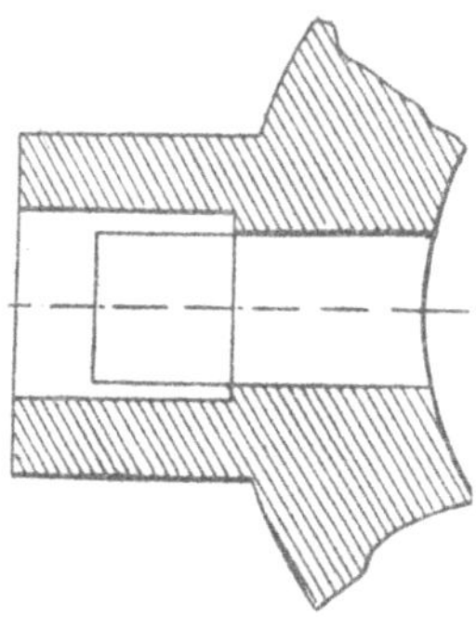

Fig. 63.

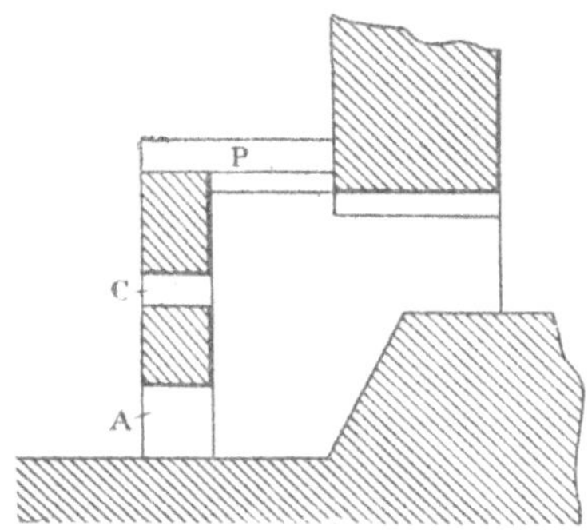

Fig. 64.

sind mit einer Einfassung P aus Schamottesteinen versehen, welche das Holz halten soll. Unten vorn befindet sich eine Art Tür A; in der Mitte der vorderen Wand hat man auch eine andere, kleinere Öffnung angebracht, welche durch ein bewegliches Stück, den Reiter, verschlossen ist.

Beim Anheizen wird die obere Öffnung geschlossen; man wirft größere Holzscheite hinein. Das Holz erzeugt beim Brennen Glut, deren Menge immer größer wird. Nach stundenlangem Brennen hat dieser den Reiter fast erreicht; der Ofen beginnt bereits sehr heiß zu werden. Nun schließt man die untere Öffnung A und legt auf die obere abgedeckte Öffnung gespaltenes Holz. Dasselbe ist lang genug, um auf den beiden Seitenmauern aufzuliegen. Dennoch darf es nicht zu lang sein, damit es in die beiden Ziegelsteinreihen eindringen kann. Infolge der Ausstrahlung der Glut wird das Holz trocken destilliert und die Gase auf die Entzündungstemperatur erhitzt. Durch die Zuführung eines von oben nach unten durch das Brennmaterial streichenden Luftstromes verbrennt sodann das Holz.

Um die Verbrennnug zu regeln, bedient man sich einer breiten Platte von der Länge des Holzes, die man zwischen den seitlichen Führungen gleiten läßt. Durch ihre Vor- oder Rückwärtsbewegung vergrößert oder verkleinert man die Brennstofffläche. Die Kohlenfeuerung besitzt dieselbe Form, nur ist sie unten durch einen Rost geschlossen (Fig. 65). Die Luft tritt von unten ein und der Brennstoff wird durch eine obere Öffnung eingeführt. Die Verbrennung ist bei der Kohlenfeuerung nicht so leicht zu regulieren wie bei der Holzfeuerung. Wird das Brennmaterial in kleinen Mengen zugeführt, so läßt man bei jeder Beschickung kalte Luft eintreten; legt man über den Rost eine dicke Braunkohlenschicht, so hat man fast immer einen reduzierend brennenden Ofen vor sich. Man hat daher zahlreiche Anordnungen versucht, um die Kohlenfeuerung handlicher zu machen.

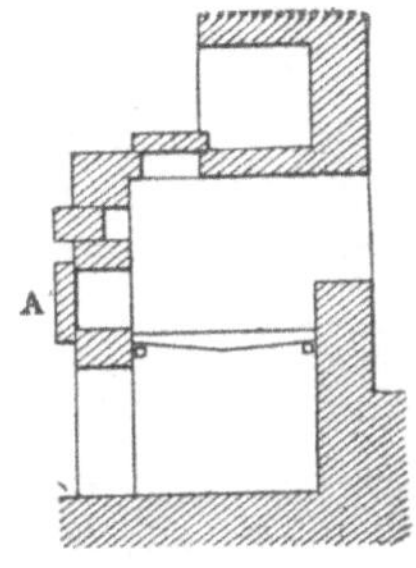

Fig. 65.

In den Figuren 66 u. 67 ist eine Anordnung angeführt, die in gewissem Maße eine bessere Regulierung der Luftzufuhr gestattet. Eine im Schnitte ersichtliche Tür schließt den Luftzutritt unter dem Rost ab. Ihre Wirkungsweise wurde bereits bei Besprechung der Generatoren er-

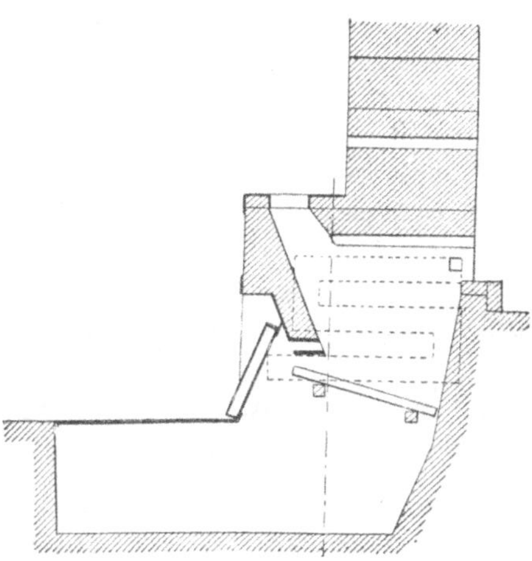

Fig. 66.

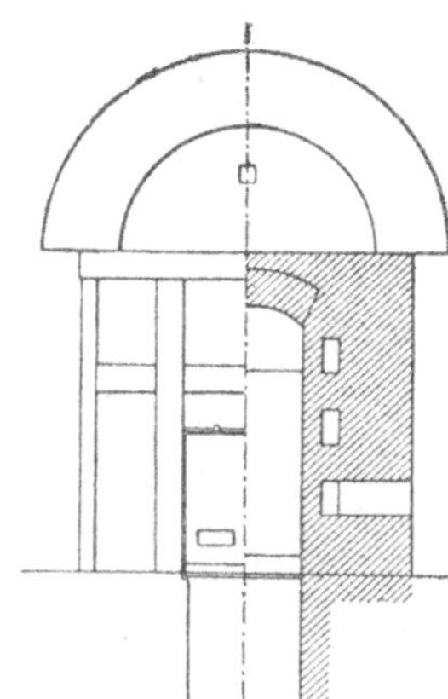

Fig. 67.

läutert. Indem man die untere Mündung mehr oder weniger öffnet, läßt man mehr oder weniger Luft einströmen. An den Seiten sind zwei Öffnungen vorhanden, die mit den Kanälen in den Seitenwänden der Feuerung (punktiert gezeichnet) in Verbindung stehen und in die Feuerung ausmünden. Durch das Öffnen tritt Luft ein, die sich beim Durchgang durch das warme Mauerwerk erhitzt und die Verbrennung der Gase in der Feuerung unterstützt.

Bei der Feuerung von Kraft kann man nach Belieben die Rostfläche verändern. Eine feuerfeste Schamotteplatte kann nötigenfalls mittels einer Zahnstange auf den Rost gesenkt und infolgedessen der Feuerraum verkleinert werden. In den Figuren 68 u. 69 sind diese beiden Lagen dargestellt.

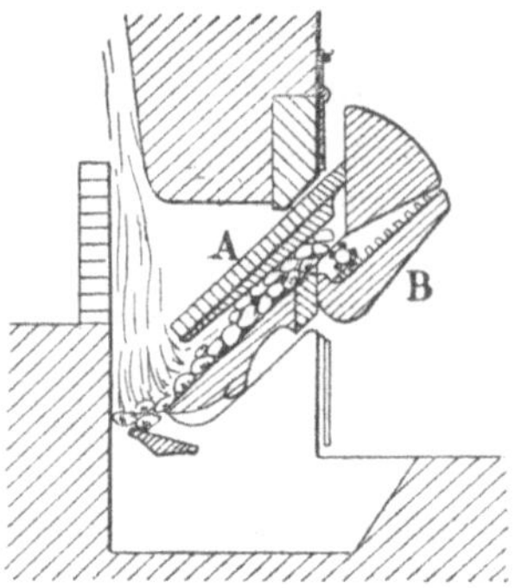

Fig. 68.

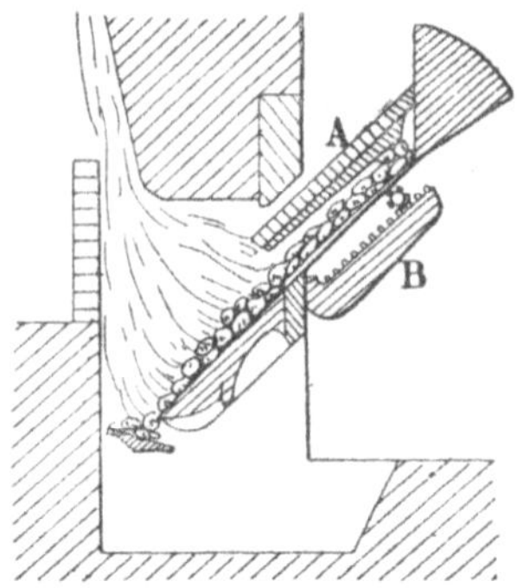

Fig. 69.

Man darf nicht annehmen, daß die Verbrennung in der Feuerung eine vollständige sei. Es tritt eine Vergasung des Brennstoffes ein, welcher erst weiter hinten im Ofen verbrennt.

Die Gasöfen enthalten sehr einfache Brenner. Das Gas wird beim Verlassen eines Kanals entzündet und mischt sich mit der umgebenden Luft.

Bei den Naturgasöfen ist der Brenner anders gestaltet. Er besitzt die Form eines großen Bunsenbrenners. Statt einer gewöhnlichen Kohlenfeuerung braucht man drei solche Brenner.

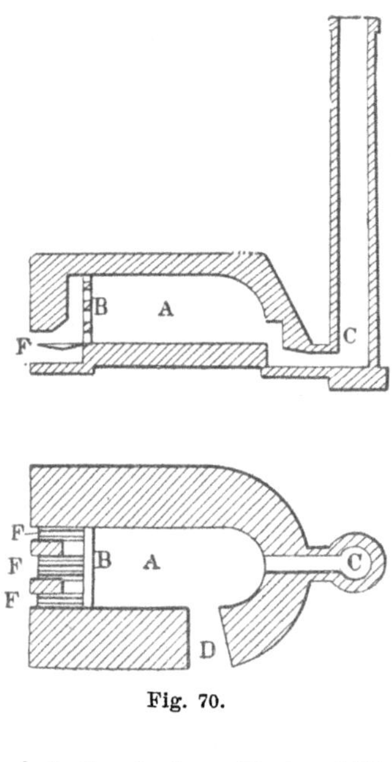

Fig. 70.

1. Öfen mit unterbrochenem Betrieb.

Horizontalöfen. Wir führen als Beispiel dieser sogen. liegenden Öfen einen unter dem Namen Kasselerofen sehr bekannten Ofen an (Fig. 70). Dieser besteht aus einem Brennraum *A* von länglicher, prismatischer Form. An einem Ende befindet sich eine Feuerung *F*, die einfach durch einen Rost gebildet ist, auf welchen man die als Brennmaterial dienende Kohle wirft. Eine durchbrochene Wand aus gitterartig aufgeschichteten Steinen läßt die Flammen durchstreichen, die, nachdem sie *A* in seiner ganzen Länge bestrichen haben, durch den Kamin *C* entweichen.

An der Seite befindet sich eine Tür *D*, welche während des Brandes vermauert wird und welche zum Ein- und Aussetzen dient.

Die äußersten Maße dieses Ofenmodelles sind: Höhe 1,5—2,7 m, Breite 2—4 m und Länge 3—8 m.

Man baut oft die Öfen zu zweien zusammen und gibt ihnen einen gemeinsamen Kamin.

Vertikalöfen. Diese Ofengattung ist weiter verbreitet als die vorige. Sie besitzt eine Reihe um den Ofen angeordneter Feuerungen. Die Flamme steigt direkt in den Brennraum und entweicht dann in den Kamin. Wir führen als Beispiel einen Ofen zum Brennen von Steingut an, welcher unter dem Namen „Ofen von Creil et Montereau“ sehr bekannt ist (Figuren 71 und 72). Die aus den seitlichen Feuerungen *E* kommende Flamme tritt

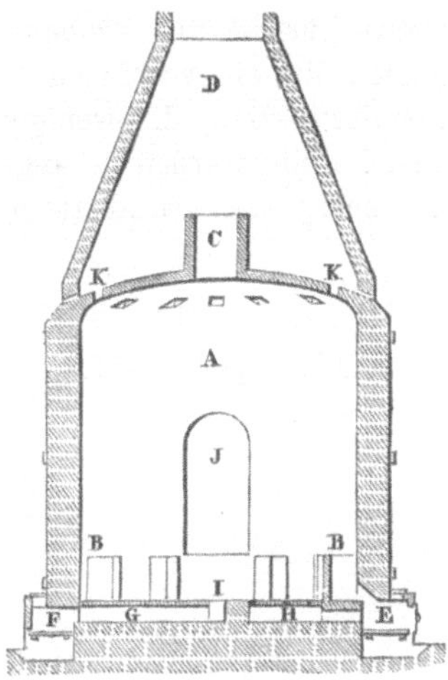

Fig. 71.

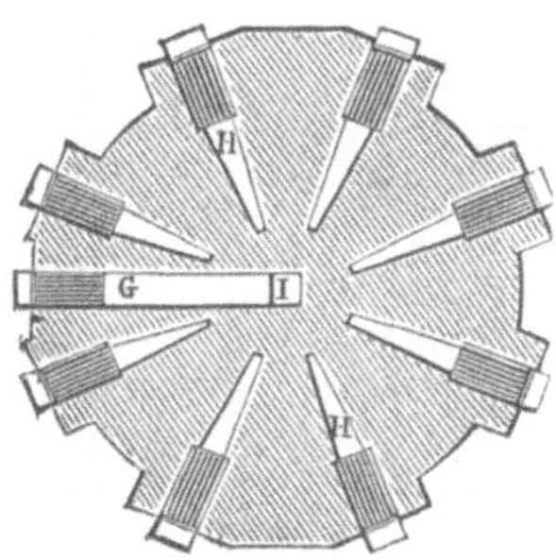

Fig. 72.

durch zwei Kanäle in den Ofen ein; der eine Kanal (*H*) ist horizontal und führt zum Ofenmittelpunkt, der andere (*B*) ist vertikal und leitet die Flamme direkt in den Brennraum. Eine Feuerung *F* dient dazu, den Mittelpunkt besonders zu erhitzen.

Bei anderen Modellen hat man versucht, aus der ganzen Flammenlänge Nutzen zu ziehen; statt daß man die weißglühenden Abgase in den Ofen ziehen und durch den oberen Kamin entweichen läßt, steigt die Flamme bis zum Gewölbe des Ofens. Da sie sodann nur in die Sohle eintreten kann, sinkt sie herunter und tritt in die mit dem Kamin verbundenen Kanäle. Diese Bauweise führt zum Einbau zahlreicher Kanäle unter der Sohle; die einen (*c*) führen von den Feuerungen zum Mittelpunkt der Sohle, die anderen (*a*) verbinden die Austrittskanäle (Fig. 73).

Man kann zahlreiche Einwände gegen dieses Ofenmodell erheben. In der Tat ist durch nichts bewiesen, daß die Verbrennungsgase beim

Verlassen der Feuerung die beiden angegebenen Wege einhalten und sich den Wünschen des Erbauers anpassen. Trotz alledem wird dieses Ofensystem in den Steingutfabriken sehr viel angewandt.

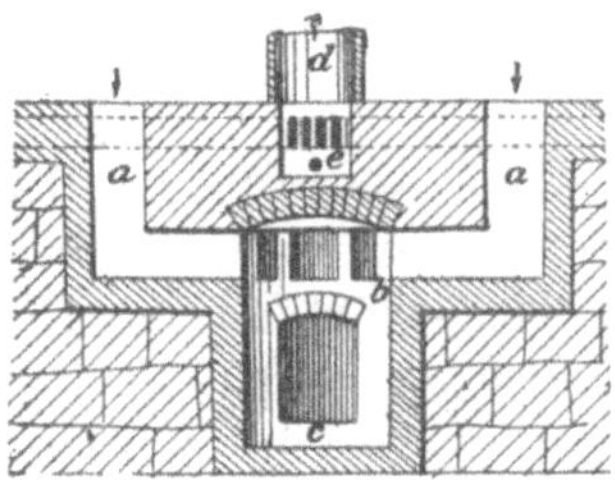

Fig. 73.

Bei der Herstellung von Porzellan bedient man sich mehrstöckiger Öfen. Das Erdgeschoß dient zum Glattbrennen, im ersten Stockwerk erleidet die Ware einen schwachen Brand (Verglühbrand). Bei einigen Öfen hat man sogar eine verwickeltere Konstruktion angenommen und den Öfen noch ein Stockwerk gegeben. In dem Zwischenraum brennt man zum Beispiel Kapseln oder Steine.

Mit den Vertikalöfen können wir die zum Einbrennen der Schmelzfarben dienenden Muffeln verbinden.

Die Muffeln sind nur besonders gestaltete Öfen, die weniger hoher Temperatur als die sonstigen ausgesetzt sind. Sie werden so angeordnet, daß die zu brennenden Waren vor den Feuergasen geschützt sind. In

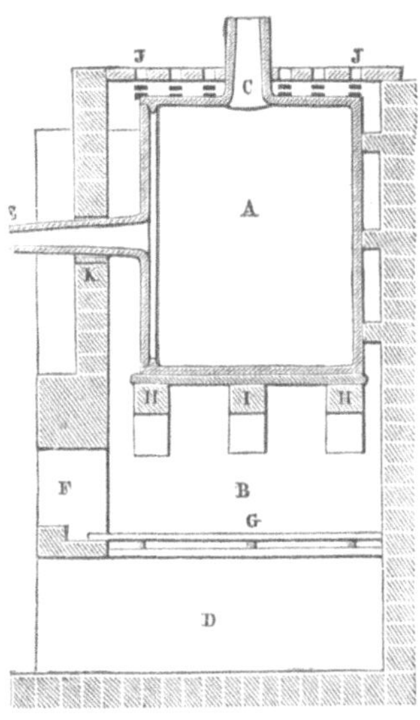

Fig. 74.

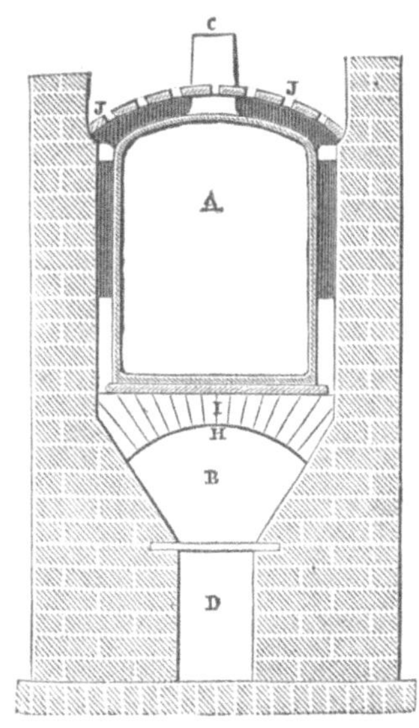

Fig. 75.

ihren Hauptteilen besteht die Muffel (Figuren 74 u. 75) aus einem über einer Feuerung aufgestellten Kasten A aus feuerfestem Material. Die Flammen streichen an den Seiten entlang und ziehen über die Decke ab, so daß die Muffel während der Erhitzung von den Flammen vollständig umgeben ist. Die Vorderseite der Muffel ist beweglich und besteht aus feuerfesten Steinen oder aus einer Schamotteplatte. Vor dieser Wand errichtet man eine zweite, um die Feuerung abzuschließen. Auf diese Weise können die Feuergase alle vier vertikalen Wände bestreichen, ohne Wärme durch Ausstrahlung zu verlieren.

2. Öfen mit ununterbrochenem Betrieb.

Die Wärme eines erkaltenden Ofens geht verloren. Könnte man sie zur Vorwärmung der zu brennenden Waren ausnützen, so würde dies eine bedeutende Ersparnis an den Brennkosten herbeiführen. Denken wir uns z. B. eine mit noch warmen, gebrannten keramischen Waren ausgefüllte Abteilung einer Galerie, so würde die folgende die zu erwärmenden und die dritte die zu brennenden Produkte enthalten. Läßt man nun einen Luftstrom von den gebrannten zu den kalten Waren ziehen, so wird folgendes eintreten: Die Luft kühlt den noch heißen Teil ab und erwärmt sich dabei; sie bewirkt sodann die Verbrennung der Feuerungsgase und treibt die heißen Abgase auf die zu brennenden Waren. Diese Anordnung bringt eine erste Sparsamkeit mit sich dadurch, daß die zur Verbrennung bestimmte Luft erhitzt wird; außerdem wird der zu brennende Teil auf eine bestimmte Temperatur erhitzt, ohne daß Brennmaterial verbraucht wird. Es ist leicht verständlich, daß es bei Anordnung der Feuerungen längs der Galerie möglich ist, während eine Reihe brennt, neue Reihen von rohen Waren aufzustellen und das Feuer immer weiter zu verschieben. Die zur Verbrennung nötige Luft wird durch die bereits gebrannten Waren erwärmt. Die Verbrennungsgase erhitzen beständig die zu brennenden Waren.

Dieser Gedanke ist auf verschiedene Weise verwirklicht worden, und man kann gegenwärtig die kontinuierlichen Öfen in zwei Hauptgattungen trennen: Öfen mit beweglicher und Öfen mit ständiger Feuerung.

Kammeröfen mit beweglicher Feuerung. Das einfachste System ist der ursprüngliche, von Hoffmann zum Brennen von Ziegelsteinen erfundene Ofen (Ringofen). Dieser besteht aus einer runden Galerie, in welche man durch eine Anzahl gleich weit voneinander entfernter Türen gelangen kann. Von Stelle zu Stelle hat man in der Galerie durch Ventile (Rauchglocken) verschließbare Abzüge angebracht, welche in einen gemeinsamen, mit dem Schornstein in Verbindung stehenden Rauchsammelkanal münden.

Denken wir uns, daß der Ofen in Betrieb gesetzt werden soll. Zuerst hat man eine genügende Menge Steine eingesetzt und in *O* (Fig. 76) eine Hilfsfeuerung hergerichtet. Nun schließt man den besetzten Brennkanal durch einen Schieber *A* aus Blech oder Papier und öffnet den vor dem Schieber befindlichen Abzug *H*, welcher den erhitzten Ofenteil mit dem Rauchkanal verbindet. Die auf den besetzten Teil führenden Türen sind vermauert, so daß die Luft nur durch die hinter dem Einsatz offen gelassene Tür einströmen kann.

Sind die Ziegelsteine bis zur Rotglut erhitzt, so wird die Hilfsfeuerung nicht mehr gespeist. Das Brennmaterial wird dann durch im oberen Teile befindliche Öffnungen (Heizlöcher) eingeführt. Man hat dafür gesorgt, daß unter den Heizlöchern die Ziegelsteine in Form eines Schachtes angeordnet und so aufgeschichtet werden, daß sie keine zu glatte Fläche bilden. Der Einsatz stellt zurückspringende Steine dar, so daß Brennmaterial in der ganzen Höhe hängen bleibt.

Während die ersten Ziegelreihen glühen, setzt man andere Steine hinter den Schieber und stellt eine andere Zwischenwand E hinter den neuen Einsatz. Nachdem die erste Scheidewand A entfernt worden ist, öffnet man das nächste Ventil B und schließt das erste H. Die Verbrennungsgase durchstreichen dann die frischen Steine, trocknen und erhitzen sie. Während der ganzen Branddauer schreitet das Einsetzen weiter fort, so daß nach dem Garbrennen der ersten Ziegelreihen hinter die Wand E weitere gesetzt worden sind. Man stellt eine Wand in G auf, öffnet das Ventil D, nachdem man die Wand F entfernt hat, und schließt das Ventil B. Jetzt ist der Ofen in normalem Betrieb. Man wirft das Brennmaterial durch die den gebrannten Ziegeln am nächsten befindlichen Heizlöcher und beginnt den Brand der zweiten Abteilung. Die Luft strömt stets über heiße gebrannte Steine, die Feuergase über rohe.

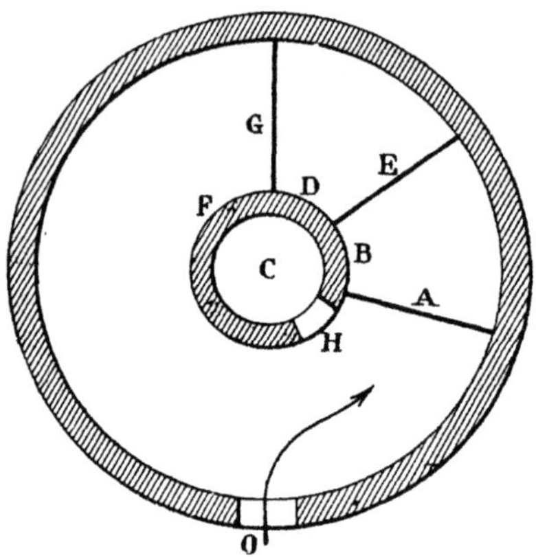

Fig. 76.

Von nun an ist der Vorgang immer derselbe; er besteht im fortwährenden Einsetzen der Steine und im Herausnehmen der erkalteten nach Aufreißen der betreffenden Türen. In dem Maße, als der Brand vor sich geht, läßt man das Feuer fortschreiten, indem man das Brennmaterial in die nächstliegenden Heizlöcher wirft, die Scheidewände verschiebt und die entsprechenden Ventile öffnet und schließt.

Die Figur zeigt die verschiedenen soeben beschriebenen Phasen.

In gewissen Fällen ist die Berührung des Brennstoffes mit den Waren schädlich für deren Güte. Die Verwendung von Generatorgas ist dann völlig angezeigt und wir werden später sehen, wie die Konstrukteure diese Aufgabe gelöst haben.

An Stelle einer Galerie, in welcher sich das Feuer bewegt, kann man eine Reihe von gestützten Öfen verwenden, die so angeordnet sind, daß die Gase des zweiten Ofens in den dritten strömen und die zur Verbrennung nötige Luft in den Ofen 2 gelangt, nachdem sie den erkaltenden Ofen 1 passiert hat. Diese Frage ist früher, als man gewöhnlich glaubt, gelöst worden; nach Bruno Kerl[1]) ist dies schon im Jahre 1776 geschehen. Bei den kontinuierlichen Kammeröfen sind die Kammern nebeneinander angebracht, die Verbrennung vollzieht sich in ihnen der Reihe nach. Als Brennstoff verwendet man Generatorgas.

Einer der besten Öfen dieser Art ist der Mendheim-Ofen, den wir näher beschreiben wollen (Fig. 77).

Derselbe besteht aus einer Anzahl von Kammern, welche in zwei parallelen Reihen angeordnet sind. Fig. 77 zeigt einen Ofen mit 18 Kammern. Im Grundrisse stellt die Punktierung die Kanalleitung d_1 d_2 für das Gas der Generatoren *a* und a_1, welches durch Ventile *e* in die Kammern eintreten kann, dar. Die äußersten Kammern *I* und *XVIII*, *IX* und *X* sind durch Kanäle g_1 und g_2 verbunden. In der Ofenmitte läuft ein in den Schornstein *k* mündender Kanal *i* zwischen den beiden Kammerreihen und ist durch Ventile *h* mit den Kammern verbunden. Das Gas gelangt durch das gehobene Ventil *c* in den Kanal *d* und steigt durch kleine Öffnungen *s* in die Sohle. Jede Öffnung *s* mündet in einen längs eines Luftkanals liegenden Kanal. Die Luftkanäle sind durch *m* mit der vorhergehenden Kammer verbunden.

Die beiden Gasleitungen werden durch zwei Ventile C_1 und C_2 bedient, die das Gas nach links oder rechts einströmen lassen.

Nehmen wir zum besseren Verständnis der Betriebsweise ein Beispiel an. Wir setzen voraus, daß die Kammer *VIII* in Brand ist. Das Gas tritt durch c_1 und das an *VIII* gelegte Ventil *e* in *d* ein und verbrennt in dieser Kammer. Die Flammen treten durch die nur bei *I* bezeichneten, aber in jeder Kammer befindlichen Füchse aus. Die Verbrennung wird durch heiße Luft gefördert, die aus den erkaltenden Kammern *V*, *VI* und *VII* kommt. Das Eintreten der Luft in die abkühlenden Kammern geschieht durch die Öffnungen *f*; diese Luft streicht durch *m*, gelangt in die Sohle, mischt sich mit dem Gas, welches verbrennt. Von *VIII* ziehen die Gase nach *IX*, *X* und *XI*. Nach *XI* hat man das entsprechende Ventil *h* geöffnet, welches die folgenden Kammern mit *i* und dem Kamin verbindet. Durch die Öffnungen *f* kann man Blechschieber sinken lassen, welche in *m* die Verbindung einer Kammer mit der folgenden abschließen.

In der Figur kann man einen Kanal *l* über *i* sehen, dieser ist durch die Kanäle *t* mit den Brennräumen verbunden. Ein Schieber öffnet und schließt unterwegs die Verbindung. Hier ist der Nutzen dieser Vorrichtung erklärt. Die Verbrennung und Verdunstung erzeugen Wasserdampf. Die Gase können sehr viel Wasserdampf enthalten, dessen Kondensation an den Stücken sehr nachteilig wirken würde. Man öffnet dann den *t* und *l* verbindenden Schieber. Die durch diesen Kanal strömenden Gase werden dadurch in eine andere kalte Kammer geleitet. Auf diese Weise verhütet man das Niederschlagen des Wassers auf den noch kalten Gegenständen.

---

[1]) Tonwarenindustrie, 3. Aufl., S. 686.

Der Mendheim-Ofen hat zahlreiche Anwendungen erfahren. Unter den Gasöfen ist er derjenige, welcher sich am besten bewährt hat. Man baut ihn mit einer mehr oder weniger großen Anzahl von Kammern und

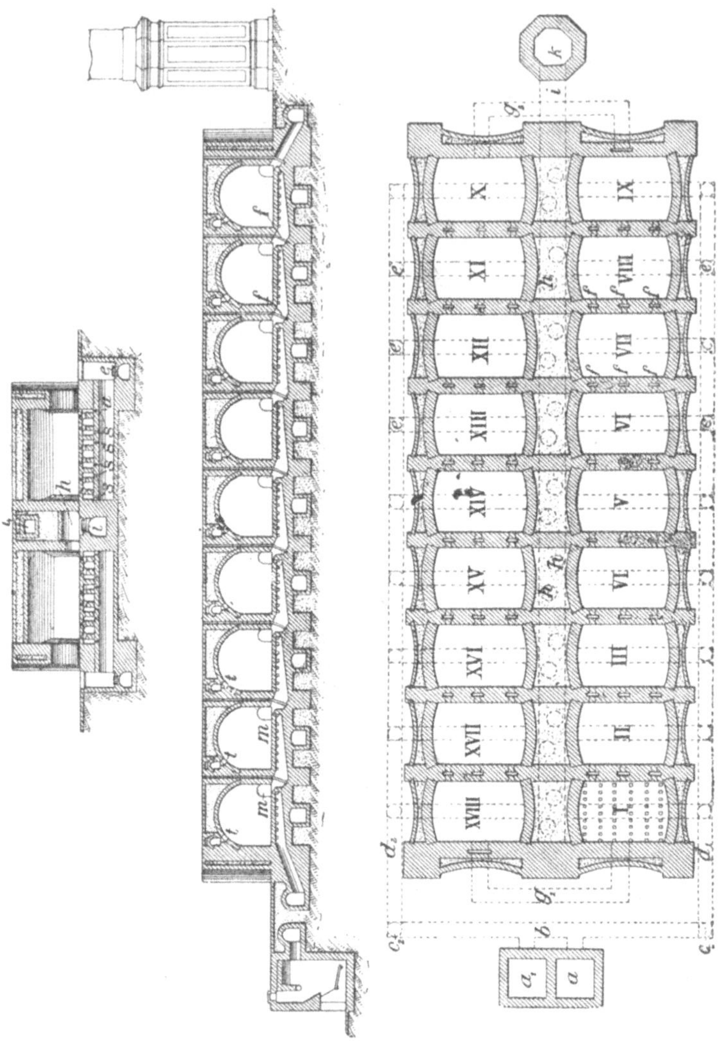

Fig. 77.

gibt diesen je nach dem Bedarf und der Natur der Ware verschiedene Dimensionen. Bei manchen Öfen erreichen die Kammern 57 cbm (Plattenfabrik der Gesellschaft Villeroy & Boch in Merzig). Die Zahl der Kammern beträgt bis 22, selten mehr.

Dieser Apparat hat seit seiner Erfindung manche Umänderung erfahren, besonders bezüglich des Ein- und Austrittes der Gase in die

Kammern. Die Figuren 78 u. 79 zeigen uns eine Anordnung, die infolge der beigefügten Richtungspfeile aus der Zeichnung leicht verständlich ist.

Als anderes Beispiel kann man den Siebert-Ofen anführen. Es ist dies ein Kammerofen wie der vorige, nur besitzt er bewegliche Feuerung. Der Generator ist auf einem auf Schienen laufenden Wagen befestigt und verschiebt sich längs der Kammern. Es sind zwei Generatoren nötig, an jeder Seite des Ofens einer. Das Gas wird durch ein bewegliches Rohrstück zugeführt.

Die Muffeln, bei denen man das Kontinuitätsprinzip anzuwenden versucht hat, werden selten mit beweglichem Feuer gebaut. Trotzdem hat Mendheim Muffelbatterien eingerichtet, welche mit Generatorgas gefeuert und wie kontinuierliche Öfen betrieben werden. Während das Gas eine der Muffeln erhitzt, streichen die Verbrennungsgase um die folgende;

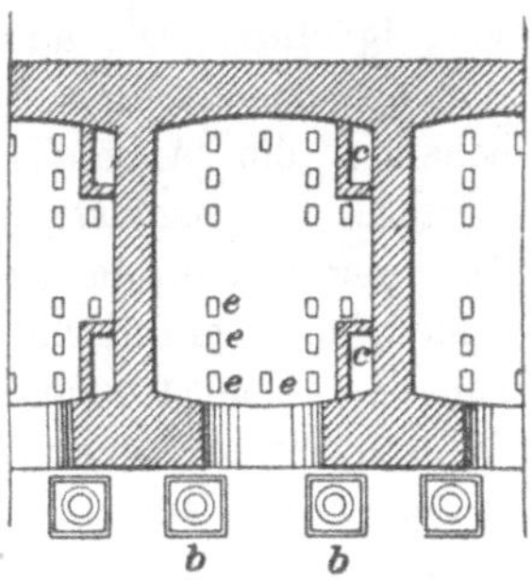

Fig. 78.

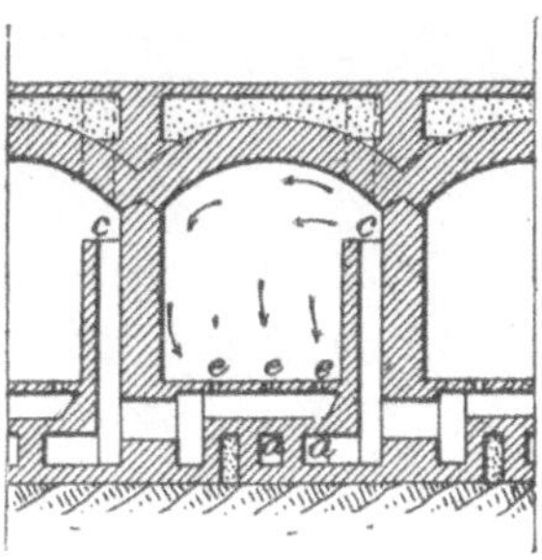

Fig. 79.

die zur Verbrennung dienende Luft wird über die vorhergehende, erkaltende Muffel geleitet.

Öfen mit ständiger Feuerung. Beim sogen. Kanalofen bleibt das Feuer im Ofen immer an derselben Stelle; hier durchlaufen die Waren die erhitzte Kammer. Der Kanalofen von Bock beruht auf diesem Prinzip. Er besteht aus einem Tunnel, in dessen Mitte sich die Brandkammer befindet. Der Tunnel ist gerade; die zu brennenden Stoffe durchfahren ihn auf kleinen Wagen in seiner ganzen Länge. Im Innern des Tunnels befindet sich ein Schienengeleise. Die Wagen bestehen aus einer auf Rädern ruhenden Plattform; auf derselben liegt eine Sohle aus feuerfestem Material. Man drückt die Wagen gegeneinander, so daß sie eine ununterbrochene Sohle und dadurch eine horizontale Scheidewand bilden, welche alles unter ihr Liegende von der Tunnelhitze abhält. Man muß daher den Wärmeschutz so vollständig als möglich machen. Die Ränder der Plattform sind hier umgebörtelt und greifen in eine seitliche, mit Sand gefüllte Rinne (Fig. 80).

Das Gas gelangt nach *b*, steigt durch *c*, strömt durch *d* und verbrennt am Ausgang von *e*, wo es mit der Luft zusammentrifft. Die Wagen werden mittels Ketten gezogen. Die Bewegungsrichtung der Luft ist der der Waren entgegengesetzt.

Die Luft erwärmt sich am Ausgang des Ofens und kühlt sich am Eingang ab.

Nach diesem Prinzip werden jetzt nur wenig Öfen gebaut. Der Gedanke, die Waren durch die erhitzten Kammern fahren zu lassen, ist mit Erfolg beim Bau der Dauerbrandmuffeln (Zugmuffeln) angewendet worden. Man kann sogar sagen, daß die erste Anwendung bei Muffeln erfolgte, da eine solche, von Gérin gebaut und zum Einbrennen von Farben bestimmt, in Vincennes im Jahre 1751[1]) im Betrieb war. Die jetzigen Zugmuffeln sind zumeist nach diesem Prinzip konstruiert.

Ein neuer Apparat, der Sturm-Ofen, verdient noch Erwähnung; er beruht zwar auf demselben Prinzip, ist aber anders eingerichtet. Die Sohle ist kreisförmig und beweglich; sie wird an einem festen Feuer vorbeigeführt. Die mit diesem Apparat angestellten Versuche scheinen die Annahme dieses Systems zu begünstigen. Infolge der Neuheit der Erfindung fehlen noch praktische Erfahrungen. Dennoch kann man ihr die schwierige Verwendbarkeit in einer bestimmten Industrie vorwerfen. Bei einem Kanalofen ist es immer möglich, die Längen abzuändern. Bei einem kreisförmigen Ofen ist dies unmöglich; wenn man zur Verlangsamung des Brandes den Ofen verlängern will, benötigt dies einen vollständigen Umbau, da der Radius geändert werden muß. Außerdem hängen das Einfüllen und Herausnehmen voneinander ab; in einem Tunnelofen dagegen können diese beiden Vorgänge getrennt und unabhängig voneinander ausgeführt werden.

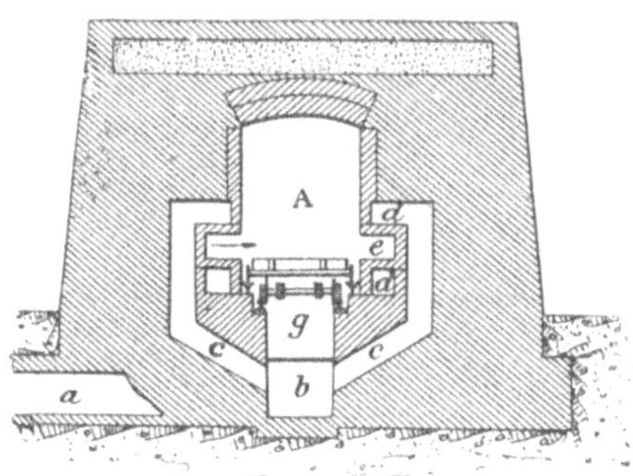

Fig. 80.

3. Versuchsöfen.

Für keramische Versuche ist es manchmal bequem, einen kleinen Ofen zu besitzen. Bis zu einem gewissen Grad kann der Perrotofen verwendet werden, der das Brennen des neuen Porzellans von Sèvres gestattet. Die Anordnung der Brenner des Perrotofens ist im Segergasofen umgekehrt worden. In Fig. 81 ist alles so klar ersichtlich, daß eine weitere Erklärung unnötig ist.

Die Brenner sind kreisförmig am Fuß eines feuerfesten Zylinders A angeordnet. Die Flamme streicht vertikal längs A bis zum Deckel, steigt

[1]) Hellot, Rapport au roi Louis XV.

dann um einen eine Kapsel bildenden Hohlraum *B* wieder hinunter und zieht in einem Austrittskanal ab. Der ursprüngliche Ofen hat zahlreiche Abänderungen erfahren, die indes keine nennenswerte Bedeutung besitzen.

Der Brand im Gasversuchsofen kann ernste Mißstände mit sich führen, denn ein solcher Ofen kann mit einem in der Praxis verwendeten nicht ganz verglichen werden. Man kommt den Verhältnissen der Industrie besser näher, wenn man folgenden Ofen benutzt, welcher mit Holz oder Kohlen geheizt werden kann (Fig. 82).

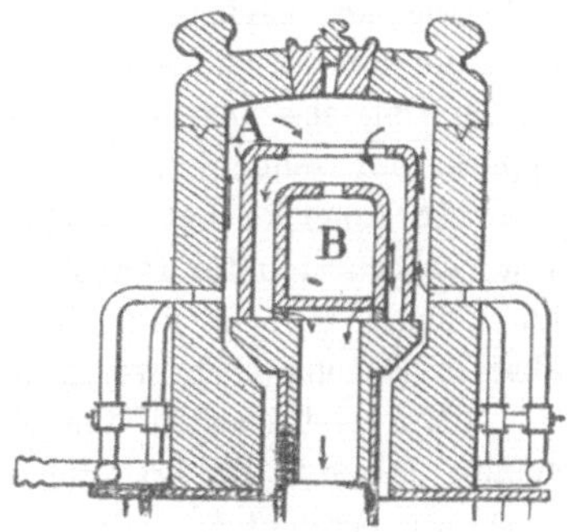

Fig. 81.

Der Ofen ist zylindrisch;[1]) von der Feuerung *A* steigen die Verbrennungsgase zwischen *B* und *C*, sinken dann nach *C* und *D* und entweichen von hier in den Kamin. Mit diesem Ofen erreicht man in $2^1/_2$ Stunden den Segerkegel 0,8, in 3 Stunden den Segerkegel 0,6 und in 8 Stunden den Segerkegel 8. Die mittlere Säule hat 20 cm Durchmesser, die zylin-

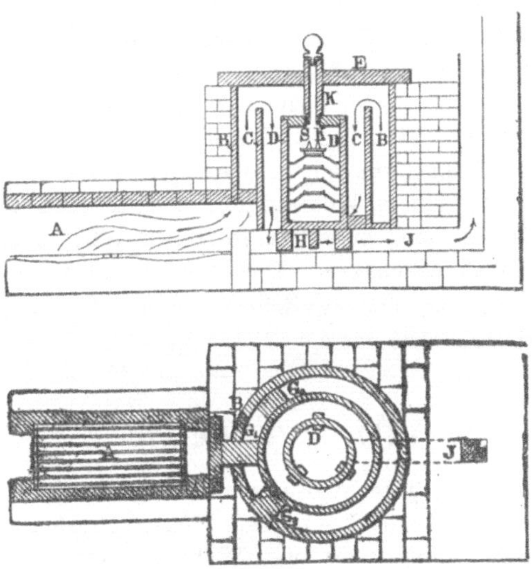

Fig. 82.

drische Feuerbrücke 38 cm und der innere Ofen 58 cm. Die Gesamthöhe von der Sohle bis zum Deckel *E* beträgt 54 cm.

Ein solcher Ofen gestattet kein so rasches Brennen wie der Gasofen, was ein Vorteil ist. Man darf nicht glauben, daß man alle mit einem

[1]) Sprechsaal 1901, S. 703.

Gasofen erreichten Resultate in die Praxis übertragen kann. Seine Wirkungsweise und die Deutung der Resultate verlangen große Erfahrung. Ein Apparat wie der zuletzt beschriebene kommt den Verhältnissen der Industrie am nächsten; wir hielten es daher für gut, ihn zu erwähnen. Er kann überall aufgestellt werden, da er keine Gasleitung erfordert, und ist im Betriebe sparsamer als der Segerofen, welcher als Laboratoriumsapparat anzusehen ist.

In Amerika hat Caulkars aus Detroit (Michigan) eine ganze Reihe von Versuchsöfen für Petroleumheizung eingerichtet. Mit diesen Apparaten kann man Versuche mit hinreichend hoher Temperatur anstellen, sie sind aber in Europa noch wenig bekannt.

Mit elektrischen Versuchsöfen wurden kürzlich in der Versuchsanstalt bei der Königl. Porzellan-Manufaktur in Berlin bemerkenswerte Resultate erreicht.[1])

Die Versuche erstreckten sich auf liegende und stehende Röhrenöfen zu Feuerfestigkeitsbestimmungen, auf einen Schmelzofen für schwer schmelzbare Fritten und auf eine Muffel. Die Apparate sind Widerstandsöfen; der Widerstandserhitzer besteht aus kleinstückiger Kohle (Kohlengries), welche zwischen zwei Schamottemänteln eingestampft wird. Die hier angewandte Schamotte ist ein Gemisch von Rakonitzer Tonschiefer und schwer schmelzbarer Marquardtscher Masse als Bindemittel und steht bis Segerkegel 37; mit Magnesia, Tonerde usw. als Baumaterial für den Heizraum gelang es auch, Segerkegel 39 niederzuschmelzen. Zur Zu- und Ableitung des elektrischen Stromes dienen zwei Elektroden, die durch Aussparungen der Schamottemäntel in den Widerstandserhitzer dicht eingefügt werden. In einem kleinen Ofen konnte man mit einer Stromspannung von 70 Volt und einer Stärke bis zu 100 Ampere in $1^1/_2$ Stunde Segerkegel 35 niederschmelzen. Diese elektrischen Öfen, welche noch vervollkommnet werden, sind zweifellos geeignet, der keramischen Wissenschaft große Dienste zu leisten.

III. Pyrometrie.

Im Prinzip kann jede Wärmeerscheinung zu thermometrischen Bestimmungen dienen, sobald das Gesetz dieser Erscheinung bekannt ist. Bei allen Methoden muß indes eine Wahl getroffen werden, denn man muß die Erfordernisse der Praxis berücksichtigen. In der Keramik ist die genaue Kenntnis der Temperaturen nicht unentbehrlich; es genügt, daß der Apparat stets mit sich selbst verglichen werden kann, oder mit anderen Worten, daß er bei denselben Temperaturverhältnissen immer gleiche Werte anzeigt. Das Problem hat eine ganze Anzahl von Lösungen

---

[1]) Wir verweisen auf den ausführlichen Bericht von Dr. Simonis und Dr. Rieke im Sprechsaal 1906, No. 14 u. 15.

erhalten; viele davon eignen sich nicht für die Praxis. Wir begnügen uns mit der Besprechung der wichtigsten.

Zwei Gattungen von Apparaten werden in der Pyrometrie angewandt. Die einen besitzen eine Skaleneinteilung (da die Erscheinung meßbar ist), und dann geschieht das Messen durch ein bloßes Ablesen; bei den anderen ist die Angabe einfacher, sie ist eine Folge der Erscheinung, zum Beispiel ein Schmelzen, wobei ein bestimmter Temperaturgrad erreicht sein muß.

Wir nennen die ersteren Apparate Pyrometer und die letzteren Pyroskope.

1. Pyrometer.

Schwindungspyrometer. Wedgwood hat das älteste Pyrometer konstruiert. Sein Apparat stützt sich auf das Schwinden des Tones im Feuer. Im Prinzip besteht er aus einem flachen Zylinder aus Ton, den man in zwei nicht parallelen Leisten einschiebt (Fig. 83). Infolge der Schwindung durch die Hitze verkleinert sich der Durchmesser des Tonstückes, und wenn man den Zylinder so geformt hat, daß er vor dem Brande gerade mit seinem breitesten Teile in die Leisten paßt, so schiebt er sich nachher nach vorn. Das Vorrücken des Zylinders ist um so größer, je höher die Temperatur ist. Wedgwood hatte eine empirische Teilung für dieses Instrument angenommen. In einigen alten Werken findet man noch Angaben in Wedgwoodgraden.

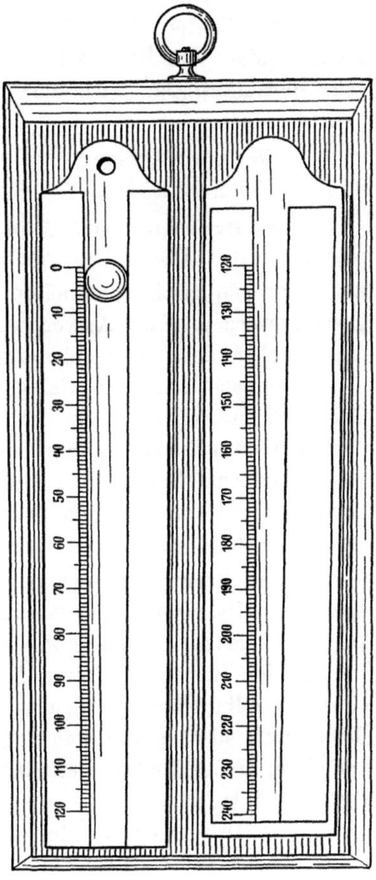

Fig. 83.

Das Instrument ist nicht einwandfrei. Die Zusammenziehung, die mit der Wasserentziehung verknüpft ist, ist je nach der Natur der Tone verschieden. Die Abweichungen genügen zur Bildung von Unterschieden, die den Resultaten die größte Unbestimmtheit geben. Le Chatelier prüfte ein Wedgwood-Pyrometer zuerst mit einem dem Apparate beigegebenen Zylinder aus unbekanntem Tone, dann mit einem aus Ton von Mussidan und einem aus Kaolin. Er fand hierdurch:

	600°	800°	1000°	1200°	1400°	1550°
Ton des Pyrometers .	0	4	15	36	90	132
Mussidanton	0	2	14	36	78	120
Kaolin	0	4	12	15	55	118.

Wedgwood hat eine Übereinstimmung zwischen seinen Pyrometergraden und den Celsiusgraden eingerichtet. Sein Bestimmen war aber mit großen Fehlern behaftet; so entsprach der Grad 130 seines Pyrometers nicht weniger als 10000° C. Die Schätzungen des Erfinders müssen daher sehr heruntergesetzt werden; man kann mit Le Chatelier folgende Werte zulassen:

Wedgwoodgrade .	0	15	30	100	140
Zehntelgrade . . .	600	800	1000	1200	1400.

Das Pyrometer von Wedgwood hat einen Vorzug, sein Preis ist gering. Seine Übelstände fallen aber sehr ins Gewicht. Der Apparat kann nnr empirisch und nur durch Vergleich mit einem anderen Pyrometer geeicht werden. Bei Anwendung von Tonen verschiedener Art stimmen die Angaben nicht mehr überein.

Dennoch habe ich Gelegenheit gehabt, ein solches Instrument im Gebrauch zu sehen. Der Zylinder bestand aus einer Massescheibe, die zwischen zwei Leisten gleiten konnte.

Zur Ausführung einer Bestimmung muß man den Zylinder oder die Scheibe aus dem Ofen herausnehmen und das Erkalten abwarten. Dies ist ein Nachteil dieser Instrumente.

Ausdehnungspyrometer. Man hat in Sèvres ein von Brongniart erfundenes Pyrometer angewandt, das an das Quadrantenpyrometer erinnert. Der der Ausdehnung unterworfene Körper war ein Silberstab von 20 cm Länge, der im Innern einer Muffel aufgestellt war und in einer Rinne eines Porzellanstückes aufruhte. Der Silberstab lag an einem Ende der Rinne auf; der andere war mit einer Porzellanstange in Berührung, die auf einen Hebel wirkte, der einen beweglichen Zeiger über einen Teilkreis streichen ließ.

Das Instrument zeigte nur Relativwerte an; es konnte wegen der Schmelzbarkeit des Silbers nur innerhalb verhältnismäßig kleiner Temperaturgrenzen verwendet werden. Auch besaß es alle Fehler der Quadrantenpyrometer.

Nach Brongniart sind 27—30° gleichwertig mit etwa 100° der Celsiusskala. Wie man sieht, ist keine große Genauigkeit in der Übereinstimmung vorhanden.

Pyrometer mit Wasserumlauf. Leitet man durch eine in einem erhitzten Raum gestellte Röhre einen Wasserlauf, so bemerkt man an der Austrittsöffnung ein Erhitzen des Wassers. Stellt man mit ein und derselben Röhre und der gleichen Strömungsgeschwindigkeit Versuche an, so findet man um so größere Temperaturunterschiede zwischen der Wassertemperatur am Ein- und Austritt der Röhre, je heißer der betreffende Raum ist. Man kennt keine fest aufgestellte Beziehung, um sich eine Vorstellung über die Ofentemperatur zu machen; alle vorgeschlagenen Formeln lassen sich anfechten. Dieses Instrument liefert deshalb nur empirische Angaben.

Zu dinser Gruppe von Apparaten gehören die Pyrometer von Saintignon, Gebrüder Boulier.

Durch die in Sèvres vorgenommenen Versuche wurde nachgewieson, daß das Wasserumlaufpyrometer keine für die keramische Industrie empfehlenswerten Resultate liefert. Es verbraucht viel Wasser und nimmt an dem betreffenden Platz im Ofen viel Wärme auf.

Elektrische Pyrometer. Siemens hat den Vorschlag gemacht, die elektrische Widerstandsänderung eines auf die Ofentemperatur erhitzten Platindrahtes als Grundlage für pyrometrische Messungen anzunehmen. Er bediente sich zweier gleichartiger Stromkreise, von denen einer auf der gewöhnlichen Lufttemperatur erhalten, der andere aber in den Ofen gelegt wurde. Beide waren an dasselbe Element angeschlossen; die Stromverteilung änderte sich mit der Widerstandsdifferenz. Die Messung der

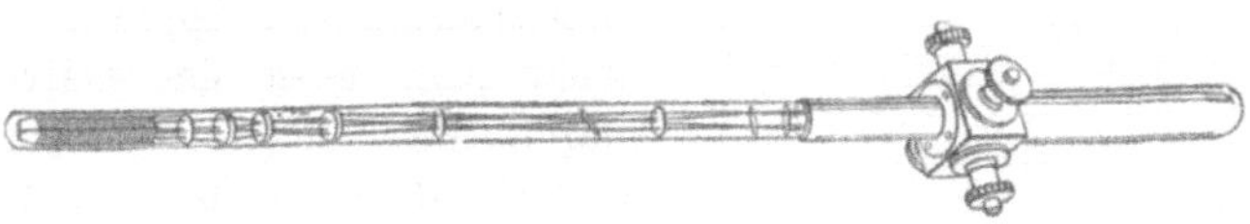

Fig. 84.

Stromstärken in beiden Seiten war leider mangelhaft, da Siemens Voltameter gebrauchte.

Das vorige Prinzip ist mit Erfolg von Callendar wieder aufgenommen worden.

Der Apparat besteht aus einem Explorator, der mit einem registrierenden Galvanometer verbunden ist.

Der Explorator (Fig. 84) besteht aus einem Platinwiderstand, der auf einen Glimmerrahmen aufgewickelt und mit zwei Polklemmen verbunden ist. Da die Wärmewirkung nicht nur die Spulen beeinflußt, sondern auch die Verbindungsdrähte des Widerstandes mit den Klemmen, so hat der Erfinder einen anderen Draht parallel angeordnet: es sind also vier Drähte, für jeden Ring zwei, vorhanden. Dieser Hilfsdraht bildet einen Nebenschluß, der an beiden Enden mit dem Instrument verbunden ist.

Es wird dann nicht die Stromstärke, sondern der Widerstand des erhitzten Leiters gemessen. Die ganze Eigentümlichkeit des Apparates beruht auf dem Hilfsmechanismus, der von einer automatischen, registrierenden Wheatstoneschen Brücke gebildet wird. Diese ist eine Drahtbrücke, deren beweglicher Kontakt mit einem Galvanometer verbunden ist. Der Zeiger trägt zwei isolierte Kontakte, die eine Gabel bilden, deren Zinken sich beiderseits der Pole einer Batterie befinden. Jeder dieser

Kontakte ist mit dem anderen Pol der Batterie durch einen Stromkreis verbunden, in welchen ein Elektromagnet geschaltet ist. Dieser letztere wirkt auf ein Uhrwerk, welches dazu dient, den verschiebbaren Kontakt so lange zu verschieben, bis Gleichgewicht auf der Brücke eintritt; eine dieser Bewegungen wirkt nach rechts, die andere nach links. Stört man das Gleichgewicht der Brücke, so schlägt die Nadel aus und schließt einen Stromkreis; das Uhrwerk verschiebt nun den Kontakt so lange, bis das Gleichgewicht wieder hergestellt und der Strom unterbrochen ist.

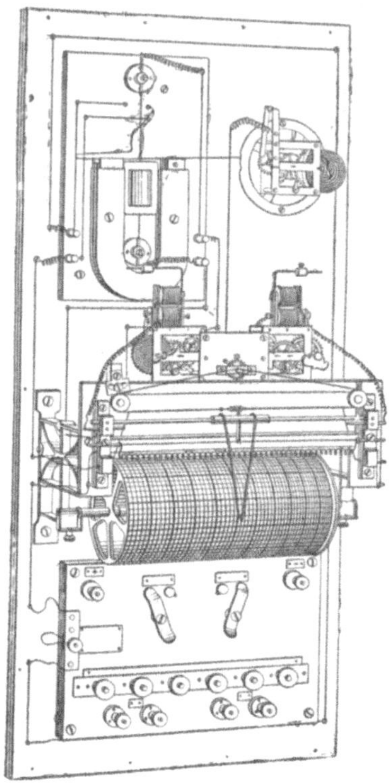

Fig. 85.

Der Gleitkontakt trägt einen Stift, welcher auf einen auf einer sich drehenden Trommel befestigten Papierstreifen schreibt. Die Verschiebungen dieses Stiftes zeichnen die Temperaturkurve auf.

Die Brücke besteht aus zwei Widerständen: dem Thermometer und den beweglichen Widerständen.

In der Fig. 85, welche den betriebsfertigen Apparat darstellt, sieht man oben das Galvanometer, unten die Nebenschlußapparate und den Gleitkontakt, der die Kurve auf der Trommel aufzeichnet.

Thermoelektrische Pyrometer. Le Chatelier hat einen älteren Gedanken wieder aufgenommen: das Messen der Temperatur durch die Ströme der Thermobatterien. Indem er die Abweichungen der von der Industrie gelieferten verschiedenen Metalle studierte, ist er zu dem Schluß gekommen, daß man zur Herstellung einer Thermobatterie, deren Angaben unter sich vergleichbar sind, Metalle auswählen muß, deren physikalisches und chemisches Verhalten völlig bekannt ist.

Sein Thermoelement besteht aus zwei Drähten aus Platin und rhodiumhaltigem Platin mit 10 % Rhodiumgehalt, die an einem Ende zusammengedreht oder besser gelötet sind. Um die elektrische Kraft des Thermoelementes zu messen, verwendet er die galvanometrische Methode. Dieselbe ist vielleicht nicht streng genau, sie hat indes den Vorzug der größeren Einfachheit in der Praxis.

Das benützte Galvanometer (Fig. 86) ist ein solches mit beweglichem Rahmen von Déprez und D'Arsonval. Dieser Apparat besteht aus einem großen Hufeisenmagneten, zwischen dessen Schenkeln ein stromdurchflossener Rahmen aufgehängt ist. Der Rahmen sucht sich unter der Einwirkung des Stromes in einer zum Magneten senkrechten Ebene zu drehen. Die Metalldrähte, welche zugleich zum Aufhängen des Rahmens und zur Stromzuführung dienen, erleiden eine Windung, welche sich der Rahmendrehung widersetzt.

Der Rahmen nimmt schließlich eine Gleichgewichtslage ein, die von der Stromstärke und der Windungsgröße abhängig ist.

Das Messen der Rahmendrehung geschieht entweder durch einen auf einem Teilkreis beweglichen Zeiger oder durch einen Spiegel, der auf ein halbdurchsichtiges Lineal ein Bild des vor einem passend beleuchteten Fenster gespannten Drahtes wirft.

Wir führen eine sehr bequeme und sehr starke Anordnung an. Die beiden Teile sind symmetrisch und können auf demselben Brett gegen-

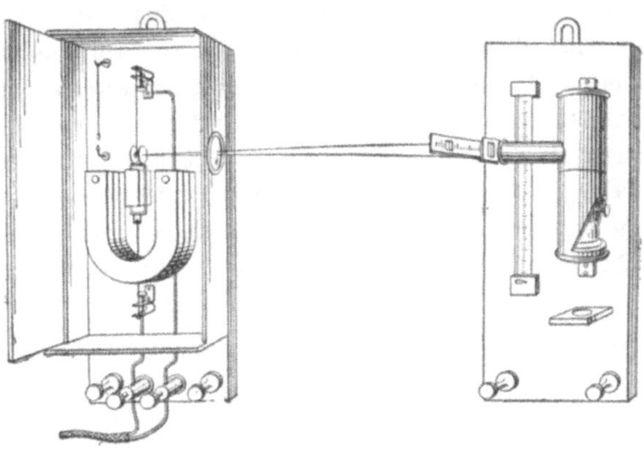

Fig. 86.

einander gekehrt befestigt werden. Während der Versuche sind sie an einer Mauer befestigt. Damit der Apparat richtig funktioniert, muß der Aufhängefaden der Rahmens gut austorliert sein.

Man verwendet auch das direkte Ablesen; Siemens & Halske haben einen Zeigergalvanometer zur Temperaturmessung ausgedacht. Der Teilungskreis umfaßt 180 Teilstriche, von denen jeder 10 Mikrovolt entspricht. Eine zweite Teilung ermöglicht eine direkte Ablesung der Temperatur des mit dem Apparat verknüpften Thermoelements. Pellin hat ein noch stärkeres und festeres Galvanometer konstruiert, Ducretet ein Registriergalvanometer nach Le Chatelier. Das Thermoelement ist mit einem besonders angeordneten Galvanometer verbunden. Das Galvanometer gehört zum System Déprez und D'Arsonval. Der bewegliche Teil trägt eine leichte Aluminiumnadel, die in eine kleine Füllfeder endigt, welche auf einer Registriertrommel schreibt. Diese durch ein innen befindliches Uhrwerk angetriebene Trommel dreht sich in 26 Stunden einmal um ihre

Achse, der Papierstreifen ist in 24 Stunden eingeteilt. Es ist somit ein freier Teil vorhanden, der einen Raum von 2 Stunden frei läßt.

Die Feder ist mit dem Papier nicht ständig in Berührung, sondern befindet sich in einiger Entfernung von der Trommel. Nur alle Minuten senkt sich der Rahmen und drückt die Feder auf das Papier. Die Kurve wird von einer Punktreihe gebildet.

Welches auch immer das System des benützten Apparates ist, stets müssen die beiden Drähte voneinander isoliert sein. Mittels zweier feuerfester Röhren, die in der Längsrichtung zwei Löcher besitzen, kann man jede Berührung der erhitzten Teile vermeiden.

Manchmal stellt man auch das Thermoelement ständig mittels einer Porzellanröhre in einen Ofen. Man kann sich auch eines Eisenrohres bedienen, welches die beiden isolierten Drähte durchlaufen und dessen eines Ende in den Brennraum gesteckt wird. Diese Anordnung ist bequemer als die früheren und gestattet, die einzelnen Zonen des Ofens zu untersuchen. Nur muß dies rasch geschehen, sonst verbrennt das Eisenrohr.

Das Thermoelement muß vor allem geeicht werden, falls man nicht ein solches von Siemens & Halske benützt. Man bestimmt dann eine gewisse Anzahl fester Punkte und konstruiert die Kurve des Apparates. Die Kurve fällt praktisch mit einer Geraden zusammen.

Die am bequemsten zu beobachtenden festen Punkte sind die Siedepunkte des Naphthalins (218°), des Schwefels (448°), die Schmelzpunkte des Goldes (1065°) und des Kaliumsulfates (1045°).[1]

Luftpyrometer. Neben dem Gasthermometer, das etwas schwierig zu handhaben ist, hat man verschiedene Pyrometer vorgeschlagen, die auf der steigenden Elastizität der Gase bei Erwärmung beruhen, wie z. B. das Bristolpyrometer. Der Verfasser schlägt zur Messung hoher Temperaturen folgenden Apparat vor.

Der Behälter ist ein als Thermometerrohr ausgebildeter Porzellanzylinder, der aus dem Behälter und einem daran befestigten Kappillarrohr besteht. Eine andere Röhre verbindet den Behälter mit einem Manometer. Der Porzellanzylinder hat eine genügende Länge erhalten, damit er durch die Ofenwand reichen und der Behälter sich mitten in den Flammen befinden kann. Das Manometer ist ein einfaches Registriermanometer, das aus zwei spiralförmig aufgewundenen Röhren besteht. Eine derselben ist mit dem Behälter verbunden, die andere mündet in die umgebende Luft, ist also den Druck- und Temperaturveränderungen der Luft unterworfen und gestattet die Vermeidung der darauf[2]) bezüglichen Korrekturen.

---

[1]) Le Chatelier & Boudouard haben eine sehr interessante Studie über die Pyrometer herausgegeben: Mesure des Températures élevées. Es ist ein sehr vollkommenes Werk, dessen Studium sehr empfehlenswert ist. (Paris, Gauthier-Villars.)

[2]) Tonindustrie-Zeitung 1901, S. 673.

Optische Pyrometer. Die optischen Erscheinungen können uns ebenfalls zum Messen hoher Temperaturen dienen. Wir beschränken uns auf die Erwähnung des pyrometrischen Sehrohres von Mesuré und Nouel und des optischen Pyrometers von Le Chatelier.

Beim pyrometrischen Sehrohr (Fig. 87) hält man die von der Feuerung ausgesandten Lichtstrahlen mittels Polarisator und Analysator, die durch ein senkrecht zu ihrer Achse gespaltenes Quarzprisma getrennt sind, zurück. Man beseitigt durch diese Anordnung eine gewisse Anzahl von gefärbten Strahlungen. Bei dem beschriebenen Apparat hat man das Quarzprisma genügend dick gemacht, damit der mittlere Teil des Spektrums absorbiert wird. Die Stellung des Polarisators und Analysators, bei der die Farben gerade ausgelöscht werden, wird auf einem geteilten Kreis mit *O* bezeichnet. Diese Teilung läßt den jeweiligen Drehwinkel des Analysators ablesen.

Die weißglühenden Körper senden je nach der Temperatur verschiedene Strahlen aus. Beobachtet man diese mit dem Apparat, so ändert

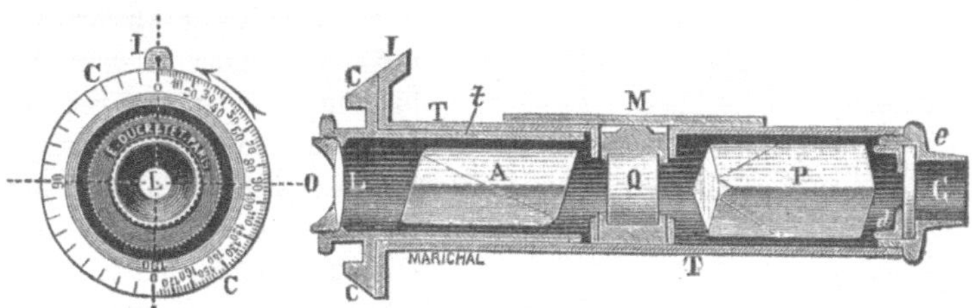

Fig. 87.

sich die Farbe mit der Temperatur. Die Farben ändern sich bei einer bestimmten Lage des Analysators sehr rasch. Beobachtet man dann die Feuerung, so bezeichnen die Farbenänderungen die jeweiligen Temperaturänderungen.

Um eine Messung auszuführen, liest man den Winkel ab, um den man den Analysator hat drehen müssen, um die Übergangsfarbe zu erhalten. Es ist nicht leicht, mit diesen Messungen eine Schätzung der Temperaturänderung zu verbinden; außerdem ist die schwer zu beurteilende Farbe noch schwieriger wieder zu finden, weshalb nicht nur verschiedene Beobachter abweichende Bestimmungen machen können, sondern auch die Bestimmungen einer und derselben Person nicht übereinstimmen.

Beim optischen Pyrometer von Le Chatelier (Fig. 88) vergleicht man eine Normalflamme mit den weißglühenden Körpern. Man führt die Bilder des betrachteten Gegenstandes und der Normalflamme auf dieselbe Lichtstärke zurück und bedient sich zu diesem Zwecke einer Blende, um die Öffnung verschieden groß zu machen. Reicht dies noch nicht aus, so verwendet man absorbierende Gläser.

Der Apparat, welcher sehr interessante Resultate geliefert hat, ist nicht leicht zu handhaben; man braucht dazu geschickte Beobachter.

In neuerer Zeit hat Wanner ein optisches Pyrometer erdacht, das wir nur erwähnen wollen.[1])

Pyrometer von Ferry. Dieser Apparat, welcher später als die vorherigen entstanden ist, ist die Vereinigung eines elektrischen und eines optischen Pyrometers.

Ferry,[2]) der von einem anderen Gesichtspunkt ausgeht als die früheren Forscher, hat an die Stefansche Gleichung

$$R = \alpha \,.\, (T^4 - t^4)$$

gedacht, um sie als Grundlage einer Methode zur Messung von Temperaturen, die durch andere Mittel nicht zu bestimmen sind, zu verwenden.

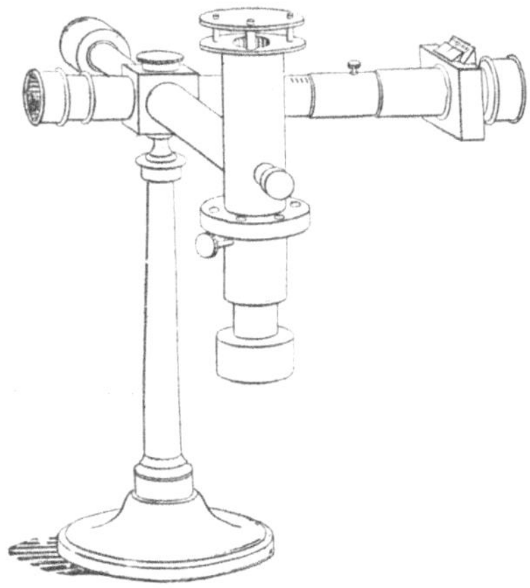

Fig. 88.

Diese Formel hat den Vorzug der Genauigkeit, welche jetzt vollständig anerkannt zu sein scheint.

In diesem Ausdruck stellt R die von einem Körper bei einer absoluten Temperatur T auf einen anderen von der Temperatur t ausgestrahlte Wärmemenge dar; nehmen wir die Ausstrahlungsenergie gleich der Einheit an, so ist α eine Konstante.

Da es sich um hohe Temperaturen handelt, kann t^4 gegen T^4 vernachlässigt werden. Man kann daher den Ausdruck vereinfachen und sich mit der reduzierten Gleichung begnügen:

$$R = \alpha \,.\, T^4.$$

In dieser Form erfordert die Formel zu ihrer Anwendung Körper, deren Strahlungsvermögen nahezu gleich der Einheit ist; solche Körper gibt es sehr wenig. Nach dem Satz von Kirchhoff ist indes das Strahlungsvermögen unabhängig von der Natur der strahlenden Wand und im Falle eines geschlossenen Raumes gleich der Einheit. Diese Bedingung kann in der Praxis erfüllt werden, wenn es sich um die Bestimmung der Ofentemperatur handelt. Im allgemeinen ist die Öffnung klein genug, damit der Kirchhoffsche Lehrsatz Anwendung finden kann. Handelt es sich um warme Körper außerhalb des Ofens, so findet man bei An-

[1]) Die Beschreibung siehe Ph. Ch. 3. Jahrg., S. 112 und Rev. gén. Chim. pure et appliquée 1903, S. 143.

[2]) Comptes rendus 1902, Bd. CXXXIV, S. 977.

wesenheit von Metallen, daß die verlangte Bedingung hinreichend erfüllt ist, da gewöhnlich Körper mit schwarzer Oxydschicht vorhanden sind.

Der Apparat (Fig. 89) ist ein Wärmestrahlungspyrometer. Das Messen geschieht durch Zurückführung auf die Bestimmung der Temperatursteigerung eines als Thermometermasse ausgewählten Körpers.

Der wesentlichste Bestandteil ist ein thermoelektrisches Visier, das von zwei rechtwinklig auf zwei Scheiben gelöteten Drähten (Eisenkonstantan) gebildet wird. Die Drähte sind 0,003 m dick. Die Scheiben werden auf ein isolierendes Stück aufgesetzt, das sie in einem kleinen Abstand von 0,5 mm parallel erhält. Man lötet diese Scheiben zusammen und erhält so eine Thermosäule. Die beiden Klemmen *b* und *b'* dienen zur Stromabnahme.

Die Strahlungen sind auf diesem Visier mittels einer Linse aus Flußspat vereinigt. Dieser Körper besitzt eine Aufnahmefähigkeit pro-

Fig. 89.

portional der bei 900° einfallenden Wärmemenge. Um sich von der Entfernung des ausstrahlenden Körpers frei zu machen, wird das Sehrohr (in dem Teil, welcher das Visier trägt) durch ein Diaphragma geschlossen, das den Winkel an der Spitze des durch die Linse erzeugten Strahlenkegels begrenzt. Dieses Diaphragma gestattet uns, den Winkel auf einem ständigen Wert zu halten, ohne daß man das Rohr auseinanderziehen muß.

Außerdem hat man, um die Angaben von den Dimensionen der Lichtquelle unabhängig zu machen, von dem Augenblicke an, wo das Licht auf die Thermosäule fällt, auf der vorderen Scheibe einen kreuzförmigen Lichtschein angebracht, dessen Arme den Zweck haben, die Länge der ausstrahlenden Platten zu verkleinern.

Ein geeignetes Galvanometer vervollständigt den Apparat. Die Angaben gehen sehr rasch vor sich, da die zu erhitzende Masse sehr klein ist. Das Zurückkehren zum Nullpunkt geschieht ebenfalls sehr rasch.

Der Verfasser hat bei der gleichzeitigen Prüfung des Apparates mit einem Le Chatelier-Element gefunden, daß der Fehler kleiner als 1 % bleibt.

2. Pyroskope.

Mit dem Pyroskop allein kann man die Temperatursteigungen nicht verfolgen; in einem bestimmten Augenblick vollzieht sich die Erscheinung, sodann hört jede Angabe auf. Man muß daher zu einer pyroskopischen Skala greifen, wenn man einen Brand während seiner ganzen Dauer beobachten will.

Legierungen. Die Erscheinung des Seigerns macht jede auf dem Schmelzen einer Legierung bei einer gegebenen Temperatur beruhende Bestimmung unbrauchbar. Man setzt sich bei ihrer Anwendung großen Fehlern aus.[1]

Schmelzbare Pyroskope. An Stelle der Legierungen kann man sich geeigneter Zusammensetzungen bedienen, die eine schmelzbare Masse

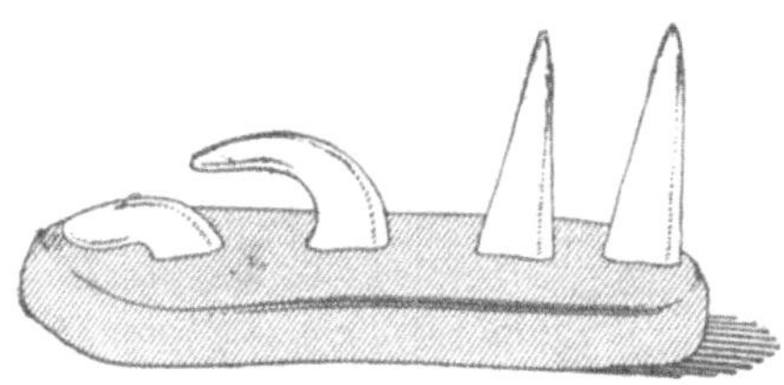

Fig. 90.

bilden. Dieses zum ersten Male von Lauth und Vogt[2]) im Jahre 1882 vorgeschlagene Prinzip zum Brennen des neuen Sèvres-Porzellans ist von Seger[3]) vervollkommnet worden.

Die sorgfältig zubereiteten, pulverisierten Mischungen werden in Gestalt von dreiseitigen Pyramiden mit kleiner Grundfläche geformt. Sie sind im Verhältnis zu ihrer Grundfläche sehr hoch. Diese Kegel genannten Pyramiden werden so in die Öfen gestellt, daß sie nicht direkt in die Luftströme zu stehen kommen, sondern vielmehr in eine Zone, wo die störenden Gasbewegungen nicht zu befürchten sind. Die Temperatur steigt allmählich und erreicht endlich den Punkt der Verglasung. Der Kegel wird weich, gibt nach und schmilzt nieder (Fig. 90). Wenn die Kegelspitze die Unterlage berührt, sagt man: der Kegel ist gefallen und betrachtet diese Lage als Merkmal. Die Zusammensetzung der Kegel ist je nach ihrer Schmelzbarkeit verschieden.

---

[1]) Ch. Lauth und G. Vogt, Mesures pyrométriques; Bull. Soc. chim. 1886, S. 786.

[2]) Loc. cit. und Notice sur la fabrication de la porcelaine nouvelle S. 19.

[3]) Tonindustrie-Zeitung 1885, S. 121 und 1886, S. 135 u. 229.

Eine erste Gruppe umfaßt natronbleihaltige Borosilikate:

Nummer	Zusammensetzung			Schmelzpunkt
022	$\left\{\begin{matrix} 0,5\ Na_2O \\ 0,5\ PbO \end{matrix}\right\}$	....	$\left\{\begin{matrix} 2,0\ SiO_2 \\ 1,0\ B_2O_3 \end{matrix}\right\}$	590°
021	$\left\{\begin{matrix} 0,5\ Na_2O \\ 0,5\ PbO \end{matrix}\right\}$	0,10 Al_2O_3	$\left\{\begin{matrix} 2,2\ SiO_2 \\ 1,0\ B_2O_3 \end{matrix}\right\}$	620°
020	$\left\{\begin{matrix} 0,5\ Na_2O \\ 0,5\ PbO \end{matrix}\right\}$	0,20 Al_2O_3	$\left\{\begin{matrix} 2,4\ SiO_2 \\ 1,0\ B_2O_3 \end{matrix}\right\}$	650°
019	$\left\{\begin{matrix} 0,5\ Na_2O \\ 0,5\ PbO \end{matrix}\right\}$	0,30 Al_2O_3	$\left\{\begin{matrix} 2,6\ SiO_2 \\ 1,0\ B_2O_3 \end{matrix}\right\}$	680°
018	$\left\{\begin{matrix} 0,5\ Na_2O \\ 0,5\ PbO \end{matrix}\right\}$	0,40 Al_2O_3	$\left\{\begin{matrix} 2,8\ SiO_2 \\ 1,0\ B_2O_3 \end{matrix}\right\}$	710°
017	$\left\{\begin{matrix} 0,5\ Na_2O \\ 0,5\ PbO \end{matrix}\right\}$	0,50 Al_2O_3	$\left\{\begin{matrix} 3,0\ SiO_2 \\ 1,0\ B_2O_3 \end{matrix}\right\}$	740°
016	$\left\{\begin{matrix} 0,5\ Na_2O \\ 0,5\ PbO \end{matrix}\right\}$	0,55 Al_2O_3	$\left\{\begin{matrix} 3,1\ SiO_2 \\ 1,0\ B_2O_3 \end{matrix}\right\}$	770°
015	$\left\{\begin{matrix} 0,5\ Na_2O \\ 0,5\ PbO \end{matrix}\right\}$	0,60 Al_2O_3	$\left\{\begin{matrix} 3,2\ SiO_2 \\ 1,0\ B_2O_3 \end{matrix}\right\}$	800°
014	$\left\{\begin{matrix} 0,5\ Na_2O \\ 0,5\ PbO \end{matrix}\right\}$	0,65 Al_2O_3	$\left\{\begin{matrix} 3,3\ SiO_2 \\ 1,0\ B_2O_3 \end{matrix}\right\}$	830°
013	$\left\{\begin{matrix} 0,5\ Na_2O \\ 0,5\ PbO \end{matrix}\right\}$	0,70 Al_2O_3	$\left\{\begin{matrix} 3,4\ SiO_2 \\ 1,0\ B_2O_3 \end{matrix}\right\}$	860°
012	$\left\{\begin{matrix} 0,5\ Na_2O \\ 0,5\ PbO \end{matrix}\right\}$	0,75 Al_2O_3	$\left\{\begin{matrix} 3,5\ SiO_2 \\ 1,0\ B_2O_3 \end{matrix}\right\}$	890°
011	$\left\{\begin{matrix} 0,5\ Na_2O \\ 0,5\ PbO \end{matrix}\right\}$	0,80 Al_2O_3	$\left\{\begin{matrix} 3,6\ SiO_2 \\ 1,0\ B_2O_3 \end{matrix}\right\}$	920°

Diese Kegel leiten sich vom Kegel 022 durch Zusatz von 0,1 Molekül $Al_2O_3 + 2\,SiO_2$ ab, steigend von Kegel zu Kegel.

Sodann ersetzt man das Natron und Bleioxyd durch eine Mischung von Kalk und Kali, deren Verhältnis konstant bleibt; nur die Kieselsäure und das Borsäureanhydrid werden geändert.

Anstatt der Tonerde allein verwendet man eine Mischung von Tonerde und Eisenoxyd:

Nummer	Zusammensetzung			Schmelzpunkt
010	$\left\{\begin{matrix} 0,3\ K_2O \\ 0,7\ CaO \end{matrix}\right\}$	$\begin{matrix} 0,2\ Fe_2O_3 \\ 0,3\ Al_2O_3 \end{matrix}$	$\left\{\begin{matrix} 3,50\ SiO_2 \\ 0,50\ B_2O_3 \end{matrix}\right\}$	950°
09	$\left\{\begin{matrix} 0,3\ K_2O \\ 0,7\ CaO \end{matrix}\right\}$	$\begin{matrix} 0,2\ Fe_2O_3 \\ 0,3\ Al_2O_3 \end{matrix}$	$\left\{\begin{matrix} 3,55\ SiO_2 \\ 0,45\ B_2O_3 \end{matrix}\right\}$	970°

Nummer	Zusammensetzung	Schmelzpunkt
08	$\left\{\begin{matrix} 0{,}3\ K_2O \\ 0{,}7\ CaO \end{matrix}\right\}$ $\begin{matrix} 0{,}2\ Fe_2O_3 \\ 0{,}3\ Al_2O_3 \end{matrix}$ $\left\{\begin{matrix} 3{,}60\ SiO_2 \\ 0{,}40\ B_2O_3 \end{matrix}\right\}$	990°
07	$\left\{\begin{matrix} 0{,}3\ K_2O \\ 0{,}7\ CaO \end{matrix}\right\}$ $\begin{matrix} 0{,}2\ Fe_2O_3 \\ 0{,}3\ Al_2O_3 \end{matrix}$ $\left\{\begin{matrix} 3{,}65\ SiO_2 \\ 0{,}35\ B_2O_3 \end{matrix}\right\}$	1010°
06	$\left\{\begin{matrix} 0{,}3\ K_2O \\ 0{,}7\ CaO \end{matrix}\right\}$ $\begin{matrix} 0{,}2\ Fe_2O_3 \\ 0{,}3\ Al_2O_3 \end{matrix}$ $\left\{\begin{matrix} 3{,}70\ SiO_2 \\ 0{,}30\ B_2O_3 \end{matrix}\right\}$	1030°
05	$\left\{\begin{matrix} 0{,}3\ K_2O \\ 0{,}7\ CaO \end{matrix}\right\}$ $\begin{matrix} 0{,}2\ Fe_2O_3 \\ 0{,}3\ Al_2O_3 \end{matrix}$ $\left\{\begin{matrix} 3{,}75\ SiO_2 \\ 0{,}25\ B_2O_3 \end{matrix}\right\}$	1050°
04	$\left\{\begin{matrix} 0{,}3\ K_2O \\ 0{,}7\ CaO \end{matrix}\right\}$ $\begin{matrix} 0{,}2\ Fe_2O_3 \\ 0{,}3\ Al_2O_3 \end{matrix}$ $\left\{\begin{matrix} 3{,}80\ SiO_2 \\ 0{,}20\ B_2O_3 \end{matrix}\right\}$	1070°
03	$\left\{\begin{matrix} 0{,}3\ K_2O \\ 0{,}7\ CaO \end{matrix}\right\}$ $\begin{matrix} 0{,}2\ Fe_2O_3 \\ 0{,}3\ Al_2O_3 \end{matrix}$ $\left\{\begin{matrix} 3{,}85\ SiO_2 \\ 0{,}15\ B_2O_3 \end{matrix}\right\}$	1090°
02	$\left\{\begin{matrix} 0{,}3\ K_2O \\ 0{,}7\ CaO \end{matrix}\right\}$ $\begin{matrix} 0{,}2\ Fe_2O_3 \\ 0{,}3\ Al_2O_3 \end{matrix}$ $\left\{\begin{matrix} 3{,}90\ SiO_2 \\ 0{,}10\ B_2O_3 \end{matrix}\right\}$	1110°
01	$\left\{\begin{matrix} 0{,}3\ K_2O \\ 0{,}7\ CaO \end{matrix}\right\}$ $\begin{matrix} 0{,}2\ Fe_2O_3 \\ 0{,}3\ Al_2O_3 \end{matrix}$ $\left\{\begin{matrix} 3{,}95\ SiO_2 \\ 0{,}05\ B_2O_3 \end{matrix}\right\}$	1130°

In dieser Gruppe wird SiO_2 durch B_2O_3 jeweilig um 0,05 Moleküle mehr ersetzt. Von Kegel 1 an beseitigt man das Borsäureanhydrid:

Nummer	Zusammensetzung	Schmelzpunkt
1	$\left\{\begin{matrix} 0{,}3\ K_2O \\ 0{,}7\ CaO \end{matrix}\right\}$ $\left.\begin{matrix} 0{,}20\ Fe_2O_3 \\ 0{,}30\ Al_2O_3 \end{matrix}\right\}$ $4\ SiO_2$	1150°
2	$\left\{\begin{matrix} 0{,}3\ K_2O \\ 0{,}7\ CaO \end{matrix}\right\}$ $\left.\begin{matrix} 0{,}10\ Fe_2O_3 \\ 0{,}40\ Al_2O_3 \end{matrix}\right\}$ $4\ SiO_2$	1170°
3	$\left\{\begin{matrix} 0{,}3\ K_2O \\ 0{,}7\ CaO \end{matrix}\right\}$ $\left.\begin{matrix} 0{,}05\ Fe_2O_3 \\ 0{,}45\ Al_2O_3 \end{matrix}\right\}$ $4\ SiO_2$	1190°

Nach Kegel 3 setzt man kein Eisenoxyd mehr hinzu:

Nummer	Zusammensetzung	Schmelzpunkt
4	$\left\{\begin{matrix} 0{,}3\ K_2O \\ 0{,}7\ CaO \end{matrix}\right\}$ $0{,}5\ Al_2O_3,\ 4\ SiO_2$	1210°
5	$\left\{\begin{matrix} 0{,}3\ K_2O \\ 0{,}7\ CaO \end{matrix}\right\}$ $0{,}5\ Al_2O_3,\ 5\ SiO_2$	1230°
6	$\left\{\begin{matrix} 0{,}3\ K_2O \\ 0{,}7\ CaO \end{matrix}\right\}$ $0{,}6\ Al_2O_3,\ 6\ SiO_2$	1250°
7	$\left\{\begin{matrix} 0{,}3\ K_2O \\ 0{,}7\ CaO \end{matrix}\right\}$ $0{,}7\ Al_2O_3,\ 7\ SiO_2$	1270°
8	$\left\{\begin{matrix} 0{,}3\ K_2O \\ 0{,}7\ CaO \end{matrix}\right\}$ $0{,}8\ Al_2O_3,\ 8\ SiO_2$	1290°

Nummer	Zusammensetzung			Schmelzpunkt
9	$\left\{\begin{matrix} 0{,}3\ K_2O \\ 0{,}7\ CaO \end{matrix}\right\}$	0,9 Al_2O_3,	9 SiO_2	1310°
10	$\left\{\begin{matrix} 0{,}3\ K_2O \\ 0{,}7\ CaO \end{matrix}\right\}$	1,0 Al_2O_3,	10 SiO_2	1330°
11	$\left\{\begin{matrix} 0{,}3\ K_2O \\ 0{,}7\ CaO \end{matrix}\right\}$	1,2 Al_2O_3,	12 SiO_2	1350°
12	$\left\{\begin{matrix} 0{,}3\ K_2O \\ 0{,}7\ CaO \end{matrix}\right\}$	1,4 Al_2O_3,	14 SiO_2	1370°
13	$\left\{\begin{matrix} 0{,}3\ K_2O \\ 0{,}7\ CaO \end{matrix}\right\}$	1,6 Al_2O_3,	16 SiO_2	1390°
14	$\left\{\begin{matrix} 0{,}3\ K_2O \\ 0{,}7\ CaO \end{matrix}\right\}$	1,8 Al_2O_3,	18 SiO_2	1410°
15	$\left\{\begin{matrix} 0{,}3\ K_2O \\ 0{,}7\ CaO \end{matrix}\right\}$	2,1 Al_2O_3,	21 SiO_2	1430°
16	$\left\{\begin{matrix} 0{,}3\ K_2O \\ 0{,}7\ CaO \end{matrix}\right\}$	2,4 Al_2O_3,	24 SiO_2	1450°
17	$\left\{\begin{matrix} 0{,}3\ K_2O \\ 0{,}7\ CaO \end{matrix}\right\}$	2,7 Al_2O_3,	27 SiO_2	1470°
18	$\left\{\begin{matrix} 0{,}3\ K_2O \\ 0{,}7\ CaO \end{matrix}\right\}$	3,1 Al_2O_3,	31 SiO_2	1490°
19	$\left\{\begin{matrix} 0{,}3\ K_2O \\ 0{,}7\ CaO \end{matrix}\right\}$	3,5 Al_2O_3,	35 SiO_2	1510°
20	$\left\{\begin{matrix} 0{,}3\ K_2O \\ 0{,}7\ CaO \end{matrix}\right\}$	3,9 Al_2O_3,	39 SiO_2	1530°
21	$\left\{\begin{matrix} 0{,}3\ K_2O \\ 0{,}7\ CaO \end{matrix}\right\}$	4,4 Al_2O_3,	44 SiO_2	1550°
22	$\left\{\begin{matrix} 0{,}3\ K_2O \\ 0{,}7\ CaO \end{matrix}\right\}$	4,9 Al_2O_3,	49 SiO_2	1570°
23	$\left\{\begin{matrix} 0{,}3\ K_2O \\ 0{,}7\ CaO \end{matrix}\right\}$	5,4 Al_2O_3,	54 SiO_2	1590°
24	$\left\{\begin{matrix} 0{,}3\ K_2O \\ 0{,}7\ CaO \end{matrix}\right\}$	6,0 Al_2O_3,	60 SiO_2	1610°
25	$\left\{\begin{matrix} 0{,}3\ K_2O \\ 0{,}7\ CaO \end{matrix}\right\}$	6,6 Al_2O_3,	66 SiO_2	1630°
26	$\left\{\begin{matrix} 0{,}3\ K_2O \\ 0{,}7\ CaO \end{matrix}\right\}$	7,2 Al_2O_3,	72 SiO_2	1650°
27	$\left\{\begin{matrix} 0{,}3\ K_2O \\ 0{,}7\ CaO \end{matrix}\right\}$	20,0 Al_2O_3,	200 SiO_2	1670°

Von Kegel 5 an setzt man pro 0,1 Molekül Mischung $Al_2O_3 + 10\,SiO_2$ bis Kegel 10 zu, dann pro 0,2 Molekül bis Kegel 14, pro 0,3 Molekül bis Kegel 17, pro 0,4 Molekül bis Kegel 20, pro 0,5 Molekül bis Kegel 23, pro 0,6 Molekül bis Kegel 26 und pro 0,8 Molekül bis Kegel 27.

Die höheren Kegel von Kegel 28 an sind einfach Tonerdesilikate mit abnehmendem Säuregehalt:

Nummer	Zusammensetzung	Schmelzpunkt
28	Al_2O_3, 10 SiO_2	1690°
29	Al_2O_3, 8 SiO_2	1710°
30	Al_2O_3, 6 SiO_2	1730°
31	Al_2O_3, 5 SiO_2	1750°
32	Al_2O_3, 4 SiO_2	1770°
33	Al_2O_3, 3 SiO_2	1790°
34	Al_2O_3, 2 SiO_2	1810°
35	Al_2O_3, 2 SiO_2	1830°
36	Al_2O_3, 2 SiO_2	1850°

Die Kegel 35 und 36 besitzen dieselbe Zusammensetzung; sie unterscheiden sich nur durch die Natur der beiden Silikate. Kegel 35 ist ein enthydratisierter Kaolin, Kegel 36 ist ein ebenfalls enthydratisierter Schieferton.

Durch Anwendung elektrischer Versuchsöfen erreichte man noch höhere Temperaturen als Segerkegel 36, was zur Heranschaffung weiterer Segerkegel führte,[1]) nämlich:

Nummer	Zusammensetzung
37	Al_2O_3, 1,33 SiO_2
38	Al_2O_3, 1,00 SiO_2
39	Al_2O_3, 0,66 SiO_2
40	Al_2O_3, 0,33 SiO_2
41	Al_2O_3, 0,13 SiO_2
42	Al_2O_3 —

Die oben angeführten Schmelzpunkte der Segerkegel sind nur geschätzte; in Wirklichkeit verhalten sich die Kegel, wenigstens die höheren, nicht so regelmäßig beim Niederschmelzen. Außerdem wurde durch neuere Ermittelungen von Heräus und Holborn[2]) festgestellt, daß der zugrunde gelegte Schmelzpunkt des Platins mit 1850° und dann mit 1780° nur 1710° erreicht, so daß die Schmelzpunkte der höheren Kegel entsprechend herabgesetzt werden müssen. Nach den letzten Bestimmungen von Holborn und Simonis[3]) kann man als Mittelwert für die Kegel 19—36 folgende Schmelzpunkte annehmen:

[1]) Sprechsaal 1906, S. 1284.

[2]) Sprechsaal 1905, No. 10; 1906, No. 3.

[3]) Sprechsaal 1907, No. 6. — Tonindustrie-Zeitung 1907, No. 9.

Segerkegel	Schmelzpunkt	Segerkegel	Schmelzpunkt
19	1530°	30	1605°
20	1548°	31	1618°
21	1548°	32	1635°
22	1550°	33	1650°
23	1555°	34	1670°
24	1560°	35	1685°
25	1566°	36	1705°
26	1566°		

Wie ersichtlich, liegen die Schmelzpunkte der Kegel 20—26 sehr nahe aneinander, weshalb die Vertriebstelle der Segerkegel die Einstellung der Fabrikation der Nummern 21—25 beschloß.

Wie bereits gesagt, ist die Kenntnis der wirklichen Schmelzpunkte der Kegel für den Fabrikanten ohne praktische Bedeutung, denn die Segerkegel bleiben in ihrem Verhalten unverändert; die Schmelzpunktbestimmungen dagegen ändern sich ständig in dem Maße, wie die Untersuchungsverfahren und Apparate vervollkommnet werden. Diese Forschungen sind sicher noch nicht als abgeschlossen zu betrachten und können jeden Tag noch zur Änderung obiger Angaben führen.

Die Numerierung der Segerkegel erscheint recht eigenartig, denn die Nummer 1 befindet sich ungefähr in der Mitte der Skala; das kommt daher, daß die ursprüngliche Reihe nur die Kegel 1—36 umfaßte, die Kegel 022—1 sind erst später entstanden. Die Segerkegel können in der Keramik große Dienste leisten; falls eine strenge Kontrolle notwendig ist, bilden sie neben den Pyrometern ein pyrometrisches Ganzes, welches allen Anforderungen Genüge leistet.

Man hat zahlreiche Kritiken darüber geschrieben, aber diese Einwände gelten nicht speziell für die Segerkegel, sondern sie können auch auf viele andere Pyrometer übertragen werden.

Der Gebrauch der Segerkegel ist in Deutschland weit verbreitet und es gibt viele Fabrikanten, die ihre Anwendung warm befürworten. Man stellt sie in einer mit einem Ausschnitt versehenen Kapsel auf oder in einer Hängeschale oder auch zwischen den zu brennenden Stoffen.

Das Prinzip der Segerkegel läßt sich verallgemeinern; man kann daher zahlreiche Gestalten erdenken, die jedoch alle nur Abänderungen des Grundtypus sind; so kann man diesem schmelzbaren Kegel z. B. die Form von horizontal angeordneten, an ihren Enden gestützten Stäben geben. Infolge der Einwirkung der Wärme biegt sich der Stab in der Mitte durch.

Die Herstellung der Segerkegel bietet Schwierigkeiten. Die Kegel der Reihe 1—27, die am meisten Verwendung finden, erfordern folgende Rohstoffe: Kaolin, Feldspat, Quarz, Marmor.

Diesen wichtigen Stoffen setzen wir Eisensesquioxyd zu. Die Bestandteile müssen genügend rein sein, wenn man Fehler vermeiden will;

das beste ist, man stellt eine gut gefrittete Grundmasse her, welcher man die zur Herstellung der verschiedenen Kegel nötigen Stoffe zusetzt.

Von Kegel 4 kann man z. B. alle anderen Kegel durch zunehmendes Zusetzen der Mischung $1\,Al_2O_3 + 10\,SiO_2$ ableiten.

Die borsäurehaltigen Kegel sind schwieriger herzustellen, denn die Einführung des Borsäureanhydrids kann ohne Verlust schwer bewerkstelligt werden.

Man soll die selbsthergestellten Kegel mit Normalkegeln vergleichen, wenn man sichere Resultate erhalten will. Eine strenge Kontrolle ist unerläßlich.

Die Mischung muß eine innige und homogene sein. In Sèvres, wo man die für den Fabrikgebrauch nötigen Kegel selbst erzeugt, reibt man die Mischung auf der Glaspalette. Bei den eisenhaltigen Kegeln muß man die reduzierende Wirkung der Gase berücksichtigen. Es kann hier eine Reduktion stattfinden.

Gefärbte Pyroskope. Statt die Schmelzbarkeit anzuwenden, hat man auch zu anderen Mitteln gegriffen, unter welchen wir die Färbungen anführen wollen, welche ein Goldkarmin unter der Einwirkung der Wärme annehmen kann. Zum Brande der Schmelzfarben befestigt man an einer Eisenstange eine mit Karmin bestrichene Porzellanplatte und stellt dieses Merkzeichen in die Muffel. Die Entwicklung der Farbtönung ändert sich mit der Temperatur. Hier sind der Reihe nach die Farbtönungen angeführt, welche bei zwischen Kegel 0,16 und 0,10, d. h. zwischen 760° und 940° schwankenden Temperaturen auftreten:

Schmutzig-braun.
Schön Rosa.
Rosapurpur.
Grau-Violettrosa.
Violettrosa.
Hellviolett.

Sodann verschwindet die Farbe.

Knallpyroskope. Diese von Professor Wiborgh erdachten Pyroskope sind feste zylindrische Tonkörper von einer Länge von etwa 3 cm; sie enthalten einen Explosivkörper (in ungefährlichen Mengen), der nach Verlauf einer mehr oder weniger langen Zeit, je nach dem Temperaturgrad, explodiert. Die zwischen dem Augenblick verflossene Zeit, wo das Pyroskop eingesetzt worden ist, und derjenigen, wo es explodiert, dient zur Bestimmung der Temperatur.

Bei sehr hoher Temperatur tritt die Explosion bald ein; sie verzögert sich bei niederer Temperatur. Die Schätzung der Temperatur wird durch die Beobachtung der Zeit vorgenommen. Eine Tabelle, welche mit dem Knallpyroskope geliefert wird, gestattet aus der Zeit auf die Temperaturen zu schließen.

Die Knallpyrometer ermöglichen es uns, die Temperaturen zwischen 300° und 2000° zu schätzen. Die verflossene Zeit beträgt bei 300° 3 Min. 24,6 Sek., dies entspricht bei 2400° 29,6 Sek. Zum Gebrauch dieser Pyroskope ist ein Chronometer nötig.

In der Praxis wirft man einfach, wenn die Trümmer des Knallpyroskopes keine Übelstände mit sich bringen, das Pyroskop in den Ofen und setzt ein Uhrwerk in Gang. Wenn die Explosion vorüber ist, liest man die Zeit am Zeiger ab.

Wenn die Trümmer des Knallpyroskopes die Waren beschädigen sollten, muß man anders verfahren.

In diesem Falle stellt man eine verschlossene Röhre an die Stelle, wo die Versuche gemacht werden sollen; die Explosionen erfolgen dann im Innern der Röhre.

3. Bemerkungen über den Gebrauch der Pyrometer.

Es ist nicht uninteressant, die Resultate zu veröffentlichen, die gleichzeitig mit Segerkegeln und einem Pyrometer von Le Chatelier durch Dr. Zimmer[1]) gefunden wurden:

„In unserer Industrie sind die Segerkegel allen anderen Pyrometern vorzuziehen; man kann mit ihnen zwar nicht genau die Temperatur bestimmen, sie liefern uns indes ein gutes Mittel zur Kontrollierung der Öfen. Bekanntlich bestehen sie aus einem Gemenge weniger Stoffe, welche dieselben sind, die auch die Massen und Glasuren bilden. Während des Brandes ist das Gemenge physikalischen Veränderungen und ganz ähnlichen chemischen Prozessen unterworfen, wie die Töpferwaren. Von da an bemerken wir, daß, wenn eine bestimmte Gattung Töpferwaren richtig gebrannt ist, das Ende des Prozesses durch das Niederschmelzen eines bestimmten Kegels angegeben wird; es ist indes bereits nachgewiesen, daß der Brand der Töpferwaren unter sehr verschiedenen Verhältnissen vor sich gehen kann und daß dann die Temperatur am Ende des Brandes, wenn sie durch wissenschaftliche Beobachtungen genau gemessen wird, sehr stark von der vorhergemessenen abweichen kann.

„Die Dauer des Brandes hat einen sehr großen Einfluß auf das Endergebnis. Meine persönlichen Erfahrungen haben gezeigt, daß die Kegel 1—9 Abweichungen von 25—30° beim Niederschmelzen zeigen; in einem großen Ofen, in welchem der Brand langsam vor sich geht, fallen sie bei einer niedrigeren Temperatur um als in einem Versuchsofen, in dem der Brand sehr rasch geführt wird. Die relative Temperaturskala der Segerkegel ist zuletzt im Laboratorium der Tonindustrie-Zeitung nachgeprüft worden; sie muß abgeändert werden, wenn es sich um unsere großen Öfen handelt, in denen wir das unglasierte Steingut verhältnismäßig langsam brennen.“ (Es handelt sich hier um die Herstellung von feinem Steingut.)

---

[1]) La Céramique Juli 1901, S. 19 und Pottery Gazette 1901, S. 385.

„In der Praxis müssen wir die zum Brennen eines Topfes nötige Hitze kennen und nicht nur die Temperatur, bei der das Brennen vor sich geht. Die Segerkegel geben uns diese Auskunft. Meine Beobachtungen beziehen sich auf einen Ofen von 16 Fuß, und ich habe folgende Tatsache konstatieren können: Nach einer Brenndauer von 44 Stunden war die höchste erreichte Temperatur die, welche dem Schmelzen des Segerkegels 7 entspricht; nach vier weiteren Stunden zeigte das Pyrometer von Le Chatelier keine weitere Temperatursteigerung an, dennoch schmolz der Kegel 8. Nach diesen 44 Stunden Brenndauer begann die Ware zu sintern, der Brand war indes erst nach dem Fall des Kegels 8 beendet.

„Aus dem, was ich soeben gesagt habe, und den aus diesen Silikaten ferner hervorgehenden Erscheinungen (ich verstehe darunter zugleich die Ware und die Kegel) schließe ich, daß die Segerkegel nicht als wissenschaftliche Apparate anzusehen sind, die zum Messen der Temperaturen dienen können. Aus diesem Schluß ergibt sich die Überlegenheit der Segerkegel, ohne ihre Billigkeit und ihre leichte Handhabung und Kontrolle hervorzuheben. Sie können gewiß als ein Pyrometer von größtem Wert angesehen werden, das leicht im Ofen beobachtet werden kann und das zugleich das beste von allen denen ist, die man bei der Einführung dieses Prinzips vorgeschlagen hat.

„Trotz dieser Vorteile waren die Fabrikanten, besonders als sie selbst ihre Segerkegel herstellen wollten, unangenehm enttäuscht; so hatten die Kegel angezeigt, daß die höchste Temperatur bereits erreicht sei, als sie noch weiter steigen mußte. Wenn diese Zufälligkeiten den Unreinigkeiten der Rohstoffe zugeschrieben werden dürften, so könnte dies einen Mann mit chemischen Fachkenntnissen keineswegs überraschen. In der Tat ist der kohlensaure Kalk nicht immer rein, der Ton selten reines Tonerdesilikat; der Feldspat wechselt in seiner Zusammensetzung und der Quarz kann ebenfalls nicht als reine Kieselsäure betrachtet werden.

„Obwohl die Rohstoffe analysiert und chemisch betrachtet als rein erkannt wurden, traten dennoch die beschriebenen Zufälligkeiten ein. Da ich durchaus nicht die Genauigkeit der Segerschen Arbeit anzweifele, so ist die Ursache dieser Unregelmäßigkeit in der mechanischen Zubereitung der Mischung zu suchen. Die Erklärung findet sich in der für die Zubereitung angenommenen Bearbeitungsweise. Wir hatten große Mengen der Mischung hergestellt, entsprechend den Kegeln 2 und 3; die Stoffe waren rein, durch das Mahlen aber gut vermischt. Der flüssige Teil der Mischung war in einer Form aus Pariser Gips in den festen Zustand übergeführt worden. Wir konnten damals feststellen, daß die Masse nicht mehr homogen war; dies war die Folge der bei der Verdünnung verwendeten zu großen Wassermenge. Meinerseits habe ich befriedigende Resultate erzielt nur bei der Herstellung der Mischungen aus kleinen Mengen und wenn ich mit einer feuchten Masse arbeitete.

„Ernst Mayer aus Beaver Talls hat dieselben Mißerfolge nachgewiesen. Ein Kegel 1 zeigte im Rohbrand große Unregelmäßigkeiten. Es ist daher vorzuziehen, sich Kegel anzuschaffen, die aus guten Quellen stammen, wie dies in der keramischen Abteilung der Universität des Staates Ohio beschlossen worden ist. Diese Art des Vorgehens verursacht keine großen Kosten.

„Wir bemerken außerdem, daß ein Fabrikant, der mit guten Kegeln versehen ist, nicht immer sichere Erfolge aufweisen kann. Vor allen Dingen hat er den Heizer als Feind aller Neuerungen gegen sich. Der Gehalt, die Existenz des letzteren hängt mehr oder weniger von der Unkenntnis des Handwerkes seitens seines Arbeitsherrn ab. Die Schlüsse, die man von den in den Öfen zur Kontrolle aufgestellten Ziehproben machen muß, sind sonst Sache des Heizers. Die Anwendung der Segerkegel macht dies überflüssig, denn ein Mann, selbst wenn er keine große Übung im Brennen besitzt, kann durch die einfache Prüfung der niedergeschmolzenen Kegel beurteilen, ob der Ofen zu lange, zu kurz oder genügend lange gebrannt hat. Von dem Augenblick an, wo der Fabrikherr die Kegelnummer kennt, die für seine Ware paßt, und wenn er die erforderliche Brenndauer, mit anderen Worten den Betrieb des Ofens kennt, kann er bis zu einem gewissen Punkt sich ganz unabhängig von seinem Brennpersonal machen. Damit soll nicht gesagt sein, daß ein ganz beliebiger Arbeiter, z. B. ein Erdarbeiter, am Ofen verwendet werden kann, denn Erfahrung und eine gewisse Fachkenntnis sind immer notwendig; aber das kann behauptet werden, daß die Einführung der Kegel die Ofenarbeiter weniger unentbehrlich macht und sie leichter durch andere ersetzen läßt, und es ist daher erklärlich, daß sich ein gewisser Unwille gegen den Gebrauch dieser Pyrometer richtet.

„Die Segerkegel befriedigen nur, wenn man versucht, sie rationell anzuwenden. Man muß sie richtig aufstellen, immer an dieselben Plätze und nur in einen Ofen, der sich in gutem Zustand befindet. Wir haben elf Kegelreihen genommen, je vier Kegel in einer Reihe, wobei wir sorgfältig deren Umfallen sowie das Fortschreiten des Ofens aufgezeichnet haben. Bei einigen dieser Versuche stimmte das Resultat mit den Aufzeichnungen der Kegel überein, während es bei anderen weniger befriedigend ausfiel. Die Kegel zeigten einen guten Brand an und dennoch war das Endergebnis mangelhaft. Diese Unregelmäßigkeiten waren verursacht durch schlechte Kegelanordnung im Ofen; so haben wir bei gewissen Versuchen den Eintritt kalter Luft gerade in der Richtung auf die Kegel konstatiert.

„Wir halten es für zweckmäßig, daß sich jeder Fabrikant eine Kegelreihe aufstellt, eine Reihe, die sich ganz nach seinem Betrieb richtet. Die Kegel werden z. B. nur anzeigen, ob der Brand genügend scharf war, die schlechte Feuerführung (Arbeiten, die sich immer in Dollar und Cents[1])

---

[1]) Der Autor spricht von Amerika.

bemerkbar machen, da ja dann minderwertige Produkte hergestellt werden) wird nicht angezeigt. So kann die Branddauer die vorgeschriebene gewesen sein; allein, wenn am Anfang zu langsam vorgegangen wurde, so mußten sich die Heizer am Ende um so mehr beeilen, um die verlorene Zeit wieder einzubringen. Wenn man Naturgas zur Verfügung hat, so besitzt man eines der bequemsten Brennmittel; immerhin hat man die Druckänderungen zu fürchten, wenn der Heizer in seinem Dienst nicht aufpaßt. Ich habe diesen Unbequemlichkeiten durch Anwendung des Pyrometers von Le Chatelier abhelfen können. Ich habe die Brandkurven nach einer Reihe von Beobachtungen konstruiert und dabei eine

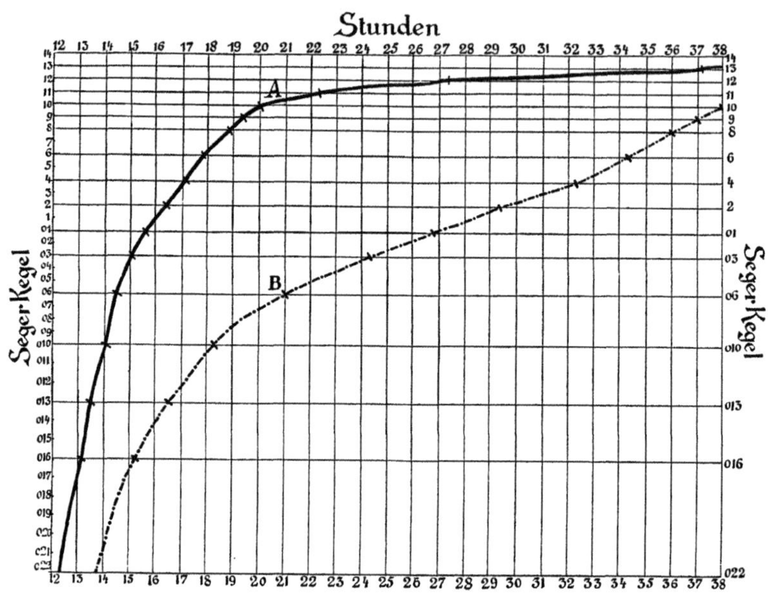

Fig. 91.

Kegelkontrolle mit Hilfe dieser Apparate angebracht. Ich konnte mir ein Bild von der ersten Brennperiode machen, in welcher der Ofen noch dunkel bleibt. Diese Kurven haben mir gezeigt, daß die Temperatur während der ersten Stunde sehr rasch auf 200° steigt. Dieses rasche Steigen ist sicher die Ursache des Bruches ungenügend getrockneter Ware. Dadurch, daß ich in diesem Augenblick das Feuer mäßigte, konnte ich die Zahl der Brüche auf die Hälfte reduzieren. Am Ende des Brandes verursacht eine rasche Temperatursteigerung wenig Schaden, sie ist sogar notwendig, um die Glasur durchzuschmelzen.

„Ich schließe aus den jetzigen Beobachtungen, denn ich beabsichtige meine Versuche fortzusetzen, daß es von Vorteil wäre, die Brandkurven zu studieren und einzuführen, die für jede Art von Töpferwaren und für jedes Ofensystem passen. Der Industrielle wird daraus schließen können, mit welchem Kegel er brennen kann. Mein Vorschlag hat einen etwas idealen Zweck, aber ich glaube dennoch, daß er die Gefahren des Brennens auf ein Minimum zurückführen läßt."

Man muß diesen beiden Pyrometern gewiß den Vorzug geben. Die Beobachtungen Dr. Zimmers zeigen zur Genüge den Stand der Frage, ohne daß eine weitere Erläuterung nötig ist. Die Anregung Dr. Zimmers, Brandkurven aufzustellen, wäre für die keramische Industrie von praktischem Nutzen. Wir wollen zwei Beispiele anführen, welche geeignet sein dürften, einen Begriff der Bedeutung der Kurven zu ermöglichen.

Fig. 91 (S. 204) stellt den Brand eines Porzellanofens graphisch dar, in welchem unten bei Segerkegel 13 reduzierend und in der mittleren Etage bei Segerkegel 10 oxydierend gebrannt werden muß. Die Betrachtung der Kurven zeigt, wie diese sich scheinbar widersprechenden Bedingungen erfüllt werden können. Der Brand wird zunächst nur mit Rücksicht auf den Glattofen geführt, d. h. so lange reduzierend gehalten, bis die Glasur geschmolzen ist (Segerkegel 9—10, Punkt A der geschlossenen Linie). Von diesem Augenblicke an können die Verbrennungsgase auf die Farbe des Scherbens keinen Einfluß mehr ausüben. Nun hat die Temperatur der mittleren Etage erst Segerkegel 0,6 (Punkt B der unterbrochenen Linie) erreicht, d. h. die oxydierend zu brennenden Farben sind noch nicht von den reduzierenden Gasen beeinflußt worden, da die Glasur noch nicht ins Schmelzen geraten ist. Es ist also möglich, von nun an den Brand nur mit Rücksicht auf die mittlere Etage, d. h. oxydierend zu Ende zu führen, wobei die Temperatur des Glattofens allmälich bis zum Garbrennen (Segerkegel 13) steigt.

Fig. 92 (S. 206) stellt einen Porzellanbrand dar; die Kurven wurden nach den Angaben[1]) des Le Chatelier-Pyrometer aufgestellt, und zwar bezeichnet die geschlossene Linie die Temperatur des Glattofens und die unterbrochene die Temperatur der Abgase. Dadurch kann man auf den ersten Blick eine lehrreiche Übersicht von diesen für die Keramik so wichtigen Momenten gewinnen.

IV. Apparate zur Kontrolle des Ofenbetriebes.

Es ist oft nötig, während des Betriebes der Öfen andere Beobachtungen als pyrometrische anzustellen. Man kann sich Rechenschaft über den Zug des Ofens geben, oder sich eine Vorstellung über die Natur oder die Zusammensetzung der Ofenluft bilden wollen.

Das erste Problem kann leicht mittels eines sehr einfachen, von Seger erdachten Apparates gelöst werden. Es ist ein Differentialzugmesser. Es besteht aus einer kalibrierten U-Röhre, deren oberen Teile durch ein breiteres Rohr gebildet werden. Das Rohr enthält zwei nicht

---

[1]) Sprechsaal 1906, No. 50.

mischbare Flüssigkeiten: Wasser und Anilinöl oder Phenol und eine Phenollösung. Eine Skaleneinteilung gestattet den Stand der Trennungsfläche beider Flüssigkeiten abzulesen, wenn die in den beiden Röhrenästen ausgeübten Drucke ungleich sind. Um eine Messung auszuführen, versieht man den einen Röhrenast, der mit einem von einem Röhrchen

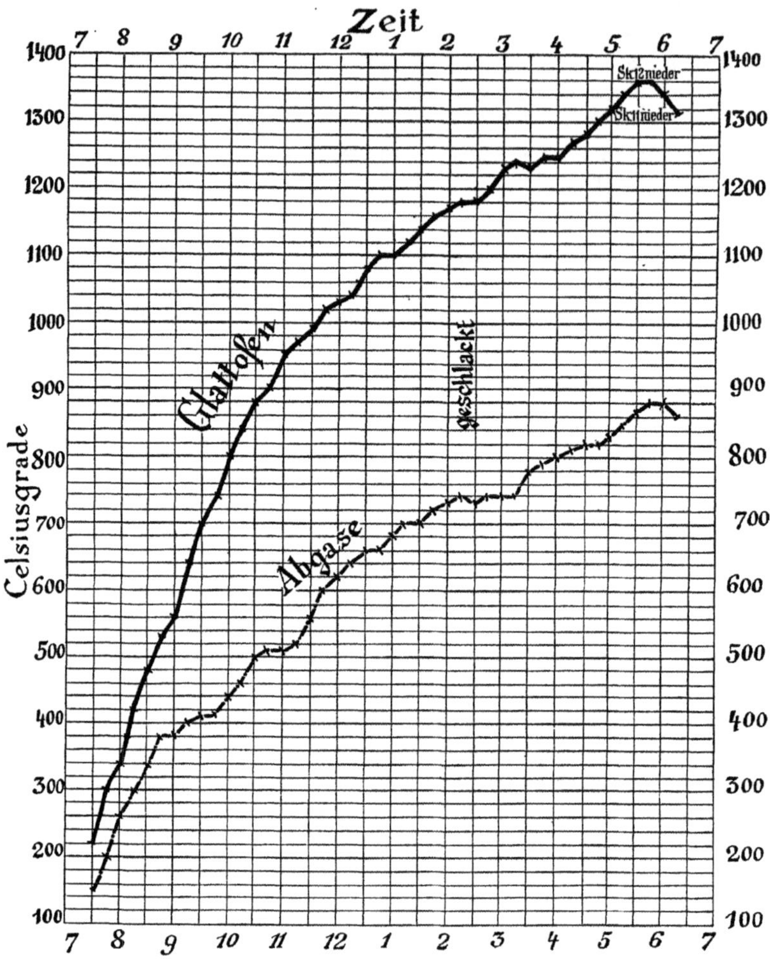

Fig. 92.

durchbohrten Stöpsel verschlossen ist, mit einem Gummischlauch, der mit dem näher zu studierenden Innern in Verbindung steht. Man gibt der großen Röhre im allgemeinen einen Querschnitt, der 20 mal so groß ist als der der U-Röhre.

Die Gasanalyse eines Ofens ist eine heikle Sache, aus der man schwer Schlüsse ziehen kann. Man hat bisweilen für diese Art von

Arbeiten den Orsat-Apparat empfohlen. Es ist zu bemerken, daß dieser Apparat nicht frei von Fehlern ist.[1]) Das am meisten verwendete Modell ist der von Salleron verbesserte Orsat-Apparat. Er besteht aus zahlreichen Kautschukröhrchen, die während längerer Zeit schwer dicht gehalten werden können. Das Einsaugen mittels Gebläse ist nicht sehr empfehlenswert. Am besten würde ein Apparat ganz aus Glas sein, aber ein solcher wäre sehr zerbrechlich und unbequem zu transportieren.

Die Analyse der Rauchgase, der Generatorgase und der Hochofengase umfaßt dieselben Bestimmungen. Wir verweisen hier auf eine sehr interessante Arbeit[2]) von M. Wencélius, der uns Aufschlüsse über diese Frage gibt.

Die zu dosierenden Elemente sind: Kohlensäure, Sauerstoff und hauptsächlich Kohlenoxydgas.

Die Kohlensäure wird leicht in einer Sodalösung absorbiert, der Sauerstoff mittels einer Pyrogalluslösung in der Sodalösung oder besser, wie M. Wencélius angibt, in feuchtem Phosphor. Die Bestimmung des Kohlenoxydgases durch Auflösung in Kuprochlorid ist immer mit Fehlern verbunden. Die Absorption geht nur mit frischen Flüssigkeiten vor sich; es ist vollständig unmöglich, sie in einem Orsat-Apparat auszuführen, der bestimmt ist, reagierende Vorräte anzusammeln. Es ist daher besser, wie der Verfasser vorschlägt, das Gas durch Verbrennen in Kohlensäure zu verwandeln und diese dann zu bestimmen.[3])

Um eine richtige Analyse zu erhalten, tut man gut, mit Apparaten zu arbeiten, die aus einem Laboratorium stammen. Wir können hier nicht die ganze Frage der technischen Rauchgasanalyse behandeln; die Beschreibung der Methoden und der Herstellung aller nötigen Reagenzien findet man mit allen wünschenswerten Einzelheiten in dem Buch von Hempel[4]) wiedergegeben.

Was das Verhalten der Öfen anlangt, so muß man mit den aus einer Rauchgasanalyse gezogenen Schlüssen sehr vorsichtig umgehen. Denken wir uns, daß die Atmosphäre eines Ofens ein homogenes Gemenge sei, was indessen nicht zutrifft; wir können nicht annehmen, daß die Gase im Innern der Kapseln dieselben Verhältnisse aufweisen wie außen. Sind poröse Scheidewände vorhanden, so entstehen die Erscheinungen der Endesmose und diese bringen beträchtliche Störungen mit sich. Andererseits gibt es brennende Gase im Ofeninnern, die eine konstante Bewegung der Gasschichten verursachen; endlich gibt es in gewissen Regionen Wirbel

[1]) Bekanntlich kann mit dem Orsat-Apparat keine genaue Gewichtsbestimmung durchgeführt werden. Die Absorption ist immer unvollständig.

[2]) Wencélius, Notes pratiques sur l'analyse industrielle complète des gaz de hauts fourneaux et de gazogènes (Revue générale de Chimie pure et appliquée Bd. IV, 1901, S. 259).

[3]) Weitere Einzelheiten siehe die Originalabhandlung.

[4]) Gasanalytische Methoden, 1900. Braunschweig.

und Strudel, die sich nicht der ganzen Gasmasse mitteilen, so daß das, was bei einem Ofen zutrifft, bei einem anderen wieder nicht zutreffen kann. Wollte man die Atmosphäre eines Ofens mit der einer Röhre vergleichen, durch die ein Gas streicht, so wäre dies recht naiv. Wenn man immer in derselben Weise vorgeht, dadurch, daß man das Gas aus einer ausgesuchten Stelle nimmt und den Ofen immer in derselben Weise behandelt, so hat man damit die besten Bedingungen des Vorteiles erfüllt. Dann aber ist dies kein praktisches Messen mehr, sondern schon eine wissenschaftliche Bestimmung, und als solche muß man die gemachten Beobachtungen einer Anzahl Gelehrter betrachten. Ihre Analysen sind die Resultate ihrer Forschungen; es ist ganz natürlich, sie in den Berichten über ihre Untersuchungen wiedergegeben zu sehen; es wäre aber unbesonnen, daraus unüberlegte Verallgemeinerungen folgern zu wollen.

In einigen Fabriken führt man fortgesetzt rasche Bestimmungen aus. Man fragt sich mit Recht, ob diese Kontrolle irgend welche Sicherheit bietet, nachdem es doch schwierig ist, in einer so heiklen Frage richtige Schlüsse zu ziehen.

V. Konstruktion der Öfen.

Die Öfen werden aus feuerfesten Steinen erbaut. Aus Gründen der Sparsamkeit kann man feuerfeste Ziegel für die innere und gewöhnliche Steine für die äußere Bekleidung verwenden. Unter der Einwirkung der Hitze und der Ausdehnung erleidet der Ofen bedeutende Spannungen, daher muß man ihn mit Ringen und Eisenbolzen zusammenhalten. Beim Bau kann man nur feuerfesten Mörtel verwenden. Der Raum, in welchem die Verbrennung vor sich geht, ist Beschädigungen unterworfen, die sich je nach Art des Brandes und der erzeugten Ware ändern. Das Brennen mit Holz zeigt den Übelstand, daß Alkalien hineingebracht werden, welche die Steine angreifen und glasartige Silikate bilden.

Die beim Bau der Öfen verfolgten Regeln sind keine absolut bestimmten. Viele Öfen werden aus zufriedenstellenden Ausführungen nachgebildet, aber oft bekommen die Öfen nur durch wiederholte Verbesserungen eine richtige Betriebsfähigkeit.

Bei einem Porzellanofen z. B. kann man 0,0524 qm Rostfläche auf einen Kubikmeter Ofeninhalt rechnen (ohne den Glühofen mitzurechnen); das Verhältnis des Eintrittsquerschnittes zum Austrittsquerschnitte schwankt zwischen 3/1 und 2/1.

Diese Maße sind als einfache Angaben zu betrachten, denn in anderen Öfen findet man andere Verhältnisse. Wir haben die gebräuchlichsten Zahlenwerte angenommen.

9. Abschnitt.

Glasuren und Emails.

Nach dem Brande würden die Töpferwaren keinen Glanz zeigen, wenn man sie nicht mit einer verglasbaren Mischung, einer Glasur, überzogen hätte. Die Erzeugnisse, deren Scherben nach dem Brande porös bleiben, finden nur geringe Verwendung, wenn nicht durch Auftragen einer Glasur diese unangenehme Eigenschaft beseitigt wird und infolgedessen sich der Scherben nicht mehr mit anderen Stoffen vollsaugen kann. In künstlerischer Hinsicht kann man auch die mannigfaltigen Hilfsmittel der Chemie in Anspruch nehmen und Glasuren auswählen, die den Gegenständen ein angenehmes Äußere verleihen und das Dekorieren erleichtern.

I. Chemische Betrachtung der Glasuren.

Die Glasuren sind Silikate oder Borosilikate. Als Basen kommen alkalische und alkalisch-erdige Metalloxyde (Kali, Natron, Kalk) und das Bleioxyd in Betracht. Die Einführung von Baryt ist ziemlich selten. Zu diesen Verbindungen kommt noch Tonerde, deren chemische Rolle aber noch etwas dunkel ist. Vielleicht tritt dieses Oxyd einfach in die Verbindung der basischen Silikate ein, vielleicht nimmt es aber auch an der Entstehung von Siliko-Aluminaten teil. Wie man sieht, finden wir hier dieselben Bestandteile wie in den Gläsern.

Vorläufig betrachten wir nur diejenigen Glasuren, die sich wie Gläser verhalten, d. h. die einen farblosen oder wenig gefärbten, durchsichtigen Körper geben.

Die verschiedenen Arten von Glasuren lassen sich auf folgende Typen zurückführen:

1. Bleihaltige Glasuren, welche aus einem mehr oder weniger sauren Bleisilikat bestehen. Diese Glasuren dienen zum Überziehen der sogen. glasierten Kramwaren.
2. Alkalische Glasuren, welche aus der Verbindung eines Alkalioxyds und reiner Kieselsäure hervorgehen. Hierher gehören die Steinzeugglasuren, auch Salzglasuren genannt. Sie enthalten außer diesen

beiden Körpern Tonerde. Die Glasuren des französischen Hartporzellans sind ebenfalls alkalisch und tonerdehaltig.

3. Alkalisch-kalkhaltige Glasuren. Diese Glasuren sind in ihrem chemischen Verhalten dem Glas sehr ähnlich. Es sind zweibasische mehr oder weniger tonerdehaltige Silikate.
4. Borsäurehaltige Glasuren. Diese Glasuren sind nicht nur Borate, sondern Silikoborate. Die Basen sind Alkalien und alkalische Erden (Kali, Natron) und Bleioxyd. Die Hartsteingutglasuren gehören in diese letztere Gruppe.

Die Eigenschaften dieser verschiedenen Glasuren hängen von der Zusammensetzung und dem Verhältnisse der einzelnen Bestandteile zueinander ab.

Die bleihaltigen Glasuren sind leicht schmelzbar, besonders wenn sie reich an Bleioxyd sind: $PbO \,.\, SiO_2$ schmilzt in der Dunkelrotglut, $PbO \,.\, 2\,SiO_2$ in der Hellrotglut.

Ausschließlich alkalische Glasuren können nicht verwendet werden. Sie würden aus löslichen Verbindungen bestehen, was für den Gebrauch sehr nachteilig wäre; außerdem sind sie der Entglasung ausgesetzt. Die alkalischen Silikate sind leicht schmelzbar, sie sind aber verhältnismäßig wenig bekannt. Die Kaliumsilikate sind schwerer schmelzbar als die entsprechenden Natriumsilikate.

Das Kalziumsilikat allein verglast nicht, aber mit anderen Silikaten gemengt, mit alkalischen Silikaten z. B., wird es ebenso verglasbar wie die obigen. Dennoch haben die ausschließlich alkalisch-kalkhaltigen Gläser das Bestreben zur Entglasung. Ähnliche Beobachtungen können bei dem Baryumsilikat gemacht werden; letzteres ist leichter schmelzbar als das Kalziumsilikat.

Die Tonerde gibt keine schmelzbaren Silikate. Die Silikate von $Al_2O_3 \,.\, 2\,SiO_2$ bis $Al_2O_3 \,.\, 3\,SiO_2$ sind unschmelzbar. Mit basischen Stoffen, Silikaten oder Boraten gemischt, bilden sie mehr oder weniger schmelzbare mehrfache Silikate, aber im allgemeinen nimmt die Schmelzbarkeit mit steigendem Tonerdegehalt ab.

Die Borate sind schmelzbarer als die Silikate der entsprechenden Metalle und werden unvermischt nicht verwendet.

Die Glasuren zeigen große Abweichungen in der chemischen Zusammensetzung. Sie stellen Glasarten dar, in welchen das Verhältnis des Anhydrides zur Base nicht immer denselben Wert aufweist wie die gebräuchlichen Glassorten. Für die beschreibende Darstellung ist es bequem, Formeln anzuwenden. Man schreibt in Molekülen, indem man die Formeln auf ein Molekül Oxyd (MO oder M_2O) rechnet, wobei die Sesquioxyde besonders geschrieben und nicht in das Einheitsmolekül eingerechnet werden.

Die am leichtesten schmelzbaren Glasuren sind die Bleisilikate; steigert man den Säuregehalt, dann steigt auch die Schmelzbarkeit. Durch

Hinzufügen von Tonerde, Kalk und Kali kann man härtere Glasuren erhalten. Hier sind die beiden Grenzen dieser Glasurgattung angegeben:

$$PbO,\ 1{,}5\ SiO_2 \text{ bis } \left\{\begin{matrix} 0{,}7\ PbO \\ 0{,}2\ CaO \\ 0{,}1\ K_2O \end{matrix}\right\} 0{,}3\ Al_2O_3,\ 3\ SiO_2.$$

Man kann auch schmelzbare Glasuren aus Alkalien und alkalischen Erden herstellen, z. B.:

$$\text{von } \left.\begin{matrix} 0{,}6\ K_2O \\ 0{,}4\ CaO \end{matrix}\right\} 0{,}1\ Al_2O_3 \left\{\begin{matrix} 2{,}7\ SiO_2 \\ 0{,}5\ B_2O_3 \end{matrix}\right.$$

$$\text{bis } \left.\begin{matrix} 0{,}2\ K_2O \\ 0{,}8\ CaO \end{matrix}\right\} 0{,}7\ Al_2O_3 \left\{\begin{matrix} 5{,}4\ SiO_2 \\ 1{,}0\ B_2O_3. \end{matrix}\right.$$

Die schmelzbaren Barytglasuren schwanken zwischen

$$\left\{\begin{matrix} 0{,}50\ K_2O \\ 0{,}25\ CaO \\ 0{,}25\ BaO \end{matrix}\right\} \begin{matrix} 2{,}4\ SiO_2 \\ 0{,}6\ B_2O_3 \end{matrix} \text{ und } \left\{\begin{matrix} 0{,}50\ K_2O \\ 0{,}25\ CaO \\ 0{,}25\ BaO \end{matrix}\right\} 0{,}1\ Al_2O_3 \left\{\begin{matrix} 3{,}4\ SiO_2 \\ 0{,}6\ B_2O_3. \end{matrix}\right.$$

Diese Glasuren haben Schmelzpunkte, die zwischen der Schmelztemperatur des Silbers und der des Goldes liegen.

Seger,[1] der bleifreie Glasuren eingehend studiert hat, hat folgende untersucht:

$$\text{I. } \left.\begin{matrix} 0{,}6\ K_2O \\ 0{,}4\ CaO \end{matrix}\right\} 2{,}5\ SiO_2,\ 0{,}5\ B_2O_3.$$

$$\text{I a. } \left.\begin{matrix} 0{,}6\ Na_2O \\ 0{,}4\ CaO \end{matrix}\right\} 2{,}5\ SiO_2,\ 0{,}5\ B_2O_3.$$

Man kann auch eine Zwischenglasur I b herstellen, die zugleich kali- und natronhaltig ist, indem sie $0{,}3 K_2O$ und $0{,}3 Na_2O$ enthält.

Es ist leicht, die gewünschten Mischungen herzustellen, wenn man die entsprechenden Molekulargewichte umrechnet. Es folgen die Gewichtsteile, die zur Herstellung der drei Glasuren nötig sind:

	I		I a		I b	
	Molek.	Gew.-Teile	Molek.	Gew.-Teile	Molek.	Gew.-Teile
Salpetersaures Kalium	0,6	60,60	—	—	0,3	30,30
Marmor	0,4	40,00	0,4	40,00	0,4	40,00
Quarzsand	2,5	90,00	2,5	90,00	0,4	90,00
Borsäure	0,5	31,00	0,5	31,00	—	—
Borax	—	—	—	—	0,25	50,50
Wasserfreie Soda . .	—	—	0,6	46,20	0,05	5,30

[1]) Seger, Tonindustrie-Zeitung 1889, S. 515.

Diese Verbindungen verhalten sich sehr gut auf kieselsäurehaltigen Massen, da sie sehr reines Glas geben, dessen Schmelzbarkeit dadurch geändert werden kann, daß man die Verhältnisse der Kali- und Natronmoleküle ändert. Man erhält so eine Reihe, die etwas über der Schmelztemperatur des Silbers beginnt und über der des Goldes endigt.

Man stellt auch andere Glasuren von gleichem Säuregehalt her, indem man das Verhältnis des Kalkes zu den Alkalien ändert:

$$\text{II.}\quad \left.\begin{matrix} 0{,}5\ K_2O\,(Na_2O) \\ 0{,}5\ CaO \end{matrix}\right\}\ 2{,}5\ SiO_2,\ 0{,}5\ B_2O_3.$$

$$\text{III.}\quad \left.\begin{matrix} 0{,}4\ K_2O\,(Na_2O) \\ 0{,}6\ CaO \end{matrix}\right\}\ 2{,}5\ SiO_2,\ 0{,}5\ B_2O_3.$$

$$\text{IV.}\quad \left.\begin{matrix} 0{,}3\ K_2O\,(Na_2O) \\ 0{,}7\ CaO \end{matrix}\right\}\ 2{,}5\ SiO_2,\ 0{,}5\ B_2O_3.$$

$$\text{V.}\quad \left.\begin{matrix} 0{,}2\ K_2O\,(Na_2O) \\ 0{,}8\ CaO \end{matrix}\right\}\ 2{,}5\ SiO_2,\ 0{,}5\ B_2O_3.$$

Die Glasur III:

$$\left.\begin{matrix} 0{,}2\ K_2O \\ 0{,}2\ Na_2O \\ 0{,}6\ CaO \end{matrix}\right\}\ 2{,}5\ SiO_2,\ 0{,}5\ B_2O_3$$

ergab ein durchsichtiges Glas, leicht milchweiß, auf den Rändern des zur Schmelzung benützten Tiegels.

Die Glasur IV:

$$\left.\begin{matrix} 0{,}3\ K_2O \\ 0{,}7\ CaO \end{matrix}\right\}\ 2{,}5\ SiO_2,\ 0{,}5\ B_2O_3$$

ergab eine milchige Masse, als Glasur nicht verwendbar.

Die Einführung von Tonerde in diese Glasuren hat verschiedene Erscheinungen hervorgebracht.

Aus 0,1 Molekül Kaolin, gemischt mit 1 Molekül Glasur, erhält man:

$$\left.\begin{matrix} 0{,}6\ K_2O\,(Na_2O) \\ 0{,}4\ CaO \end{matrix}\right\}\ 0{,}1\ Al_2O_3,\ 2{,}7\ SiO_2,\ 0{,}5\ B_2O_3.$$

Diese Glasur ist härter als die vorhergehenden. Man kann bis 0,3 Al_2O_3 gehen. Jenseits dieser Grenze wird sie opak.

Um weniger schmelzbare tonerdehaltige Glasuren zu bekommen, muß man den Säuregehalt vermehren und gleichzeitig immer größere Tonerdemengen hinzufügen. So wird man mit

$$\left.\begin{matrix} 0{,}6\ K_2O\,(Na_2O) \\ 0{,}4\ CaO \end{matrix}\right\}\ 0{,}6\ Al_2O_3,\ 5\ SiO_2,\ B_2O_3$$

eine beinahe durchsichtige Glasur erhalten, wenn die Abkühlung nicht zu langsam vor sich gegangen ist.

Eine Glasur wie

$$\left.\begin{matrix} 0{,}3\, K_2O \\ 0{,}3\, Na_2O \\ 0{,}4\, CaO \end{matrix}\right\} 0{,}8\, Al_2O_3,\ 5{,}4\, SiO_2,\ B_2O_3$$

zeigt sehr gutes Verhalten.

Die Glasuren der Gruppe II können auch tonerdehaltig gemacht werden durch Hinzufügen von 0,1, 0,2 usw. Molekülen Kaolin. Indes, abgesehen von der Glasur mit $0{,}1\, Al_2O_3$, bringt der Zusatz von Kaolin stets Störungen mit sich, so zeigt z. B.:

$$\left.\begin{matrix} 0{,}5\, K_2O \\ 0{,}5\, CaO \end{matrix}\right\} 0{,}2\, Al_2O_3,\ 2{,}9\, SiO_2,\ 0{,}5\, B_2O,$$

wenn sie langsam erkaltet, die Neigung zum Opalisieren. Mit $0{,}3\, Al_2O_3$ ist sie vollkommen undurchsichtig.

Bei der Veränderung des Glasurtypus erhält man tonerde- und borsäurehaltigere Glasuren, die zwischen Kegel 8 und 10 schmelzen, wie:

$$\left.\begin{matrix} 0{,}3\, K_2O \\ 0{,}2\, Na_2O \\ 0{,}5\, CaO \end{matrix}\right\} 0{,}5\, Al_2O_3,\ 5{,}0\, SiO_2,\ B_2O_3.$$

$$\left.\begin{matrix} 0{,}3\, K_2O \\ 0{,}2\, Na_2O \\ 0{,}5\, CaO \end{matrix}\right\} 0{,}6\, Al_2O_3,\ 5{,}2\, SiO_3,\ B_2O_3.$$

$$\left.\begin{matrix} 0{,}3\, K_2O \\ 0{,}2\, Na_2O \\ 0{,}5\, CaO \end{matrix}\right\} 0{,}7\, Al_2O_3,\ 5{,}4\, SiO_3,\ B_2O_3.$$

Alle drei werden durchsichtig. Durch Beimengung von Tonerde werden die Glasuren III, IV und V undurchsichtig. Wenn man wie früher den Säuregehalt steigert, kann man auch den Tonerdegehalt erhöhen und die Glasur durchsichtig machen, z. B.:

$$\left.\begin{matrix} 0{,}2\, K_2O \\ 0{,}2\, Na_2O \\ 0{,}6\, CaO \end{matrix}\right\} 0{,}6\, Al_2O_3,\ 5{,}2\, SiO_2,\ B_2O_3.$$

$$\left.\begin{matrix} 0{,}3\, K_2O \\ 0{,}7\, CaO \end{matrix}\right\} 0{,}5\, Al_2O_3,\ 4{,}0\, SiO_2,\ B_2O_3.$$

$$\left.\begin{matrix} 0{,}3\, K_2O \\ 0{,}7\, CaO \end{matrix}\right\} 0{,}6\, Al_2O_3,\ 6{,}0\, SiO_2,\ B_2O_3.$$

Um die Wirkung des Borsäureanhydrids kennen zu lernen, wurden die drei folgenden Glasuren hergestellt:

$$\left.\begin{matrix} 0{,}3\, K_2O \\ 0{,}7\, CaO \end{matrix}\right\} 0{,}5\, Al_2O_3,\ 4\, SiO_2,\ 0{,}5\, B_2O_3.$$

$$\left.\begin{matrix} 0{,}3\ K_2O \\ 0{,}7\ CaO \end{matrix}\right\} 0{,}5\ Al_2O_3,\ 4\ SiO_2,\ B_2O_3.$$

$$\left.\begin{matrix} 0{,}3\ K_2O \\ 0{,}7\ CaO \end{matrix}\right\} 0{,}5\ Al_2O_3,\ 4\ SiO_2,\ 2\ B_2O_3.$$

Die erste blieb durchsichtig, die zweite opalisierte, während die dritte vollständig milchig wurde. Der Brand erfolgte bei Kegel 9.

Diese Versuche drängen uns den Schluß auf, daß die Anwendung dieser alkalisch-kalkhaltigen Glasuren nur innerhalb enger Grenzen möglich ist. Das Verhältnis der Alkalien zu dem Kalk schwankt zwischen 0,6 K_2O (oder 0,6 Na_2O) und 0,4 CaO und zwischen 0,2 K_2O (oder Na_2O) und 0,8 CaO. Die alkalischen Glasuren sind den kalkhaltigen bei kieselsäurehaltigen Massen vorzuziehen; das Gegenteil tritt ein, wenn es sich um tonerdehaltige Massen handelt. Bei letzteren ist es vorteilhafter, alkaliärmere Glasuren anzuwenden.

Wenn man nun die tonerde-kalkhaltigen Glasuren betrachtet, kann man daraus folgern, daß die Säuerungsstufe nicht zu sehr sinken darf. Man darf nicht unter 4 Moleküle Kieselsäure heruntergehen, darf aber auch 5 SiO_2 auf 1 Molekül Base nicht überschreiten. Der Gehalt an Borsäureanhydrid ist wenig Schwankungen unterworfen. Das Minimum dürfte etwa 0,5 und das Maximum 1 Molekül sein. Eine Überschreitung des letzteren könnte Undurchsichtigkeit herbeiführen.

Die Grenzen dieser Glasuren sind:

$$\left.\begin{matrix} 0{,}6\ K_2O\,(Na_2O) \\ 0{,}4\ CaO \end{matrix}\right\} 0{,}5\ Al_2O_3,\ 4\ SiO_2,\ 0{,}5\ B_2O_3.$$

$$\left.\begin{matrix} 0{,}2\ K_2O\,(Na_2O) \\ 0{,}8\ CaO \end{matrix}\right\} 0{,}6\ Al_2O_3,\ 5\ SiO_2,\ B_2O_3.$$

Wie man sieht, ist der Gebrauch dieser Zusammensetzungen recht heikler Natur, denn er zwingt uns eine Reihe von Versuchen auf, die mit den Hilfsmitteln und Gewohnheiten der Töpfer wenig in Einklang stehen. Dennoch könnte man aus diesen Betrachtungen praktischen Nutzen ziehen, wenn man die Mühe nicht scheuen würde, methodische Versuche mit diesen Glasurgruppen anzustellen.

Seger[1]) hat gleichzeitig leicht schmelzbare Barytglasuren studiert, die auch leichter herzustellen sind als die früheren. Er ging von folgender Glasur aus:

$$BaO,\ Na_2O,\ 5\ SiO_2,\ B_2O_3,$$

in Gewichtsteilen ausgedrückt:

Baryumsulfat	233,5
Wasserfreies Natriumkarbonat	53,0
Kristallisierter Borax	191,0
Quarzsand	300,0
Holzkohle	25,0.

[1]) Seger, Tonindustrie-Zeitung 1884, S. 143 u. ff.

Durch Zusatz von Kaolin und reinem Quarzsand zu dieser Fritte hat er eine Reihe von Glasuren hergestellt, die

$$\text{von}\quad \left.\begin{matrix} 0{,}5\,BaO \\ 0{,}5\,Na_2O \end{matrix}\right\}\ 0{,}1\,Al_2O_3,\ 3{,}25\,SiO_2$$

$$\text{bis}\quad \left.\begin{matrix} 0{,}5\,Na_2O \\ 0{,}5\,BaO \end{matrix}\right\}\ 0{,}3\,Al_2O_3,\ 5{,}50\,SiO_2$$

gehen und deren Schmelztemperaturen zwischen dem Schmelzpunkt des Silbers und demjenigen einer Legierung von Gold und 15 % Platin (1300°)? liegen.

Dadurch, daß er die Ableitungen aus dem ursprünglichen Borosilikat

$$BaO,\ Na_2O,\ 5\,SiO_2,\ B_2O_3$$

studierte, konnte er feststellen, daß, wenn er den Gehalt an Baryt auf Kosten des Natrons steigerte, die Glasuren sich wie stark kalkhaltige verhielten, d. h. daß sie auch das Bestreben zeigten, sich zu trüben. Wenn man das Verhältnis des Borsäureanhydrids zur Kieselsäure ändert, sieht man, daß man bei Herabsetzung des Gehaltes an Borsäureanhydrid und Mehrung des Kieselsäuregehaltes sich der Entglasung aussetzt.

Durch Vermehrung des Säuregehaltes, Zuführung von mehr Tonerde und Beseitigung der Oxyde, die die weniger harten Silikate bilden, wie z. B. das Bleioxyd, erhöht man den Schmelzpunkt. Dieser Art sind die folgenden Glasuren, die wesentlich härter sind als die vorhergehenden.

$$MO,\ 0{,}4\,Al_2O_3,\ 2{,}5\,SiO_2 \quad\text{und}\quad MO,\ Al_2O_3,\ 10\,SiO_2.$$

Solche Glasuren sind wenig schmelzbar. Sie schmelzen nicht unter etwa 1100°.

Während die Gläser in verhältnismäßig enge Grenzen eingeschlossen sind, sehen wir, daß der Säuregehalt der Glasuren in ziemlich weiten Grenzen schwankt.

Diese Abweichungen werden durch die verschiedenen Fabrikationen notwendig gemacht, die von den Glasuren verlangen, daß sie sich den jeweiligen Produkten anpassen.

Das gewöhnliche feine französische Steingut erhält Glasuren zwischen

$$MO,\ 1{,}5\,SiO_2 \quad\text{und}\quad MO,\ 3\,SiO_2.$$

Bei derselben Art Töpferwaren deutschen oder englischen Ursprunges schwanken die Glasuren zwischen

$$MO,\ 0{,}1\,Al_2O_3 \quad\text{und}\quad MO,\ 0{,}4\,Al_2O_3,\ 4{,}5\,SiO_2.$$

Was die Porzellanarten anlangt, so sind ihre Glasuren in den Spielräumen $MO,\ 0{,}5\,Al_2O_3,\ 5\,SiO_2$ bis $MO,\ 1{,}25\,Al_2O_3,\ 12\,SiO_2$ enthalten. Die Anpassung der Glasuren an die Massen führen in der Praxis zu allen zwischenliegenden Zusammensetzungen.

Wir haben soeben die durchsichtigen farblosen Glasuren betrachtet. Es kann aber vorkommen, daß man sie undurchsichtig machen will, damit die Farbe des Scherbens verdeckt wird. Die Beimengung solcher Stoffe, wie Zinndioxyd, Arseniksäureanhydrid, Antimonoxyd, Kalziumphosphat, um nur diejenigen anzuführen, die in der Industrie verwendet werden, trübt diese Glasarten und macht sie sogar undurchsichtig, wenn diese Stoffe in genügender Menge zugesetzt werden. Ihre chemische Wirkung ist noch ziemlich dunkel. Diese Undurchsichtigkeit kommt in bleihaltigen und bleifreien Gläsern vor. Man kann bis auf weiteres annehmen, daß sich ein Niederschlag von Kieselsäure oder von in der Masse unlösbarem Salz bei einer gewissen Säuerungsstufe bildet. Das Undurchsichtigwerden tritt ein, wenn man den Gehalt an Tonerde überschreitet. Es ist vielleicht auch von Interesse, das Verhalten der fluorhaltigen Körper (Flußspat, Kryolith) zu erwähnen. Unter gewissen Umständen erhält man auch dadurch weiße, undurchsichtige Glasuren.

Die Einleitung gewisser löslicher Oxyde in die Silikate und Borsilikate bringt eine Färbung hervor. Auf diese Weise färbt man z. B. die Glasuren je nach der Natur des beigefügten Oxydes.

Damit der Typus der verwendeten Glasur erhalten bleibt, ist es nötig, nicht beliebige Mengen zuzusetzen, sondern nur durch Ersetzung eines Oxydes durch ein anderes zu verfahren, wobei natürlich die Molekulargewichte zu berücksichtigen sind. Es ist schwierig, mit diesen undurchsichtig machenden Körpern zu arbeiten, da man ihre chemische Rolle noch nicht kennt. So weiß man, daß die schmelzbaren Glasuren, die wir bereits angegeben haben, 10—15 % Zinnoxyd (SnO_2) ertragen können und dann eine genügend undurchsichtige Glasur liefern. Wenn es sich um farbige Zusammensetzungen handelt, kann man die Arbeit leichter beurteilen und folgendermaßen vorgehen. Es sei eine Glasur vorhanden:

$$MO,\ 0{,}3\,Al_2O_3,\ 3\,SiO_2,$$

in welche eine gewisse Menge Farbkörper RO einzuführen ist. Wir stellen uns das Molekulargewicht dar, indem wir RO mit einem Multiplikationsfaktor x ($x < 1$) versehen.

Die neue Glasur wird dann heißen:

$$\left.\begin{matrix}(1-x)\,MO\\ x\,RO\end{matrix}\right\}\ 0{,}3\,Al_2O_3,\ 3\,SiO_2.$$

Man darf keine übertrieben große Menge Farbstoff zusetzen, wenn man der Zusammensetzung den Charakter einer Glasur bewahren will, d. h. den einer glasartigen, durchsichtigen und farbigen Schicht. Bei Gelegenheit der Dekoration werden wir sehen, wie sich dies verwirklichen läßt.

Der Zusatz gewisser Stoffe führt nicht immer Undurchsichtigkeit herbei, auch nicht immer Färbung oder Erhaltung der durchsichtigen Eigenschaft.

Es können auch bemerkenswerte Trübungen eintreten; durch Zusatz von Zinkoxyd zu einer tonerde-kalkhaltigen Glasur haben Lauth und Dutailly[1]) kleine prismatische, in der Glasur schwimmende Kristalle erhalten. Diese Kristalle entstanden während des Erkaltens mitten in der noch flüssigen Glasur, welche dabei die Rolle einer Mutterlauge spielte; dann ist die Glasur in den festen Zustand übergegangen und hat die Kristalle eingehüllt.

Die ursprünglich angewandte Glasur (September 1885) hatte folgende Zusammensetzung:

SiO_2	57,49
Al_2O_3	11,68
Na_2O, K_2O	6,12
CaO	6,72
ZnO	18,00

und zeigte die Formel:

$$2{,}4\,SiO_2,\ 0{,}3\,Al_2O_3 \begin{cases} 0{,}54\,ZnO \\ 0{,}16\,K_2O \\ 0{,}30\,CaO. \end{cases}$$

Die Herstellung einer Glasur von bestimmter Schmelzbarkeit ist von großer Wichtigkeit, um zu einer Übereinstimmung mit der Masse zu gelangen.

Man hat in diesem Falle den Schmelzpunkt zu bestimmen, d. h. die richtige Temperatur zu ermitteln, bei welcher sich die Glasur auf dem Scherben ausbreiten und ihm einen schönen Glanz geben kann, ohne daß sie jedoch einen solchen Leichtflüssigkeitsgrad erreicht, daß sie von den Poren eingesogen wird oder längs der Wände hinfließt. Der Schmelzpunkt hängt von der qualitativen und quantitativen Zusammensetzung der Glasur ab und wechselt, wenn man folgende Faktoren ändert:

1. Verhältnis zwischen den Basen und der Kieselsäure.
2. Natur der Basen.
3. Tonerdegehalt im Verhältnis zu den Basen und zu der Kieselsäure.
4. Verhältnis zwischen Kieselsäure und Borsäureanhydrid (in dem Falle, wo letzteres einen Teil der Kieselsäure ersetzt).

Die Schmelzbarkeit der Gläser ändert sich, wenn im übrigen alles, was die Basen betrifft, gleich bleibt, mit dem Kieselsäuregehalt. An und für sich kann Kieselsäure die höchsten Temperaturen vertragen; ihre Verbindungen mit Basen sind indes mehr oder weniger leicht schmelzbar. Der Schmelzpunkt liegt um so höher, je größer der Gehalt an Kieselsäure ist. Eine große Basizität ermöglicht es ihnen, zähflüssig zu bleiben und sich leichter zu strecken.

---

[1]) Ch. Lauth und Dutailly, Génie Civil 1887. — Ch. Lauth, La Manufacture nationale de Sèvres S. 276.

Wir erinnern, daß das Normalglas mit einem dreifachen Silikate verwandt ist; ändern wir seine Säuerungsstufe, so ändern wir damit auch seine Eigenschaften. Steigern wir den Gehalt an Kieselsäure, so vermehren wir dadurch die Möglichkeit der Entglasung; setzen wir ihn herab, so verliert das Glas seine Dehnbarkeit, d. h. die Fähigkeit, sich strecken und blasen zu lassen. Wir bemerken nochmals, daß das Entglasen durch Ausscheidung von kristallinischen Silikaten in die Masse hervorgebracht wird, welche das Glas trüben und ihm seinen Glanz nehmen, indem sie ihm ein porzellanartiges Aussehen verleihen. Wenn man nun, um die Schmelzbarkeit zu ändern, den Gehalt an Kieselsäure vermehrt oder vermindert, dadurch, daß man die Menge der eingeführten Oxyde ändert, so verhält sich die Masse wie Glas, wenn es sich um schmelzbare, wenig oder gar nicht tonerdehaltige Verbindungen handelt, deren Zusammensetzung in den Grenzen 2 SiO_2 bis 3 SiO_2 auf 1 Molekül Base liegt.

Nicht alle basischen Oxyde reagieren in der gleichen Weise in bezug auf Schmelzbarkeit, wie die Kieselsäure. Nach dem Gesetze von Richter und Bischoff (betreffend die Schmelzbarkeit des Tones) haben gleiche Sauerstoffmengen gleiche Wirkung; bei hohen Temperaturen, wie sie zum Schmelzen des Tones notwendig sind, kann man sagen, daß es auf einen Stoff anwendbar ist, der nur kleine Mengen von Basen zurückbehält, daß es indes wertlos ist, wenn man mit niederen Temperaturen und basenreicheren Silikaten umgeht.

Unter den Oxyden, die die Glasuren nicht färben, werden wir folgende untersuchen, die nach steigender Schmelzbarkeit angeführt sind: PbO, BaO, K_2O, Na_2O, ZnO, CaO, MgO, Al_2O_3. Man muß diese Körper in dieser Weise anordnen, wenn man das Resultat voraussehen will, das von der Ersetzung des Bleioxydes durch eine gleich große Menge eines anderen Oxydes in einem bleihaltigen Glase herrührt. Die als Farbstoffe angewandten Oxydverbindungen haben auch ihren Einfluß, und man muß damit ebenfalls rechnen; nur ist ihre Art und Weise der Wirkung verwickelter, denn es kann hier die Bildung eines farbigen schmelzbaren Glases und Auflösung des Oxydes in diesem Glas vorkommen.

Der Körper, der am lebhaftesten auf die Schmelzbarkeit einwirkt, und den man sehr nahe an das Bleioxyd stellt, ist das Kupferoxyd. Daran reihen sich Mangan-, Kobalt-, Eisen-, Uran-, Chrom- und Nickeloxyd. Untersuchen wir die erste, weiter oben angeführte Reihe, so finden wir, daß es Oxyde mit hohem Molekulargewicht sind, die an erster Stelle stehen; daran schließen sich diejenigen mit abnehmendem Molekulargewicht. In der Gruppe der färbenden Oxyde kann man keine solchen Beobachtungen machen, weil die Metalle, aus denen sie entstehen, wenig abweichende Atomgewichte besitzen. Vergleicht man die Zusammensetzung der verschiedenen Glasuren, so wird man finden, daß die schmelzbareren, die zugleich die reicheren und angreifbareren sind, zugleich die kieselsäureärmsten sind. Dies ist die natürliche Folge dessen, was wir soeben gesagt haben; denn es ist, da die am leichtesten schmelzbaren Verbindungen die größten Molekulargewichte aufweisen, klar, daß sie den größten Raum in der prozentualen Zusammensetzung einnehmen müssen.

Wir haben soeben die Rolle kennen gelernt, die die Natur der Elemente bei den Glasuren spielt, aber ihre Anzahl kommt auch in Betracht. In der Tat geben die Alkalien und das Bleioxyd allein schmelzbare und durchsichtige Silikate, während die erdigen Oxyde nur glasartige, opake Massen liefern; diese letzteren haben indes eine Widerstandsfähigkeit, welche den Alkali- und Bleisilikaten abgeht (bekanntlich werden die aus Alkalisilikaten erzeugten Glasuren vom Wasser angegriffen). In der Praxis verbindet man daher zwei dieser Oxyde, von denen eines ein Alkali ist, denn die Erfahrung hat gezeigt, daß die Vermehrung der Basen sehr vorteilhaft ist. So wird ein Kali-Natron-Kalk-Glas schmelzbarer sein als ein anderes von gleichem Säuregehalt, das nur Kali und Kalk oder Natron und Kalk enthält. Diese Tatsache wird von der Wissenschaft nicht erklärt, aber man kann sie mit der Schmelzpunkterniedrigung vergleichen, die bei den Legierungen konstatiert ist. Die Legierung von Rose z. B. schmilzt bei 95° und dennoch schmilzt das schmelzbarste seiner Elemente, das Zinn, erst bei 228°.

Wir haben bis jetzt nichts von der verwickelten Rolle erwähnt, welche die Tonerde spielen kann. Wir betrachten diese Verbindung als einfaches Oxyd, und doch wissen wir, daß sich wasserfreie Tonerde in den Aluminaten nicht wie eine Base verhält. Bei den Temperaturen der Porzellanöfen hat Bischoff gefunden, daß, wenn dieser Körper sich mit anderen Oxyden in kleinen Mengen in feuerfestem Ton vorfindet, diese Verbindung die Rolle einer Base spielt oder, wie man in der Keramik sagt, eines Flußmittels. Die Einführung von Tonerde in die Glasuren gibt uns ein Mittel an die Hand, den Schmelzpunkt zu erhöhen oder das Verhältnis der Kieselsäure zu den Basen zweifach oder dreifach zu ändern. Man kann so unangenehme Übelstände vermeiden (Entglasung usw.), die man bei nicht tonerdehaltigen Glasuren zu befürchten hätte. Die Art, wie sich die Tonerde verhält, führt uns zu der Annahme, daß sie ein Silikat bildet, welches mit einem anderen, aus der Vereinigung der Kieselsäure mit anderen Basen hervorgehenden in Verbindung treten kann. Wir schreiben ihm eine Sättigungsfähigkeit zu, die dreimal so groß ist als die eines Monoxydes, und wenn wir Al_2O_3 betrachten, das $3\,MO$ vorstellt, so können wir sehen, wie die Formeln sich ändern.

Die Steinzeugglasuren bewegen sich in den extremen Grenzen:

$$MO,\ 0{,}1\,Al_2O_3,\ 2{,}5\,SiO_2, \qquad MO,\ 0{,}4\,Al_2O_3,\ 4{,}5\,SiO_2.$$

Sie ändern sich jetzt um in:

$$1{,}3\,MO,\ 2{,}5\,SiO_2, \qquad 2{,}2\,MO,\ 4{,}5\,SiO_2.$$

Das Verhältnis ist alsdann:

$$\frac{SiO_2}{MO} = 1{,}92, \qquad 2{,}05.$$

Die Porzellanglasuren geben uns ebenso:

$$MO,\ 0{,}5\ Al_2O_3,\ 4{,}5\ SiO_2, \qquad MO,\ 1{,}25\ Al_2O_3,\ 12\ SiO_2.$$

$$2{,}5\ MO,\ 0{,}5\ SiO_2, \qquad 4{,}5\ MO,\ 12\ SiO_2.$$

$$\frac{SiO_2}{MO} : 2, \qquad 2{,}55.$$

Man sieht, daß man sich dabei einem kieselsauren Glase nähert, das 2,5 Moleküle SiO_2 auf 1 Molekül Base enthält.

Das Borsäureanhydrid teilt mit der Kieselsäure die Eigenschaft, sich mit den Metalloxyden zu verbinden und schmelzbare, glasartige, amorphe Körper zu geben, die (mit Ausnahme der alkalischen Borate) in Wasser unlöslich sind.

Die Borate und Silikate können sich in allen Verhältnissen verbinden; sie unterscheiden sich aber dadurch, daß die Borate schmelzbarer sind als die entsprechenden Silikate.

Die Ersetzung der Kieselsäure durch eine gleich große Menge Borsäureanhydrid liefert ein vorzügliches Mittel, um leichtere Schmelzbarkeit herbeizuführen, ohne daß unangenehme Übelstände, wie das Entglasen, bei dieser Veränderung erfolgen.

Man kann daraus schließen, daß durch folgende Mittel die Glasuren erhärtet werden können:

1. Steigerung des Gehaltes an Kieselsäure, ohne jedoch bis zu einem dreifachen Silikate zu gehen.
2. Ersetzung eines Oxydes durch ein anderes, weniger stark reagierendes, wobei man die Säuerungsstufe nicht verändert (z. B. man ersetzt einen Teil des Bleioxydes durch Kali, Natron, Kalk oder Magnesia).
3. Herabsetzung der Basenzahl, wobei man immer dasselbe Verhältnis zwischen Kieselsäure und Basen einhält.
4. Einführung von Tonerde oder Mehrung des Gehaltes dieses Körpers, dadurch, daß man die zum Aufrechterhalten des Verhältnisses zwischen Kieselsäure und Basen notwendige Kieselsäure dazugibt.
5. Ersetzung des Borsäureanhydrides, wenn solches vorhanden ist, durch Kieselsäure.

Man würde das umgekehrte Resultat erhalten, d. h. auf eine leichtere Schmelzbarkeit kommen, wenn man obige Grundsätze umkehren würde.

II. Bereitung der Glasuren und Emails.

Die Glasuren werden auf die Töpferwaren aufgetragen, entweder nachdem sie bereits eine erste Verbindung durch ein vorhergehendes Schmelzen oder Fritten eingegangen sind, oder nachdem die Bestandteile derselben einfach zusammengemischt wurden; letztere Herstellungsweise genügt in gewissen Fällen, z. B. bei den Irdenwaren- und Hartporzellanglasuren.

Andere Glasuren, z. B. die des Steinguts, enthalten Alkalien, welche von wasserlöslichen Stoffen herrühren. Während des Mahlens und Glasierens befände sich das Gemenge mit Wasser in Berührung, welches die Zusammensetzung der Glasur verändern würde; es ist daher nötig, die Glasur in einen Zustand überzuführen, der die Einwirkung des Wassers ausschließt. Man muß eine Schmelzung vornehmen, die eine mehr oder weniger vollkommene Verbindung der verschiedenen Bestandteile hervorbringt. Die geschmolzene oder nur gefrittete Masse kann dann ohne merkliche Veränderung gemahlen, gewaschen und abgewogen werden.

Beispiel. Eine Hartsteingutglasur setzt sich aus Feldspat, Quarz, Borax, Kreide, Bleioxyd und Ton zusammen. In diesem Falle schmilzt oder frittet man Borax, Feldspat, Bleioxyd und Quarz zusammen und verwandelt dadurch das Ganze in ein tonerde-alkali-bleihaltiges Silikoborat. Diese Behandlung braucht sich nicht auf sämtliche Bestandteile zu erstrecken, sondern man kann sich damit begnügen, den Borax (den löslichen Stoff) mit anderen Stoffen in genügender Menge zu binden, um eine in Wasser unlösliche Fritte zu erzeugen. Dieser Fritte setzt man dann die unlöslichen Körper in geeigneter Menge zu, um den gewünschten Versatz zu erreichen.

Auf diese Weise wird eine englische Steingutglasur zusammengesetzt, indem man zuerst eine Fritte A zubereitet und von dieser Fritte ausgeht, um die Glasur B zu bekommen.

Fritte A.		Glasur B.	
Cornish-stone	10	Fritte A	50
Quarz	30	Bleiglätte	25
Feldspat	15	Feldspat	25.
Kreide	15		
Borax	30		

Die Herstellung einer Glasur umfaßt:

1. Zerkleinerung der Bestandteile.
2. Gewichtsbestimmung derselben.
3. Fritten oder Schmelzen, wenn es nötig ist.
4. Mahlen der geschmolzenen Masse.

Die Mischung wird dann in den erforderlichen Feinheitsgrad gebracht.

Je nach Art und Natur sollen die Glasuren in mehr oder weniger bedeutenden Mengen hergestellt werden und die dazu erforderlichen Apparate mehr oder weniger leistungsfähig sein. Steingut- und Porzellanglasuren werden in grossen Massen verbraucht und machen zu ihrer Erzeugung eine umfangreiche Einrichtung notwendig; dagegen werden farbige Glasuren, Emails und im allgemeinen die nur zu besonderen dekorativen Zwecken benützten Schmelzen weniger verwendet und auch in kleineren Apparaten zubereitet.

Hat man grosse Mengen zu fritten, wie dies bei Steingutglasuren der Fall ist, so arbeitet man mit einem Flammofen (Fig. 93), der eine seitliche Tür besitzt, durch welche man die schmelzende Masse herausnehmen und in einen Behälter fallen lassen kann.

Nicht alle Töpfer haben einen eigenen Schmelzofen zur Verfügung, sondern viele fritten ihre Glasur im Brennofen selbst, meistens in einem

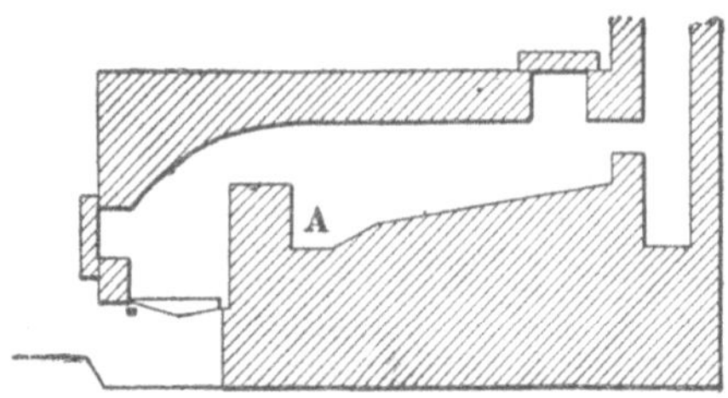

Fig. 93.

unter der Ofensohle befindlichen Raume. Um zu vermeiden, dass die Fritte oder Schmelze am Ofen anbäckt, arbeitet man auf einem Sandbett. Hält man ein starkes Feuer für nötig, so stellt man die Mischung in Kapseln in den Brennofen. Wie man auch verfahren mag, immer muß die Schmelze vollständig von den daran klebenden Verunreinigungen gereinigt werden.

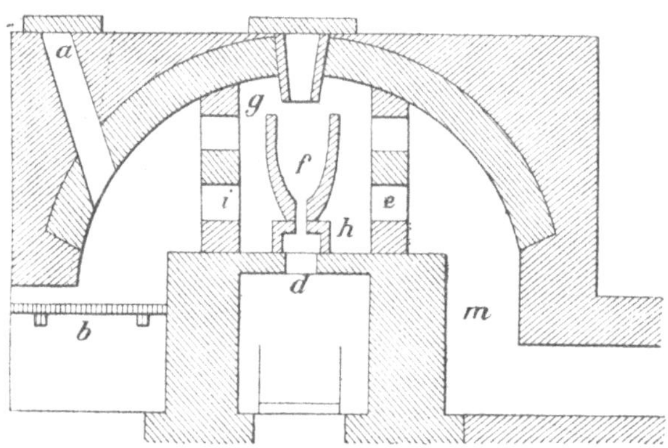

Fig. 94.

Bei farbigen Glasuren kann man einfacher vorgehen, entweder mit einem Windofen, indem man die Masse in gewöhnlichen Tiegeln schmilzt, oder in einem Schachtofen mit Tropftiegeln. In letzterem Ofen (Fig. 94) bringt man das Gemenge in einen durchbohrten Tiegel *f*, welcher auf einer Unterlage *h* steht, die wieder mit einer dem Tiegelloch entsprechenden Öffnung versehen ist. Die geschmolzene Masse läuft durch den Tiegel, dann durch die Ofensohle und fällt durch *d* in einen Wasserbehälter. Die Feuerung *b* wird von *a* aus mit Kohlen beschüttet. Die mittlere Öffnung dient zur Beschickung. Die Verbrennungsgase entweichen durch den Abzugskanal *m*.

Mit zwei Tiegeln von je 35 cm Höhe schmilzt man in 12 Stunden bis zu 100 kg Glasur.

III. Auftragen der Glasuren.

Das Fabrikationsstadium der Gegenstände, welche glasiert werden sollen, ist nicht immer das gleiche. Manchmal trägt man die Glasur auf den rohen Scherben auf, in anderen Fällen ist der Scherben bereits gargebrannt, z. B. beim Steingut, während in der Porzellanfabrikation die Masse erst einen schwachen Brand (Verglühbrand) durchmachen muß, ehe sie glasiert wird.

Werden die Erzeugnisse roh glasiert, so geschieht das Garbrennen der Masse und Glasur in einem Brande; dieses Verfahren wenden die Chinesen bei ihrer Porzellanherstellung an; wird dagegen die Glasur auf den verglühten Scherben aufgetragen, so wird sie mit diesem gargebrannt, wie z. B. beim europäischen Hartporzellan. Schmilzt endlich die Glasur bei einer niedrigereren Temperatur, als der Garbrand der Masse beträgt, so macht man einen eigenen Glasurbrand, wie beim Hartsteingut.

Das Auftragen der Glasur auf die Gegenstände geschieht in verschiedenen Weisen:

Tauchen. Das Stück wird in die mit Wasser verdünnte Glasur getaucht. Der Scherben muß porös sein, damit er die Glasur anziehen kann. Es ist sehr wichtig, daß die Glasur mit dem Wasser innig und gleichmäßig vermischt ist. Das Gelingen des Verfahrens hängt sehr viel von der Geschicklichkeit des Arbeiters ab. Ein zu langes Eintauchen ergibt eine zu dicke Schicht, ein zu kurzes ergibt nur eine dünne, die im Feuer keinen schönen Spiegel bekommt.

Staubkörner und Fettflecken auf den Stücken sind zu vermeiden. Das in die Flüssigkeit eingetauchte saubere Stück darf, wenn es aus dieser herauskommt, keine Striemen zeigen.

Um die Berührung mit den Fingern zu verhüten, bedient man sich oft der dreischenkligen Zangen, um die Stücke fassen und eintauchen zu können.

Die eingetauchten Gegenstände müssen im Bade immer in Bewegung gehalten werden. Die Glasierer, die das Eintauchen der Porzellanteller besorgen, werfen sie in das Glasurbad und lassen sie dabei um sich selbst drehen. Sie werfen den Teller mit der einen Hand und fangen ihn mit der anderen auf. Wenn man die Stücke mit Metallspitzen hält, wie dies bei gewissen Hartsteingutgegenständen der Fall ist, so läßt man sie zwei Umdrehungen im umgekehrten Sinne machen, um die Schichtendichte auszugleichen.

Das Eintauchen ist selbstverständlich nur bei solchen Gegenständen anwendbar, die genügend scharf gebrannt sind, um im Glasurbad nicht aufzuweichen.

Begießen. Dadurch, daß man den Gegenstand mit verdünnter Glasur begießt, kann man ihm eine genügend dicke Glasurschicht geben. Man benützt dazu eine Schale, die man mit Flüssigkeit füllt und deren Inhalt man über das Stück schüttet. So verfährt man beim Glasieren der Kacheln mit Zinnglasur.

Anstatt die Flüssigkeit zu schütten, kann man sie auch auf der zu glasierenden Fläche hinunterlaufen lassen. Um Ziegelsteine zu überziehen, benützt man in einigen Fabriken ein Gefäß in der Form einer Wasserkanne, deren Schnabel flach ist und die Breite der zu glasierenden Ziegelfläche hat. Der Arbeiter hält den Ziegelstein mit der Linken senkrecht, bringt den Schnabel oben an die Fläche und läßt die Flüssigkeit herunterlaufen, indem er den Behälter bis zur unteren Kante des Steines bewegt.

Bestäuben (Pudern). Man streut die Glasur als feines Pulver auf das Stück. Dieses Verfahren wird oft bei noch etwas feuchten Töpferwaren angewandt; in diesem Zustande könnten die Waren das Tauchen nicht aushalten; die in ihnen enthaltene Feuchtigkeit genügt, um das Glasurpulver an die Oberfläche anzusaugen.

Dieses Verfahren bringt sehr ernste Nachteile für die Gesundheit der Arbeiter mit sich, welche die staubhaltige Luft einatmen müssen. Wenn die Mischung auch bleihaltige Stoffe enthält, kommt noch Bleivergiftung zu der schädlichen Wirkung der Staubkörner auf die Atmungsorgane.

Verflüchtigen. Die Fabrikanten von Salzsteinzeug glasieren dieses während des Brandes. Wenn derselbe sein Ende erreicht und der Ofen noch sehr heiß geht, wirft man Salz hinein. Dieses Salz verflüchtigt sich und trifft auf die Oberfläche der Waren. Es tritt ein Silikatisieren des Salzes ein. Der Wasserdampf der Feuergase, die organischen Stoffe, die das benützte Salz enthält, und die Kohlenstoffverbindungen des Brennmaterials bewirken die Zersetzung des Salzes, indem Chlor und Salzsäure entweicht und das Natron in ein Silikat übergeht, welches sich auf die Waren ausbreitet und sie glasiert.

Man kann auch in die Kapseln eine bei hoher Temperatur flüchtige Verbindung legen. Die verflüchtigte Glasur breitet sich über die Kapseln und die darin enthaltenen Waren aus. Auf diese Weise des Glasierens beziehen sich die Flowing Colours (fliegenden Farben) der Engländer.

Ausspritzen (Aufblasen). Statt das Stück in das Glasurbad zu tauchen, was bei rohen oder sehr großen Gegenständen unmöglich ist, spritzt man mittels eines Zerstäubers die verdünnte Glasur auf die Oberfläche. Wenn man dabei das Stück um seine Achse dreht und von oben nach unten gleichmäßig mehrere Schichten darauf spritzt, erhält man nach und nach eine genügende Glasurstärke. Die Chinesen spritzen ihre Glasuren schon seit alten Zeiten und benützen dazu ganz einfache Apparate (Bambusrohre).

Anstreichen. Nötigenfalls kann man zum Pinsel greifen, um die Glasur aufzutragen, ein gleichmäßiges Auflegen ist jedoch sehr schwierig. Wenn es sich nicht um große Stücke und breite Farbflächen handelt, ist es möglich, dieses Mittel mit Erfolg anzuwenden.

IV. Betrachtungen über die Glasuren und Anpassung zu den Scherben.

Welches auch die angewandte Glasur sein mag, so muß sie immer derart zusammengesetzt sein, daß sie sich im Augenblicke des Schmelzens auf der Oberfläche des Gegenstandes mit den Scherben verbindet. Es ist nicht immer leicht, die Glasur so zu bestimmen, daß ihre Bestandteile große Affinität zu den Massenstoffen besitzen. Bei gewissen Massen hat man manchmal das Einsaugen der Glasur durch den Scherben zu befürchten. Der Schmelzpunkt muß sich also nach dem Scherben richten, der die Glasur trägt, und die Ofentemperatur diesem Schmelzpunkt entsprechen. Ist die Glasur hart zu schmelzen, so bildet sie keine gleichmäßig glasierte Oberfläche, sondern wird durch kleine Höhlungen und Erhabenheiten verunstaltet. Dieser Fehler würde auch mit einer richtig zusammengesetzten, aber schwach gebrannten Glasur eintreten. Zu leichte Schmelzbarkeit führt zum Ablaufen und Abrinnen der Glasur und zum Einsaugen, wenn der Scherben sehr porös ist. Ein zu starkes Feuer hat dieselbe Wirkung.

Es können sich auch Übelstände ganz anderer Art einstellen und es ist oft sehr wichtig, deren Ursachen zu erkennen. Betrachten wir zunächst den Einfluß der Ausdehnung auf Masse und Glasur. Besitzen Masse und Glasur die gleiche Ausdehnung, so stimmen sie überein; die Gegenstände kommen mit einem schönen, glatten Spiegel aus dem Ofen. Wenn dagegen die Ausdehnungen verschieden sind, so treten zwei Übelstände ein. Hat die Glasur einen höheren Ausdehnungskoeffizienten als die Masse, so zieht sie sich bei der Abkühlung stärker zusammen und nimmt einen engeren Raum ein, als letztere. Überschreitet die Spannung die Elastizitätsgrenzen, so muß die Glasur springen, um die Dimensionen der Masse unter Zurücklassung von Zwischenräumen beibehalten zu können. Es bilden sich Haarrisse.[1]) Wenn sich dagegen die Masse stärker zusammenzieht als die Glasur, so wird letztere zusammengedrückt. Dieser Druck kann stark genug sein, um die Glasur von dem Scherben schuppenweise abzusplittern.

[1]) Das „Craquelé" der Chinesen wird durch beabsichtigte Haarrisse der Glasur erzeugt. Es ist leicht begreiflich, daß Ausdehnungsverschiedenheiten dieses Resultat ergeben müssen.

Von jeher lenkten die Keramiker ihre Aufmerksamkeit auf diese Erscheinungen und bemühten sich Mittel zu finden, um solche Übelstände zu beseitigen.

Über die Beschaffenheit und die Eigenschaften der Glasuren wurden bemerkenswerte Versuche nach zwei Richtungen hin angestellt. Einerseits hat man die Glasuren chemisch und keramisch untersucht, wie dies in den Arbeiten von Seger und später von Hecht geschehen ist; andererseits hat man die Aufgabe physikalisch zu lösen gesucht, und hier waren es Le Chateliers Schüler, die diesen Weg einschlugen.

Einfluß der chemischen Zusammensetzung auf die Eigenschaften der Massen und Glasuren.[1] Wir haben anfangs gesehen, daß eine ungleiche Ausdehnung eine Spannung der Glasur auf der Masse oder ein Zusammendrücken der Glasur durch die Masse verursacht. Durch geeignete Apparate könnte man allerdings die Ausdehnungen der Massen und Glasuren ermitteln, eine solche Bestimmung hätte jedoch für den praktischen Gebrauch nicht viel Nutzen. Nicht die Größe der Ausdehnung oder Zusammenziehung der Masse beim Erwärmen oder Abkühlen scheint es wichtig zu kennen, sondern die Umstände, die auf diese Ausdehnung einen Einfluß ausüben können. Es ist von großem Werte, die Übelstände verhindern zu können, welche eintreten mögen, wenn eine beliebige Glasur auf eine gleichfalls beliebige Masse aufgetragen wird. Es handelt sich darum, zu finden, durch welche Mittel die Ausdehnung geändert werden kann, und in welcher Richtung vorgegangen werden soll.

Um die Sache möglichst einfach zu behandeln, denken wir, daß die beste Lösung der Frage darin besteht, eine Masse aus gut bekannten Stoffen und eine ebenso gut bekannte Glasur als Versuchsbasis auszuwählen.

Nachstehend geben wir die Ergebnisse der Untersuchungen von Seger wieder:

Wir haben eine Steinzeugmasse gewählt, welche einen weiß brennenden Ton, Quarz und Feldspat enthält, ferner eine bleihaltige Glasur, die aus einem natron- und bleihaltigen Borosilikat besteht.

Zunächst wollen wir nur einen der Bestandteile der Masse, den Ton ändern, indem wir den Tongehalt der Masse stufenweise um 5—15 % erhöhen und die Versuchsproben samt der Glasur unter gleichen Temperaturverhältnissen brennen. Wir ersehen dabei, daß bei weniger tonreichen Proben nur wenig oder gar keine Risse vorhanden sind, daß sich dagegen die Anzahl derselben mehrt, indem sich ein mehr oder weniger dichtes Netz an denjenigen Stücken ausbildet, bei welchen der Tongehalt steigt.

Daraus können wir schließen, daß die Vermehrung der Tonmenge in der Masse die Ausdehnung herabsetzt; die Ergebnisse können bei Ton-

[1] Seger, Über Glasurfehler und deren Ursachen, Tonindustrie-Zeitung 1882, S. 227 und Segers Schriften S. 44. — A. Granger, Monit. scient. 1898, S. 385 und La Céramique Bd. I, 1898, S. 28.

arten gleicher Natur verglichen werden, besitzen aber keinen absoluten Wert, da verschiedene Tone nicht dieselbe Zusammensetzung haben. Kaoline wirken energischer als plastische Tone.

Wir wollen jetzt die Tonmenge beibehalten und den Feldspatgehalt steigern, um eine neue Untersuchungsreihe aufzustellen. Wir konstatieren dann, daß Haarrisse eintreten, wenn der Feldspatgehalt erhöht wird. In diesem Falle wieder vermindert sich die Ausdehnung und infolgedessen auch die Zusammenziehung der Masse, wenn man immer größere Feldspatmengen einführt.

Nun setzen wir die Untersuchungen fort, indem wir den Quarzgehalt ändern, diesen Körper aber immer im gleichen Feinheitsgrad verwenden.

Diesmal erhalten wir ein umgekehrtes Resultat: Die Risse verschwinden und kommen nicht mehr zum Vorschein, sobald genügend Quarz zugesetzt wird.

Der Einführung von Quarz entspricht also eine Steigerung der Ausdehnung. Der Feinheitsgrad beeinflußt ebenfalls das Resultat: so verschwinden die Haarrisse schneller und das Abspringen tritt früher ein, wenn man an Stelle des groben Quarzes den fein gemahlenen anwendet. Die Ausdehnung nimmt mit dem Gehalt an Quarz zu und ist bei gleicher Menge Kieselsäure um so größer, je feiner diese zerteilt ist.

Alle diese Resultate gelten für eine Masse, die unter bestimmten und gleichen Temperaturverhältnissen gebrannt wird; man muß indes hier an die den Keramikern wohl bekannte Tatsache erinnern, daß eine Glasur auf einem schwach gebrannten Scherben rissig werden kann, während sie sich auf einem normal gebrannten sehr gut hält; bei noch höherer Temperatur könnte sogar Abspringen eintreten.

Aus diesen Beobachtungen können wir schließen, welche Änderungen vorzunehmen sind:

a) Wenn Haarrisse auftreten:

1. Herabsetzung der Menge des plastischen Stoffes und Vermehrung der Kieselerde.
2. Ersetzung eines Teiles des Kaolins durch einen anderen Ton mit anderen Eigenschaften.
3. Herabsetzung der Feldspatmenge.
4. Feineres Mahlen des Quarzes.
5. Stärkeres Brennen des Scherbens.

b) Wenn Abspringen eintritt:

1. Vermehrung der plastischen Bestandteile.
2. Ersetzung des plastischen Tones durch Kaolin.
3. Beifügung von Feldspat.
4. Einführung von Quarz in gröberen Körnern.
5. Schwächeres Brennen des Scherbens.

Nunmehr können wir mit der Glasur dieselben Versuche anstellen wie mit der Masse. Zu diesem Zwecke wählen wir eine bestimmte Glasur vom Typus des Kristallglases, nämlich:

$$0{,}5\,PbO,\ 0{,}5\,Na_2O,\ 2{,}5\,SiO_2,$$

und ohne die Basen zu ändern, wechseln wir jedesmal mit der Kieselsäuremenge um 0,1 Molekül, so daß wir zur folgenden Reihe gelangen:

$$0{,}5\,PbO,\ 0{,}5\,Na_2O,\ 2\,SiO_2, \qquad 0{,}5\,PbO,\ 0{,}5\,Na_2O,\ 3\,SiO_2.$$

Wir erhalten dabei Glasuren, welche zwischen 600° und 900° schmelzen und tragen sie auf Scherben auf, die unter gleichen Verhältnissen gebrannt wurden. Nachdem die Glasuren auf ihre richtige Schmelztemperatur gebracht wurden, bemerken wir, daß einige darunter Risse bekommen, während andere abspringen. Das Abspringen beginnt und mehrt sich mit steigendem Quarzgehalt, läßt dagegen nach, und es treten Haarrisse ein, wenn man den Kieselsäuregehalt vermindert. Kieselsäure verkleinert also in diesem Falle den Ausdehnungskoeffizienten.

Nun können wir in die Ausgangsglasur Borsäureanhydrid einführen, wodurch wir erhalten:

$$0{,}5\,PbO,\ 0{,}5\,Na_2O,\ 2{,}4\,SiO_2,\ 0{,}1\,B_2O_3$$
$$\text{bis } 0{,}5\,PbO,\ 0{,}5\,Na_2O,\ 2{,}0\,SiO_2,\ 0{,}5\,B_2O_3.$$

Entstehen Haarrisse, so vermindern sie sich mit kleinerem Gehalt an Borsäureanhydrid; wenn dagegen Abspringen eintritt, so wächst dies in geradezu überraschender Weise mit vermehrtem Zusatz von diesem Anhydride. Borsäureanhydrid wirkt also auf die Ausdehnung insofern ein, als es diese vermindert.

Wir können jetzt zu einer anderen Versuchsreihe übergehen, indem wir nun die Basen der Glasur ändern. Bleioxyd wird durch Baryt, Kalk oder Magnesia und Natron durch Kali ersetzt. — Wir schaffen so eine ganze Reihe von verschieden schmelzbaren Glasuren. Die ursprüngliche Natronbleiglasur weist den niedrigsten Schmelzpunkt auf; dieser steigt aber, wenn man folgende Basenvereinigungen versucht: Bleioxyd und Kali, Baryt und Natron, Kalk und Natron und endlich Bleioxyd und Magnesia.

Brennen wir diese Glasuren auf denselben Versuchsscherben ein, so verhalten sie sich keineswegs in der gleichen Weise. Das Eintreten von Haarrissen ist am geringsten bei der Magnesia-Natronglasur, am höchsten bei der Blei-Natronglasur; kommt ein Abspringen vor, so ist es bei der Vereinigung von Magnesia mit Natron am stärksten.

Dadurch, daß wir nach und nach das Bleioxyd durch andere Oxyde ersetzten, haben wir leichtere Moleküle eingeführt, da unter diesen Stoffen das Blei das höchste Atomgewicht besitzt; wir haben also den prozentualen Gehalt an Kieselsäure gesteigert. Tatsächlich enthält die Blei-Natronglasur 51,3 % Kieselsäure und die Magnesia-Natronglasur 74,6 %. Wenn wir uns erinnern, daß einer Vermehrung der Kieselerde eine Vergrößerung der Ausdehnung entspricht, so können wir leicht die erzielten Resultate erklären.

Es bleibt uns nunmehr nur noch, einen einzigen Punkt zu untersuchen, nämlich die Einwirkung der Tonerde. Wir behalten immer dieselbe Glasur bei, welcher wir 0,1, dann 0,2, 0,3 Al_2O_3 hinzufügen. Der Schmelzpunkt steigt ebenso rasch an, als wir uns von dem glasartigen Aussehen entfernen. Auf denselben Scherben aufgetragen, auf welchem die tonerdefreien Glasuren haarrissig wurden, führen diese Glasuren dieselben Fehler herbei; eine Veränderung läßt sich kaum wahrnehmen.

Die Einführung von Tonerde scheint also keinen Einfluß auf die Ausdehnung oder Zusammenziehung auszuüben; sie bewirkt nur eine Verschiebung des Schmelzpunktes.

Alle diese Beobachtungen führen uns also zu folgenden Schlußfolgerungen:

a) Wenn Haarrisse auftreten:

1. Vermehrung des Gehaltes an Kieselsäure, mit anderen Worten: Herabsetzung der Basenmenge (wobei die früheren Angaben zu berücksichtigen sind, d. h. man darf nicht bis zu einem dreifachen Silikate gehen).

   Nötigenfalls wird dies durch Einführung von Tonerde ermöglicht. Erhöhung des Kieselsäuregehaltes setzt die Schmelzbarkeit herab.
2. Will man dasselbe Verhältnis zwischen Anhydrid und Basen beibehalten, so vermindert die Einführung von Borsäureanhydrid den Ausdehnungskoeffizienten.
3. Ersetzung einer Base durch eine andere mit kleinerem Molekulargewichte.

b) Wenn Abspringen eintritt:

1. Verminderung der Kieselerdemenge, ohne unter das zweifache Silikat herunterzugehen; durch Herabsetzen des Borsäureanhydridgehaltes und Ersetzen desselben durch Kieselsäure kann man dasselbe Verhältnis einhalten.
2. Ersetzung einer Base mit kleinem Molekulargewichte durch eine solche mit höherem.

Gewiß gibt es hier für die Fabrikation eine ganze Reihe von Mitteln, welche lästige Übelstände vermeiden ließen; diese Aufzählung weist allerdings ziemlich viele Lösungen auf, die Frage ist aber sehr verwickelt. Wir fügen eine Bemerkung bei: Die Steinzeug- und Porzellanfabrikanten haben oftmals konstatiert, daß manche Glasur, welche nach einem genügend langen und hohen Brande tadellos ist, haarrissig wird, wenn sie zu rasch und zu schwach gebrannt wurde. Diese Tatsache läßt sich leicht erklären: Die Glasurbestandteile wirken nicht nur aufeinander ein, sondern finden sich auch in Gegenwart der Masse, auf welche sie chemisch reagieren sollen. Die Glasur ist schmelzbarer und enthält mehr Basen als die Masse, welch letztere dagegen reicher an Kieselerde ist. Es findet also ein gegenseitiges Auswechseln statt, wobei eine Zwischenzone entsteht, welche die Spannung zwischen Masse und Glasur ausgleicht; eine solche Zone kann sich aber nur durch lang andauernde hohe Temperatur bilden.

Physikalische Untersuchung der Glasuren. In seinem Laboratorium ließ Le Chatelier seine Schüler eine Reihe von Versuchen über die Ausdehnung der Massen und Glasuren anstellen.

Die angewandten Methoden können jedoch in der Praxis nicht benützt werden, da sie eine Laboratoriumserfahrung voraussetzen, die man von Praktikern nicht verlangen kann. Wir werden sie deshalb nicht wiedergeben, da deren Beschreibung in ein industrielles Werk nicht gehört.

Bei den ersten Versuchen wurden die Messungen nach der von Le Chatelier verbesserten Fizeauschen Methode ausgeführt; die Ergebnisse fielen recht befriedigend aus, obwohl eine Reihe von Kritiken Veranlassung dazu gab, weitere Versuche nicht mehr zwischen 0° und 100° anzustellen, wie es der Fizeausche Apparat zuließ, sondern innerhalb eines viel größeren Temperaturabstandes.

Bei der zweiten Versuchsreihe[1]) wurde ein ganz anderes Verfahren benützt, nämlich das Vergleichen mit Hartporzellan, dessen Ausdehnungskoeffizient zwischen $400 . 10^{-8}$ und $500 . 10^{-8}$ schwankt. Als Versuchskörper verwendete man flache Stäbe von 10—12 cm Länge, 1 cm Breite und 0,5 cm Dicke in gebranntem Zustande. Man legte einen solchen Stab auf eine Porzellanunterlage, so daß das eine Ende des Stabes sich auf derselben nicht verrücken konnte. Zwischen die anderen freien Enden stellte man einen Spiegel aus im elektrischen Ofen geschmolzener Kieselsäure auf; bei ungleichen Ausdehnungen neigte sich der Spiegel je nach der Ausdehnungsgröße. Das Ganze wurde in eine Porzellanröhre gestellt und im Gasofen (von Mermet) erhitzt. Ein Lichtstrahl, von einer festen Lichtquelle geworfen, fiel auf den Spiegel, welcher ihn auf ein geteiltes Lineal zurückwarf. Dadurch konnte man die Verschiebung des Spiegels und infolgedessen die Ausdehnung beobachten und messen. Mit dieser Vorrichtung wurde es möglich, bei Temperaturen vorzugehen, welche mit denen der keramischen Öfen vergleichbar waren.

Wir beschränken uns darauf, die bemerkenswerten Schlüsse der Originalabhandlung anzuführen.

Betrachten wir zunächst nicht glasierte Massen (gebrannt bei 1000°). Der Quarz steigert die Ausdehnung; der Feuerstein wirkt noch energischer, wobei gleich zu bemerken ist, daß die Ausdehnung selbstverständlich kleiner ist als die von Quarz oder Feuerstein an sich.

Ein Teil der Ausdehnung geschieht auf Kosten der Porosität, die vermindert wird.

---

[1]) Coupeau, Bull. Soc. Enc. 1898, S. 1274.

Wenn man einen alkalienreichen Quarzsand benützt, wie den Sand von Decize, nimmt die Ausdehnung regelmäßig ab in dem Maße, wie die Brenntemperatur steigt. Der Quarz geht unter dem Einfluß schmelzbarer Stoffe in amorphe Kieselsäure über.

Was von wirklich praktischem Wert zu sein scheint, ist, daß der Sand unter gewissen Bedingungen dieselbe Umgestaltung aufweisen kann wie kalzinierter Chalzedon, und daß er mit den bei 200° auftretenden Unregelmäßigkeiten sehr starke Ausdehnungszunahmen veranlassen kann. Diese Umgestaltung vollzieht sich um so leichter, je feiner der Quarz und je höher die Temperatur ist, solange man wenigstens 1370° nicht überschreitet. Diese Veränderung der Kieselerde ist auch keine dauernde. Es setzt sich dieser Stoff in amorphe Kieselerde um, und zwar um so vollständiger, je höher die Temperatur ist, je zahlreicher die Flußmittel sind und je feiner der Sand ist.

Der Quarz, dem 3% Kalk beigemengt sind, geht bei 1600° in amorphe Kieselerde über; der alkalische Sand von Decize zeigt diese Gestaltänderung von 1200° an.

Sehr feiner Sand endlich, der mit verhältnismäßig sehr reinem Ton gemischt ist, weist beim Brennen bis 1370° eine geringere Ausdehnung auf, nachdem er bei 1270° sich sehr stark ausgedehnt hat.

Es ergibt sich daraus, daß das Vorhandensein von Quarzsand in keramischen Massen ernste Störungen herbeiführen kann. Da das Brennen des Hartsteingutes in die Periode fällt, welche dem veränderlichen Zustande des Quarzsandes entspricht, so begreift man alle die Verwicklungen, die daraus entstehen können.

Über die verglasten Massen ist noch eine interessante Bemerkung zu machen, daß sich nämlich die Ausdehnung mit Steigerung der Temperatur verringert; so besitzt der zur Herstellung der Hartporzellanglasur dienende Pegmatit bei 1270° eine stärkere Ausdehnung als die Masse. Bei 1370° sind beide Ausdehnungen ziemlich gleich. Daher verhält sich dieser Stoff normal auf bei 1370° gebranntem Hartporzellan, wird dagegen haarrissig, wenn er auf das bei 1270° gebrannte neue Sèvresporzellan aufgetragen wird. Zusammengefaßt:

1. Der Quarz erhöht den Ausdehnungskoeffizienten und zwar um so mehr, je feiner er gemahlen ist.
2. Der Feldspat und im allgemeinen die verglasbaren Stoffe setzen denselben herab.
3. Bei nicht verglasbaren Massen wächst der Ausdehnungskoeffizient mit der Brenntemperatur.
4. Je nach ihrer Zusammensetzung erhöhen oder vermindern die Tone den Ausdehnungskoeffizienten.
5. Bei verglasbaren Massen nimmt der Ausdehnungskoeffizient ab, wenn die Temperatur steigt.

10. Abschnitt.

Irdenwaren.

Das Enthydratisieren der Tone ergibt Irdenware. Es bleibt nach genügender Erhitzung ein harter Stoff zurück, welcher mehr oder weniger gefärbt ist; seine Struktur ist porös. Porosität und Härte der Irdenwaren sind sehr verschieden. In den Alkarazzas (Wasserkühlern) hat man die Porosität auf die Spitze getrieben, aber die Masse ist mürbe. Bei den harten Ziegelsteinen ist die Porosität viel schwächer als bei den Vorhergehenden und die Härte ist so gewachsen, daß der Gegenstand am Stahle Funken gibt.

Die Irdenwaren haben sehr zahlreiche Anwendungen gefunden: sie werden in außerordentlichen Mengen im Baufach in Form von Mauer- und Dachziegeln gebraucht. Die Fabrikation der irdenen Töpferwaren bildet ebenfalls ein eigenes Arbeitsfeld.

I. Ziegelsteine.

Es sind dies künstliche Steine, welche die natürlichen Steine bei Bauten ersetzen. Je nach Art des Baues müssen die Ziegelsteine verschiedene Eigenschaften und Gestalten besitzen; sie müssen gegen Druck und Transport genügenden Widerstand bieten, auch verlangt man, daß sie regelmäßig und ohne Löcher seien.

Für gewöhnliche Bauten darf ihr Gewicht nicht zu groß sein. Der Stein muß sich leicht behauen lassen, was nur bei homogener und widerstandsfähiger Textur möglich ist, da eine ungleiche Masse immer schlechte Stellen aufweist, an denen Brüche leichter entstehen können und so eine saubere Trennung an der gewünschten Stelle unmöglich machen. Ziegelsteine, welche sich nicht behauen lassen, sind aus schlecht zubereitetem Tone hergestellt; es ist dies für den Baumeister ein untrügliches Zeichen, daß sie nicht lange halten. Hitze und Kälte wirken auf die schlechten Steine ein und zerbröckeln sie. Ein guter Stein ist nicht übermäßig porös. Diese Eigenschaft macht es ihm möglich, den Mörtel aufzunehmen, der zur Verbindung der Steine dient. Die Farbe und die Form der Steine müssen gleichmäßig und die Kanten scharf sein.

Für die verschiedenen Zwecke verwendet man Ziegelsteine mit verschiedenen Eigenschaften. Im allgemeinen entsprechen Steine guter Qualität den bereits aufgezählten Anforderungen.

Meistens haben die Ziegelsteine die Gestalt von Parallelepipedons, die doppelt so breit als lang sind, vermehrt um eine halbe Fugenbreite; die Dicke beträgt etwa die Hälfte der Länge. Die Breite, auf der man den Stein mit der Hand überspannen kann, überschreitet nicht 14,5 cm, die Dicke schwankt zwischen 5 und 8 cm, und die Länge beträgt höchstens 30. cm; dabei lassen wir die zu besonderen Zwecken geformten Steine außer Betracht.

Nachstehend folgt eine Zusammenstellung der am meisten vorkommenden Formate.

Staaten:	mm
Deutschland (Normalformat)	250 × 120 × 65
Österreich	290 × 140 × 65 300 × 145 × 70
Belgien (durchschnittlich)	190 × 90 × 50
England (Süden)	254 × 124 × 76
„ (Staffordshire)	229 × 109 × 65
Dänemark	220 × 105 × 52
Schweden und Norwegen	300 × 145 × 75
Holland (groß)	220 × 105 × 55
„ (klein)	180 × 86 × 50
Italien	250 × 122 × 50
Frankreich (Paris-Vaugirard)	220 × 110 × 60
„ „ „	230 × 110 × 70
„ (Bourgogne)	220 × 110 × 55
„ (Marseille)	215 × 105 × 55
„ (Norden)	220 × 105 × 60
„ (nach Vorschlag der Union Céramique)	220 × 105 × 55
Spanien	280 × 140 × 50
Rußland (klein)	250 × 120 × 60
„ (groß)	290 × 140 × 80
Schweiz	250 × 120 × 60
Vereinigte Staaten	205 × 100 × 60
Mexiko	280 × 140 × 50.

Ziegeltone. Die bei der Ziegelfabrikation benützten Tone sind eisen- und kalkhaltig. Sie sind infolge ihrer Zusammensetzung wenig fett. Außerdem enthalten sie Sand, der sie leichter bearbeitbar macht als die fetten Tone; auch schwinden sie weniger als letztere.

In der Umgebung von Paris wird sehr viel Lehm oder Löß zur Herstellung von minder guten Ziegelsteinen verwendet. Er enthält viel

Sand (60—80 %) und erzeugt wenig frostbeständige Ware. Die aus diesem Stoffe hergestellten Steine sind sehr porös, weshalb sie von der Kälte leicht angegriffen werden, denn das aufgenommene Wasser übt im Augenblick des Gefrierens starken Druck aus, der sogar zum Bruche führen kann.

Dieser Lehm beschränkt sich nicht auf das Pariser Becken, man trifft ihn in den der jüngsten Formation angehörenden Gebieten in Gestalt von graugelbem Schlamm an, welcher aus tonhaltiger plastischer Masse besteht, die mit Kalziumkarbonat, bisweilen glimmerhaltigem Quarzsand und etwas Eisenoxyd vermengt ist.

Der an den Mündungen der Flüsse lagernde Schlamm bildet eine reiche Quelle für Ziegelton.

Die gelbliche Gartenerde ist genügend tonhaltig, um zur Ziegelfabrikation zu dienen. In vielen Ländern baut man Häuser aus dieser Erde. Im allgemeinen sind diese Ziegelsteine von minderwertiger Qualität, ihr Herstellungspreis ist dagegen sehr niedrig.

Wünscht man gute Steine, die wohlgestaltet sind und eine genügende Haltbarkeit besitzen, so muß man sorgfältig bei der Herstellung verfahren und dann gewöhnliche plastische Tone verwenden, die noch genug vorhanden sind. Die häufige Gegenwart von Kreide, Pyritstücken, Gipskristallen wirkt schädlich, und man muß diese Körper möglichst beseitigen.

Wenn die Bruchstücke groß genug sind, um leicht mit der Hand weggenommen zu werden, ist das Auslesen sehr einfach; weisen dagegen die Pyritstücke und die Gipskristalle kleine Dimensionen auf, so kann eine Auslese kaum stattfinden, und der Ton verlangt, wenn er zur Herstellung einer Masse dienen soll, eine Behandlung, die mit dem Wert des Erzeugnisses nicht im Einklang steht.

Wenn man die Erde im voraus ausgraben und sie unter freiem Himmel auswintern kann, so wird die Masse besser und plastischer. Die Pyrite oxydieren infolge des Zerspringens der Blöcke während des Gefrierens, und das als Beförderungsmittel dienende Regenwasser nimmt die gebildeten Sulfate mit sich. Wir haben schon auf die Vorteile dieses Verfahrens hingewiesen. Diese Methode, welche für eine große Erzeugung sehr große Tonvorräte erfordert, wird nicht oft angewendet, wozu die Aufbereitung der Tone durch Maschinen viel beigetragen hat.

Es folgt hier die Zusammensetzung und Beschaffenheit einiger Erden:

	I.	II.	III.
Tonsubstanz und toniger Sand	28,5	49,5	80,3
Feiner Sand	20,0	14,5	6,5
Mittelfeiner Sand	8,0	4,0	2,8
Körniger Sand	34,5	20,0	7,8
Gesamtes Wasser	9,0	10,0	3,7

	I.	II.	III.	IV.	V.
Sand	59,70	54,70	50,76	—	—
Kieselsäure	19,94	21,04	14,86	66,07	54,50
Tonerde	10,67	10,97	10,79	12,90	16,50
Eisenoxyd	3,43	3,57	2,57	5,27	13,50
Kalziumkarbonat . . .	0,48	0,54	8,34	2,60[1])	3,37[1])
Bittererde	0,11	0,12	0,12	1,61	—
Alkalien	Spuren	Spuren	Spuren	—	—
Glühverlust	3,62	3,78	5,20	11,55	10,60
Hygroskopisches Wasser	2,04	5,28	7,36	—	—

I, II, III sind Erden aus Mähren in verschiedener Tiefe gegraben; IV ist eine Erde aus Nördlingen, V eine aus Longport.

Die Ziegelsteine sind schon längst bekannt; am Anfange ihrer Herstellung brannte man sie nicht. Dies mag für heiße Länder passen, bei uns ist dieses Verfahren unmöglich.

Wir unterscheiden bei den Ziegelsteinen zwei Herstellungsmethoden:

1. Die Feldziegel, die unter freiem Himmel in der Gegend hergestellt werden, wo sich das Tonlager befindet.
2. Die mechanischen Ziegel, die in großen Mengen in fabrikmäßigen Ziegeleien hergestellt werden.

1. Feldziegel.

Die Herstellung der Feldziegel muß besonders wohlfeil ausgeführt werden, sie vollzieht sich, wie wir bereits bemerkt haben, im Freien und ist sehr einfach.

Die Zusammensetzung der Masse ändert sich je nach der Beschaffenheit der Erde; der geformte Ziegel muß sich aus der Form nehmen lassen ohne abzureißen, und austrocknen ohne rissig zu werden. Die Masse darf daher nicht zu hart sein, damit sie sich leicht und schnell bearbeiten läßt. Bisweilen kann man die Erde so verwenden wie man sie findet, manchmal muß man sie erst durch Beifügung von Sand, Brennstoffabfällen oder Schlacken entfetten.

Da in einem Lager nicht überall strenge Homogenität herrscht, kann man die zu mageren Schichten vorteilhaft zur Entfettung der fetteren benützen. Man richtet sich bei derartigem Verfahren nach den unmittelbaren Hilfsquellen der Gegend.

Die Erde wird nötigenfalls mit dem Magerungsmittel angehäuft, das Messen wird dadurch vollzogen, daß man als Raummaß einen Schubkarren benützt. Man breitet die Mischung mittels Schaufeln auf dem Boden aus und übergießt dieselbe nach und nach mit Wasser. Bei gänzlich primitiven Einrichtungen geht ein Mann auf der Masse umher; bei besser

[1]) Diese Ziffern geben die Kalkmengen als CaO an.

ausgerüsteten Unternehmungen bedient man sich eines von einem Pferd gezogenen Tonschneiders, in welchen man die verschiedenen Massenbestandteile schaufelt.

Das Formen der Steine geschieht häufig mit der Hand. Die gebrauchten Formen (Fig. 95) sind rechtwinklig, die vier Seiten bestimmen durch ihre Höhe die Stärke des Ziegelsteins; manchmal sind die Formen doppelt, man kann dann zwei Steine zugleich formen. Diese Formen sind aus Holz, selten aus Metall; man kann sie leicht herstellen und ihnen die Gestalt des Ziegelsteins geben, wie es seine Bestimmung und der Gebrauch des Landes verlangt.

Fig. 95 gibt uns ein Bild dieser Werkzeuge.

Die Holzformen sind billig. Sie verlangen einige Sorgfalt, denn durchnäßt oder rasch getrocknet verziehen sie sich und sind dann unbrauchbar; daher sind die Arbeiter gewöhnt, sie während der Arbeitsunterbrechung mittels nasser Lappen feucht zu halten.

Wenn man Formen herstellt, muß man das Schwinden in Rechnung ziehen. Dieses Schwinden kann bei lockerem Ton bis 10 % betragen.

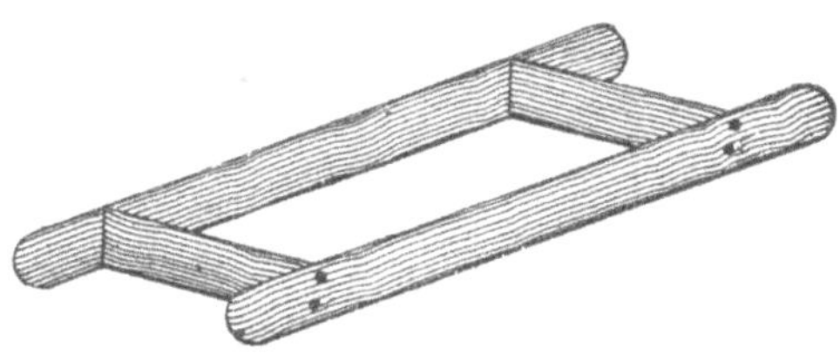

Fig. 95.

Der Former arbeitet auf einem Tisch mit vollständig ebener Fläche, die mit Sand bedeckt ist, damit sich der Ton nicht anhängt. Er sandet zuerst seine Form, wirft Masse hinein, stampft dieselbe ein, streicht das überschüssige Material mit der Hand ab und mittels eines messerartigen Abstreichholzes glättet er die Oberfläche.

Hierauf nimmt ein Lehrling die Form samt dem Ziegelstein und trägt beides auf eine dazu hergerichtete und gesandete Halde.

Dieser Platz muß sehr glatt und gut hergerichtet sein, er besitzt eine sanfte Neigung, damit das Regenwasser ablaufen kann. Hier trocknen die Ziegelsteine allmählich ab. Der Träger stellt die Form zu Boden und nimmt den Ziegelstein heraus, indem er die Form umkehrt und den Stein flach legt. Die dazu nötige Bewegung muß recht gleichmäßig erfolgen, damit keine Formänderungen eintreten.

Dieses Formen geht sehr rasch vonstatten und ein geschickter Former, der mit einer einfachen Form arbeitet, erzeugt in 10 Stunden durchschnittlich 3000—4000 Steine.

Die Ziegler greifen auch noch manchmal zum mechanischen Formen. Um trockne pulverartige Erden zu bearbeiten, bedient man sich einer Hebelpresse, mit der man zwei Steine zugleich formt. Diese Presse besteht aus einer doppelten Kupfer- oder Bronzeform, die in einen festen Tisch eingefügt ist. Der Boden F dieser Formen ist beweglich und ruht auf einer Stange, die sich in E auf einen tiefer gelegenen Hebel CD stützt, der in der Fig. 96 sichtbar ist. Der Vorgang ist sehr einfach: man wirft Erde in die Formen und schlägt, nachdem man den Überschuß mit der Hand abgestrichen hat, den Formdeckel zu. Dann drückt man mit dem oberen Hebel, der zugleich den unteren in Betrieb setzt und infolgedessen den Boden der Formen bewegt. Hat man den Druck ausgeübt, so springt der Hebel infolge der Elastizität hoch, man hebt den Deckel weg und hebt mittels Fußtritts den Boden der Formen auf, wodurch der Ziegel ausgestoßen wird.

Ein solcher Apparat erzeugt dieselbe Arbeit wie ein Former; da aber der Ziegelstein schon gepreßt wurde, braucht er nicht mehr nachgepreßt zu werden.

Wie auch immer die Herstellungsweise sein mag, man legt die geformten Steine auf den Platz, zuerst flach, dann, wenn sie etwas Festigkeit

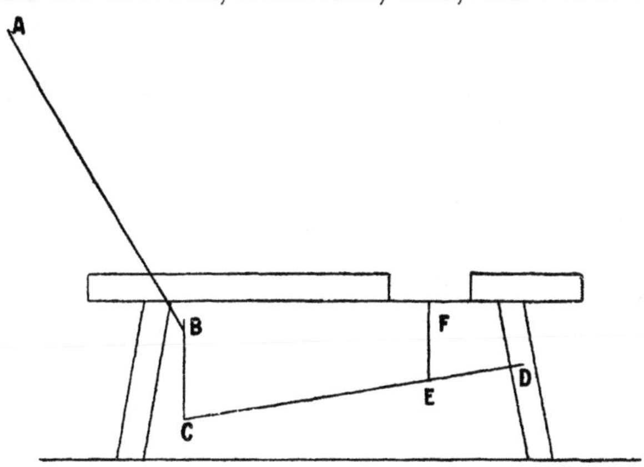

Fig. 96.

erhalten haben, auf die Kante und überläßt sie dem Trocknen, bis ihre Festigkeit weit genug vorgeschritten ist, daß sie ohne Formänderung mit der Hand angefaßt werden können. Bei schönem Wetter dauert dieses Lufttrocknen zwölf Stunden; bei bedecktem Himmel kann es bis 48 Stunden betragen.

Die nicht gepreßten Steine werden geputzt und dann mit einem Holzschlegel auf allen Seiten geschlagen.

Um das Trocknen zu beendigen, stellt man die Steine gitterartig aufeinander, so daß die Luft eine möglichst große Fläche frei bestreichen kann.

Man nennt diese Stapel Gamben oder Stöcke. Diese Gamben werden nicht direkt auf die Bodenfläche gestellt, sondern man fertigt eine Unterlage aus Erde von 1—1,20 m Breite, auf welche man die Ziegelsteine stellt. Dadurch vermeidet man, daß die unteren Steine bei Regenwetter ins Wasser tauchen. Man bildet jedoch keine sehr hohen Stöße, sondern legt die Gamben auf eine genügend große Fläche, damit man nicht mehr als drei bis vier Lagen aufschichten muß. Ein höheres Aufstellen würde die unteren noch frischen Steine zerdrücken. Man läßt sie ein wenig trocknen, dann setzt man weitere Schichten auf, bis sie 16 oder 18 Steine hoch werden. Um die Horden vor Regen zu schützen, deckt man sie mit Strohmatten E oder Dachziegeln zu. Um diesem Dache eine Neigung zu geben, setzt man jede Schichte um einen Stein ab. Die Gamben sind höchstens 2 m hoch und 4 Steinlängen breit (Fig. 97).

Diese Art des Trocknens in der freien Luft ist sicher die beste, in den gemäßigten oder kalten Klimaten ist sie indes den Unbilden der Witterung ausgesetzt, die die Stöcke verderben.

In den Feldziegeleien, wie die soeben beschriebenen, ist die Einrichtung beweglich, und infolgedessen können keine Schuppen eingerichtet werden, da jedes feststehende Herstellungsgerät entfernt werden muß.

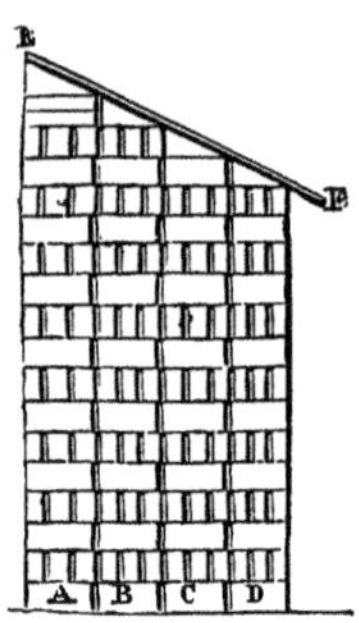

Fig. 97.

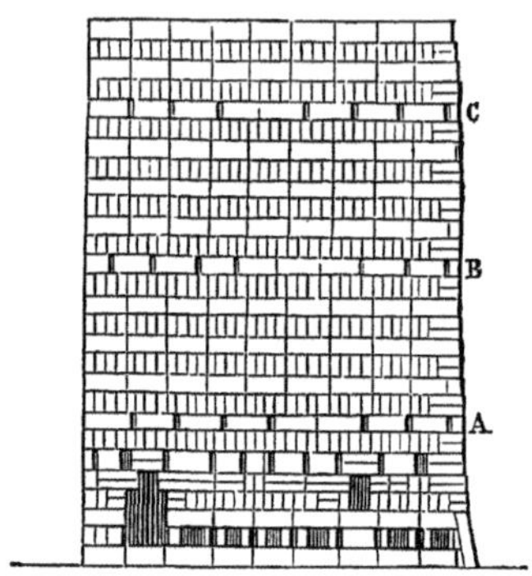

Fig. 98.

Der Brand der so geformten Ziegelsteine vollzieht sich nicht in einem besonderen Ofen, man baut aus den Steinen selbst einen sogenannten Feldofen.

Das Brennen der Feldziegel geschieht auf folgende Weise:

Man stellt auf einen ganz ebenen, etwas erhöhten Boden Reihen von Ziegeln hochkantig auf, wobei man von Meter zu Meter einen Zwischenraum läßt, der der Öffnung eines Herdes entspricht. Auf diese Reihen stellt man senkrecht andere Steine, um eine zweite Reihe zu bilden; auf diese zweite Lage schichtet man eine dritte und so fort, wobei man die Steine immer kreuzt und in den ersten Reihen die erwähnte Öffnung frei läßt. Die Zeichnung gibt uns ein Bild dieser Anordnung, die man auf den ersten Blick verstehen wird, die aber je nach den Gegenden sehr verschieden ist.

Bevor man die Gänge schließt, füllt man sie mit Holz und Hobelspänen, um das Anzünden der Brennstoffe zu erleichtern. In der sechsten Schicht wirft man eine sehr dünne Lage magerer Kohlen darüber und wiederholt dieses Aufschütten alle drei Schichten. Man zündet den Ofen an, sobald die ersten 8 Lagen (bis A), die den Fuß bilden, an Ort und Stelle sind. Als Brennmaterial benützt man Braunkohle, manchmal auch Torf.

Fig. 98 stellt nur einen Teil des Einsatzes dar, der durch den ersten Herd begrenzt wird.

Um den Einfluß der Windstöße zu verringern, ist es gut, die Wände mit Ton zu bedecken. Man verhindert so den seitlichen Lufteintritt durch die Zwischenräume. Auch kann man den Ofen dadurch schützen, daß man vor die dem Winde ausgesetzten Seiten Strohmatten vertikal stellt.

Jeden Tag setzt man neue Lagen hinzu, je nach der Schnelligkeit der Verbrennung. Anfangs legt man nur drei bis vier Reihen, zuletzt sogar sechs. Die Schnelligkeit der Verbrennung kann vermindert werden, indem man die Öffnungsfläche der eintretenden Luft verengert.

Mit dieser Anordnung kann man sehr große Mengen Ziegelsteine, bis zu einer Million, brennen. Gewöhnlich begnügt man sich mit der Hälfte dieser Zahl. Diese Öfen erreichen durchschnittlich eine Höhe von 7 m und umfassen 100—200 qm.

Das Feldbrennen wird in England sehr viel angewandt, ebenso in Belgien und Frankreich. Die Belgier haben einen großen Ruf in der Errichtung solcher Öfen erworben, die, um gut betrieben zu werden, nur von eingeübten Arbeitern bedient werden können. Die zum Ofenbetrieb nötige Ausrüstung beträgt je nach dem Bedarf 10—15 Mann.

Man zündet das Feuer an, wenn der Fuß des Ofens beendet ist. Ist das Brennmaterial (zumeist Kohlengrieß) gut in Brand geraten, so setzen die Einsetzer neue Steine auf. Diese Arbeiter erheben sich in dem Maße wie der Ofen sich über dem Boden aufbaut; die Steine müssen ihnen daher durch Gehilfen zugeführt werden, was von seiten der Handlanger auf Schubkarren geschieht. Einsetzer, Gehilfe und Schubkarrenzieher bilden zusammen einen Stuhl. Ist die Feuerstätte einmal vollendet, so bestreut der Brenner die Steine mit feinen Kohlen, so daß über dem Ganzen eine gleichmäßige Schicht liegt. Um das Ankleben der Steine aneinander zu verhüten, streut man auch etwas Sand darüber. Darauf richtet man eine neue Lage her, aber rechtwinklig zu der ersten, wobei man ebenso verfährt wie früher. Bei einem gut betriebenen Ofen kann man täglich 6—8 Lagen setzen.

Die Erfahrung gibt uns die hineinzuwerfende Kohlenmenge an. Wenn die Ziegelsteine der letzten Lage gelb werden, nähert sich ihnen das Feuer und geht infolgedessen sehr rasch. Um das Feuer nötigenfalls zu verlangsamen, schüttet man jeden Morgen Sand darauf, das letzte am Tag vorher aufgestellte Lager muß Feuer zeigen. Rasch errichtet man ein neues Lager, eine unter diesen Umständen mühsame Arbeit. Es ist eine Beobachtung der am vorhergehenden Tage aufgestellten Steine nötig. Fürchtet man einen Feuerstich, so setzt man einige losere Reihen.

Der Feldbrand ergibt natürlich die besten Resultate bei gutem Wetter, daher findet er auch nur im Sommer Anwendung. Der Regen ist eine sehr unangenehme Beigabe, vor der man den Ofen kaum schützen kann.

Gewöhnlich besteht der Fuß des Ofens aus schon gebrannten Steinen, damit mehr Festigkeit vorhanden ist. Man stellt rohe Steine erst von der siebenten Schicht an auf.

Diese Art des Brandes verlangt große Erfahrung und bringt einen ziemlich großen Abfall mit sich. Sie hat aber den Vorteil, daß sie überall ausgeführt werden kann, da man keine ständigen Öfen braucht und ist daher bei der Herstellung der Feldziegel sehr verbreitet.

Bei einem Einsatze von 500000 Steinen rechnet man durchschnittlich 80000 schlecht gebrannte. Der Brennmaterialverbrauch beträgt ungefähr 230—260 kg Kohle für 1000 Ziegel.

Manchmal schützt man den Meiler durch einen ständigen Bau. Dieser besteht aus drei rechtwinkligen Mauern, welche auf den Windseiten stehen. Diese Schutzwehr hüllt indes nicht alle Ziegelsteine, sondern nur die Hälfte derselben ein. In der Praxis schützt man den Meiler einfach dadurch, daß man den Wind durch Strohmatten abhält.

In kleinen Ziegeleien brennt man nicht immer in Meilern, sondern auch in Öfen einfacher Art. Der bekannte sogen. deutsche Ofen (Fig. 99)

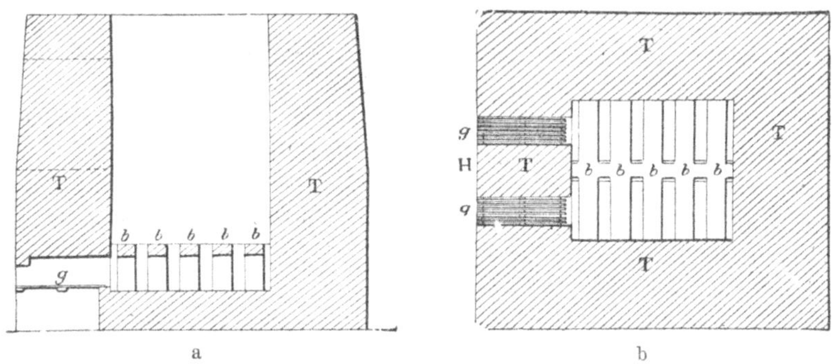

Fig. 99.

besteht der Hauptsache nach aus einem viereckigen Mauerwerk F mit durchbrochenem Boden. Dieser Boden ruht auf zwei Gewölben b, in denen die Verbrennung vor sich geht. Die Flammen schlagen direkt in den Ofen, den sie seiner ganzen Höhe nach durchstreichen. Man bringt zum Ein- und Aussetzen wenigstens eine Tür, oft auch zwei einander gegenüberliegende an. Diese Türen werden während des Brandes zugemauert.

Das Einsetzen geschieht zumeist so, daß man die Ziegelsteine in den Ofen ziemlich dicht einsetzt und in der Masse die für den Durchzug der Flammen nötigen Kamine frei läßt. Man schließt den Ofen mit Ziegelschichten ab. Jede Schicht wird senkrecht auf die vorhergehende gelegt. Man könnte so auch den Ofen ganz füllen, da die Flamme leicht zwischen den Steinen durchstreichen kann.

Man kann diese Öfen auch während des Füllens mit Holzdeckeln schützen, man muß diese aber im Augenblick des Feuerlegens[1]) abnehmen.

[1]) Brongniart führt ähnliche Öfen von größeren Dimensionen an, welche ein festes Dach haben und in Holland verwendet werden (Traité des Arts céramiques 1844, Bd. I, S. 352).

Dieser Ofen kann mit Holz oder Reisigbündeln gebrannt werden, was ziemlich billig ist. Der mittlere Preis des Brandes von 1000 Steinen beträgt 7,20 Mark. Man zündet das Feuer auf dem Boden selbst an und macht zuerst ein kleines, dann nach dem Trocknen ein stärkeres Feuer. Man erhält mit einer solchen Feuerung am Ofeneingang schärferes Feuer als hinten, deswegen schiebt man von Zeit zu Zeit etwas Brennstoff gegen die Kanalenden. Der Brand läßt sich dadurch etwas regeln, daß man die Türen der Feuerungen entsprechend zuschließt. Ist der Brand einmal zu Ende, so verstopft man alle Öffnungen, deckt den Ofen mit einer Erdschicht zu und läßt ihn langsam erkalten.

Solche Öfen enthalten manchmal mehrere 100000 Ziegelsteine, in der Regel jedoch kaum über 150000.

Man brennt auch Steinkohle in diesen Öfen (siehe Fig. 99), dann aber muß man vor den Gewölben Roste *g* anbringen. Man verbraucht ca. 150 kg für je 1000 Ziegel.

Torf wird ebenfalls als Brennmaterial verwendet.

Diese Öfen sind sehr unvollkommen, und das Fehlen eines Daches ist ein großer Übelstand, denn er bringt Wärmeverluste mit sich und setzt die Öfen den Unbilden der Witterung aus; selbst ein bewegliches Dach ist nur ein ungenügender Schutz.

Solche Apparate finden sich noch in kleineren Ziegeleien.

Einen großen Vorzug bieten die gewölbten Öfen mit direkter oder überschlagender Flamme und mit Kohlenfeuerung. Manchmal begnügt man sich mit einer sehr dürftigen Anordnung. Der Ofen[1]) wird von zwei parallelen Mauern gebildet, zwischen denen man Ziegelsteine aufschichtet. Hier und dort gestatten Löcher im Boden die Einführung des Brennstoffes. Um die Witterungseinflüsse fernzuhalten, ist der Ofen mit einem Dach versehen.

Die Modelle für diesen Ofen sind sehr zahlreich, ihre Form ist in den einzelnen Ländern verschieden. In einigen hat man eine Anordnung gewählt, bei welcher man Kalk- und Ziegelsteine[2]) zugleich brennen kann. Der Unterbau des Ofens (die Feuerungsgewölbe) besteht dann aus Kalkstein. Bezüglich der Beschreibung dieser Öfen verweisen wir auf die alten Werke, da die Zahl dieser Öfen fortwährend abnimmt.

2. Industrieziegel.

a) Formen mit weicher Masse.

In der Nähe eines bedeutenden Tonlagers und größeren Absatzgebiets und bei günstigen Verkehrsverhältnissen kann sich die Einrichtung

---

[1]) Dümmler, Ziegelfabrikation S. 324.

[2]) Brongniart, Traité des Arts céramiques 1884, Atlas Taf. XV, Fig. 1. — Salvétat, Technologie céramique S. 307, Figuren 416 u. 417.

einer feststehenden Ziegelei empfehlen; selbstverständlich muß die zu verarbeitende Erde genügend gute Eigenschaften besitzen, damit die Qualität der Fabrikate einen Versand gestattet.

Gewisse bedeutende Fabriken, welche alljährlich Millionen von Ziegelsteinen herstellen, wenden noch das Handstreichen an; die Herstellungskosten sind allerdings höher als die des mechanischen Formens, aber die erzeugte Ware zeichnet sich durch ein schöneres Aussehen aus und daher werden noch viele wegen dieser Eigenschaft gesuchte Ziegel mit der Hand geformt. Da wir dieses Verfahren bereits beschrieben haben, werden wir nicht darauf zurückkommen.

Schon seit langer Zeit hat man versucht, die Handarbeit beim Formen der Ziegel durch Maschinen zu ersetzen. Die ersten Ziegelmaschinen ahmten die Tätigkeit des Arbeiters nach; eine oder mehrere Formen gelangten unter einen Fülltrichter, wurden mit Erde gefüllt und entleerten sich dann automatisch.

Diese Maschinen sind wesentlich verbessert und so abgeändert worden, daß nach der Füllung der Form ein starker Druck ausgeübt wird, so daß harte und sogar trockne Massen verarbeitet werden können.

Auf einem anderen Grundsatz beruhende Maschinen werden ebenfalls sehr oft angewendet. Die Masse wird gepreßt und in Gestalt eines Parallelepipedons, dessen Querschnitt die größte Ziegelfläche bildet, durch eine rechtwinklige Öffnung getrieben. Man schneidet dann von diesem Blocke Stücke von der Stärke eines Ziegels ab. Die hier gebrauchte Masse ist nicht so hart wie bei den vorigen Maschinen; die erzeugten Steine sind weniger dicht und müssen nachgepreßt werden.

Zubereitung der Masse. Ziegelton, welcher weder Steine noch große Pyritkörner enthält, wird sofort nach dem Kneten verwendet. Man wirft ihn direkt in einen Tonschneider, wenn er bereits die nötige Feuchtigkeit besitzt, und fügt, wenn nötig, das Magerungsmittel hinzu. Mischen und Kneten vollziehen sich während der Rotation; man erhält am Austritte des Apparates Masseballen, die ohne weiteres in die Maschine gebracht werden können.

Mit harten Tonen ist das Verfahren verwickelter; man beginnt zuerst mit der Zerkleinerung. Dies geschieht mittels eines Brechwerkes oder mittels Kollergänge und Walzwerke, wenn der Ton vollkommen trocken ist; zu diesem Zwecke verwendet man auch Granulatoren oder Schleudermühlen.

Wenn die zu behandelnden Tone fett sind und das Wasser sehr langsam einsaugen, dann muß man sie eine gewisse Zeit lang mit dem Wasser in Berührung lassen.

Man wirft den zerteilten Ton in einen Sumpf und läßt ihn mindestens 24 Stunden darin liegen. Wenn man die für die gewünschte Festigkeit nötige Wassermenge bestimmt hat, braucht man nur den feuchten Ton samt Magerungsmittel in einen Tonschneider zu werfen. Bei Wasserüberfluß muß man die oben schwimmende Flüssigkeit vorsichtig abschöpfen und die Masse bis zur gewünschten Festigkeit trocknen lassen.

Manchmal sumpft man den bereits mit Magerungsmitteln vermischten Ton ein, manchmal fügt man diese Stoffe erst im Tonschneider hinzu; bestimmte Regeln lassen sich hier nicht aufstellen.

Die mageren Tone sind leichter einzuweichen als die fetten, man kann sie einfach durch Begießen mit Wasser tränken; im Gegensatz zu den vorigen nennen wir dieses Verfahren das Befeuchten.

Mann kann die Tone mechanisch befeuchten. Mittels Maschine geht es schneller, die Mischung des Tones mit Wasser wird zugleich vollständiger. Die Anfeuchter bestehen aus einem gußeisernen oder blechernen Trog, über den eine Welle mit Löffeln gelegt ist. Eine über den Trog gelegte Röhre führt das Wasser herbei, das in den Trog fällt, während durch die Rotation der Welle Wasser und Ton gemischt werden. Man ordnet die Löffel oft schraubenförmig an, so daß der Ton im ganzen Trog bewegt und gegen eine am Ende angebrachte Ausgangsöffnung getrieben wird.

In diesen Apparaten erleidet der Ton nur eine unvollständige Behandlung. Die Tonschneider führen dieselbe zu Ende. Bei den weichen Stoffen, die zur Herstellung der Ziegelsteine dienen, benützt man besonders Tonschneider mit senkrechter Schraubenwelle (siehe Fig. 37 S. 123).

Dieses Verfahren, Naßverfahren genannt, ist nicht das allein benützte. In gewissen Fällen zieht man es vor, den Ton mittels verlorener Wärme zu trocknen und die Masse mit trocknem Tone herzustellen. Diese letztere wird dann nötigenfalls mittels Steinbrecher zerkleinert und dann gekollert. Man wendet bei dieser Arbeit zumeist Läufer aus Gußeisen an, die über einem durchlöcherten Boden laufen. Diese pulverförmige Erde trägt man dann in den Tonschneider, nachdem man Wasser und Magerungsmittel beigegeben hat.

Die Bearbeitung der Erden verlangt je nach der Natur des Tones mehr oder weniger Vorbereitung. Man kann mit der eigentlichen Ziegelmaschine ein Walzenpaar vereinigen, das die Masse zermalmt und die Wirkung des Tonschneiders fortsetzt. Oft sind sogar mehrere Walzenpaare nötig. So habe ich folgende Anordnung im Betrieb gesehen: Die aus dem Tonschneider kommende Masse wurde mittels Fahrstuhl in das obere Stockwerk befördert, wurde hier in einem Walzwerk geknetet, das sie ins unterste Stockwerk führte. Dann wurde sie mittels eines zweiten Fahrstuhls nochmals ins erste Stockwerk gehoben, von wo aus sie in die Ziegelmaschine gelangte.

Strangpresse. Die bei dieser Herstellungsart benützten Maschinen bestehen aus einem vorwärtstreibenden Apparat, der die Masse in einen mit einer Öffnung, welche das Mundstück bildet, versehenen Raum treibt.

Das Mundstück (Fig. 100) besteht aus einer Platte mit quadratischer Öffnung, deren Fläche gleich der des Ziegelsteins ist (Länge $\times$ Breite).

Diese Platte wird an der Mündung entweder durch Bolzen oder Gelenkstücke gehalten, die man herunterläßt (diese Anordnung ist bei der zuerst gezeichneten Maschine angegeben). Diese Art Mundstücke ist die einfachste. Das Gleiten der Masse durch die Öffnung wird durch die Reibung verhindert; bemerkenswert ist, daß der in den Ecken zu überwindende Widerstand doppelt so groß ist, da die Masse mit zwei Metallteilen in Berührumg steht, und daß er in der Mitte nur eine einzige Stelle des Mundstückes berührt. Um ein Verziehen der Masse infolge einer Verzögerung beim Verlassen des Mundstückes zu vermeiden, haben einige Konstrukteure den Vorschlag gemacht, das Mundstück mit Backen zu versehen, die in den Seitenmitten angebracht sind und eine Vermehrung der Reibung herbeiführen, wodurch die größere Reibung in den Ecken ausgeglichen wird. Eine zweite Lösung besteht darin, die Masse genügend zu nässen, um das Austreten zu erleichtern. Zu diesem Zweck ist das Mundstück so gestaltet, wie es Fig. 101 veranschaulicht.

Fig. 100.

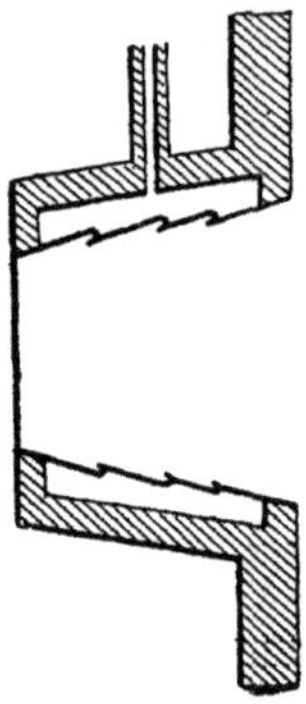

Fig. 101.

Das Wasser eines höher gelegenen Behälters gelangt durch eine senkrechte Röhre in das Mundstück und breitet sich in den freigebliebenen Zwischenräumen zwischen dem Kasten und einem System von Deckelplättchen aus. Das Wasser sickert durch die Plättchen und schmiert den Tonstrang, der infolgedessen leicht austritt. Bei einigen Modellen benützt man die Porosität eines mit Wasser in Berührung stehenden Felles, um das Anfeuchten herbeizuführen. Vor dem Verlassen des Mundstückes geht der Strang durch einen Kasten, dessen Wände aus einem Felle bestehen, welches die Feuchtigkeit durchsickern läßt. Die hydraulischen Mundstücke werden bei sehr vielen Maschinen angewandt. Diese Angaben geben uns zur Genüge ein Bild von der Mannigfaltigkeit der Lösungen.

Die Strangpresse gestattet uns, leicht alle Arten von Ziegelsteinen herzustellen. Es genügt, wenn man dafür ein passendes Mundstück auswählt.

Die Vorrichtungen zum Vorwärtstreiben der Masse gehören ebenfalls verschiedenen Systemen an. Kolbenmaschinen trifft man selten; man bevorzugt die Flügel- oder Messerwellen, die bei passender Anordnung auch als Tonschneider dienen können. Ein Walzwerk bildet ebenfalls ein gutes Mittel zum Vorwärtstreiben der Masse gegen das Mundstück.

Man hat das Formen zu vereinfachen gesucht, indem man auf derselben Maschine Walzwerk und Tonschneider anordnete. Man braucht das feuchte Gemisch der Massenbestandteile nur noch in einen Trog zu werfen und erhält dann am Ende des Apparates einen homogenen und richtig geformten Massenstrang.

Bei der hier gezeichneten Maschine wird die Masse zuerst von zwei Walzen aufgenommen (ein Walzenpaar genügt, wenn die Erde wenig oder gar keine Steine enthält), durch welche die harten Stücke zerkleinert werden. Sie fällt in einen Trog und von hier auf eine Schnecke, die zugleich als Tonschneider und Vorwärtsbeweger dient, die Masse noch völlig knetet und sie in das Mundstück treibt. Fig. 102 zeigt den Bau dieser Maschinen: ein liegender Tonschneider bildet das Hauptstück und treibt die Masse durch das Mundstück. Dieser Tonschneider trägt eine Stahlachse, die mit Schneidemessern versehen ist. Am hinteren Teil befindet sich der Füllkasten, aus welchem der Ton durch Walzen in die Schnecke gepreßt wird; am Vorderteil sieht man den Mundstückkasten, in welchen die Erde getrieben wird. Sämtliche Teile werden aus leicht

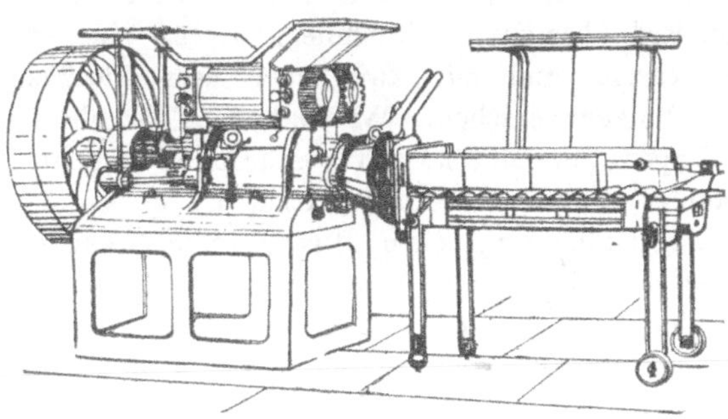

Fig. 102.

auswechselbaren Stücken zusammengesetzt. Die Schraubenwelle ruht hinter dem letzten Messer in einem langen Lager, dann endigt sie in einem Zahnrad. Ihr Ende ist in einem anderen Lager gelagert und endigt in einem Zapfen, der auf eine Pfanne gestützt ist und durch eine im Maschinengestell verbolzte Traverse gehalten wird. Auf diese Weise wird für die Welle eine unbewegliche Lagerung geschaffen.

Auf dem Preßkasten ist ein Wasserbehälter angebracht, der das Mundstück während des Betriebes feucht hält, wenn man sich eines hydraulischen Mundstückes bedient.

Der Betrieb dieser Maschinen erfordert einen Mann zur Speisung des Apparates, einen zweiten zur Bedienung des Abschneiders und einen oder zwei, um die Ziegelsteine abzutragen.

Um große Stücke mit der Strangpresse zu formen, verwendet man dieselbe Maschine, dann aber stützt man die Welle an ihren beiden Enden. Bei dieser Konstruktion muß das Mundstück seitlich angebracht werden. Solche Maschinen haben größere Widerstandsfähigkeit als die vorigen, da ihre Schraubenwelle an beiden Enden gestützt ist; sie erfordert jedoch zum Betrieb etwas mehr Kraft. Eine solche Maschine ist bei der Herstellung der gewöhnlichen Ziegelsteine nicht unentbehrlich; sie muß indes angewendet werden, wenn es sich z. B. um die Herstellung von Fußbodenplatten handelt.

Eine gewöhnliche Strangpresse liefert in der Stunde 500—2000 Ziegel, sie verbraucht 3—18 PS.

Bei einigen Maschinen hat man versucht, die Leistung zu steigern; man hat dabei zwei seitliche Mundstücke angebracht oder hat dieselben an den Enden der Schraubenwelle angeordnet. Die Anordnung richtet sich nach der Art der letzteren.

Die Anordnungen der Ziegelmaschinen sind sehr verschieden. Bei der ersten abgebildeten Maschine geschieht das Ausstoßen mit Hilfe einer Schnecke, bei der zweiten durch ein Walzenpaar. Manchmal wird die Strangpresse durch einen passend regulierten Tonschneider vervollständigt, der die bearbeitete Masse in die Maschine schüttet. Einige für die Anwendung von Erde bestimmte Maschinen, welche eine sorgfältigere Vorbereitung erfordern, sind mit zwei über dem Füllkasten der Presse angeordneten Walzen versehen. Wir halten es für überflüssig, alle diese zahlreichen Typen anzuführen; wir beschränken uns auf eine Übersicht über die Mannigfaltigkeit der Konstruktionen.

Zur Vervollständigung einer Strangpresse braucht man einen Abschneider, der den Ziegelstein in der nötigen Stärke abschneidet. Wir haben dieses Verfahren bereits erwähnt; es dürfte indessen angezeigt sein, darauf zurückzukommen. Hier sei der Vorgang des Abschneidens näher beschrieben.

Um das Gleiten der Masse zu erleichtern, sie nicht zu deformieren und sie während des Austreibens aus dem Mundstück nicht zu reißen, leitet man die Masse auf einen Tisch, dessen Fläche aus einer Reihe Gipsrollen besteht, die sich auf Stangen senkrecht zur Achse des Mundstückes befinden. Zum Abschneiden der Steine schlägt man dann auf die Masse einen Rahmen nieder, der gespannte Drähte trägt und der sich in einem Gelenk parallel zur Mundstückachse bewegen läßt. Die Drähte zerschneiden den Strang und ihre Abstände bestimmen die Dimensionen der Stücke.

Wenn, was gewöhnlich der Fall ist, die Maschine ununterbrochen arbeitet, ruht der Schneideapparat auf Rollen, wodurch er seine Lage über dem Boden verändern kann. Zum Abschneiden führt man das System an die Mündung und läßt dann den Strang bis ans Ende der Rollen laufen. In diesem Augenblick löst der bedienende Arbeiter die Rollen und drückt den Rahmen herunter. Bei dieser Bewegung hebt der Rahmen eine Gegendruckschiene, welche die Masse hindert, aus dem Apparate zu gelangen. Der letztere entfernt sich dann auf seinen Rollen zugleich mit der Masse. Ist der Rahmen einmal heruntergedrückt, so hat er die Masse vollständig durchschnitten. Nun müssen die Steine nur noch weggenommen und der Abschneider nach dem Aufheben des Rahmens wieder vorgeschoben werden. Die angeführte Ziegelmaschine (Fig. 103) ist so gezeichnet, daß man die Konstruktion des Schneideapparates ganz besonders gut ersehen kann.

Man kann die Anordnung dieser Apparate und die Art des Ziegelabschneidens sehr stark variieren. So benützt man in einigen Werken, wo kleine Steine hergestellt werden, ein großes Mundstück; nur befindet sich am Ende ein festes System gespannter Drähte, das die Masse auch in der Längsrichtung teilt. Man hat daher nur den Rahmen herunterzudrücken, um eine vollständige Trennung herbeizuführen. Einige Schneideapparate

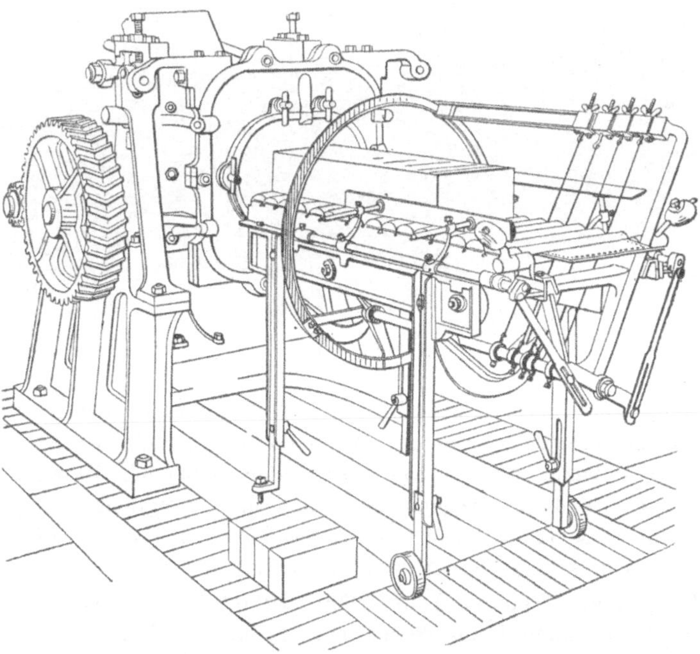

Fig. 103.

schneiden auch rechtwinklig ab, anstatt in die Masse unter einem gewissen Winkel, wie hier, einzudringen. Bei anderen wieder sind die Drähte fest und an der Seite angeordnet; die Masse wandert auf einen Tisch, der, wenn er einmal voll Masse ist, seitlich verschoben wird. Die Steine werden dann abgeschnitten; man braucht dann nur noch die Platte abzuheben, nachdem man die beiden Enden des Massenstranges von den Stücken, die nicht richtig zugeschnitten werden können, frei gemacht hat.

Man hat verschiedene Anordnungen vorgeschlagen, um die Ziegelsteine automatisch abzuschneiden; da sie noch wenig Verwendung gefunden haben, läßt sich über ihren Wert nur schwer etwas sagen.

Als automatischer Abschneider sei hier ein Apparat angeführt (Fig. 104), der auf der Weltausstellung im Jahre 1900 in Tätigkeit war.

Er wurde durch die Amerikanische Firma Clay-Working Machinery Co. von Bucyrus (V. S.) ausgestellt. Das das Mundstück verlassende Massenprisma gleitet zwischen zwei senkrechten Führungswalzen. Die Abschneidevorrichtung enthält zwölf gespannte, durch einen beweglichen Rahmen gehaltene Drähte. Der Rahmen nähert sich automatisch der Masse und die eindringenden Drähte schneiden die Steine ab. Die Masse setzt ihren Weg fort, stößt die Steine auf ein endloses Tuch, das sich rascher bewegt als der aus dem Mundstück austretende Strang; aus dieser

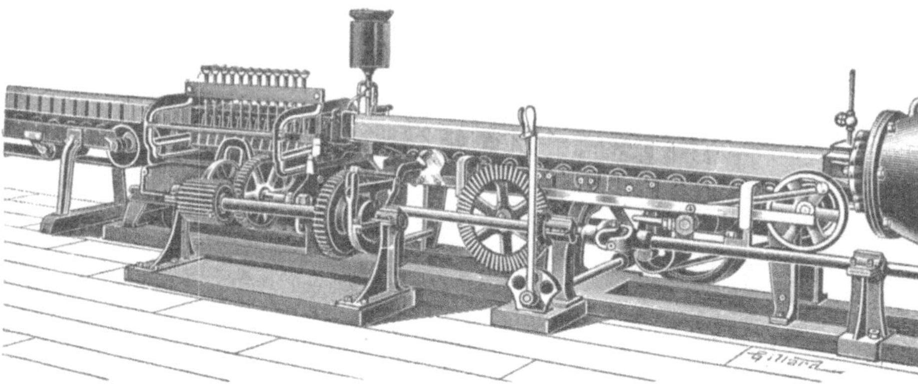

Fig. 104.

Verbindung geht hervor, daß die Steine sich während ihre Wegführung durch das endlose Tuch trennen. Wenn der letzte Stein den Abschneider verlassen hat, bleibt eine für das Abschneiden genügende Massenlänge im Abschneider. In diesem Augenblicke dringt der bewegliche Rahmen abermals in die Masse und schneidet von neuem Steine ab. Dieselbe Bewegung wiederholt sich, solange der Apparat in Tätigkeit ist.

Ein solcher Apparat kann 2000—10000 Ziegelsteine pro Stunde abschneiden; er kann infolgedessen nur in solchen Werken Verwendung finden, die eine ungeheuere Produktion haben.

b) Formen mit der Presse.

Die bereits beschriebene Maschine für Feldziegel gehört in diese Gruppe von Maschinen.

Die Maschinen für weiche Masse sind unausgesetzt in Tätigkeit und üben ihren Druck mittels Hebel oder Exzenter aus, die bei jeder Umdrehung der Antriebsmaschine eine gewisse Anzahl von Pressungen erzeugen.

Die Maschinen mit großer Leistung verwenden mehrere Formen, welche sich automatisch füllen. Diese Formen können reihenweise auf einem gemeinsamen Gestell angebracht sein.

Die Tätigkeit des Mechanismus beschränkt sich auf die Bewegung eines einzigen sehr großen Teiles, ihn mit Wasser zu füllen, unter die

Presse zu führen und nach der Pressung aus dem Apparat fortzuschaffen. Die Maschine arbeitet dann mit beweglichen Formen. Andere Maschinen haben feste Formen; das Drücken geschieht durch den Boden, die Bodenbewegung wird zum Entformen benutzt.

Es ist einleuchtend, daß die Pressung sich nach der Natur der Masse richtet und daß infolgedessen der Kraftverbrauch mit der Festigkeit der Masse zunimmt. Eine derartige Maschine, die nur gewöhnliche Ware aus weicher Masse erzeugt, kann 2000—3000 Steine pro Stunde liefern.

Die in Fig. 105 dargestellte Maschine ist für das Preßformen gebaut. Die in den oberen Teil der Presse geworfene Erde wird geknetet, dann in die Formen getrieben und endlich gepreßt. Am Austritt des Tonschneiders befindet sich ein Kasten mit beweglichem Oberteil. Er dient zugleich als Kolben zur Pressung.

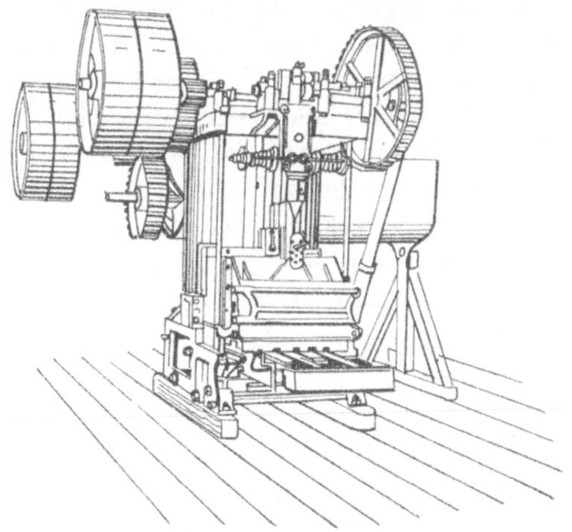

Fig. 105.

Durch eine seitliche Öffnung führt man eine Form mit 5 Abteilungen ein, die die Maschine automatisch füllt. Ist die Form voll, so preßt die Maschine und treibt die Form mit ihren geformten Steinen vorwärts. Man erzielt mit dieser Maschine eine Produktion von 1500—4000 Steinen pro Stunde. Sie verlangt nur eine genügend große Formgarnitur.

Festigkeit der Massen. Man erhält, je nach der Menge des in die Tonmasse eingeführten Wassers, mehr oder weniger feste Massen.

Die sogen. weiche Masse enthält das meiste Wasser. (Sie schließt im Maximum 40 % Wasser in ihren Poren ein.) Die aus diesem wenig widerstandsfähigen Material hergestellten Waren sind homogen. Die Teilchen sind gut miteinander verbunden, dagegen klebt die Masse sehr stark und nimmt die Form schwer an (in diesem Fall ist ein Nachpressen notwendig, damit scharfe Kanten erhalten werden). Das Trocknen geht langsam vor sich. Die Herstellung nimmt daher viel Zeit in Anspruch.

Die feste oder halbweiche Masse enthält im Mittel nur halb soviel Wasser. Die Masse läßt sich schwerer bearbeiten, auch muß ein sehr sorgfältiges Aufbereiten stattfinden. Die von Joly gebaute Ziegelmaschine (Fig. 102) ist zum Formen dieser Massen erdacht, erzeugt 1500—2000 Ziegelsteine pro Stunde mit einem Kraftverbrauch von 8—10 PS und wird von fünf Arbeitern bedient: zwei Tagelöhner, um den Trichter mit Erde zu füllen, einen Arbeiter für den Abschneider und zwei Träger, welche die Steine wegnehmen und in die Trockenräume tragen.

Die Bearbeitung fester Masse hat einen Nachteil, indem sie nämlich stärkere Maschinen braucht als die vorhergehende. (Zur Herstellung von 1500 Steinen in der Stunde braucht man nur 4—6 PS bei Anwendung von weicher Masse.) Die Aufbereitung ist ebenfalls schwieriger. Dagegen füllt die Erde die Formen besser aus, trocknet schneller, und es steigert sich daher die Erzeugung infolge der Aufenthaltsverminderung in den Schuppen und Trockenräumen.

Harte Masse enthält nur noch rund 10 % Feuchtigkeit. Die Masse läßt sich viel schwieriger als die früheren behandeln, denn sie verlangt beim Formen sehr starke Schraubenwellen. Man hat bei einigen Maschinen zu Kolben gegriffen, um die Masse durch das Mundstück zu treiben, da sich Schrauben als ungenügend herausgestellt haben. Die Zubereitung der Materialien verlangt eine Behandlung durch ein Walzwerk. Das Kneten wird sehr schwer und beansprucht viel Kraft; das Abblättern, das leicht beim Durchgang durch das Mundstück entstehen kann, tritt bei harter Masse deutlicher hervor.

Die Unterschiede zwischen den drei Herstellungsarten lassen sich auf die mehr oder weniger große Schwierigkeit der Aufbereitung und auf das mehr oder minder reichliche Abblättern zurückführen.

Nachpressen. Die aus einem Mundstücke austretenden Ziegelsteine haben keine scharfen Kanten und nicht die von einem guten Stein geforderte glatte Oberfläche. Haben die Steine nach dem Beginn des Festwerdens die Lederhärte angenommen, so werden sie nachgepreßt. Zu dieser Arbeit bedient man sich einer Spezialmaschine (Fig. 106).

Dieselbe besteht aus zwei Metallblöcken, die übereinander liegen und von einem starken Rahmen gehalten werden. Das ganze ist beweglich und gleitet in zwei senkrechten Führungsstangen. Zwischen Ober- und Unterstempel befindet sich eine Platte. Die Konstrukteure lassen oft den unteren Stempel fest und bewegen den oberen, der die Ziegelsteine zerquetscht; man begegnet auch Nachpressen, welche gerade umgekehrte Anordnung zeigen. Hier erhält die Unterform die Bewegung und der obere Stempel bleibt fest.

Der obere Stempel und die Traverse sind an zwei Zugstangen, welche mittels eines Daumenmechanismus auf- und abwärts bewegt werden können, befestigt. Drückt man den Hebel herunter, so senken sich die obere Traverse und der Oberstempel und der Stein wird zwischen Formboden und Deckel gedrückt. Der Boden der Form ruht auf einem gußeisernen Tisch und einer tiefer gelegenen Stange, welche durch den Tisch hindurch geht und auf die obere Traverse stößt. Der Boden senkt sich also, wenn die Traverse sich senkt. Das Aufheben des Hebels ruft die umgekehrte Bewegung hervor. Das Emporsteigen der Traverse hebt die am Formboden befestigte Stange mit sich auf und bewirkt das Ausstoßen.

Alle Maschinen, die zum Nachpressen der Ziegelsteine dienen, gehören hierher, abgesehen von einigen Konstruktionsabweichungen. Man kann sie von einem Mann oder einem Motor bedienen lassen. Sie pressen bis 350 Steine in der Stunde mit Hilfe eines Arbeiters und zwei Gehilfen.

Durch das Nachpressen wird die Qualität der Steine besser. Dieses Verfahren ist immer dann unumgänglich nötig, wenn die Steine beim

Fig. 106.

Austritt aus der Maschine eine schlechte Gestalt und ein zu loses Gefüge besitzen. Der Vorteil der Verarbeitung weniger feuchter Stoffe besteht darin, daß das Nachpressen überflüssig wird.

Bei sehr großer Produktion genügt die eben beschriebene Nachpresse auch nicht mehr. Statt ihre Anzahl zu vergrößern, bedient man sich besser eines leistungsfähigeren Apparates. Die in Fig. 107 abgebildete Presse wird durch einen Motor angetrieben und kann bis 2500 Steine stündlich liefern. Die Ziegelsteine werden auf einem endlosen Tuch zugeführt, dann von der Maschine erfaßt und in die Formen gedrückt. Das Ausheben aus der Form geschieht automatisch; die Steine werden vorwärts geschoben, während zwei neue Steine ihre Lage einnehmen.

Trocknen. Die aus der Form kommenden Steine können nicht gleich gebrannt werden; es ist eine Trocknung nötig, damit die Masse den größten Teil ihres Wassers verliert.

Die Feldziegeleien arbeiten nur in der guten Jahreszeit. Der Regen stört die Herstellung und kann sogar den Betrieb vollständig hindern. In den Fabriken dagegen muß man sich soviel als möglich vom schlechten Wetter unabhängig machen.

Die Steine werden in geschützte Trockenräume gestellt, die von unter Schuppen gestellten Gerüsten gebildet werden, durch welche die Luft strömen kann. Um die Verdunstung des Wassers zu beschleunigen und ein rascheres Trocknen zu erzielen, behilft man sich auch mit warmer Luft. Man hat an die Wärmeausstrahlung des Ofens gedacht, um die Trockenräume zu erwärmen; daher liegen in vielen Fabriken die Trockenräume über dem Ofen. Man schichtet die Ziegelsteine in mehrere Lagen übereinander. Der stets warme Ofen kann an die umgebende Luft keine sehr große Wärmemenge abgeben, er erzeugt indes eine Erwärmung, die nichts kostet.

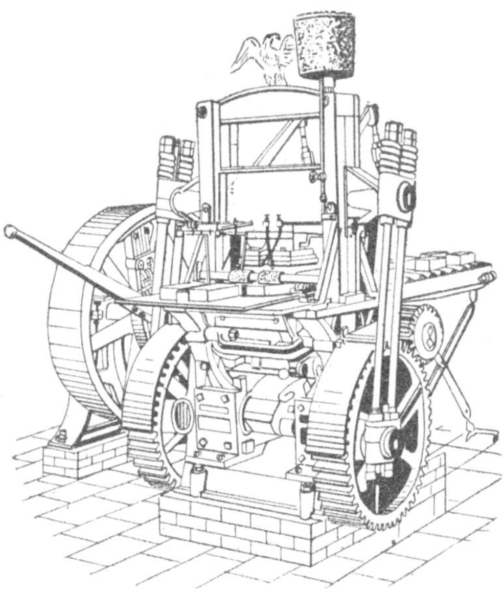

Fig. 107.

Die Teile der ununterbrochenen Öfen, die eben entleert wurden, sind noch warm genug. Man benützt sie daher zur Heizung der Trockenräume, indem man die Heizlöcher öffnet. Die Luft tritt dann durch die Türen ein, steigt in die Höhe, geht durch diese Öffnungen und kommt oben im Trockenraum an.

Das Verbringen der so auf den Öfen angeordneten Steine in die Trockenräume führt zu einer nicht unerheblichen Erhöhung der Herstellungskosten.

Anstatt durch die erwärmte Luft des Ofens das Trocknen vorzunehmen, hat man schon daran gedacht, die Luft, welche aus der Nähe des Ofens kommt und sich bei dessen Berührung erwärmt hat, einzusaugen und sie in die Trockenräume zu leiten. Eine sehr große Zahl von Anordnungen sind von vielen Erfindern vorgeschlagen worden (Ohle, Cohrs, Holzmann, Hotop usw.). Der letztere derselben richtet seinen Trockenraum so ein: Zwei zur Aufnahme von Ziegelsteinen eingerichtete Gerüstreihen ziehen sich an den Seiten des Ofens hin. Eine Mauer bietet Schutz gegen die äußere Luft, eine mit Türen versehene Holzwand trennt den Trockenraum vom Ofen. Die Decke über den Gerüsten und der Boden, auf denen sie stehen, sind mit Öffnungen versehen, die man öffnen und schließen kann. Ein Ventilator saugt die Luft in der Nähe des Ofens an und treibt sie in den Trockenraum.

In der Trockenanlage von Touché benützt man den Durchgang einer großen Luftmenge durch die feuchten Waren. Man baut diesen tunnelartigen Trockenraum in die Nähe eines Ofens, so daß man wärmere Luft einsaugen kann. Eine gute Anordnung besteht auch darin, daß man den Trockenraum auf einen Fußboden baut, der zwei Simon-Öfen verbindet. Man reguliert den Apparat, indem man ein am Eingang befindliches Psychrometer und ein am Ausgang hängendes Thermometer überwacht. Je nach dem Stande des Thermometers ist die Verdampfung mehr oder weniger stark. Man verlangsamt sie nötigenfalls durch Einführung kalter Luft. Um die Entwässerung zu steigern, muß man zu warmer Luft greifen und die Trockenräume mit Heizapparaten oder Dampfleitungsröhren versehen. Auf diese Weise steigt die Temperatur und beschleunigt die Verdunstung.

In den Vereinigten Staaten wendet man hauptsächlich solche nach einem ähnlichen Prinzip gebaute Trockenräume an. Die zu trocknenden Steine, die auf Wagen gelegt werden, werden in einen Tunnel geführt, der von einem sehr starken Luftstrom den Wagen entgegen durchzogen wird. Je nach den klimatischen Verhältnissen verwendet man die gewöhnliche äußere oder erwärmte Luft. Die Trocknung schreitet ununterbrochen vorwärts, ein feuchter Wagen kommt stets an die Stelle eines trockenen.

Man kann nicht alle Ziegelsteine ohne Unterschied durch ein beliebig ausgewähltes Verfahren trocknen; manchmal geht aus den Eigenschaften der ersten Stoffe die Art der Bearbeitung hervor.

Aus den Lösungen dieser Frage wählen wir eine der letzten und vollkommensten aus: Die Trockenanlage von Möller & Pfeifer (Figuren 108 u. 109).

Der Trockentunnel von Möller & Pfeifer besteht aus einem gemauerten Kanal, den die zu trocknenden Waren in kleinen Wagen regelmäßig und automatisch durchlaufen. Am besten stellt man die Pressen an den Tunneleingang und legt den Ausgang in die Nähe des Ofens, damit die Handhabung auf ein Minimum reduziert wird. Der Tunnelausgang wird von einer Türe gebildet, die nur geöffnet wird, wenn trockene Waren herausgezogen werden. Da die Anlage Tag und Nacht

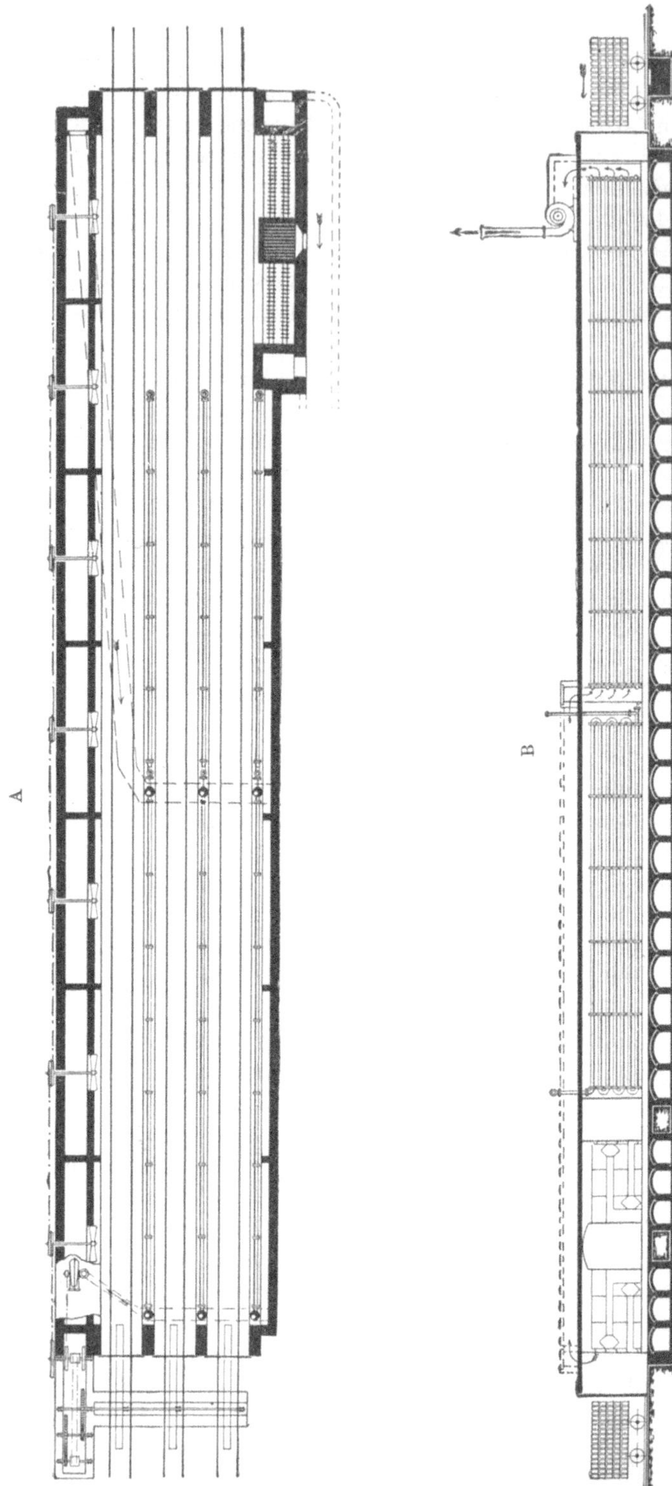

Fig. 108.

arbeitet, wie die Daueröfen, muß man zum Trocknen während der Nacht genügend Ware besitzen und daher am Tag Ziegelsteine auf Vorrat herstellen. Im Tunnel sind Geleise eingelegt, auf denen die Wagen laufen. Ein an der Türe aufgestelltes Windewerk befördert die Wagen.

In 24 Stunden kann man die Steine genügend trocknen, um sie in den Ofen zu tragen. Die Trocknung wird am Anfang langsam geführt und am Schlusse beschleunigt, da Übelstände nicht mehr zu befürchten sind. Die Temperatur steigt von 20° auf mindestens 110°, man kann sie sogar auf 140° treiben. Infolge der steigenden Erwärmung kann die Luft, indem sie vom Eingang zum Ausgang des Trockners, d. h. von dem kalten bis zum heißen Ende, durchstreicht, immer mehr Wasser aufnehmen.

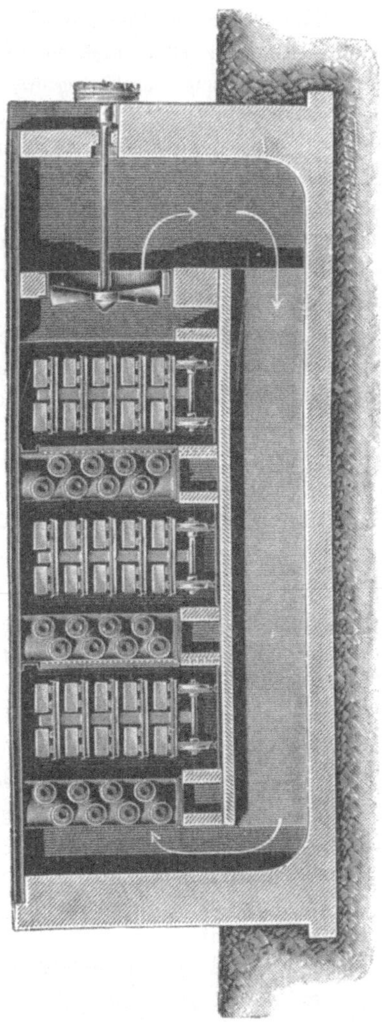

Fig. 109.

Die Trockenanlage ist in ihrer ganzen Länge mit Heizröhren versehen, die zu beiden Seiten der Eisenschienen liegen. In dem kalten Teile des Trockenraumes, dem längsten, wird die Luft durch Rippenröhren erwärmt. Diese werden von warmer Luft durchströmt, die schon infolge des Durchgangs durch die feuchten Waren mit Feuchtigkeit gesättigt ist. An diese erste Erwärmungsmethode schließt sich ein anderes Röhrensystem, das diesmal vom Abdampf der Antriebsmaschine gespeist wird; am Tunnelausgang endlich bringt ein Heizapparat die Luft auf die höchste Temperatur. Zur Erzeugung der Luftbewegung im Kanal und gleichzeitig zur Erreichung einer vollkommenen Übertragung der Wärme von den Heizkörpern auf die zu trocknenden Waren dienen Ventilatoren, welche in der ganzen Länge des Kanales, etwa alle 5 m einer, angeordnet sind. Diese Ventilatoren bewegen ausschließlich die im Trockenkanale befindliche Luft in einer Richtung senkrecht zur Längsachse des Kanales, derart, daß diese Luft, von der Heizung kommend, den mit feuchtem Material beladenen nebenstehenden Wagen durchzieht, danach das nächste Heizregister durchstreicht, hierauf den nächsten Wagen passiert und so fort je nach der Anzahl der Geleise; darauf durchstreicht die Luft die Ventilatoren selbst, wird nach unten geführt und gelangt durch die unter dem Niveau der Schienengeleise angeordneten Sohlkanäle wieder zur ersten Heizung zurück und so fort. Außer dieser Querbewegung wird eine ganz langsame Fortbewegung der Luft in Richtung der Längsachse des Trockenkanales vom kalten Ende nach dem heißen zu bewirkt. Man erreicht diese schwache Fortbewegung dadurch, daß am äußersten heißen Ende des Kanales, welcher während des Betriebes geschlossen ist, die im Kanal befindlichen, aus den Waren ausgetriebenen Wasserdämpfe nebst der vorhandenen Luft aus dem Kanal abgesaugt werden. Da das kalte Ende des Trockenkanales entweder offen ist oder die dort befindlichen Türen mit regulierbaren Luftöffnungen versehen sind, so wird das Luftquantum, das am heißen Ende abgesaugt wird, dadurch ergänzt, daß ein langsamer Luftstrom am kalten Ende in den Kanal eintritt und von da allmählich bis zum heißen Ende fortschreitet. Die abgesaugten Dämpfe werden in einem über dem Tunnel angeordneten Kanal und dann wieder in das Innere des Tunnels geleitet, um sogleich aber in die am kälteren Ende des Trockenkanales angebrachten Rippenröhren einzutreten; auf diese Weise wird die Kondensation des Wasserdampfes sehr gut ausgenützt.

Die verschiedenen Trockenvorrichtungen lassen sich in folgende Gruppen einteilen:

1. Geheizte und gelüftete Trockenräume. Hierher gehören die in der Nähe der Öfen angebrachten Trockenräume, welche a) die verlorene Wärme der erkaltenden Öfen und Waren direkt ausnützen, b) mit einer Leitung im Boden versehen sind, welche durch die verlorene Wärme der Öfen oder der Feuerungen oder durch Dampf geheizt wird, c) mit Kanälen oder oberhalb des Bodens liegenden Röhren, welche auf dieselbe Weise geheizt werden, versehen sind.
2. Ventilierte und geheizte Trockenräume, in welchen sich die zu trocknenden Waren nicht bewegen.

   Sie unterscheiden sich von den vorhergehenden durch Hinzufügung eines Ventilators.
3. Geheizte und ventilierte Trockenräume, welche vorwärts laufende und allmählich trocknende Waren enthalten. Einerseits geschieht die Ventilation im Sinne der Beweglichkeit, andererseits geschieht sie im umgekehrten Sinn.

Brennen. Der Brand einer großen Ziegelsteinmenge, wie solche in Ziegelwerken vorkommen, vollzieht sich in einem Dauerofen. Der Hoffmann-Ofen wird besonders beim Brennen von Ziegelsteinen mit verschiedenen Abänderungen angewandt, die ihm von den Erbauern seit seiner Entstehung gegeben wurden. Die ursprüngliche Form des Hoffmannschen

Ofens ist fast verschwunden. Der kreisförmige Kanal ist durch zwei parallele Brennkanäle ersetzt worden, welche an ihren Enden durch zwei halbkreisförmige Kanäle verbunden werden.

Fig. 110 zeigt den Querschnitt eines solchen Ofens, ferner zwei Längsschnitte, den einen in der Richtung der Ofenachse durch die Austrittskanäle *A*, den anderen in der Achse des Brennkanales. Der Horizontalschnitt ist durch eine Projektion des Ofengewölbes ergänzt, welche die Heizlöcher darstellt.

Ein Ringofen von 12 m Durchmesser liefert täglich 2500 Ziegel. Bei einem großen Ofen kann man diese Zahl bedeutend überschreiten. Mittlere Öfen werden zum Brennen von 6000 bis 95 000 Ziegelsteinen gebaut.

Die Ringöfen mit der gegenwärtig gebräuchlichen oblongen Anordnung besitzen oft große Dimensionen; man trifft sehr oft Öfen von 50 m Länge.

Unter den zahlreichen Änderungen, welche der Ringofen erfahren hat, ist das Abschaffen der metallischen Wände anzuführen, sowie ihre Ersetzung durch Papierschieber, die man mit Erde befestigt. Anstatt die Wand zu entfernen, genügt es, das Papier mit einer Eisenstange zu durchstoßen, wenn man in einiger Entfernung eine zweite Trennung vorgenommen hat. Die Wand fängt Feuer und verbrennt.

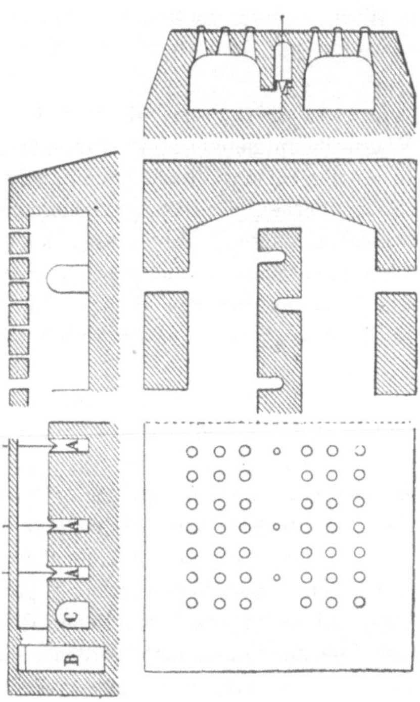
Fig. 110.

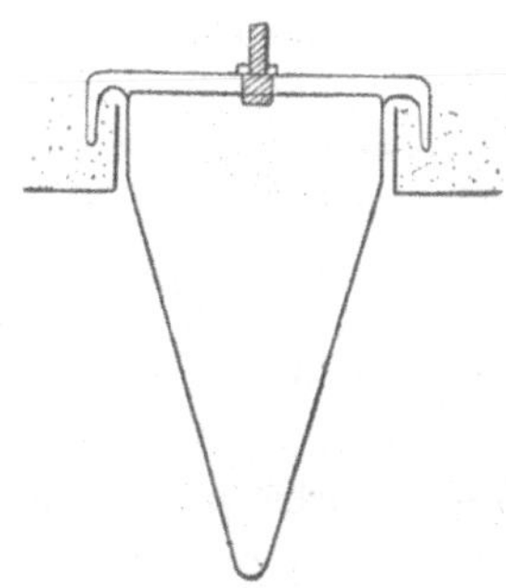
Fig. 111.

An Stelle der früher zum Öffnen und Schließen der Feuerkanäle benützten Glocken bedient man sich gegenwärtig solcher Verschlüsse, die infolge ihrer konischen Form leichter einzupassen sind (Fig. 111).

Die Brennkanäle haben einen rechtwinkligen Querschnitt und sind mit einem vollen oder etwas gedrückten Gewölbebogen überspannt. Die Dimensionen richten sich nach der gewünschten Leistung. Der Flächeninhalt beträgt 3—10 qm und der Inhalt des Brennraumes zwischen zwei aufeinanderfolgenden Türen 8—60 cbm. Meistens nimmt man mittlere Größen, z. B. 20—40 cbm an, was einer Erzeugung von 10000 bis 20000 Steinen entspricht.

Die Befeuerung des Hoffmann-Ofens geschieht mit feinem Kohlengrieß, einem billigen Brennmaterial. Die Verbrennung wird auf sehr vorteilhafte Art bewerkstelligt; man erzielt daher eine Ersparnis, die die Hälfte des Brennmaterialienverbrauchs bei einem Feldofen überschreiten kann. Die Vorteile dieses Systems haben zum Bau von zeitlichen Öfen geführt, die für eine gewisse Zeitdauer mit weniger Kosten errichtet werden als die Öfen der ständigen Werke. Man verwendet Ziegelsteine nur an unumgänglich notwendigen Stellen und gebraucht zum Bau des Ofens die Erde der Umgebung.

Der Betrieb des Ringofens erfordert einige Vorsicht. Bei Beginn der Heizung bilden sich bedeutende Wasserdampfmengen; die Brennperiode, während welcher das Austrocknen vorgenommen wird, heißt „Schmauchen". Die mit Wasserdampf gesättigten Gase würden auf die zu trocknenden Steine eine große Menge Wasser niederschlagen. Um diesen schwerwiegenden Übelstand zu vermeiden, hat man einen besonderen Ofenbetrieb eingeführt. Einige Fabrikanten wenden sogar für den ersten Teil des Brennens Hilfsfeuerungen an. Diese Lösung ist nicht so kostspielig, wie sie auf den ersten Blick erscheint.

Man kann auch den Schieber vor die frischen Steine stellen und ihn erst entfernen, wenn das Trocknen weit genug vorgeschritten ist, daß sich kein Wasser mehr auf die Steine niederschlagen kann. Hoffmann versah seine Öfen mit einer besonderen Schmauchvorrichtung. Mittels eines Hilfskanales kann man beliebige Ofenteile miteinander verbinden und saugt dann aus den erkaltenden Teilen warme Luft ab, welche über die frischen Steine geleitet wird; diese Luft kann keine Feuchtigkeit abgeben, da sie selbst trocken ist. Es kann dies mit Hilfe von beweglichen Blechröhren, welche in die Heizlöcher des Gewölbes eingepaßt werden, leicht bewerkstelligt werden. Es tritt keine Störung ein, wenn man auf diese Weise aus den erkaltenden Teilen vorgewärmte Luft absaugt, da in diesem Teile des Ofens immer Wärme im Überfluß vorhanden ist. Zur besseren Verteilung der Wärme ordnet man zwei Kanäle, einen oben und einen unten an, so daß das Trocknen in der ganzen Höhe stattfindet.

Man kann auch das Schmauchen durch direktes Feuer vornehmen. Dann baut man in die Dicke der äußeren Mauer vor jeder Abteilung eine kleine, mit dem Ofeninnern durch eine Öffnung in Verbindung stehende Feuerung, in welche das Brennmaterial durch eine zweite Öffnung geworfen wird. Diese letztere kann nötigenfalls mit einer Blech- oder Ziegelwand verschlossen werden. An Stelle dieser Schmauchherde benützt man ebenfalls fahrbare Glockenöfen, die über dem Ofen selbst stehen. Diese Anordnung bringt keinen großen Kohlenverbrauch mit sich, da die dazu nötigen Kohlen im Ofen verbrannt worden wären, wenn man der theoretischen Betriebsweise folgen würde.

Glaubt man eine Kondensation nicht mehr befürchten zu müssen, so fängt der normale Ofenbetrieb an. Da das plötzliche Einströmen sehr heißer Gase Übelstände hervorrufen könnte, läßt man diese Gase nur nach

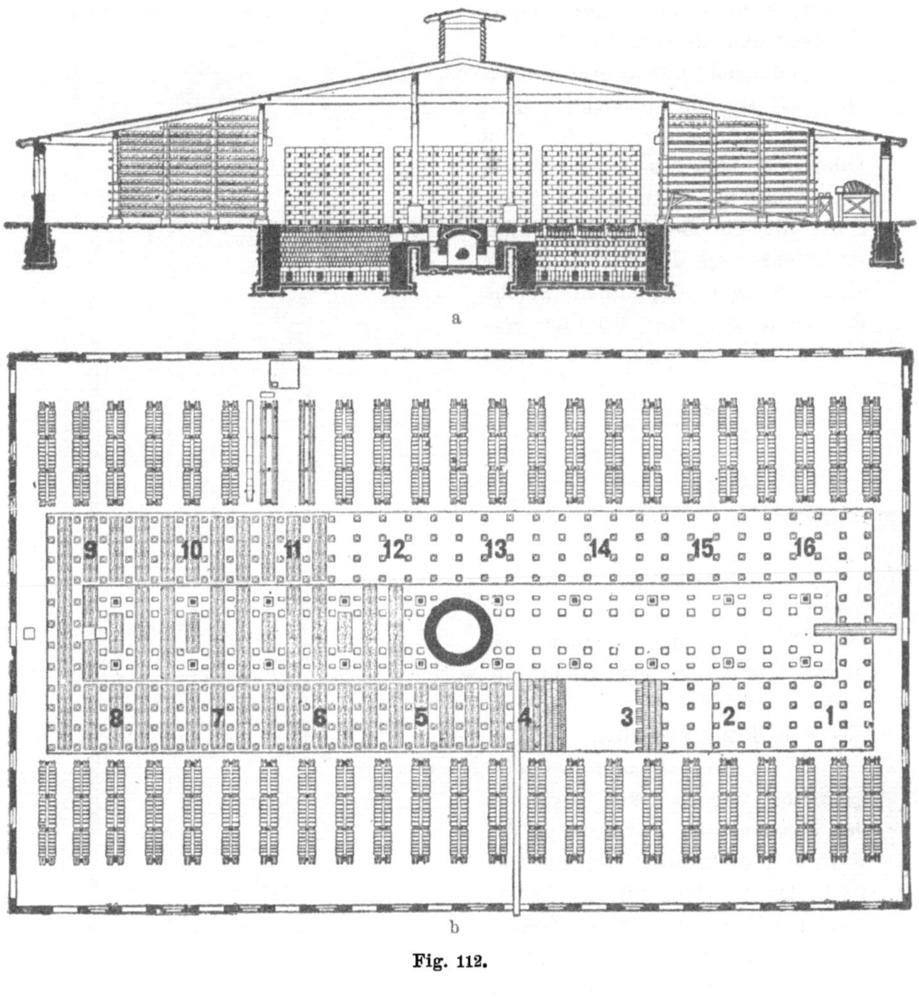

a

b

Fig. 112.

und nach in den Ofen ein, indem man die vorhergehende Rauchglocke nicht ganz schließt oder auch eine geeignete Zeit lang zwei Glocken offen läßt.

Das Vorrücken ändert sich mit dem Zuge. Bei langsamem Gange rückt man in einem Ofen mit 12 Abteilungen in 24 Std. um 4 m vor, bei raschem Brennen um das Doppelte. In der Praxis nimmt man mittlere Werte an.

Der Ringofen ist nur vorteilhaft bei ziemlich großen Betrieben, in welchen täglich mindestens 3000 Steine gebrannt werden; ist aber die

17*

Erzeugung sehr groß, so genügt unter Umständen ein einziger Ofen nicht mehr. Man kann dann einen Doppelringofen anwenden, d. h. einen Ofen mit mindestens 24 Abteilungen, in welchem das Feuer an zwei Stellen brennt. Die Bedienung eines mittelgroßen Ofens erfordert einen Brenner und einen Gehilfen.

Seit mehreren Jahren wendet Otto Bock eine abweichende Anordnung des Ringofens an. Sein Ofen (Fig. 112) besteht aus einem rechtwinkligen Kanal und zeigt sonst die übliche Anordnung des Ringofens. In die innere Mauer sind Öffnungen eingelassen, welche den Ofen mit dem Kamine verbinden. Es sind weder Türen noch

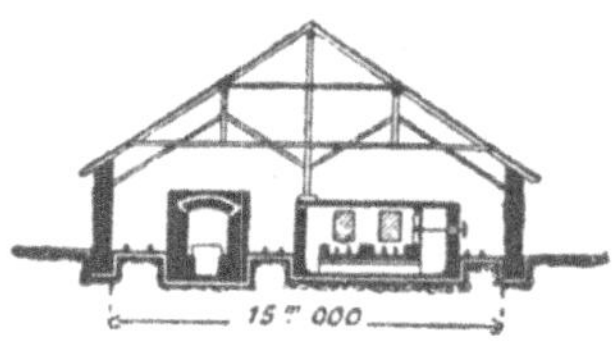

Fig. 113 a.

Gewölbe vorhanden, sondern die ganze Bedienung des Ofens geschieht durch den oberen Teil, wie aus Fig. 112 ersichtlich.

Der Einsatz muß so eingerichtet werden, daß zwischen den Steinen zum Durchziehen der Flamme Längskanäle frei gelassen sind. Das Gewölbe wird aus nebeneinander gelegten rohen Ziegeln hergestellt, die allerdings schwach gebrannt werden, die aber für den nächsten Brand zur Bildung der Sohle benützt werden können.

Neben anderen Vorteilen bringt dieser Ofen eine große Erleichterung im Brennen, da er sich allen Größen anpaßt, ohne Raum zu verlieren; außerdem kann man

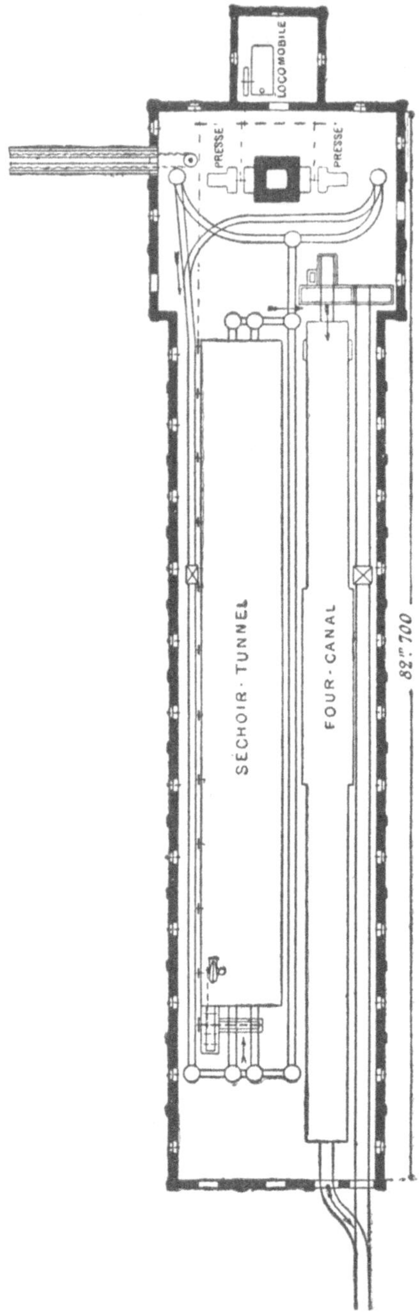

Fig. 113 b.

auch die Heizlöcher nach Belieben einrichten. — Zur Bedienung eines Ofens von 33 m Länge, 3 m Breite und 1,5 m Höhe sind 5 Arbeiter erforderlich, welche täglich 10000 Steine ein- und aussetzen.

Der Ringofen und die Nachahmungen desselben sind nicht die einzigen in der Ziegelindustrie verwendeten Öfen. Der bereits beschriebene Bocksche Ofen mit einem Trockenkanal von Möller & Pfeifer (Fig. 113) ergibt ebenfalls befriedigende Resultate.

Die Bocksche Anordnung nimmt weniger Raum ein als der Ringofen; vereinigt man den Bockschen Ofen mit einem Trockenkanal von

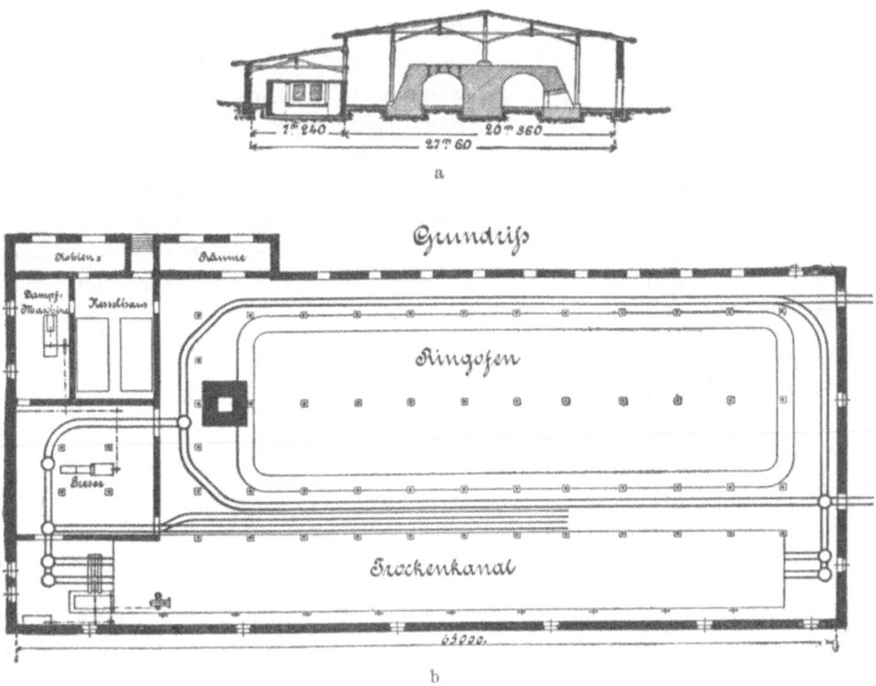

Fig. 114.

Möller & Pfeifer, so wird die Herstellung bedeutend beschleunigt: die Trockendauer wird von mehreren Wochen auf einen Tag und die Brennzeit von 10—16 Tagen auf 36—60 Stunden reduziert.

Fig. 114 stellt einen Trockenkanal von Möller & Pfeifer dar, der mit einem Ringofen vereinigt ist.

Hohlziegel. Man verwendet beim Bau nicht nur gewöhnliche Vollziegel, sondern, um die Belastung zu vermindern, durchlochte oder Hohlziegel. Die Herstellungsweise ist dieselbe wie die der Vollziegel und geschieht ausschließlich mit Maschinen, die mit einem geeigneten Mundstück versehen sind. Fig. 115 stellt ein Mundstück für Hohlziegel dar.

Hinter der Mundstückplatte sind an einem Bügel eiserne Dornen befestigt, die den Löchern im Ziegel entsprechen.

c) Formen mit fester Masse.

Man hat seit langer Zeit daran gedacht, daß man die Trocknung umgehen könnte, wenn man möglichst wenig feuchte oder sogar trockne Massen verwenden würde, welche nur einige Prozente Wasser enthalten.

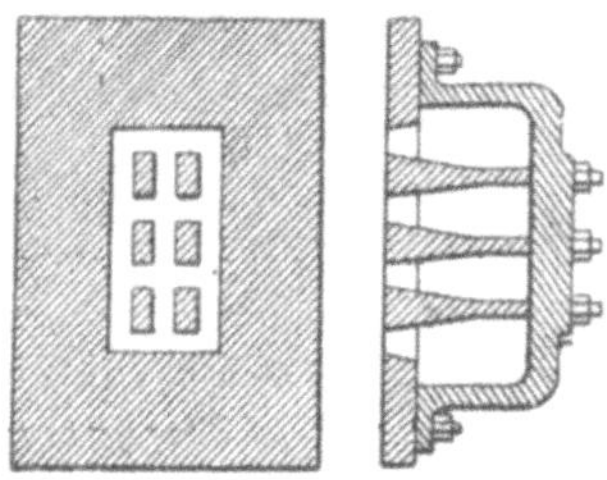

Fig. 115.

Um feste Massen zu bearbeiten, muß man Pressen benützen. Die zum Formen verwendeten Maschinen erhalten, da sie mehr Kraft erfordern als die gewöhnlichen Pressen, einen stärkeren Bau. Bei einigen werden die Formen in einer drehbaren Platte festgehalten, die zwischen dem Preßstempel und dem als Amboß dienenden Block sich befindet. Eine Form füllt sich, während eine andere gepreßt und eine dritte ausgestoßen wird. Wir haben bereits eine Maschine dieser Art bei Besprechung der Trockenpressen beschrieben. Andere Maschinen sind wie die schon be-

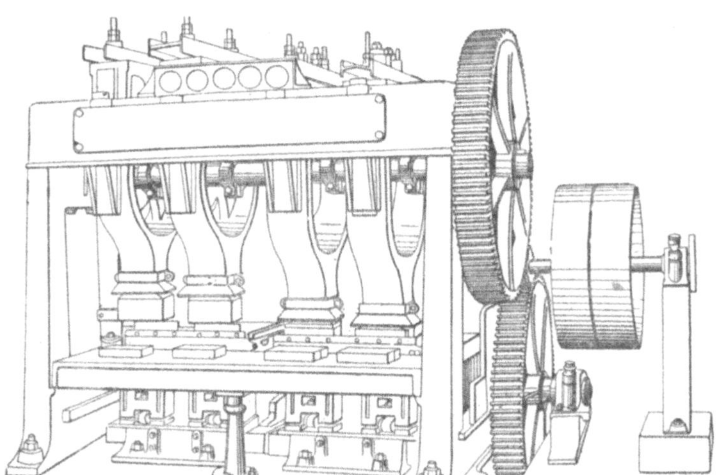

Fig. 116.

schriebenen Nachpressen gebaut. Sie arbeiten ohne Drehtisch. Die Erde kommt in die Form, wird gepreßt, ausgestoßen und verläßt automatisch die Presse. Man kann so 1000—3000 Steine stündlich erzeugen. Die Dorstener Presse (Fig. 116) beruht auf einem anderen Prinzip: der Druck wird durch den freien Fall eines 400 kg schweren Rammblockes ausgeübt.

Ein Hebelwerk bewirkt das Heben und Fallen des Blockes, eine andere geeignete Vorrichtung bewirkt das Füllen und die automatische Bewegung der Formen.

Manche Ziegelerden können direkt gepreßt werden ohne irgend welche Zubereitung oder Zusatz anderer Materialien. Die Plastizität dieser Erden ist schwach und das Gefüge locker; zwischen den Fingern gedrückt, zeigt die Masse kein Anhängen, sie zerbröckelt im Gegenteil sehr leicht. Nichtsdestoweniger erzeugt sie, richtig gepreßt, genügend feste Steine, welche in rohem Zustande angefaßt werden können. Die angewandte Presse gehört zu derselben Gattung wie die früher beschriebene (Fig. 96). Die Bedienung besteht aus drei Arbeitern, von denen einer mit einer Art Löffel versehen ist und die Erde vor sich hinfallen läßt. Infolgedessen zerfällt die Erde, deren Moleküle wenig zusammenkleben, in Pulver. Ein zweiter Arbeiter füllt mit der Schaufel die Formen der Presse und ein dritter veranlaßt das Pressen. Ein Bursche nimmt die Steine fort und schichtet sie in Gamben auf; der Brand geschieht in Meilern.

Ein solcher Stuhl, wie der eben angegebene, fertigt bei 10 stündiger Arbeitszeit 7500—8000 Steine.

Das Trockenpressen, das lange Zeit hindurch auf große Schwierigkeiten gestoßen ist, scheint jetzt genügend vervollkommnet zu sein. Wir führen als Fabrikationsbeispiel das Verfahren an, welches von Czerny erdacht und in Unter-Themenau (Österreich) eingeführt worden ist.

Der Ton wird zuerst in einem mit Stacheln versehenen Walzwerke zermalmt. Beim Austritt aus dem Apparat führt ein Elevator die Erde in einen Trockenraum, wo sie in 8—10 Minuten vollständig trocknet. Vom Trockenraum wandert der trockne aber noch heiße Ton in einen Kühlraum und wird dann mit einigen Prozenten Wasser angefeuchtet. Die zugesetzte Flüssigkeitsmenge wird so abgemessen, daß man ein zum Formen geeignetes Gemisch bekommt. Der angefeuchtete Ton wird mechanisch mittels Schraubenschnecke in eine Schleudermühle befördert, die eine völlige Mischung von Erde und Wasser herbeiführt. Aus der Schleudermühle tritt ein homogenes Pulver aus, das ein Elevator in ein rotierendes Siebwerk treibt. Das Pulver, das durch diesen Apparat gesiebt wird, wird dann in hydraulische Pressen eingeführt und geformt. Der Brand kann unmittelbar nach dem Formen geschehen (Fig. 117).

Die von Czerny verwendete Presse arbeitet automatisch, sie liefert ungefähr 1000 Ziegel pro Stunde. Diese Presse ist unter einer Füllvorrichtung aufgestellt, in welche der pulverisierte Ton fällt. Zur Ausübung des nötigen Druckes kann man bei dieser Herstellungsweise nur hydraulische Pressen[1]) anwenden.

Der Erfolg dieses Verfahrens hängt von vier Umständen ab, die für jede Sorte des gebrauchten Tones auszumitteln sind: Feuchtigkeit, Körner-

[1]) Die Beschreibung dieser Presse findet man in Dümmler, Ziegelfabrikation S. 249.

größe, auszuübende Druckstärke und Pressungsdauer. Wenn man die zu erfüllenden Bedingungen sorgfältig studiert, erhält man eine regelmäßige Fabrikation, die in bezug auf Form und Aussehen der Waren allen Anforderungen Genüge leistet.

Das Verfahren des Trockenpressens hat den Vorzug vor dem Formen von mehr oder weniger weichen Massen, daß Ziegelerden angewendet werden können ohne Zusatz von Magerungsmitteln. Diese Beimengung von unplastischen Körpern in der Masse vermindert die Qualität der Waren, da die reinen Tonziegel stets die besten sind.

Die Betriebskosten der Trockenpresse sind geringer als die des Formens mit weicher Masse.

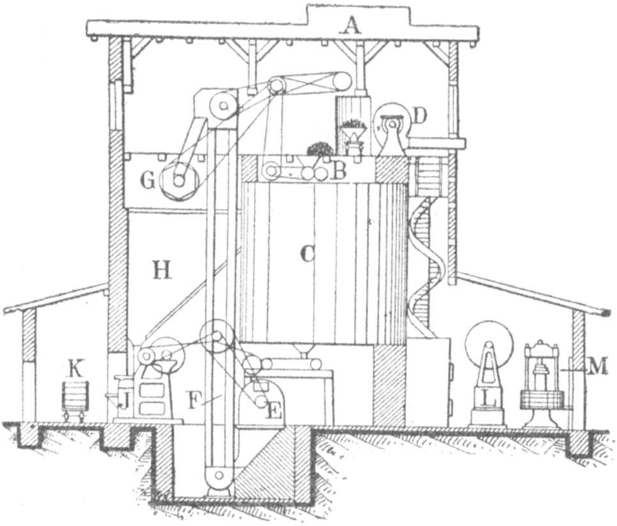

Fig. 117.

Die Anwendung einer Trockenpresse ist nur von Vorteil bei einer jährlichen Produktion von mindestens drei Millionen Steinen. Nach dem Erfinder kann man die Kosten der beiden Verfahren auf 8900 Mark für das Formen von weicher Masse und 6800 Mark für das Trockenpressen schätzen, was einer Ersparnis von 2100 Mark entspricht.

Es ist schwer, sich über den Wert dieser Versicherungen zu äußern. Jedenfalls hat bei den in den letzten Jahren abgehaltenen Versammlungen von Tonindustriellen der deutsche Vertreter dieses Verfahrens, H. Matern, günstige Aufschlüsse über das Anwenden der Trockenpresse gegeben.

Für die ganze Herstellung von 10000 Steinen täglich würden 4 Mann als Bedienung genügen. Die Dauer der Tonumwandlung von der Tongrube an bis zum Einbringen in den Ofen betrage 4 Stunden. Das Verfahren sei mit Erfolg bei fetten Tonen und sandigem Lehm angewendet worden.

Poröse Ziegel. Man erhält leichte, poröse Ziegel durch Zusatz von Kohlenstaub, Sägespänen, Torf, kurz gesagt: von brennbaren Stoffen zu der Ziegelerde. Während des Brandes verschwinden diese Stoffe und lassen natürlich Poren zurück.

II. Dachziegel.

Diese Erzeugnisse weisen mannigfaltige Gestalt auf; trotzdem besteht die auf das wesentlichste reduzierte Herstellung in der Erzeugung einer Tonplatte und dem Brande derselben.

Die einfachsten Dachziegel, die Pfannen, lassen sich sehr leicht herstellen; die Falzziegel, welche ein angenehmeres Äußeres zeigen und ein dichteres Zusammenfügen gestatten, verlangen dagegen eine umständlichere Fabrikation. Wir wollen diese beiden Arten besprechen.

1. Gewöhnliche Dachziegel.

Handformen. Die Arbeit läßt sich mit der bei der Herstellung der Ziegelsteine beschriebenen vergleichen; man bringt die Masse in eine flache, viereckige Form, nimmt sie heraus und trägt sie in den Trockenraum.

Die Dachziegelformen sind naturgemäß viel weniger tief als die Ziegelsteinformen; da die erzeugte Tonplatte wenig Festigkeit besitzt, legt man die Form während des Formens auf ein bewegliches Brett, füllt sie mit Masse, streicht das Überflüssige ab und hebt die Form weg, wobei der geformte Dachziegel auf dem Brett zurückbleibt. Bei diesen Pfannen ist eine Nase nötig, deshalb besitzt die Form einen Einschnitt. Während der Gehilfe die Pfanne fort trägt, drückt er mit dem Daumen den Ansatz heraus und bildet auf diese Weise die Nase. Die Dachziegel werden im Trockenraume über Stützen gestellt, um ein Verziehen zu verhüten, bis sie genügend Festigkeit besitzen, um in den Ofen getragen zu werden. Dieses Formen geht langsamer vor sich als bei den Ziegelsteinen.

Der Handdachziegel besitzt nicht immer so einfache Form wie die Pfanne. Um gebogene Dachziegel zu erhalten, bringt man die Tonplatte auf einen Kern mit konischer Oberfläche und schneidet sie nach ihren Dimensionen zu.

Die holländische Pfanne zeigt kompliziertere Form; einer ihrer Ränder ist umgebogen, während der andere eine Krümmung besitzt. Diese Pfannen lassen ein solideres Eindecken zu als das einfache Übereinanderlagern der gewöhnlichen. Zu ihrer Herstellung fertigt man zuerst eine Tonplatte wie einen gewöhnlichen Dachziegel. Die Form hat die nötige Gestalt, um für die erhabenen Teile genügende Oberfläche zu liefern. Man legt sodann die Platte auf eine Metallform, in deren Fugen sich eine Gabel befindet, und drückt die Platte so, daß sie sich überall anschmiegt; dann wird sie mit der Gabel weggenommen und auf eine Holzunterlage gelegt. Diese Unterlagen sind sehr einfach; sie werden von parallelen Holzstangen gebildet, die durch zwei als Fuß dienende Holzstücke miteinander verbunden sind. Eine dieser Unterlagen kann drei Dachziegel tragen. Die Unterlagen werden auf Brettern im Trockenraum aufgestellt.

Brennen. Die Dachziegel werden in Öfen gebrannt, die sehr große Ähnlichkeit mit den einfachsten Ziegelöfen besitzen. Man richtet sie stehend auf und unterhält anfangs kein zu starkes Feuer.

Die gewöhnlichen Dachziegel sind nicht dicht genug, um sich gut zu erhalten; sie sind mit Pflanzenschmarotzern durchsetzt, die auf die Dauerhaftigkeit schädlich einwirken. Die Dächer, denen man auf dem Lande begegnet, sind sehr stark mit grünem Moos bewachsen, da die gebrannte Erde die sich oben entwickelnden Keime leicht durchläßt.

Diese Dachziegel bilden daher keine so gute Dachbedeckung wie die Falzziegel und finden nur bei billigen Bauten Verwendung.

2. Mechanische Dachziegel.

Flache Dachziegel können ebenfalls mit der Maschine hergestellt werden. Es genügt dann, einen Tonkuchen mit einer Strangpresse zu

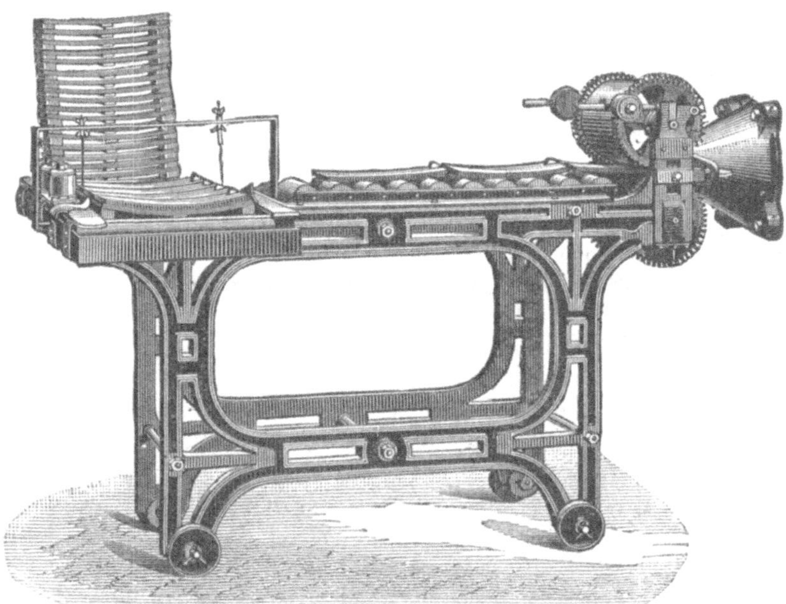

Fig. 118.

erzeugen und denselben in der gewünschten Größe abzuschneiden. Nach der Strangpresse verwendet Joly einen Spezialabschneider (Fig. 118). Zwei parallele, verzahnte Horizontalwalzen werden beim Durchgang des

Tonstranges bewegt. Die untere Walze trägt eine Nase, welche in eine entsprechende Höhlung der oberen Walze eingreift, die mit Längsstäbchen versehen ist. Nach einer ganzen Umdrehung wird ein Einschnitt erzeugt und der Dachziegel zugleich abgeschnitten. Wird ständig Erde zugeführt, so geht auch die Herstellung der Dachziegel unausgesetzt weiter. Die abgeschnittenen Stücke bewegen sich auf Rollen vorwärts. Man braucht sie nur noch auf Unterlagen zu legen, die für die Größe der Dachziegel passen.

Flache Dachziegel können noch einfacher mit der Strangpresse direkt hergestellt werden. Statt daß man der Platte eine glatte Oberfläche gibt, versieht man das Mundstück mit einer Öffnung, die in dem Strang eine Rippe bildet. Man schneidet nun den Dachziegel in der gewünschten Länge mit einem Apparat wie der bei der Herstellung benutzte ab. Die auf der Platte gebildete Rippe trifft in geringer Entfernung vom Mundstück auf einen horizontalen, gespannten Draht, der von den Rollen um eine Dachziegelstärke entfernt ist. Während des Durchganges der Platte reißt der Draht die Rippe ab, er läßt jedoch so viel von ihr übrig, als zu einer Nase nötig ist. Man kann auch zwei Mundstücke übereinander anordnen und zwei Dachziegel auf einmal herstellen, die sich dabei immer gegenüberstehen. Die zur Erzeugung der Nase bestimmten Drähte liegen dann ober- und unterhalb. Bei anderen Strangpressen preßt man einen passend durchbrochenen Block, um ihn in mehrere Dachziegel zerschneiden zu können.

Diese Art von Dachziegeln kann mit geraden oder krummen Enden hergestellt werden. Eine im Jahre 1900 von Schlickeysen in Paris ausgestellte Maschine war mit einem Schneideapparat ausgestattet, der zugleich das Abschneiden zweier übereinander liegender Dachziegel und das Abrunden der Enden besorgte. Diese Art von Apparaten erfordert Gipsrollen, welche die Rippen durchlaufen lassen.

Man nennt Falzziegel solche Dachziegel, die mit Rinnen und Verstärkungen versehen sind, welche in die Rinnen und Erhebungen der benachbarten Ziegel passen und so ein undurchdringliches Ganzes bilden.

Die Dachziegelmodelle, die aus dieser Definition hervorgehen, sind außerordentlich zahlreich; die Herstellung dieser Waren ist im wesentlichen dieselbe.

Wenn die Ziegel eines Daches so übereinander lagern, daß ihre seitlichen Ränder in der gegenseitigen Verlängerung liegen, so braucht man nur ein Modell; wenn dagegen die Ränder in die Mitte der folgenden Reihe fallen, so sind Halbziegel notwendig, um das Dach zu vervollständigen. Diese Halbziegel werden oft mit besonderen Formen hergestellt; man kann auch einen ganzen Dachziegel in der Mitte auseinanderschneiden, wenn die Form es erlaubt.

Die Falzziegel haben nicht alle die gleichen Dimensionen, man rechnet im Mittel 13—22 auf den Quadratmeter.

Die Herstellung verlangt fetten, plastischen Ton. Ein zu fetter Ton würde Risse bekommen: entweder schon beim Trocknen oder beim Brande. Das Zusetzen eines Magerungsmittels ist fast ausschließlich geboten, denn man findet selten eine ohne weiteres zum Formen geeignete Erde. Die Masse darf keine Körner und Steine enthalten, wegen des Zerspringens. Der Falzziegel wird, wie wir bereits gesehen haben, mit der Presse geformt, jedoch ist das angeführte Pressenmodell nicht allein im Gebrauch (Fig. 55). Die kleinen Pressen sind Handpressen; bei der nötigen Arbeiterzahl, d. h. wenn ein Mann den Apparat und ein anderer die Formen bedient, kann man 1500 Ziegel täglich liefern. Einige stärkere Pressen können sogar bis 1700 Ziegel herstellen.

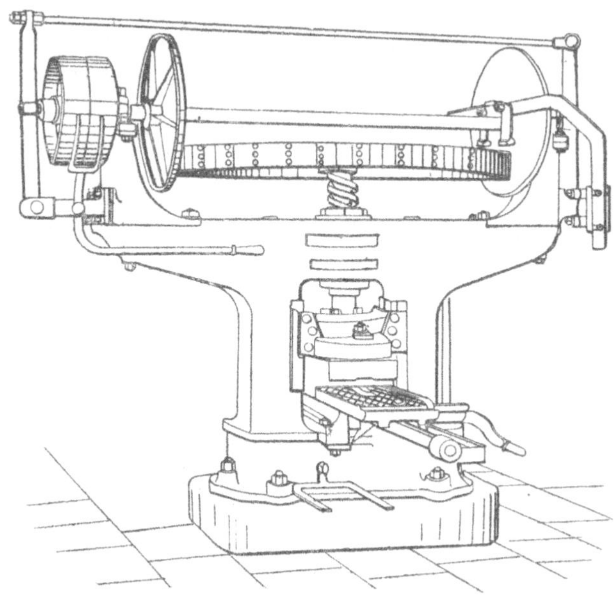

Fig. 119.

Bei maschinellem Antrieb versieht man den Apparat mit Friktionsrollen, welche von einem Riemen angetrieben werden, der bei Ruhepausen über eine Leerscheibe läuft. In Betrieb gesetzt, wirkt die obere Welle bei der Rotation auf zwei vertikal auf dieser Achse sitzende Scheiben. Die Berührung einer dieser Scheiben mit einem horizontalen Rad, welches auf der Pressenschraube sitzt, bestimmt das Heben oder Senken der Form, je nachdem die Berührung auf der einen oder anderen Seite stattfindet. Eine solche Presse (Fig. 119) braucht $1^1/_2$ PS zur Herstellung von täglich 2000 Ziegeln.

Man baut auch Ziegelpressen, bei denen der Druck durch einen andern Mechanismus hervorgebracht wird. Das bewegliche Stück wird durch drei Stangen geführt, welche seine vertikale Bewegung sichern.

Ein Exzenter greift am obern Teil der Presse an; je nach dem Drehsinn, welchen man ihm erteilt, hebt oder senkt er den Formstempel. Die Bewegung wird so reguliert, daß, wenn der Exzenter auf die untere Rolle der Form drückt, der ausgeübte Druck sehr groß wird. Es erfordert nur geringen Kraftaufwand, das bewegliche Stück zu heben.

Durch einen Motor angetrieben, liefert eine solche Presse stündlich 220 Ziegel.

Fig. 120.

Die Ziegelpressen, die weiche Masse verarbeiten, besitzen Gipsformen. Die Verarbeitung fester Masse macht Metallformen notwendig. Die Anwendung von Masse, welche die Benützung von Gipsformen gestattet, kommt in der Fabrikation sehr häufig vor.

Bei großer Produktion wendet man etwas andere Pressen, die sogen. Revolverpressen, an (Fig. 120).

Im untern Teile eines sehr starken Gestelles ist eine Trommel mit fünf Seiten angebracht, von denen jede eine Dachziegelform trägt.

Über dieser Trommel wird das die obere Form tragende Stück in einem Stangensystem geführt. Jede Trommelseite stellt sich genau unter der oberen Form ein. Die Trommel wird in dieser Stellung durch einen Sperrapparat festgehalten, welcher aus einem fünfteiligen Stern besteht, auf der Trommelachse montiert ist und einen Stahlzapfen besitzt. Dieser letztere paßt in das große Zahnrad der Exzenterachse. Das Ganze ist so angeordnet, daß, wenn das große Rad eine Kulisse mittels Exzenter hebt und senkt, der Zapfen in einen der Schlitze des Sternes eingreift und den Stern um den fünften Teil einer Umdrehung weiter bewegt. Eine der Trommelseiten befindet sich in der gewünschten Lage unter der oberen Form, wenn diese in ihrer höchsten Lage steht. Das Band der Bremsscheibe (Fig. 120 links) hat eine offene Stelle; wenn sich der Stern dreht, greift eine seiner Spitzen in diesen offenen Teil. An dieser Spitze greift der Zapfen an. Eine Bremsvorrichtung bleibt gegen eins der Segmente gedrückt, welche die Sternseiten bilden; der Stern bleibt stehen und hält die Trommel fest. In diesem Augenblick vollzieht sich das Pressen des Dachziegels.

Man hat auch andere Anordnungen beim Bau der Revolverpressen getroffen. So ist in Fig. 121 der fünfteilige Stern durch eine Scheibe mit fünf Nuten ersetzt, in die eine Stange eingreift.

Im Innern der Kulisse sieht man zwei horizontale Rollen. Diese bilden mit der Formunterlage einen einzigen Körper; zwischen ihnen ist der Exzenter angebracht. Infolge der Konstruktion dieses letzten Teiles ist der Druck nicht andauernd: er erleidet eine Unterbrechung, sobald der Kuchen angedrückt ist, und wirkt erst dann energischer. Während der Unterbrechung kann die Luft entweichen (Fig. 120).

Man belegt die Trommel mit einem Massekuchen, während das Pressen vor sich geht. Dies geschieht auf der ersten Seite, welche gepreßt wird. Ein zweiter Arbeiter legt unter den aus der Presse kommenden Dachziegel eine Stütze. Ist die Seite am unteren Teil ihres Laufes angekommen, so trennt sich der Ziegel ab.

Dieses Preßsystem beansprucht viel Kraft: es sind ungefähr drei Pferdestärken notwendig. Man preßt 400—500 Ziegel in der Stunde.

Um die Produktion zu beschleunigen, kann man einen stärkeren Apparat mit einer größeren Trommel verwenden, um drei Dachziegel auf einmal zu formen.

Die Dachziegel erfordern während des Trocknens Stützen zur Vermeidung von Senkungen und Deformation. Man legt sie dann auf Holzunterlagen von passender Größe.

Brennen. Werden Dachziegel in einem Ringofen gebrannt, in welchem sie sich mit dem Brennmaterial in Berührung befinden, so kommen sie meistens als minderwertige Ware heraus; man hat zahlreiche Mittel versucht, um diesem Übelstand abzuhelfen.

In Ziegeleien mit Dachziegelfabrikation wendet man den Ringofen an; die Dachziegel brennen von Steinen umgeben und von diesen geschützt. Die Steine allein dienen zur Herstellung der Feuerschächte für das Brennmaterial. Hier führt der Einsetzer um die Dachziegel eine Ziegelsteinwand

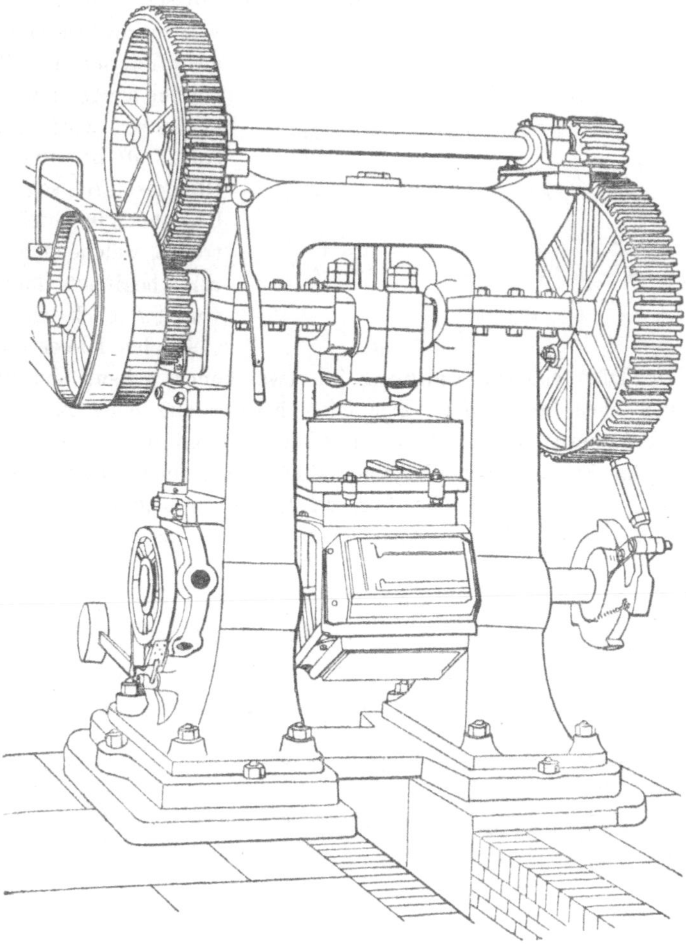

Fig. 121.

auf, welche sie vor der fallenden Kohle bewahrt. Diese Art des Ofenbetriebes hängt von der Zahl der Ziegelsteine und der herzustellenden Dachziegel ab. Sind die letzteren zu zahlreich, so kann man dieses Einsetzen praktisch nicht mehr ausführen.

Von den am Ringofen vorgenommenen Abänderungen zum Zwecke des Brennens mit möglichst wenig Ausschuß führen wir die Apparate von Virollet, Dannenberg, Witte und Escherisch-Schwandorf an.

Der Virolletofen ist ein Ringofen, der in gewissen Abständen mit einer ständigen Rostfeuerung versehen ist. Die Luft dringt von außen unter den Rost und durch den Brennstoff; die Gase streichen durch den Ofen und ziehen zum Kamin genau so wie beim Ringofen. Der einzige bemerkenswerte Unterschied besteht darin, daß dieser Ofen die Anwendung von vorgewärmter Luft nicht gestattet, nur die heißen Gase werden ausgenützt. Die Verbrennung wird nur durch Außenluft unterhalten. Der Ofen ist durch sogen. Längsheizwände in Abteilungen getrennt, welche an einer Feuerung beginnen und an einer vor der nächsten Feuerung stehenden Mauer endigen.

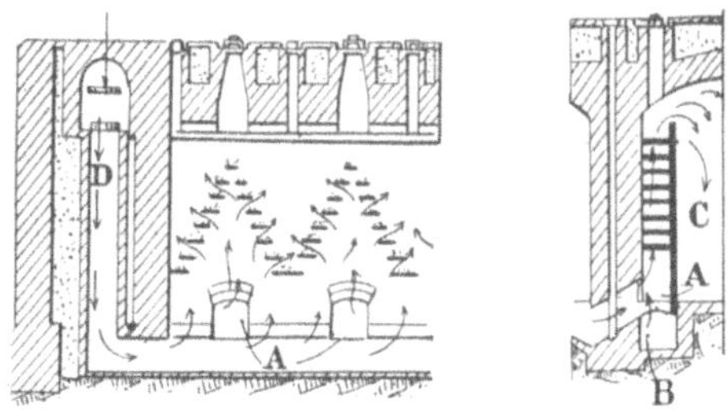

Fig. 122.

Der Ofen von Dannenberg ist etwas anders gebaut; der Brennstoff wird von oben eingeführt. Der Ofen besteht aus einer Anzahl gleichartiger Kammern, die durch den unteren Teil miteinander in Verbindung stehen. Am Eingang jeder Kammer sind an der Querwand treppenförmige Roste (*C*) angebracht (siehe Fig. 122), auf welche das Brennmaterial durch die oberen Öffnungen geworfen wird. Warme Luft aus den abkühlenden Kammern streicht durch *A* unter den Rost und bewirkt die Verbrennung. Durch weitere Kanäle *D* kann auch durch *B* Luft zugeführt werden.

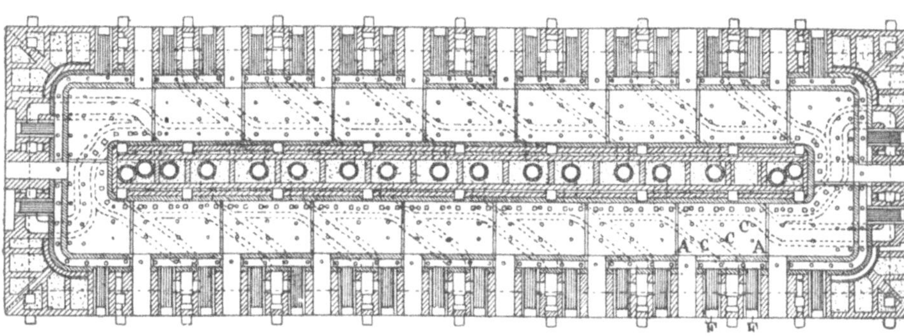
Fig. 123.

Bei dem Ofen von Witte (Fig. 123) ist die allgemeine Anordnung des Ringofens beibehalten, nur sind die Feuerungen in den äußeren Ofenwänden angebracht. Der Ofen ist in Kammern eingeteilt; jede derselben ist mit der nächsten durch Öffnungen in der Wand verbunden, jede Kammer besitzt eine Feuerung. Dieser Ofen gestattet die Ausnützung der Wärme der abkühlenden Kammern.

Das Brennen von Waren, die mit dem Brennstoff nicht in Berührung kommen dürfen, kann auch durch andere Mittel als die vorhergehenden bewerkstelligt werden. Die Anwendung des Gases gibt eine leichte Lösung dieser Aufgabe. Man hat die Ringöfen auf einfache Weise in Generatorgasöfen umgewandelt. Die Heizlöcher dienen nicht mehr zum Einwerfen des Brennmateriales, sondern sie werden mit vertikalen Röhren aus Schamotte, sogen. Gaspfeifen, versehen, in welche das Generatorgas geleitet wird. Eine Leitung *g* in der Ofenachse steht mit den Generatoren in Verbindung und kann mit den Gaspfeifen durch bewegliche Überführungsrohre verbunden werden. Mit dieser Anordnung verfährt man also wie beim Ringofen, nur mit dem Unterschiede, daß ein Gasbrenner eingeführt wird, der die Nachteile der festen Brennstoffe beseitigt. Dieses Ofensystem wurde zuerst durch die Schwandorfer Gesellschaft angewendet und führt häufig diesen Namen.

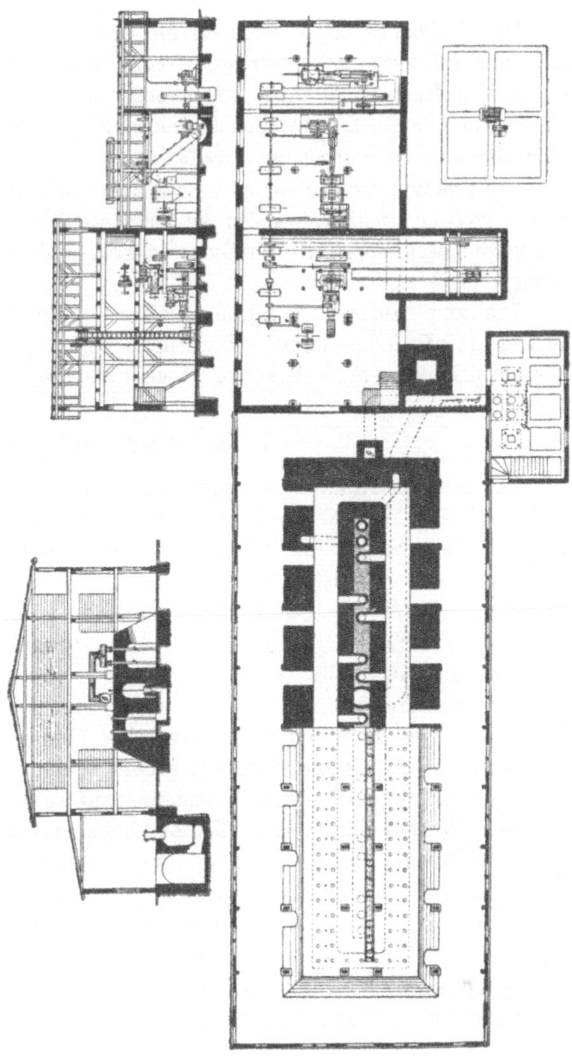

Fig. 124.

Fig. 124 stellt eine Ziegeleieinrichtung dar, welche einen solchen Ofen benützt. Dieser weist nur 2 Gaspfeifen in der Breite auf; meistens verwendet man breitere Öfen mit 3 Gaspfeifenreihen.

III. Fufsbodenplatten.

A. Gewöhnliche Fufsbodenplatten.

Die Tonbodenplatten, seien sie nun quadratisch oder hexagonal, werden häufig zur Pflasterung verwendet. Wenn sie gut hergestellt sind, bilden sie einen widerstandsfähigen Bodenbelag, den man zwar selten in den Wohnungen der Großstädte findet, der aber noch in Küchen, Werkstätten und in Provinzwohnungen anzutreffen ist.

Die Bodenplatten können, wie die anderen Irdenwaren, mit Maschinen geformt werden; früher wurden sie ausschließlich mit der Hand erzeugt, heutzutage geschieht die Herstellung in großen Mengen durch mechanisches Formen.

Die zum Formen der Bodenplatten nötige Masse muß fähig sein, während des Brandes dicht zu werden. Eine Bodenplatte, die zu porös bleibt, besitzt keinen genügenden Widerstand gegen die Abnutzung.

1. Handformen.

Um mit der Hand zu formen, legt man eine Holzform von passender Größe auf einen flachen, auf einem Tisch ruhenden Stein. Man bestreut die Form mit Sand und wirft dann Erde hinein. Man stampft die Erde ein, beseitigt mittels eines scharfen Werkzeuges die überschüssige Masse und glättet die Oberfläche. Die Bodenplatte wird in genügend harter Masse geformt, damit sie sich nicht durchbiegt; sie wird dann in Stößen aufgestellt, wobei man dafür sorgen muß, daß das Sandstreuen nicht vergessen wird.

Die aufgeschichteten Platten werden in den Trockenraum gebracht und, wenn sie genügende Härte besitzen, geputzt. Mittels eines Holzschlegels werden die Platten sodann auf einer ebenen Fläche geschlagen. Hierauf kann man das Zuschneiden vornehmen; bisweilen erfordert die Natur der Erden eine zweite Trocknung, auf die ein neues Schlagen folgt. Das Zuschneiden geschieht mit einem scharfen Werkzeug. Der Arbeiter folgt den Rändern einer Schablone und läßt die überschüssige Erde fallen. Ein guter Zuschneider schneidet von oben nach unten etwas schräge, so daß die Grundfläche der Platte etwas kleiner ist als die Deckfläche. Diese Gestalt erleichtert das Einlegen und Zusammenfügen im Mörtel.

Die zugeschnittenen Stücke werden aufeinander geschichtet, dann sorgfältig getrocknet ohne Luft- und Wärmeüberschuß.

Aus mit schlechter Farbe brennender Erde kann man nichtsdestoweniger schön rote Platten machen. Es genügt, wenn die Platte bereits trocken ist, sie in einen dicken Brei zu tauchen, der aus einer Mischung von Wasser und guter Erde besteht. Auf der Oberfläche bleibt eine gefärbte Schicht zurück. Man nennt dieses Verfahren Engobieren oder Überziehen; die aufgetragene Schicht bildet die Engobe. Früher hat man zweifarbige Platten mit dem Pinsel engobiert.

2. Maschinenformen.

Durch ein geeignetes Mundstück stellt man ein Erdblatt her, das auf die passende Größe zugeschnitten wird.

Auf der Ausstellung vom Jahre 1900 hatte Schlickeysen eine Strangpresse ausgestellt, die Platten mit eingedrückten Flächen lieferte. Am Austritt aus dem Mundstück trifft die Masse zwei parallele, senkrechte Drähte, die ihr die gewünschte Breite geben, gleitet auf Rollen vorwärts und wird von einem Abschneideapparate in einzelne Stücke zerlegt. Vor dem Abschneiden drückt ein bewegliches zylindrisches Stück Verzierungen in die Masse ein.

Meistens sind die ausgetretenen Platten nicht dicht genug und müssen daher nach einem ersten Trocknen nachgepreßt werden. Wenn das Stück abgeschnitten wird, ist es sehr weich und kann eine Aufschichtung daher nicht aushalten.

Es wird beim Verlassen des Schneideapparates auf eine Holzunterlage gelegt und in den Trockenraum gebracht. Die Unterlage erhält gewöhnlich drei Platten. Ist die Platte fester geworden, so muß sie nachgepreßt und nachgeschnitten werden. Die Nachpresse vollendet die Bodenplatte. Der Apparat sieht der Ziegelnachpresse sehr ähnlich. Man kann auch die Platte mit der Hand vollenden. So verfährt man in Beauvais, um die sogen. Beauvais-Platten herzustellen.

Die Form der Platten wird annähernd durch den Schneideapparat bestimmt und durch das Nachschneiden genau erreicht.

Bei einer passenden Presse ist die Erzeugung bedeutend. So kann ein Apparat, der zwei Formen besitzt und das Ausstoßen einer Platte während des Pressens einer anderen gestattet, in 10 Stunden 5000 Platten und mehr liefern.

In Beauvais, wo man die Platte teilweise noch mit der Hand vollendet, macht ein Plattenzuschneider mit einem Gehilfen 1200 Platten fertig.

Die großen Platten verlangen nur ein kräftigeres Material; eine Spindelpresse liefert in derselben Zeit wenigstens 2500 Platten.

Die Bodenplatte kann auch auf trocknem Wege hergestellt werden. Man bedient sich einer hydraulischen Presse, um den nötigen Druck zu erzeugen; wir kommen später darauf zurück.

B. Eingelegte Platten.

Außer der gewöhnlichen einfarbigen Platte verwendet man auch mehrfarbige. Die Schwierigkeit der Herstellung liegt in der Wahl der Erden. Alle zur Erzeugung der Farben benützten Massen müssen dieselbe

Schwindung besitzen. Man ersetzt die Tonbodenplatten vorteilhaft durch solche aus Steinzeug, das infolge seiner glasartigen Struktur härter ist. Wir werden die Herstellung dieser Plattengattung beim Steinzeug behandeln.

IV. Blaudämpfen.

Man bezeichnet mit diesem Namen die Behandlung, welche die Irdenwaren erfahren, um eine schwarze Farbe zu bekommen. Wenn die Temperatur ihren höchsten Punkt erreicht hat, schließt man die Ofenöffnungen nach Einführung von Stoffen, die einen Kohlenansatz ermöglichen. Da keine Luft mehr in den Ofen tritt, ist die Verbrennung unvollständig und es entsteht Rauch, der den verteilten Kohlenstoff niederschlägt. Früher verwandte man grünes Holz, jetzt bevorzugt man Teer oder Öle, die von der Destillation der Kohlenschiefer oder des Teeres herrühren.

Die nicht eisenhaltigen Massen fügen sich schlecht in diese Behandlungsweise. Sie nehmen nur eine graue oder schwärzliche Farbe an. Bei den eisenhaltigen Massen dagegen färbt sich die Masse schwarz mit blauen Reflexen, daher der Name Blaudämpfen.

Arbeitet man mit Flüssigkeiten, so benützt man Trichter, um diese in den Ofen zu gießen. Dieses Eingießen geschieht in der Weise, daß man nach jedem Einguß mindestens eine Stunde aussetzt. Der Ölverbrauch schwankt zwischen 10—20 kg für 1000 Ziegel. Es ist wichtig, eine zu frühzeitige Luftzuführung zu vermeiden, um das Verbrennen des Kohlenstoffes während der Abkühlung zu verhindern.

Nach der Einführung des Öles in die Blaudämpföfen schließt man die Zugänge ab und überläßt alles der Abkühlung. Erst später läßt man Luft eintreten, wenn die Temperatur weit genug gesunken ist, damit keine Entzündung des fein zerteilten Kohlenstoffes zu befürchten ist. Die Abkühlung dauert zehn Tage und mehr. Man hat vorgeschlagen (E. Pohl),[1]) ein rascheres Verfahren anzuwenden. Der Ofen wird dann folgendermaßen angeordnet: In den oberen Teil des Ofens sind Öffnungen eingelassen, die während des Brandes geschlossen sind; unter dem Ofen hat man einen Kanal angebracht, welcher in der Sohle in eine Reihe von Kanälen ausmündet, die während des Brandes ebenfalls mit der äußeren Luft nicht in Verbindung stehen. Ist der Brand zu Ende, so verbindet man durch ein Blechröhrensystem die oberen Öffnungen mit dem unteren Kanal. Man kann hier auch einen Kühler einbauen, der von Röhren gebildet wird, die durch Kühlwasser laufen. Ist diese Anordnung in Tätigkeit, so steigen die warmen Gase auf und kühlen sich ab; sie werden dann schwerer und fallen unter die Sohle, wo sie sich von neuem erhitzen, wieder aufsteigen und diese Bewegung fortsetzen, wobei sie jedesmal aus der Masse Wärme fortführen.

---

[1]) Tonindustrie-Zeitung 1901, No. 29, S. 405.

V. Tonröhren.

Die Tonröhren können mittels Masseblätter von passender Breite, welche man auf Zylinder aufrollt, hergestellt werden. Mit einem angesetzten Ringe formt man eine Muffe, falls eine solche nötig ist.

Die Herstellung der Tonröhren geschieht jedoch hauptsächlich mit Maschinen. Bei kleinen Durchmessern verwendet man Pressen mit einem Mundstücke, dessen Austrittsöffnung horizontal ist. Das Mundstück ist in derselben Art angeordnet, wie für Hohlziegel; es besteht aus einem zylindrischen Kerne, der in der Mitte einer kreisförmigen Öffnung festgehalten ist. Die dazu verwendeten Maschinen werden oft mit einem Kolben versehen, welcher die Erde in den Preßkasten treibt; ein solches System ermöglicht jedoch nur ein unterbrochenes Austreten.

Durch Anwendung eines Walzenpaares erzielt man eine ununterbrochene Erzeugung. Nebenbei sei bemerkt, daß es Maschinen gibt, die auf einfache Weise zum Formen der verschiedenen Gegenstände, die aus einem Mundstücke austreten, eingestellt werden können.

Die Herstellung größerer Tonröhren verlangt stärkere Apparate, aus denen die Röhren vertikal austreten. Die Erde wird durch Walzen (Fig. 125) in das horizontale Mundstück getrieben, unter welchem sich ein Tisch befindet, der mittels Zahnstange zwischen im Gestelle ausgesparrten Führungen auf- und abwärts bewegt werden kann und durch Gegengewicht ausbalanziert wird. Diese Röhren sind mit einer Muffe versehen, die auf folgende Weise gebildet wird. Während des Pressens senkt man die Röhre über ein konisches, wenig hohes Stück herunter, welches eine leichte Ausweiterung verursacht. Man führt zuerst den zum Formen der Muffe bestimmten Kern in das Mundstück ein und hebt den Tisch in die Höhe, bis er gegen das Mundstück drückt. Da der Kern etwas größer ist als die Öffnung des Mundstückes, tritt zwischen Tisch und Mundstück keine vollständige Berührung ein, sondern es bleibt zwischen beiden Teilen ein kleiner Zwischenraum frei. Vom Augenblicke an, wo die Masse gepreßt wird, tritt sie aus dem Mundstücke und bedeckt den Kern. Man hält die Maschine an, senkt den Tisch und nimmt den Kern weg. Hierauf hebt man den Tisch wieder und läßt die Presse von neuem wirken. Röhre und Tisch senken sich und man setzt diese Bewegung so lange fort, bis die gewünschte Länge erreicht ist. Nun tritt ein Abschneideapparat in Tätigkeit, und nachdem man den Tisch weit genug gesenkt hat, kann man leicht die Röhre entfernen.

Ist die Röhre etwas fester geworden, so kratzt man das andere Ende mit einer Art Kamm ab, wodurch die zur Sicherung eines dichten Anschlusses nötigen Furchen entstehen.

Mit solchen Maschinen erzeugt man Röhren bis zu 1 m Durchmesser. Die Tonröhren stehen mit unter den Steinzeugröhren. Bei Herstellung dieser letzteren werden die großen Pressen verwendet, die wir soeben beschrieben. Da sie indes zur Herstellnng von vielen anderen Tonwaren benützt werden und da ferner eine große Anzahl von Steinzeugröhren in Wirklichkeit nur Tonröhren sind, haben wir ihnen einen Platz in der Fabrikation der Irdenwaren eingeräumt.

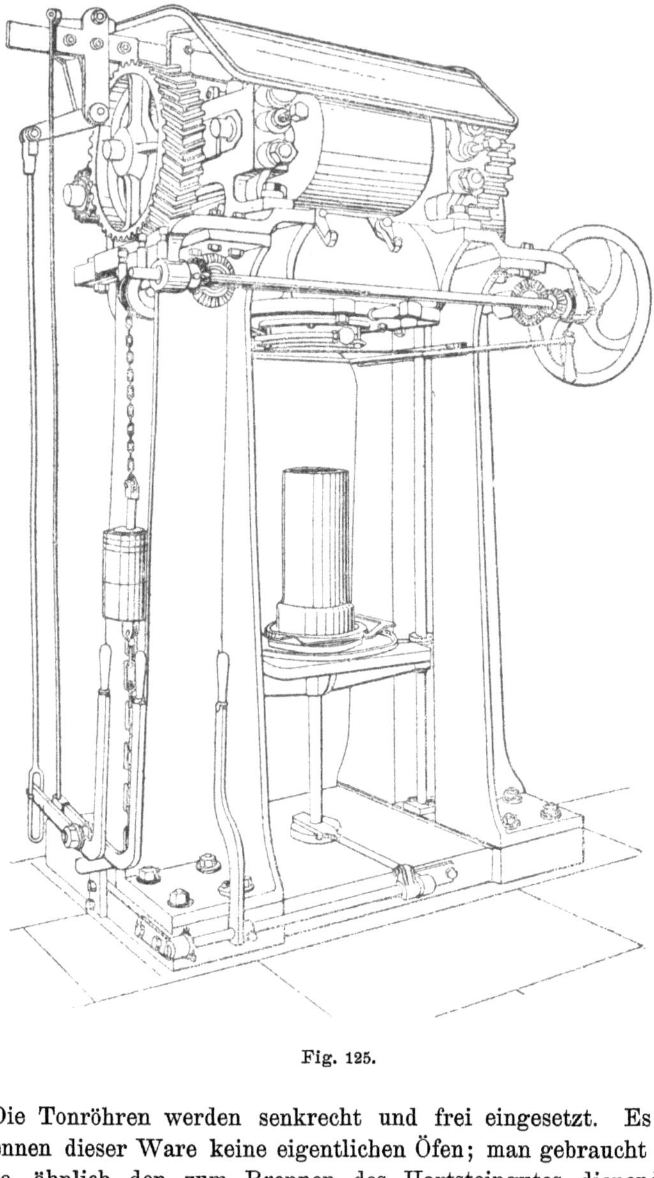

Fig. 125.

Die Tonröhren werden senkrecht und frei eingesetzt. Es gibt für das Brennen dieser Ware keine eigentlichen Öfen; man gebraucht entweder stehende, ähnlich den zum Brennen des Hartsteingutes dienenden Öfen mit direkter Flamme, oder auch liegende und unterbrochene Öfen.

VI. Baumaterialien.

Außer den Mauer- und Dachziegeln und den Bodenplatten verbraucht das Baufach auch eine große Menge anderer Tonwaren in mannigfaltiger Gestalt: Turmspitzen, Firstziegel, Kaminröhren usw., die entweder gepreßt oder geformt werden. Außer diesen sehr gebräuchlichen Stücken verwendet auch die moderne Architektur Ziersteine, wie z. B. Balustern, Säulen, Gesimse usw. Die Gestalt dieser Gegenstände bestimmt die Art deren Formgebung. Meistens benützt man Formen; öfters muß man zum freihändigen Gestalten greifen, Gesimse z. B. lassen sich gut mit einer Schablone ziehen.

Dieses Formen verlangt große Sorgfalt, um Schiefwerden und Reißen zu vermeiden. Man kann das Trocknen nicht ohne Gefahr beschleunigen, wenn es sich um große Stücke handelt; auch wird diese Erzeugung nur von wenig Werken übernommen, welche geschultes Personal zur Verfügung haben.

Solche Gegenstände müssen vorsichtig und langsam gebrannt und dabei natürlich vor der Berührung des Brennstoffes geschützt werden. Man stellt die Stücke frei oder durch Tonplatten getrennt ein und kann mit Erfolg die sogen. Muffelöfen zum Brennen verwenden.

Diese Öfen bestehen aus einer oder mehreren Kammern aus feuerfestem Ton, deren Wände von den Flammen umgeben werden. Diese Anordnung erinnert an diejenige der Muffeln, sie unterscheidet sich durch erheblich größere Dimensionen.

Als Beispiel eines Muffelofens führen wir die Apparate von Augustin und Hielscher an.

Zum besseren Verständnis legen wir einen Längsschnitt, einen Querschnitt und einen Horizontalschnitt vor. Der Längsschnitt ist in seiner ersten Hälfte in der Ofenachse *E* geführt, in der zweiten durch eine zu dieser parallelen Richtung *H*. Der Querschnitt ist gleichfalls nach zwei Richtungen gedacht, die beide senkrecht auf dieser Achse stehen; einer derselben geht durch eine Kammerachse, der andere ist etwas davon entfernt parallel ausgeführt. Der Horizontalabschnitt erstreckt sich auf vier Höhen *I*, *II*, *III*, *IV*. Wenn man diese Schnitte betrachtet, kann man sich leicht über die Richtungen derselben Rechenschaft ablegen. Sie sind in den Figuren 126 u. 127 wiedergegeben.

Der hier dargestellte Apparat besteht aus sechs Muffelkammern. Es empfiehlt sich, ihm einen größeren Umfang zu geben, sechs Kammern reichen indes zu seiner Beschreibung völlig aus. Man kann nicht unter acht heruntergehen, wenn der Ertrag erfolgreich sein soll.

Der Ofen besteht aus zwei zusammengebauten Kammerreihen; zwischen den beiden Reihen befindet sich ein mit dem Kamin verbundener Kanal, dieser dient zum Beseitigen der Brennstoffüberreste. Die Verbindung mit dem Kamin ist mittels Glockenverschluß *h* möglich (siehe Schnitt *III* und *CD*).

Jede Muffelkammer wird durch zwei Türen bedient; das Heizen geschieht unten und an der Seite. In die Grundmauern des Ofens sind

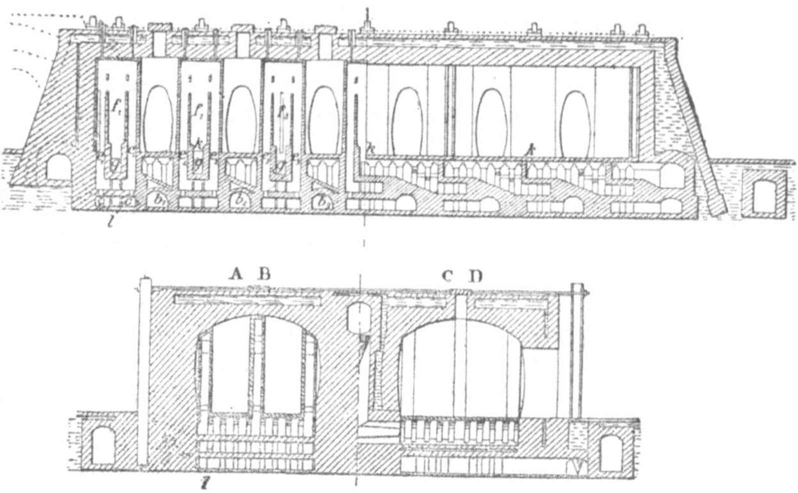

Fig. 126.

vierzehn Kanäle *b* eingelassen, die mit einem parallelen Kanal *l* in Verbindung stehen; über dem Kanal *l* ist ein zweiter, engerer (*d*) vorhanden,

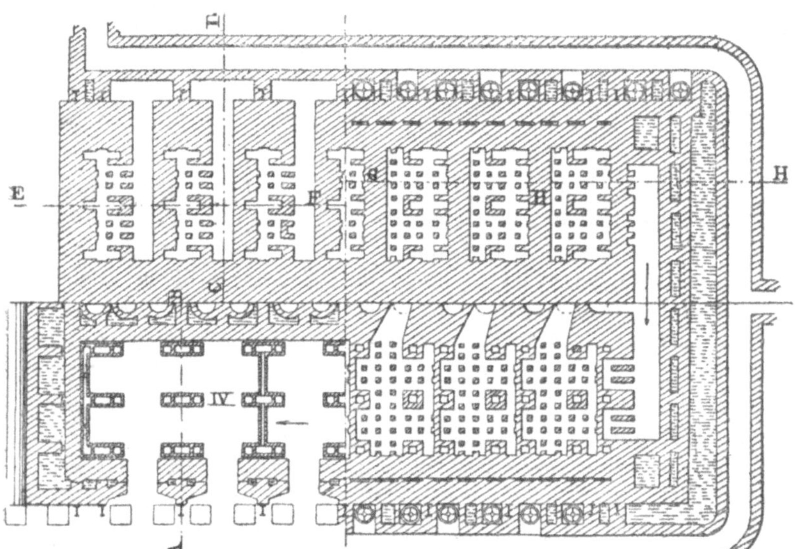

Fig. 127.

der unter dem Ofen eine Verbindung mit dem nächsten Brenner herstellt: so ist *d* mit *g* verbunden. Jede Muffelkammer wird durch Röhrensysteme geheizt, durch welche die Flammen in die Sohle streichen.

Untersuchen wir den Betrieb des Apparates! Wir nehmen an, daß bereits gebrannte Muffeln vorhanden sind (z. B. sind es die letzten Zahlen), und untersuchen, was beim Brand in *l* geschieht. Vor jedem Kanal sind zwei Glockenverschlüsse *i* und *a* angebracht; der Verschluß gestattet beim Öffnen den Eintritt der Luft in den Apparat; der Verschluß hat beim Öffnen einen Zufluß von Generatorgas zur Folge. Öffnen wir zuerst i_{13}, so tritt die Luft durch b_{13} in die bereits warmen Kanäle; sodann stellen wir bei *a* die Verbindung mit dem Generatorgaskanal her. Das Generatorgas dringt in b_2 ein, strömt durch *l* und in die Löcher *c* gegenüber dem Kanal *d*. Die Verbrennung kann dann vor sich gehen; die Flammen steigen in die Röhren *c*, sinken wieder in das Rohr *f* und treffen den Kanal *g*, der ihnen Eintritt in die Sohle gestattet. Nachdem sie in der Sohle weitergezogen sind, treten die warmen Gase bei d_2 aus. Fassen wir alles zusammen, so kann dieser Ofen mit einem Gasofen mit Pfeifen verglichen werden, nur sind die Pfeifen von einer feuerfesten Hülle eingeschlossen.

Die Bedienung des Ofens besteht im Öffnen und Schließen von dreierlei Schiebern, nämlich: die Schieber *a* zum Einlassen des Gases, die Schieber *i* zur Luftzuführung und die Schieber *h* zur Verbindung mit dem Kamine. Bei diesem Ofen sind Gas- und Luftleitungen gleiche, nur zieht die Luft durch warme und das Gas durch zu erwärmende Kanäle.

Der Muffelofen von Hielscher, wie er von Dümmler beschrieben wird, ist wie der Hoffmann-Ofen eingerichtet. Er umfaßt eine Reihe von großen Muffeln, welche den Ofenkanal besetzen und einen Ring bilden. Das Befeuern geschieht wie beim Muffelofen von Augustin mittels Brenner, welche mit Generatorgas gespeist werden und in die Muffelwände eingebaut sind.

Terrakotta. Terrakotta wird aus Ton hergestellt, welcher mit Schamotte entfettet wird, und erhält meistens einen Zusatz von Feldspat in genügender Menge, um die Masse zu binden. Die scharf gebrannten Terrakotten sind außerordentlich hart, dicht und geben am Stahle Funken. Es sind eigentlich keine Irdenwaren. Sie werden mit Farben verziert und sind ohne Glasur, so daß sie wenig glänzend aussehen. Sie finden in der Architektur Verwendung, da sie zahlreiche Gestalten erhalten können, und müssen den Unbilden der Witterung gut widerstehen können. Die Bauterrakotten weisen je nach den vorhandenen Unreinigkeiten verschiedene Farben auf, eine Eigenschaft, welche ihren Wert als Baumaterialien erhöht. Sie sind rein weiß bis grau, gelb oder braunrot mit allen Farbabstufungen.

Kalksandsteine. Wir wollen nun mit dieser Herstellung die der künstlichen Baumaterialien verknüpfen, welche mit genügender Vollkommenheit die natürlichen Bausteine imitieren. Diese Materialien werden in einigen Ländern in solchen Mengen erzeugt, daß sie eine besondere Fabrikation bilden. In Deutschland namentlich hat sich in den letzten Jahrzehnten die Industrie der Kalksandsteine sehr stark entwickelt. Wenn auch diese Produkte eigentlich in die Keramik selbst nicht gehören, so sind sie wenigstens mit ihr so nahe verwandt, daß eine kurze Besprechung derselben hier am Platze sein dürfte.

Der wichtigste Rohstoff ist der Sand (Fluß- oder Grubensand), welchen man meistens so gewinnt, daß eine Aufbereitung desselben nicht erforderlich ist. Der Sand wird mit Fettkalk gemischt, und zwar wird der gebrannte Kalk im Verhältnis von ca. 6—8 % des Sandes entweder kurz vor dem Mischen abgelöscht und als Kalkmilch zugesetzt oder während der Mischung selbst mit der zur Erzeugung einer preßgerechten Masse nötigen Menge Wasser. Das Gemenge von Sand und Kalk wird sodann mittels Dampf- oder hydraulischer Pressen zu Steinen geformt. Die Eigentümlichkeit der Herstellung besteht in dem zur Umwandlung der Förmlinge in fertige Steine benützten Verfahren. Die Preßlinge werden von der Presse weg auf Rollwagen geladen und nicht gebrannt, sondern in zylindrische Eisenbehälter (Härtekessel) geschoben, die nach vollständiger Beschickung dampfdicht verschlossen werden. Nun leitet man Wasserdampf in den Kessel und läßt die Steine 8—10 Stunden lang unter einem Druck von 8—10 Atm. Der Kalk verbindet sich dabei mit der Kieselsäure, so daß die herausgenommenen Steine hart genug sind und sofort gebrauchsfertig sind. Die Umwandlung der Rohstoffe in Fabrikate dauert kaum 24 Stunden.

Die Kalksandsteine werden als Baumaterialien verwendet; außerdem sind sie auch fähig, bis zu einem gewissen Punkte als feuerfestes Material benützt zu werden.

VII. Irdene Töpferwaren.

Gewisse Gegenstände brauchen nicht mit einer dichten Masse hergestellt zu werden; ihre Porosität hat manchmal keine Übelstände im Gefolge, sie ist sogar hie und da nützlich. Diese Herstellungsart, welche nur bei groben Gegenständen zulässig ist, liegt noch in den Händen zahlreicher kleiner Töpfer. Der geringe Wert der Waren begünstigt diese Fabrikanten, die man noch in entlegenen Orten antrifft. Hier können sie besser der Konkurrenz der Fabriken entgegentreten, da die Transportkosten dieser Waren ziemlich bedeutend sind, und obwohl die Zahl dieser Provinztöpfer zusammenschrumpft, bestehen dennoch eine ganze Menge solcher Geschäfte.

Der Töpfer arbeitet mit sehr einfachen Werkzeugen, oft ist er allein. Er bereitet seine Masse, trocknet und brennt sie, wenn er genügend Ware erzeugt hat, um den Ofen zu füllen.

Die Masse wird aus einem Gemisch von Erden hergestellt, denn der Töpfer findet in der Umgebung selten einen passenden Stoff, den die

Natur schon zubereitet hat. Als Magerungsmittel benützt er nötigenfalls feinen Natursand, den man im Zustand genügend feiner Verteilung antrifft.

Der Gebrauch eines Tonschneiders ist nicht üblich.[1]) Ist einer vorhanden, wird er durch Pferde oder Menschen betrieben. Am meisten tritt der Töpfer seine Masse und schneidet sie in Stücke, seinem Bedarf entsprechend.

Das Formen geschieht auf der Drehscheibe natürlich ohne Abdrehung. Erhält das Stück eine Verzierung, so wird diese mit der Hand hergestellt und auf das etwas erhärtete Stück aufgeklebt.

Das Trocknen geht in den einfachsten Trockenräumen vor sich. Man bringt Bretter unter dem Dache an, welches den Ofen schützt, und legt die Waren darauf.

Die Öfen der Töpfer weisen die mannigfaltigsten Formen auf; im allgemeinen sind sie auf ihre einfachste Gestalt reduziert: eine Kammer, in der die Waren stehen, und eine Feuerung, deren Flamme vertikal oder horizontal durch den Ofen streicht.

Blumentöpfe. Die Blumentöpfe werden auf der Drehscheibe hergestellt. Einige Fabriken irdener Waren, die sich mit der Herstellung von Blumentöpfen befassen, bearbeiten die Erde mechanisch. Letztere wird in eine Gipsform gebracht, auf die Drehscheibe gesteckt, auf welcher eine Schablone vorhanden ist, welche die innere Form des Topfes ergibt.

Sparbüchsen. Eine der merkwürdigsten Arbeiten, welche die kleinen Töpfer ausführen, sind die Sparbüchsen in Tonnenform.

Der Dreher stellt zuerst einen Tonzylinder her, preßt ihn dann in seinem oberen Teil, indem er ihn einengt und auf seinen oberen Teil stützt, um die Oberfläche zu glätten. Er fertigt die Einfassung und zwingt den Zylinder, in der Mitte einen größeren Durchmesser anzunehmen. Die Sparbüchse ist fertig, nur eine Spalte muß noch eingeschnitten werden.

In dem Nachbargebiet können die Töpfer auch andere Stücke liefern als Töpferwaren. So drehen sie Kamine, Aufsätze und sogar kleine Röhren. Wenn die Röhren eine die Arbeit auf der Drehscheibe störende Länge besitzen, dreht man sie in zwei Teilen auf, die man dann zusammensetzt.

VIII. Poröse Gefäfse.

In einigen Fällen zieht man aus der Porosität der irdenen Waren Nutzen, z. B. bei den Alkarazzas, die zum Kühlen des Wassers dienen. Diese verdanken ihre kühlende Wirkung nur ihrer porösen Masse. Ihre Oberfläche ist unausgesetzt mit einer Wasserhaut bedeckt, deren Verdunstung die Abkühlung des Gefäßes und seines Inhaltes verursacht.

[1]) Er ist in Dümmler, Ziegelfabrikation S. 358, beschrieben.

Wasservasen. Mit diesem Gattungsnamen bezeichnet man in den meisten Werken die Töpferwaren, die zur Kühlhaltung von Flüssigkeiten dienen.

Ihre Herstellung ist auf das engste mit dem physikalischen Gefüge des Scherbens verknüpft, welcher beim Brennen genügende Festigkeit erhalten muß, um beim Gebrauch auszuhalten, und ferner einen losen Bau bewahren muß, damit die Flüssigkeit durchsickern kann.

Die bei dieser Herstellung verwendeten Erden sind je nach ihrer Natur sehr verschieden; so sind die ursprünglichen französischen Kühlkrüge ganz rot, während die aus den Kolonien stammenden weiß oder grau sind.

Die Masse erhält die gewünschte Porosität auf zweierlei Weise. Sie kann mit einer genügend großen Menge feinen Sandes entfettet werden; nach dem Brande behält sie eine hinreichend lose Struktur, wenn die Brandtemperatur nicht übertrieben war. Andererseits gelangt man zu demselben Endergebnis, wenn man der Masse brennbare oder flüchtige Stoffe zusetzt. Meistens greift man zu Sägespänen oder Kochsalz.

Poröse Zellen. Die zu den Elementen verwendeten Gefäße werden jetzt in vielen Ländern aus Steingut hergestellt. Aus Sparsamkeitsgründen und scheinbar ohne Nachteile werden noch, in England zum Beispiel, poröse Zellen aus gebranntem Tone erzeugt.

Die kalkhaltigen Tone sind natürlich von dieser Fabrikation ausgeschlossen.

Drainröhren. Diese Röhren haben den Zweck, das in den Bodengräben angesammelte Wasser fortzuleiten. Infolge ihres schwachen Brandes behalten sie die zum Eindringen des umgebenden Wassers nötige Porosität.

11. Abschnitt.

Feuerfeste Produkte.

Diejenigen Irdenwaren, welche eine hohe Temperatur aushalten müssen, können nicht aus den Tonen hergestellt werden, welche zur Erzeugung der gewöhnlichen Irdenwaren dienen. Das Vorhandensein von fremden Stoffen, hauptsächlich kalkhaltigen, alkalischen und eisenhaltigen Substanzen, verursacht leicht Bildung von Verbindungen, die bei hohen Temperaturen schmelzen.

Die hierzu verwendenden Tone müssen feuerfest sein, d. h. sie müssen eine hohe Temperatur ertragen können, ohne zu erweichen noch sich zu verziehen.

Im Prinzip kann man, wie wir bereits gesagt haben, jeden Ton als feuerfest bezeichnen, welcher, bis zum Segerkegel 26 erhitzt, keine Spur von Schmelzung zeigt.

Die mit dem Namen feuerfeste Tone bezeichneten Tone liegen unter den tertiären Schichten und über den Kreideablagerungen. Diesen tonhaltigen Stoffen muß man die Schiefertone aus der Kohlenformation zurechnen, welche sehr feuerfest sind, deren Plastizität aber weniger entwickelt ist als die der früheren.

Die plastischen feuerfesten Tone kommen am häufigsten in linsenförmigen Ablagerungen vor. Im feuchten Zustande besitzen sie ein fettiges Aussehen, sie glätten sich durch Reiben mit dem Nagel. Einmal getrocknet, werden sie hart und kleben an der Zunge. Ihre Farbe ist je nach der Natur der eingeschlossenen fremden Stoffe verschieden. Häufig sind sie infolge organischer Substanzen grau. Oft besitzen sie eine leicht rötliche Färbung. Diese Tone sind verhältnismäßig homogen und feinkörnig.

Die Kohlenschiefertone sind sehr wenig plastisch; durch das Mahlen und Kneten mit Wasser gewinnen sie jedoch an Plastizität. Es ist sehr vorteilhaft, dieselben auszuwettern.

Selten können die Tone allein verarbeitet werden; gewöhnlich werden ihnen Magerungsmittel zugesetzt, damit sie eine formbare Masse bilden.

Die Magerungsmittel wechseln mit der Herstellung. Die gebräuchlichsten sind die Schamotte aus feuerfestem Ton und der Graphit. Der

Quarzsand ist ebenfalls verwendbar, seine Anwendung ist indes weniger empfehlenswert als die der Schamotte.

Der Zusatz von Schamotte ändert die Zusammensetzung der Masse nicht. Diese Schamotte rührt von den Abfällen feuerfesten oder von besonders dazu gebranntem Tone her. Wenn man die Schamotte aus Ton zubereitet, brennt man sie genügend scharf, nicht nur, um sie zu enthydratisieren, sondern auch, um sie um einen gewissen Betrag schwinden zu lassen. Man verwendet den Ton als Pulver oder Brocken. Die Erhitzungsapparate sind manchmal Muffeln, manchmal auch Öfen. Man hat zu diesem Zwecke keine besonderen Öfen eingerichtet, sondern verwendet solche, in welchen eine Berührung des Brennstoffes mit der Schamotte vermieden werden kann.

Die Zusammensetzung der Masse ändert sich je nach der Natur der Rohstoffe und der Bestimmung der Gegenstände. Die Schamotte soll der Masse ein Gefüge geben, welches die Ausdehnung ohne Bruch zuläßt. Die feuerfesten Produkte sind bekanntlich starken Temperaturwechseln unterworfen. Man muß daher mit allen Kräften danach streben, daß die Masse die gewünschten Eigenschaften behält. Die Schamotte soll nicht immer dieselbe Körnung aufweisen; ungeachtet des Verhältnisses zwischen Ton- und Schamottemengen muß man Schamotten von verschiedener Körnung verwenden. Die unregelmäßige Schamotte ist der runden vorzuziehen; man benützt deshalb zur Zerkleinerung Apparate, welche keine runden Körner geben. Betrachtet man die zur Herstellung der Kapseln gebräuchlichen Massezusammensetzungen, so sieht man, daß diese letzteren in weiten Grenzen veränderlich sind, da der Schamottegehalt zwischen 25 und 60 % schwankt.

Um eine gute Mischung zu erhalten, setzt man die Masse bisweilen trocken zusammen und mahlt sie. Dies geschieht durch eine Kugelmühle, nach dem Zerkleinern in einem Apparat, der zuerst die großen Brocken in kleine zerquetscht. (Z. B. Vapartsche Schleudermühle.) Die Kugelmühlen besitzen den Nachteil, daß sie gerollte Schamotte geben; mit Kollergängen kann man die Schamotte zerkleinern und flache oder spitze Körner erhalten. Im letzteren Falle mischt man dann die Bestandteile nach dem getrennt vorgenommenen Mahlen. Die einmal auf irgend eine Weise zerkleinerte Masse braucht nur noch angefeuchtet und geknetet zu werden.

Das mechanische Formen wird wenig angewandt. Die feuerfesten Produkte stehen infolge der sorgfältigeren Herstellung höher im Preise, auch sind die Rohstoffe verhältnismäßig teuer. Die Ersparnis, welche die Ersetzung der Handarbeit durch Maschinenarbeit mit sich bringen könnte, würde kaum die Herstellungskosten herabsetzen.

Ein gutes, sehr sorgfältiges Formen ist von großer Bedeutung; daher geschieht dasselbe fast immer mit der Hand oder je nach der Natur der Stücke mit einer Form.

In Großbritannien werden zur Herstellung der Glenboigsteine Verfahren angewendet, welche von den auf dem Festlande gebräuchlichen ziemlich verschieden sind.[1])

Dies hängt mit der besonderen Natur des Rohstoffes zusammen, der in Wirklichkeit aus einer Art Kohlenschiefer besteht und zum Millstone Grit gehört. Er ist kein freier, plastischer Ton, wie die tertiären Tone, welche in den meisten westeuropäischen Werken verwendet werden.

Die Schicht des fire clay genannten Kohlenschiefers hat eine Dicke von 2—3 m und wird unterirdisch ausgebeutet.

Der gewonnene Stoff wird einer langsamen Verwitterung unter Einwirkung der Witterungsunbilden unterworfen, wenigstens wenn er zur Herstellung besserer Waren dienen soll; dieses Vorgehen gestattet das Auslesen der Pyrit- oder Eisenkarbonatstücke und erleichtert das Zerkleinern.

Der größte Teil des Rohstoffes wird ohne weiteres diesem letzteren Verfahren unterworfen, das auf Kollergängen vor sich geht, und wird dann durchgesiebt. Die Körner dienen zur Herstellung der Ziegelsteine und die feinen Teile zu feuerfestem Mörtel. Man setzt der Masse ein Magerungsmittel, gebrannten Ton oder Schamotte, nur dann zu, wenn es sich um die Herstellung schwieriger Stücke handelt, für welche eine starke Brandschwindung von großem Nachteile sein könnte. Man schätzt die Schwindung der auf diese Weise hergestellten Ziegelsteine auf ein Zwölftel der ursprünglichen Dimensionen. Die Höhe dieser Zahl erklärt die Schwierigkeit, sehr regelmäßige und genaue Stücke zu erhalten.

Das Kneten geschieht auf der Mahlbahn eines Kollerganges; die Masse wird mit der Hand in die Formen gedrückt, die bei den gebräuchlichsten Gegenständen aus Bronze, bei den besonderen aus Holz sind. Das Trocknen geht rasch vor sich, bei Ziegelsteinen oft in nur 24 Stunden; das Brennen wird ununterbrochen in einem mit Gas geheizten Ofen vorgenommen.

I. Steine.

Die feuerfesten Ziegelsteine werden wie die gewöhnlichen Ziegel mit der Hand geformt. Oben wurde bereits gesagt, daß das Formen mit der Strangpresse weniger häufig angewandt wird. Es handelt sich hier nicht um die Lieferung von vielen Ziegeln, als vielmehr um tadellose, wohlgeformte Ware. Ein Ziegelarbeiter, der sich mit der Herstellung feuerfester Ziegel beschäftigt, fertigt weniger an als ein solcher, der gewöhnliche Bauziegel herstellt.

Die zu feuerfesten Ziegeln verwendete Masse besteht aus plastischem Ton und Schamotte, welchen manchmal gemahlener Quarzit oder Quarzsand zugesetzt wird. Je nach der Plastizität der Erde schwankt der Schamotte-

---

[1]) Lodin, Rapport sur la Métallurgie à l'Exposition universelle de 1900 und Monit. scient. 1904, S. 864.

zusatz zwischen dem einfachen oder doppelten Gewicht des Tones. Als mittlere Zusammensetzung kann man 1 Teil Ton und 1—2 Teile Schamotte annehmen. Die benützten Schamottekörner erreichen manchmal größere Dimensionen (in manchen Fabriken bis zu 2 mm). Enthält die Masse außerdem noch Quarzsand, so muß man die plastische Stoffmenge vergrößern, oder anders ausgedrückt: die Ersetzung geschieht auf Kosten der Schamotte, deren Verhältnis zum plastischen Ton abnimmt.

Nach Bruno Kerl sind die in der Fabrik von St. Léonard (Belgien) verwendeten drei Zusammensetzungen:

	I.	II.	III.
Feuerfester Ton	31	25	38
Gebrannter Ton	52	25	38
Schamotte.	52	56	62
Quarzsand	17	19	62.

Man stellt auch Ziegelsteine aus einer Mischung von Ton und Quarzsand her. Die auf diese Weise erzeugten Ziegel werden jedoch durch basische Stoffe mehr angegriffen als die früheren.

Die Schiefertone, wie diejenigen von Stonsbridge, Garnkirk, lassen sich durch kräftige Pressen trocken verarbeiten.

Die aus feuchten Massen hergestellten Ziegel werden nach einer teilweisen Trocknung nachgepreßt, sodann der vollständigen Trocknung überlassen und gebrannt.

Der Brand der feuerfesten Produkte geschieht noch in unterbrochenen runden oder rechteckigen Öfen, welche mit einer veränderlichen Zahl Rostfeuerungen versehen sind. Der Brennmaterialienverbrauch beträgt etwa 20—25 % vom Gewicht der fertigen Waren.

Unter den verschiedenen zum Brennen feuerfester Ziegelsteine dienenden Öfen führen wir eine besonders einfache Anordnung an. Der Ofen ist zylindrisch, vertikal und an seinem Umfang mit Feuerungen versehen. Das Einsetzen geschieht so, daß die Gase zuerst an den Wänden entlang steigen, sodann in die Sohle, auf der sich ein wie bei andern Kanälen aus den zu brennenden Stoffen gebildeter Zentralkamin befindet, der die Flammen bis zum Ofengewölbe unter die Esse führt.

Die ununterbrochene Feuerung mit Verwertung der durch die Abgase fortgetragenen und der in den fertigen Waren aufgespeicherten Wärme wird seit langer Zeit bei der Herstellung der gewöhnlichen Ziegelsteine verwendet. Sie kann nicht ohne Abänderung beim Brande der feuerfesten Waren verwendet werden, denn die direkte Einführung des pulverförmigen Brennmaterials in die Brandkammern könnte die Güte der Waren durch Ablagerung schmelzbarer Asche an der Oberfläche gefährden.

Die Vergasung des Brennstoffs gestattet die Vermeidung dieses Übelstandes, sie verlangt indes verhältnismäßig verwickelte Anordnungen, so daß die Fabrikanten feuerfester Produkte vielfach mit dieser Neuerung gezaudert haben. Indessen machen Henroz und die Glenboig Union Fire Clay Co. Gebrauch von Daueröfen, welche aus zwei parallelen Kammerreihen bestehen. Da die beiden Reihen an ihren Enden durch unterirdische Kanäle miteinander verbunden sind, bilden sie einen vollständigen Kreislauf, ähnlich wie bei dem Hoffmann-Licht-Ofen.

Beim Henroz-Ofen sind die Kammerreihen dicht aneinander gebaut und nur durch einen Längskanal getrennt, der das von den Generatoren gelieferte Gas zuführt. Dieses Gas strömt aus dem mittleren Sammler in einen der Verteilungskanäle, die in den die Brandkammern bedeckenden Gewölbezwickeln liegen. Jeder dieser Kanäle kann durch einen geneigten Schieber aus Schamotte, welcher eine Verbindungsöffnung freigibt, mit dem Gassammler in Verbindung gesetzt werden und ist auf einer Seite mit Zuglöchern versehen, die im oberen Teil der Kammern ausmünden.

Die Verbindung zwischen den aufeinander folgenden Kammern geschieht durch andere in der Sohlfläche angebrachte Öffnungen; sie kann nach Belieben durch einen starken Blechschieber geschlossen werden, den man von außen in einer der Mittelebene jeder Wand entsprechenden Rinne gleiten läßt.

Endlich gestattet ein anderer Schieber, nach Belieben jede Kammer mit einem Rauchsammler zu verbinden, der auf der Außenseite des Ofens unmittelbar unter dem Boden angebracht ist und in einen Kamin ausläuft.

Mit dieser Gesamtanordnung kann man die verlorene Wärme etwas weniger vollständig als beim Hoffmann-Licht-System ausnützen. Mit einem Ofen mit zwölf Kammern gibt Henroz an, daß er den Brennstoffverbrauch auf 10 % des Gewichtes der fertigen Waren herabsetzen konnte, trotzdem er bei einer sehr hohen Temperatur brannte.

Der in Glenboig verwendete Dunnachie-Ofen weist erheblich verwickeltere Anordnungen auf. Es sind zehn Kammern vorhanden, die zwei parallele Reihen in einem Abstand von 6 m bilden. Der Zwischenraum dient zugleich als Trockenraum und Sammelplatz für das Brenngut.

Der Sammler für das Brenngas befindet sich in der Längsachse des Apparates unter dem Boden; Sitzventile aus feuerfestem Materiale bedienen die seitlichen, im unteren Teil der Kammern auslaufenden Anschlußkanäle.

Anstatt sich im Innern der Kammer durch eine fortschreitende Mischung zur Heizung zu entwickeln, wie beim Henroz-Ofen, geht die Verbrennung in einem verhältnismäßig engen Raum in einer der unteren Winkel dieser Kammer vor sich. Das aus einer Reihe von Löchern austretende Gas trifft ungefähr rechtwinklig auf Luft, die durch das Streichen über bereits gebrannte Waren erhitzt ist und durch eine andere Reihe von Öffnungen am Boden der benachbarten Wand eingelassen wird. Eine besondere Anordnung gestattet, je nach dem Bedarf einen Teil der warmen Luft gegen eine zweite Reihe von Löchern zu leiten, die in derselben Wand etwas unter dem Gewölbewiderlager angebracht sind. Diese Vereinigung hat den Zweck, die Wärmeverteilung zu regulieren; man kann sich fragen, ob ihre Anwendung tatsächlich eine Wirkung besitzt.

Das Austreten der Verbrennungsgase geschieht durch einen unterirdischen Sammler im äußeren Teile des Baues, wie beim Henroz-Ofen.

Der Brennstoffverbrauch im Dunnachie-Ofen ist nicht ganz genau angegeben worden; soviel bekannt, soll er zwischen 25 und 50 % desjenigen der früheren unterbrochenen Öfen schwanken. Man kann annehmen, daß er von dem des Henroz-Ofens wenig abweicht.

Außer der im Brennmaterial erzielten Ersparnis haben die mit Gas geheizten Öfen den Vorteil, daß sie weniger Personal erfordern, die Bedienung erleichtern und infolge des langsameren Erwärmens und Abkühlens bessere Waren ergeben. Ihr Hauptnachteil besteht darin, daß sie eine größere Produktion verlangen, um ein wirtschaftliches Resultat[1]) zu liefern.

Der im Kreosotwerk in Perreuil zum Brennen feuerfester Waren verwendete Ofen ist ein Gaskammerofen und hat das äußere Aussehen eines runden Hoffmann-Ofens. Sein äußerer Durchmesser beträgt 20 m. Er besitzt 14 Kammern mit folgenden Dimensionen: 2,90 m Tiefe, 2,50 m Breite und 2,60 m Höhe; dies entspricht einem Inhalt von etwa 19 cbm. Die Abteilungen sind durch Mauern getrennt, in welchen drei Verbindungsöffnungen angebracht sind. Das Gas strömt unter der Sohle in den befeuerten Raum und dringt durch drei vertikale unter den oben erwähnten befindliche Öffnungen, die die Kammern untereinander verbinden, ein. Die Verbrennungsprodukte können in die nächsten Kammern durch die oben zuerst angeführten Öffnungen gelangen.

In England werden feuerfeste Ziegelsteine noch sehr einfach hergestellt. In der Grafschaft Kent in Sittingsbourne werden jährlich 70 Millionen Ziegelsteine mit der Hand erzeugt und in Feldöfen gebrannt.

Die feuerfesten Ziegel dienen zum Bau von Öfen und Apparaten, welche der Einwirkung einer hohen Temperatur widerstehen müssen. Die Fabrikanten sind gezwungen, Steine in den verschiedensten Formaten herzustellen. So kann man Blöcke von 100 . 40 . 15 cm sehen.

Man darf der chemischen Massezusammensetzung keinen Einfluß zuschreiben, den sie nicht besitzt. Die Ziegelarten, deren Analyse wir hier anführen, enthalten wenig Basen, die die Bildung schmelzbarer Silikate herbeiführen können; das Verhältnis der Kieselsäure zur Tonerde weist aber große Abweichungen auf.

	I.	II.
SiO_2	54,63	78,42
Al_2O_3	40,27	17,15
Fe_2O_3	2,67	1,30
MnO	—	Spuren

[1]) Lodin, loc. cit.

	I.	II.
CaO	1,53	0,38
MgO	1,03	0,64
K_2O	—	1,57.
Na_2O	—	

Der erste Ziegelstein ist englischen Ursprungs, der andere stammt aus Belgien. Sie sind beide feuerfest und enthalten eine gewisse Eisenmenge; der zweite enthält sogar 1,57 % Alkalien.

Das Verhältnis $\frac{SiO_2}{Al_2O_3}$ beträgt 2,33 für den ersten und 7,7 für den zweiten. Man muß es wohl vermeiden, Bestandteile eines schmelzbaren mehrbasischen Silikates einzuführen, wenn man dem Ton seine Feuerfestigkeit bewahren will; aber man muß auch an den Einfluß des Molekularzustandes denken, denn nicht alle Tone sind vom physikalischen Standpunkt aus miteinander vergleichbar.

Der Gehalt an anderen Oxyden als Tonerde kann einige Prozente betragen. Man trifft in den feuerfesten Tonen nennenswerte Mengen von Eisen an, ohne daß sich deshalb die Widerstandsfähigkeit der Tone vermindert.

Die folgende Tabelle enthält die Oxydmengen in Prozenten, welche die schmelzbaren, tonerdehaltigen Mehrfachsilikate bilden, die einige feuerfeste Tone aufweisen:

	I.	II.	III.	IV.
Fe_2O_3 . .	2,01	1,63	1,00	0,59
CaO . . .	0,50	0,45	0,18	0,19
MgO . .	0,11	0,26	0,50	0,14
K_2O . . .	0,19	0,86	0,50	2,49
Na_2O . .	0,23	0,33	0,50	0,68.

Vorkommen: I. Dreux. II. Mussidan. III. Bornholm. IV. Vallendar.

II. Schmelztiegel.

Die Schmelztiegel müssen zuerst einer hohen Temperatur widerstehen und dann ein Gefüge besitzen, welches sie fähig macht, den Druck der geschmolzenen Körper zu ertragen und den zersetzenden chemischen Einflüssen Widerstand zu leisten. Es ist daher unerläßlich, daß sie starke Temperaturänderungen ertragen können. Man erreicht dies durch eine geeignete Zusammensetzung der Masse, indem man dem Ton Schamotte zusetzt, welche indes nicht zu fein und nicht zu regelmäßig gewählt sein darf. Um die ätzende Wirkung zu mildern, verstärkt man die Wände und setzt die Masse so zusammen, daß die Körper beim Schmelzen keine rasch angreifbaren Stoffe treffen. Je nach der Bestimmung muß der Tiegel ein entsprechendes Magerungsmittel enthalten.

Als Magerungsmittel dienen Schamotte, Quarzsand und Kohlenstoff, bald als Graphit, bald als Koks. Beim Schmelzen basischer Stoffe genügen Schmelztiegel aus Ton oder Schamotte unter der Bedingung, daß der verwendete Ton nicht zu kieselsäurehaltig ist.

Soeben ist gesagt worden, daß die Schamotte nicht allein zur Herstellung von Schmelztiegeln verwendet wird; tatsächlich benützt man auch Quarz; die bekannten hessischen Tiegel bieten ein Beispiel dafür; diese werden aus Ton von Groß-Almerode und Quarzsand in gleichen Teilen hergestellt. Gewisse Tiegel sind noch kieselsäurehaltiger; in Klingenberg verwendet man 5 Teile Quarzsand auf nur 2 Teile Ton.

Die Beifügung von Koks und Graphit liefert ausgezeichnete Tiegel, die man ganz besonders zum Schmelzen von Metallen und hauptsächlich von Stahl verwendet. Der Kohlenstoff wirkt einerseits reduzierend und trägt andererseits zur Festigkeit des Tiegels bei, denn er wird nicht wie die kieselsäure- oder tonerdehaltigen Stoffe angegriffen. Der Graphit liefert die besten Produkte; des hohen Preises halber wird jedoch manchmal die Festigkeit der Wohlfeilheit geopfert und der Graphit durch Koks ersetzt.

Die Haltbarkeit eines Schmelztiegels ist an die Eigenschaft der Stoffe gebunden, aus denen er besteht; er ist um so widerstandsfähiger, je reiner diese Stoffe sind. Würde man aber den Zusatz an Magerungsmitteln übertreiben, so würde man die Festigkeit der Tiegel herabsetzen. Mit diesem Umstand muß man rechnen, wenn es sich um Tiegel handelt, welche große Stoffmengen aufnehmen sollen.

Herstellung der Schamottetiegel. Zum Schmelzen basischer Stoffe genügt der Schmelztiegel aus Ton und Schamotte. Der Ton wird getrocknet, ausgelesen, zerkleinert und gesiebt. Die Schamotte besteht aus gebranntem Tone oder aus Abfällen von feuerfesten Produkten. Ist die Mischung vollzogen und durch Anfeuchtung die Masse zubereitet, so bewerkstelligt man das Formen.

Man formt die Schmelztiegel noch mit der Hand und die auf diese Weise erzeugten Tiegel erfreuen sich eines vorzüglichen Rufes.

Tiegel bis zu 35 cm Höhe lassen sich auch drehen. Beim Aufdrehen muß der Arbeiter sorgfältig darauf achten, daß er das Material für den Boden dicker hält als für die Wand. Die hessischen Schmelztiegel, welche eine dreieckige Form besitzen, können auf der Drehscheibe hergestellt werden, denn ihr unterer Teil ist ein Rotationskörper. Wenn der Dreher sieht, daß der Rand des rund gedrehten Tiegels fest wird, drückt er ihn mit den Fingern und bildet ein Dreieck.

Die Dimensionen der Tiegel sind oft so gewählt, daß dieselben ineinander gestellt werden können. Auf diese Weise nehmen sie im Ofen am wenigsten Platz ein.

Auch das Einformen wird zur Herstellung der Schamottetiegel angewendet. Bei diesem Vorgang muß man Masseblätter herstellen.

Ein sehr gutes Formverfahren ist das Formen mit dem Schlegel. Der Arbeiter bedient sich zu diesem Zweck eines hölzernen Kernes, welcher das Innere des Tiegels darstellt. Auf diesen Kern bringt er einen Masseballen, den er mit einem Holzschlegel schlägt, so daß derselbe die richtige äußere Form und eine glatte Oberfläche erhält. Ist der Tiegel fertig, so wird er getrocknet, bis er etwas fest geworden ist. Nun legt man ihn zum zweiten Male auf den Kern und schlägt ihn mit dem Schlegel wieder, um die Masse von neuem einzuengen.

Kleine Tiegel hat man durch Gießen herstellen können.

Die großen Tiegel können nicht durch die früheren Formverfahren hergestellt werden, man kann sie aber durch Tonwülste erzeugen, die man aufeinander aufträgt. Man bedient sich entweder einer Form oder der Hand. Wir sprechen darüber noch bei den Glashäfen.

Die mechanische Herstellung wird gleichfalls bei den Tiegeln angewendet. Die Tiegelpresse besteht aus einer horizontalen Platte, welcher man mit Hilfe eines Zahnrades und einer Kurbel eine Rotationsbewegung um ihren Mittelpunkt geben kann. Auf diese Platte stellt man eine dem Tiegel entsprechende Form, in welche man einen Kern senken kann, der aus zwei Teilen besteht und Größe und Form der Höhlung des Tiegels besitzt. Zur Erzeugung eines Tiegels wirft man Erde in die Form und senkt das bewegliche Stück. Die Wirkung desselben wird durch eine Schraube verstärkt, welche die beiden Teile auseinandertrennt und den Druck vergrößert. Ein aufgebogener Rand im oberen Teile dieses Stückes hält den Ton und drückt ihn in der Form zusammen. Man stößt durch einen Fußtritt aus, wodurch der Boden der Form mit dem Tiegel weggehoben wird.

Die Meinungen über den Wert der verschiedenen Gestaltungsarten gehen auseinander; im allgemeinen schreibt man die beste Qualität den freihändig hergestellten Tiegeln zu.

Die ausgetrockneten Tiegel werden frei eingesetzt.

Der Brand ist nicht überall derselbe. Die hessischen werden stark gebrannt, während andere ein ähnliches Gefüge wie die gewöhnlichen Irdenwaren aufweisen.

Herstellung der Graphittiegel. Nach Braun[1]) geht die Herstellung der zum Schmelzen des Stahles dienenden Tiegel in den deutschen und österreichischen Fabriken auf folgende Weise vor sich.

Die verwendeten Rohstoffe sind: Graphit, Ton und Tonschamotte. Diese Stoffe werden gekollert, dann gesiebt. Die Verhältnisse der Mischungszusammensetzung ändern sich mit der Härte des Stahls.

Die beiden folgenden Zusammensetzungen beziehen sich erstens auf harten, zweitens auf weichen Stahl.

---

[1]) Tonindustrie-Zeitung 1900, S. 1655.

	I.	II.
Graphit	50	40
Ton	36	38
Schamotte	10	22.

Die Masse wird mit der Hand gemischt, mit Wasser angefeuchtet, bis sie gut formbar ist; sodann läßt man sie 24 Stunden stehen.

Die kleinen Unternehmungen formen ihre Tiegel mit der Hand; in großen Werken geschieht diese Arbeit auf mechanischem Wege. Die Masse durchläuft dreimal einen Tonschneider; beim dritten Austreten schneidet man sie in Ballen von etwa 13 kg. Diese Ballen werden auf einen mit Graphitpulver bestreuten Tisch gelegt, damit sie nicht am Tisch ankleben. Sodann führt man die Masse in eine Ziegelpresse ein und übt den Druck aus. Man stößt aus und stellt den Tiegelrand mittels eines Ringes her. Mit zwei Pressen kann man in 24 Stunden 650 Stück erzeugen.

Die Tiegel werden nach dem Formen in einen auf 20° erwärmten Trockenraum gestellt, wo sie 5—6 Tage verbleiben. Nach diesem Vortrocknen bringt man sie in einen zweiten Trockenraum von höherer Temperatur (45—50°); die Stücke verbleiben hier 50—60 Tage. Nach dem Verlassen des Trockenraums sind die Tiegel gebrauchsfertig.

Im Loirebecken benützt man Tiegel aus feuerfesten Tonen von Mussidan und von Baignol (Haute Vienne). Die Tiegel der Fabrik von Pont-Saint-Esprit (Salavas) sind sehr geschätzt.

Die zu dieser Herstellung verwendeten Materialien enthalten Graphit, feuerfesten Ton und Schamotte. Der zur Erzeugung der Schamotte dienende Ton ist ein sehr guter, feuerfester Ton. Er wird nach der Trocknung und der Beseitigung der Unreinigkeiten gekollert und muß durch Sieb 18 (50 Maschen pro 1 qcm) gehen. Das auf diese Weise erhaltene Pulver wird angefeuchtet und zu Platten von 120 . 110 . 55 mm geformt. Diese Platten werden langsam getrocknet und dann in den Öfen gebrannt. Man zertrümmert hierauf die Platten, kollert sie und läßt das erhaltene Pulver durch dasselbe Sieb 18 laufen.

Man mischt Schamotte und Ton im Verhältnis 7 : 6 und setzt danach 4 Teile Graphit, 1 Teil gemahlene Tiegelscherben und 1 Teil Koks zu.

Die Stoffe werden zuerst gesiebt und dann trocken gemischt. Man weicht die Masse auf und überläßt sie der Ruhe, damit das Wasser die Mischung gut durchdringen kann. Ist die Masse auf diese Weise zubereitet, so passiert sie einen Tonschneider. Man bearbeitet gewöhnlich eine Masse, die zur Herstellung von 25 Tiegeln mit einem mittleren Gewicht von 20 kg ausreicht, und knetet sie zwei Stunden lang. Die Masse verläßt den Apparat in Blöcken von 32 kg, welche man einen Monat lang ruhen läßt. Nach diesem Zeitraum ist die Masse etwas ausgetrocknet; man schickt sie wieder in einen Tonschneider und übergibt sie dann dem Former.

Die Tiegel werden hierauf in einer geölten Form geformt, damit die Trennung leichter vor sich geht. Die fertigen Tiegel werden der Trocknung in einem Trockenraum bei 50° überlassen, wo sie drei Monate lang verbleiben. Ein zweiter Trockenraum behält die Schmelztiegel bis zu ihrer Verwendung. Ist diese Zeit gekommen, so bringt man sie in Gruppen von je 16 in den Ofen und brennt sie bei 700°.[1])

Die in Hessen hergestellten Graphittiegel enthalten $^1/_3$ Ton von Groß-Almerode, $^1/_3$ Quarzsand und $^1/_3$ Passauer Graphit. Dies sind Schmelztiegel ohne Schamotte.

Glashäfen. Die in Glashütten verwendeten Häfen werden sehr lange hohen Temperaturen unterworfen; sie verlangen eine sehr sorgfältige Herstellung, weshalb sie meistens von den Glasfabrikanten selbst angefertigt werden.

Die Masse besteht aus einem feuerfesten Ton, der mit von alten, zerbrochenen Häfen herrührender Schamotte entfettet wird. Es wird auch empfohlen, gebrannten Ton zuzusetzen.

Es sei eine von Benrath[2]) angegebene Zusammensetzung angeführt:

Ton	4
Gebrannter Ton	6
Hafenscherben	3.

Diese Materialien werden fein gemahlen; sie müssen durch ein Sieb von 80—90 Maschen pro 1 qcm gehen. Man feuchtet die Mischung an und läßt sie im Wasser aufweichen. Nach dem Kneten geht man zum Formen über, das mit Hilfe einer Form und mit Wülsten oder ohne Form, nur mit Wülsten geschieht. Man legt auf den Boden der Form ein nasses Tuch, das man innen längs den Wänden gut anklebt. Danach legt man auf den Boden eine Wulst, dreht sie auf sich selbst und verbindet sie durch Pressen und Stampfen so, daß dadurch ein einziges Stück gebildet wird. Sodann nimmt man eine andere Wulst, welche man ebenso aufträgt, und fährt so fort, bis der Boden vollständig belegt ist. Hierauf formt man die Wände, indem man die Erde gegen die Form fest andrückt. Ist der Hafen bis zum Rand geformt, so glättet man die Wände mit einem nassen Schwamm und läßt das Ganze ruhen. Erst nach Verlauf von ungefähr einer Woche kann man die Form wegnehmen. Da diese Form aus mehreren, durch Ringe zusammengehaltenen Teilen besteht, macht man zuerst die Wände los; erst nach dem merklicheren Festwerden kann man den Boden wegnehmen. Der Hafen muß nämlich Festigkeit genug besitzen, um die Versetzung auf eine andere Unterlage auszuhalten.

Das freihändige Formen mit Wülsten ist viel heikler als das vorhergehende. In der Tat hat der Arbeiter kein anderes Hilfsmittel zum Pressen der Masse als diejenige Hand, welche ihm frei bleibt.

---

[1]) Tonindustrie-Zeitung 1900, No. 134, S. 1867—1869.

[2]) Benrath, Die Glasfabrikation S. 85.

Man formt zuerst den Boden des Hafens und trägt zu diesem Zwecke die Wülste auf einer Holzscheibe auf. Sodann modelliert man die Wände. Diesmal ersetzt jedoch die linke Hand des Arbeiters die Form.

Um freihändig zu arbeiten, ist es bequem, die Wülste auf Flächen zu legen, welche zuvor mit einer Schichte pulverisierter Schamotte bestreut worden sind. Da die Masse fettig ist, verhütet man das Ankleben derselben an Gegenständen, mit denen sie in Berührung kommt.

Das Trocknen der Glashäfen verlangt große Sorgfalt. Da die Masse dick und dicht ist, verfährt man am besten langsam und vermeidet es, die Häfen der Sonne auszusetzen. Erst nach einer längeren Trocknung in einem Raum mit gleicher Temperatur kann man die Häfen in wirksamere Trockenräume verbringen. Vor kurzem[1]) hat man zur Herstellung der Glashäfen das Gießen versucht.

In einen horizontalen, wie ein Trommelsieb angeordneten Zylinder verbringt man die Ton- und Schamottemischung. Der Stoff fällt in dem gewünschten Feinheitsgrad in einen Behälter, in welchem sich eine Schnecke bewegt. Die Masse wird sodann in ein Becherwerk gestoßen, das die Mischung wegführt und sie in einen Behälter schüttet. Ein in diesem vorher mit einer bestimmten Menge sodahaltigem Wasser gefüllten Behälter sich drehender Rührer setzt das Ganze in Bewegung und bearbeitet die Masse zu einem genügend homogenen Brei. Ist die Mischung einmal vollzogen, so braucht man die Hafenform nur mit diesem dicken Schlamme auszufüllen. Ist die Form voll Schlamm, so unterbricht man die Flüssigkeitszufuhr und führt die Form samt Inhalt weg. Die Form enthält ein zusätzliches Stück, einen Kern, welcher der Höhlung des Hafens entspricht.

Nach Verlauf von 24 Stunden hat die Masse genügend Festigkeit erlangt, damit der Kern ohne Beschädigung herausgenommen werden kann. Am nächsten Tag entfernt man auch die äußere Form.

Mit diesem Verfahren, das durch die Glashüttenwerke Leonhardi in Schwepnitz in die Praxis eingeführt worden ist und sehr rasch vor sich geht, erzielt man sehr gute Resultate, bessere als mit der Handarbeit. Das Gießen eines Glashafens mit 200—225 kg erfordert 45 Minuten bis eine Stunde.

III. Gasretorten.

Die Retorten, welche zur Herstellung des Leuchtgases dienen, müssen von besonderer Qualität sein. Außer den durch den Bruch einer Retorte verursachten Kosten muß man mit der Störung rechnen, die in der Fabrikation durch einen solchen Unfall entsteht. Man muß daher diese Stücke sehr sorgfältig formen, damit sie Sicherheit für genügende Haltbarkeit bieten.

---

[1]) Sprechsaal 1905, S. 123.

Die Herstellung bietet zunächst eine erste Schwierigkeit, die in der Größe und dem Gewicht der Retorten liegt. Manche Retorten der modernen Gaswerke wiegen bis zu 1500 kg und messen 3 m in der Länge. Hier seien nach Seger[1]) einige Einzelheiten über das in Berlin verwendete Formverfahren angeführt.

Als plastische Bestandteile benützt man zwei Tone: Der eine ist Kaolinton von Halle, der andere ein Ton von Nassau. Diese beiden Stoffe sind außerordentlich feuerfest.

Die Tone werden vollständig an der Luft getrocknet, sodann zwischen zwei Walzen zerkleinert und gesiebt. Das so erhaltene Pulver wird im warmen Wasser aufgeweicht, so daß es einen klaren Brei bildet, den man mit Holzlöffeln aufrührt. Wenn die ganze Masse einen homogenen Brei bildet, gibt man Schamotte hinzu. Diese Schamotte rührt von feuerfesten, stark gebrannten Stoffen her, wie Schamotteziegeln, Retortenscherben, oder aus der Fabrikation des Porzellans stammenden Kapseln. Wenn man zu zerbrochenen Kapseln als Schamotte gegriffen hat, ist es wichtig, die Stücke von jeder Spur von Schlacke und Unreinigkeiten, die die Rolle eines Schmelzmittels in der Masse spielen könnten, sorgfältig zu befreien. Man nimmt diese Schamotte in Form von groben Körnern, und um diese in der gewünschten Dicke zu erhalten, bringt man nur das in die Masse, was durch ein Sieb mit Maschen von ungefähr 1 qcm Fläche durchfällt und auf einem mit Maschen von 3 mm Länge zurückbleibt. Alles was durch das zweite Sieb geht, wird als zu fein verworfen, und die Körner, welche vom ersten Sieb zurückgehalten werden, werden als zu grob beiseite gelegt. Die Form der Körner ist gleichfalls von Wichtigkeit; die Schamotte muß die Form scharfkantiger Splitter besitzen, wenn die Schamotte am plastischen Stoff gut ankleben soll. Bei einem Stoff wie Quarzsand könnte dies nicht erreicht werden, denn in diesem Zustand zeigt die Kieselsäure die Form von runden Körnern mit polierter Oberfläche. Ein Walzenpaar von 1 cm Spaltweite liefert die gewünschte Korngröße. Man erhält das Pulver zuerst auf dem groben Sieb, das die großen Stücke abscheidet, sodann auf dem zweiten, das die gemahlene Schamotte von zu feinem Staube befreit. Die Schamotte bildet dann Körner, deren Größe zwischen der eines Stecknadelkopfes und der einer Erbse schwankt.

Die Masse wird dann zusammengesetzt aus:

Ton von Halle	25,0
Ton von Nassau	12,5
Schamotte	62,5.

Die Schamotte besteht aus einer Mischung von 4 Teilen in Erbsengröße und einem Teil feiner Schamotte.

Man breitet die Stoffe zu einer dünnen Schicht aus, begießt sie sodann und bringt, sobald das Wasser genügend aufgesaugt ist, die Masse

[1]) Tonindustrie-Zeitung 1871, S. 342 und Segers Schriften S. 752.

in den Tonschneider. Die Masse muß weich sein, um durch das Kneten homogen gemacht werden zu können. Für die fernere Bearbeitung durch das Formen verwendet man keine so plastische Masse; durch das Trocknen entzieht man ihr Wasser und gibt ihr infolgedessen mehr Festigkeit. Dazu legt man die aus dem Tonschneider kommende Masse auf eine mit Steinplatten belegte Fläche, unter welche Dampf geleitet wird. Die Trocknung geht dann vor sich; man setzt sie bis zu dem Augenblick fort, wo die Masse sich noch pressen läßt. Diese nur noch schwach plastische Masse wird hierauf in Ballen geformt. Man erreicht dies durch starkes Pressen und Schlagen. Ist dieser Vorgang beendet, so vereinigt man die Ballen nebeneinander, bildet aus ihnen einen Haufen, indem man sie in Reihen übereinanderlegt. Dieser Haufen umfaßt eine Fläche von etwa 1 qm und hat eine Höhe von 1 m. Wenn einige Teile etwas trocken erscheinen, begießt man sie mit Wasser. Aus diesem Haufen Ballen stellt man hierauf eine homogene Masse her, indem man sie mit schweren Holzschlegeln schlägt. Mit nassen Leintüchern deckt man

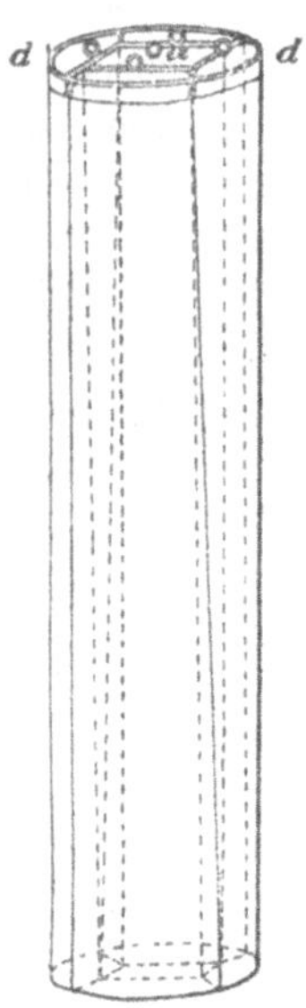

a

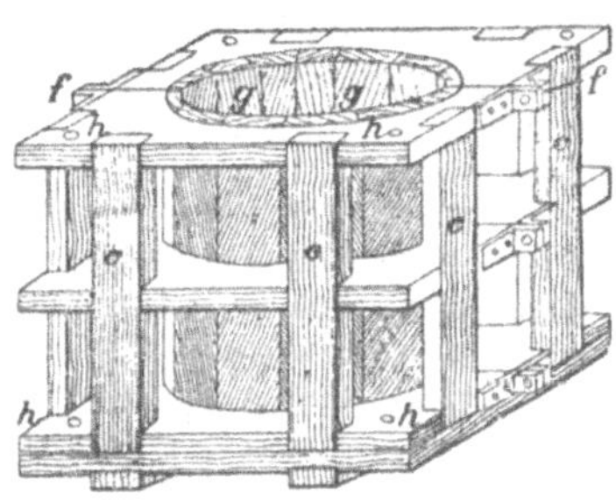

b

Fig. 128.

den Tonblock zu. Auf diese Weise bleibt die ganze Masse gleichmäßig feucht. Die so zubereitete Erde wird ein oder zwei Tage der Ruhe überlassen.

Die Masse hat nur schwache Plastizität. Man zerschneidet sie in Stücke von 1—2 cm Dicke, die man mit der Hand zerdrückt, um sie in die Form einzuführen. Diese letztere (Fig. 128) besteht aus einem Holzkern, der aus mehreren um ein Mittelstück *a* angeordneten Stücken *d* und aus einer zweiteiligen Umhüllung besteht, die man mit Hilfe von Eisenringen fest zusammenhält. Diese Ringe vereinigt man mittels Bolzen in *f*. Die Form des Kerns und der Umhüllung entspricht der Form der Retorte und der leere Raum zwischen Kern und Umhüllung (6—7 cm) der Retortenwandstärke. Da die Umhüllung ein bedeutendes Gewicht hätte, wenn sie nur aus zwei Stücken gebildet wäre, so setzt man sie aus einer Reihe übereinander angeordneter Stücke zusammen. Die Umhüllung wird dann, wie die Figur zeigt, aus einer Reihe gleichartiger Stücke gebildet. Ihre Bauweise gestattet leicht, sie übereinander zu stellen.

Um eine Retorte herzustellen, legt man zuerst eine Umhüllung auf eine glatte Fläche. Sodann trägt man eine Masseschicht auf und häuft sie mittels eines 25 kg schweren Gußeisenstempels. Dieser hat keine glatte Oberfläche, sondern der auf der Masse ruhende Teil ist so zerschnitten, daß er eine Reihe kleiner Pyramiden bildet. Nach diesem ersten Vorgang glättet man den Boden, indem man ihn mit einem Stempel mit glattem Kopf schlägt. Man gibt diesem Boden 7—8 cm Dicke. Sodann senkt man den Kern in die Umhüllung. Sobald er zentriert ist, häuft man die Erde darum mit einem Stempel, welcher kleiner als der erste, aber an der Stirnfläche mit Zähnen versehen ist. Sobald die Wand die Höhe der ersten Umhüllung erreicht hat, bringt man eine zweite über der ersten an und fährt so fort, bis man die Höhe der Retorte erreicht hat. Nunmehr verwendet man zur Herstellung der Retortenränder eine besondere Form. Die Ränder erhalten Löcher, die zur Befestigung der Metallgarnierungen dienen.

Vermöge der Konstruktion des Kerns kann das Ausheben leicht vorgenommen werden. Sodann entfernt man die Seele durch einen Flaschenzug, hierauf der Reihe nach die den Kern bildenden verschiedenen Stücke. Nunmehr legt man Form und Retorte horizontal und bringt beide auf einem besonderen Wagen in einen Trockenraum. Vor der Trocknung muß eine Ausbesserung vorgenommen werden. So sorgfältig auch das Trocknen vorgenommen worden ist, so kann das Innere doch Unregelmäßigkeiten aufweisen. Ein auf einem Brett liegender Arbeiter bessert, von unten anfangend, alle Mängel mit einem aus 4 Teilen Schamotte und 1 Teil Ton bestehenden Mörtel aus; er glättet hierauf die Oberfläche mit einer polierten Eisenplatte.

Nach Beendigung dieses letzten Vorganges läßt man die Retorte 8 Stunden lang ruhen, sodann kann die Form ohne Schaden abgehoben werden.

Diese Herstellungsweise, welche geübte Arbeiter und große Sorgfalt erfordert, ist schon oft zu vereinfachen versucht worden. Eine Lösung wurde in einem besonderen Fall vor 20 Jahren von der französischen Aktiengesellschaft für mechanische Herstellung der Gasretorten in Jory-Port (Seine) angegeben. Die von dieser Gesellschaft verwendete Maschine beruht auf dem Prinzip des Austretens der Masse aus dem Mundstück eines Bodens. In Andenne (Belgien) bedient man sich eines durch eine hydraulische Presse angetriebenen Apparates. Der Boden wird unter einem Druck von 120 Atm. erhalten, sodann formt man die Wände und preßt sie.

Ein so großer Gegenstand, wie eine Gasretorte, erfordert beim Trocknen sehr große Sorgfalt. Man hat verschiedene Anordnungen getroffen, damit das Trocknen sicherer und rascher vor sich geht als an der Luft oder in schwach erwärmten Trockenräumen. Damit die Gase nicht hindurchdringen können, kann man das Innere der Retorten mit einer Schicht aus einer Mischung von Feldspat und feinzerstoßenem Gips bestreichen. Auf diese Weise entsteht eine Glasur, welche die Poren schließt. Der von Seger zum Brennen von Retorten angegebene Ofen ist ein stehender Zylinderofen mit zwei Stockwerken, dessen unteres allein zum Brennen von Retorten dient. Ein Ofen von 4 m Durchmesser kann 24—25 Retorten aufnehmen. Man stellt diese vertikal auf eine dicke Schamotteplatte.

Bei dem angeführten Ofen verwendet man die leeren Zwischenräume zur Unterbringung von kleineren Gegenständen. Der Brand geht langsam vor sich, er dauert 70—80 Stunden.

Zinkretorten. Beim belgischen Verfahren bedient man sich feuerfester Röhren von etwa 1,10 m Länge und 0,15 m Durchmesser. Diese Zylinder werden mit der Hand oder mit der Maschine hergestellt. Bei Handbetrieb verwendet man ein dem früheren ähnliches Formverfahren, wobei man sich einer aus einem Kern und dessen Mantel gebildeten Form bedient, oder man formt einen Massenblock in einer zylindrischen Umhüllung und höhlt das Innere der Röhre aus, indem man die Erde einstampft und an die Wände drückt. Die Handarbeit kann durch Maschinenarbeit ersetzt werden. Die Maschine preßt einen hohlen Tonzylinder mit einem Boden oder sie liefert nur Röhren, die nachträglich einen Boden erhalten.

Wir beschreiben ein mechanisches Herstellungsverfahren.[1])

Die geknetete Ton- und Schamottemischung wird zuerst so gestampft, daß sie einen Zylinder von geeigneter Größe bildet. Der dazu verwendete Apparat besteht aus einer dickwandigen, stehenden Gußeisenröhre, in deren Innern sich ein durch Druckwasser bewegter Kolben befindet. Unmittelbar über dieser Röhre befindet sich ein schweres mechanisches Stampfwerk, dessen Lauf an der Rohrmündung endigt. Der Raum, in den der hydraulische Kolben eintritt, ist mit einem Ventil versehen, durch welches das Wasser entweichen kann, sobald der Druck zu stark wird. Nachdem der Kolben bis an die obere Rohrmündung gehoben ist, wird er mit Schamottemasse bedeckt, welche durch den oberen Stempel eingestampft wird; in dem Maße, wie der Zylinder höher geht, läßt man den Kolben senken und wirft Masse hinzu, die wieder vom Stempel zusammengedrückt wird, und so fort, bis der Zylinder die gewünschte Höhe erreicht hat; hierauf läßt man den Kolben steigen, wodurch der Zylinder aus dem Apparate gestoßen wird.

Der eigentliche Formapparat besteht aus einem widerstandsfähigen vertikalen Gußeisenrohr, dessen Innenquerschnitt derselbe ist wie der des Gefäßes, der Röhre oder der Muffel, welche man herstellen will. Der

---

[1]) Dictionnaire de Würtz III, S. 774.

obere Teil des gußeisernen Rohres kann durch eine Gußeisenplatte geschlossen werden, die man mit zwei Keilen befestigt. Im Innern des Rohres können sich zwei hydraulische Rollen bewegen. Der Kopf des einen besteht aus einem Rohr, das genau in das äußere Rohr paßt und dessen Dicke gleich der des zu formenden Gefäßes ist. Der Kopf des anderen Kolbens besitzt als Durchmesser die Lichtweite des vorigen, d. h. die Innendimensionen der Muffel oder Tonröhre. Stehen die beiden Kolben am Ende ihres Hubes, so bleibt zwischen den beiden ebenen Flächen des Kolbens und der Verschlußplatte ein leerer Zwischenraum von der Dicke des zu formenden Gefäßbodens.

Ist der Apparat offen, so läßt man die beiden Kolben sich etwas senken und bringt den vorbereiteten Schamottezylinder in das Rohr. Sodann befestigt man die Verschlußplatte und läßt durch Öffnen der Druckwasserhähne die beiden Kolben steigen, so daß sie den Tonblock sehr stark zusammendrücken. Hierauf vergrößert man den Druck unter dem inneren Kolben, der in den Block eindringt und so den Innenraum des Gefäßes aushöhlt und das Material zurückdrängt. Da dieses nicht ausweichen kann, treibt es den ringförmigen Kolben zurück und nimmt dessen Stelle ein. Das auf diese Weise unter Druck geformte Gefäß befindet sich nunmehr zwischen der Verschlußplatte, dem Körper des inneren Kolbens und der äußeren Rohrwand. Sodann nimmt man den Verschluß weg und stößt das Gefäß durch Heben des Ringkolbens heraus. Schließlich schneidet man das Gefäß zu und bringt es in den Trockenraum. Gewöhnlich werden diese Retorten mit Meersalz, welches man vor dem Brande in konzentrierter Lösung aufträgt, innen glasiert.

Das Trocknen der Stücke nach dem Formen geht langsam fortschreitend vor sich; es dauert 2—3 Monate. Das Brennen geschieht bei einer so hohen Temperatur, als die Röhren aushalten können.

Beim schlesischen Verfahren werden die Muffeln mit der Hand hergestellt, indem man Tonplatten von geeigneter Form zusammenklebt und sich nötigenfalls einer Form bedient.

Durch den Gebrauch einer geeigneten Strangpresse werden ebenfalls Rohre und Muffeln hergestellt. Zu ihrer Vollendung müssen ihnen Böden angesetzt werden.

IV. Kapseln.

Die Herstellung der Kapseln ist für die Industrie, welche dieselben zum Einsetzen verwendet, von großer Bedeutung.

Die Kapseln müssen sich beim Brande vorzüglich bewähren. Sie müssen die Einwirkung des Feuers während der ganzen Branddauer aushalten können, ohne zu brechen oder wenigstens ohne ernsthaft beschädigt zu werden. Das Zusammenfallen eines Kapselstoßes kann in einem Ofen beträchtlichen Schaden anrichten. Alle in ihm eingeschlossenen Stücke werden zerbrochen und gebrauchsunfähig gemacht, wenn sie durch die darauffallenden Scherben beschmutzt werden, ganz abgesehen davon, daß weitere Stöße gefährdet sein können.

Die Kapselversätze ändern sich nicht nur mit den zu der Herstellung dienenden Tonen, sondern auch mit der Bestimmung der Kapseln.

Hier führen wir beispielsweise die zur Herstellung des Kapselmateriales in Sèvres gebräuchlichen Mischungen an:

Kapseln.

Ton von Provins	30
Ton von Sézanne	20
Schamotte No. 3	50.

Starke Ringe.

Ton von Dreux	40
Schamotte No. 2	60.

Deckel.

Ton von Dreux	21
Ton von Retourneloup	21
Sehr körnige Schamotte	58.

Die Schamotte No. 2 geht durch das Sieb 12, die Schamotte No. 3 geht durch das Sieb 8.

Brongniart hat gleichfalls angegeben:

	I. Hohe Kapseln	II. Tellerkapseln	III. Unterlagen
Plastischer Ton	40	40	40
Schamotte No. 3	60	—	—
„ „ 2	—	60	—
„ „ 1	—	—	30
Quarzsand	—	—	30.

Nach Brongniart sind obige Zusätze die im Jahre 1844 in Sèvres angewendeten. Die bezeichneten Schamotten werden aus Kapselscherben hergestellt. Die Nummern 1, 2 und 3 gehen durch Siebe mit resp. 196, 16 und 4 Maschen pro Quadratzentimeter. Oben haben wir die gegenwärtig gebräuchlichen Mischungen angegeben.

In Sèvres wird der Ton in einer Art Kaffeemühle zerkleinert und die Schamotte in einer Mühle mit horizontalen Steinen gemahlen. Der erste Apparat besteht aus einem Gußbottich, in dem sich eine gezahnte Keule dreht. Bevor der Ton zwischen Keule und Mühlwand gelangt, erleidet er zahlreiche Stöße durch die auf beiden Teilen angebrachten Beschläge. Durch die Stöße werden die Schollen in dünne Stücke zerbrochen, die sodann zwischen die Zähne der Scheibe und die Wand des Bottichs fallen (Fig. 129).

In der Steingutfabrikation benützt man oft Kapseln von etwas anderer Form. Der Schnitt ist rechtwinklig anstatt kreisförmig. Diese Kapseln finden auch in anderen Fabrikationszweigen Anwendung.

Die runden Kapseln werden auf der Drehscheibe hergestellt; dies ist vielleicht noch die beste Art, um gute Kapseln zu erzeugen. Man dreht sie in Gipsformen ein und behilft sich mit einer Schablone.

Die ovalen Kapseln werden eingeformt.

Man hat eine mechanische Herstellung der Kapseln versucht. Mittels der Presse kann man leicht Kapseln mit ebenen Böden in kürzerer Zeit herstellen als durch das Handformen. Die Presse besteht aus einer Form, die der Gestalt der gewünschten Kapseln entspricht. Diese Form hat keinen Boden und wird auf eine gut unterstützte Metallplatte gelegt, auf der sie gleiten kann. In diese Form senkt sich ein Kolben, dessen Volumen gleich der Höhlung der Kapsel ist. Zur Erzeugung der Kapsel wirft man in die Form Kapselmasse und übt den Druck aus; die Erde breitet sich längs der Wände aus. Dann hebt man den Kolben hoch und schiebt die Form auf eine bewegliche Plattform. Sodann senkt man die letztere und die Kapsel gelangt aus der Form. Man braucht nur mehr die Form an ihren früheren Platz zu stellen und den gleichen Vorgang zu wiederholen. Eine solche Presse liefert in jeder Minute etwa eine Kapsel.

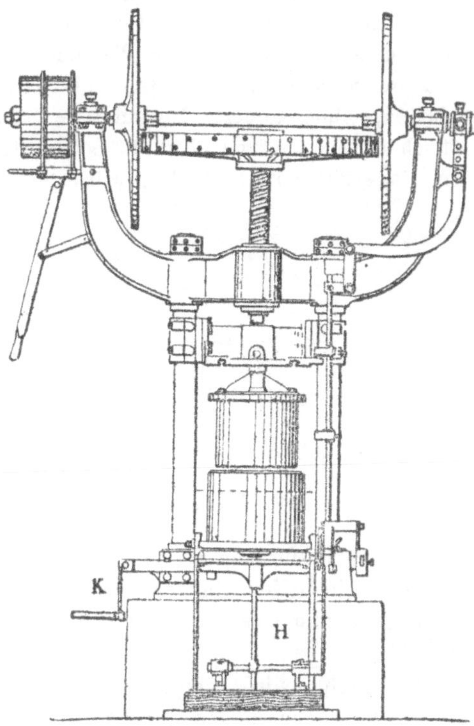

Fig. 129.

Gepreßte Kapseln werden hauptsächlich in den Steingutfabriken angewandt. Die Ansichten über ihren Wert gehen auseinander, jedoch scheint man allmählich anzunehmen, daß sie den geformten ebenbürtig sind.

Die Kapseln werden vor dem Gebrauch selten gar gebrannt, sondern meistens nur geglüht.

V. Pfeifen.

Obwohl die Pfeifen niemals hohe Temperaturen ertragen müssen, werden sie doch aus feuerfesten Tonen hergestellt. Sie sind deshalb unter die aus diesen Tonen hergestellten Waren einzureihen.

Die Pfeifen sind im allgemeinen weiß; zu der Zusammensetzung der Masse benützt man daher weißbrennende, feuerfeste Tone, die, um die darin befindlichen Unreinigkeiten zu entfernen, geschlämmt und dann mit der Filterpresse entwässert werden. Die Masse besteht nur aus Ton, woraus man auf die geringe Plastizität desselben schließen kann, denn man kann unmöglich einen sehr plastischen Ton durch die Filterpresse bearbeiten, ohne andere Bestandteile zuzusetzen. Das Formen eines plastischen Tones würde ebenfalls Schwierigkeiten bereiten, wenn man von jedem Magerungsmittel absehen würde. Diese zur Herstellung der Pfeifen dienenden Tonarten tragen den charakteristischen Namen „Pfeifentone".

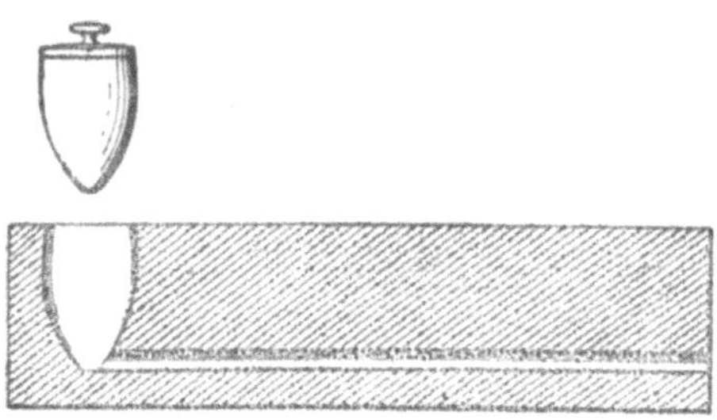

Fig. 130.

Das Formen geht auf folgende Weise vor sich: Zuerst richtet man die Pfeife in groben Umrissen mit der Hand zu und bringt diese in eine zweiteilige Form, nachdem in das Rohr ein Stahldraht gesteckt wurde. Berühren sich die beiden Teile der Form, so preßt man sie mit einer kleinen Presse zusammen. Sodann bringt man einen Kern in den Teil der Form, in dem der Pfeifenkopf hergestellt wird, und schiebt den Stahldraht hinein, bis er den Kern berührt (Fig. 130).

Die Pfeife wird einige Zeit in der Form gelassen und dann nach dem Herausnehmen in den Trockenraum gebracht.

Sind die Pfeifen fester geworden, so werden sie geputzt, durchgebohrt und gestempelt. Sodann muß man sie mit Achat abreiben, um sie zu polieren und jede Spur des Kratzens und jeden Riß zu verwischen.

Man brennt die Pfeifen in Kapseln, die aus einfachen feuerfesten Töpfen bestehen. Um die Röhren zu stützen, schützt man sie durch einen Schamottering.

Der Brand geht in rechteckigen Öfen vor sich, die sehr stark an die gewölbten Ziegelöfen erinnern. Man brennt in reduzierendem Feuer; ein Brand dauert 16—18 Stunden.

Die aus dem Feuer kommenden Pfeifen werden in eine wässerige Mischung von Gelatine und weißer Seife getaucht. Diese Zubereitung verhindert sie, an den Lippen zu kleben, und verhütet ein unangenehmes

Gefühl im Munde. Man reibt die Pfeifen noch einmal ab, um ihnen Glanz zu geben.

Zur Herstellung schwarzer Pfeifen verwendet man eisenhaltige Tone. Sie werden in Muffeln mit Sägespänen gebrannt; diese Durchtränkung der Masse mit zerteiltem Kohlenstoff gelingt hauptsächlich bei eisenhaltigen Erden.

Gewisse sich leicht anrauchende Pfeifen verdanken ihre rasche Schwärzung der Gegenwart sehr kleiner Mengen eines Silbersalzes. Man nennt diese Pfeifen oft Magnetpfeifen.

Man kann die Pfeifen mit Farben und Glasuren ausschmücken, welche in Muffeln eingebrannt werden.

VI. Öfen und Laboratoriumsutensilien.

Die unter dem Namen Reverbier-, Becken-, Röhren-, Schwanzöfen usw. bekannten Öfen werden aus feuerfesten Tonen hergestellt. Ihre Herstellung ist verhältnismäßig einfach. Sie besteht bei zylindrischen oder konischen Stücken im Aufdrehen der Stücke, die die Form des Hauptteiles besitzen. In diese werden die nötigen Öffnungen geschnitten und die Zubehörstücke wie die Ohren, Schwänze[1]) usw. angeklebt.

VII. Basische feuerfeste Produkte.

Die basischen feuerfesten Waren hängen nur mittelbar mit der Keramik zusammen. Dennoch dürfte es für unsere Leser interessant sein, wenn wir einige Einzelheiten aus dem bereits erwähnten Bericht von Lodin wiedergeben.

Die Entwicklung der verschiedenen Möglichkeiten der Entphosphorung hat die Industrie der basischen feuerfesten Waren geschaffen. Diese Waren besitzen einerseits Dolomit, andererseits Magnesit als Grundstoff; ihre allgemeinen Herstellungsprinzipien sind jedoch dieselben. Der Dolomit oder kohlensaures Magnesium wird kalziniert bei einer außerordentlich hohen Temperatur, um eine möglichst starke Schwindung zu erzielen. Dieses Fritten kann in geeigneter Weise verwirklicht werden, nur wenn der Stoff einige Prozente Unreinigkeiten, in dem Falle Kieselsäure oder vielmehr Tonerde und Eisenoxyd, enthält. Die gesinterte Masse wird gemahlen und nach Zusatz eines geeigneten plastischen Bindemittels in die endgültige Form gebracht und schließlich bei hoher Tempe-

[1]) Im Dictionnaire de l'Encyclopèdie 1771 findet man eine Reihe von Skizzen mit allen Einzelheiten der Herstellung eines kleinen irdenen Ofens. Die heutigen werden ebenso hergestellt (VIII, Skizze II, Fig. 1—13: Herstellung der chemischen Öfen).

ratur gebrannt. Beim gesinterten Dolomit könnte man als Bindemittel keinen in Wasser gelösten Stoff anwenden; die Berührung mit dieser Flüssigkeit würde das Zerfallen bewirken. Man benützt daher gewöhnlich gut entwässerten Teer. Der Brand der geformten Waren beschränkt sich auf ein bei einer Temperatur von 800—900° erfolgendes Ausglühen. Bei dieser Temperatur ist die Destillation der flüchtigen Teerbestandteile nahezu vollständig erreicht. Der zurückgebliebene Koks ist genügend fest, um die Dolomitkörner in geeigneter Weise zu binden.

Beim Magnesit verwendet man bisweilen Teer als Bindemittel, unter denselben Verhältnissen wie beim Dolomit. Andererseits bedient man sich einer schwach kalzinierten, in Wasser zerriebenen Magnesitmasse. Diese beim Dolomit unbrauchbare Formel kann zum Binden des Magnesits Verwendung finden, der in totgebranntem Zustande sehr wenig Neigung zeigt, Wasser anzuziehen.

Der Magnesit bietet im Verhältnis zum Dolomit unleugbare Vorteile, da er viel leichter sehr regelmäßige Ziegelsteine ergibt und die Herstellung von Stücken mit verhältnismäßig verwickelten Formen ermöglicht. Die verschiedenen magnesiahaltigen Produkte sind sehr haltbar und können der Luft beliebig lange ausgesetzt werden, während der gesinterte Dolomit, sowie die damit erzeugten Gegenstände oder Verkleidungen nach kurzer Zeit zerfallen. Dies tritt schon nach 14 Tagen bis höchstens drei Wochen durch die bloße Einwirkung der Luftfeuchtigkeit ein. Schließlich bieten sie den wesentlichen Vorteil, daß sie bei hoher Temperatur mit den kieselsäurehaltigen Verkleidungen in Berührung kommen dürfen, ohne daß sie deswegen schmelzen.

Ihr einziger Nachteil ist der viel höhere Herstellungspreis als der der Dolomitverkleidungen. Dieser Übelstand tritt besonders in Westeuropa hervor, wo kein genügend bedeutendes Magnesitlager vorkommt, welches zu einer großen Erzeugung von Magnesiasteinen ausreichen könnte.

Die große Veränderlichkeit der dolomithaltigen Steine hat zur Folge gehabt, daß die Herstellung in den großen Werken, in denen sie gebraucht werden, selbst vollzogen wird. Es gibt dafür keine Spezialfabriken, höchstens wird das Brennen des Dolomites am Ausbeuteplatz selbst vorgenommen. Auch erfordert eine solche Einrichtung große Schnelligkeit und Regelmäßigkeit beim Versand, wenn auf dem Wege ein beträchtlicher Verlust vermieden werden soll.

Bei den Magnesiaziegeln ist es anders, diese sind ursprünglich nur ein Nebenproduckt der Schamotteindustrie gewesen; gegenwärtig beschränkt sich die Herstellung derselben immer mehr auf Spezialfabriken, die sich in der Nähe der Magnesiafundstätten niederlassen.

In großen Werken, wie z. B. in Steiermark und Ungarn, wird zur Herstellung der Magnesiaziegel folgendes Verfahren angewendet: Der Rohmagnesit wird in Schachtöfen, welche durch Zuführung von Braunkohlengeneratorengas geheizt werden, kalziniert. Die Verbrennung dieser Gase wird vollständiger durch Luftzufuhr. Die Temperatur muß bis zur Weißglut steigen, so daß ein so vollständig als mögliches Sintern bewirkt wird.

Um zu erkennen, ob dieser Zweck erreicht ist, zerbricht man die unten aus dem Ofen gezogenen Stücke. Die Fläche dieser Stücke, die eine sehr starke Erhitzung erlitten haben, ist tiefbraun oder hochviolett gefärbt; der Mittelpunkt bleibt manchmal ockergelb, was ein ungenügendes Kalzinieren angibt. Man liest die schwächer gebrannten Stücke aus, welche zur Herstellung der als Bindemittel verwendeten Masse dienen.

Die gesinterten Teile werden entweder in Kugelmühlen oder Kollergängen mit sehr harten Stahlbändern gemahlen. Die ersteren Apparate liefern wegen der sehr raschen Abnützung ihrer Bestandteile und der zu großen Feinheit des Mahlgutes weniger befriedigende Resultate als die zweiten. Die Körner des gemahlenen Stoffes müssen in der Regel 2 bis 3 mm Durchmesser besitzen.

Als Bindemittel für Sintermagnesia verwendet man bisweilen gut entwässerten Teer im Verhältnis von 8 % des Magnesiagewichtes. Man fertigt die Mischung auf einem Kollergange, preßt sodann die Masse in gußeisernen Formen entweder mit der Hand oder mechanisch. Diese Herstellungsweise, welche der bei den Dolomitziegeln gleicht, hat beim Brande ein bedeutendes Schwinden zur Folge.

Meistens zieht man als plastischen Bestandteil kaustische Magnesia vor, d. h. solche, die nur bei einer Temperatur von 800—900° gebrannt wird. Man verwendet hierzu die im Kalzinieren schwach gebrannten Stücke, welche sehr fein gemahlen und mit Wasser gemischt werden; dadurch entsteht eine nennenswerte Erwärmung, die von der Hydratisierung der Magnesia herrührt. Die Mischung erfolgt auf einem Kollergang bis zur Milchdicke; nach und nach setzt man unter fortwährendem Drehen des Läufers gemahlene Sintermagnesia hinzu, bis man eine sehr dicke Masse erhält. Diese wird mit der Hand oder mit der Presse geformt; man läßt sie eine Woche lang unter gut gelüfteten Schuppen trocknen. Endlich brennt man sie in einem ununterbrochenen, mit Generatorengas geheizten Ofen. Der Brand einer Kammer dauert zwanzig Stunden, er wird bis zur hellsten Weißglut getrieben; die Schwindung beträgt zirka 4 % der ursprünglichen Dimensionen.

Nach Mansfeld, einem Fabrikanten in Budapest, erhält man Produkte von besserer Güte, wenn man als Rohstoffe die Abfälle des Brandes und der Ziegelsteinfabrikation verwendet und sie neuerdings bindet, manchmal nach Zusatz einer gewissen Menge Chromeisenstein. Auf diese Weise erzielt man Steine, die im Feuer keine merkliche Schwindung erleiden.

Zur Herstellung der Verkleidungen aus Stampfmagnesia benützt man als Bindemittel entweder Teer, oder einen dünnen Schamottemörtel, oder auch einige Prozente von den in dem zu verkleidenden Ofen erzeugten basischen Schlacken.

Der erste Zusatz bedarf keiner weiteren Erläuterung; nach Angabe der Veitscher A.-G. (Steiermark) besteht der zweite aus einem Gemenge von 1 Teil Pfeifenton und 9 Teilen Wasser mit Zugabe eines Teiles gemahlener Sintermagnesia.

Folgende Analysen ermöglichen eine Übersicht über die von den erwähnten beiden Werken erzeugten Magnesiaziegel:

	Veitsch			Mansfeld		
	I.	II.	III.	IV.	V.	VI.
Magnesia	88,22	85,31	83,00	90,40	90,95	91,52
Kalk	0,87	Spuren	3,90	1,50	1,70	2,10
Tonerde	0,86 }	9,85	1,30	2,38	nicht bestimmt	
Eisenoxyd	7,07 }		7,60	5,02	6,50	6,05
Manganoxyd	0,59	0,47	—	—	—	—
Kieselsäure	2,35	nicht bestimmt	3,45	0,17	0,50	0,35
Kohlensäure	—	—	—	0,46	—	—
Phosphorsäure	—	—	0,08	—	—	—
Glühverlust	—	—	0,20	0,05	—	—
	99,96	94,83	99,45	100,00	99,65	100,02.

I. Totgebrannte Magnesia aus Veitsch. (Analyse der Veitscher Gesellschaft.)

II. Magnesiaziegel aus den Veitscher Werken. (Analyse von Sir Ed. Riley.)

III. Magnesiaziegel aus den Veitscher Werken. (Analyse von The Stowe Fuller Co.)

IV. Totgebrannte Magnesia aus den Mansfeld-Werken. (Analyse von Lukacs.)

V. Totgebrannte Magnesia aus den Mansfeld-Werken. (Analyse des ungarischen Landwirtschafts-Laboratoriums.)

VI. Magnesiaziegel aus den Mansfeld-Werken. (Analyse von The Stowe Fuller Co.)

Es gelingt jetzt, aus Magnesiamasse nicht nur Steine verschiedener Formate und auch Formsteine, sondern auch Gegenstände schwierigerer Gestalt, wie Schmelztiegel, Platinschmelzöfen, Gießpfannen, Konverterdüsen usw., herzustellen.

Nach den Erfahrungen verschiedener Stahlgießereien haben sich Düsen aus Magnesia sehr gut bewährt und tragen viel zur längeren Haltbarkeit der Böden von basischen Konvertern bei; sie würden bei niedrigerem Preise einen viel größeren Absatz finden.

Gewisse große Stahlwerke erzeugen für den eigenen Bedarf Magnesiaprodukte, so z. B. die Stahlwerke von Essen und Creusot.

VIII. Saure feuerfeste Produkte.

Als saure feuerfeste Produkte kommen hauptsächlich die Quarzsteine, wegen ihrer ursprünglichen Herstellnng aus dem englischen Dinassand öfters Dinassteine genannt, in Betracht.

Sie bilden ein höchst schwer schmelzbares Material, welches sich gut bewährt hat, um gegen trockne Hitze ohne Temperaturwechsel und gegen saure Schlacken Widerstand zu leisten. Der wichtigste Bestandteil ist die Kieselsäure, die meistens als Quarzit eingeführt wird. Nicht jeder Quarzit eignet sich zu dieser Fabrikation, sondern nur solcher, der im Feuer am wenigsten wächst und beim Brande der Steine ein möglichst beständiges Volumen erreicht. Diese wichtige Frage der Volumenbeständigkeit wurde durch die eingehenden Arbeiten von Cramer[1]) wesentlich aufgeklärt, worauf wir nicht verfehlen zu verweisen.

Der Quarzit wird nötigenfalls von den anhaftenden erdigen Verunreinigungen durch Waschen gereinigt, mit einem Steinbrecher zerkleinert und dann gekollert. Da der Quarzit nicht die geringste Plastizität besitzt, bedarf er eines Bindemittels, um geformt zu werden; als solches hat man Ton, Kartoffelsirup, Kalkwasser, Chlorkalzium, Kalkmilch usw. empfohlen. Meistens verwendet man Kalkmilch, welche man kurz vor dem Gebrauch zubereitet und mit dem gemahlenen Quarzit auf dem Koller vermischt.

Der Zusatz von Kalk setzt selbstverständlich den Feuerfestigkeitsgrad der Produkte herab und darf deshalb nur gering sein. Durchschnittlich werden 2 % Kalk als Milch zugesetzt. Das Formen geschieht mit der Hand oder auf mechanischem Wege. Im ersteren Falle wird die Masse in die Form geworfen und dann mit einem Holzschlegel eingestampft. Beim mechanischen Formen verwendet man vorteilhaft hydraulische Pressen. Das Wachsen der Förmlinge im Feuer ist bei Anfertigung der Formen zu berücksichtigen; nach Wernicke[2]) sollen letztere durchschnittlich 3 % kleiner sein als der gebrannte Stein.

Das Trocknen soll möglichst rasch vor sich gehen, um ein Zerfallen der Förmlinge zu vermeiden. Das Garbrennen geschieht bei mindestens Segerkegel 15; die Erwärmung und besonders die Abkühlung müssen sehr vorsichtig und langsam geführt werden, weshalb Dinassteine nicht vorteilhaft mit Schamottesteinen im selben Ofen gebrannt werden können.

IX. Bauxit- und Chromitsteine.

Wir wollen noch zwei andere Arten feuerfester Produkte kurz erwähnen, nämlich die Bauxit- und die Chromitsteine.

---

1) E. Cramer, Über feuerfeste Tone und Quarzite; Tonindustrie-Zeitung 1901, S. 864.

2) Wernicke, Die Fabrikation der feuerfesten Steine S. 25.

Erstere bestehen aus Bauxit, einem an Tonerde sehr reichen Mineral, welches kalziniert und mit plastischem feuerfestem Tone in geringer Menge versetzt wird. Die Bauxitsteine werden bei sehr hoher Temperatur gebrannt und finden Verwendung in metallurgischen Öfen, welche basische Schlacken erzeugen.

Die Chromitsteine bestehen der Hauptsache nach aus Chromeisenstein oder Chromerz; dieses Mineral ist sehr teuer und außerdem in der Zusammensetzung sehr veränderlich. Die Chromitsteine werden in nicht beteudender Menge verwendet; sie dienen hauptsächlich als neutrale Trennungsschicht zwischen den basischen Magnesia- und den sauren Dinassteinen.

12. Abschnitt.

Steingut.

Steingut unterscheidet sich von der Irdenware, deren poröse Struktur es hat, dadurch, daß es nach dem Brennen mit einer verglasten Haut, einer Glasur überzogen ist, welche der Oberfläche Undurchdringlichkeit verleiht.

Die verschiedenen Arten von Steingut werden in drei Klassen eingeteilt: Glasiertes Töpfergeschirr, gewöhnliches zinnglasiertes Steingut oder ordinäre Fayence und feines Steingut. Zu diesen Gruppen wollen wir noch die glasierten Tonwaren, welche zu Bauzwecken verwendet werden, hinzufügen, denn sie sind eigentlich Steingut und keine Irdenwaren.

I. Glasiertes Töpfergeschirr.

Unter diesem versteht man Steingut, dessen homogener Scherben einen erdigen Bruch und eine zweifellos poröse Textur zeigt.

Der Scherben ist undurchsichtig, mehr oder weniger stark durch Eisenoxyd gefärbt. Er ist kalkhaltig; die durchsichtige Glasur, manchmal gefärbt, ist meistens ein bleihaltiges Silikat.

Das gewöhnliche Töpfergeschirr, wie Töpfe, Pfannen, Tassen, Näpfe usw., benötigt bei seiner Herstellung keiner besonderen Aufmerksamkeit. Formen und Brennen wird auf höchst einfache Art bewerkstelligt.

Die hierzu geeigneten Tone müssen, um geformt werden zu können, ziemlich plastisch sein. Die Färbung, die sie durch das Brennen erhalten, ist ohne Nachteil. Daher findet man viele Tone, die hierzu verwendet werden können. Allerdings dürfen sie nicht zu viel Kalkkarbonat und auch nicht zu große Mengen Pyritkörner enthalten.

Durch Auslesen kann man ein mechanisches Reinigen bewirken. Finden sich jedoch zu viel Unreinigkeiten vor, so ist der Ton nicht zu gebrauchen, denn die Reinigung würde zu große Kosten verursachen, die mit dem geringen Werte der Ware nicht in Einklang ständen.

Die Erden, welche zur Herstellung dieser gewöhnlichen Waren dienen, sind eisen- und kalkhaltige Tone.

Nachstehend führen wir einige Arten davon an:

	I.	II.	III.
SiO_2	57,70	62,40	63,19
Al_2O_3	27,42	22,00	21,60
Fe_2O_3	6,88	3,09	5,69
CaO	5,60	1,68	0,34
MgO	0,20	Spuren	0,74
Alkalien	0,18	—	2,25
Verlust beim Glühen .	0,02	11,01	6,39.

I. Ton aus Krönningen (Bayern). II. Ton aus Arcueil bei Paris. III. Ton aus Pillendorf (Schlesien).

Es können große Nachteile entstehen, wenn der Ton zu viel Kalk enthält, da er dann keinem schroffen Temperaturwechsel widersteht. Geschirr aus solchem kalkhaltigen Tone springt bei schneller Erhitzung in Stücke. Das Brennen dieser Tonwaren geschieht bei so niederer Temperatur, daß sich der Kalk nicht in Silikat umwandeln kann. Der Scherben bleibt porös, das Karbonat ist mehr oder weniger zersetzt und bleibt träge, ohne die Rolle eines Bindemittels zu spielen. Bei den stark kalkhaltigen Scherben zeigt sich noch ein anderer Nachteil, und zwar durch Bildung von Ätzkalk. Dieser nimmt die Feuchtigkeit der Luft auf, dehnt sich aus, zerfällt und verursacht die Zerstörung der Tonwaren.

Die Tone sind gewöhnlich zu fett, um allein zur Herstellung der Massen verwendet werden zu können, deshalb muß meistens ein Magerungsmittel hinzugefügt werden. Dieses erleichtert sowohl das Formen, als es auch größere Widerstandsfähigkeit gegen Temperaturwechsel verleiht, da die Struktur zellenartig wird.

Das Vorhandensein von Kalk in den Scherben hat eine Wirkung, welche andere als Magerungsmittel dienende Körper nicht zeigen. Ohne sich über die Ursache Rechenschaft geben zu können, haben die Töpfer gefunden, daß das Vorhandensein von etwas Kalk von Vorteil für die Glasur ist. Die Erklärung hierfür sucht man in der Veränderung, die dieser Körper durch Ausdehnung der Masse herbeiführt. Er gleicht Verschiedenheiten in der Ausdehnung der Masse und Glasur aus, die dann besser zusammen stimmen.

Das Formen des gewöhnlichen Töpfergeschirrs geschieht auf sehr primitive Art. Der Ton wird meistens mit Sand gemagert; durch Mischung verschiedener Erden und durch Zugabe von unplastischem Material kann man gut verarbeitbare Massen erhalten. Das Überhandnehmen von feinem Steingut hat viele Töpfereien zugrunde gerichtet. Man zieht feinere und sorgfältig gearbeitete Irdenwaren den gewöhnlichen vor und so findet man nur noch kleine Töpfer, die ihre Ware in der nächsten Umgebung absetzen. In manchen Gegenden gibt es jedoch noch besser geleitete Betriebe, die einige Bedeutung haben.

Die Masse wird getreten, seltener geknetet und dann auf der Drehscheibe geformt. Nach dem Austrocknen wird sie verglüht und die Glasur auf den so erhaltenen Scherben aufgetragen. Ein zweites stärkeres Feuer bewirkt den Garbrand der Masse und das Aufschmelzen der Glasur. Das Auftragen letzterer auf den rohen Scherben und das einmalige Brennen sind wohl von Brongniart angegeben worden, in der Praxis aber nicht üblich. In diesem Falle geschieht das Auftragen der Glasur durch Aufsieben, was sehr gesundheitsschädlich ist.

Die zum Brennen des Töpfergeschirrs dienenden Öfen sind sehr verschieden und sind die alten Töpfer sich hierüber nicht einig. Man findet in den Fachwerken viele Aufzeichnungen von alten Öfen und hier und da werden auch noch solche vorkommen. Manchmal sind es stehende, manchmal hat man andere Einrichtungen vorgezogen, welche, mit mehr oder weniger Veränderungen, an den Kasseler Ofen erinnern (Fig. 131).

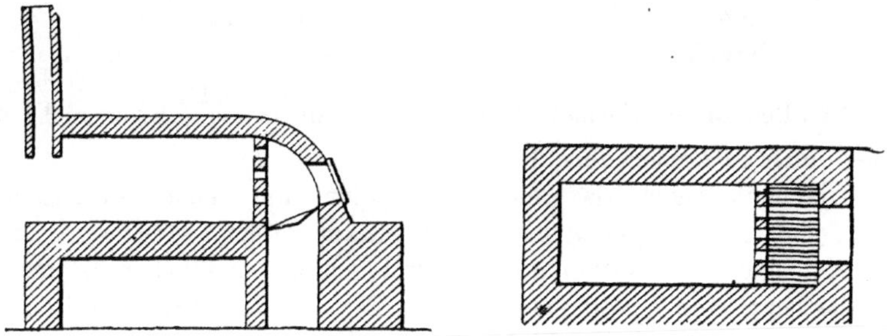

a b

Fig. 131.

Die Glasur des Töpfergeschirrs ist meistens bleihaltig. Gut zubereitet, wäre das Bleisilikat nicht schädlich; um jedoch Brennmaterial zu ersparen, gebrauchen die Fabrikanten die verwerflichsten Mittel.

Am besten sollte man ein Bleisilikat zubereiten, welches einer Formel mit genügend Säure entspricht, um nicht unter $PbO \,.\, 2\, SiO_2$, höchstens $PbO \,.\, 1{,}5\, SiO_2$ zu kommen. Bei einer sorgfältigen Mischung von Sand und Mennige in richtigen Verhältnissen und bei einer genügend hohen Temperatur gebrannt, würden dann die Stücke eine glänzende und widerstandsfähige Glasur erhalten. Durch schlecht angebrachte Sparsamkeit wendet man jedoch oft Bleioxyd in zu großer Menge an, wodurch die Glasur basisch und infolgedessen schmelzbarer wird. Ist es einerseits ermöglicht, die Glasur bei niedriger Temperatur glatt zu brennen, so ergibt sich andererseits die Unannehmlichkeit, daß sich beim Kochen säurehaltiger Speisen Blei absondert.

Zur Herstellung der Glasuren gebrauchten die Töpfer früher nur Bleiglanz (Schwefelblei). Dieses Material bot aber keinen Vorteil, da es einer vorherigen Umwandlung bedurfte, um in ein Silikat übergehen zu können. Das Entweichen des Schwefels in Form von Schwefelsäureanhydrit und die Oxydation des Metalls geschieht leicht, sobald das Material in der freien Luft zu einer genügend hohen Temperatur gebracht wird. Die Bleioxyde (Bleiglätte, Mennige) sind deshalb entschieden vorteilhafter.

Die Glasur besteht aus Quarzsand und Bleioxyd. Die Zugabe von etwas plastischem Material erleichtert das Auftragen. Bei einer so einfachen Herstellung begnügt man sich damit, nur eine Mischung zuzubereiten, ohne Fritten noch Schmelzen des Materials.

Nachstehend einige Beispiele von älteren Glasuren:

	I.	II.	III.
Bleiglanz	75	—	—
Bleiglätte	—	64	—
Weißer Sand	20	20	30
Mennige	—	—	65
Ton	5	16	—
Kreide	—	—	5.

In allen diesen Formeln steht das Verhältnis $\frac{SiO_2}{MO}$ zwar nicht unter 1, aber auch in keiner über 1,5.

Die bleihaltigen Glasuren werden nicht nur immer so zusammengesetzt, daß sie ein genügend saures Silikat bilden, sondern es kommt auch vor, daß nach ungenügendem und schlecht geführtem Brennen die Silikatisierung eine unvollständige ist. Fett, Öl und Essig greifen dann die Glasur an und nehmen Blei auf.

Die Verwendung von Blei zu den Glasuren ist nicht nur von Nachteil für den häuslichen Gebrauch, sondern die mit der Handhabung dieser bleihaltigen Mischungen beschäftigten Arbeiter sind auch der Vergiftungsgefahr ausgesetzt.

Geschieht das Auftragen der Glasur durch Eintauchen, so ist der Arbeiter gezwungen, seine Hände mit der bleihaltigen Flüssigkeit in Berührung zu bringen; die Zubereitung der Mischung bringt schon durch den Bleistaub Gefahr.

Es würde weniger gefährlich sein, wenn man Blei in anderer Form wie Bleioxyd verwenden würde. Würde man vorher die für die Tonwaren bestimmte Glasur schmelzen oder wenigstens fritten, so wäre die Vergiftungsgefahr bedeutend vermindert. Schon 1835 hat Bastenaire Daudenart diese Art von Glasurbereitung empfohlen. Die jüngsten Auseinandersetzungen der englischen Fabrikanten mit der Gesundheitskommission beweisen jedoch, daß in England wie auch in Frankreich das alte Verfahren beibehalten wurde.[1]) Um Brennmaterial zu sparen, könnte man ähnlich vorgehen wie die früheren Fabrikanten von gewöhnlichem glasierten Steingut und die Schmelzung unter dem Ofen in einem dazu geeigneten

[1]) Pottery Gazette, Lead Poisoning 1899, 1900, 1901.

Becken vornehmen. Die einzige Auslage bestände dann in dem Mahlen des Bleisilikates.

Die Vergiftungsgefahr durch Blei war schon früher bekannt. Der oben erwähnte Verfasser[1]) hat schon als Mittel, um dieser Unannehmlichkeit vorzubeugen, angegeben, erdige und alkalische, weniger bleihaltige Glasuren mit eventuellem Boraxzusatz zu verwenden, um die nötige Schmelzbarkeit zu erhalten. Nachfolgende zwei Beispiele von Glasuren sind weniger bleihaltig als die früher angegebenen.

	I.	II.
Mennige oder Bleiglätte	40	42
Weißer Sand	40	40
Soda	15	—
Kreide	3	—
Kalisalpeter	2	—
Pottasche	—	11
Ton	—	5
Borax	—	1.

Das erste Beispiel entspricht $2{,}2\,SiO_2 \,.\, MO$, wobei das Verhältnis $\frac{SiO_2}{PbO} = 3{,}6$ ist.

Diese Glasuren sind in jeder Hinsicht den übrigen angeführten überlegen. Ihre Beschaffenheit verlangt ein vorheriges Fritten, damit die Masse sich im Wasser nicht mehr auflöst; in diesem Zustande ist der Staub weniger schädlich wie das Mennigpulver. Außerdem ist die Bleimenge verringert und die Säuerungsstufe erhöht.

Um die Mängel der bleihaltigen Glasuren zu beseitigen, hat man viele Formeln vorgeschlagen.[2]) Bisher haben Nachlässigkeit und Gewohnheit deren Anwendung verhindert und nur in wenigen Fabriken erhält das Geschirr eine bleifreie Glasur. Schon anfangs des vorigen Jahrhunderts befaßte man sich mit dieser Frage, und in den damaligen Fachwerken findet man Glasurrezepte, in denen Bleioxyd ganz verworfen wurde.

Eine Glasur in der Art von

$$\left.\begin{matrix} 0{,}75\ CaO \\ 0{,}25\ K_2O \end{matrix}\right\} 0{,}25\ Al_2O_3,\ 3\ SiO_2$$

ist gut brauchbar.

Man kann auch eine borsäurehaltige Glasur wie folgt benutzen:

$$\left.\begin{matrix} 0{,}35\ K_2O \\ 0{,}20\ Na_2O \\ 0{,}45\ CaO \end{matrix}\right\} 0{,}5\ Al_2O_3.$$

[1]) Bastenaire Daudenart, l'art de fabriquer la poterie commune 1835.

[2]) Seger, Bleifreie Glasuren S. 127.

Diese wird zubereitet, indem man

Feldspat	112
Quarzsand	36
Kristallisierten Borax	50
Kreide	25

frittet. — Zum Gebrauch fügt man $^1/_8$ des Gewichtes an Kaolin hinzu und gibt das Ganze auf die Mühle.

Wie schon früher gesagt, wird das Töpfergeschirr zweimal gebrannt. In kleinen Betrieben geschieht dies auf verschiedene Art.

Wo nur kleinere und primitive Öfen zur Verfügung stehen, werden abwechselnd Roh- und Glasurbrände vorgenommen. Sind größere Öfen vorhanden, so können heißere Stellen für den Glasurbrand, die weniger heißen dagegen für den Rohbrand benutzt werden.

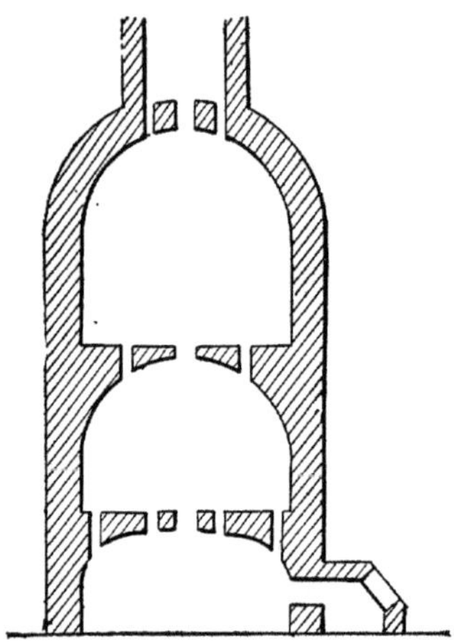

Fig. 132.

In zweistöckigen Öfen benutzt man den oberen Stock zum Rohbrand, den unteren zum Glasurbrand und einen unteren Raum zum Fritten der Glasur (Fig. 132).

Dieser Ofen hat viel Ähnlichkeit mit einem viereckigen, den wir später beschreiben werden, wenn wir das Steingut mit Zinnglasur besprechen. Er unterscheidet sich von den Porzellanöfen nur durch die Bauart des unteren Teiles.

Die runden Öfen mit vertikaler Achse werden seltener zum Brennen der irdenen Töpferwaren benutzt, man zieht meistens die viereckigen vor. Der besprochene Ofen hat nach Bastenaire Daudenart seine Vorteile; er war zurzeit unbestreitbar besser als die von Brongniart erwähnten.

Das Töpfergeschirr wird entweder frei in den Ofen eingesetzt oder so, daß es mittels Tonsäulen und Platten mehrere Schichten bildet.

Erstere Art wird am häufigsten angewendet; auf dem Geschirr bemerkt man deshalb oft Spuren von Anbacken. Das Brennen des Töpfergeschirrs umfaßt immer Vor- und Scharffeuer. Mitunter geschieht das Brennen in reduzierender Atmosphäre, auch wird von der Flamme Staub des Brennmaterials auf das Brenngut geführt. Die Folge davon ist eine Reduktion des Bleies an der Oberfläche der Glasur.

Als Brennmaterial wird meistens Holz verwendet, außerdem auch Kohlen.

Obgleich diese Erzeugnisse nicht als Zierat gebraucht werden, erhalten sie doch öfters farbige Glasuren. Die Färbung des Scherbens gestattet keine besonders schönen Tönungen. Die gefärbten Glasuren erhält man, wenn man 4 % Farbkörper beimischt, entweder Kupferoxyd für Grün oder Manganoxyd für grauviolettes Braun.

Einige Fabrikanten engobieren ihr Geschirr, anstatt es mit Glasur zu färben, d. h. sie überziehen den Scherben mit einer Schicht weißen Tones und glasieren dann das Ganze. Der überzogene Teil erscheint weiß, die eigentliche Färbung stammt jedoch von dem Beguß, der unter der Glasur liegt.

Die irdenen Töpferwaren dienen meistens nur als Kochgeschirr. In einigen Gegenden gebrauchen die Landleute diese Gegenstände noch, doch werden dieselben von dem Geschirr aus feinem Steingut oder aus Porzellan mehr und mehr verdrängt. Vielen Gegenständen kann man unbeschadet eine Bleiglasur geben, und zwar solchen, die nicht zu Kochzwecken verwendet werden, z. B. Rührschüsseln. Für Kasserollen, Bratpfannen, Tiegel und Einmachtöpfe, welche in vielen Haushaltungen häufig gebraucht werden, ist es etwas anderes; es wäre zu wünschen, daß die Erfahrungen, die wir heute über die Herstellung der Glasuren besitzen, benützt würden, um, wenn anch nicht ganz bleifreie, so doch gut gebrannte und richtig zusammengesetzte Glasuren zu verwenden.

In neuerer Zeit gibt es im Handel irdene Töpferwaren, welche den Namen feuerfestes Kochgeschirr führen; diese haben eine bleifreie Glasur. Sie haben gefällige Formen, weißen Grund und scheinen besser zu sein als das, was bis jetzt hergestellt wurde.

Vor 50 Jahren war die Fabrikation in der Umgebung von Paris von großer Bedeutung; andere, besser hergestellte Waren haben sie fast gänzlich und wahrscheinlich für immer verdrängt. Die Glasur, welche mit der Zeit haarrissig wird, gibt den Speisen schlechten Geschmack, da sich in den Rissen Speisenreste ansetzen.

Wir entnehmen dem Werke von Brongniart einiges über diese Fabrikation, die zwar veraltet, aber noch wenig verändert ist.

Die Masse wurde aus einem der in der südlichen Umgebung von Paris gewonnenen braunen plastischen Tone, welchem man mit eisenhaltigem Mergel vermengten Quarzsand hinzufügte, hergestellt. Dieser Sand enthielt durchschnittlich 93 % Kieselsäure.

Man nahm 20 % Sand und 80 % Ton, aus dem die Pyrite vorher ausgesucht waren. Diese Masse wurde getreten und dann geformt. Das Formen geschah auf der Drehscheibe, welche für größere Stücke nicht mit dem Fuße in Bewegung gesetzt wurde, sondern statt einer Fußscheibe mit einem Rad versehen war. Der Arbeiter trieb das Rad, indem er mittels eines Stockes auf die Speichen drückte.

Ansätze und ovale Stücke wurden mit der Hand geformt, Henkel und Ausgüsse direkt auf den Gegenständen angebracht. Nur in besonders komplizierten Fällen gebrauchte man Gipsformen.

Das Brennen wurde in ähnlichen Öfen vorgenommen, wie sie für glasiertes Steingut gebraucht werden.

Die gewöhnlichen Glasuren hatten folgende Zusammensetzungen:

	Gelb	Braun	Grün
Mennige	70	64	65
Plastischer Ton	16	15	16
Sand aus Belleville	14	15	16
Braunstein	—	6	—
Kupferhammerschlag	—	—	3.

Diese Glasuren waren also sehr bleihaltig.

Die Waren wurden frei eingesetzt und zweimal der Einwirkung des Feuers ausgesetzt (Roh- und Glasurbrand).

In Vallauris in Südfrankreich werden noch sehr viel glasierte Töpferwaren erzeugt, welche inwendig weiß angegossen werden. Die Glasur ist gewöhnlich bleihaltig. Die Masse besteht aus einem Tone aus der Umgebung, welcher mit Meersand entfettet wird. Die Mischung wird geformt, engobiert, roh glasiert und auf einmal gebrannt.

Im Golf Juan wird viel Steingut von gefälligem Aussehen erzeugt. Die Verzierung ist sehr einfach gehalten. Die meisten Gegenstände erhalten nur eine gefärbte Glasur.

In Deutschland findet man ein sehr bekanntes Töpfergeschirr, das Bunzlauer. Es unterscheidet sich hauptsächlich durch seine bleifreie Glasur von dem Pariser Geschirr.

Eine ähnliche Töpferware läßt sich mit einem feuerfesten plastischen Ton herstellen, dem man $^1/_3$ seines Gewichtes schmelzbaren Sand zufügt. Die solchermaßen hergestellte Masse wird innen engobiert mit:

Porzellanscherben	750
Ton	2000
Feldspat	1000.

Die innere Glasur besteht aus:

Schmelzbarem Sand	75
Feldspat	55
Porzellanscherben	45
Kreide	45
Kaolin	25.

Äußerlich wird eine andere Glasur, eine Lehmglasur, angebracht:

Eisenhaltiger Ton	25
Ocker	5
Pottaschekarbonat	2.

Nach einem reduzierenden Brennen in Kapseln wird der Ofen geschlossen. Durch langsames Auskühlen entsteht eine braune Färbung.

II. Zinnglasiertes Steingut oder ordinäre Fayence und Majolika.

A. Zinnglasiertes Steingut.

Um die Färbung des Scherbens, welcher meistens mehr oder weniger rot ist, zu decken, trägt man eine weiße, undurchsichtige Glasur auf diese Art von Steingut auf. Die Undurchsichtigkeit erhält man durch eine Zugabe von Zinnoxyd. Zufolge dieser Eigenart gibt man diesen Erzeugnissen einen eigenen Gattungsnamen.

Der Scherben dieses Steingutes ist wie der der glasierten Töpferwaren weich und von lockerer Textur. Der Bruch ist erdig; der Scherben hat die Eigenschaften einer glasierten Irdenware.

Zinnglasuren werden leicht haarrissig. Um den Mangel an Übereinstimmung zwischen Masse und Glasur auszugleichen, ist das Vorhandensein von Kalk unbedingt erforderlich, weswegen man in die Masse Mergel einführt.

Einige Sorten dieses Steingutes vertragen schroffe Temperaturwechsel, daher finden sie in den Haushaltungen Verwendung für Kochzwecke. Dieses Kochgeschirr und die Ofenkacheln sind jetzt die einzige Art von zinnglasiertem Steingut, dessen Erzeugung noch heute fortbesteht. Porzellan und feines Steingut haben das zinnglasierte Steingut für Speiseservice und Waschgarnituren usw. gänzlich verdrängt. Es bestehen heute noch einige Fabriken, die Service aus diesem Steingut erzeugen, der Absatz ist jedoch nur ein geringer. Die Käufer sind meistens Landleute, die mit alten Gewohnheiten nicht brechen wollen, oder Sammler.

Die Gestalt dieser Gegenstände ist stets etwas plump. Ist die Zinnglasur einmal rissig, so kann es vorkommen, daß sie schuppenweise abspringt. Diese verschiedenen Nachteile haben den Niedergang der Fabrikation dieser Art von Tonwaren zur Folge gehabt. Heute sind sie durch leichtere, feinere und schönere Produkte ersetzt.

Gewöhnliches zinnglasiertes Steingut wurde in verschiedenen Gegenden Frankreichs fabriziert; die Produkte dieser früheren Fabriken werden jetzt von Sammlern sehr gesucht.

Die Tone, die zur Herstellung dieser Waren verwendet werden, sind mehr oder weniger eisenhaltig und erhalten beim Brennen meistens eine ausgesprochene Färbung. Neben diesen Tonen gebraucht man auch Mergel, welcher 20—25 % Kalkkarbonat enthält. Hier folgen einige Beispiele von Zusammensetzungen dieser Materialien:

	I.	II.	III.
SiO_2	50,23	55,64	41,37
Al_2O_3	25,00	19,13	16,42
Fe_2O_3	6,80	6,74	5,22

	I.	II.	III.
CaO	6,00	3,75	13,60
MgO	—	2,79	4,64
K_2O } Na_2O }	—	2,78	1,48
H_2O	11,41	6,70	6,15
CO_2	4,80	2,59	11,32.

I. Frankreich. II. Ungarn. III. Westfalen.

Die Gestaltung ist sehr einfach und geschieht durch Formen und Freidrehen. Da diese Fabrikation gegenwärtig unbedeutend ist, wird kein mechanisches Formen angewendet.

Nach dem Aufdrehen werden die lederharten Stücke abgedreht. Das Austrocknen erfordert keine besondere Vorsicht. Man kann, ohne Mißgestaltung befürchten zu müssen, die Stücke ineinander legen, wenn sie flach sind, und Rand an Rand, wenn sie hohl sind oder nicht aufgeschichtet werden können.

Das Glasieren geschieht auf dem verglühten Scherben; daher benötigt man zweier Brände, eines Roh- und eines Glasurbrandes. Letzterer erfordert eine höhere Temperatur als ersterer.

Die Zinnglasur bereitet man mittels Äscher, welcher durch Oxydation einer Legierung von 1 Teil Zinn und 4 Teilen Blei erhalten wird. Man fügt Sand hinzu, um ein bleihaltiges Silikat zu bilden, ferner eine kleine Menge alkalinischen Salzes. Gewöhnlich haben die Fabrikanten Meersalz vorgezogen.

Die Glasur erfährt vor der Anwendung ein starkes Fritten; ohne vollständig zu schmelzen, erweicht doch dieselbe stark und ballt sich zusammen. Die Steingutfabrikanten hatten in ihren alten Öfen ein Becken zum Fritten der Glasur angebracht. Man hatte unter dem Ofen einen wenig tiefen aber sehr breiten Raum eingerichtet, welchen die Flamme durchstrich, ehe sie in den Ofen stieg. In diesem Raume legte man, um das Anhaften zu vermeiden, das Glasurmaterial auf ein Sandbett. Das Brennen kann auch in runden Öfen vorgenommen werden, dann muß jedoch die Glasur besonders bereitet werden. Ist letztere gefrittet, so wird sie von den anhaftenden Fremdkörpern gereinigt und dann pulverisiert.

Sogenannte Pariser Fabrikation. Brongniart bezeichnet unter dieser Benennung ein Steingut, welches zu Kochzwecken geeignet und mit einer Zinnglasur überzogen ist. Dieses Steingut wird meistens auf den Märkten in der Umgebung von Paris feilgeboten und von Bauern und den minder bemittelten Klassen gekauft. Die Gestaltung ist plump und der Scherben dick. Man darf ruhig die Beschreibung solch eines alten Verfahrens als Beispiel angeben, da dieses Steingut noch auf derselben Entwicklungsstufe wie vor einem halben Jahrhundert steht. Wir werden vorerst zwei Sorten Steingut unterscheiden: weißes und braunes Steingut.

Ersteres widersteht beim Gebrauch der Einwirkung des Feuers nicht, letzteres dagegen erträgt es ohne Schaden zu nehmen, daher findet dieses in den Haushaltungen Verwendung.

Die Massen des weißen und braunen Steingutes waren wie folgt zusammengesetzt:

Plastischer Ton aus Arcueil . . .	8	30
Grüner, tonhaltiger Mergel. . . .	36	32
Weißer, kalkhaltiger Mergel . . .	28	10
Gelber Sand aus Picpus.	28	28.

Der plastische Ton aus Arcueil ist in großen Mengen vorhanden. Man findet ihn in gewissen Gegenden in Lagen mit besonderen Erscheinungen. Organische Substanzen haben Ferri in Ferroverbindungen reduziert. Schneidet man einen feuchten Tonklumpen durch, so zeigt sich ein deutlicher blauer Schnitt. Diese Erscheinung ist nur von kurzer Dauer, denn die Oxydation bringt bald die rötliche Färbung der eisenhaltigen Tone hervor.

Im Pariser Becken befinden sich die in der Formel angeführten Mergel in wenig dichten Lagen; sie bilden horizontale Schichten. Die grünen Mergelsorten erhalten ihre Färbung durch das Vorhandensein von tonerdehaltigem Eisen- und Kaliumsilikat.

Die Prüfung der früher angegebenen Formeln zeigt, daß man in einem Steingut, welches rasche Temperaturänderung ohne Schaden vertragen soll, die Menge des kalkhaltigen Materials nicht übertreiben darf. In braunem Steingut ist Ton vorherrschend. Seines geringen Wertes halber kann man ihm keine sorgfältige Behandlung zukommen lassen. Daher wird in manchen Betrieben die Gewohnheit beibehalten, die Masse zu treten, nachdem die Mischung der verschiedenen Bestandteile mit Wasser befeuchtet ist. Zur Zeit als Brongniart diese Fabrikation beschrieb, kannte man die Filterpresse noch nicht, und die Töpfer waren genötigt, zu primitiven Mitteln ihre Zuflucht zu nehmen, um die Masse zu entwässern. Man ließ die verdünnte und gesiebte Masse sich setzen, und nachdem das überflüssige Wasser abgegossen war, wurde die Masse handvollweise gegen die Wand geworfen.

Das Formen solcher Waren bedurfte nur einfacher Apparate, man begnügte sich mit dem Drehen und Abformen.

Wenn die Gegenstände geformt sind, läßt man sie trocknen; jedoch muß dieses Trocknen gut überwacht werden, damit kein Verziehen vorkommt. Solange die Masse noch weich ist, kann man die etwas verzogenen Stücke wieder ausbessern.

Ein zweimaliges Brennen ist nötig; beim ersteren erzeugt man Biskuit, welches dann glasiert und bei einem zweiten höheren Feuer gar gebrannt wird.

Dieses Brennen geschieht in verschiedenartigen Öfen, entweder in liegenden oder in stehenden.

Einer der bekanntesten dieser Öfen wird nach seiner Bauart viereckiger Ofen genannt. Er besteht aus einem rechteckigen Prisma, welches auf einer Seite mit einer Feuerung versehen ist; aus dieser durchzieht die Flamme zuerst eine unter dem Ofen befindliche leere Kammer, durchquert dann eine mit Füchsen versehene Sohle und gelangt in den Ofen. Dieser wird durch einen Ziegelboden in zwei Abteilungen *A* und *B* geteilt (Figuren 133 u. 134).

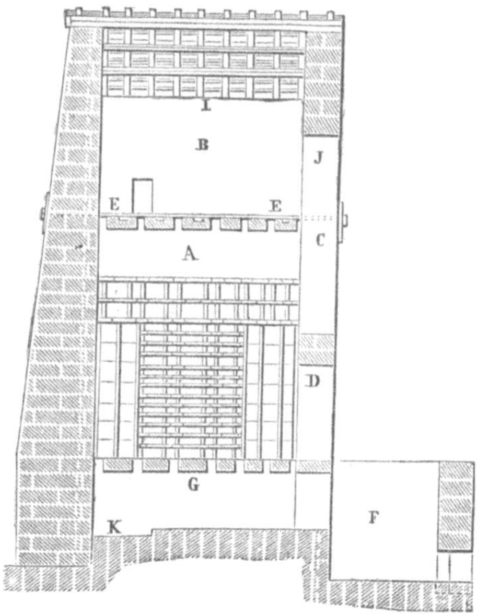

Fig. 133.

Die untere Kammer *G*, in welche die Flamme zuerst gelangt, dient zum Fritten der Glasur. In ein rechtwinkliges Becken *K* bringt man die zur Herstellung der Glasur dienende Mischung.

In die erste Kammer *A* des Ofens werden glasierte Gegenstände eingesetzt. In dem oberen Teil verglüht man die rohe Ware, denn der geringen Hitze wegen würde die Glasur nicht durchschmelzen.

Die Maße eines solchen Ofens sind folgende: Höhe 7 m, innere Breite 2,60 m; die Fläche der Feuerung beträgt 1,30 . 0,70 m. Das Brennen dauert durchschnittlich 27 bis 30 Stunden, und zwar während der Hälfte dieser Zeit als Vorfeuer. Als Brennmaterial verwendet man Holz, und zwar für einen Brand 14 Ster.

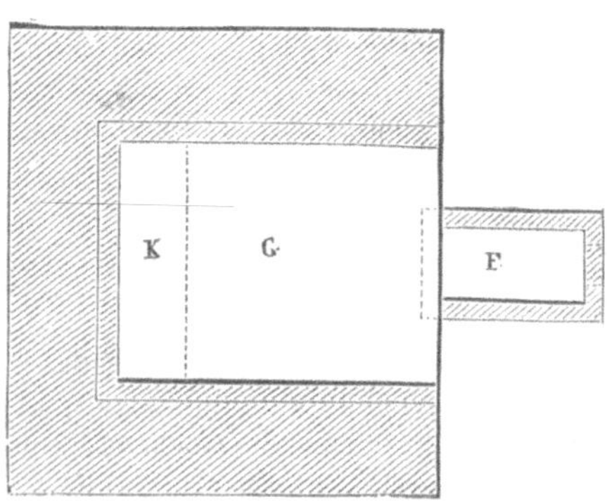

Fig. 134.

Diese Sorte von Öfen bietet gewisse Nachteile: die Lage der Feuerung *F* verursacht einen ungleichmäßigen Brand. Fig. 132 zeigt einen für diese Fabrikation gebräuchlichen runden Ofen. Dieses Modell ist veraltet. Es wäre doch vielleicht einfacher, ein solches wie für feines Steingut zu verwenden, wenngleich der Roh- sowie der Glasurbrand nicht auf einmal erfolgen könnten.

Um den Ofenraum möglichst auszunutzen, verwendet man zum Einsetzen Tonplatten, welche durch Tonsäulen gestützt werden; auch greift man zu Kapseln, welche dann innen glasiert werden, damit sie die Glasur des Brenngutes nicht aufsaugen; die glasierten Stücke werden mittels Pinnen voneinander getrennt.

Die Glasuren dieser beiden Sorten von Steingut sind undurchsichtig. Das Geschirr, welches nicht über das Feuer gestellt werden soll, erhält weiße Glasur; für Kochgeschirr verwendet man innen weiße und außen braune Glasur.

Weiße Glasur wurde aus Äscher, Mennige, schmelzbarem Sand und Alkalien, Meersalz und Soda hergestellt. Folgende sehr alte Formel hat den Nachteil, Alicante-Soda, d. h. ein wenig bestimmtes Produkt zu verwenden. Wir geben diese Formel der Eigenart halber wieder:

Äscher	44
Mennige	2
Sand von Decize	44
Meersalz	8
Alicante-Soda	2.

Alicante-Soda darf mit Natriumkarbonat nicht verglichen werden, denn es ist ein sehr unreines Karbonat, welches mit Fremdkörpern verunreinigt und nicht sehr reich an Na_2O ist. Wir haben schon bemerkt, daß Salz sich zur Silikatisierung schlecht eignet; es schmilzt während des Frittens und verbindet sich nur langsam.

Die braune Glasur bestand aus:

Mennige	52
Manganoxyd	7
Ziegelpulver	41.

Des Material wurde zerrieben und in Wasser aufgelöst, damit die Glasur durch Eintauchen aufgetragen werden konnte. Das sogenannte feuerfeste Steingut, welches zwei Glasuren erhielt, wurde bis zum Rande in die für außen bestimmte Glasur eingetaucht und dann innen mit weißer Glasur begossen.

Die letztere kann mit Zugabe von Farbkörpern folgende Tönungen annehmen:

	Gelb	Blau	Grün	Grün	Violett
Weiße Glasur	91	95	95	94	96
Neapelgelb	9	—	—	2	—
Lasurblau	—	5	—	—	—
Schwarzes Kupferoxyd	—	—	5	4	—
Manganoxyd	—	—	—	—	4.

Gegenwärtig wird verhältnismäßig wenig zinnglasiertes Steingut erzeugt. Einige Fabriken bestehen noch, und was wir von der Fabrikation des Pariser zinnglasierten Töpfergeschirrs gesagt haben, kann im großen und ganzen auch hierauf Anwendung finden. Die Masse wird aus plastischem Ton, der mit Mergel oder Kalk vermischt ist, hergestellt und mit Sand gemagert. Das Hinzufügen von kalkhaltigem Material ist erforderlich, um eine Ausgleichung zwischen Glasur und Scherben zu erzielen.

Das Brennen geschieht fast nur in sogen. viereckigen Öfen. Zur Herstellung der Glasuren benützen die Töpfer Rezepte, die wenig von denjenigen, die Brongniart vorgeschlagen hat, abweichen.

Schumacher[1]) gibt folgende Formeln an:

$$PbO,\ 3{,}6\ SiO_2,\ 0{,}5\ SnO_2,$$
$$PbO,\ 4{,}7\ SiO_2,\ 0{,}5\ SnO_2,$$
$$PbO,\ 5{,}0\ SiO_2,\ 0{,}5\ SnO_2,$$
$$\left.\begin{matrix}0{,}74\ PbO\\ 0{,}26\ Na_2O\end{matrix}\right\}\ 5{,}5\ SiO_2,\ 0{,}5\ SnO_2.$$

Die drei letzteren sind etwas hart. — Diese Glasuren bereitet man mit Äscher, Quarzsand und Soda.

Eine gute weiße Glasur erhält man durch folgende Zusammensetzung:

Quarzsand	30,64
Mennige	15,80
Kaolin	19,34
Kreide	5,65
Äscher	40,00.

Dieser Äscher wird mit aus Legierung von 25 % Zinn und 75 % Blei bereitet.

B. Majolika.

Die Bezeichnung Majolika wird zur Bestimmung verschiedener Produkte angewendet. Der ursprüngliche Namen Majolika wurde dem italienischen Steingut beigelegt. Das Majolika von Luca Della Robbia ist ein zinnglasiertes Steingut mit farbigen Emails verziert und mit Antimongelb, Kobaltblau, Kupfergrün und Manganviolett gefärbt.

Auch Brongniart benennt zinnglasiertes Steingut Majolika. Schumacher[2]) nennt Majolika Steingut mit durchsichtiger, bleihaltiger oder natronbleihaltiger Glasur, ob diese gefärbt ist oder nicht. Im Schwarzwald und in der Schweiz in der Umgebung von Thun erzeugt man Steingut, welches ebenfalls Majolika genannt wird.

Wie man aus diesen Beispielen ersieht, wird die Bezeichnung Majolika für die erste und zweite Gruppe angewendet.

Die Schweizer Majoliken aus Thun sind Steingut mit gefärbtem Scherben und bleihaltiger Glasur. Wenn sie eine dunkle Glasur erhalten,

---

[1]) Schumacher, Die keramischen Fabrikate S. 420.

[2]) Die keramischen Tonfabrikate S. 367.

wie Manganviolett, so genügt die dichte Tönung, um die Farbe des Scherbens zu verdecken.

Bei dem Steingut aus Thun unterscheidet man zwei Arten, die eine mit weißer und die andere mit schwarzer Unterlage. Die letztere Art ist die ältere. In dieser Fabrikation spielt das Engobieren eine große Rolle, da man zur Verzierung seine Zuflucht nimmt. Die Begüsse sind durch Tonbrei gebildet, der mittels Oxyde gefärbt ist. Handelt es sich um weiße Begüsse, so benutzt man einen sich weiß brennenden Ton, welcher auf den rohen Scherben aufgetragen wird. Bei Besprechung der Dekorierung kommen wir auf ein bei den Schweizer Töpfern besonders gebräuchliches Verfahren zurück.

Scherben, Engobe, Verzierungen und Glasur werden auf einmal gebrannt.

Dagegen fabriziert man in Ungarn zinnglasiertes Steingut, und einige ungarische Majoliken gehören zu dieser Art.

III. Feines Steingut.

Das sogen. feine Steingut unterscheidet sich deutlich von den beiden vorhergehenden Arten durch die Beschaffenheit seiner Masse und seiner Glasur. Die Masse ist stark kieselsäurehaltig und besteht aus Quarz, welcher mittels eines schmelzbaren Materials mit dem zum Formen nötigen Tone gebunden wird. Also besteht die Masse aus drei Bestandteilen: aus Kieselsäure, dem Hauptbestandteil, einem plastischen und einem schmelzbaren Mittel. Da die ausgewählten Materialien sich brennen ohne Färbung anzunehmen, kann man auf den Scherben eine durchsichtige Glasur auftragen. Letztere ist ein blei- und alkalihaltiges Borosilikat.

Nach Kerl[1]) kann man das feine Steingut folgendermaßen einteilen:

Kalksteingut (frz. terre de pipe), welches die ursprüngliche Art war, erzeugt man, indem man eine hauptsächlich aus Ton und Quarzsand bestehende Masse mit Kreide oder einer alkalischen Fritte versetzt.

Tonsteingut besteht hauptsächlich aus plastischem Ton und Feuerstein oder Quarzsand.

Hart- oder Feldspatsteingut, mit den verschiedensten Namen bezeichnet, wie Eisenerde, Granit, Halbporzellan und opakes Porzellan, hat eine von dem vorhergehenden etwas abweichende Masse. Man fügt dem Ton und dem Feuerstein ein schmelzbares Mineral hinzu (wie Feldspat oder Cornish-stone), durch welches nach dem Brennen die Körner gebunden werden.

Zur heutigen Herstellung des feinen Steingutes wird als Rohmaterial weißbrennender, feuerfester Ton verwendet, Kieselsäure als Feuer- und

[1]) Kerl, 3. Aufl. S. 1115.

Flintstein, oder Quarzsand, Feldspat und Cornish-stone, sowie wenig plastische Kaoline, welche die Aufgabe haben, die Masse weiß zu halten und Raum auszufüllen.

Diese theoretischen Bestandteile findet man nicht in allen Massen. In der englischen Fabrikation, welche das feine Steingut geschaffen hat und selbiges in seltener Vollkommenheit herstellt, verwendet man feuerfeste Tone, Kaoline, Flintstein und Cornish-stone. Da man in Frankreich dieses letztere Material nicht hat, ist man dort gezwungen, Feldspat und manchmal schmelzbare Sande zu verwenden. Die aus dem Feuerstein gewonnene Kieselsänre wird durch Quarzsand ersetzt. Einige Betriebe in Frankreich und besonders in Deutschland arbeiten mit englischem Material, sie sind also von fremdem Material abhängig. In Antwerpen wird ein wichtiger Markt abgehalten, der es ermöglicht, die Betriebe längs des Rheines mit diesem Material zu versehen.

Zubereitung der Masse. Die Masse wird gewöhnlich aus Materialien in schlammartigem Zustande bereitet.

Kaolin bringt der Masse wenig Plastizität, er ist mager im Vergleich zum plastischen Ton. Zu dieser Fabrikation verwendet man Kaoline zweiten Ranges, welche zur Herstellung des Porzellans nicht fett genug oder zu eisenhaltig sind. Diese findet man in Frankreich und hauptsächlich in England zu mäßigen Preisen.

Je nach Entfernung der Bezugsquelle und der Beschaffenheit des Kaolins kann es von Vorteil sein, denselben schon geschlämmt zu beziehen, denn die Transportkosten für das im Kaolin enthaltene unbrauchbare Material können die Kosten des Schlämmens aufwiegen.

Die Tone werden in Rührbottiche eingeführt und mit Wasser geschwemmt; so sondert man das plastische Material ab, welches in der Flüssigkeit zurückbleibt. Die Unreinigkeiten setzen sich am Boden ab. Bevor der Ton in den Bottich gelangt, läßt man ihn in einem Brechwerk zerkleinern, manchmal werden die größeren Fremdkörper sogar mit der Hand herausgesucht.

Im Schlickerzustande wird der Ton gesiebt und in einen Quirl gebracht, woraus er zum Formen entnommen wird.

Es bietet keinen Vorteil, den Ton vorher zu zermalmen, da die pulverisierten Pyrite sich dann schwerer entfernen lassen wie die ganzen. Sind diese Mineralien zerkleinert, so werden sie leicht mitgeführt und hinterlassen Eisenflecken auf dem fertigen Produkt.

Die verschiedenen anderen Materialien außer dem Tone haben alle eine gewisse Härte und bedürfen eines vorhergehenden Mahlens.

In modern eingerichteten Betrieben geschieht dieses mittels Trommelmühlen. In älteren Betrieben findet man jedoch noch Blockmühlen und zur Zerreibung des harten Materials liegende Mahlsteine. Diese letzteren haben nicht den Vorteil der Trommelmühlen. Die harten Materialien werden nicht trocken, sondern naß gemahlen, nachdem sie vorher zerkleinert worden sind. Der Sand, welcher schon genügend zerteilt vorgefunden wird, wird, wenn nötig, gewaschen und dann in die Mühle gebracht. Der Feuerstein wird vor dem Zerkleinern und Mahlen stark kalziniert.

Hierzu schichtet man denselben mit Kohlengrieß in Öfen auf, wie dies in Figuren 135 u. 136 abgebildet ist. Der eine von diesen hat die Form eines umgekehrten Kegels.

Die Durchschnittsgröße ist im oberen Teile 1,50—2 m und 0,50 bis 0,75 m unten, mit einer Tiefe von 1,50—2 m. Am unteren Teile ist ein Rost angebracht zum Ein- und Ausfüllen. Unter diesem Rost befindet sich eine kleine Öffnung, welche geschlossen gehalten und nach Bedarf zum Einfeuern gebraucht wird.

Manchmal werden zwei nebeneinanderliegende Herde angebracht, die nach Bedarf geheizt werden. Das andere Modell von Öfen, das wir auch anführen, dient gleichfalls zum Kalzinieren des Feuersteins. Er weicht von dem früheren Ofen insofern ab, als er aus zwei übereinanderstehenden Kegeln besteht. Die obere Öffnung dieses Ofens mißt 0,80 cm, im breitesten Teile 1,50 m. Der obere Kegel hat eine Höhe von 3 m und der untere eine solche von 1,25 m. Der Herd hat 12 Roststäbe von 1 m Länge. Der vorne angebrachte Wasserbehälter hat 1 m Tiefe und 0,80 m Breite. In solchen Öfen kann man innerhalb 24 Stunden 5000 kg kalzinieren.

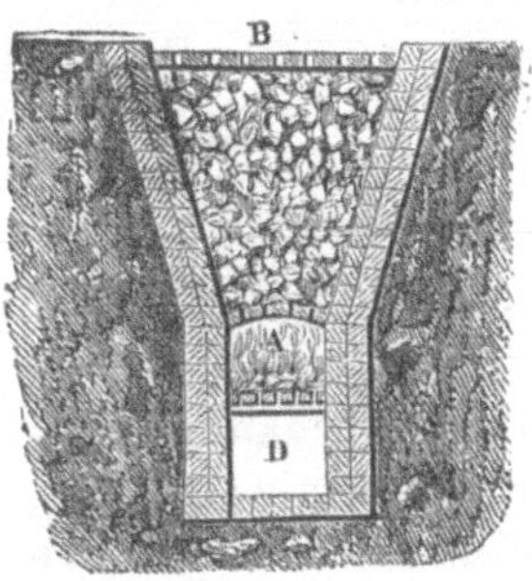

Fig. 135.

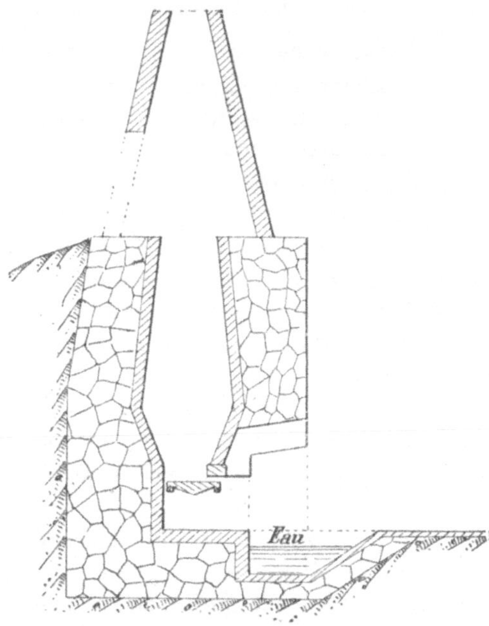

Fig. 136.

Im oberen Teile bemerkt man eine konische Hütte, die als Schlot dient, um den Rauch abzulassen.

Der Feuerstein ist genügend kalziniert, sobald er ganz weiß erscheint, zerbröckelt und in seinem Bruch an der Zunge leicht klebt. Sobald er so weit ist, wird er in den Steinbrecher eingeführt und nach Erreichung von Nußgröße in die Mühlen gebracht.

Die Mischung der Schlickermasse wird in einem großen Quirl vorgenommen, nachdem der Gehalt der Flüssigkeit bestimmt ist.

Wenn die Mischung fertig ist, muß sie immer in Bewegung gehalten werden. Manchmal bedient man sich eines magnetischen Reinigers, um die Eisenteilchen, welche in der Masse enthalten sind, zu entfernen.

Durch die Filterpresse wird der Schlicker entwässert und in Masse verwandelt.[1])

Nach dem Pressen wird die Masse geknetet, damit sie die nötigen physikalischen Eigenschaften erhält, um geformt werden zu können. Dieses Kneten geschieht meistens mittels liegender Tonschneider.

Formgebung. Steingut wird auf verschiedene Weise geformt:

1. durch Freidrehen;
2. durch mechanisches Ein- und Überdrehen;
3. durch Formen;
4. durch Gießen;
5. durch Pressen oder Stanzen.

Das Freidrehen wird nur noch bei Phantasiestücken angewendet, deren geringer Absatz die Anschaffung eines mechanischen Apparates nicht rentabel macht oder deren Gestalt zu kompliziert ist.

Das mechanische Formen findet fast in der ganzen Fabrikation Verwendung. Da die Masse wenig empfindlich ist, kann man mit großer Schnelligkeit vorgehen. Je nach der den Stücken zu gebenden Form greift man zum Ein- oder Überdrehen. Die Arbeit ist eine leichte, da man die Masse mit der Hand bearbeiten kann, ohne Fehler befürchten zu müssen.

Die Apparate für Steinguterzeugung sind weniger kompliziert als diejenigen für Porzellanerzeugung. Wir geben die Art, wie Teller angefertigt werden, an. Der Apparat besteht aus einer ersten Drehspindel, auf welcher der Masseballen zerdrückt wird, um daraus einen Hubel zu bilden, ferner aus einer zweiten, worauf die Tellerform ruht. Diese beiden Apparate werden mechanisch angetrieben. Neben der Drehscheibe befindet sich ein Halter, welcher die Schablone trägt, die das Profil des Tellers ausschneidet. In einigen Fabriken genügen 3 Mann, um diesen Apparat zu bedienen, und zwar ein Arbeiter und zwei Gehilfen. Der erste Gehilfe bereitet die Masseballen und Hubel vor, der Arbeiter empfängt die Formen, nimmt den Hubel in die Hand, zentriert und schabloniert ihn. Er hält die Drehscheibe an und stellt die Form neben sich. Der zweite Gehilfe trägt dann die Formen in den Trockenraum und versorgt den Arbeiter mit trockenen Formen.

---

[1]) Um die gelbe Tönung, welche durch das eisenhaltige Material verursacht wird, zu vermeiden, fügt man der Masse manchmal etwas Kobaltoxyd oder Karbonat zu, ebenso auch der Glasur.

Ein solcher aus drei Arbeitern bestehender sogen. Stuhl erzeugt täglich 1000 Stück. Die auf diese Art hergestellten Teller sind noch nicht vollendet; sie müssen noch abgedreht werden, um die Unebenheiten zu beseitigen. Diese Arbeit wird besonderen Arbeitern anvertraut, welche die ziemlich getrockneten Teller mit einem Stück Horn glätten.

Das mechanische Formen ist für diese Fabrikation von großer Bedeutung und geschieht auf verschiedene Weise.

Die Frühstückstassen, die in großer Anzahl hergestellt werden, bedürfen keines Hubels; sie sind so kleinen Umfangs, daß es genügt, einen Masseballen mit der Schablone an den Wänden der Form gleichmäßig anzudrücken. Um viel zu erzeugen, muß man ein Stillstehen des Apparates soviel wie möglich vermeiden; daher haben die Arbeiter Gehilfen, welche die Ballen vorbereiten, die trocknen Formen zubringen und die fertige Arbeit fortschaffen.

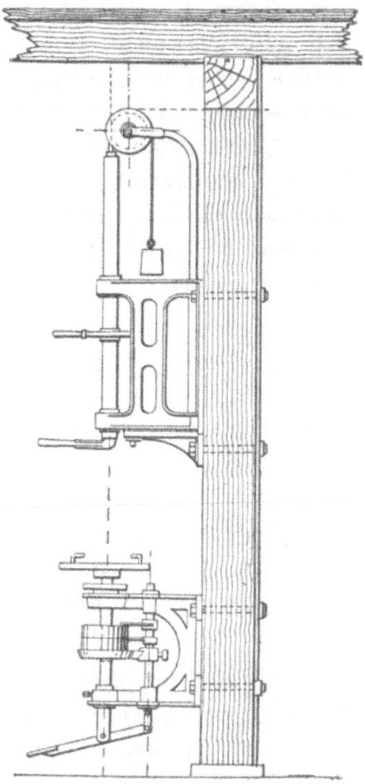

Fig. 137.

Es kann sehr viel geleistet werden. Ein Arbeiter kann mit Leichtigkeit täglich 2000 solcher Tassen anfertigen.

Außer den gewöhnlichen Drehscheiben, bei welchen der Scheibenkopf zur Aufnahme der Formen dient, findet man auch mechanische Hohlgeschirrdrehmaschinen, wie solche von der Firma G. Dorst in Oberlind gebaut werden, bei welchen der Scheibenkopf durch eine Metallplatte ersetzt ist (Fig. 137).

Drei Teile mit Stellschrauben versehen, welche von der Mitte aus symmetrisch angeordnet sind, dienen dazu, die Formen, welche man auf die Scheiben gestellt hat, zu zentrieren. Dieser Apparat wird vorzugsweise für große Stücke verwendet, z. B. für Suppenterrinen, deren Formen in einem gewöhnlichen Scheibenkopf schwer festzuhalten sind. Die Form eines solchen Stückes ist sehr groß; sie besteht aus drei Teilen, die ineinander passen, außerdem noch aus einem Keil, um den Boden zu bilden. Um den Apparat gebrauchsfähig zu machen, stellt man zuerst einen Teil in die Mitte und bedeckt ihn mit Leinwand; dies dient dazu, den Fuß zu bilden. Dann wird die Form angebracht und mittels der Stellschraube befestigt. Man braucht dann nunmehr einen geeigneten Hubel hineinzubringen, den Apparat in Bewegung zu setzen und die Schablone herunterzulassen. Dieses Verfahren scheint langwierig und umständlich zu sein, mit eingeübten Arbeitern wird es jedoch innerhalb 3 Minuten bewerkstelligt.

Schwierige Stücke verlangen ein besonderes Formen. Manchmal muß der Gegenstand aus zwei Teilen hergestellt werden, die dann zusammengesetzt werden.

Die kugelförmigen Lampenglocken werden durch wiederholtes Eindrehen hergestellt. Zuerst wird in der Masse der hohle Raum und dann durch Abdrehen die äußere Kugelform erzeugt.

Formen. Diejenigen Stücke, die keine Rotationskörper sind, eignen sich natürlich nicht zum mechanischen Eindrehen. Sie müssen geformt werden. Man ist manchmal gezwungen, das Formen in mehreren Teilen vorzunehmen und diese dann zusammenzufügen.

Gegenstände wie z. B. gewisse Schreibzeuge, welche aus ebenen Flächen bestehen, lassen sich auch herstellen, indem man einzelne Platten passender Größen zusammensetzt. Diese Arbeit gleicht gewissen Holzarbeiten, mit dem Unterschied, daß erstere mittels Schlicker sofort aneinander haften.

Gießen. Das Gießen ist für die Steinguterzeugung von großem Nutzen. Durch dieses Verfahren kann man mit Leichtigkeit schwierige Gegenstände herstellen, die man sonst nur durch Ansetzen der verschiedenen Teile erhält. Die Fabrikanten haben außerdem in dieser Gestaltungsart einen großen Vorteil gefunden, da die Former durch Frauen oder Lehrjungen ersetzt werden können, deren Löhne bedeutend niedriger sind.

Gegenstände wie Saucieren, Weihwasserkessel usw. lassen sich leicht herstellen. Das Fortfallen der Ansätze ist in doppelter Hinsicht wertvoll. Erstens vereinfacht und beschleunigt es die Arbeit, zweitens beugt es Fehlern vor, die an den angesetzten Stellen vorkommen können.

Herstellung der Steingutfliesen. Jedermann wird schon die blauen Malereien auf Steingutfliesen gesehen haben. Man nennt dieses Delfter Art. Die Fliesen haben manchmal beträchtliche Größen. In diesen Produkten hat sich z. B. die Mettlacher Fabrik einen bedeutenden Ruf erworben. Die Herstellung dieser Platten gelingt zwar durch Gießen und wird auch eine gewisse Anzahl auf diese Art hergestellt. Ein älteres Verfahren, welches wir näher beschreiben werden, ist aber noch in Anwendung.

Man nimmt einen parallelepipedischen Block Masse, dessen größte Oberfläche größer sein muß als die zu verfertigende Platte. Mit einem mit Leder versehenen Stampfer glättet man mit kurzen Schlägen die Oberfläche. Ist diese Vorbereitung beendigt, wird die Masse ausgestochen und die überflüssige Masse an den vier Seiten sorgfältig abgeschnitten.

So erhält man ein rechtwinkliges Parallelepipedon. An den Längsseiten werden übereinandergestellte Holzlatten angebracht in der Dicke der Platten im Rohzustande. Mit einem auf einen Bogen gespannten

Draht entfernt man zuerst die obere Lage der überflüssigen Masse. Nachdem man die beiden ersten Latten entfernt hat, löst man ein erstes Blatt. Der Draht hat dann die erste Platte abgeschnitten. Um weitere Platten zu erhalten, fährt man so fort, d. h. man entfernt von jeder Seite eine Latte und zieht den Draht durch die Masse. Das Abheben dieser Platten darf nicht mit der Hand geschehen; sind sie abgeschnitten, so hebt man sie mit zwei flachen Latten auf und stellt sie auf eine gut gerichtete Gipsplatte, wo die Masse allmählich trocknet. Vor der gänzlichen Austrocknung werden sie auf einer ebenen Marmorplatte geschlagen, um sie wieder herzurichten, da sie sich während der Austrocknung immer etwas verziehen.

Brennen. Feines Steingut wird zweimal gebrannt; das erste Brennen ergibt das sogenannte Steingutbiskuit, das gar gebrannte Steingut, dem nur die Glasur fehlt. Das Biskuit wird dann glasiert und ein zweites Mal gebrannt; dieses zweite Brennen geschieht bei niedrigerer Temperatur als das erste.

Man nimmt an, daß die Temperatur des Roh-, Rauh- oder Biskuitbrandes zwischen Segerkegel 3 und 10, d. h. zwischen 1200^0 und 1300^0 schwankt.

Bei diesem Verfahren muß man noch mit einem anderen wichtigen Umstande rechnen, das ist die Zeit. Bei zu schnellem Brande und zu plötzlicher Abkühlung liefert das Biskuit sehr viel Ausschuß. Das Brennen der Glasur muß dagegen schnell vor sich gehen, wenn man einen schönen Spiegel erhalten will. Die Temperatur zum Brennen der Glasur übersteigt gewöhnlich nicht den Segerkegel 3.

Die Öfen für feines Steingut sind zylindrisch mit vertikaler Achse. Die älteren Modelle sind mit direkter, die neueren mit überschlagender oder Sturzflamme eingerichtet.

Diese Art von Öfen bietet, wie schon früher bemerkt, große Nachteile; die heißen Gase sollen sich nach der Ansicht des Erbauers zerteilen, bevor sie in den Ofen gelangen.

In der Bauart besteht ein wunder Punkt, d. i. die Bestimmung des Querschnittverhältnisses der beiden Kanäle zueinander; theoretisch ist dieses Verhältnis wegen der zahlreichen Variabeln, welche die Erfahrung allein zu ermitteln vermag, schwer zu bestimmen. Daher kommt es, daß man für solche Apparate andere zweckdienliche Öfen einfach nachgeahmt hat. Die Nachbildungen haben infolge Irrtums oder des abweichenden Betriebes halber nicht immer den Erwartungen entsprochen. Man bemängelt bei ihnen Ungleichmäßigkeiten in der Wärmeverteilung, da die Flamme meistens in diejenigen Kanäle gelangt, die ihr den kleinsten Widerstand bieten.

Um die Mitte des Ofens zu erhitzen, hat man eine andere Vorrichtung getroffen. Anstatt die Feuerungen mit zwei Feuerkanälen zu versehen, hat man vorgezogen, eine besondere Feuerung anzubringen, deren Flamme in die Mitte des Ofens geleitet wird.

Man hat in den Öfen mit überschlagender Flamme die Einrichtung beibehalten, wie wir sie bei den englischen Öfen beschrieben haben; die Bauart dieser Öfen ist daher eine sehr komplizierte, was wir bereits hervorgehoben haben.

Einige Fabrikanten, die unangenehm berührt waren von der Schwierigkeit der Regulierung ihrer Öfen, haben den horizontalen Kanal abgeschafft, die Flamme gleich in den Ofen geleitet und ihre Feuerkanäle in die Sohle geführt. Richtig geleitet, haben diese Öfen guten Brand ohne Ausschuß geliefert und gleichmäßige Ware von der Mitte bis zum Rande.

Zum Brennen des Steingutbiskuits ist kein kompliziertes Einfüllen erforderlich. Man schichtet in geschlossenen Kapseln auf. Um den Raum möglichst auszunützen, werden die größeren Zwischenräume mit kleinen Gegenständen ausgefüllt. Ein Anbacken ist nicht zu befürchten.

Für den Glasurbrand gilt dieses nicht, die Gegenstände müssen einer vom andern getrennt sein, damit sie nicht aneinander kleben. Früher wurden die Teller horizontal gebrannt, in runden Kapseln aufgestapelt und einer vom andern durch Hahnenfüße, d. i. durch Tetraeder mit scharfer Spitze und hohlen Flächen, getrennt. Von diesen Isoliermitteln bleiben an den Tellern nur minimale Spuren zurück. Heute werden die Teller senkrecht in rechtwinklige Kapseln gestellt. Im Hintergrund der Kapseln werden zwei lange, dreieckige Prismen aus Schamotte aufgestellt; sie ruhen auf einer Fläche und sind parallel zueinander gestellt. Die Teller ruhen dann auf den beiden oberen Kanten. Um sie in gerader Stellung zu erhalten, hat man verschiedene Vorkehrungen getroffen. In einigen Betrieben werden sie mittels langer Latten aus feuerfestem Ton, welche mit Zacken wie eine Säge versehen sind, gehalten. Der Rand eines jeden Tellers ruht dann in der Einkerbung. Man benützt auch Fingerhüte, die ineinandergeschoben werden können und mit einem scharfen Sporn versehen sind. Die Teller ruhen zwischen zwei Sporen und der Rand auf der Kante derselben.

Die tiefen Stücke mit großem Umfang werden in runde Kapseln gebracht und in gestürzter Lage gebrannt. Die Ränder ruhen auf den aus Steingutmasse bestehenden und seitlich angebrachten Prismenkanten.

Die Trennung der aufgestapelten Gegenstände geschieht durch Stützen aus Schamotte. Sie haben je nach ihrer Form verschiedene Benennungen erhalten (s. S. 161).

Dieses Isoliermaterial wird mechanisch hergestellt. Die Schlagpresse, welche zu dieser Herstellung verwendet wird, gehört zu den Apparaten, von denen wir noch sprechen werden, wenn wir von Porzellan für elektrische Zwecke berichten. Die verschiedenen Brennhilfsmittel werden gepreßt, auch gelingt es, sie mit scharfen Spitzen herzustellen; es müssen jedoch Öffnungen vorgesehen werden, damit die Luft während des Pressens entweichen kann. Man rollt erst die Masse, die zur Herstellung dieser Gegenstände dient, in Stränge aus, schneidet sie in Stücke von passender

Länge und beschleunigt dadurch die Produktion bedeutend. Die Formen sind zweiteilig. Man fettet sie ein, gibt die Masse hinein und schlägt den beweglichen Teil schnell zurück. Mit einer Presse kann man z. B. täglich 3000 Hahnenfüße herstellen.

Glasuren. Die Hartsteingutglasur wird auf das Biskuit aufgetragen. Man glasiert durch Eintauchen.

Der mit dem Glasieren beschäftigte Arbeiter taucht den Gegenstand in die Glasur. Hierzu bedient er sich einer Zange, die Ähnlichkeit mit einer Spargelzange hat. An den Enden derselben befinden sich Zähne, wodurch verhütet wird, daß die Finger mit dem Steingut in Berührung kommen, da sonst an diesen Stellen die Glasur fehlen würde.

Der Arbeiter wird von Gehilfen bedient, welche ihm die zu glasierenden Gegenstände zuführen und die glasierten fortschaffen. Gewöhnlich gibt er den Gegenständen zwei entgegengesetzte Drehungen, eine beim Eintauchen, die andere beim Herausziehen. Die Glasur ebnet sich und die überflüssige Masse läuft ab. Die glasierten Gegenstände werden auf Rechen gestellt, damit sie abtropfen können, und dann fortgebracht. Die Berührung der glasierten Stücke mit diesen Stützen ist ohne Belang.

Das Glasieren geht ungemein schnell vor sich; so reicht ein einziger Glasierer für eine große Produktion aus.

Zur Herstellung der Glasuren für feines Steingut verwendet man Cornish-stone oder Feldspat, Kaolin, quarzhaltiges Material, Borax oder Borsäure, Mennige oder Bleiweiß, Alkalien im Karbonatzustand und Kreide. Diese verschiedenen Materialien bilden ein Borosilikat, dessen Basen Alkalien, Bleioxyd, alkalische Erden und Tonerde sind.

Die Mischung muß vor dem Mahlen in unlöslichen Zustand versetzt werden. Die löslichen Bestandteile (Borax und Soda) werden zuerst mit den kieselsäure-, tonerde-, kalk- und bleihaltigen zusammengefrittet, wodurch sich eine unlösliche Substanz bildet. Dieses Verfahren erstreckt sich nicht auf die ganze Glasur, sondern nachdem die Fritte zerstoßen ist, wird sie mit Zugabe der nötigen Materialien, um die vollständige Glasur zu erzielen, in die Mühle gegeben.

Man kann eine Glasur auf folgende Weise zusammenstellen:

Fritte	82
Mennige	7
Feldspat	10.

Die Fritte besteht aus:

Feldspat	35
Quarzhaltiger Sand	18
Mennige	16
Borax	22
Kaolin	3
Kalk	6.

Dieses Fritten (es ist fast ein Schmelzen) wird in einem Flammenschachtofen vorgenommen.

Bisher haben wir das feine Steingut nur im allgemeinen betrachtet, wir werden nun auf die Fabrikation der verschiedenen Gegenden näher eingehen.

1. Englische Fabrikation.

Die englischen feuerfesten Tone, die zur Herstellung feinen Steingutes dienen, stammen größtenteils aus Dorsetshire und gehören nach Ansicht englischer Geologen in die Tertiärformation. Die beste Qualität dieser Tone hat eine gleichmäßige, graublaue Tönung, ist plastisch, fühlt sich weich und ölig an und knirscht nicht zwischen den Zähnen. Nach dem Brande ist dieser Ton weiß, hart und dicht, mit dichtem Bruch; er haftet dann kaum an der Zunge und widersteht dem zum Rohbrand nötigen Feuer sehr gut. In oxydierendem Feuer gebrannt, wird er noch härter.

Der Ton ist wenig eisenhaltig und die freie Kieselsäure, welche er enthält, ist von höchster Feinheit. Der Satz enthält meistens Pyritkörner, die sich schwer entfernen lassen.

Man verwendet auch Tone von Wales, Schottland und Devonshire. Die Eigenschaften dieser plastischen Materialien weichen von denen der Tone von Dorsetshire nicht stark ab.

In England findet sich weißbrennender Kaolin in mächtigen Lagern, hauptsächlich in Cornwallis. Der von den Steingutfabrikanten verwendete Ton zeigt keine besonders entwickelte Plastizität. Auch die Aufgabe des Kaolins besteht nicht darin, der Masse mehr Plastizität zu verleihen, sondern hauptsächlich darin, den Scherben eine weißere Farbe zu verleihen; würde er nicht beigemischt, so würde die Masse nach dem Brennen jedenfalls eine graue Färbung beibehalten.

Es gibt zweierlei Sorten von englischen Kaolinen: die harte (strong potting clay) und die weiche Erde (weak clay). Die erstere ist plastischer und brennt sich hart und weiß; sie wird in der keramischen Industrie verwendet.

Die Engländer nennen den Ton clay. Der gewöhnlich verwendete Ton ist blau; dieser wird in ihrem „recipe" unter dem Namen blue clay bezeichnet. Red clay nennt man eisenhaltige Erden, welche zu Scherben verwendet werden, die keine absolut weiße Färbung haben müssen. Ball clay nennt man weiße Tone und mit China clay bezeichnet man Kaolin.

Nach Lord Playfair[1]) enthielten einige Tonmuster folgendes:

	Blue clay	Red clay	China clay
SiO_2	46,38	49,44	45,56
Al_2O_3	38,04	34,26	40,76

[1]) Charles Binns, Manual of Practical Potting S. 153.

	Blue clay	Red clay	China clay
Fe_2O_3	1,04	7,74	—
CaO	1,20	1,48	2,17
MgO	Spuren	5,14	Spuren
K_2O / Na_2O	—	—	1,90
H_2O	13,44	1,94	9,61.

Während in den meisten unserer Betriebe die Vorräte an Kaolin und Ton sorgfältig unter Dach gebracht werden, geschieht in England das Gegenteil. Diese Materialien, und hauptsächlich plastische Tone werden solange wie möglich im Freien gelassen.

Die Engländer verarbeiten die Massen für feines Steingut am Tage der Zubereitung derselben, verwenden dazu aber Kaoline und hauptsächlich plastische Tone, die lange Zeit ausgewittert sind. Es heißt, daß sie durch dieses Verfahren gleichmäßigere und dichtere Massen, die leichter zu verarbeiten sind, sowie weißere, festere Produkte erzielen.

Theoretisch sind die Wirkungen dieser Luftaussetzung nicht zu erklären, es ist jedoch begreiflich, daß die in dem Ton von Dorsetshire enthaltenen Eisensulfide, die sehr schädlich sind, teilweise in Sulfate oder andere Salze verwandelt und nachher aus der Masse entfernt werden.

Es ist außerdem bekannt, daß diejenigen Massen die besten sind, die beim Brennen am wenigsten Schwindung erleiden, da sie weniger Ausschuß ergeben. Die Massen, welche lange gelegen und gefault sind, nehmen weniger Schwindung an wie die frisch hergestellten. Das gleiche muß wenigstens teilweise der Fall sein bei den Massen, die aus lange gelagerten Tonen zusammengesetzt sind.

Bei den Fabrikanten von Staffordshire ist allgemein anerkannt, daß derjenige, welcher dieses Verfahren nicht anwendet und sich darüber hinwegsetzt, schlechte Resultate erzielt.

Dieses hat besonders auf weiße Tone oder ball clay Bezug. Kaolin, nach seiner Beschaffenheit und der Art seiner Aufbereitung, gewinnt weniger durch die Witterungseinflüsse.

In Tunstall, Burslem, Etruria und Stoke sieht man oft längs des Kanals Lager von plastischem Ton oder ball clay und Kaolin, von denen die Fabrikanten ihren Bedarf decken. In Betrieben, wo genügend Raum zur Verfügung steht, werden diese Erden in der Nähe der Werkstätten im Hofe ausgebreitet. Diese Ablagerungshalden werden mit gewöhnlichen oder feuerfesten, aber immer sehr harten Ziegeln gepflastert.[1])

Die Kieselsäure wird aus Flintsteinen gewonnen, welche, wie schon früher bemerkt, kalziniert werden.

---

[1]) Lambert, Beschreibung der gegenwärtigen Fabrikation von feinem Steingut und anderen Töpferwaren in England S. 1.

Das Schmelzmittel, das dem Ganzen Zusammenhang gibt, ist der Cornish- oder Cornwall-stone, von dem wir schon gesprochen haben. Dieses Gestein läßt sich besser bearbeiten wie die Feldspate und Pegmatite; es läßt sich leicht zerkleinern und mahlen. Da die Preise hierfür momentan sehr hoch sind, ziehen die Fabrikanten die Verwendung von Feldspat in Erwägung.

Die Hartsteingutmassen haben verschiedene Zusammensetzungen, und ist es sehr schwer, hierfür bestimmte Schranken zu setzen. Die einzuführende Tonmenge steht im umgekehrten Verhältnis zur Plastizität. Um die zum Formen gewünschte Plastizität zu erhalten, muß selbstredend mehr magerer als fetter Ton verwendet werden.

Die Beschaffenheit der Materialien und die Art des Brennens haben ebenfalls eine Bedeutung, daher findet man große Abweichungen in den Verhältnissen der einzelnen Bestandteile.

	1.	2.	3.	3a.
Plastischer Ton	26	21	19	30
Kaolin	26	23	30	30
Flintstein	30	36	31	25
Cornish-stone	18	20	20	15.

Aus diesen Beispielen von gewöhnlichen englischen Massen ersieht man, daß der Tongehalt zwischen 20—30 % schwankt.

Vergleichen wir nun diese Formeln mit denen des sogen. Halbporzellans, so sehen wir, daß, um Steingut zu erzeugen, welches Porzellan gleichen soll, es notwendig ist, mehr Schmelzmittel hinzuzufügen.

In einigen Zusammensetzungen fügt man eine alkalinische Fritte hinzu, wie in nachstehendem Beispiel zu ersehen ist. Die Formel ist die eines Halbporzellans aus Longport.

	Fritte	Scherben 4
Kaolin	—	500
Flintstein	12	100
Cornish-stone	—	400
Pottasche	2	—
Mennige	12	—
Kobaltblau	1	—
Fritte	—	7.

In dieser Masse ist der plastische Ton weggelassen; die Zugabe der kobalthaltigen Fritte bringt zwar keine große Schmelzbarkeit mit sich, doch verschwindet dadurch die gelbe Tönung des Scherbens, der bläulich wird. In dieser Art von Masse bemerkt man eine Vermehrung der schmelzbaren Elemente auf Kosten des Flintsteins.

Die Eisenerden und Granitmassen sind ebenfalls arm an Ton.

	Massen für Granit	Massen für Eisenerde	
	5.	6.	7.
Plastischer Ton (blue clay)	12,6	—	—
„ „ (ball clay)	—	29,0	21,5
Kaolin	28,2	21,0	29,0
Flintstein	37,9	12,5	11,5
Cornish-stone	21,8	37,5	38,0.

Diese Massen weichen sehr von den vorherigen ab, hauptsächlich die Eisenerden. In dem Granitsteingut hat besonders das quarzhaltige Element zu- und der Ton abgenommen.

Die Halbporzellane enthalten viel Cornish-stone und wenig Flintstein, desgleichen die Eisenerden.

Will man nicht reinweiße Scherben erzeugen, so kann man eisenhaltige Tone wie red clay benutzen. Dies tun auch die Fabrikanten. Sie verwerten oftmals Mergel (wahrscheinlich eisenhaltige), um gewisse getönte Massen herzustellen.

Folgende Zusammensetzungen geben einen Begriff, wie solche Massen bereitet werden.

	Massen braun	Massen gelb
Roter Ton	84,0	—
Mergel	—	49
Kaolin	12,6	24
Flintstein	1,7	12
Cornish-stone	1,7	15.

In englischem Steingut findet man ebenfalls stark kieselsäurehaltige Massen, die dem Tonsteingut ähnlich sind. Die schmelzbaren Materialien verschwinden in diesem Falle aus der Zusammensetzung des Scherbens. Durch die Kaoline enthält die Masse trotzdem einige, und zwar die durch den Ton eingeführten glimmerhaltigen Stoffe:

Plastischer Ton	37	32
Roter Ton	—	59
Kaolin	37	23
Flintstein	26	6.

Diese beiden Massen enthalten keine absichtlich hinzugefügten schmelzbaren Materialien. Erstere ist reicher an Kieselsäure und dient zur Herstellung von porösen Zellen, letztere ist bräunlich durch den großen Gehalt an eisenhaltigem Ton.

Die verwickelte Zusammenstellung, welche das feine Steingut bildet, zeigt viele Abarten. Einige haben Scherben, die viel verglastes Material enthalten und dadurch aus Körnern bestehen, die mehr oder weniger eines am anderen anhaften. Andere dagegen, die weniger schmelzbares Material enthalten, haben poröse Scherben. Schließlich haben die Scherben je nach der Feinheit des Materials verschiedenartige Körnung, worunter einige sogar als noch nicht verglastes Porzellan erscheinen.

Das alte Steingut, von Josiah Wedgwood hergestellt, cream colour genannt, und später auf dem Kontinente nachgeahmt als sogen. cailloutage (Tonsteingut), hatte folgende Zusammensetzung:

Masse:

Plastischer Ton	75—85
Flintstein oder Sand	25—15

Glasur:

Quarzsand	30—40
Natriumkarbonat	15—20
Kaliumnitrat	2— 5
Mennige	35—45.

Die drei ersten Körper der Glasur wurden gefrittet und dann die Mennige hinzugefügt.

Seit einem Jahrhundert haben die Engländer in Staffordshire einen wichtigen Platz geschaffen, und die Ansammlung der vielen Arbeiter war von großem Vorteil für die Entwicklung dieser Industrie. Durch dieses Zusammenhalten wurden die Forschungen gemeinsam ausgeführt, zum größten Nutzen der Fabrikanten.

Wir geben hier das Verfahren an, wie das feine englische Steingut hergestellt wird.

Das Mahlen geschieht auf nassem Wege, und zwar sehr oft noch in Blockmühlen, trotzdem auch die Trommelmühle eine alte Erfindung ist; je nach den Rohmaterialien weist der Schlamm einen veränderlichen Gehalt an trockenem Stoffe auf. In englischen Betrieben hat man als Vorbild folgende Schlickermassen angenommen:

Plastischer Ton	26	Unzen pro Pinte.
Kaolin	24	„ „ „
Kreide	26	„ „ „
Flintstein	32	„ „ „
Cornish-stone	32	„ „ „
Feldspat	32	„ „ „

Durch diese ständige Gewohnheit in England kann man die Zusammensetzungsformel in der Höhe des Schlickers angeben; wir haben schon Beispiele davon angeführt.

Diese Schlickermasse enthält pulverisiertes Material in ungleichen Mengen; die tonhaltigen Schlickermassen sind die am meisten verdünnten. Es kann vorteilhaft sein, das schmelzbare Material sehr zerteilt zu verwenden, daher wird in manchen Betrieben der Cornish-stone stark zerkleinert

Die Öfen mit direkter Flamme (Fig. 138), welche zuerst in England zum Brennen des Steingutes in Verwendung kamen und die man heute noch in manchen Betrieben findet, sind gewöhnlich zylindrisch

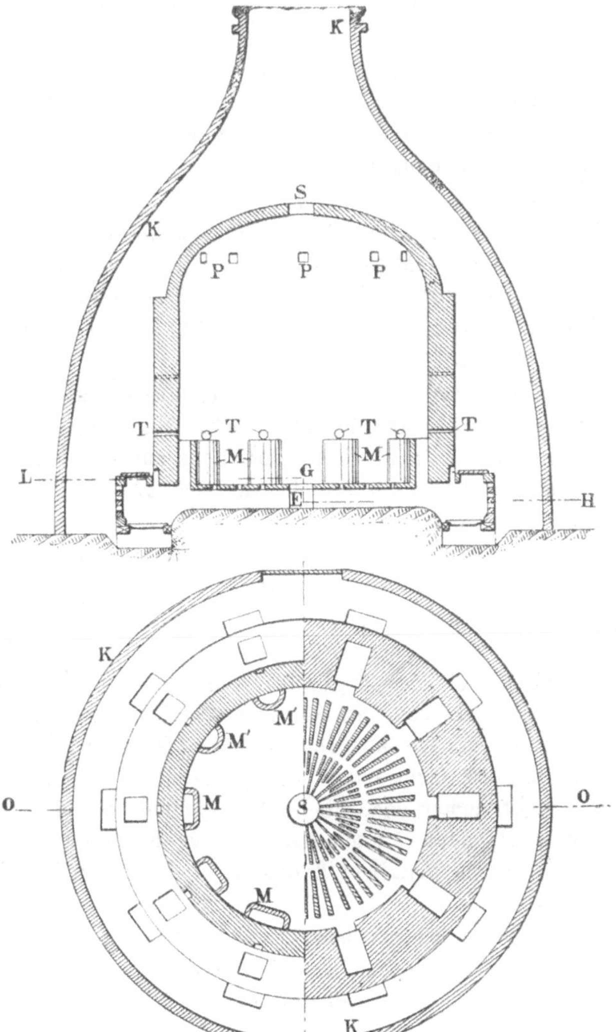

Fig. 138.

und haben 4,50 m Durchmesser. Sie sind überwölbt und die Scheitelhöhe von der Sohle aus beträgt 5 m. Die Feuerungen, acht an der Zahl, sind am äußersten Rande des Ofens symmetrisch angebracht und gelangt die Flamme beim Verlassen des Herdes in einen vertikalen Kanal *M*, wodurch sie direkt in den Ofen gelangt, und in einen zweiten, horizontalen Kanal, der unter der Sohle herführt und einen Teil der Verbrennungsgase in die Mitte E leitet.

Die in England verwendeten Öfen haben in einigen Betrieben noch die ursprüngliche Form, die wir beschrieben haben. Heute gebraucht man mehr den Ofen mit überschlagender Flamme. Das Original ist, als man die Öfen größer machen wollte, nicht mit gutem Erfolg umgeändert worden. Die äußerste Grenze für diese Öfen ist 7 m Durchmesser. Diese höher zu machen, bietet keinen Vorteil, man schädigt nur das Kapselmaterial durch die Erhöhung der Stöße.

Die englischen Öfen haben eine runde Umhüllung K, welche sie gegen Windstöße schützt. Diese Umhüllungen haben gewöhnlich die Form, wie sie Fig. 138 zeigt. Manchmal sind sie konisch. Die Nützlichkeit dieser Umhüllung begreift man, wenn man die Bauart eines englischen Ofens betrachtet. Derselbe hat keinen Schlot. Die Flammen haben in P und S ihren Abzug.

Das Steingut wird auch in ähnlichen Öfen wie die Bosch-Öfen gebrannt, wir kommen später darauf zurück. Nachdem die Flamme aufgestiegen ist, kommt sie in die Mitte des Ofens zurück, dringt unter dem Boden durch und zieht durch Kanäle, die sich zwischen jeder Feuerung befinden, ab.

Der Rohbrand dauert in einem Ofen von Durchschnittsgröße 30 bis 40 Stunden mit einem Verbrauch von 10 Tonnen Kohle. Der Glasurbrand (in kleineren Öfen) dauert nur 12 Stunden mit Verbrauch von 4 Tonnen Kohle. Fig. 138 zeigt uns den alten Ofen mit direkter Flamme.

Die Beschaffenheit des englischen Steingutes, das in einigen Abarten verglaster ist als das des Kontinents, scheint großen Einfluß auf einige seiner Eigenschaften auszuüben. Die bisher mit Zugmuffeln gemachten Versuche sind nicht immer zufriedenstellend gewesen. Man darf das Mißlingen nicht immer dem mit der Handhabung der Muffeln betrauten Arbeiter zuschieben, denn es scheint, daß der Scherben die durch den Apparat hervorgerufene plötzliche Erhitzung und schnelle Abkühlung nicht vertragen kann.

Die englischen Glasuren bestehen aus Materialien, die nichts Besonderes haben. Anstatt des auf dem Kontinent gebräuchlichen Feldspates gebrauchen die Engländer Cornish-stone. Blei wird fast immer in Form von Bleiweiß zugefügt.

Die Massen, die wir als Vorbild genommen haben, können folgende Glasuren erhalten:

	Fritte			Glasur		
	1.	2—5.	3.	1.	2—5.	3.
Cornish-stone	80	—	90	210	45	95
Feuerstein	115	—	60	45	25	—
Borax	140	—	80	—	—	—

	Fritte 1.	Fritte 2—5.	Fritte 3.	Glasur 1.	Glasur 2—5.	Glasur 3.
Kaolin	25	—	16	—	15	—
Kalk	70	—	40	—	—	25
Fritte				350	—	250
Bleiweiß				135	100	140
Flintglas				—	5	—

In der Glasur No. 2 befindet sich eine Unregelmäßigkeit. Es fehlt Borsäure, und man verwendet ohne vorheriges Fritten nur ein einfaches polybasisches Silikat. Diese Formel ist alt und ermöglicht einen Begriff von der ersten Glasur, die auf feines Steingut gebracht wurde.

	Fritte 4.	Fritte 6—7.	Glasur 4.	Glasur 6—7.
Cornish-stone	80	25	210	32
Feuerstein	115	20	—	32
Borax	140	38	—	—
Kaolin	25	15	—	—
Kalk	70	18	—	—
Fritte			350	160
Bleiweiß			135	57.

Außer diesen Zusammensetzungen, die Blei enthalten, hat man in England Versuche gemacht mit bleifreien Glasuren, wie folgende Formeln beweisen:

Borax	90	60	30
Feldspat	40	—	30
Cornish-stone	—	36	—
Feuerstein	38	60	15
Flintglas	36	—	—
Kaolin	—	—	5
Barytkarbonat	—	—	5
Kalk	—	—	20.

Man frittet vor dem Auftragen.

Für die letzte Glasur verwendet man:

Fritte	80
Kaolin	15
Feldspat	5.

2. Fabrikation auf dem Kontinent.

Die in der Nähe von Belgien befindlichen Manufakturen, sowohl in Frankreich wie in Deutschland, bedienen sich oftmals des englischen Rohmaterials. In manchen Betrieben werden sogar ausschließlich Produkte englischer Herkunft verarbeitet.

Hierzulande gibt es Tone von guter Qualität. In Frankreich im Marnebecken, hauptsächlich im Seinebecken, auch in den Ardennen findet man gute Erden. Im Rheinland bezieht man feuerfeste Tone aus der Rheinpfalz (Grünstadt), aus dem Rhein- und Saartal. Der devonische Boden, welcher den größten Teil dieser Gegend bildet, enthält viel feuerfesten Ton.

Die wenig plastischen englischen Kaoline konkurrieren mit den Kaolinen zweiter Qualität, daher findet man je nach Entfernung der Betriebe vom Lager die Verwendung von englischem Kaolin oder solchem aus dem eignen Lande.

Das gleiche gilt vom Cornish-stone. Wenn man dieses Material ohne große Kosten beschaffen kann, wird es dem Feldspat vorgezogen. Ist dies nicht der Fall, verwendet man letzteren.

Feuerstein verschafft man sich leicht von Frankreich, er ist von ziemlich guter Qualität. Die Nachbarländer decken ebenfalls zum Teil ihren Bedarf von den Küsten der Normandie (Dieppe, St. Vabry).

In manche Massen wird die Kieselsäure im Zustande von Quarzsand zugefügt. Diese Zubereitung ist weniger gut wie die vorhergehende, denn Quarzsand erleidet, wenn er der Wirkung der Hitze ausgesetzt ist, Veränderungen, welche die Masse beeinträchtigen und Fehler hervorrufen können.

Einige Fabrikanten haben die Gewohnheit beibehalten, der Masse Kalk beizumischen, was aber keinen Vorteil bringt.

Vor dem feinen Steingut erzeugte man in Frankreich cailloutage und terre de pipe. Erstere bestand aus einer ton- und kieselsäurehaltigen Masse wie folgt:

Ton aus Montereau und Provins . .	—	63
Ton	87	—
Quarz	13	27.

Das Verhältnis zwischen den plastischen und magernden Materialien war durch die Plastizität, welche die Masse haben mußte, bestimmt.

Das Kalksteingut benötigte eine dritte Substanz, um die Masse zu bilden, und zwar Kalk oder eine alkalinische Fritte. Kalksteingut wurde zuerst geschaffen, Tonsteingut kam erst später. Gewöhnlich fügte man der Masse Kalk hinzu, man kennt aber auch Frittenmassen.

Das gewöhnliche feine Steingut enthält keinen Kalk. Einige Fabrikanten verwenden ihn jedoch noch in ihren Massen, denn in dem Werke von Tenax (Prössel)[1]) sind alle Versuche von feinem Steingut, die er anführt, kalkhaltig; entweder wurde Kalk absichtlich oder im Mergelzustand eingeführt.

---

[1]) Die Steingut- und Porzellan-Fabrikation.

	Kalksteingutmassen					
	12.	13.	14.	15.	16.	17.
Weißer Ton aus Wallendar	21	—	—	—	—	—
Plastischer Ton	—	15	60	40	65	40
Kaolin aus Albsheim	31	—	—	—	—	—
Kaolin	—	10	5	30	—	15
Kreide	17	—	10	—	—	—
Mergel	—	25	—	—	—	—
Flintstein	31	45	20	12	25	30
Glattscherben	6	5	—	—	—	—
Feldspat	4	—	5	18	—	—
Cornish-stone	—	—	—	—	10	15.

Die Massen 12, 13 und 14 werden von Tenax angeführt. — Masse No. 15 wurde in Creil benutzt.

Die Scherben 16 und 17 stammen aus der Fabrik Keramis in la Louvière (Belgien).

In manchen französischen Fabriken werden die Massen etwas anders hergestellt, als wir es hier angaben. Sie sind sehr kieselsäurehaltig und stammt das einzige hinzugefügte Schmelzmittel aus den glimmer- und feldspatartigen Stoffen, welche durch das Rohmaterial selbst hinzugebracht wurden.

Diese sind z. B. feuerfester Ton, Kaolin, Flintstein und Decize-Sand.

Für Kaolin gibt es zwei Quellen: Allier und England. Der aus ersterer Gegend stammende ist eisenhaltig; allein gebrannt nimmt er eine gelbliche Tönung an. Um einen zufriedenstellenden Scherben zu erhalten, wird er mit englischem Kaolin vermischt.

Der Kaolin von Allier enthält:

Kaolinit	75
Glimmer	10
Quarz	15.

Englischer Kaolin enthält:

Kaolinit	87
Glimmer	5
Quarz	8.

Der Decize-Sand enthält bis 25 % Glimmer. Eine aus solchen Stoffen hergestellte Masse enthält also an sich genügend schmelzbares Material, um die Quarz- und Tonkörner zu binden.

Die glimmerhaltigen, wenig plastischen Kaoline werden zur Herstellung des feinen Steingutes benützt. In Frankreich gibt es hiervon mehrere Lager (in Cher, Allier und Bretagne).

Jeder dem Decizer ähnliche Sand kann zur Herstellung solcher Massen dienen.

Die Bereitung der Glasuren hat nichts Eigenartiges. Je nachdem man Cornish-stone oder Feldspat zur Verfügung hat, gebraucht man das eine oder das andere.

Wir geben einige Glasuren an, die den angeführten Massen entsprechen:

	Fritten					Glasuren				
	12.	13.	14.	15.	16—17.	12.	13.	14.	15.	16—17.
Feldspat . . .	35	16	24	25	15	10	16	11	13	25
Sand	18	29	20	—	30	—	—	11	23	—
Mennige . . .	16	—	—	20	—	—	—	—	—	—
Borax	22	29	35	40	30	—	—	—	—	—
Kaolin	3	10	6	—	—	—	—	—	—	—
Pottasche . . .	—	—	3	—	—	—	—	—	—	—
Kreide	6	15	12	20	15	—	—	—	—	—
Ätzkalk . . .	—	—	—	19	—	—	—	—	—	—
Bleiglätte . . .	—	—	—	19	—	—	—	—	—	—
Cornish-stone .	—	—	—	—	10	—	—	—	—	—
Bleiweiß . . .	—	—	—	—	—	8	26	13	—	25
			Fritte			82	58	65	62	50.

Das Brennen des Rohsteingutes und der Glasur wird gewöhnlich im gleichen Ofen vorgenommen; manchmal wird aber auch die Glasur in kleineren Öfen gebrannt. Man kann z. B. das Verhältnis des Inhalts so bestimmen, daß wegen des von den Kapseln eingenommenen Raumes ein Rohbrand für zwei Glasurbrände ausreicht. Ein Ofen von 150 cbm und zwei Öfen von je 115 cbm entsprechen diesen Bedingungen.

Die Engländer haben die Höhe ihrer Öfen nicht übertrieben. Auf dem Kontinent jedoch kann man solche bis zu 7 m Höhe finden. Dadurch ist man gezwungen, sehr hoch aufzustapeln, was ein sehr starkes Kapselmaterial erfordert.

Die großen Öfen haben 5 m Durchmesser, manchmal sogar 6 m. In neuerer Zeit hat man Öfen von 5 m Höhe mit einem Durchmesser bis zu 7 m gebaut. Diese sind den ersteren vorzuziehen.

Gegenwärtig haben fast alle Steingutöfen indirekte Feuerung.

Die Dauer des Brennens und der Verbrauch an Brennmaterial ändert sich mit der Bauart der Öfen und der Art der Fabrikationsweise.

Ein Biskuitofen mit 10 Feuerungen und einem Durchmesser und einer Höhe von 5 m braucht ungefähr 13,5 Tonnen bei einer Brenndauer von 48—50 Stunden. Dieses sind Durchschnittszahlen, denn in vielen Betrieben werden größere Öfen in kürzerer Zeit gebrannt.

Wir haben schon einen alten Steingutofen mit direkter Flamme als Beispiel angegeben. Zu Vergleichszwecken führen wir ihn nochmals an (Fig. 139). Außer denjenigen, welche den englischen Öfen mit indirekter

Flamme gleichen, verwendet man noch eine andere Art, welche eine Umänderung des sogen. Creil- und Montereau-Ofens ist (Fig. 140).

Der Bosch-Ofen unterscheidet sich von den früheren mit direkter Feuerung dadurch, daß die Flammen nur durch die in der Sohle angebrachten Kanäle abziehen können. Die Flamme steigt dann in die im Mauerwerk ausgesparten Kamine, anstatt direkt in einen Außenkamin.

Man hat mit Erfolg versucht, das Steingut in Ringöfen zu brennen. Dieses Verfahren, das für Rohsteingut wenig zuträglich ist, da es jähe Erhitzung oder zu plötzliche Abkühlung nicht verträgt, scheint eher für das Brennen der Glasur praktisch zu sein; es ist aber gelungen, beides in solchen Öfen zu brennen.

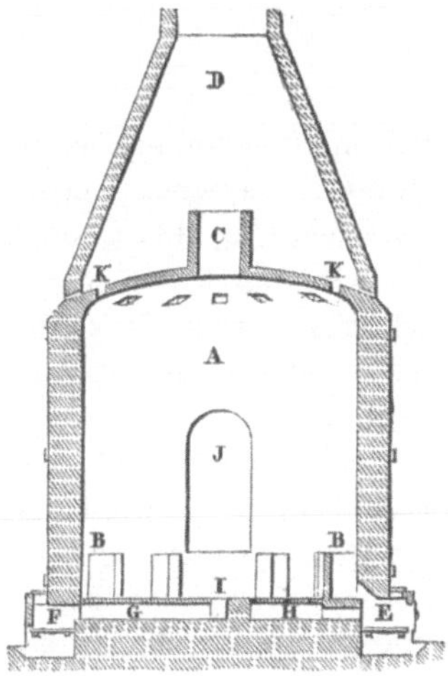

Fig. 139.

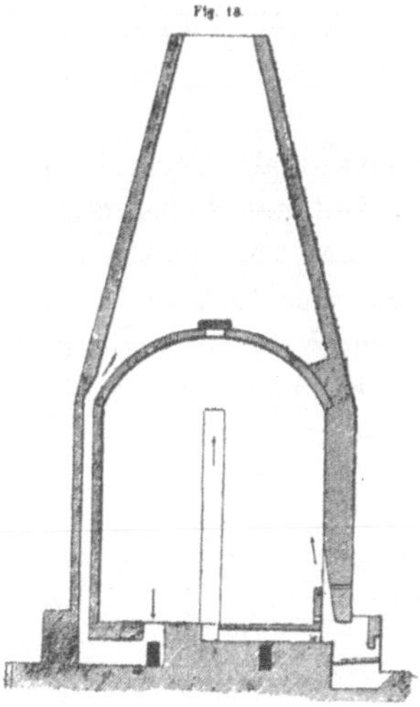

Fig. 140.

Der von Faugeron für die Fabriken von Creil und Montereau gebaute Ofen besteht aus einem geraden Tunnel, durch den die zu brennenden Gegenstände geführt werden. Dieselben stellt man auf Wagen, die den Tunnel in seiner ganzen Länge durchfahren; in der Mitte befindet sich die Feuerung. Um diese Wagen soviel wie möglich zu schützen, durchquert die Flamme den Tunnel nur im obersten Teil, wo sie zu dem zu brennenden Material gelangt. Die unteren Mauern sind bis zur Breite des Wagens verengt; man verhütet dadurch deren Beschädigung.

Der Luftzug durchzieht den Ofen vom Eingang bis zum Ausgang; er erwärmt sich durch die gebrannten Gegenstände, kühlt diese ab und erwärmt die Waren, bevor er aus dem Tunnel austritt. Der Brennherd ist doppelt und besitzt zwei sich gegenüberliegende Rostvorrichtungen.[1]

---

[1] Tonindustrie-Zeitung 1899, S. 1211 und M. S. I. 1899, S. 284.

Dieser Ofen hat in letzterer Zeit Änderungen erfahren, wie aus dem deutschen Patentzusatz No. 119516 zu ersehen ist. Diese Änderung hat den Zweck, die plötzliche Zuströmung der aus den Kühlräumen kommenden Gase zu vermindern und sogar zu verhindern.

Dies wird zum Teil durch Aufsaugen der Luft und Zufuhr derselben in den Brennherd erreicht. Eine Dampfleitung läuft längs der beiden Seiten des Ofens bis in die Kanäle *t*. Die Luft strömt durch *a* zu, kühlt

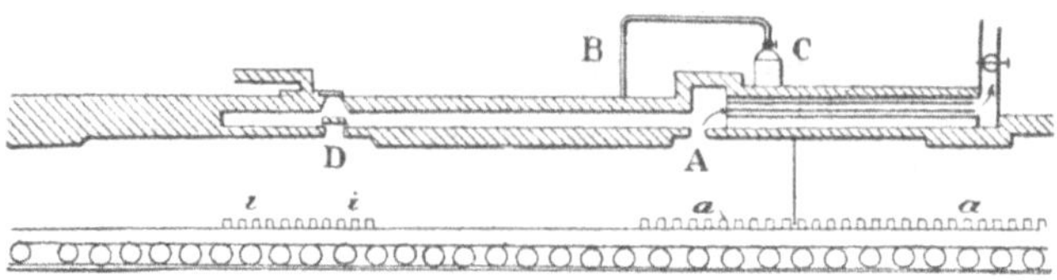

Fig. 141 a.

die Produkte ab, gelangt in *v* und *r*, um unter *z* zu entweichen. Ein anderer Teil der Außenluft strömt dem Kanal *i* zu, geht von dort nach *g* und *h* und gelangt durch *f* in die Heizkammer (Fig. 141 a und b). Das Zuströmen der Luft in die Kanäle *r* und *i* wird durch Schieber geregelt. Auf diese Weise ermöglicht man ein richtiges Verhältnis zwischen der aus den Kühlräumen kommenden Luft und derjenigen, die in den Brennraum strömt.

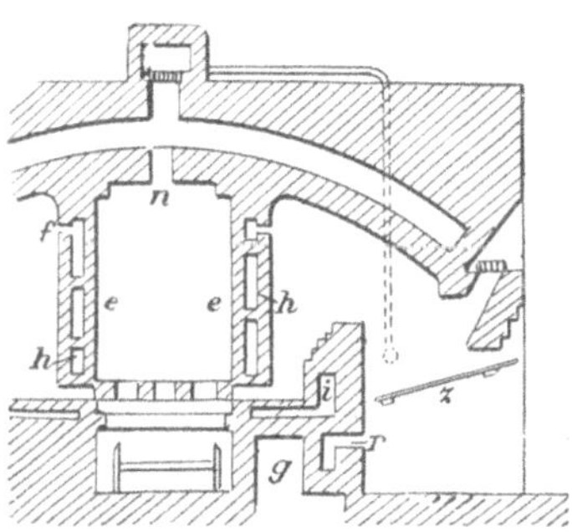

Fig. 141 b.

Den dazu nötigen Dampf liefert ein Dampfkessel *C*. Dieser ist durch warme Gase geheizt. Bei Inbetriebsetzung des Ofens sind keine Wagen abzukühlen; man schließt den Ofenkanal durch eine Ziegelwand und läßt eine Öffnung *A*, damit ein Teil der heißen Gase den Kessel heizen kann. Ist letzterer unter Druck, so schlägt man die Wand nieder und setzt die Injektoren in Tätigkeit.

Sind genügend Wagen zum Abkühlen vorrätig, wird *n* geschlossen, und der Brand nimmt seinen normalen Lauf.

Die hier gegebene Beschreibung entnehmen wir aus der Patentschrift. Seitdem hat der Erfinder kleine Veränderungen zur Verbesserung des Betriebes vorgenommen. Dieser Ofen wird in der Steingutfabrik von Montereau seit mehreren Jahren mit bestem Erfolg verwendet. Andere Betriebe haben gleichfalls derartige Öfen gebaut.

Der Sturm-Ofen, den wir früher erwähnten, wurde auch zum Brennen des Steingutes erprobt; er ist schwieriger zu behandeln. Die Vorteile eines Tunnelofens gegenüber einem solchen mit drehbarer Ringsohle haben wir schon angedeutet.

IV. Steingut für Baukunst.

Hierunter versteht man die verschiedenen Produkte, welche zu Bauzwecken verwendet werden. Der Scherben hat eine poröse Textur und ist mit Glasur überzogen. Um mit unserer Einteilung übereinzustimmen, ist es logischer, diese Art von Produkten der Steingutgruppe einzureihen, anstatt der der Tonwaren.

Zu diesen Produkten gesellt sich nun eine Reihe von glasierten, zu Bauzwecken dienenden Tonwaren. Diese Fabrikation ist besonders in den Ländern ausgedehnt, die mangels Baustein gezwungen sind, Tonware zu verwenden.

1. Glasierte Tonwaren.

Seit langem verwendet man glasierte Ziegel; die Dariusfries ist ein Beweis dafür, was sich aus gefärbten, glasierten Tonwaren machen läßt. Man kann entweder auf die Ziegel, nach Zugabe von Färbemitteln, eine gefärbte Glasur (in der von uns angeführten Weise) anbringen oder die Ziegel engobieren und eine durchsichtige Glasur auftragen. Die Glasuren können farblos oder gefärbt sein. Bei ersteren scheint die Farbe des Scherbens selbstredend durch; letztere haben eine sich nach der Unterlage mehr oder weniger ändernde Färbung. Mit den wenig gefärbten Scherben läßt sich mehr erzielen wie mit den ausgesprochen roten. Man kann rote, braune, grüne und blaue Glasuren auftragen. Hierfür setzt man der Grundglasur Eisen-, Mangan-, Kupfer- oder Kobaltoxyd zu. Eine farblose Glasur hebt die Farbe des Scherbens und verleiht diesem eine gelbliche Färbung. Es gibt weniger Spielraum bei rötlichen Scherben, und die grünlichen und bläulichen Tönungen sind schwieriger zu erzielen. Weiß erhält man durch undurchsichtige Glasuren. Am besten hierfür eignet sich ein Zusatz von Zinnoxyd. Diese verschiedenen Glasuren können mehr oder weniger intensiv sein und mehr oder weniger ausgesprochene Tönung aufweisen. Auch kann man die einzelnen Farboxyde vermischen. So ergibt bei richtigem Verhältnis eine Mischung von Eisen-, Mangan- und Kobaltoxyd ein tiefes Schwarz.

Die Beschaffenheit der Glasuren hat auch ihren Einfluß auf die Tönung. Wir kommen noch auf diese Frage zurück, wenn wir von den Verzierungen sprechen. Manchmal verwendet man undurchsichtige, leicht gefärbte Glasuren.

Bei Gebrauch von Begußtonen lassen sich die glasierten Tonwaren ebenfalls färben.

Man kann auch auf andere Tonwarengegenstände Glasuren anbringen, wie auf Dachziegel, Fliesen und Zierstücke.

Die Ziegel werden durch Eintauchen glasiert, manchmal auch durch Begießen. Letzteres Verfahren läßt sich bei Dachziegeln und Fliesen gut anwenden. Handelt es sich aber um Stücke von unregelmäßiger Form oder von großem Umfang, so wird die Glasur mittels Pinsel aufgetragen.

Wenn möglich, wird sie auf die rohen Gegenstände aufgelegt; dieses findet für Stücke geringen Wertes Anwendung. Gebrannte Ware zu glasieren, ist weniger gebräuchlich, da es die Herstellungskosten durch zweimaliges Brennen erhöht.

Das Brennen des glasierten Steingutes erfordert mehr Sorgfalt als das der einfachen Tonwaren. Man muß zu verhüten trachten, daß Brennmaterial mit der Masse in Berührung kommt. Die Gegenstände müssen in den Ofen so eingesetzt werden, daß sie sich nicht berühren. Die Atmosphäre des Ofens spielt auch eine Rolle; bei einer bleihaltigen Glasur sind Reduzierungen zu vermeiden.

2. Steingutfliesen.

Die gewöhnlichen Tonplatten können mit gefärbten oder ungefärbten Glasuren überzogen werden; man verfährt dann wie bei den glasierten Tonwaren. Außer diesen gibt es noch andere Herstellungsarten, deren Besprechung interessant ist.

Die Fliesen lassen sich in mannigfaltiger Weise verzieren; die Eigenart der uns bekannten orientalischen Bekleidungsplatten zeigt eine gewisse Gesuchtheit in der bunten Verzierung. Die Araber haben ihren Geschmack und ihre Verfahren während ihrer Herrschaft in Spanien in Europa eingeführt. Noch gegenwärtig werden unter dem Namen Azulejos sehr gesuchte Platten hergestellt, die zur Ausschmückung von Innenräumen dienen. Die Azulejos sind hauptsächlich mit Lüstern verziert.

Die Platten erhalten manchmal Verzierungen mit gefärbten Begüssen, worauf dann eine Glasur angebracht wird.

Man verwendet auch weiße Fliesen mit Zinnglasur, d. i. Steingut mit einer durch Zinnoxyd undurchsichtig gemachten Glasur. Diese Fliesen werden wie die gewöhnlichen Platten hergestellt, erhalten aber noch eine Glasur, die durch Begießen aufgetragen wird. Sie wurden viel gebraucht, doch sind sie heute durch solche aus Hartsteingut verdrängt, welche mit überaus mannigfaltigen Verzierungen hergestellt werden.

Die Platten aus Hartsteingut werden auf trockenem Wege erzeugt. Die aus der Filterpresse kommende Masse wird getrocknet. Der dazu benutzte Trockenraum ist manchmal ein mit Schienen belegter Tunnel; die Masse wird auf Wagen gelegt und so lange im Trockenraum gelassen, bis sie ausgetrocknet ist. Man erzielt das gleiche Resultat, wenn man die Masse auf hohle Gestelle gibt, durch welche Dampf geleitet wird. Wird die Austrocknung zu weit getrieben, so enthält die Masse nicht genügend Feuchtigkeit, um ein Zusammenhaften der Körner während des Pressens zu ermöglichen. Aus diesem Grunde zieht man vor, die Masse gänzlich auszutrocknen, zu pulverisieren und mit 8 % Wasser wieder anzufeuchten.

Kann man die Austrocknung in dem gewünschten Grade einstellen, so kann man sich das nachherige Anfeuchten ersparen. Da die Masse wenig Härte besitzt, kann man Zerkleinerungsapparate von großer Leistungsfähigkeit, wie die Carr-Desintegratoren, anwenden.

Die Presse, welche zum Formen der Platten dient, ist eine solche mit senkrechter Schraube. Letztere wird durch ein oben angebrachtes Schwungrad getrieben. Je nach der Größe der Presse hat das Schwungrad 1,50—2 m Durchmesser; es ist mit Griffen versehen. Diese Apparate haben Ähnlichkeit mit den Geldprägemaschinen. Man kann auf die in eisernen Formen befindliche Masse einen Druck von 20000 kg und mehr pro Quadratdezimeter ausüben. Für größere Platten wird der Druck noch erhöht. Je größer die zu pressende Fläche ist, je schwieriger ist die Arbeit. Daher werden selten Platten hergestellt, die 20 cm überschreiten. Die gewöhnlichen Maße sind 6 und 15 cm.

Die trockene, sich in einer Form befindende Masse wird einem ersten und dann einem zweiten Druck ausgesetzt. Nachdem der Kolben wieder hochgebracht ist, wird der Boden mittels Fußhebel gehoben und die Platte aus der Form genommen. Die Oberfläche wird dann leicht geglättet.

Die Platten werden aufgestapelt und in den Trockenraum gebracht. Von der regelmäßigen Austrocknung hängt ein großer Teil des Gelingens ab. Sind die Platten schlecht ausgetrocknet und nicht gut vor der feuchten Luft bewahrt, so können selbige beim Brennen beschädigt werden. Um eine sehr trockene Ware zu erhalten, muß mit großer Vorsicht zu Werke gegangen werden, denn eine stark gepreßte Masse verliert nur langsam ihren Wassergehalt. Will man Ausschußware vermeiden, muß das Austrocknen langsam vor sich gehen.

Die Platten werden auf gleiche Weise wie das feine Steingut gefärbt. Manche Platten weisen Reliefs auf. Eine von geübten Arbeitern bediente Presse kann täglich 2000 Platten von 12 cm Größe liefern.

Die Herstellung von Platten aus feinem Steingut geht nicht ohne viel Ausschußware vonstatten. Die Ware würde wohl an Güte gewinnen, wenn man das heutige schnelle Formen etwas verlangsamen würde; unregelmäßiges Pressen und Formen zeigt sich beim Brennen durch Risse.

Die zur Herstellung der Platten verwendeten Massen weichen in ihrer Zusammensetzung von denen des Hartsteingutes etwas ab. Folgende Formel gibt eine englische Masse für Platten an:

Plastischer Ton	23
Kaolin	27
Flintstein	40
Cornish-stone	11.

Man sieht daraus, daß sie wenig Cornish-stone enthalten.

Das Brennen umfaßt ebenfalls einen Roh- und einen Glasurbrand. Die glasierten Platten werden in rechtwinklige Kapseln auf der Kante nebeneinander zwei und zwei und Rückseite an Rückseite aufgestellt und durch eine Stütze aus Schamotte auseinander gehalten.

Die zum Brennen der Platten dienenden Öfen haben mitunter andere Einrichtungen als die für Hartsteingut. Die Bauart ist der der Öfen mit direkter Flamme ähnlich, nur entweichen die Gase durch Öffnungen, welche am untern Teile eines zylindrischen Kamins vorgesehen sind; dieser Kamin ist auf der Sohle aufgebaut und reicht über das Ofengewölbe hinaus. Die Gase finden erst Abzug, nachdem sie bis zum Gewölbe aufgestiegen und wieder bis zur Sohle niedergegangen sind. Lambert[1]) war einer der ersten, der diesen auf dem Kontinent heute noch gebräuchlichen Apparat beschrieben hat.

3. Ofenkacheln.

In den kalten Ländern werden zur Heizung vielfach Kachelöfen gebraucht. Die zur Ummantelung dienenden Kacheln müssen Temperaturschwankungen ertragen können; dies erschwert die Herstellung, denn die Glasur darf nicht rissig werden, noch abspringen. Durch diese beiden Bedingungen wird dieser Fabrikationszweig eine Spezialität.

Die Tone, die zur Herstellung der Kacheln dienen, sind eisenhaltig; nach dem Brennen erhalten sie eine mehr oder weniger rote Färbung. Für die Verbindung des Scherbens mit der Glasur ist das Vorhandensein von Kalk vorteilhaft. Die Ofenfabrikanten haben seit langem die Erfahrung gemacht, daß Haarrisse bei entsprechendem Zusatz von Kalk nicht vorkommen. Sind die Tone nicht kalkhaltig, so wird der Masse Kreide beigefügt. Die Verwendung von Mergel ist für die Herstellung dieser Ware wie geschaffen. In Formeln findet man Mergel als unbedingt dazu gehörend. Die Wirkung des Kalks erklärt sich durch die Änderung des Ausdehnungsgrades der Masse, die durch dieses Material hervorgerufen wird.

Der von Feilner in Berlin verwendete mergelhaltige Ton von Velten ist ein für diese Fabrikation typischer Ton. Nach Seger enthält er rund 20 % Kalkkarbonat. Das Vorhandensein von Kalk in der Masse, welches für die Übereinstimmung zwischen Masse und Glasur nützlich ist, vermindert jedoch die Haltbarkeit der Masse bei Temperaturwechsel. Wenn man den Gehalt an Kalk unbedachtsam vermehrt, wird die Kachel spröde und hält der Hitze nicht stand. Um gute Ware zu erzielen, muß man das richtige Verhältnis treffen, bei welchem die Masse nicht zu spröde ist und dabei auch die Glasur zur Masse paßt.

Der Ton wird geschlämmt, um ihn von den meisten Unreinigkeiten zu befreien. Dieses geschieht in einem Rührbottich. Das mit Ton gesättigte Wasser wird durch ein Sieb von 100—150 Maschen pro Quadratzentimeter gegossen und die Flüssigkeit in einem Behälter aufgefangen.

---

[1]) Fabrication de la faience fine en Angleterre.

Läßt man die Flüssigkeit ruhen, so setzt sich der Ton ab, und wenn erstere abgelaufen ist, bleibt die Tonmasse zurück. In großen, wenig tiefen Behältern kann der größte Teil des Wassers entfernt werden. Wird der Satz in einem freien Raum der Luft ausgesetzt, so schreitet das Austrocknen fort und der Ton bleibt in festem Zustand zurück. Das Ende des Austrocknens zeigt sich durch Sprünge in der Masse an. Die Filterpresse ermöglicht ein schnelleres Vorgehen, ist aber bei kleineren Betrieben nicht anwendbar. Die kleinen Kachelofenfabriken sind von der Witterung abhängig, während der schlechten Jahreszeit stehen sie still.

Die Masse besteht aus Ton und einem Magerungsmittel. Um die gewünschte Plastizität zu erreichen, wird auch eine Mischung von Tonen vorgenommen. Hat man einen zu kalkhaltigen Ton, so wird er mit einem nichtkalkhaltigen im richtigen Verhältnis gemischt. Sind die Tone nicht kalkhaltig, so wird Sand oder noch besser Schamotte und Kreide als Magerungsmittel zugesetzt.

Bei sehr trocknen Tonen ist es besser, die Masse vor dem Mischen in kleine Stücke zu teilen. Hierzu genügen ein Paar Walzen. Der gemahlene Ton wird mit den Magerungsmitteln gemengt, angefeuchtet und, nachdem das Wasser in die Masse eingedrungen ist, geknetet.

Die Herstellung von Schamotte würde den Öfnern zu kostspielig sein, doch finden sie solches Material immer in den Kapsel- und Kachelscherben.

Für einen Scherben, der Hitze ertragen muß, ist eine Schamottezugabe von Vorteil; die Größe der Körner ist mit der Art der zu erzeugenden Gegenstände in Einklang zu bringen.

Die Zusammensetzung der zur Herstellung von Kacheln dienenden Massen ändert sich je nach den Fabrikanten; sie hängt auch von der Beschaffenheit der zu verwendenden Materialien ab. Die Glasur muß zu der Masse passen und muß letztere jähe Temperaturwechsel ohne Bruch aushalten.

Hier folgt ein Beispiel einer solchen Masse. Die Formel ist schon alt, sie wurde von Brongniart[1]) angeführt.

Plastischer Ton aus Vangirard	25
Tonhaltiger Mergel aus Ménilmontant . . .	25
Quarzsand	13
Schamotte	37.

Selbstverständlich würden andere wie die vom Verfasser angegebenen Elemente andere Resultate geben. Wie man ersehen kann, ist Schamotte der Masse beigefügt worden; man hat aber auch Massen hergestellt, ohne dieses Magerungsmittel anzuwenden. Sie enthalten durchschnittlich 12 % Kalk; die Grenzen sind 10 und 14 %. Sind die Tone sehr eisenhaltig, so tut man gut, den Kalkzusatz nicht zu übertreiben.

[1]) Arts céramiques Bd. II, 2. Auflage, S. 73.

Die Kachelöfen werden hauptsächlich aus Platten hergestellt, von denen die einen flach und die anderen zur Bildung der Ecken rechtwinklig sind. Für Luxusöfen benützt man oft mit Reliefs verzierte Kacheln. Hierzu muß man besondere Formen anfertigen.

Die gewöhnlichen Öfen sind einfacher gebaut. Sie werden nur aus den zwei Sorten Platten, von denen wir gesprochen haben, zusammengesetzt. Außerdem werden noch einige wenig komplizierte Dekorationsstücke hergestellt, welche als Aufsatz dienen.

Zum Anfertigen der Ofenplatten werden Gipsformen verwendet. Zum Formen werden aus einem Masseblock Blätter geschnitten, welche man in die Form eindrückt. Über diese Art von Arbeit haben wir schon gesprochen. Handelt es sich um gewöhnliche glatte Platten, so ist die Form einfach. Haben sie aber Reliefs oder Höhlungen, so muß die Form so beschaffen sein, daß man die Platten leicht herausnehmen kann, ohne sie herauszureißen.

Wären die Platten auf der Innenseite glatt, dann könnte man sie schwer ansetzen. Ist die Form *C* (Fig. 142) mit Masse angefüllt und diese eingedrückt, so streicht der Arbeiter die überflüssige Masse ab und bringt einen Ansatz *F* an. Dieser hat ovale Form oder die eines abgerundeten Rechtecks; er erleichtert das Anhaften des Mörtels auf der Rückseite der fertigen Platte. Sobald die Masse gefestigt ist, wird die Platte aus der Form entfernt und zum langsamen Trocknen auf eine Gipsplatte gelegt.

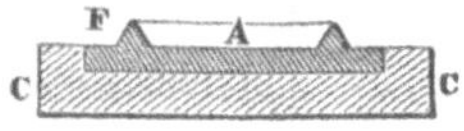

Fig. 142.

Die Eckplatten bedürfen einer besonderen Form, welche aus zwei Teilen besteht, um das Entfernen der Platten zu ermöglichen.

Will man anstatt rechtwinklige runde Öfen herstellen, so gibt man den Formen eine Rundung.

Da diese Platten keine glatten Flächen haben, werden sie auf eigens hierzu gefertigte Gestelle gelegt, da sie sonst ihre Form nicht beibehalten würden. Erst wenn die Masse genügend erhärtet ist, kann man sie aufstellen.

Das Austrocknen der Ofenkacheln muß regelmäßig vor sich gehen, was nur bei langsamem Verfahren bewerkstelligt werden kann. Zeigen die Stücke eine Neigung zum Verbiegen, so werden sie mit der Hand wieder hergerichtet, was aber nur möglich ist, solange die Masse noch biegsam ist.

Damit die Platten gut aneinanderpassen, muß das Richten derselben vor dem Brennen geschehen.

Hierzu wird nicht nur Handarbeit, sondern auch Maschinenarbeit angewendet und sind zu diesem Zwecke Pressen konstruiert worden.

Die Kachelpressen haben viel Ähnlichkeit mit Schraubenpressen, wie sie zur Dachziegelfabrikation benützt werden. Sie bestehen aus einer Form, in welche ein Kern gesenkt wird. Diese Form erhält ein Masseblatt und einen Strang, welcher den Vorsprung bildet und einem senkrechten Druck ausgesetzt wird. Um gute Kacheln zu erhalten, genügt dieser eine Druck nicht, daher ist der Apparat so eingerichtet, daß man auch einen seitlichen Druck ausüben kann.

In Frankreich sind diese Pressen wenig bekannt und werden dort die Kacheln meistens mit der Hand geformt. In Deutschland werden seit langem schon die Ofenkacheln mittels Presse hergestellt. Wir beschreiben zwei neuere Apparate, welche 1904 in Breslau ausgestellt waren, genauer.

Bei der Drescher-Presse gibt man den Ton in einen viereckigen Behälter, dessen Querschnitt etwas größer als die Fläche der herzustellenden Kachel ist. Die Menge Ton, welche dieser Behälter fassen kann, genügt für 30 Kacheln. Ist er angefüllt, so wird er geschlossen und mittels einer Stange ein Kolben getrieben, der einen Druck auf den Ton ausübt. Die Masse gelangt beim Verlassen des Behälters in eine Form, bestehend aus mehreren mittels Eisenreifen zusammengehaltenen Gipsteilen. Ist die Form angefüllt, so wird die fertige Platte von der übrigen Masse abgeschnitten.

Die Dechert-Maschine ist eine Strangpresse, die eigenartig konstruiert ist. Vor dem Mundstück befindet sich eine durch Scharniere gehaltene Platte, worauf zwei parallele Profilstücke angebracht sind, welche durch eine Feder gegeneinander gezogen werden. Der Kern bleibt auf der Platte angedrückt, da er ebenfalls mit 2 auf zwei Seiten profilierten Teilen, welche sich in die Profilstücke der Platte einfügen, versehen ist. Um eine Kachel herzustellen, schlägt man die Platte samt dem Kern auf das Mundstück. Die aus dem Apparate getriebene Masse füllt dann die Form an; in diesem Augenblick entfernt man ein wenig die Platte vom Mundstück mittels Hebels und schneidet die geformte Kachel ab, indem man einen auf einen Bügel gespannten Draht heruntersenkt. Mit derselben Presse lassen sich auch Eckkacheln formen.

Die Ofenplatten benötigen eines Biskuit- und eines Glasurbrandes. Je nach den Ländern werden verschiedene Apparate hierzu verwendet. Die französischen Ofenfabrikanten verwenden den sogen. viereckigen Ofen, der zum Brennen des Hartsteingutes dient; dies geschieht in größeren Betrieben.

Der liegende Ofen besteht aus einer gewölbten Kammer, deren Größe zwischen 1,60 und 1,90 m Höhe und 1,75 und 2,30 m Breite schwankt. Die Länge des Ofens bietet größere Abweichungen. Das Mindestmaß ist 5,25 m, und bei einigen Modellen beträgt die Länge bis zu 7 m, was allerdings übertrieben und zum Brennen unbequem ist.

Der vordere Teil der Kammer enthält die Feuerung. Dieser Teil des Ofens ist durch eine Ziegelwand von dem Raum, wo die Kacheln aufgestellt werden, getrennt. Dieser Raum hat durchschnittlich eine Länge von 0,75 m. Durch Öffnungen, gewöhnlich 3 an der Zahl, welche meistens eine Fläche von 2800 qcm haben und die in der unteren Hälfte der

Trennungswand angebracht sind, dringen die Verbrennungsgase in den Ofen. In der oberen Hälfte der Wand hat man zwischen den Ziegeln eine gewisse Anzahl Löcher von 6 × 5 cm offen gelassen.

Am hinteren Teile des Ofens befindet sich gegenüber der Feuerung die Tür. Der Kamin ist am äußersten Ende angebracht, und zwar von der Wölbung über der Tür ab. Es sind fast dieselben Vorrichtungen wie beim Ofen, der auf Seite 313 abgebildet ist.

Das Einsetzen in einen solchen Ofen zeigt bemerkenswerte Eigentümlichkeiten. Bei der Konstruktion desselben hat man in den Seitenwänden zwei horizontale Rinnen und in der Sohle der Länge nach drei Rinnen, und zwar eine in der Mitte und zwei an den Seiten angebracht. Dies bewerkstelligt man, indem man der Sohle die Stärke eines flachen Ziegels gibt. In der ganzen Länge des Ofens werden 3 Kanäle mittels Ziegelsteinen hergestellt. An jeder Seite der im Boden angebrachten Rinnen wird eine Reihe von Ziegeln aufgestellt, dann wird der durch die Ziegeln und Rinnen hergestellte Kanal mit feuerfesten Tonplatten überdeckt. Seitlich angebrachte Rinnen dienen dazu, die Tonplatten, welche die seitlichen Kanäle überdecken und welche einer anderen Stütze bedürfen als der Ziegel, aufzunehmen.

Die Zwischenräume zwischen diesen Schamotteplatten werden absichtlich sehr groß gemacht. Anstatt daß sich letztere berühren, läßt man einen Zwischenraum von 3 cm. Zwischen diesen Kanälen ist eine Reihe von Stützen aus feuerfestem Ton angebracht, welche die Gestalt eines hohlen Kegels haben und die hoch genug sind, damit sie über die Platten, welche die Kanäle überdecken, hinausstehen. Auf diese Stützen wird eine Reihe von Tonplatten gestellt und mit Sorgfalt so angeordnet, daß man eine flache und solide Bank erhält. Diese dient als Unterlage für eine Wand, welche durch Aufstapeln von Dachziegeln oder Tonplatten erhalten wird, bis diese eine Mauer bilden, die bis auf 10 cm die Höhe des Ofens erreicht. Die Fugen zwischen den Pfannen müssen verschmiert werden, damit die Flamme diese Mauer nicht durchdringen kann. Die Verbrennungsgase dürfen nur am unteren und oberen Teile der Mauer durchstreichen. Ein großer Teil davon geht durch die 3 Längskanäle und durchquert den Ofen.

Beim Einsetzen der Kacheln in den Ofen muß man vermeiden, dieselben zu nahe aneinander zu bringen; die Ofengase müssen frei zirkulieren können.

Die Zeitdauer des Brandes hängt von der Beschaffenheit des zur Fabrikation dienenden Tones ab. Einige Öfen benötigen eines sehr langsamen Vorfeuers, das 24 Stunden unterhalten wird, während andere bei der halben Dauer schon gute Resultate ergeben.[1])

Die Ofenfabriken haben seit kurzer Zeit Öfen mit überschlagender Flamme im Gebrauch, welche auch zum Brennen des Steingutes dienen.

---

[1]) Brömse, Die Ofen- und Glasurfabrikation.

Diese Öfen geben trotz ihrer Mängel noch gleichmäßigeren Brand als die viereckigen oder liegenden Öfen.

Die auf die Kacheln aufgetragene Glasur ist entweder eine Zinn- oder eine durchsichtige, gefärbte Bleiglasur.

Wir geben nachfolgend die Zinnglasur an, welche Feilner, ein deutscher Ofenfabrikant, dessen Erzeugnisse öfters als Beispiel in den keramischen Werken angegeben sind, gebrauchte:

$$\left.\begin{array}{l} 0{,}53\ PbO \\ 0{,}06\ CaO \\ 0{,}10\ K_2O \\ 0{,}31\ Na_2O \end{array}\right\} 0{,}21\ Al_2O_3 \,.\, 3{,}43\ SiO_2 + 0{,}79\ SnO_2$$

oder

Äscher zu 43 % Zinn	254,00
Wasserfreie Soda	33,00
Kaliumkarbonat	5,22
Kreide	10,00
Quarzsand	181,00
Meersalz	23,00
Kaolin	54,00.

Diese Glasur ändert sich je nach der Beschaffenheit der Unterlage. Durch weniger Zugabe von Zinn kann man billigere Glasuren herstellen; bei der vorhergehenden Formel kann man bis 0,5 SnO_2 heruntergehen.

Durch Zugabe von Borsäure und Fortlassen der Tonerde erhält man Zusammensetzungen, die schmelzbarer sind wie:

$$\left.\begin{array}{l} 0{,}7\ PbO \\ 0{,}1\ Na_2O \\ 0{,}2\ CaO \end{array}\right\} 2{,}8\ SiO_2 \,.\, 0{,}2\ B_2O_3 + 0{,}5\ SnO_2$$

oder in Gewichts-Teilen ausgedrückt

Äscher zu 43 % Zinn	232
Kristallisierter Borax	40
Kreide	20
Quarzsand	168
Meersalz	20.

Die Herstellung der Glasur wird von vielen Ofenfabrikanten einfacher vorgenommen; sie begnügen sich, Zinnasche, Sand und Salz zu verwenden. Brömse gibt an:[1])

Äscher mit 50 % Blei und 15 % Zinn	21
Sand	16
Meersalz	13.

In andern Formeln schlägt er die Zugabe von Scherben, Feldspat und Salpeter vor.

[1]) Loc. cit. S. 63

Als Zinnglasur kann man erfolgreich folgende Glasur anwenden, welche den Vorteil hat, logischer zusammengesetzt zu sein als alle Glasuren, die Salz enthalten.

Quarzsand	30,64
Mennige	15,80
Kaolin	19,34
Kreide	5,65
Äscher aus einer 25 % igen Zinnlegierung	40,00.

Die Zinnglasur ist nicht die einzig verwendete, man gebraucht auch gefärbte Bleiglasuren mit oder ohne Zugabe von Alkalien.

Vor dem Gebrauch muß die Glasur stark gefrittet werden, damit die im Wasser löslichen Materialien unlöslich gemacht werden. Die Steingutfabrikanten, die den viereckigen Ofen verwenden, bereiten ihre Mischung unter dem Ofen vor, während diejenigen, die den Brand in andern Apparaten vornehmen, die Mischung in einem Schmelzofen bereiten.

Die Glasur wird zerstoßen, gemahlen, mit Wasser gemischt und durch Eintauchen oder Begießen aufgetragen. Vorher werden die Ofenkacheln, die sich während des ersten Brandes verzogen haben, auf einem Sandmühlstein hergerichtet.

Der zweite Brand wird bei höherer Temperatur vorgenommen, da die Glasur sich schwer schmelzen läßt. Die Temperatur schwankt zwischen Kegel 015 und 01.

Bei dieser Fabrikation hat man Änderungen vorgenommen. Anstatt auf die Platten eine weiße, undurchsichtige Glasur aufzutragen, hat man den Scherben engobiert und diese Engobe mit einer durchsichtigen Glasur überzogen.

Um mit Gewinn zu arbeiten, hat man versucht, den zweiten Brand fortfallen zu lassen und roh zu glasieren. So genügt ein einziger Brand, wie dies z. B. in Deuschland üblich ist.[1])

[1]) Brömse, loc. cit. S. 115 usf.

13. Abschnitt.

Steinzeug.

Steinzeug unterscheidet sich durch seine Eigenschaften deutlich von den Töpferwaren, welche wir soeben behandelt haben. Sein dichtes und verglastes Gefüge, seine Undurchsichtigkeit sind charakteristisch für seine Erkennung. Der Scherben besteht aus einem Gemenge von mehrfachen, bei der Brenntemperatur erweichenden Silikaten, so daß das Steinzeug aus gebundenen Molekülen gebildet ist, was bei Irdenwaren nicht der Fall ist. Diese letzteren besitzen immer ein mehr oder weniger zellenförmiges Gefüge.

Das Steinzeug hat einen dichten, harten, tönenden, undurchsichtigen Scherben, dessen Textur eine gewisse Feinheit aufweist.

Man kann zwei Arten von Steinzeug unterscheiden: das gewöhnliche oder natürliche und das feine oder zusammengesetzte Steinzeug.

Das glasartige Gefüge des Scherbens kann nur durch das Brennen einer Masse erhalten werden, welche schmelzbare Stoffe enthält. Beim gewöhnlichen Steinzeug enthalten die Rohstoffe selbst, d. h. die Tone, Flußmittel; zusammengesetztes Steinzeug dagegen erhält seine Eigenschaften nur durch Zusetzung geeigneter Schmelzmittel. Die natürlichen Steinzeuge sind die wichtigsten, daher muß der Name Steinzeug, wenn keine nähere Angabe erfolgt, auf diese Art Waren angewandt werden.

I. Natürliches Steinzeug.

Natürliches Steinzeug wird noch vielfach von kleineren Töpfern hergestellt. Einige große Werke fabrizieren ebenfalls Steinzeug; die Bezirke, in denen sich die kleinen Werkstätten vereinigt haben, sind indes von sehr großer Bedeutung. Es sind hauptsächlich Haushaltungsgegenstände und einige besondere Gefäße, die ihr Arbeitsfeld bilden. Die großen Werke beschäftigen sich mehr mit Stücken, die eine umfangreiche Einrichtung erfordern; die großen Gefäße der chemischen Industrie gehören in ihr Arbeitsgebiet.

Die Existenz der Fabriken von kleinerer Ausdehnung wird durch die Bearbeitung des Steinzeugs erleichtert, da es für den laufenden Gebrauch leicht hergestellt werden kann. Die Weltausstellung im Jahre 1900 zeigte, daß die Steinzeugfabrikation keine sehr großen Schwierigkeiten bietet, da die Anzahl der ausgestellten Waren eine verhältnismäßig große war. In einigen Gebieten liegt die Herstellung in den Händen der Landleute. Die Eigentümer dieser ländlichen Fabriken und ihre Arbeiter treten nur in die Stufen ihrer Vorfahren.

Man findet im Steinzeug je nach der Zusammensetzung der Erde vom weißen, das von genügend eisenfreien Tonen herrührt, bis zum roten, das durch eisenreiche Erden eine stark gefärbte Masse erhalten hat, eine ganze Farbenskala.

Die Art und Weise, wie man das Steinzeug brennt, beeinflußt die Färbung; denn da der Farbkörper aus Eisenoxyd besteht, d. h. aus einem Oxyde, das in der Reduktionsflamme auf eine niedrigere Oxydationsstufe zurückgeführt werden kann, so erhält man Färbungen, welche der höchsten oder niedrigsten Oxydationsstufe des Eisens entsprechen, je nachdem die Ofenatmosphäre oxydierend oder reduzierend wirkte.

Die Töpfer des 16. Jahrhunderts haben weißes Steinzeug mit einem leichten Stich ins Gelbliche hergestellt. Dieses hat einen berechtigten Ruf genossen und hat für Sammler eine große Anziehungskraft. Man stellt gegenwärtig weißes, dem alten vollständig gleiches Steinzeug her; man soll nur die Lösung dieser Aufgabe nicht mit Stoffen versuchen, die mit der Fabrikationsweise unverträglich sind.

Diese Steinzeuge wurden in reduzierendem Feuer gebrannt. Die Tone, aus denen man solche Waren erhalten kann, sind weniger verbreitet als die gewöhnlichen, welche immer mehr oder weniger eisenhaltig sind. Gewisse Gegenden am Rhein sind besonders durch Lager von Steinzeugtonen begünstigt.

Bei einer der verbreitetsten Formen ist das Steinzeug infolge des reduzierenden Brandes grau. Man findet es auch mehr oder weniger gelblich.

Die sehr eisenhaltigen Tone erzeugen gefärbtes Steinzeug. Man trifft, besonders in industriellen Steinzeugprodukten, durch Eisen sehr stark gefärbte Scherben. Das Eisenoxyd spielt in dieser Masse die Rolle eines Flußmittels gemeinsam mit den anderen schmelzbaren, darin anzutreffenden Stoffen.

Die eisenhaltigen Steinzeuge gehen vom Braun bis zum Rot, je nach dem Eisengehalt und der Brennweise.

Man hat bisweilen die Steinzeugmassen durch Zusatz von Mangan und etwas Kobalt gefärbt. Die Masse wird dann schwarz. Durch geeignete Zusätze kann man eine ganze Reihe gefärbter Steinzeugmassen erhalten.

Eine Steinzeugmasse enthält 2—2,5 % basisch alkalische oder alkalisch-erdige Oxyde. Die Verglasung rührt von der Vereinigung dieser Oxyde mit der Kieselsäure her, einer Verbindung, welche zur Erzeugung mehrbasischer Silikate führt. Da die Masse verglast, so kann die Analyse einer Steinzeugmasse eine genaue Deutung aufweisen; sie erstreckt sich auf ein bestimmtes Ganzes, was bei den Irdenwaren nicht der Fall ist. Die Analyse einer Irdenware ist das Endergebnis der auf ein Gemenge von verschiedenen Stoffen angestellten Versuche. Sie führt nicht zu demselben Begriffe. Man kann eine verglaste Masse leichter nachbilden als eine Irdenware. Ein verglaster Scherben ist der Sitz chemischer Erscheinungen gewesen, die in einer einfach gebrannten Mischung nicht auftreten. Steinzeug wird aus ohne Zusatz sinternden Tonen hergestellt. Mit Hilfe geeigneter Mischungen erhält die Masse die gewünschte Plastizität.

Setzt man ein Magerungsmittel hinzu, so nimmt man dieses in Gestalt von gemahlenen Steinzeugscherben; diese Art, die Masse zusammenzusetzen, wird nur bei dickwandigen Stücken angewandt. Sand wird nur ausnahmsweise zugesetzt, da er die natürliche Zusammensetzung der Masse ändert.

Wir untersuchen die Fabrikation nach zwei Gesichtspunkten hin: auf dem Land und in den Werken.

1. Herstellung in Beauvais und im Westerwald.

1. In Frankreich befindet sich eines der wichtigsten Zentren in Beauvais. Die Fabriken sind in der Umgebung von Beauvais zerstreut; eine große Zahl liegt an der Linie Beauvais-Gournay und Beauvais-Gisors: Savigny, La Chapelle-aux-Pots, Auneuil gehören in dieses Gebiet. Man trifft gleichfalls andere Fabriken in der Eure, Nièvre, Normandie usw. Wir beschränken uns darauf, die Beauvaisis-Fabrikation zu besprechen.

Die Tone finden sich in der Gegend selbst. In Ermangelung sicherer Analysen führen wir als Typen von Steinzeugtonen die weiter oben angegebenen Tone an.

Früher trat man einfach den Ton; heutzutage bedient man sich des Tonschneiders.

Das Formen geschieht auf der Drehscheibe, welche durch einen Gehilfen bewegt wird. Dieser setzt die Drehscheibe mittels Kurbel in Bewegung und treibt dadurch ein in ein zweites, auf der Achse sitzendes, eingreifendes Zahnrad an. Die Stücke werden sehr rasch freigedreht. Die Masse ist sehr plastisch und läßt sich leicht bearbeiten, ohne besondere Vorsicht anzuwenden; so werden die Schnäbel der Schüsseln mit der Hand gemacht, indem man auf die Masse drückt.

Die Herstellung umfaßt Stücke für den Hausgebrauch: Schüsseln, Butterhäfen, Salzfässer usw., die alle große Dimensionen aufweisen.

Die Trocknung wird nicht immer langsam vorgenommen; frische Gegenstände werden sogar manchmal der direkten Sonnenwärme ausgesetzt. Die Masse hält diese Behandlung aus. Um das Verziehen zu vermeiden, schichtet man die Terrinnen, wenn die Masse widerstandsfähiger geworden ist, ineinander auf.

Gewisse Stücke verdienen besondere Erwähnung. So werden Röhren auf der Drehscheibe hergestellt. Der Arbeiter dreht zwei Zylinder, die er zur Erhaltung der gewünschten Länge vereinigt. Die Röhren stehen, was Gleichmäßigkeit anlangt, den mit der Presse geformten nach.

Der Säureballon ist eines der von den Steinzeugfabrikanten am meisten verlangten Stücke. Er wird in zwei Teilen gedreht. Wenn die untere Hälfte fest geworden ist, setzt man den oberen Teil darauf. Das Zusammenfügen geschieht durch einen besonderen Arbeiter, der zuerst die zu vereinigenden Ränder mit einem Schwamme befeuchtet und dann auf die ganze Länge der Berührungsstelle den Ton zerdrückt, wozu er sich der Hand bedient. Um die Arbeit zu erleichtern, ist eine Öffnung in dem zweiten Stück frei gelassen, die groß genug ist, um den Arm hindurchzustecken. Ist die Vereinigung vollzogen, so erhält der Ballon den Hals. Bevor der Hals angesetzt wird, benützt der mit diesem Verfahren besonders beauftragte Arbeiter den vom Dreher übrig gelassenen Erdüberschuß, um die obere Öffnung zu verengern, indem er sich eines Holzwerkzeuges bedient. Ist die Öffnung genügend eng, so befeuchtet er und glättet mit einem Schwamm die soeben getriebene Stelle. Er trägt sodann eine Tonwulst auf, setzt sie an und höhlt durch Herumführen der Hand den Umfang des Halses aus. Der Ballon wird durch Frauen, welche die Henkel anfügen und die Oberfläche polieren, fertig gemacht.

Obgleich zur Herstellung mehrere Personen nötig sind, wird der Ballon von Fabrikanten für nicht ganz 3 Franks verkauft.

In der Beauvaisis macht man auch dicke Stücke, wie z. B. galvanoplastische Behälter, die Säuretürme, welche jedoch nur von wenigen größeren Werken hergestellt werden. In diesem Falle wird nur mit Tonwülsten gearbeitet, ohne irgendwelche Form. Diese Art des Formens gelingt nur sehr schwer und erfordert geschulte Arbeiter. Gegenwärtig ist die Aussuchung dieser Arbeiter schwierig geworden, wenigstens erklären die Fabrikanten, daß sie fast keine befriedigenden Kräfte mehr finden.

Das Steinzeug muß vor dem Brande vollständig getrocknet werden. Noch feucht erhitzt, zerbricht es leicht. Die Gegenstände sind meistens sehr dick, wodurch eine neue Schwierigkeit im Brennen entsteht.

Die in Beauvais anzutreffenden Öfen bilden einen einheitlichen Typus, ihre Größenverhältnisse sind indes nicht von allen Fabrikanten eingehalten worden. Sie besitzen eine etwas geneigte Kammer. Oben befindet sich der Kamin und am Ofenende hat man die Tür angeordnet. Unten befindet sich die durch einen Planrost gebildete Feuerung. Durch eine stets offene Öffnung wirft man Holz hinein und läßt die zur Verbrennung nötige Luft eintreten. Bei dieser Art der Feuerung verbrennt der Brennstoff nicht vollständig, sondern läßt einen merklichen Rückstand unverbrannter Kohle zurück. Gewöhnlich sind die Feuerung und ein Teil des Ofens in einem Schuppen untergebracht, der zugleich als Holzlager dient (Fig. 143).

Man hat im oberen Teile des Ofens Reihen von Löchern angebracht, die sich auf die ganze Länge erstrecken. Diese werden während des Brandes geschlossen und nur zum Einwerfen des Salzes geöffnet. Sie werden mittels umgestürzter Schüsseln zugedeckt.

Die Öfen sind sehr einfach gebaut. Die Seitenmauern und die beiden Stirnflächen bestehen aus Ziegeln, das Gewölbe aus Ausschußsteinflaschen. Das Ganze wird mit einem tonhaltigen Mörtel auf der Innenseite bekleidet, den oberen Teil des Ofens bedeckt man mit Erde.

Die Dimensionen sind, wie wir weiter oben gesehen, veränderlich; ich habe bei Gelegenheit einen dieser Öfen gemessen. Die Länge betrug 12 m, die Breite 2,5 m und die Höhe 3 m. Andere Öfen zeigen andere Dimensionen.

Ein Ofen von den oben angegebenen Dimensionen verbrennt 50 Ster Holz. Der Brand wird langsam vorgenommen, er dauert etwa eine Woche. Ein Ofen kann nur etwa zwei Brände in einem Monat liefern; eine Woche wird dabei für den Brand, eine andere für das Einsetzen und Heraus-

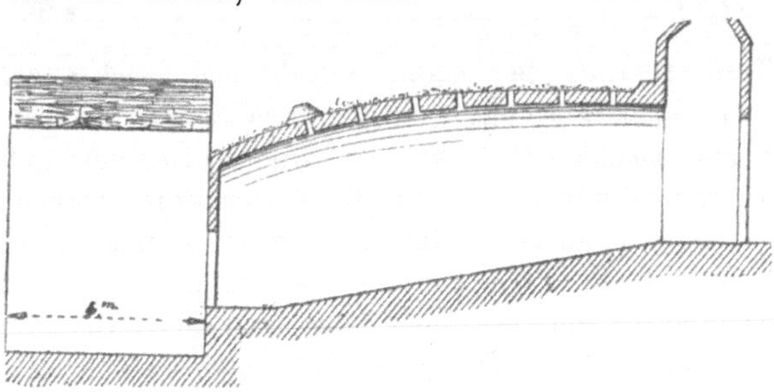

Fig. 143.

nehmen gerechnet. Gewisse Steinzeuge erhalten eine leichte alkalische Glasur, indem man Salz in den Ofen wirft. Dieser Vorgang wird nur am Ende des Brandes bewerkstelligt; man wirft dann in den sehr heißen Ofen durch die Öffnungen im Gewölbe nach und nach 100 kg Salz. Man salzt zweimal. Als Brennmaterial verwendet man Reisigbündel, und zwar 300 Stück für das Vorfeuer und das Salzen. Ist das Salz hineingeworfen, so verstopft man alle Öffnungen und läßt den Ofen erkalten.

Die Waren werden frei in den Ofen eingesetzt; die größeren Stücke werden mit rohen Ziegeln gestützt. Die damit betrauten Arbeiter nützen den ganzen Ofenraum sehr geschickt aus. Die Säureflaschen nehmen die untere Hälfte des Ofens ein, die anderen Stücke die obere.

Das Steinzeug der Beauvaisis zeigt einen grauen oder weißlichen und nur ausnahmsweise einen rötlichen Bruch. Die eisenhaltigen Tone sind bei den meisten Fabrikanten, die bis jetzt keinen Nutzen daraus zu ziehen versucht haben, verrufen.

2. In Deutschland gibt es, vom Standpunkt der gegenwärtigen Steinzeugfabrikation aus betrachtet, einen besonders interessanten Bezirk, es ist der in der Nähe von Koblenz gelegene Teil des Westerwaldes.

Es gibt hier kleine Fabriken von geringer Bedeutung, die alle in demselben Gebiet liegen wie in der Beauvaisis, z. B. in Höhr-Grenzhausen.

Obwohl diese Industrie Unternehmungen mit geringer Arbeiterzahl darstellt, so hat sie doch genügend Wichtigkeit erlangt, so daß in Höhr eine Fachschule zur Heranbildung von Keramikern, die für die Ortsindustrie Dienste leisten könnten, errichtet wurde.

Die Fabrikation von Höhr gewinnt ihre Rohstoffe aus den Tonlagern des Westerwaldes. Es folgt hier die Analyse eines Steinzeugtones dieser Gegend nach Seger:

SiO_2	70,12
Al_2O_3	21,43
Fe_2O_3	0,77
MgO	0,39
K_2O, Na_2O	2,62
H_2O	4,92.

Der Ton ist grau, gleichmäßig gefärbt und weich anzufühlen. Die Masse wird aus einer Mischung von magerem und fettem Ton hergestellt, angefeuchtet und mechanisch geknetet. Die Bearbeitung geht fast ganz auf der Drehscheibe vor sich. Die Reliefbierkrüge werden eingedreht; man fertigt zuerst zylindrische Hubel, führt sie sodann in eine auf dem Scheibenkopf befindliche Form, drückt sie mit einem Schwamm an und schneidet das innere Profil mit einer Schablone aus. Die Phantasiestücke erfordern meistens Formen. Die gebräuchlichsten Gefäße werden gedreht, außer den Röhren, die auf der Presse hergestellt und nach dem Festerwerden auf der Abdrehmaschine abgedreht werden.

Die Steinzeugerzeugnisse finden ein nationales Absatzgebiet durch die Herstellung der Bierkrüge und Humpen. Die Bierkrüge nehmen in der Landesproduktion eine bedeutende Stelle ein. Die Fabrikation umfaßt alle von den einfachsten Modellen aus gelbem und grauem Steinzeug bis zu den reichsten farbenverzierten Stücken. Man fertigt auch zahlreiche Gefäße entweder aus hellem Steinzeug ohne farbige Verzierung oder mit grauen und blauen Verzierungen. Meistens sind diese Gefäße Nachahmungen der in den Museen aufbewahrten Stücke. Die Gegenstände der Reliefs sind meistens der Altertumsgeschichte entnommen. Man findet auch besonders bei farbigen Stücken ländliche Motive.

An die Seite dieser Herstellung von Gegenständen, die etwa den Charakter von Nippsachen aufweisen, stellt sich eine kleine Industrie gebräuchlicher Steinzeuggeräte (Butterhäfen, Krüge, Röhren usw.) für den örtlichen Gebrauch.

Die Gegend von Höhr ist verhältnismäßig weiter vorgeschritten als die Beauvaisis; nicht nur sind die Waren vollendeter und mannigfaltiger, sondern die Fabrikation geht auch mit vollkommenerer Einrichtung vor sich. Die Röhren werden mittels Presse und nicht auf der Drehscheibe hergestellt, sie erreichen keinen großen Durchmesser. Ist das Rohr fest, so beginnt das Abdrehen. Dieses Verfahren wird in der Steinzeugfabrikation gewöhnlich nicht angewandt, es ist jedoch zur Herstellung gleichmäßiger Röhren nötig.

Der Brand vollzieht sich in Horizontalöfen mit einem Inhalt von 16—29 cbm. Man heizt diese Öfen mit Holz. Die Dauer eines Brandes beträgt gewöhnlich 60 Stunden.

Hier seien einige Aufschlüsse über diese Ofenart angegeben. Die Ofenlänge beträgt 6 m, die Breite in der Nähe der Sohle ist ebenso groß wie die Höhe und erreicht 2 m. Das Gewölbe hat elliptischen Querschnitt. Auf dem Gewölbe hat man drei Reihen von je 9 Öffnungen angebracht, die gewöhnlich durch Steinplatten geschlossen werden. Durch diese Öffnungen kann man Salz im günstigen Augenblick einwerfen und während des Brandes Proben herausziehen. Die Sohle des Ofens gleicht derjenigen der unterbrochenen Ziegelöfen, sie wird von einer Reihe Ziegelbogen in Abständen von je 10 cm gebildet. Der Ofen ist auf einer Seite mit einer Gruppe von drei Rostfeuerungen versehen. Sie sind so aufgestellt, daß die Flamme unter der Sohle in die im unteren Ofenteil angebrachten Kanäle dringen kann.

Man bedient sich jetzt auch runder Öfen mit überschlagender Flamme; diese Apparate sind den Steingutöfen ähnlich. Die Fabrikanten haben sie ganz besonders dem Brande von verziertem Steinzeug vorbehalten. Die liegenden Öfen dienen zum Brennen von gesalzenem Steinzeug. Dieser Brand könnte wohl auch in stehenden Öfen vor sich gehen, wenn das Salz in die Feuerungen geworfen würde.

2. Industriesteinzeug (säurefeste Produkte).

Die chemische Industrie verbraucht jetzt große Mengen an Steinzeuggegenständen in Form von Gefäßen und Röhren. Diese Fabrikation, in Verbindung mit der der sanitären Steinzeugwaren, hat einen großen Aufschwung genommen. In manchen Werken wird die Steinzeugtöpferei parallel mit der Herstellung von Irdenwaren oder feuerfesten Produkten betrieben.

Die Tone werden mit Steinzeugscherben als Schamotte entfettet. Die für die chemische Industrie interessanten Artikel sind die Gefäße (Säureballons, Häfen usw.) und die Röhren.

Die Säureballons werden gedreht, in großen Werken geht man indes vorsichtiger vor als bei den kleinen Steinzeugtöpfen. Zur größeren Gleichmäßigkeit der Formen haben einige Fabrikanten folgendes Formverfahren angenommen: Man dreht die auf eine geeignete Holzform gelegte, mit einem nassen Tuch bedeckte Masse ein. Es sind zwei Formen nötig, für jede Hälfte eine. Nach dem Eindrehen läßt man die Masse ruhen und vereinigt dann die beiden Stücke.

Die großen Häfen der Industrie werden geformt, wenn ihre Dimensionen es gestatten. Für die großen Stücke ist das einzig mögliche Verfahren das Formen mit Tonwülsten, das bei guter Ausführung vollkommen genügt.

Man kann heute das Steinzeug hinreichend gut bearbeiten, um es zu chemischen Zwecken geeignet zu machen.

Auf der Pariser Weltausstellung im Jahre 1900 hatte eine deutsche Firma Gegenstände ausgestellt, die in Größe und Zurichtung bemerkenswert waren. Neben einem großen Gefäß von mehreren tausend Litern Inhalt befand sich eine Säurepumpe aus Steinzeug.

Eingeschliffene Steinzeughähne sind in den Fällen, in welchen Metall nicht verwendet werden kann, sehr nützlich, da sie haltbarer und praktischer sind als Glas- oder Gummihähne. Eingeschliffenes Steinzeug ermöglicht einen dichten Verschluß; auch sind Gefäße mit Steinzeugdeckeln im Gebrauch sehr bequem.

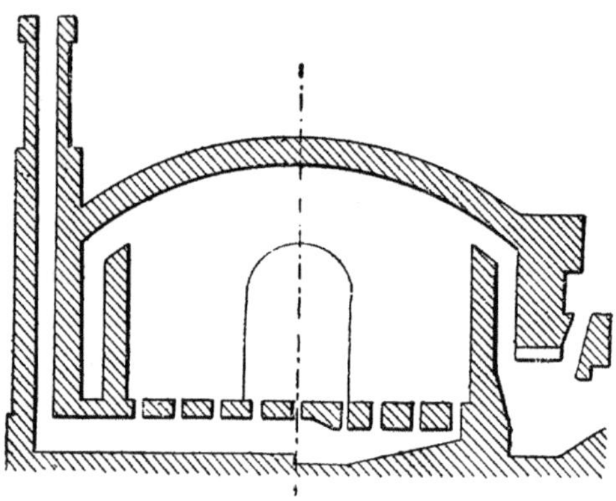

Fig. 144.

Die Steinzeugröhren finden vielerlei Anwendungen und werden wie die Tonröhren hergestellt.

Bei der Herstellung von Röhren bedient man sich einer Presse mit kreisförmigem Mundstück; so erzeugt man Röhren bis zu 1 m Durchmesser. Die kleinen Röhren werden oft abgedreht, bei den großen bessert man durch ein inneres Abdrehen die Unebenheiten und die Verbiegungen aus.

Diese nur schwer gelingende Arbeit geschieht nach einer Ruhepause des Stückes von 48 Stunden. Der dazu benutzte Apparat besteht aus einer um eine vertikale Achse drehbaren Vorrichtung, die man in das Rohr einführen und rotieren lassen kann.

Die zweiästigen Röhren und die mit Ansätzen versehenen Gefäße werden natürlich mit ihren Garnituren durch Ankitten vereinigt.

Man brennt die frei eingesetzten Gegenstände langsam in Öfen mit überschlagender Flamme und Kohlenfeuerung. Die Kammern sind rechtwinklig und enthalten 150 cbm. Der Brand geschieht zwischen Segerkegel 9 und 12 (1270—1350°) und dauert mehrere Tage.

Der Ofen, dessen Schnitt hier abgebildet ist (Fig. 144), ist ein Ofen mit überschlagender Flamme und zwei seitlichen Feuerungsreihen. Zwischen jeder derselben ist der Feuerung gegenüber ein Kamin angebracht. Der Längsschnitt ist links zwischen zwei Feuerungen, rechts in der Mittelebene einer solchen ausgeführt. — Dieses Steinzeug wird mit oder ohne Salzglasur hergestellt.

II. Zusammengesetztes Steinzeug.

Das zusammengesetzte, auch feines Steinzeug genannt, ist von den Engländern geschaffen worden, welche heute noch fast das Monopol der Herstellung besitzen. Nur ausnahmsweise wurde dieses Steinzeug auf dem Kontinent hergestellt.

Die hier verwendeten Tone sind keine eigentlichen Steinzeugtone, sondern Tone, die zur Herstellung des feinen Steingutes dienen. Um das Verglasen derselben herbeizuführen, ist ein Zusatz von Flußmitteln nötig, und zwar in größerer Menge als bei den Hartsteingutmassen. Die Masse wird den Bestandteilen nach als eine Steingutmasse gebildet, weicht jedoch in den Verhältnissen der einzelnen Bestandteile zueinander quantitativ ab.

Die englische Fabrikation umfaßt eine ganze Reihe von Waren, die einen Übergang zwischen Hartsteingut und Steinzeug darstellen, so z. B. das sogen. opake Porzellan oder Halbporzellan.

Man erhält leicht weißes Steinzeug aus folgenden Massen:

Blue clay (plastischer Ton) . .	25	29	29
Kaolin	12,5	14	—
Quarz	12,5	—	—
Cornish-stone	50	57	71.

Die Herstellung bietet keine bemerkenswerten Schwierigkeiten, sie gleicht der des Hartsteingutes.

Man brennt in einem Steingutofen. Die Fabrikanten haben versucht, beide Waren zusammen zu brennen; man wählt dann für das Steinzeug die heißesten Stellen.

Man glasiert manchmal, indem man ein Gemenge von Salz mit Pottasche und etwas Bleioxyd in die Kapsel legt. Dies ist das Glasieren durch Verflüchtigung. Kerl[1]) gibt die Zusammensetzung wie folgt an:

Meersalz	67
Pottasche	28
Bleioxyd	5.

Dieses Verfahren wird nur in besonderen Fällen eingehalten.

Die Glasur ist auch oft einer Hartsteingutglasur ähnlich. Derselbe Verfasser gibt eine Barytglasur an, welche einem anderen Typus angehört:

Feldspat	17
Quarzsand	7
Baryumsulfat	25
Glasscherben	51.

[1]) Tonwarenindustrie S. 622.

Man hat feine Steinzeugmassen aus anderen Bestandteilen hergestellt, als denen, die in der englischen Fabrikation üblich sind. Es folgen hier ältere, von Bastenaire-Daudenart und Brongniart angegebene Formeln:

	I.	II.	III.	IV.
Kaolin	10	25	—	—
Plastischer Ton	55	25	22	70
Kristallglas	20	—	—	—
Kalziumkarbonat	15	—	—	—
Feldspat	—	50	13	—
Baryumsulfat	—	—	39	—
Kalziumsulfat	—	—	5	—
„ kalziniert . .	—	—	—	5
Strontiumsulfat	—	—	8	—
Feuerstein	—	—	13	—
Porzellanscherben	—	—	—	25.

Die vorletzte dieser Formeln ist eine Merkwürdigkeit der Komplizierung und wurde nur deswegen in die Tabelle aufgenommen. Sie kann uns ein Bild davon geben, wie manchmal empirisch vorgegangen wird, obwohl sie von einem Mann, de Saint-Amans, angewendet wurde, der sich auf der Weltausstellung vom Jahre 1828 einen gewissen Ruf erwarb.

Die Engländer stellen auch Steinzeug mit farbiger Masse her. Durch Einführung von Farbstoffen erhält man gleichmäßig gefärbte Massen, die besonders zum Verzieren mit aufgelegten Reliefs, im allgemeinen Weiß auf farbigem Grunde, dienen.

Auch hat man als Flußmittel eine besonders zubereitete Fritte verwendet. So erhitzt man 24 Stunden lang:

Grauen verwitterten Pegmatit (wahrscheinlich Cornish-stone)	40
Kalziumsulfat	30
Glasscherben	24
Feuerstein	10.

Dann vermischt man:

Obige Fritte	32
Kaolin	18
Ton	18
Baryumsulfat	32.

Diese Fritte kann gefärbt sein.

Dies ist eine sehr alte, von einem englischen Spezialisten Shaw angegebene Formel. Man soll sie mit Interesse betrachten, aber sie nicht nachmachen. Man kann viel einfacher zum gleichen Ziel kommen.

III. Steinzeug für Bauzwecke.

Die Eigenschaften der Steinzeuge stehen in bezug auf Widerstandsfähigkeit gegen die Atmosphärilien über denen der Irdenwaren. Obwohl Steinzeugbauten noch nicht sehr verbreitet sind, haben uns die verschiedenen Beispiele der Weltausstellung sehr interessante Anwendungen gezeigt.

Steinzeug kann an und für sich allein, zu dekorativen Skulpturarbeiten verwendet, die Irdenwaren ersetzen; seine eintönige Farbe würde indes in den Gesamteindruck langweilig wirken, wenn man es nicht durch farbige Glasuren bereichern könnte.

Wir nehmen als Beispiel einer Fabrikation in dieser Hinsicht die Veröffentlichungen der Staatsmanufaktur zu Sèvres.[1])

Die Masse besteht aus Ton und schmelzbarem Sand:

Ton von Saint-Amand in Puysaie	56
Ton von Randonnai	27
Sand von Decize	26.

Dieses gebrannte Steinzeug enthält 3 % alkalische und alkalischerdige Oxyde. Die Rohmaterialien haben folgende Zusammensetzung:

	I.	II.	III.
SiO_2	64,17	67,83	85,36
Al_2O_3	20,56	20,46	9,06
Fe_2O_3	1,01	0,95	—
TiO_2	0,82	1,80	—
CaO	0,23	0,37	1,00
MgO	—	0,10	0,11
K_2O	1,82	0,90	2,20
Na_2O	0,38	0,37	0,52
Gebundenes Wasser und organische Stoffe	0,44	0,76	2,36
Hygrometrisches Wasser	4,42	—	—

I. Ton von Saint-Amand. II. Ton von Randonnai. III. Sand von Decize.

Die Masse formt sich leicht; sie erfordert eine sorgfältige Trocknung, um Verziehen und Risse zu verhüten, und wird bei Kegel 9 gebrannt. Diese Temperatur entspricht, wie wir sehen werden, der des Brandes von sogen. neuen Sèvresporzellan. Übrigens hat man mit Erfolg versucht, dieses Steinzeug fähig zu machen, die farbigen Glasuren dieses Porzellans zu tragen.

Das Glasieren kann durch Salzen geschehen; in diesem Falle wirft man am Ende des Brandes Salz in die Feuerungen. Auch farbige Glasuren wurden mit Erfolg angewendet.

[1]) Vogt, Notice sur la fabrication du grès cérame. — La Céramique 1901, S. 127.

Die durchsichtigen Glasuren sind dieselben wie die des neuen Porzellans. Halbmatte Glasuren sind ebenfalls auf den Stoff aufgetragen worden. Wir behandeln diese Frage bei den Verzierungen.

Das Glasieren geschieht auf rohen Scherben.

1. Steinzeugplatten.

Die Steinzeugplatten liefern eine widerstandsfähige Pflasterung, welche wegen der Dichte des Scherbens der Pflasterung mit Tonplatten überlegen ist. Man hat Produkte geschaffen, die nicht so durchlässig sind wie die Tonplatten, ohne daß sie jedoch das verglaste Gefüge des Steinzeuges besitzen. Die Masse dieser Platten enthält wohl schmelzbare Stoffe, aber sie hat entweder wegen der ungenügenden Schmelzbarkeit oder wegen zu schwachen Brandes das Gefüge einer Irdenware mit dichter Textur beibehalten.

Die Steinzeugplatten werden aus zwei Massearten hergestellt: die einen können mit denen der natürlichen Steinzeuge verglichen werden, die anderen sind zusammengesetzte Steinzeugmassen, d. h. sie enthalten zusätzliche schmelzbare Produkte, die der Masse das verglaste Gefüge verleihen.

Ein Ton oder eine Tonmischung, welche beim Brande sintert, kann zur Herstellung der Platten dienen.

Das erste zum Formen angewandte Verfahren war das auf nassem Wege, es wurde weiche Masse geformt. Wir wollen diese Herstellungsweise kurz besprechen, wenn wir die Platten aus zusammengesetzter Masse behandeln werden. Gegenwärtig wird der aufgeweichte und geschlämmte Ton entwässert und pulverisiert. Dieses Pulver wird durch Anwendung der bereits beschriebenen Apparate (Arm- oder hydraulische Presse) sehr stark zusammengedrückt. Die getrockneten Platten kommen dann in den Ofen.

Zur Erzeugung eingelegter Platten ändert man dieses Verfahren etwas, wie bei der Herstellung von engobierten Platten, um.

Die Stoffe, welche in die Zusammensetzung der Platten aus künstlicher Masse oder Feldspatmasse eintreten, sind Tone und verschiedene Flußmittel. Diese letzteren bestehen aus Feldspat, Cornish-stone, schmelzbarem Sand, Hochofenschlacken usw.

Die englische Fabrikation dieser Ware ist von jeher hervorragend gewesen. Anfangs arbeitete man mit weicher Masse und ging nach Lambert auf folgende Weise vor:

Eine quadratische Gipsplatte von 15 cm Seitenlänge und 3 cm Dicke trägt als Relief auf einer Seite die auszuführende Zeichnung, die etwa 1,5—2 mm vorspringt.

Zur größeren Festigkeit ist die Platte in einen Kupferrahmen von 2—3 mm Dicke eingegossen worden, in dem seitlich zwei Eisennasen befestigt sind, die einen zweiten Rahmen von 2—3 mm Dicke und 3 cm Höhe halten, welchen man auf den erstern stellt und welcher die zum Formen der Platte dienende Erde erhält.

Der Arbeiter nimmt einen Tonballen von der Größe zweier Fäuste und gibt ihm ungefähr die Gestalt und Größe der Form.

Er stellt dann aus feinerer Masse eine kleine Platte von 5—6 mm Dicke her und glättet die Oberfläche derselben; dann bringt er die entgegengesetzte Seite auf die erste Platte und wirft das Ganze in die Form, so daß die polierte Seite auf die Gipsfläche zu liegen kommt.

Mit einem Draht schneidet er dann den Teil ab, welcher über den Formenrahmen hinausgeht. Nunmehr sind die beiden Plattenflächen aus zwei verschiedenen Massen gebildet; zur Vermeidung des Krummwerdens ist es unerläßlich, diese Unterschiede zu beseitigen. Zu diesem Zweck kratzt der Arbeiter mittels eines gekrümmten Bleches eine Masseschichte von 5—6 mm Dicke ab, die er durch feine Masse von größerer Dichte ersetzt. Das Ganze wird dann mit einem Leder zugedeckt und auf einer Schraubenpresse gepreßt. So hat man die beiden Seiten mit derselben Masse hergestellt, das Innere besteht jedoch aus einer gröberen und billigeren.

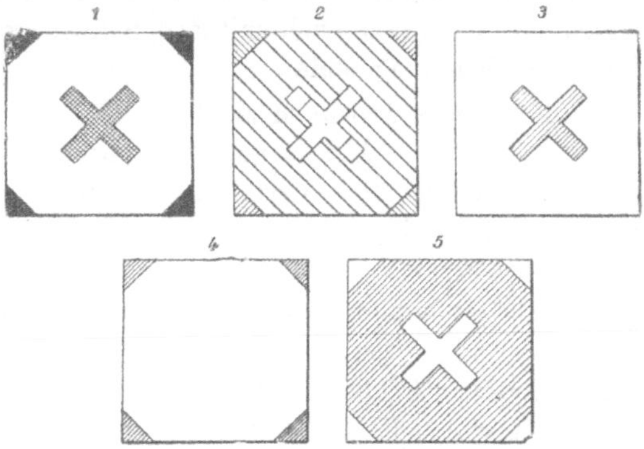

Fig. 145.

Nach dem Pressen schneidet man den über den Rahmen hinausragenden Überschuß ab und stößt aus.

Wir haben Höhlungen in der Form angenommen, um den Fall zu verallgemeinern: Herstellung einer eingelegten Platte. In die Höhlungen führt man Farbstoffe ein. Die Schlicker sind in Krügen enthalten und werden in die entsprechenden Höhlungen gegossen. Dies ist in großen Zügen das Verfahren, von dem wir soeben gesprochen haben. Zum Schlusse glättet man die Oberfläche mit einem Stahlblech.

Mit der Presse kann man rascher und bequemer verfahren. Die Platte wird auch aus zwei Massen gemacht: die eine bildet den Plattenkörper und die andere die gefärbte Oberfläche.

Nehmen wir an, daß es sich um die Erzeugung einer Platte mit weißen Grund (*1*) handelt (Fig. 145), deren Mittelpunkt ein rotes Kreuz enthält und deren vier Ecken schwarz sind. Es sind drei ausgeschnittene Blechschablonen nötig; jede derselben trägt Öffnungen, die einer Farbe der Platte entsprechen: die eine (*5*) stellt Weiß vor, die andere (*3*) Rot und die letzte (*4*) Schwarz. Der Reihe nach streut man die verschieden gefärbten Massen auf, indem man sich jedesmal der entsprechenden Schablone bedient, welche auf die als Führung dienende und während des Vorgangs an ihrer Stelle bleibende Schablone *2* gelegt wird; sodann preßt man das Ganze.

Will man Verzierungen herstellen, die sich über mehrere Platten erstrecken, so muß man anders verfahren, denn hier geschieht die Herstellung nicht mehr in großen Mengen. Die Arbeit besteht in der Anfertigung einer Reihe gefärbter Platten, die genau aneinanderpassen.

Diese Herstellungsweise benötigt verschieden gefärbte Massen. Es ist nicht möglich, in den natürlichen Erden Stoffe zu finden, die in allen gewünschten Farben brennen. Man muß Farbkörper von geringem Preis zusetzen, eine Bedingung, welche die Auswahl sehr einschränkt, so daß fast ausschließlich Eisen- und Manganoxyd verwendet werden kann. Bei den zu Wandbekleidungen bestimmten Platten bedient man sich teuerer Farbstoffe, da der Preis auch mit den Schwierigkeiten und den Herstellungskosten in Einklang steht.

Nach dem Trocknen an der Luft und dann im Trockenraum brennt man in Kapseln. Man setzt die Platten zu zweien mit dem Rücken aneinander. Beim alten Verfahren auf nassem Wege ist der freie Einsatz angewendet worden, wobei man Stützen auf den vier Ecken gebrauchte. Auch werden die Platten auf der Kante gebrannt, wie die Teller. Jetzt verarbeitet man hauptsächlich trockene Massen.

Die von Lambert angegebene Masse bestand aus plastischem Ton (blue clay) und Feldspat. Durch Zusatz von färbenden Oxyden erhielt man die gewünschten Farben. Für dunkle Färbungen ist roter Ton vollständig brauchbar. Die Vereinigung der Oxyde geschieht beim Mahlen.

Der Feldspat ist ein teuerer Stoff, welchen man infolge des niederen Preises der Platten durch andere billigere Schmelzmittel zu ersetzen versuchte. Den Cornish-stone trifft der gleiche Vorwurf, obwohl er leichter zu behandeln ist. Die Platten von Pont-Sainte-Maxence enthalten Hochofenschlacken, welche ein billiges Flußmittel bilden; allerdings ist gegenwärtig die Nachfrage danach, zum Beispiel in der Zementindustrie sehr groß.

Die Anwendung von schmelzbaren Sandarten liefert gute Resultate. Durch Zusatz von Ton erzeugt man genügend verglasbare Massen.

Die Färbungen werden durch einfache Mittel erhalten. Man verwendet gewöhnlich Kobaltoxyd für Blau, Chromoxyd für Grün, Ocker für Gelb und Rotbraun und Eisen- und Manganoxyd für Schwarz. Der Zusatz überschreitet durchschnittlich nicht 6 %.

Der Brand geht natürlich langsam vor sich, um Brüche zu vermeiden. Er geschieht in Kapseln, wie bei anderen Platten. Man legt sie hochkant in Sand.

Die unterbrochenen Öfen mit zurückschlagender Flamme[1]) und die Gasöfen sind die beiden gebräuchlichsten Ofenarten. Die ersteren verbrauchen rund 600 kg Braunkohle für 1000 kg. Die zweiten, den Mendheim-Ofen als Beispiel genommen, verbrauchen weniger.

Die zur Pflasterung bestimmten Steinzeugplatten sind auch unter dem Namen Mosaikplatten bekannt.

Wir führen als Beispiel die Herstellung der Mosaikplatten in Mettlach[2]) an.

Daselbst betreibt die Gesellschaft Villeroy und Boch die Herstellung dieser Platten mit großem Erfolg und kann die Konkurrenz vieler anderer Fabriken herausfordern. In Deutschland macht ihr eine einzige Fabrik in Sinzig Konkurrenz.

Um solche Waren zu erhalten, verwendet man Tone, welche nicht die Vorarbeit des Schlämmens erfordern. Man benützt einen genügend homogenen Stoff, so daß eine Reinigung auf nassem Wege, die immer teuer ist, überflüssig ist.

Da man in der Fabrikation tonhaltige, aufeinander aufgetragene Mischungen verwendet, ist das Schwinden des Stoffes bei der Wahl der Tone von großer Bedeutung. Man muß sich sicherstellen, daß die verwendeten Massen keine Zusammenziehungen erleiden, die nach dem Brande zu große Abweichungen zur Folge haben. Mangels einer gleichmäßigen Schwindung würden sich die Waren verziehen oder springen.

Die Platte umfaßt zwei Schichten: die erste, welche fast die ganze Masse bildet, besteht aus einem billigen Ton, die zweite aus einem feinen, mit Farbe oder Schmelzmitteln gemischten Ton. Diese letztere Schicht ist sehr dünn, denn sie ist teurer als die erstere; sie wird einfach so aufgetragen, daß sie eine Zierdecke von genügender Festigkeit bildet.

Die Masse der ersten Schicht wird durch Kollern von trocknen Tonen erhalten. Sie wird dann gemischt und mit der zum preßgerechten Zustande nötigen Wassermenge befeuchtet.

Manchmal wird auch das Gemisch zuerst im Zustand weicher Masse zubereitet, nach dem Kneten getrocknet und gekollert. Die in einigen Fällen zugesetzten Stoffe, wie Feldspat, werden gesondert gemahlen und der Masse zugesetzt.

Ist die trockne Masse pulverisiert, so wird sie gesiebt. Diese trockne Masse enthält etwa 7 % Wasser.

Bei gefärbten Massen geschieht das Mischen auf nassem Wege. Der Farbstoff wird mit den Massebestandteilen gemischt und das Ganze

[1]) Diese Öfen weichen infolge ihrer Dimensionen etwas von den Töpferwarenöfen ab. So besitzt ein Plattenofen von 5 m Durchmesser nur 3 bis 3,50 m Höhe.

[2]) Sprechsaal 1901, No. 36, S. 1253.

in Trommelnaßmühlen gemahlen, mittels Filterpresse entwässert, getrocknet und pulverisiert.

Das Pressen wird in Stahlformen mittels hydraulischer Pressen von 150 Atm. Druck vorgenommen. Die Form besteht aus dem Boden und einem Rahmen. Man schüttet eine Schicht der gefärbten Masse hinein und füllt mit der groben, die den Plattenkörper bilden soll, auf. Ein erster Druck von 50 Atm. treibt die Luft aus und ein zweiter preßt die Masse sehr stark zusammen. Die gepreßten Platten kommen in den mit Dampf oder mit der verlorenen Ofenwärme geheizten Trockenraum, wo sie bis zur vollständigen Trocknung verbleiben.

Der Brand wird in zylindrischen Öfen, den Steingutöfen ähnlich, oder auch in Kammeröfen vorgenommen. Die Platten werden in Kapseln gebrannt. Der Brand geht langsam vor sich; das Vorfeuer muß anfangs sehr mild sein, dann steigert man es nach und nach zum Scharffeuer. Eine reduzierende Atmosphäre, welche die Farben beeinträchtigen und die Platten verrauchen würde, ist zu vermeiden. Während des Einsetzens muß man darauf achten, daß in die erste Reihe nur solche Platten gestellt werden, die ohne Schaden eine hohe Temperatur vertragen können. Die Temperatur wird bis zum Schmelzpunkte des Feldspates getrieben.

Das Erkalten geht langsam vor sich, damit keine Brüche entstehen. Eine gut gebrannte Platte ist wasserundurchlässig; ihr Gefüge ist verglast.

Die Hauptübelstände, die bei der Fabrikation eintreten können, sind Verziehen, Risse, Abblättern der Farben und Sprünge.

Das Verziehen rührt gewöhnlich von der ungleichen Schwindung der Massen her, aus denen die Platte besteht. Dies ist jedoch nicht immer die Ursache der Deformation, die Art, wie das Pressen vorgenommen wurde, kann dabei eine Rolle spielen. War der Druck zu hoch, so zeigen die Platten die Neigung, sich zu biegen. Vor allem ist zu bemerken, daß eine kleine Platte bei gleicher Manometerangabe einen stärkeren Druck pro Quadratzentimeter auszuhalten hat, als eine große Platte. Man muß die Druckstärke proportional mit der Plattengröße ändern. Ist die Mischung der den Plattenkörper bildenden Masse schlecht zubereitet gewesen, so können ebenfalls Deformationen eintreten.

Die Risse stammen von einer ungenügenden Trocknung, von einem unvorsichtigen Brande oder von einer unvollständigen Mischung der Masse.

Das Abblättern der Farben in kleinen Stücken ist die Folge der Ungleichheit der Schwindung der Unterlage und des oberen Stoffes. Derselbe Übelstand tritt bei Massen mit ungleicher Feuchtigkeit auf.

Die Sprünge sind die Folgen zu großen Schwindens der gefärbten Masse. Man kann indessen Spalten in Form von Haarrissen konstatieren, wenn die Schwindungsbeträge gleich sind; dies ist dann der Fall, wenn es den gefärbten Massen an Schmelzbarkeit fehlt. Man darf die Harrisse nicht mit den Sprüngen verwechseln, die beim Erkalten auftreten; diese können sehr tief sein und sich längs des Plattenkörpers erstrecken.

Nachstehend folgen einige Beispiele über Massenzusammensetzungen.

Gewöhnliche Masse:

Preschener Ton (mager)	78
Preschener Ton (fett)	22.

Die Mischung wird auf dem Kollergang zubereitet.

Weiße Masse:

A.	Ton von Vallendar	41
	Ton von Raubach	31
	Feldspat von Nohfelden	28.

Die Masse wird auf nassem Wege zusammengemischt, sodann getrocknet.

Hierauf bereitet man auf dem Kollergang folgende Mischung zu:

Zusammensetzung A	82
Ton von Vallendar	10
Ton von Raubach	4
Feldspat von Nohfelden	4.

Farbige Massen:

	Weiß		Grau		Silbergrau	
	I.	II.	I.	II.	I.	II.
Ton von Vallendar . . .	50	54	50	52	50	53
Quarz	20	22	17	23	18	23
Böhmischer Feldspat . .	30	24	30	23	30	24
Chromeisenstein	—	—	3	2	2	—
Kobaltoxyd (RKO) . .	—	—	—	—	0,025	0,05.

	Gelb		Rot		Grün		Blau		Braun	Schwarz
	I.	II.	I.	II.	I.	II.	I.	II.		
Preschner Ton (fett) .	10	18	16	12	13	8,0	—	—	17	10
„ „ (mager)	40	62	18	44	46	27,0	—	—	60	36
Raubacher Ton . . .	50	—	—	—	—	—	—	—	—	—
Vallendarer Ton . .	—	—	—	—	—	29,0	50	52,5	—	—
Briesner Ton	—	12	16	—	39	—	—	—	8	—
Quarz	—	6	—	12	—	20,0	20	26,0	—	—
Böhmischer Feldspat .	—	2	—	4	—	14,0	28	18,0	—	5
Eisenoxyd	—	—	10	28	—	—	—	—	15	47
Kobaltoxyd	—	—	—	—	2	—	2	0,5	—	—
Zinkoxyd	—	—	—	—	—	1,0	—	3,0	—	—
Chromeisenstein . .	—	—	—	—	—	0,6	—	—	—	—
Manganoxyd	—	—	—	—	—	—	—	—	—	2

Glasur:

Fritte:	Quarz	28
	Minium	67
	Kreide	1
	Kaolin	4.
Glasurversatz:	Fritte	90
	Kaolin	6
	Quarz	2
	Böhmischer Feldspat	2.

Diese Glasur schmilzt beim Schmelzpunkte des Silbers.

14. Abschnitt.

Porzellan.

Das Porzellan besitzt einen weißen, durchscheinenden, harten Scherben, welcher sich vom Stahle nicht ritzen läßt und homogen und hellklingend ist. Die Bruchstelle zeigt ein feines und glänzendes Korn; der Bruch ist muschelig. Porzellan ist ein Steinzeug, eine Töpferware mit verglaster Masse, es unterscheidet sich von letzterem durch seine Durchscheinbarkeit. Dies ist die zweite Gattung der keramischen Produkte mit undurchlässigem Scherben.

Dieser Begriff bezieht sich nicht auf eine einzige Art. Das Porzellan umfaßt zwei Gruppen, die ihrerseits Unterabteilungen aufweisen.

Das erste Porzellan, das den anderen als Typus gedient hat, ist das orientalische, von den Chinesen und Japanern hergestellte.

Dieser schöne Stoff hat eine durchsichtige Glasur aus alkalisch-kalkhaltigen und tonerdehaltigen Silikaten. Die Glasur zeigt eine verhältnismäßig große Härte, die jedoch dem Ritzen des Stahles keinen totalen Widerstand entgegensetzt. Diese Porzellanart ist in Europa hergestellt worden und die deutschen, österreichischen Porzellane und das neue von Sèvres z. B. können mit ihm verglichen werden.

Wenn wir weiter die Natur und Eigenschaften der Glasuren der französischen Porzellanarten untersuchen, so finden wir, daß deren Glasur in chemischer Hinsicht betrachtet anderer Natur ist. Das Silikat ist nicht mehr kalkhaltig, sondern alkalisch-tonerdehaltig.

Diese beiden Porzellane mit widerstandsfähiger Masse, mit kalk- oder feldspathaltiger Glasur, bilden die Gruppe des Hartporzellans. Die auf die Bezeichnung der Glasur verwendeten Worte kalk- und feldspathaltig erinnern uns daran, daß die erstere Glasur absichtlich kalkhaltig, die andere feldspathaltig ist. Wir werden später bei Gelegenheit auf die Vor- und Nachteile dieser beiden verschiedenartigen Glasuren zurückkommen.

Das Verlangen, das chinesische Porzellan nachzuahmen, führte die Keramiker zu einer Reihe von Versuchen, deren Resultate dem zu lösenden Problem nicht immer entsprachen. Sachsen kam zuerst ans Ziel; in Frankreich, wo man noch keine Kaoline besaß, stellte man mit einer durch tonhaltigen Mergel plastisch gemachten verglasbaren Zusammensetzung eine Masse her, aus der ein besonderes Porzellan hervorging. Dieses dem chinesischen Porzellan gegenüber weniger widerstandsfähige Material, welches ein weniger feines Korn besaß und als Glasur eine Art Kristallglas erhielt, ist Weichporzellan genannt worden. Die ersten französischen Porzellane, das alte Sèvres, gehören zur Gruppe der Weichporzellane.

Später schuf man in England ein anderes Weichporzellan. Seine tonhaltige Masse unterscheidet sich von der des Hartporzellans durch den Zusatz eines besonderen Flußmittels. Während man bei den orientalischen Porzellanen zum Feldspat greift, verwendet man bei dem englischen Weichporzellan den phosphorsauren Kalk der Knochen zur Erzielung der Verglasung. Die Glasur weicht ebenfalls ab; sie nähert sich derjenigen des Hartsteingutes, indem man dem kalkhaltigen und alkalischen Silikat Bleioxyd und Borsäure zusetzt.

Diese beiden Weichporzellane werden künstliches Weichporzellan oder Frittenporzellan und natürliches oder englisches Weichporzellan oder auch Knochenporzellan genannt.

Die Beifügung „künstlich“ erinnert daran, daß das französische Weichporzellan aus zusammengesetzten Stoffen künstlich hergestellt wird, und das Wort „natürlich“, das zugefügt ist, um das englische Weichporzellan zu bezeichnen, gibt dagegen an, daß die verwendeten Stoffe ohne weiteres in der Natur vorkommen.

I. Hartporzellan.

Die Hartporzellane enthalten als wesentlichste Bestandteile drei Arten von Stoffen, nämlich plastische Stoffe in Form von Kaolinen, kieselsäurehaltige als Quarz, endlich schmelzbare als Feldspat oder meist ähnliche Mineralien und manchmal Kreide.

Das Porzellan besteht also aus einer Mischung tonerdehaltiger, alkalischer, mehr oder weniger kalkhaltiger Silikate, die sich in einem glasartigen Zustand befinden, welcher so weit vorschreitet, daß die Masse durchscheinend wird. Die Untersuchung des Porzellans vom chemischen und mineralogischen Standpunkt aus hat die Anwesenheit von Silimanit nachgewiesen. Der Kaolin und der Quarz werden durch das Schmelzmittel aufgelöst und das Ganze bildet eine glasartige, amorphe Masse, in der die mikroskopische Untersuchung Nadeln des vorher erwähnten Minerales gefunden hat.

Die Kaoline sind in Europa genügend ausgebreitet; die bekanntesten Lager sind in Frankreich in Limousin und Berry (im Alliertal); in der Bretagne, Normandie und in den Pyrenäen trifft man ebenfalls Ablagerungen; Süddeutschland verwendet hauptsächlich österreichische Kaoline; die besten stammen aus Böhmen und liegen nahe an der deutschen Grenze, in Zettlitz bei Karlsbad. In Deutschland findet man weniger reine und weniger plastische Kaoline, welche man nichtsdestoweniger sehr vorteilhaft verwerten kann, z. B. die Lager von Halle a. S., Seilitz bei Meißen, Aue im Erzgebirge und Passau in Bayern.

Die englischen Kaoline von Cornwall könnten wohl zur Porzellanherstellung dienen, wenigstens die plastischen.

Reine Quarzsande und erratischer Quarz sind ausgezeichnete Stoffe für die Herstellung der Massen.

Endlich bildet der weißbrennende Feldspat den hervorragendsten schmelzbaren Bestandteil der Porzellanmassen.

Man muß zu diesen theoretischen Stoffen bemerken, daß die Praxis auch andere verwertet hat, deren Mischung zu denselben Verbindungen führt: plastische, kieselsäurehaltige und schmelzbare Bestandteile. Das chinesische Porzellan bietet uns hierfür ein Beispiel; die chinesischen Rohmaterialien weichen von den europäischen ab.

Anstatt Quarz und Feldspat dem Kaolin zuzusetzen, haben es einige Fabrikanten praktischer gefunden, ein natürliches Gemisch von kieselsäure- und feldspat- oder glimmerhaltigem Sande zu verwenden.

Dieser Sand, den man Porzellansand nennt, wird hauptsächlich in Thüringen verwendet.

Als Magerungsmittel für die Massen dient Glattscherben.

Bei gewissen stark tonerdehaltigen Massen muß man große Mengen schmelzbarer Bestandteile zusetzen, um Durchsichtigkeit zu erlangen. Man begegnet daher bei der ausschließlichen Verwendung des Feldspates großen Schwierigkeiten. Dieses Mineral enthält nur rund 15 % alkalische Oxyde; um die Wirkung des Tonerdeüberschusses auszugleichen, muß man die Menge der Alkalien durch Zusatz von großen Feldspatmengen vergrößern, wodurch aber die Masse magerer wird. Der Kalk, der als Kreide mit 56 % Oxydgehalt zugesetzt wird, dient als Schmelzmittel und ermöglicht, eine Masse mit der nötigen Menge an Schmelzmitteln zusammenzusetzen, ohne daß große Mengen eines nichtplastischen Körpers eingeführt werden müssen. Die mit dem Feldspat vereinigte Kreide bildet bei gewissen Porzellanen einen wesentlichen Bestandteil, wie z. B. bei dem Hartporzellan von Sèvres und einigen Handelsporzellanen, die aus wenig plastischen Kaolinen zweiter Qualität hergestellt sind.

Einige Porzellane, wie das von Bayeux, haben als Schmelzmittel nur die Alkalien des Glimmers, welcher den Kaolin begleitet, und Kalk, der von der dem plastischen Bestandteil zugesetzten Kreide herrührt.

Die Zusammensetzung der Massen zeigt beträchtliche Abweichungen. Man läßt als äußerste praktische Zusammensetzungen zu:

Kaolin	65—35
Feldspat	20—40
Kieselsäure	15—25.

Die prozentuale Zusammensetzung einiger Porzellane ist in folgender Tabelle wiedergegeben:

	I.	II.	III.	IV.	V.	VI.	VII.	VIII.	IX.
SiO_2 . .	74,78	72,80	70,50	70,20	70,83	66,20	66,60	61,60	66,75
Al_2O_3 .	21,30	18,40	20,70	24,00	22,60	28,00	28,00	30,00	32,00
Fe_2O_3 .	—	2,50	0,80	0,70	—	0,70	0,70	1,56	0,80
CaO . .	0,64	3,30	0,50	0,70	1,10	—	0,30	3,56	3,50
MgO . .	—	0,30	0,10	0,10	0,46	—	0,60	—	—
K_2O . .	2,48	0,65	—	4,30	2,32	5,10	3,40	3,26	3,00
Na_2O .	0,58	1,84	3,90	—	2,09	—	—	—	—

I. Böhmen. II. Alt-Nymphenburg. III. China. IV. Limoges. V. Sèvres (neue Masse). VI. Berry. VII. Berlin. VIII. Bayeux. IX. Sèvres.

Man sieht, daß das chinesische Porzellan an Säure- und Basengehalt von vielen übertroffen worden ist. Dies ist besonders bei den Porzellanen von Sèvres und Bayeux der Fall, bei denen man große Unterschiede feststellen kann; die Massen sind stark tonerdehaltig, 32 bezw. 30 %, während die Analyse der chinesischen Masse nur einen kleinen Gehalt aufweist. Die Masse von Bayeux ist mit 3,56 eine der kalkhaltigsten, dennoch gibt eine ältere Analyse der Masse von Sèvres 4,50 % Kalk an. In diesem letzten Beispiel steigt der Gehalt an Tonerde bis auf 34 %.

In Meißen hat man eine noch tonerdehaltigere, kaum kalkhaltige Masse mit 35,43 % Tonerde hergestellt.

Das neue Porzellan, das angeführte Porzellan von Limoges, sowie das von Berlin weichen nur wenig von dem chinesischen ab.

Durchschnittlich machen die schmelzenden Oxyde (Kalk, Kali und Natron) etwa 5 % der Porzellanmassen aus.

Man nimmt an, daß die Massen für Feuerporzellan tonerdehaltig sein sollen.

Folgende Tabelle gibt uns eine Vorstellung von den verschiedenen Massezusammensetzungen:

	I.	II.	III.	IV.	V.	VI.
Kaolin	65,0	40	72	77,0	42	50
Feldspat	15,0	35	—	9,8	—	10
Kreide	5,5	—	5	—	4	—
Quarzsand	14,5	25	23	3,4	—	—
Schmelzbarer Sand, enthaltend 6—10 % Alkalien	—	—	—	—	56	40
Glattscherben	—	—	—	9,8	—	—

Nummer II, neues Porzellan von Sèvres, enthält am wenigsten Kaolin, dann folgen die kaolinreicheren Porzellane V und VI. Nummer I ist das Hartporzellan von Sèvres. Es ist dies schon eine sehr tonerdehaltige Masse, sie enthält Kalk. Die Masse III ist eine kalkhaltige Masse, welche keine anderen Schmelzmittel enthält als Kreide; man muß aber dabei den das Kaolin begleitenden Glimmer in Betracht ziehen. Die an Tonerde reichste Masse ist eine zu Feuerporzellan bestimmte Masse.

Die folgende Zusammensetzung führt uns die molekulare Zusammensetzung verschiedener Massen vor Augen.

Hartporzellan von Sèvres . .	8,02 SiO_2,	2,82 $\left\{\begin{array}{l} Al_2O_3 \\ F_2O_3 \end{array}\right.$	0,664 CaO 0,132 K_2O 0,210 Na_2O.
Neues Porzellan von Sèvres .	14,00 SiO_2,	2,72 $\left\{\begin{array}{l} Al_2O_3 \\ F_2O_3 \end{array}\right.$	0,192 CaO 0,328 K_2O 0,480 Na_2O.
Porzellan von Limoges . . .	14,38 SiO_2	2,737 Al_2O_3 0,038 F_2O_3	0,1409 CaO 0,1196 MgO 0,4032 K_2O 0,3372 Na_2O.
Chinesisches Porzellan (kaiserliche Fabrik)	14,00 SiO_2	2,71 Al_2O_3 0,08 F_2O_3	0,041 CaO 0,363 K_2O 0,596 Na_2O.
Anderes chinesisches Porzellan	16,96 SiO_2	3,32 Al_2O_3 0,18 Fe_2O_3	0,043 CaO 0,078 MgO 0,576 K_2O.

Zubereitung der Massen. Der Kaolin ist der Ton der Porzellane. Der Kaolin erleidet nach dem Verlassen der Grube ein Auslesen, welches ihn von den eisenhaltigen Teilen befreit, sodann wird er geschlämmt. Das Schlämmen geschieht dadurch, daß man auf die Brocken einen Wasserstrahl leitet, der die Stoffe mitreißt und sie um so länger in Schwebe hält, je feiner und leichter sie sind. Das Zinn, das den Kaolin oft als Zinnerz begleitet, schlägt sich zuerst nieder. Der Sand wird mit Ton und Glimmer weggeschwemmt, dann setzt er sich auch ab. In den Satzbehältern angekommen, führt das mit Kaolin beladene Wasser noch feinen Sand und zerteilten Glimmer mit sich. Diese beiden Stoffe sind in den Kaolinen zu finden. Die kaolinhaltigen Tone, welche der Formel des Kaolinits entsprechen, sind natürlich in der Minderzahl.

Fig. 146 stellt eine Vorrichtung zum Schlämmen dar. Der Bottich *A* dient zum Aufweichen. Der im Wasser schwebende Kaolin durchwandert nach und nach die Bottiche *B* und *C*. Ist die Masse in *A* gelöst, so behält sie den tonhaltigen Stoff und setzt den Sand ab, wenn man sie einige Zeit ruhen läßt. Sodann läßt man das trübe Wasser durch ein Sieb *G*, welches die Unreinigkeiten zurückhält, in *B* laufen. In diesem zweiten Bottich bildet sich ein weiterer Satz und in *C* erhält man eine Flüssigkeit, die nur sehr feine Teilchen enthält.

Diese Verfahrensweise ist eine der einfachsten, sie wird in Saint-Yrieix angewandt und ist öfters angeführt worden.[1])

Die Behandlungsweise des Kaolins steht im Zusammenhang mit seinem Molekularzustand und mit der Natur der denselben begleitenden Körper.

Larchevêque gibt in seinem schon öfter erwähnten Werk die Beschreibung des in Beauvoir und Les Collettes angewendeten Verfahrens.

In dem ersten dieser Lager findet man kaolinische Sandarten vermischt mit verschiedenen Gesteinen, hauptsächlich mit Quarzsand, Glimmer, Zinn und festem Sand. Man lockert diese Felsarten durch Wasser, auf welches der Reihe nach Sand, Zinn, Glimmer und Ton niederschlägt. Da die Ablagerung sich zu einem Hügel aufbaut, verwendet man das aus den oberen Quellen stammende Wasser, um den Ton wegzuführen. Das Gestein wird in einen Graben im Gehänge geworfen, wo Wasser umläuft. Die Auflockerung wird durch Aufrühren beschleunigt. Ist das Wasser mit feinen Stoffen beladen, so fließt es durch Gitter und dann unter einen Mühlstein. Das Wasser lagert unterwegs die Sandmassen ab,

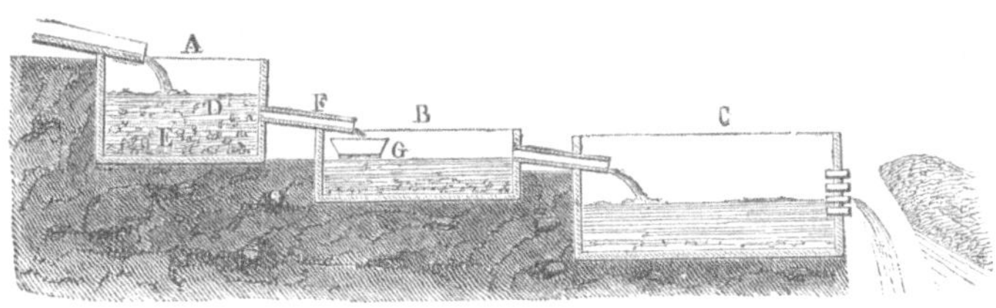

Fig. 146.

aber es nimmt noch den Glimmer mit sich fort. Man leitet es sodann in Mäander und hierauf in die Klärbottiche.

Der Kaolin erfährt häufig in den Fabriken ein erneutes Schlämmen. Dies hängt von der Güte des verwendeten Stoffes ab.

Wir führen nun einige Worte über die besonders von deutschen Fabrikanten angewendeten Einrichtungen an:

Der rohe Kaolin wird in eine Trommel *a* (Fig. 147) eingeführt und löst sich infolge eines Wasserstromes, dessen Wirkung durch die Rotation einer Löffelwelle *b* erleichtert wird. Von *a* strömt die Flüssigkeit, indem sie durch einen über *c* gelegenen Kanal fließt, in eine Reihe quadratischer Zementbehälter, die durch eine bewegliche Scheidewand *e* in zwei Teile abgeteilt werden. Diese Wand reicht fast bis zum Boden jedes Behälters. Die Flüssigkeit durchströmt also eine Hälfte im einen, die zweite Hälfte im anderen Sinne. Sind die drei Bottiche voll, so tritt das mit Kaolin beladene Wasser bei *g* aus, strömt in ein Bassin *h*, von wo es durch ein System von Mäandern nach *i* gelangt. Von hier aus erreicht es die Be-

[1]) Brongniart, Traité des Arts céramiques Bd. V. — Salvétat, Technologie ceramique S. 30.

hälter, wo sich der Ton absetzt. Um durch die Sandansammlung eine Unterbrechung des Wasserstromes zwischen *f* und *d* zu verhüten, sorgt man dafür, daß von Zeit zu Zeit die Wände *e* gehoben werden. Es ist bequem mit zwei verbundenen Schlämmvorrichtungen zu arbeiten. Man vermeidet auf diese Weise jede Unterbrechung; das Reinigen der einen stört den Betrieb der anderen nicht.

In der Königlichen Porzellan-Manufaktur zu Meißen schlämmt man den Kaolin durch ein ähnliches Verfahren.

In Sèvres schlämmt man auf eine etwas andere Weise. Man weicht den Ton in einem ähnlich gebauten Apparat, wie der früher angegebene (Fig. 12, S. 97), auf, dann treibt man den Masseschlamm durch ein Sieb, läßt ihn durch eine Reihe von Apparaten gehen, die den oben beschriebenen ähnlich sind, und in Zickzackrinnen laufen.

Der Kaolin wird dann wie eine Masse mittels der Filterpresse entwässert, wenn man ihn in fester Form erhalten will. Er bildet dann den geschlämmten Kaolin.

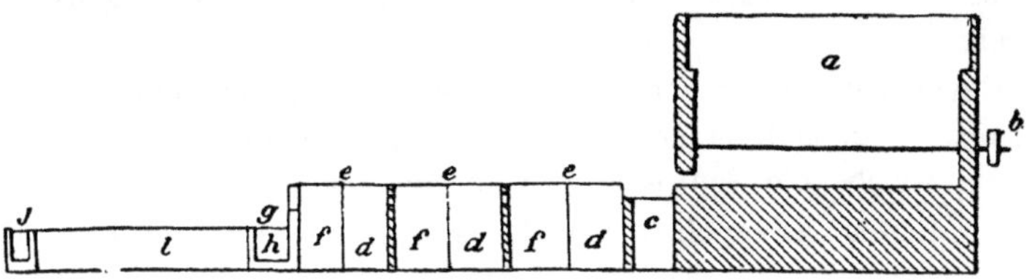

Fig. 147.

Die im Zustand von Quarzsand gewonnene Kieselsäure ist die vorteilhafteste Form, da sie schon zerteilt ist. Die Anwendung des Quarzes erfordert ein Zertrümmern der Blöcke, bevor das eigentliche Zermahlen vorgenommen wird. Nötigenfalls wäscht man den Sand in einem durch eine zylindrische Wäschevorrichtung strömenden Wasserstrom. Man kann auf diese Weise Unreinigkeiten, wie die eisenhaltigen Verbindungen, die kleineren Glimmerstücke, beseitigen.

Der Feldspat ist gewöhnlich kalihaltig. Der Orthoklas dient als Typus. Die Feldspate der Industrie enthalten immer Natron und manchmal auch Kalk. Man kann den Pegmatit an die Seite des Orthoklases setzen.

Die Kreide ist genügend verbreitet, um die Erwähnung ihrer Lager unnötig zu machen. Bei der Herstellung des Porzellans ist es von Wichtigkeit, daß sie eisenfrei ist.

Die Masse kann nach dem Gewicht und dem Volumen zusammengesetzt werden. Wir brauchen auf die einzelnen Verfahren des Mischens nicht zurückzukommen.

Sind die Stoffe gelöst und gemischt, so werden sie gesiebt; sodann wird der Masseschlamm entwässert und geknetet.

Formgebung. Die Formgebung ist heikler Natur, denn die Masse erfährt während des Brandes eine innere chemische Arbeit und die Druckungleichmäßigkeiten, welche die Masse beim Formen erlitten hat, wirken sehr nachteilig auf die Stücke.

Wie das Hartsteingut, so wird auch das Porzellan zum größten Teile mechanisch geformt. Die Freidreher werden in großen Werken auf wenige reduziert. Das von den Steingutfabrikanten verwendete Material ist etwas roh, daher sind bei der Bearbeitung des Porzellans besondere Vorsichtsmaßregeln geboten, die von der Natur der Porzellanmasse bedingt sind.

Der in diesem Industriezweig schon alte Gebrauch des Gießens hat ungeheure Vorteile mit sich gebracht und die Herstellung schwieriger Stücke erleichtert. Dank der Vervollkommnungen der letzten Jahre ist das Gießen ein kostbares Hilfsmittel geworden, welches das Formen sehr vereinfacht. Dieses letztere Verfahren war lange Zeit hindurch das einzige Mittel zur Erzeugung gewisser Stücke.

Um sich eine Vorstellung über die Fabrikation zu machen, ist es am besten, das Formen einer gewissen Anzahl von Gegenständen zu beschreiben.

Bevor wir weiter gehen, halten wir eine einleitende Bemerkung für angezeigt. Man muß in der Porzellanfabrikation die Deformation berücksichtigen, welche die Schwerkraft während der Verglasung hervorruft.

In diesem Augenblick hat die Masse eine kleinste Festigkeit und das Bestreben, sich durchzubiegen. Beim Einfüllen hilft man so weit als möglich der Durchbiegung ab, man kann sie indes nicht vollständig verhindern. Die Profile gewisser Stücke werden also im Rohzustande mit den gebrannten nicht genau übereinstimmen.

Die Erfahrung gibt uns die Form, welche man ausführen muß, um der Deformation beim Brande entgegenzuarbeiten.

Überformen. Die Teller, welche einen großen Gebrauchsgegenstand darstellen, erfordern zwei Vorgänge: Herstellung eines Blattes und Überformen desselben. Es ist hier nicht mehr möglich, so frei wie bei den Steingutwaren zu arbeiten; das Transportieren der Blätter mit der Hand würde an den von den Fingern berührten Stellen überall Pressungen hervorrufen. Man muß also die Behälter auf einer geeigneten Unterlage herstellen, die aus einem über einen Metallring oder eine Trommel gespannten Fell besteht.

Der Arbeiter zerdrückt mit einer Schablone einen Masseballen auf der Trommel und bringt dann dieses Blatt durch Umstülpen der Trommel auf die Form des Tellers. Durch sehr gleichmäßiges Andrücken mit einem Schwamm bringt man das Blatt gleichmäßig auf die Form und dreht sodann über. Dies ist die alte Methode, um die Teller herzustellen.

Die von Faure geschaffenen Maschinen (Fig. 148) haben das Verfahren wesentlich verbessert. Die Tellermaschine dieses Konstrukteurs besteht eigentlich aus 3 Apparaten: einem zur Herstellung der Masseblätter, einem zweiten zum Zentrieren und einem dritten, der eigentlichen Formmaschine, zum Überformen. Der erstere arbeitet automatisch. Hat man den Scheibenkopf mit einer Trommel bedeckt, so genügt es, einen Masseballen darauf zu werfen und mittels eines Fußtrittes die Achse in Bewegung zu setzen. Hierauf senkt sich eine Stange, welche ein flaches Linial trägt; letzteres greift in die Masse schräg ein, drückt sie auf die gewünschte Dicke und geht nach Beendigung dieser Arbeit wieder hoch. Die Bewegung der Stange wird durch einen Hebedaumen vermittelt.

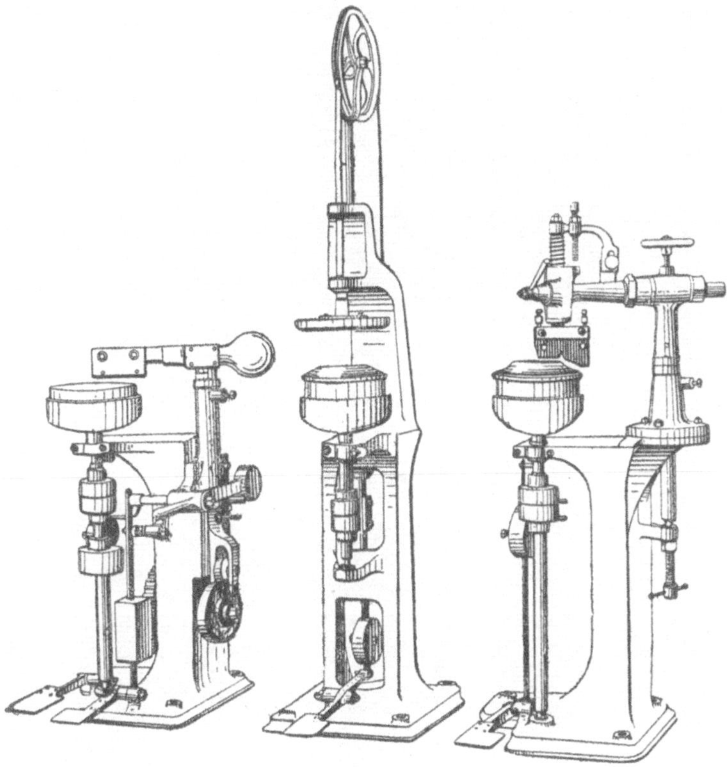

Fig. 148.

Sodann bringt man das Blatt samt der Trommel auf die Zentriermaschine; dies geschieht in der Weise, daß die Trommel an der senkrecht beweglichen Platte der Maschine befestigt wird, wobei das Masseblatt nach unten gekehrt ist. Nun senkt man das Ganze auf die unten auf dem Scheibenkopf befindliche Form, drückt das Blatt an, entfernt die Trommel und trägt die Form samt dem Blatt auf die Kalibriermaschine. Diese besteht aus einem Scheibenkopf, der mechanisch bewegt und durch einen Fußtritt, wie die erste Maschine, bedient wird. Ein Arm hält einen Schablonenhalter, den man mittels eines Griffes senken kann. Ist die Drehspindel in Rotation, so braucht der Arbeiter nur die Schablone zu senken, um den Teller aus dem Blatte auszuschneiden.

Durch dasselbe Verfahren kann man ovales Geschirr überdrehen. Fig. 149 zeigt eine Ovaldrehscheibe. Wie ersichtlich, ist die Zentriermaschine auf demselben Gestelle befestigt wie die eigentliche Formmaschine.

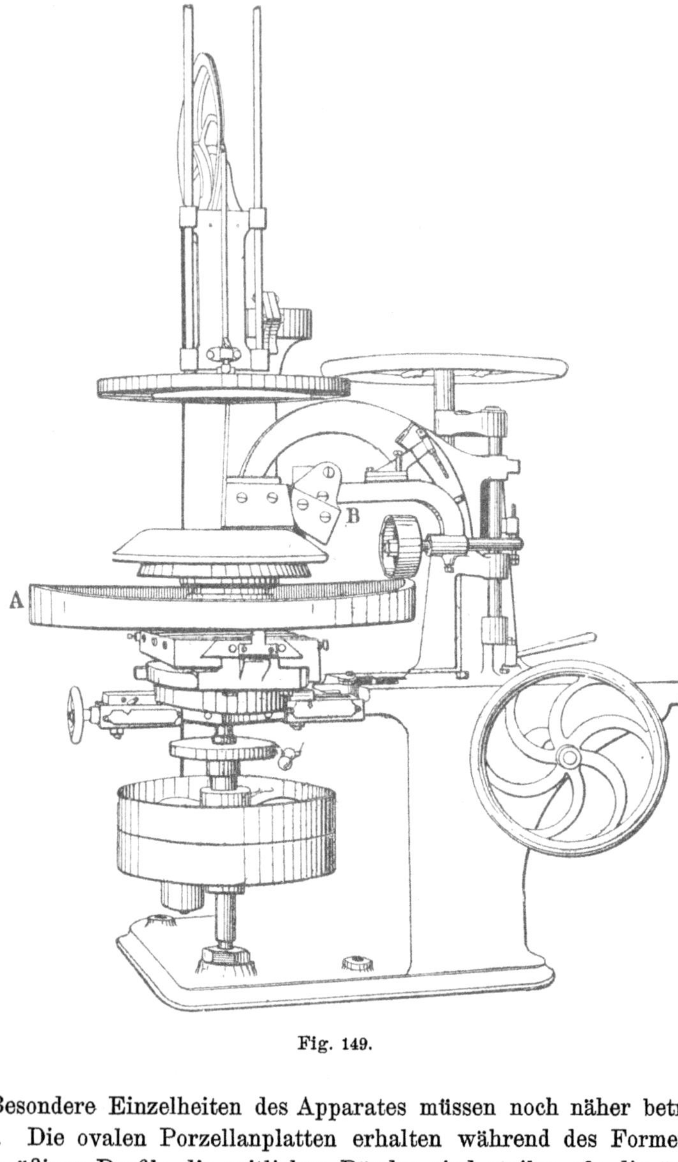

Fig. 149.

Besondere Einzelheiten des Apparates müssen noch näher betrachtet werden. Die ovalen Porzellanplatten erhalten während des Formens ein unregelmäßiges Profil; die seitlichen Ränder sind steiler als die äußeren. Durch dieses Mittel allein vermeidet man die seitliche Abplattung der

Ränder während des Brandes. Zur Erzeugung dieser Form besitzt der Apparat einen mit Gelenk versehenen Schablonenhalter, der mit Hilfe einer Rolle auf einem ovalen Metallstück ruht, dessen Ränder die nötigen Neigungen besitzen. Dies Führungsstück dreht sich mit der Form und zwingt die Schablone, sich mehr oder weniger tief zu senken; an beiden Enden ist der Hub der Schablone am kleinsten.

In der ganzen Porzellanfabrikation ist man zu großer Vorsicht beim Bearbeiten der Masse durch Ein- oder Überformen gezwungen, und man

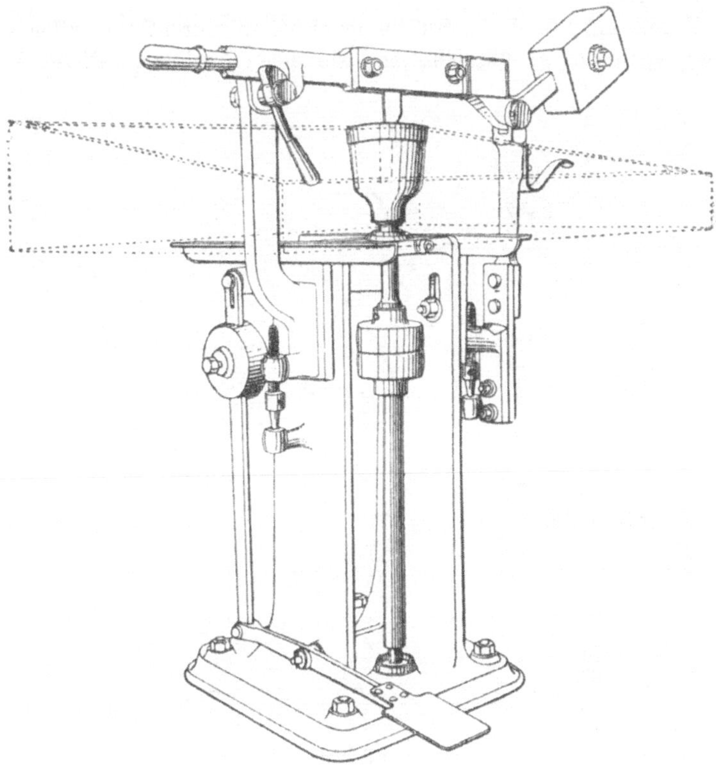

Fig. 150.

kann bei der Handhabung der Blätter nicht mit derselben Schnelligkeit verfahren, wie bei den Steingutwaren.

Faure in Limoges hat zahlreiche Apparate konstruiert. Die Figuren 150 und 151 stellen solche zur Herstellung von kleinem und großem Hohlgeschirr dar.

Ihre Arbeitsweise versteht sich von selbst.

Formen. Das Formen spielt in der Fabrikation noch eine sehr große Rolle, seine Bedeutung nimmt indes mit der Entwicklung des Gießens immer mehr ab.

Gießen. Larchevêque stellt die Gußschlicker auf folgende Weise her: Zu 700 kg gepreßter und gesiebter Masse setzt er 300 kg Wasser zu. Die Auflösung geschieht in einem ähnlichen Apparat wie die Tonquirle. Der Masseschlamm ist dick, er erhält die nötige Fließbarkeit durch Zusatz von 3,5 kg wasserhaltiger Soda, die bis zur Sättigung in Wasser gelöst ist, und einen weiteren Zusatz von Natriumsilikat.

Die Gußschlicker haben ein spezifisches Gewicht von 1,750—1,760.

Man gießt jetzt ovale Platten, Teekannen mit Henkeln und Schnäbeln, Saucieren usw.

Trocknen. Sind die Stücke geformt, abgedreht und allenfalls mit Zubehör versehen, so überläßt man sie dem Trocknen. Dieser Vorgang

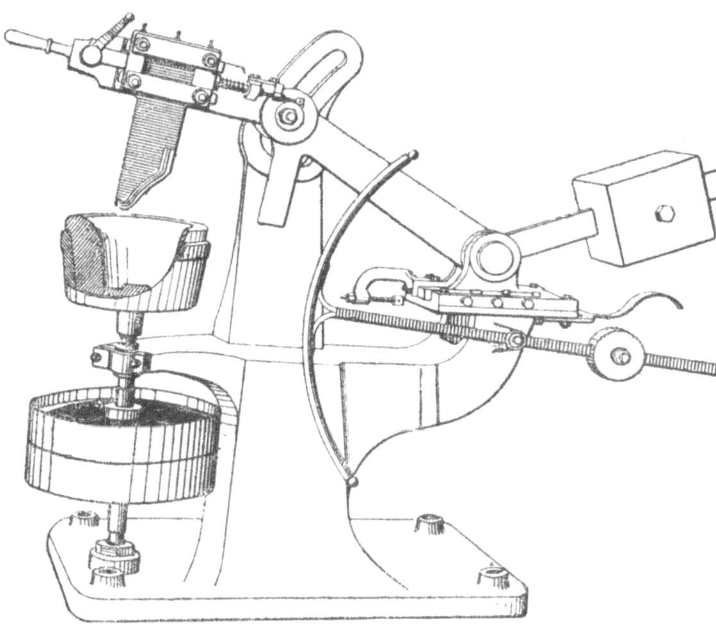

Fig. 151.

vollzieht sich sehr oft in der freien Luft. Die Masse ist weniger fett als das Steingut; sie hält das Wasser weniger zurück als das letztere, daher trocknet sie ohne besondere Sorgsamkeit hinreichend aus.

Verglühen. Nunmehr erfolgt das Brennen und das Glasieren. Die Umwandlung der Masse in Porzellan erfordert zwei Brände, wenigstens in den meisten Fällen. Zuerst unterwirft man die Gegenstände einem ersten Feuer, das den Ton enthydratisiert (Verglühbrand). Die Masse ist genügend erhitzt worden, um das chemisch gebundene Wasser abzugeben, und zeigt das Aussehen und die Porosität einer Irdenware. Das verglühte Geschirr wird dann meistens durch Eintauchen glasiert.

Glasieren. Die Porzellanglasur ist säurehaltiger als der Feldspat, daher setzt man sie aus Quarz- und Feldspat- oder Pegmatitmischungen zusammen; sind diese letzteren quarzhaltig genug, so kann man sie allein anwenden. Der Zusatz von etwas Kaolin macht die Glasur plastisch und erleichtert das Auftragen. Zu diesen wesentlichen Stoffen fügt man etwas Glattscherben. Fast alle Glasuren enthalten Kalk infolge der benützten Stoffe, man führt indes auch Kalk als Kreide in die Mischungen ein.

Während der Jahre 1826—1842 waren die in Sèvres verwendeten Mischungen sogen. Feldspatglasuren; tatsächlich bestanden sie aus Pegmatit, denn die von Brongniart in seinem „Traité des arts céramiques" gegebenen Analysen beziehen sich auf diese Gesteinsart. Ihr Kalkgehalt hat nie 1,9 % überschritten. Dieser Glasurtypus hat sich erhalten und die Porzellane der französischen Privatindustrie sind mit solchen Glasuren versehen.

Man hat auch kalkreichere Glasuren verwendet, die den orientalischen mehr oder weniger ähnlich waren.

Die Rohstoffe der Glasuren sind also Quarz, Feldspat oder Pegmatit und Kreide.

Quarz, Feldspat und Pegmatit werden nötigenfalls gewaschen. Eine von Wasser durchflossene Trommel eignet sich sehr gut zu diesem Vorgang. Um den Quarz zu mahlen, tut man gut, ihn zuerst abzuschrecken.

Man bereitet das Glasurbad durch Lösung der Stoffmischung in Wasser. Das Bad wird sodann gesiebt. Seine Dichte hat einen Einfluß auf das Glasurverfahren. Ein konzentriertes Bad schlägt mehr Glasur nieder als ein verdünntes. Die Porosität des Scherbens spricht bei dieser Frage ebenfalls mit, schließlich kann die Dauer des Eintauchens die Niederschlagsstärke verändern.

Die zu dünn glasierten Gegenstände lassen bezüglich des Spiegels zu wünschen übrig. Die Reliefs zeigen sich ohne Glasur. Ein zu starkes Glasieren verursacht Löcher und Glasuranläufe. Im allgemeinen nehmen die schwierig zu handhabenden Stücke mehr Glasur auf als die leichteren. Dies leuchtet ein, da die Dauer des Eintauchens durch die Schwierigkeit der Handhabung vergrößert wird; es kann vorteilhaft sein, sie in ein weniger konzentriertes Glasurbad als andere einfachere Stücke einzutauchen.

Es ist wichtig, eine sehr gut gemahlene Glasur zu haben. Man gibt sich Rechenschaft über den Feinheitsgrad durch Messen der Zeit, die zum Absetzen in einem geteilten Gefäß verstreicht. Wird das Glasurbad angesäuert, indem man z. B. Essig zusetzt, so erreicht man, daß das Absetzen wesentlich verzögert wird.

Auf den Stücken läßt sich die Linie schwer vermeiden, welche von dem Abtropfen der Glasur auf ebene Flächen herrührt. Wenn man ein Stück eintaucht, ist es gut, dasselbe am gleichen Ende herauszuziehen, an welchem man es hineingebracht hat. Das Glasieren der großen Stücke bietet ernste Schwierigkeiten. Manchmal hat man die Stücke an einer Vorrichtung aufgehängt, sie dann rasch eingetaucht und ebenso rasch herausgezogen.

Das Aufblasen leistet in diesem Falle gute Dienste; es genügt, die Glasur auf die betreffende Fläche gleichmäßig zu stäuben. Man macht davon Gebrauch, um große, dekorierte Gegenstände zu glasieren.

Ist die Glasur aufgetragen, so werden die Gegenstände ausgebessert. Auf den vorspringenden Teilen kann die Glasur fehlen, wenn man nicht dafür sorgt, daß die Schicht etwas verstärkt wird. In dem Augenblicke, in welchem die Glasur schmilzt, hat sie das Bestreben, von den Rändern abzufließen; diese letzteren würden also matt werden, wenn man nicht mittels Pinsel mehr Glasur auftragen würde. Es können hier auch Stellen vorhanden sein, an denen die Glasur Fehler aufweist. An den Stellen endlich, auf denen das Stück beim Brande ruht, kann die Glasur nicht erhalten bleiben, sondern sie muß abgebürstet werden.

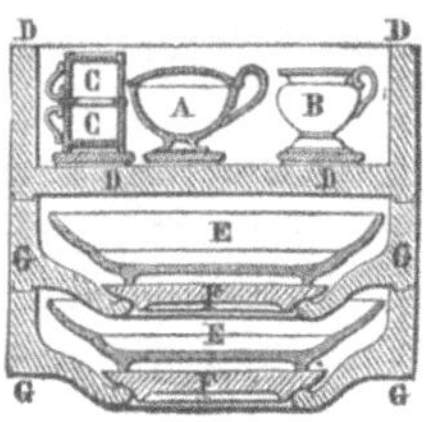

Fig. 152.

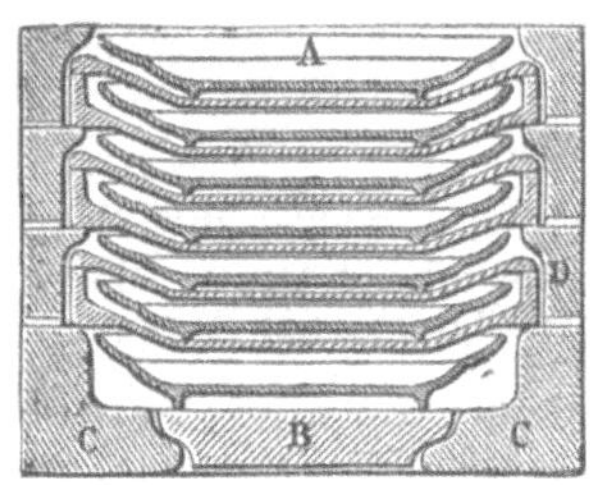

Fig. 153.

Der Glanz und der Spiegel der Glasur hängen von der Schmelzbarkeit ab. Die Schicht muß sich ausbreiten können, ohne zu flüssig zu werden. Eine zu flüssige Glasur würde in die Höhlungen fließen und sich hier ansammeln.

Einfüllen. Das mit Glasur versehene Porzellangeschirr verlangt ein sehr sorgfältiges Einfüllen.

Alle aufeinander legbaren Gegenstände werden in sogen. Sparkapseln gesetzt. Das Stück ruht auf einer Unterlage F, die auf dem ringförmigen Vorsprung der Kapsel liegt. Diese Unterlage wird durch Schamottestützen gehalten, die auf dem Boden der Kapseln liegen. Diese Kapseln gestatten eine Raumersparung; in der Tat wird die Höhlung des Stückes durch den Boden der oberen Kapsel nicht gehindert (Fig. 152).

Während der ganzen Dauer des Einfüllens muß man sich vor Staub schützen; die Kapseln müssen abgebürstet werden, damit keine Schamottekörner auf die Ware fallen können.

Man hat beim Einfüllen den Platz soviel wie möglich auszunützen versucht. Das von Régnier erdachte System hat den Vorzug, die untere Unterlage fortzulassen; es erfordert indes besonders geformte Kapseln. Aus Fig. 153 kann die Anordnung von Régnier leicht ersehen werden.

Er hat zu Umhüllungen von geeigneter Form gegriffen, die sich in die Ringansätze genau einpassen. Die Industrie hat die Kapseln von Régnier umgeändert, um sie billiger herzustellen. Wir stellen hier die Originalkapseln dar.

Wenn die Stücke infolge ihrer Form nicht aufgeschichtet werden können wie bei den vorherigen, so stellt man sie in Kapseln mit vollem Boden; dies ist bei kleinen Gegenständen der Fall. Fürchtet man Deformationen, so stellt man die Stücke auf eine auf dem Kapselboden liegende horizontale Unterlage. Wenn die Stücke höher sind als die Kapsel, benützt man Ringe, mit denen man einen genügend hohen Zylinder aufbauen kann.

Die Stücke dürfen nicht auf dem Kapselboden direkt ruhen, sondern nur auf gesiebtem Sand, mit dem man den Boden bestreut, um das Anhängen zu verhindern. Die Flächen, auf denen sie aufgestellt werden, müssen eben sein; würde das Schwinden auf einer nicht ebenen Fläche vor sich gehen, so würden Verziehungen eintreten.

Das Erweichen, das ein steter Begleiter der Porzellanbildung ist, stellt eine Quelle vieler schwer zu vermeidender Übelstände dar. Die Sinterung beginnt erst beim Schmelzen des Feldspates, d. h. einer schon hohen Temperatur; sie ist von Spannungen in verschiedener Richtung begleitet und man muß verhindern können, daß ihre Einwirkung nachteilig wirkt. Die sehr feldspathaltigen Massen erfahren eine langsamere Verglasung als die kalkhaltigen. Bei diesen letzteren erfolgt die Wirkung des Kalkes auf die Masse viel später als bei den ersteren, infolgedessen geht die Verglasung dann rascher vor sich, was als Übelstand betrachtet werden muß.

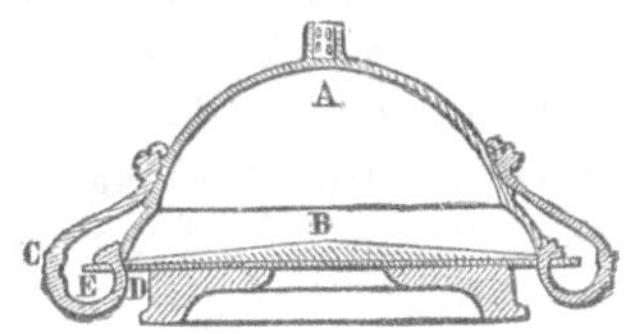

Fig. 154.

Die Stücke mit Kreisquerschnitt werden nicht ohne Vorsicht in den Ofen gesetzt; es sind öfters Stützen (Bumsen) nötig, wenn man ihnen die runde Form bewahren will. Die Darstellung eines auf einer Unterlage liegenden Stückes (siehe Fig. 154) ist wohl verständlicher als eine Beschreibung. Man sieht deutlich ein, daß das auf der konischen Fläche *B* liegende Stück regelmäßig schwinden und seine Rundung beibehalten wird.

Bei großen Stücken oder solchen mit sehr vorspringenden Teilen behilft man sich mit Stützen, um das Abbiegen dieser Teile zu verhindern. Eine Figur mit vorgestreckten Armen muß hauptsächlich unter den Armen gestützt werden. Diese Stützen bestehen aus Masse von derselben Beschaffenheit, wie die zur Herstellung des Stückes verwendete.

Die Stücke, welchen es, wie bei einigen Gefäßen, an festen Stützpunkten fehlt, werden umgekehrt gebrannt; man verhütet so das Verziehen des oberen Teiles. In der Figur, die das Innere eines Ofens mit seinem Einsatz zeigt, sieht man ein Beispiel in den Stößen *B* und *J*.

Wenn man die Stücke aufeinander brennen kann, braucht man keine Bumsen; so z. B. kann eine Zuckerdose als Bumse für den Deckel dienen. (Stücke dieser Art sind in Fig. 152 durch *A* und *C* dargestellt.)

Eine Vorsichtsmaßregel muß stets beachtet werden, wenn man Bumsen anwendet; man darf nämlich auf den miteinander in Berührung kommenden Stücken keine Glasur lassen. Zur besseren Trennung kann man auch die Berührungsstellen mit einer Mischung von Sand und Ton oder mit Tonerde, welche mit Gummi und Wasser angerührt wird, bestreichen.

Das Einsetzen des in Kapseln eingefüllten Porzellans erfordert wegen der hohen Temperatur, welche beim Brande erreicht werden muß, besondere Sorgfalt. Der Boden des Ofens wird mit einer Quarzsandschicht bedeckt, welche den Zweck hat, das Anbacken der Kapseln an der Ofensohle zu verhindern; sodann schichtet man nach und nach vertikale Säulen auf, indem man Kapsel auf Kapsel stellt und zwischen die einzelnen Tonstränge legt, um den Inhalt gegen die direkte Einwirkung der Flamme sowie gegen Flugasche abzuschließen. Man befestigt die Stöße aneinander mittels Stützen *L* aus gebrannter oder ungebrannter Schamottemasse.

Die vor den Feuerungen stehenden Stöße bestehen in ihrem unteren Teile aus sehr starken Kapseln, damit die kräftige Flammenwirkung keinen Schaden verursachen kann. Diese Stöße können in diesem Teile ihrer Höhe keine Waren aufnehmen.

Beim Einsetzen berücksichtigt man möglichst die Stelle der einzelnen Säulen und setzt die empfindlichen Stücke in einiger Entfernung von der Feuerung.

Die Vereinigung der Kapseln geschieht mit einer Mischung, welche aus einem feuerfesten, durch Quarzsand entfetteten Ton besteht. Man erhält den Schmierton als Wülste durch eine kleine Handstrangpresse. Die Stöße werden sorgfältig verschmiert, dann im oberen Teil durch Deckplatten geschlossen.

Im Schnitt des Ofeneinsatzes (Fig. 155) sieht man die von den Stützen gehaltenen Stöße. In *M* befindet sich eine Platte, in *E* und *F* sind Tellerstöße, in *H* Röhren, in *B* und *J* verschiedene Gegenstände.

Brennen. Die von den Porzellanfabrikanten verwendeten Öfen haben meistens zwei Stockwerke. Es sind Vertikalöfen. Der Glattofen unterliegt direkt der Einwirkung des Feuers; hier wird der Brand des Porzellans und der Glasur vorgenommen. Das obere Stockwerk wird von den aus dem Glattofen kommenden Gasen durchströmt und dient zum Verglühen.

Die Porzellanöfen besitzen direkte oder indirekte Flamme.

Die Öfen mit direkter Flamme werden von dieser von unten nach oben durchzogen; bei den Öfen mit überschlagender Flamme trifft diese auf das Gewölbe und sinkt dann in die Sohle. Hier findet sie durch Füchse, welche mit den in der Wand eingelassenen Kanälen in Verbindung stehen, ihren Weg zum Glühraume.

Die direkten Flammöfen besitzen einfacheren Bau als die Öfen mit überschlagender Flamme. Diese letzteren erzeugen dagegen ein bessere Verteilen der Verbrennungsgase und haben den Vorteil, daß sie die Säulen nicht von unten angreifen. Dadurch wird das Kapselmaterial weniger in Anspruch genommen. Um die Flamme zu zwingen, längs der ersten Säulen zu streichen, setzt man die vor den Feuerungen befindlichen Stöße dicht aneinander. Der Einsatz in diesen Öfen muß so angeordnet werden, daß die Ausgangskanäle dadurch nicht verstopft werden. Man stellt die Säulen auf feuerfeste Ziegelsteine, die um diese Öffnungen liegen.

In den Figuren 156 u. 157 sind Öfen beider Systeme abgebildet; der erstere besitzt Holz-, der andere Kohlenfeuerung.

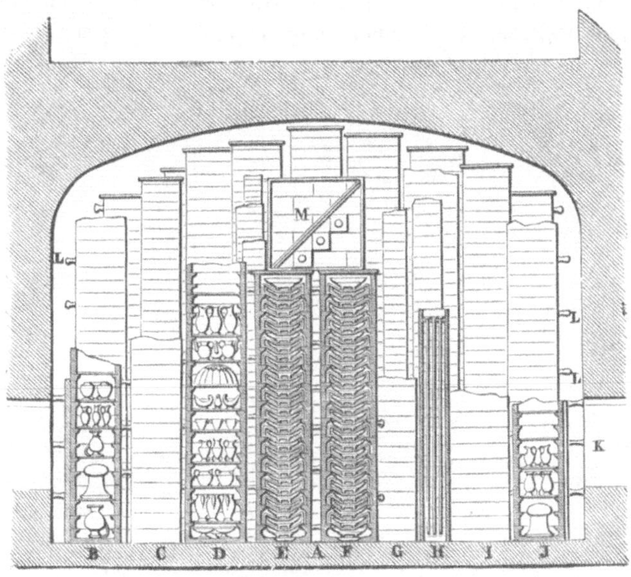

Fig. 155.

Der Brand beginnt langsam mit wenig Brennstoff und mit Luftüberschuß. Später steigert man, wenn der Ofen etwas heiß ist, die Brennstoffzufuhr. Die Atmosphäre wirkt dann reduzierend, und man behält diesen Gang während des Beginns des Großfeuers bei. Das stets in der Masse enthaltene Eisen geht in Eisenoxydul über; seine färbende Wirkung hat in diesem Zustand nicht viel Einfluß. Diese reduzierende Atmosphäre ist unerläßlich, solange die Glasur nicht geschmolzen ist. Ist die Glasur einmal im Schmelzen, so ist die Masse vor der Oxydation geschützt, das Feuer kann dann in beliebiger Weise geführt werden. Am Schluß des Brandes brennt man oxydierend.

Bei Besprechung des Brandes haben wir gesagt, wie man vom Vorzum Scharffeuer übergeht, wenn man Holz als Brennmaterial verwendet.

Wenn man mit Kohle brennt, beginnt man mit kleinen Füllungen (12—15 cm auf den Rost) mit offenen Feuertüren, sodann schließt man (nach etwa 6 Stunden) dieselben.[1]) Kurz vor dem Scharffeuer reinigt man den Rost und legt eine größere Kohlenmenge darauf. Von Zeit zu Zeit müssen die Feuerungen geschlackt werden, damit mehr Luft hindurchdringen kann. Man füllt während der reduzierenden Zeit auf, sobald die Flammen blau werden; dies bezeichnet eine Verbrennung des Kohlenoxydes in der Feuerung und infolgedessen einen Luftüberschuß.

Die Porzellanfabrikanten behelfen sich bei ihren Bränden mit der Prüfung glasierter Ziehproben. Man nimmt eine Probe aus dem Ofen und betrachtet nach genügender Erkaltung das Bild eines Gegenstandes mit scharfen Umrissen. Ein scharfes Bild bezeichnet einen guten Glasurbrand, ein welliges Bild einen ungenügenden Spiegel.

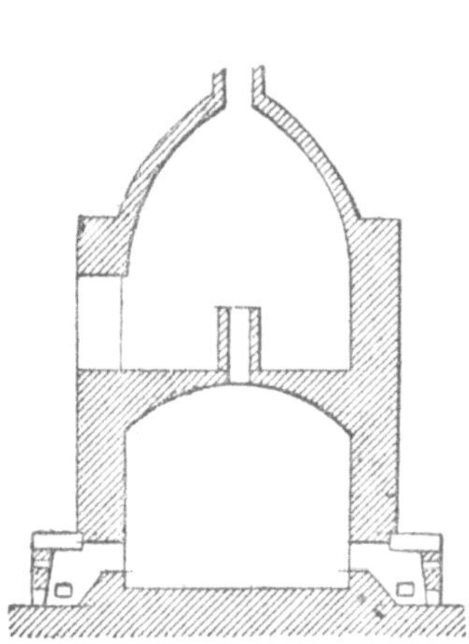

Fig. 156.

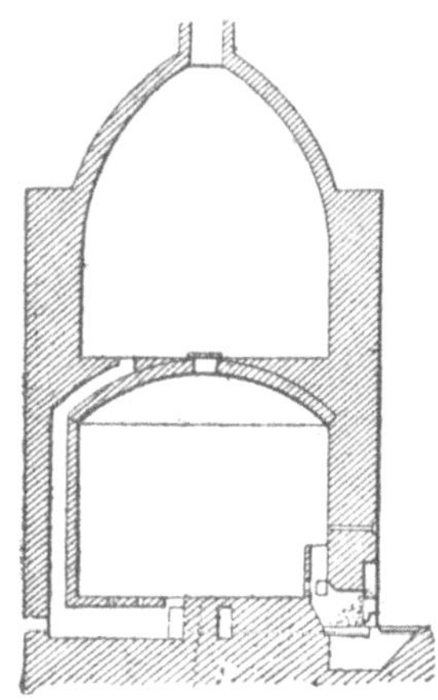

Fig. 157.

Das aus dem Ofen kommende Porzellan ist nicht immer fehlerfrei. Außer den Bruchschäden, der Deformation der Stücke und den Flecken auf der Glasur gibt es noch einen anderen Übelstand, die Kornbildung. Dieser Übelstand wird durch das Auffallen kleiner Kapselteilchen verschuldet, die sich auf dem Porzellan in der geschmolzenen Glasur festsetzen.

Man entfernt diese Körner auf der Schleifmaschine mit einer mit harten Stoffen belegten Polierscheibe, die keine Spuren hinterlassen kann. Man endigt mit einem Korkrad und mit Glasur.

Die Füße der Stücke haben keine Glasur erhalten und kommen rauh aus dem Ofen; sie werden ebenfalls geschliffen. Man beginnt mit hartem Granit und schließt mit Zinnerde ab; dazwischen verwendet man sehr feine Glasur.

---

[1]) Wir führen als Beispiel den Betrieb eines Berry-Ofens an.

1. Französische Herstellung.

Berry und Limousin bilden die beiden großen Porzellanmittelpunkte Frankreichs.

Sie verbrauchen den Kaolin dieser beiden Gebiete,[1]) bisweilen auch englischen. Der von ihnen benützte Feldspat ist bald französischen, bald schwedischen oder norwegischen Ursprungs. Die Sandarten von Cher, la Nièvre eignen sich für diese Fabrikation.

Die Massen werden fast immer durch Spezialfabriken hergestellt, welchen das Aufbereiten der Rohstoffe und Zubereiten der Massen obliegt, so daß die Porzellanfabrikanten mit Materialien umgehen, deren Beschaffenheit ihnen unbekannt ist. Die Trommelnaßmühlen sind in der französischen Industrie sehr verbreitet, wiewohl auch ältere Mahlapparate immer noch in Gebrauch sind; die Masseschlagmaschine bürgert sich allmählich ein. In den letzten Jahren sind die Formmaschinen für Gebrauchsgeschirr wesentlich vervollkommnet worden. Faure in Limoges und Rossignol in Vierzon haben kräftige und praktische Apparate gebaut, welche in Frankreich, zum Teile auch im Auslaude sehr geschätzt sind. In der Herstellung des Porzellans für technische Zwecke steht Frankreich hinter Deutschland zurück, sowohl bezüglich der Formmaschinen wie auch des Fabrikates.

Am meisten werden jetzt in Frankreich Öfen mit überschlagender Flamme angewendet, welche bisweilen große Dimensionen aufweisen. So haben die großen Öfen des Limousin bis zu 6 m Durchmesser mit einem Rauminhalt von 120 cbm. Die Anzahl der Feuerungen wechselt je nach dem Ofendurchmesser und beträgt oft 12 für einen Ofen von 6 m; bei einem Ofen mit 8 Feuerungen fanden wir 6,40 qm Rostfläche, d. i. 0,05 qm auf 1 cbm Rauminhalt, und bei kleineren Limousiner Öfen gleiche Verhältnisse.

Folgende Tabelle gibt den Brennmaterialverbrauch und die durchschnittliche Branddauer dieser Öfen an:

Rauminhalt cbm	Branddauer Stunden	Kohlenverbrauch Tonnen
120	50—54	20,0
69	44—47	12,5
51	43	10,0.

Die französischen Öfen (mit überschlagender Flamme) gehören im allgemeinen zwei Typen an, welche nach den Erbauern Cadet und Bonneville benannt werden. Der wesentliche Unterschied zwischen beiden Systemen besteht nur darin, daß der Glühraum des Bonneville-Ofens ein Doppelgewölbe besitzt, welches dem Cadet-Ofen fehlt. Dieses

[1]) Les Eyzies (Dordogne), Saint Yrieix und la Jonchère (Haute-Vienne), Beauvoir (Allier), Les Collettes, Loudéac.

Gewölbe trennt den Glühofen vom Kamine und ruht auf der Grundfläche des Kegelstumpfes, welcher den unteren Teil des Kamines bildet; in den Seitenwänden hat der Erbauer senkrechte, durch Schieber regulierbare Kanäle angebracht.

Fig. 158 veranschaulicht einen Ofen mit direkter Flamme, dessen Verglühraum gleichfalls mit einem Gewölbe versehen ist.

Die Weise, wie der Brand geführt wird, weist sonderbare Eigentümlichkeiten auf. Die Heizer sind an ein übermäßig stark reduzierendes Brennen gewöhnt, so daß am Ende des Brandes der Verglühraum durch fein zerteilten Kohlenstoff vollständig verschleimt ist. Um diesen Kohlenstoff zu verbrennen, wirft man nun Holz in die Feuerungen und entfernt mittels einer Eisenstange die Schamotteplatte, welche der Flamme den direkten Zutritt vom Glatt- zum Glühofen versperrt, wodurch der Ofen nunmehr wie ein Ofen mit direkter Flamme arbeitet. Das Holz entwickelt sehr viel Gase, welche den Glühraum vom Kohlenstoff reinigen.

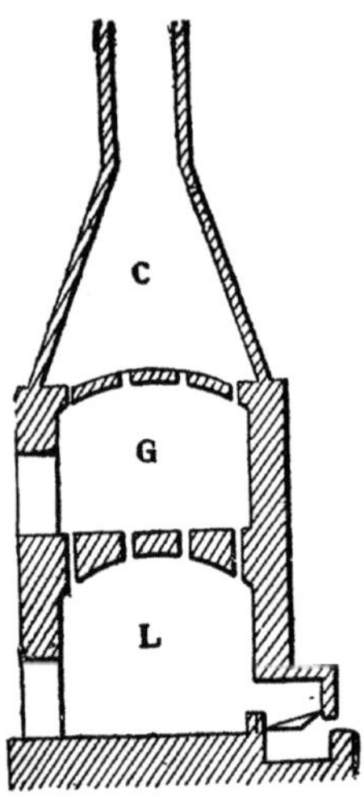

Fig. 158.

Das meist verwendete Brennmaterial sind Kohlen, sehr selten Holz.

Im Berry sind die Feuerungen durchschnittlich weniger fachmännisch. Zur Beschreibung derselben vergleiche man das Werk von Larchevêque.[1])

Unter den verschiedenen Feuerungen der Limousiner Öfen ist diejenige von Minton eine der verbreitetsten. Sie besteht aus einem rechteckigen, am unteren Teile durch einen Rost geschlossenen Schacht. Zur Beschickung führt man die Kohlen durch den oberen Teil ein, nachdem man eine gußeißerne Tür geöffnet hat. Die Luft tritt durch eine im unteren Teile so angeordnete Öffnung ein, daß sie unter den Rost, und wenn dieser verschlackt ist, über den Rost streichen kann. Das Befeuern mit Generatorengas wurde neuerdings in Öfen mit ununterbrochenem Betriebe versuchsweise eingeführt, ergab aber die erwarteten Resultate nicht, was wohl auf eine unerfahrene Leitung zurückzuführen ist.[2])

Wir haben nur die gebräuchlichsten Öfen erwähnt, ohne die vielen Abänderungen zu berücksichtigen.

Die französischen Porzellanmassen sind kaolin- und feldspathaltig oder kaolin-, feldspat- und kalkhaltig; bisweilen ist Kalk das einzige Flußmittel.

---

[1]) Loc. cit., S. 141, Abb. 119 u. 120.

[2]) La Céramique 1901, S. 122.

2. Fabrikation von Sèvres.

Durch ihre Massen und Verfahren weicht die Fabrikation von Sèvres von der der französischen Privatindustrie ab. Das Bestreben, nur Gutes zu leisten, und die Geschäftsunabhängigkeit ermöglichen es, die zu einer tadellosen Herstellung nötigen Opfer aufzubringen. Gegenwärtig werden in Sèvres zwei verschiedene Porzellanarten erzeugt:

Hartporzellan, dessen Masse sehr tonerdehaltig ist, und sogen. neues Porzellan, welches dem chinesischen Porzellan ähnlich ist.

Hartporzellan. Seit seiner Entstehung wurde das Hartporzellan von Sèvres öfters umgeändert, bis Brongniart 1836 die jetzige Zusammensetzung festsetzte, indem er einen Mittelwert unter den besten Versätzen annahm. Diese eigentümliche Verfahrensweise führte ihn zu folgender chemischer Zusammensetzung:

SiO_2	58,0
Al_2O_3	34,5
CaO	4,5
Alkalien	3,0.

Vogt, dem wir diese Einzelheiten entnehmen,[1] spricht sich darüber wie folgt aus:

„Weder das Bestreben, ein zu einem besonderen Zwecke geeignetes Porzellan zu erzeugen, leitete Brongniart in diesem Falle, noch eine wissenschaftliche Anschauung, sondern einzig und allein der Empirismus.“

Brongniart selbst erkannte die Fehler seines Porzellans und wies darauf in seinem Werke hin. Er machte sogar auf die Schwierigkeiten, welche die Empfindlichkeit der Masse hervorrufen mußte, aufmerksam, behielt aber doch folgende, sehr tonerdehaltige Zusammensetzung bei:

Kaolin	65,0
Feldspat	15,0
Quarz	14,5
Kreide	5,5.

Zu Anfang der Herstellung war die Glasur kalkhaltig, wurde aber sehr bald ausschließlich feldspathaltig und besteht jetzt noch aus Pegmatit. Diese Glasur ist zwar wegen ihrer Härte ausgezeichnet für Service, eignet sich aber weniger zur Dekoration.

Neues Porzellan. Diesen Namen erhielt ein von Lauth und Vogt vor 20 Jahren geschaffenes Porzellan, dessen Eigenschaften an diejenigen des chinesischen erinnern.

Die Versuche, die zur Einführung dieses Porzellans führten, hatten den Zweck, einen Scherben zu erzielen, auf welchem Farben und Emaille in

---

[1]) La Porcelaine S. 236.

größerer Anzahl und mit schönerem Glanz aufgetragen werden konnten.[1]) Aus der Tabelle der Zusammensetzungen verschiedener Porzellanmassen kann man leicht ersehen, in welcher Weise das Hartporzellan von Sèvres von der chinesischen Masse abweicht; die Masse des neuen Porzellans wurde mit der chinesischen mehr in Einklang gebracht (siehe die Tabelle Seite 379).

Die endgültig festgesetzte Glasur ist eine Kalkglasur der Formel:

$$4\,SiO_2 \,.\, 0{,}5\,Al_2O_3 \,.\left\{\begin{matrix} 0{,}7\;CaO \\ 0{,}3\;K_2O \end{matrix}\right.$$

(gleichlautend mit der Formel des Segerkegels 4), in Gewichtsteilen ausgedrückt:

Kreide	70
Feldspat	167
Kaolin	52
Quarz	108.

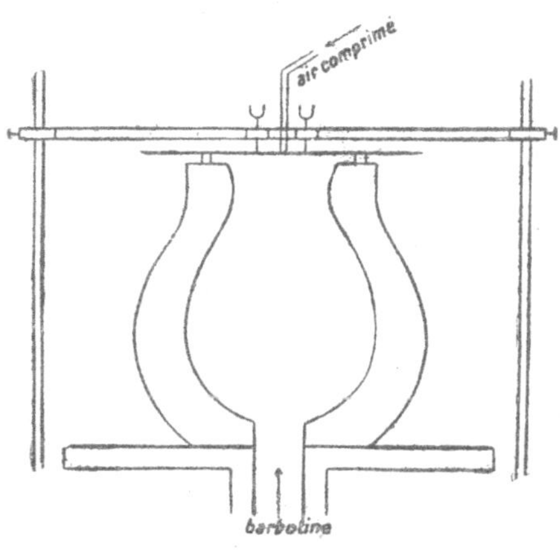

Fig. 159.

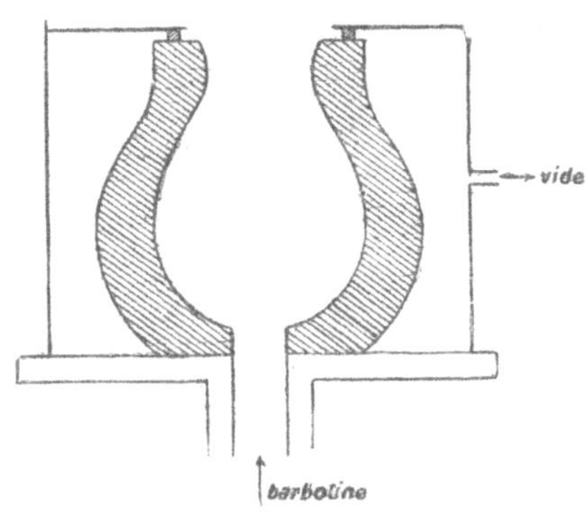

Fig. 160.

Gießen. Die Einrichtung zum Gießen wurde in einem großen Maßstabe angelegt. Außer den Vasen mittlerer Dimensionen, welche ohne besondere Schwierigkeiten gegossen werden können, werden öfters in Sèvres größere, bis zu 1,75 m Höhe, hergestellt. Solche Gegenstände erfordern eine geeignete Einrichtung.

Man läßt den Gußschlicker durch den Boden der Form eintreten und so lange darin stehen, bis der Masseansatz die nötige Stärke erreicht hat. Ohne besondere Vorrichtung könnte das Ausleeren der Form nicht erfolgen, ohne ein Zusammensinken der noch nicht genügend festen Masse zur Folge zu haben. Dies kann auf zwei Wegen verhütet werden. Bei dem ersten, welchen zuerst Ebelmen einschlug, preßt man in der Form Luft zu-

[1]) Lauth et Vogt, Notice sur la porcelaine nouvelle.

sammen (Fig. 159), wodurch die Masse an den Wänden festgehalten wird. Bei dieser Arbeitsweise muß man die Form verschließen, daher ist es unmöglich, zu beobachten, wie sich die gegossene Vase verhält. Regnault kehrte dieses Verfahren um und benützte den atmosphärischen Druck, um die angesetzte Masse an die Form anzudrücken (Fig. 160). Die Form wird mit einem Metallmantel umhüllt, bis auf die obere Öffnung, und die Luft aus dem zwischen der Form und der Ummantelung vorhandenen Raum ausgesaugt; der auf den gegossenen Gegenstand ausgeübte Druck ist dann gleich der Differenz zwischen dem atmosphärischen Druck und dem im ringförmigen Raum vorhandenen.

Das Gießen solcher Vasen erfordert sehr große und schwere Formen, welche mit einem Laufkran bewegt werden.

Aus der Form genommen, zeigen die Vasen Nähte, die sorgfältig ausgebessert werden müssen; runde Vasen werden abgedreht.

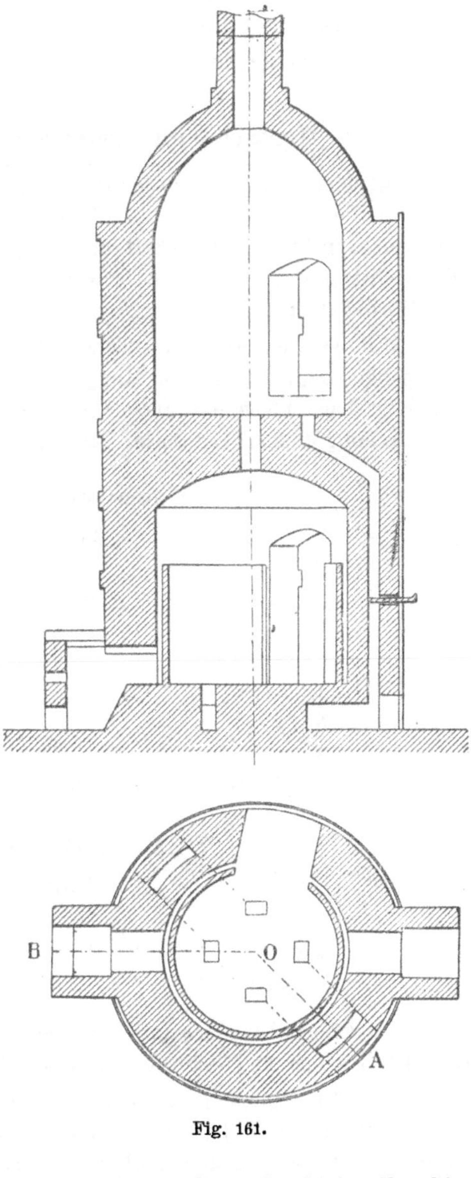

Fig. 161.

Brennen. In Sèvres wird das neue Porzellan in Öfen mit überschlagender Flamme (Fig. 161) bei Segerkegel 9 und das Hartporzellan in Öfen mit direkter Flamme (Fig. 156) bei Segerkegel 13 gebrannt. Die Öfen sind verhältnismäßig sehr klein (der hier abgebildete ist der kleinste und hat 2 m inneren Durchmesser) und werden fast ausschließlich mit Holz geheizt. Dreistöckige Öfen mit zwei Glattbrennräumen wurden nur versuchsweise vor Jahren verwendet. Um das Einsetzen zu vereinfachen, hat man in den Öfen mit überschlagender Flamme eine ringförmige Feuerbrücke (übrigens ziemlich überflüssig) aufgestellt, welche die Flamme zwingt, bis zum Gewölbe zu steigen.

Die Herstellung des neuen Porzellans ist in Frankreich der Sèvres-Manufaktur eigen geblieben.

3. Deutsche und österreichische Herstellung.

Seitdem Böttger das erste Hartporzellan in Europa herstellte, hat sich die Porzellanindustrie in Deutschland und im angrenzenden Teile Österreichs mächtig entwickelt und vergrößert sich noch von Jahr zu Jahr. Die wichtigsten Distrikte sind Sachsen, Thüringen, Schlesien, Oberfranken und Nordböhmen.

Die verwendeten plastischen Materialien sind: Kaoline aus der Halleschen Gegend, aus der Umgebung von Meißen und aus derjenigen von Karlsbad, bisweilen auch China clay. Nachstehend die Zusammensetzung einiger sehr bekannter Kaoline nach Seger.

Chemische Analyse:

	Seilitz	Zettlitz	Sennewitz
SiO_2	56,15	46,87	64,87
Al_2O_3	32,00	38,56	23,83
Fe_2O_3	0,64	0,83	0,83
CaO	0,33	—	—
MgO	—	—	0,50
K_2O / Na_2O	0,47	1,06	1,37
Glühverlust . . .	10,81	12,73	8,36.

Rationelle Analyse:

	Seilitz	Zettlitz	Sennewitz
Tonsubstanz . .	80,99	98,90	63,77
Quarz	16,66	1,10 (Quarz und Feldspat)	35,50
Feldspat	2,35		0,70.

Als schmelzbare Rohstoffe kommen Feldspate aus Norwegen, Schweden, Böhmen, Bayern und Schlesien in Betracht.

Als Magerungsmittel benützt man meistens Quarz aus Schweden und hauptsächlich in Thüringen den sogen. Porzellansand, welcher ziemlich reich an Feldspat ist und zugleich als Schmelzmittel dient. Als Beispiel hierfür geben wir die Analyse des Fürstenwalder Porzellan- oder Glasursandes an.[1])

[1]) Tonindustrie-Zeitung 1896, S. 519.

Chemische Analyse:

SiO_2	87,03
Al_2O_3	6,50
Fe_2O_3	1,52
CaO	0,34
MgO	0,20
K_2O, Na_2O	2,30
Glühverlust	2,07.

Rationelle Analyse:

Tonsubstanz	15,3
Quarz	74,0
Feldspat	10,7.

Ziemlich getrennt von der Privatindustrie arbeiten die Staatsmanufakturen Berlin und Meißen, sowie die königliche Manufaktur Nymphenburg und stehen in künstlicher Hinsicht weit über den anderen. Die Führung in dieser Beziehung besitzt entschieden Berlin, seitdem 1887 A. Kips als artistischer Leiter an dieselbe berufen wurde. Die technische Leitung liegt ebenfalls in den Händen bewährter Kräfte, wie Heinecke, Marquardt usw.

Die Fabrikation der Berliner Manufaktur erstreckt sich hauptsächlich auf Geschirr und Luxuswaren (Plastik, Vasen, Fliesen usw.) sowohl wie auch auf die Herstellung von Porzellan für chemisch-technische Zwecke, worin sie unübertroffen ist. Es werden für die einzelnen Zwecke besondere Massen verwendet.

Eine der ältesten und bekanntesten besteht aus:

Kaolin von Halle	77
Feldspat	23.

Sämtliche Massen erhalten die gleiche Glasur, welche der Formel

$$\left.\begin{matrix} 0{,}11\ K_2O \\ 0{,}67\ CaO \\ 0{,}22\ MgO \end{matrix}\right\} Al_2O_3 \,.\, 10\ SiO_2$$

entspricht.[1])

Das Brennen des weißen Gebrauchsgeschirrs geschieht in einem Mendheim-Gasofen bei Segerkegel 15; bessere Waren werden, nötigenfalls mit Holz, in 2 stöckigen Sturzflammöfen gebrannt. Neuerer Zeit wurde ein 3 stöckiger Ofen gebaut,[2]) welcher etwas näher beschrieben zu werden verdient. Der Ofen, dessen Glattbrandraum 38 cbm Inhalt aufweist, besitzt

---

[1]) Kerl, 3. Aufl., S. 1403.

[2]) Heinecke, Neuere Öfen der kgl. Porzellanmanufaktur zu Charlottenburg S. 13.

9 im Kellergeschosse untergebrachte Planrost-Halbgasfeuerungen für Steinkohle, welche in 3 Gruppen verteilt und in solcher Weise eingerichtet sind, daß die Flammen der mittelsten Feuerungen unter der Sohle in die Ofenmitte gelangen, während die seitlichen Feuerungen mit der inneren Umfassungswand des Ofens in direkter Verbindung stehen. Der Ofen wird während des Vorfeuers, bis der nötige Zug vorhanden ist, als Ofen mit direkter Flamme betrieben, und zwar werden zur langsamen Erwärmung nur die drei Mittelfeuerungen geheizt; dann werden die Verbindungsfüchse des Gewölbes geschlossen, wodurch die Flamme durch die in der Sohle und in der Wand angebrachten Kanäle in den Glühraum abziehen muß. Der oberste Ofenraum dient zum Ausglühen der Kapseln. Der Brennmaterialverbrauch beträgt ca. 3000 kg Braunkohle (für das Vorfeuer) und 6000 kg Steinkohle, die Brenndauer gegen 30 Stunden. Während, wie bereits gesagt, das neue Porzellan von Sèvres das chinesische Porzellan als Vorbild nahm, entstand das sogen. Segerporzellan infolge der von Seger vorgenommenen Untersuchungen japanischen Porzellans.[1]) Seger ging von der durchschnittlichen Zusammensetzung der japanischen Porzellanmassen aus:

Tonsubstanz	30
Quarz	45
Feldspat	30

und nahm für sein Porzellan folgende rationelle Zusammensetzung an:

Tonsubstanz	25
Quarz	45
Feldspat	30.

Um eine bildsame Masse zu erzeugen, ersetzte er den gebräuchlichen Kaolin ganz oder teilweise durch den sehr plastischen Löthainer oder auch Ebernhahner Ton, so daß eine in Berlin gebrauchte Segermasse wie folgt zusammengesetzt wird:

Löthainer Ton	31
Sand	39
Feldspat	30.

Nach dem Verglühen bei Segerkegel 010 wird das Segerporzellan mit einer Glasur der Formel

$$\left.\begin{matrix} 0{,}3\ K_2O \\ 0{,}7\ CaO \end{matrix}\right\} 0{,}5\ Al_2O_3 \,.\, 4\ SiO_2$$

(gleich derjenigen des neuen Porzellans von Sèvres) überzogen und bei Segerkegel 9 glattgebrannt. Diese verhältnismäßig wenig hohe Temperatur ermöglicht eine reichere Scharffeuerverzierung, zu welcher hauptsächlich

[1]) Segers Schriften S. 561. Tonindustrie-Zeitung 1892.

die im 15. Abschnitt angegebenen Unterglasurfarben dienen; auch eignet sich dieses Porzellan gut zur Zwischenglasurmalerei, welche ebenfalls später behandelt wird.

Die königliche Porzellanmanufaktur Meißen, welche seit ihrer Gründung bis in die letzte Zeit an der Spitze der deutschen Fabrikation gestanden hat, hält sich bedauerlicherweise von der Öffentlichkeit fern und bewahrt sorgfältig ihre „Arkana". Die Fabrikation umfaßt hauptsächlich Tafelservice (wobei das weltbekannte Zwiebelmuster besonders gepflegt wird) und Luxusgegenstände (Figuren, zum größten Teile nach alten Modellen). Zu erwähnen ist auch die Herstellung von ausgezeichneten Muffelfarben

Eine ältere Masse bestand aus:

Kaolin von Aue	18,0
Kaolin von Sosa	18,0
Kaolin von Seilitz	36,0
Feldspat	26,0
Glattscherben	2,0

und erhielt folgende Glasur:

Quarz	37,0
Geglühter Kaolin von Seilitz	37,0
Kalkstein von Pirna	17,5
Glattscherben	8,5.

Gegenwärtig wird fast nur Seilitzer Kaolin verwendet, welcher in der Fabrik selbst geschlämmt wird.

Zum Brennen, angeblich bei Segerkegel 16, dienen Rundöfen mit niederschlagender Flamme, welche einen Durchmesser von 4—5 m haben und 6—7 Feuerungen besitzen; diese bilden eigentlich zwei getrennte Herde. Aus der Feuerung gelangt die Flamme durch eine Feuerbüchse wie bei den Steingutöfen in den Brennraum. Die Öfen haben 3 Stockwerke; das unterste dient zum Garbrennen, das mittelste zum Verglühen des Porzellans und das oberste zum Ausglühen von Kapseln. Die Branndauer beträgt 38 Stunden.

Die königliche Porzellanmanufaktur Nymphenburg hat unter der jetzigen Direktion Bäumls ihren alten Ruf zurückerobert; sie hat die älteren Versätze wesentlich abgeändert, erzeugt ein sehr schönes Porzellan und fabriziert hauptsächlich reiche Tafelservice sowie plastische Gegenstände nach den alten bekannten Nymphenburger und Ludwigsburger Modellen. Die Rohmaterialien sind Zettlitzer Kaolin, norwegischer Feldspat und schwedischer Quarz. Die Glasur weist die Formel

$$\left.\begin{matrix} 0{,}3\ K_2O \\ 0{,}7\ CaO \end{matrix}\right\}\ 0{,}8\ Al_2O_3 \,.\, 8\ SiO_2$$

auf. Der Brand erfolgt bei Segerkegel 13—14 in 3stöckigen Öfen mit überschlagender Flamme.

Quantitativ viel bedeutender als die Produktion der drei oben genannten Manufakturen ist diejenige der Privatindustrie, welche neben dem Verkaufe im Inland einen großen Absatz durch Export, hauptsächlich nach England und den Vereinigten Staaten, findet.

In den 5 großen Porzellanzentren: Sachsen, Schlesien, Thüringen, Oberfranken und Böhmen richtet sich selbstverständlieh die Fabrikation in bezug auf Rohmaterialien nach den örtlichen Verhältnissen.

Fast überall macht sich das Bestreben geltend, größere Werke mit den vollkommensten Form- und Brenneinrichtungen auszustatten; bisweilen auch beschränken sich einige Fabriken auf die Herstellung von Spezialartikeln, wobei durch Massenproduktion die Unkosten auf ein Minimum reduziert werden können.

Es dürfte hier angezeigt sein, zum Zwecke des Vergleichens eine kleine Aufstellung der im Jahre 1906 von maßgebenden fränkischen, böhmischen, schlesischen und französischen Fabriken bezahlten Löhne wiederzugeben. Die Ziffern beziehen sich auf 12 Arbeitstage zu je 10 Stunden.

	I.	II.	III.	IV.
Tellerdreher . .	55—60	60	60	55—60
Maler.	55	50—55	30—60	48
Ofenarbeiter . .	44	45	40	40—45
Hofarbeiter. . .	30—36	36	30	24—30
Mädchen. . . .	20—30	24—30	24	18—20.

I. Oberfranken. II. Böhmen. III. Schlesien. IV. Limoges.

Das Brennen besonders ist heute noch Gegenstand des größten Interesses seitens der Fabrikanten. Fast ausschließlich werden größere Öfen (von durchschnittlich 5 m Durchmesser) mit überschlagender Flamme verwendet.

Die Frage der Rauchverminderung, welche eine bedeutende Ersparnis an Brennmaterial bedeutet, wurde wiederholt erwogen und zum Teile wenigstens gelöst. Einer der bekanntesten Öfen mit Rauchverzehrungseinrichtung ist der Ungersche, bei welchem frische Außenluft und erhitzte Luft in die Rauchkanäle eingeführt werden und eine bessere Verbrennung des Rauches herbeiführen.

Auch hat man den ununterbrochenen Brand in mehreren Werken eingeführt; wir haben bereits den Mendheim-Gasofen der kgl. Manufaktur Berlin erwähnt. Eine schlesische Firma ließ kürzlich einen Faugeron-Ofen bauen und neuerdings errichtete Baumeister Werner (Selb) eine Ofenanlage, welche zufriedenstellende Resultate ergeben haben soll.

Kopenhagener Fabrikation. Die (nur dem Namen nach) königliche Porzellanmanufaktur zu Kopenhagen hat sich durch ihre Scharffeuerdekoration einen Weltruf erworben; sie verarbeitet eine sehr kieselsäurehaltige Masse, welche in den wesentlichen Bestandteilen aus

SiO_2	69,0
Al_2O_3	25,5
Alkalien	5,5

besteht und wie folgt zusammengesetzt wird:

Kaolin	47
Feldspat	33
Quarz	20.

Die Glasur besteht aus:

Kaolin	6,75
Quarz	48,75
Feldspat	28,00
Kreide	2,75
Glühscherben	13,75.

Die Sturzflammöfen (Fig. 162) der Kopenhagener Manufaktur bieten eine Eigentümlichkeit, da sich hier, im Gegensatz zu den meisten Öfen, der Glattbrandraum im obersten Stockwerke befindet. Aus den Feuerungen *F* steigt die Flamme zum Gewölbe, geht dann auf die Sohle nieder, gelangt in den mittleren Raum, welcher ebenfalls mit Feuerungen versehen ist und zum Brennen von Kapseln und feuerfesten Steinen dient, durchstreicht denselben, tritt in den untersten Raum (Glühofen) und zieht durch die Kanäle *C* in den seitwärts stehenden Kamin ab. Auf diese Weise vermeidet man die bei den anderen Systemen nötigen Kanäle in den Ofenwänden; der Betrieb des Ofens soll aber umständlicher sein.

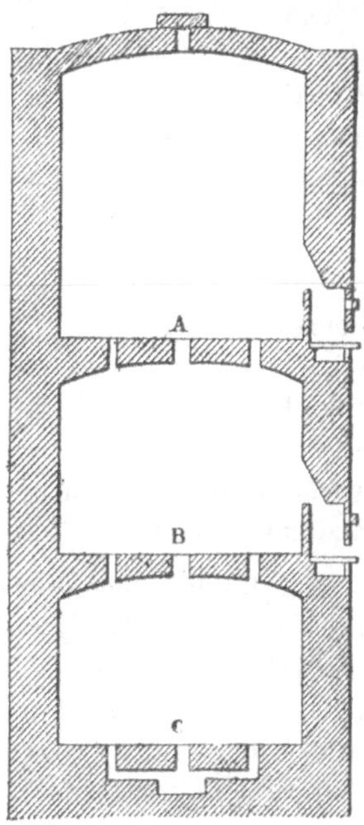

Fig. 162.

In Fig. 162 sind die Feuerungen nicht genau wiedergegeben.

Das Kopenhagener Porzellan wird angeblich bei Segerkegel 16 gebrannt.

4. Orientalische Fabrikation.

Die Fabrikation des chinesischen und japanischen Porzellans ist Gegenstand zahlreicher Studien geworden.[1]) Wir werden hier kurz zusammenfassen, was darüber veröffentlicht wurde.

[1]) Ebelmen und Salvétat, Ann. de Chim. et de Phys. 3. série, Bd. XXXI, 1850, S. 257. — Vogt, Bull. Soc. Enc. 5. série, Bd. V, 1900, S. 530. — Seger, Tonindustrie-Zeitung 1891—1892 und Segers Schriften S. 561.

Chinesisches Porzellan. Die hierzu dienenden Rohmaterialien sind Kaolin, Hoa-che, Pe-tun und Yeou-ko. Diese Materialien sind durch ihre Eigenschaften sehr verschieden von denen, welche in der europäischen Industrie verwendet werden.

Die chinesischen Kaoline sind eine Mischung von Kaolinit, Glimmer, Quarz und Feldspat.

Die Chinesen nennen Hoa-che plastische Substanzen, welche hauptsächlich aus Kaolinit und weißem Glimmer bestehen. Pe-tun ist ein homogenes Gestein mit feiner Textur. Es enthält plastische, durch Schwefelsäure angreifbare Materialien. Der größere Teil widersteht jedoch der Einwirkung dieses Reagens. Glimmer ist der durch Schwefelsäure angreifbare Teil.

Yeou-ko enthält ebenfalls Glimmer, vereinigt mit Feldspat und Quarz; letzterer kann mehr wie die Hälfte der Zusammensetzung ausmachen.

Folgende Tabelle gibt einen Überblick hierüber.

	I.	II.	III.	IV.	V.	VI.	VII.
Kaolinit	46,50	75,02	68,48	63,25	66,66	40,55	37,29
Glimmer	17,00	13,58	12,08	32,60	33,34	40,55	37,29
Albit	34,00	—	—	—	—	5,62 (Albit und Orthoklas)	15,87 (Albit und Orthoklas)
Orthoklas	—	6,78	11,84	—	—		
Quarz	2,50	5,11	7,40	4,15	—	53,83	46,84
Kalziumkarbonat	—	—	—	—	—	—	—

	VIII.	IX.	X.	XI.	XII.	XIII.
Kaolinit	31,26	26,03	18,89	—	—	—
Glimmer	31,26	26,03	18,89	31,30	31,40	30,20
Albit	23,57 (Albit und Orthoklas)	31,59 (Albit und Orthoklas)	45,84 (Albit und Orthoklas)	13,40	11,00	11,00
Orthoklas				—	—	—
Quarz	45,17	42,38	35,87	52,90	55,60	56,50
Hydratisierte Kieselsäure	—	—	—	1,00	—	—
Kalziumkarbonat	—	—	—	2,00	1,90	2,30.

I. Kaolin von Ming-cha. II. Kaolin von Tong-kang. III. Hoa-che von Yu-kang. IV. Hoa-che von Yu-kang. V. Hoa-che von Yu-kang. VI. Pe-tun von Cheo-ki. VII. Pe-tun von Yu-kang. VIII. Pe-tun von Kimen. IX. Pe-tun aus der kaiserlichen Manufaktur. X. Pe-tun von San-pao-pong. XI. Yeou-ko von Koui-ki. XII. Yeou-ko aus der kaiserlichen Manufaktur. XIII. Yeou-ko von Tou-tchang.

Kaolin und Hoa-che bilden das plastische Element und werden zusammen oder einzeln verwendet. Yeou-ko ist das schmelzbare und Pe-tun ein Zwischenelement.

Hier folgen die Zusammensetzungen einiger Massen:

	I.	II.	III.
Kaolin von Tong-kang	40	30	—
Hoa-che	—	—	40

	I.	II.	III.
Pe-tun von Kimen	40	50	—
Yeou-ko von Koui-ki	20	20	—
Yeou-ko von Tong-tchang . .	—	—	60.

Da es sehr schwer wäre, sich einen Begriff über die chemische Zusammensetzung dieser drei Massen nach der Menge der Rohmaterialien allein zu machen, haben wir diese in Molekularformeln wiedergegeben:

$$\text{I.}\quad 16{,}96\ SiO_2 \left\{\begin{matrix} 3{,}32\ Al_2O_3 \\ 0{,}18\ Fe_2O_3 \end{matrix}\right\} \left\{\begin{matrix} 0{,}043\ CaO \\ 0{,}078\ MgO \\ 0{,}576\ K_2O \\ 0{,}303\ Na_2O. \end{matrix}\right.$$

$$\text{II.}\quad 15{,}17\ SiO_2 \left\{\begin{matrix} 3{,}07\ Al_2O_3 \\ 0{,}10\ Fe_2O_3 \end{matrix}\right\} \left\{\begin{matrix} 0{,}204\ CaO \\ 0{,}038\ MgO \\ 0{,}413\ K_2O \\ 0{,}345\ Na_2O. \end{matrix}\right.$$

$$\text{III.}\quad 14{,}40\ SiO_2 \left\{\begin{matrix} 2{,}79\ Al_2O_3 \\ 0{,}08\ Fe_2O_3 \end{matrix}\right\} \left\{\begin{matrix} 0{,}139\ CaO,\ MgO \\ 0{,}371\ K_2O \\ 0{,}490\ Na_2O. \end{matrix}\right.$$

Das chinesische Porzellan wird nicht verglüht. Das Auftragen der Glasur geschieht durch Begießen oder wiederholtes Aufblasen auf den rohen Gegenstand. Handelt es sich um große Stücke, so werden drei Lagen durch Aufblasen und die vierte und letzte mit einem weichen Pinsel aufgetragen.

Die chinesische Glasur besteht aus einer Mischung von Kalkstein und Yeou-ko. Die Formel hiervon ist:

$$4{,}57\ SiO_2 \left\{\begin{matrix} 0{,}556\ Al_2O_3 \\ 0{,}010\ Fe_2O_3 \end{matrix}\right\} \left\{\begin{matrix} 0{,}680\ CaO \\ 0{,}043\ MgO \\ 0{,}142\ Na_2O \\ 0{,}135\ K_2O. \end{matrix}\right.$$

Der chinesische Ofen ist ein liegender. Die Länge beträgt rund 11 m, die größte Breite 4,50 m und die Höhe 6,50 m. Der Ofen ist von allen Seiten, außer der Vorderseite, wo sich die Feuerung befindet, von einer Erdmauer umgeben. Ein Kamin ergänzt den Ofen. Die Feuerung, welche sich unter dem Ofen und im Innern desselben befindet, ist 0,85 m lang, 1 m breit und 0,70 m tief. Diese Feuerung liegt unter der Ofentüre und befindet sich, wenn diese vermauert ist, im Innern des Ofens. Als Brennmaterial wird Holz verwendet. Die Feuerung enthält einen aus Kapselscherben hergestellten Rost.

Ein solchermaßen gebauter Ofen kann nur eine sehr veränderliche Atmosphäre zwischen Ein- und Ausgang haben. Die Chinesen ziehen mit Geschick Vorteil aus diesen Unregelmäßigkeiten. Sie stellen die zu reduzierenden Glasuren in die Nähe des Herdes und die zu oxydierenden in die oxydierende Zone der Flamme.

Der chinesische Ofen hat in der Wölbung und an der Vorderseite Öffnungen, deren Bestimmung wir wenig kennen. Man nimmt an, daß sie zur Luftzufuhr dienen, wenn diese benötigt wird.

Japanisches Porzellan. Die durch Seger gemachten Analysen der japanischen Scherben wurden zu einer Zeit vorgenommen, wo das Vorhandensein von Glimmer im Tone noch nicht so augenscheinlich war. Diesem Chemiker war jedoch der große Alkaliengehalt der japanischen plastischen Materialien aufgefallen. Er folgerte hieraus die Wahrscheinlichkeit, daß das Urgestein, welches das plastische Element bildet, ein kalihaltiges Mineral enthalte, das wie Kaolinit durch Schwefelsäure angreifbar ist. Die plastischen Materialien, von denen hier die Rede ist, enthalten 5,76—7,12 % alkalische Oxyde. Es sind also stark glimmerhaltige Gesteine und wahrscheinlich den chinesischen Materialien ähnlich.

Die untersuchten japanischen Massen würden zwischen

$$16{,}5\ SiO_2,\ 2{,}25\ Al_2O_3 \begin{cases} 0{,}10\ MgO,\ CaO \\ 0{,}64\ K_2O \\ 0{,}26\ Na_2O \end{cases}$$

$$25{,}0\ SiO_2,\ 3{,}31\ Al_2O_3 \begin{cases} 0{,}939\ K_2O \\ 0{,}061\ Na_2O \end{cases}$$

stehen und die Glasuren würden mit den chinesischen 4,42 SiO_2, 0,55 AlO_3 . . M_2O und 5,04 SiO_2, 0,59 $Al_2O_3 . M_2O$ Ähnlichkeit haben.

Die genauesten Beschreibungen des japanischen Porzellans verdanken wir Seger,[1]) welcher über diese Fabrikation ein Gesamtwerk herausgegeben hat.

Dio gefundenen analytischen Resultate zeigen, daß, wie in den chinesichen Porzellanen, der Quarzgehalt höher und die Tonerdemenge niedriger sind als in den europäischen Produkten.

In den japanischen Massen sind die Abweichungen für Kieselsäure von 74,53—71,31 und für Tonerde von 19,94—16,09, während man in Europa Massen vorfindet, welche gewöhnlich 52,94—66,78 Kieselsäure enthalten und einen Tonerdegehalt von 22,70—28,91 haben.

Die von den Japanern verwendeten Materialien scheinen also von dem in Europa benutzten Rohmaterial abzuweichen.

Der japanische Ofen unterscheidet sich wesentlich von dem chinesischen. Durch einen unbegreiflichen Irrtum wurde in dem Werke von Brongniart[2]) unter der Bezeichnung chinesischer Ofen ein japanischer beschrieben.

Der in Japan zum Brennen des Porzellans gebräuchliche Ofen besteht aus einer Reihe von hintereinander gebauten Öfen, die sich auf einem Abhang befinden. Unten befindet sich ein kleiner, runder Ofen von

---

[1]) Segers Schriften S. 561 und Tonindustrie-Zeitung 1890, S. 769.

[2]) Traité des Arts céramiques, Atlas, Pl. XLIV, Fig. 1. Paris 1844.

2 m Durchmesser, vor welchem eine Feuerung angebracht ist. Die Flamme durchzieht diesen ersten Ofen, geht durch eine in der Nähe der Sohle angebrachte Öffnung hinaus und gelangt in den zweiten Ofen, dessen Durchmesser größer ist als der des ersten. Die Öfen sind also staffelweise hintereinander aufgestellt, wobei jedesmal der Durchmesser vergrößert wird. Nach Seger kann die Anzahl der Öfen verschieden sein. Herr Kitamoura, Professor an der Industrieschule von Kanazawa, welcher mir Zeichnungen dieser Öfen überließ, gab mir an, daß durchschnittlich nur vier Öfen aufgestellt werden, wovon der kleinste 2 m und der größte 8 m Durchmesser hat.

Diese Öfen sind nicht immer rund gebaut, man gibt ihnen auch eine fast rechtwinklige Form.

Das Brennen geschieht wie in einem Ofen mit ununterbrochenem Betrieb, so daß die Verbrennungsgase, die aus dem ersten Ofen kommen, in den folgenden gelangen. Ist der erstere gargebrannt, wird das Feuer eingestellt und der Brand fortgesetzt, nachdem man die Feuerungen, die zwischen Ofen 1 und 2 angebracht sind, angeheizt hat. Man fährt so fort, bis der Brand in Ofen 3 und 4 vollendet ist.

5. Porzellan für technische Zwecke.

Wir wollen hier einiges über Porzellan, welches in Laboratorien, und solches, das für elektrische Zwecke verwendet wird, wie Isolatoren usw., angeben.

Porzellan für chemische Zwecke. Die in Laboratorien verwendeten Abdampfschalen wurden lange Zeit auf der Drehscheibe hergestellt. Da dieses Verfahren kostspielig war und geübte Arbeiter erforderte, ist man dazu gekommen, das Ein- und Überformen und das Gießen anzuwenden.

Für ersteres macht man einen Hubel auf einen geeigneten Kern, der mit einem Tuch überzogen ist. Der Hubel wird in eine Form gebracht und dann eingeformt.

Das Gießen hat den Vorteil, Schale und Ausguß in Einem zu ergeben. Bei anderen Verfahren muß letzterer angesetzt werden.

Die runde Abdampfschale ist am leichtesten zu formen und zu brennen. Auf eine Schamotteunterlage stellt man eine Schale, welche mit einer größeren überdeckt ist, und so fort.

Die Schale mit flachem Boden sinkt beim Brennen eher wie eine mit rundem Boden und neigt zur Abflachung. Man beugt diesem vor, indem man der Schale einen elliptischen Boden gibt. Durch das Senken wird der elliptische Boden in eine genügend gerade Linie gebracht. Die Schalen mit gänzlich flachem Boden brennen auf ihrem eignen Boden.

Porzellantiegel erhält man durch ähnliche Verfahren: durch Drehen, Gießen oder Einformen. Wird der Tiegel gedreht, so benutzt man oft einen großen Masseballen. Da der Tiegel aber nur wenig Masse benötigt, wird er auf dem gerade geschlagenen Ballen selbst aufgedreht. Sobald der Tiegel fertig ist, wird er mittels eines Drahtes von dem Ballen getrennt.

Porzellanröhren von guter Qualität werden gegossen. Die Form besteht aus einem zweiteiligen, hohlen Zylinder *B* (Fig. 163).

Um das Gießen zu bewerkstelligen, wird die Form senkrecht aufgestellt und mit einem Stöpsel *N* geschlossen (Fig. 164). Durch Öffnen des Hahnes *I* am Kübel *H*, der mit Schlicker angefüllt ist, läßt man die Flüssigkeit in die Form gelangen. Nach einiger Zeit hat sich an den Wänden der

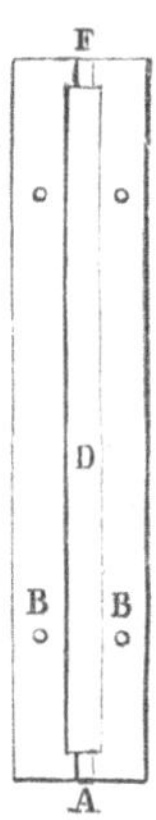

Fig. 163.

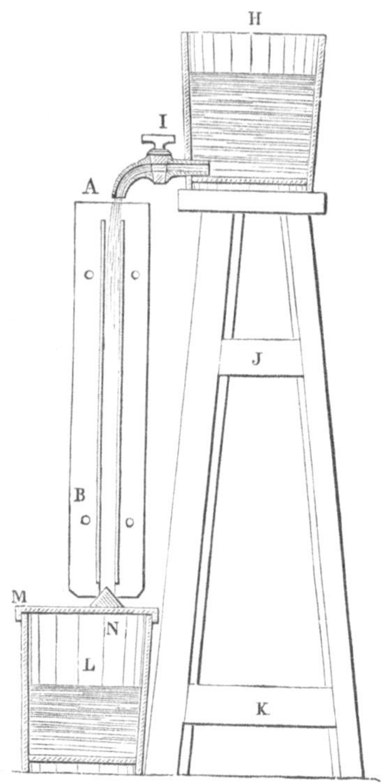

Fig. 164.

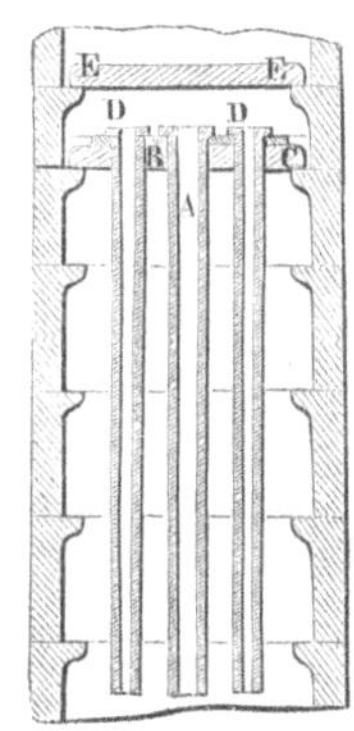

Fig. 165.

Form Masse angesetzt. Die Form wird gehoben und durch die entstandene Öffnung gelangt der überflüssige Schlicker in den Eimer *L*. Um eine sehr regelmäßige Röhre zu erhalten, kehrt man nun die Form um und verbessert durch ein zweites Gießen die Fehler, die beim ersten Male eine ungleichmäßige Wand ergeben haben, da durch das langsame Aufsteigen der Flüssigkeit die Wand unten stärker ist wie oben.

Die Röhren versieht man beim Gießen gewöhnlich mit einem Rande. Dieser angefügte Teil dient dazu, die Röhre während des Brennens zu halten. Die Röhre wird in eine genügend breite Öffnung einer Schamotteplatte gesteckt, welche den oberen Teil festhält (Fig. 165).

Durch ihr Eigengewicht erhält die Röhre beim Brennen im Augenblick der Porzellanbildung, infolge dieses Aufhängens, eine senkrechte Richtung. Ist das Formen gut ausgeführt, so ist kein Verziehen zu befürchten. Die billigen Röhren werden geformt; diese sind nicht tadellos. Sie werden aufeinander gebrannt, nur durch Sand voneinander getrennt, und mit Papier bedeckt, welches mit einem Gemisch von Gußschlicker und Sand angestrichen wird. Das erstere Verfahren ist das bessere. Es genügt, einige Minuten eine Röhre von jeder Sorte zur Verfügung zu haben, um den Unterschied zwischen beiden beurteilen zu können.

Das Gießen kann an Stelle des Formens zur Herstellung vieler Gegenstände angewendet werden. Die in Laboratorien gebrauchten Porzellanretorten können durch Zusammensetzen der beiden Hälften, von welchen jede einzeln hergestellt wird, fabriziert werden. Man erhält ein gutes Resultat durch Gießen beider Hälften. Hierzu benötigt man zwei Formen, welche aus je einer Schale *B* bestehen, worauf eine zweite Schale ruht, die die Retorte vervollständigt. Diese zweite Schale hat nur den Zweck, die Höhe des Schlickers beizubehalten; sie saugt nicht auf, daher

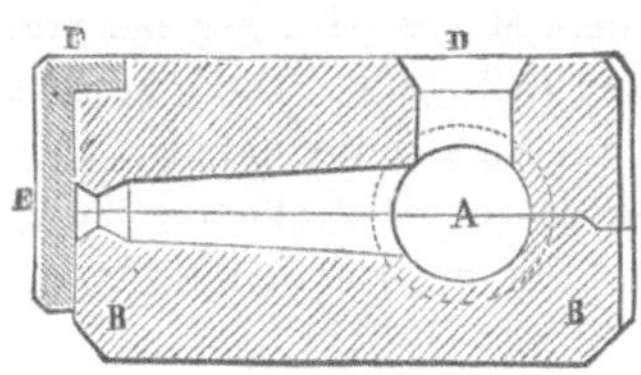

Fig. 166.

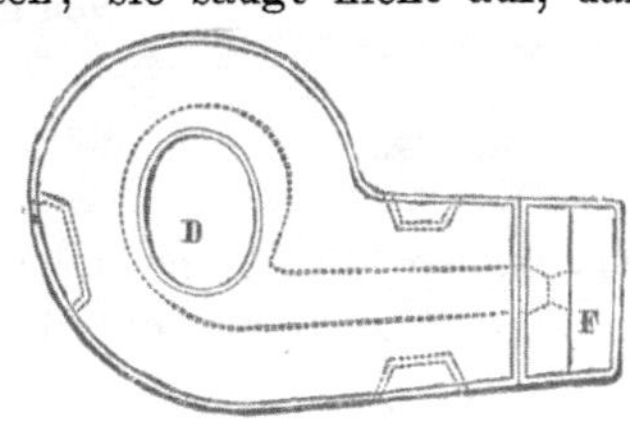

Fig. 167.

kann sie aus Metall oder aus lackiertem Gips bestehen. Die Flüssigkeit wird durch die Öffnung *D* eingeführt (Figuren 166 u. 167).

Porzellan für elektrische Zwecke. Diese Fabrikation zeigt einige interessante Eigentümlichkeiten. Zur Herstellung von Isolatoren wird das Pressen und Drehen gleichzeitig angewendet. Auf der Drehscheibe macht man einen kleinen Hubel *b* (Fig. 168), welchen man in eine Gips- oder Metallform bringt und dann preßt. Der hierzu dienende Apparat besteht aus einer senkrechten Stange, als Stütze für ein Metallstück, welches die Höhlung bestimmt und das mittels Hebels auf- und abwärts bewegt werden kann. Die richtige Form wird so noch nicht erreicht. Der Isolator hat dann nur das Aussehen wie bei *c*. Die Isolatoren, die auf einer Eisenstange befestigt werden, haben die Form *d*; die hierzu nötige Höhlung ist im Kopf des Isolators vorgesehen und wird erhalten, indem man eine hierfür geeignete Schablone hineindrückt.

Bei anderen Modellen wird im Kopfe ein Schraubengewinde angebracht. Hierfür erhält der Isolator eine innere Wand, welche die Fortsetzung des Gewindes bildet und die Eisenstange einklemmt.

Diese Wand wird gedreht und mittels Schlicker dem Isolator aufgesetzt, wenn er noch im Zustande von *d* ist. Der Isolator wird fertig gemacht, indem man im oberen Teile eine Fuge eindreht. In dieser wird der Draht befestigt, welcher die Leitung mit dem Isolator verbindet.

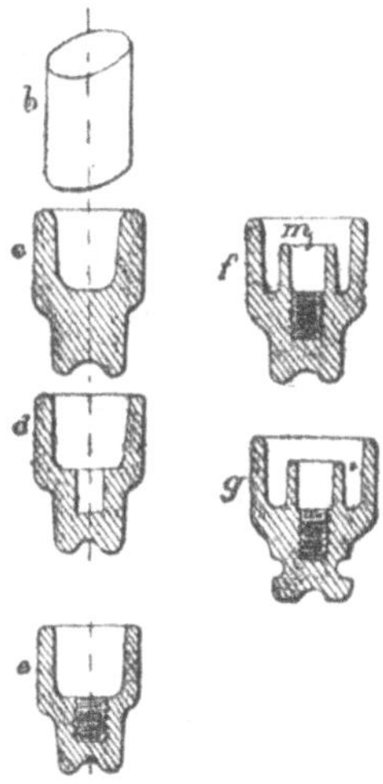

Fig. 168.

Fig. 168 veranschaulicht die verschiedenen sukzessiven Formen des Isolators. Dieser letztere ist natürlich auf den Kopf gestellt, denn er ist abgebildet, wie man ihn fabriziert.

Man hat versucht, Porzellan auf gleiche Art wie Steingut zu formen, durch Pressen der wenig feuchten Masse. Die Versuche haben verschiedenen Erfolg gehabt. Seit kurzer Zeit hat man jedoch neue Versuche angestellt und es scheint, daß dieses Verfahren, wenn es ausprobiert ist, doch gute Dienste leisten wird.

Es wird gegenwärtig bei Herstellung von Porzellan für elektrische Zwecke angewendet. Wir werden einige Einzelheiten über diese noch wenig bekannte Fabrikation geben.

Die getrocknete Masse wird in einer eigenen Maschine pulverisiert (Fig. 169). Diese besteht aus zwei Walzen *a*, die sich unter einem Trichter befinden, der die Masse enthält, und ferner aus einer drehbaren Trommel. Die Walzen zerreiben die Masse, welche in Pulverform in die Trommel *b*

Fig. 169.

fällt. Im Innern derselben dreht sich eine mit metallenen Flügeln versehene Achse. Die Walzen machen 80 Umdrehungen in der Minute, während die Achse deren 800 macht. Das erhaltene Pulver fällt durch ein Sieb *d*, das auf den Wänden der Trommel angebracht ist und gelangt in zwei Schubladen, die sich unter der Trommel im Pulverisierapparat befinden.

Das Pulver wird mit einer Mischung von Wasser und Öl befeuchtet, und zwar 0,2—0,3 Pflanzenöl (Rüböl), 1,0—1,5 Solaröl und 2—3 Wasser. Auf 100 Teile Wasser gibt man 12—17 Teile dieser Mischung. Es bietet keinen Vorteil, die Masse zu fett zu machen.

Man läßt das befeuchtete Pulver durch ein Sieb von 14—16 Maschen auf eine Länge von 25 mm durchlaufen. Diese Arbeit wird mit der Hand

Fig. 170.

verrichtet. Die Masse ist dann fertig zum Stanzen, welches mit Schlagpressen ausgeführt werden kann.

Der Apparat, den wir in Fig. 170 veranschaulichen, ist eine solche Presse. Mittels Pedals wird die Masse heftig mit dem Teil *a* geschlagen. Im anderen Apparate (Fig. 171) wird der Stoß auf andere Weise veranschaulicht.

Die Umdrehung einer Achse, worauf ein Exzenter angebracht ist, läßt eine Stange mit Hilfe eines dazu geeigneten Teiles auf und ab gehen. Diese Stange stößt, wenn sie unten angelangt ist, auf die Form, welche die trockene Masse enthält.

Diese Art von Formen wird nicht nur für Porzellan, das für elektrische Zwecke dient, angewendet, sondern auch zur Herstellung von kleinen Gegenständen, wie Würfel, Kinderservice usw. Die gepreßten Gegenstände werden zum Trocknen (40—50°) gebracht, dann verglüht.[1])

Die zu diesem Fabrikationszweige verwendeten Massen benötigen nicht die absolut weiße Farbe, welche zur Herstellung von schönen Speise-

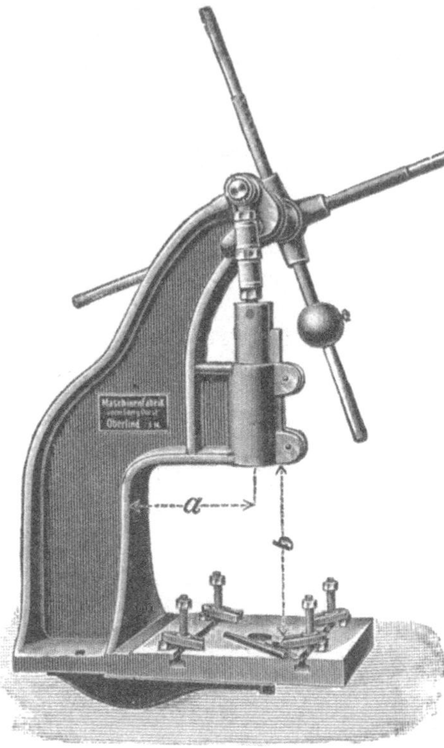

Fig. 171.

servicen erforderlich ist; daher kann man der Masse Material von zweiter Qualität beifügen. Hier folgen einige Beispiele:[2])

Massen:	I.	II.
Kaolin von Zettlitz	40	—
Feuerfester, weißbrennender Ton . . .	—	20,00
Kaolin aus Böhmen	—	30,00
Feldspat aus Schweden	25	—
Gewöhnlicher Feldspat	—	10,00

[1]) Diese Erklärungen verdanken wir Herrn Georg Dorst, Maschinenfabrikant in Oberlind S. M.

[2]) Sprechsaal 1903, S. 1558 und 1677.

	I.	II.
Quarzhaltiger Sand	25	—
Schmelzbarer Sand aus Hohenbocka . .	—	40,00
Glattscherben	5	—

Glasuren:

Quarzhaltiger Sand	25	—
Kalzinierter Sand aus Hohenbocka . .	—	32,50
Feldspat (gute Qualität) aus Norwegen .	—	25,00
Feldspat aus Schweden	30	—
Kreide	30	8,25
Geschlämmter Kaolin	—	10,00
Kaolin aus Meißen	5	—
Englischer Kaolin	10	—
Glattscherben	—	24,25.

Es ist schwer, über den Wert des Porzellans als Isoliermaterial ein Urteil zu fällen. Nach Ansicht der Elektrotechniker hätte nur die Glasur eine Wirkung, während die Zusammensetzung der Masse nebensächlich wäre, da letztere kein gutes Isoliermittel bilde. Wenn dieses der Fall ist, warum werden dann die Isolatoren in Porzellan hergestellt? Steinzeug würde den nämlichen Dienst leisten. Diese Frage ist noch nicht ganz gelöst.

Herr L. Watts hat Versuche angestellt,[1] aus welcher Zusammensetzung Porzellan hergestellt werden muß, damit es ein gutes Isoliermaterial bildet. Seine Folgerungen zeigen, daß Porzellan zwischen Kegel 6 und 12 gebrannt werden kann, und daß seine chemische Zusammensetzung ohne Nachteil Abweichungen zwischen

$$\left.\begin{matrix} 0{,}5\ K_2O \\ 0{,}5\ CaO \end{matrix}\right\}\ 0{,}8\ Al_2O_3,\ 4{,}2\ SiO_2$$

und

$$\left.\begin{matrix} 0{,}8\ K_2O \\ 0{,}2\ CaO \end{matrix}\right\}\ Al_2O_3,\ 6{,}2\ SiO_2$$

aufweisen kann.

6. Einfluß der Brenntemperatur auf die Qualität des Porzellans.

Da der Ausdehnungskoeffizient der verglasbaren Scherben bei zunehmender Temperatur abnimmt, ist es angezeigt, einige besondere Bemerkungen bezüglich des Porzellans zu machen.

Das wenig tonerdehaltige neue Porzellan von Sèvres zeigt, wenn es normal gebrannt ist, dank seiner großen Ausdehnungsfähigkeit alle Eigen-

[1]) Transactions of the American Ceramic Society 1902, Bd. IV, S. 86. La Céramique 1903, S. 3 u. 19. Sprechsaal 1903, S. 519 u. 557.

schaften des orientalischen Porzellans. Wird es bei der Temperatur des Brandes des Hartporzellans gebrannt (bei 1400°), so verliert es diese Eigenschaften; der Ausdehnungsgrad vermindert sich und gleicht dem des alten Hartporzellans mit 65 % Kaolin.

Hieraus kann man den bedeutenden Einfluß der Brandtemperatur folgern. Die Eigenschaften des Porzellans hängen vielleicht mehr von seinem Brand als von seiner chemischen Zusammensetzung ab (wenigstens in bestimmten Grenzen).

In Sèvres[1]) angestellte Versuche haben es ermöglicht, interessante Schlüsse zu ziehen.

Die beiden in Sèvres verwendeten Massen haben Zusammensetzungen, welche den folgenden Formeln entsprechen:

$$\text{Hartporzellan} \;.\;.\quad 8{,}31\, SiO_2,\; 2{,}63\, Al_2O_3 \begin{cases} 0{,}668\, CaO \\ 0{,}131\, K_2O \\ 0{,}201\, Na_2O. \end{cases}$$

$$\text{Neues Porzellan} \;.\quad 14{,}00\, SiO_2,\; 2{,}72\, Al_2O_3 \begin{cases} 0{,}192\, CaO \\ 0{,}321\, K_2O \\ 0{,}480\, Na_2O. \end{cases}$$

Die Massen unterscheiden sich hauptsächlich durch ihren Kieselsäuregehalt. Man fragt sich mit Recht, ob die Zugabe von 5,7 SiO_2 zu der wenig kieselsäurehaltigen Masse ihr nicht die Eigenschaften des anderen gäbe. Die in dieser Hinsicht gemachten Versuche haben bewiesen, daß die Zugabe von Kieselsäure zum Hartporzellan einen Scherben ergab, welcher sich wie das neue Porzellan verhielt, sobald er in der nötigen Temperatur, wie für letzteres erforderlich, gebrannt wurde, sowie einen Scherben, welcher die Eigenschaften des Hartporzellans besitzt, wenn man ihn zu der für Hartporzellan erforderlichen Temperatur brachte.

II. Weichporzellan.

1. Englisches Weichporzellan.

Die englischen Töpfer haben den Bemühungen der ersten Porzellanfabriken, die auf dem Kontinente entstanden, nicht nachzueifern versucht. Die Entstehung des Hartporzellans erweckte nicht den Wunsch in ihnen, sich das Fabrikationsverfahren anzueignen und es auszubeuten. Nur die Manufaktur von Chelsea erzeugte Hartporzellan, aber nur kurze Zeit. Eröffnet im Jahre 1768, hat dieses Werk schon einige Jahre später seinen Betrieb wieder eingestellt.

Als Grund hierfür wurde angegeben, daß das verwendete Rohmaterial, das in England vorhanden, von geringerer Qualität war, als

---

[1]) Vogt, Bericht des internationalen Kongresses für angewandte Chemie, Berlin 1903, und Revue génerale de chimie pure et appliquée 1904, S. 272.

jenes des Kontinents. Einige englische Kaoline sind jedoch plastisch und rein genug, um in die Zusammensetzung einer Hartporzellanmasse zu passen. Nichtsdestoweniger hat die keramische Industrie in Großbritannien eine besondere Art Porzellan geschaffen, und damit großen Erfolg erzielt.

Von allen keramischen Produkten ist das Knochenporzellan das auf dem Kontinente am wenigsten bekannte, während man in England sozusagen kein anderes Porzellan kennt. Die Töpfer von Großbritannien sind an diese Fabrikation zu sehr gewöhnt, und es fällt ihnen nicht ein, die Materialien des Landes auszunutzen, um Hartporzellan zu erzeugen. Die Möglichkeit, ein Porzellan herzustellen, dessen Durchsichtigkeit durch ein anderes Schmelzmittel als durch gebrannte Knochen erzielt wird und dessen Glasur bleifrei ist, hat sie nicht auf die Herstellung des Hartporzellans aufmerksam gemacht.

Diese Vorliebe der Engländer für Knochenporzellan ist nicht ohne Begründung. Die Durchscheinbarkeit, welche man beim ersten Brand bei einer höheren Temperatur als die für den Glasurbrand erforderliche erhält, und der Vorteil, die Glasur auftragen zu können, ohne befürchten zu müssen, daß die Scherben zu einer Temperatur gebracht werden, die eine Erweichung derselben herbeiführt, sind zwei Eigenschaften, welche gut ausgenutzt worden sind. Die Bleiglasur, die viel schmelzbarer ist wie die des Hartporzellans, ermöglicht es, in der Verzierung Wirkungen zu erzielen, die man bei letzterem Material nicht erhält.

Englisches Weich- oder Knochenporzellan hat einen verglasten Scherben wie Hartporzellan. Es ist durchscheinend und weiß und hat ganz die Eigenschaften eines Porzellans. Seine Glasur ist einer Hartsteingutglasur ähnlich und besteht aus Bleioxyd, vereinigt mit alkalischen und alkalisch-erdigen Oxyden und verbunden mit Borsäure und Kieselsäure.

Die Glasur des Knochenporzellans brennt bei höchstens Kegel 1 gar, aber nur selten wird die Temperatur so hoch genommen. Unter diesen Umständen ist es möglich, unter der Glasur mannigfaltige Verzierungen anzubringen. Die Massen haben den Nachteil, kostspielig zu sein. Der Zeitpunkt, wo die Sinterung durch das Verglasen hervorgerufen wird, liegt, wie bei allen kalkhaltigen Scherben, sehr nahe beim Schmelzpunkt, so daß beim Brand große Vorsicht geboten ist. Dieses Material wird mehr zur Herstellung von feinen denn von Gebrauchsgegenständen verwendet.

Der Biskuitbrand der Massen, deren Zusammensetzung wir nachstehend angeben, geschieht zwischen Segerkegel 6 und 10.

Die Masse besteht aus plastischem Kaolin, Cornish-stone und kalzinierten Knochen. Manchmal hat man Feuerstein zugefügt, manchmal ist Kaolin nicht allein verwendet worden, sondern mit Zugabe von plastischem Ton. Letzterer muß so beschaffen sein, daß er den Scherben keine Färbung gibt.

Das Knochenporzellan erfordert die Bestandteile des Hartsteingutes; es ist das letzte Glied dieser Serie von englischen Produkten: Hartsteingut, feines Steinzeug, Weichporzellan.

Um bei dem Steinzeug Verglasung zu erhalten, werden die Schmelzmittel vermehrt; beim Weichporzellan dagegen benutzt man Kalkphosphat, um Durchscheinbarkeit zu erhalten. Diese verschiedenen Töpferwaren besitzen in ihrer Herstellung gemeinsame Punkte und können fast alle im gleichen Ofen gebrannt werden.

Bis heute hat man Knochen benutzt, um Kalkphosphat herzustellen. Man kalziniert die Knochen von Wiederkäuern, welche nach Lambert[1]) die geeignetsten sind, in einem Schachtofen, wie er zum Kalzinieren des Feuersteins verwendet wird. Die Knochen müssen vor Berührung mit dem Brennmaterial geschützt werden. Haftet den Knochen noch Fett an, so ist der Kohlenverbrauch geringer.

Das Kalzinieren der Knochen geschieht bei niedriger Temperatur; es genügt, die organische Substanz zu verbrennen. Der gebrannte Knochen muß sich zerreiben lassen und in der Hand brechen; seine Farbe muß vollkommen weiß sein. Diese Knochen werden mit sehr wenig Wasser zerrieben, damit sich ein dicker Schlamm bildet. Da das Material nicht sehr hart ist, geht das Mahlen schnell vonstatten. Bei normalem Verhältnis enthält der Schlamm 1,495 kg in 1 l.

Nachfolgend einige Beispiele[2]) von Knochenporzellanmassen:

	I.	II.	III.	IV.	V.	VI.
Kaolin	35	35	20	8	32	7
Weißbrennender, feuerfester, plastischer Ton	—	4	—	18	5	20
Cornish-stone	23	8	40	40	23	40
Knochenasche	40	50	40	29	34	28
Feuerstein	2	3	—	5	6	5.

	VII.	VIII.	IX.	X.	XI.
Kaolin	25	32	20	30,30	28
Plastischer Ton	—	—	—	—	4
Cornish-stone	31,25	17,3	26,5	—	28
Feldspat	—	—	—	24,24	—
Kalzinierte Knochen	43,75	47,7	47	42,43	33
Fritte	—	—	—	—	7
Feuerstein	—	3	6,5	3,03	—

Die Fritte der Masse XI erhält man mit:

Quarzsand	100
Pottasche	8.

[1]) Fabrication des faiences fines en Angleterre S. 284.

[2]) Sprechsaal 1902, S. 5.

Will man gleichartige Massen mit anderem Material als dem englischen herstellen, dann tut man gut, folgendes zu beachten. Der englische Kaolin kann ohne Nachteil nur durch wenig sandige Kaoline ersetzt werden; z. B. würden die Kaoline von Zettlitz oder Hirschau ein gutes Resultat ergeben.

Cornish-stone entspricht nicht dem Gestein des Kontinents; statt seiner nimmt man eine Mischung von 50 Teilen schwedischen Feldspats, 25 Teilen Quarz und 25 Teilen nicht quarzhaltigen Kaolins. Diese Mischung, ohne daß sie in ihrer Zusammensetzung dem Cornish-stone gleich ist, ist sehr verwendbar. Die Knochen müssen guter Qualität sein; diejenigen von Hunden und Rindern sind denen von Schweinen vorzuziehen. Außerdem muß dieses Material sehr fein gemahlen verwendet werden.

Sehr feine Massen können aus folgenden Zusammensetzungen hergestellt werden:

	XII.	XIII.	XIV.	XV.
Kaolin	20	30	45	30
Knochenasche	60	40	10	35
Feldspat	20	30	20	20
Cornish-stone	—	—	45	15.

Letztere Zusammensetzungen geben einen schönen Scherben, aber die Masse ist kurz und spröde und bereitet große Schwierigkeiten in der Bearbeitung, und zwar nicht nur beim Drehen, sondern auch beim Gießen. Der rohe Gegenstand wird mit reinem Sand oder besser mit kalziniertem Feuerstein angefüllt und zum Brennen auf Bansen gestellt. Wenn man diese Vorsichtsmaßregeln beobachtet, kann man sehr dünne Gegenstände brennen. Es ist noch eine andere Bemerkung zu machen: da der Scherben viel Schwindung hat, muß man ihm die Möglichkeit dazu geben. Die dünnen Tassen, welche mit Sand angefüllt sind, worin man eine Höhlung macht, werden weniger Ausschuß geben, als wenn diese Höhlung nicht vorhanden ist.

Die Glasuren dieser Massen sind mit einer ähnlichen Fritte wie diejenigen für Hartsteingut hergestellt.

Nach dem Brennen ist das Biskuit noch etwas porös (es kann 2—5 $^0/_0$ Wasser aufsaugen). Diese Porösität ist jedoch zu schwach, um das Glasieren zu ermöglichen, ohne Zuflucht zu einem Klebemittel zu nehmen.

Die Glasuren werden bereitet aus:

Fritten:

	I.	II.	III.	IV.
Cornish-stone	6	24	—	—
Salpeter	2	—	—	—
Borax	12	53	100	71,25
Feuerstein	4	40	—	77
Pottasche	2	—	—	—

	I.	II.	III.	IV.
Feldspat	—	32	75	11,75
Feine Kreide	—	16	60	47,5
Kaolin	—	—	—	42,5.

Glasuren:

	I.	II.	III.	IV.[1]
Fritte	24	90	200	348
Cornish-stone	15,5	30	2	—
Feuerstein	6,5	2	3,5	71
Bleiweiß	31	30	—	117
Kaolin	—	—	16	22
Feldspat	—	—	—	42.

Fritten:

	VII. u. IX.	VIII.	IX. u. X.
Borax	68	150	121
Cornish-stone	56	90	81
Feuerstein	45	115	66
Kreide	45	48	66
Kaolin	34	19	51.

Glasuren:

	VII. u. IX.	VIII.	IX. u. X.
Fritte	265	314	270
Cornish-stone	53	157	50
Bleiweiß	79	118	50
Feuerstein	52	34	50.

Es ist eine feine Fabrikation, die sozusagen nur in England besteht. Auf dem Kontinent findet man sie in Saargemünd (Lothringen) und in Wallerfangen bei Saarlouis.

2. Parian.

Unter diesem Namen bezeichnet man ein Biskuit mit feinem Korn und gelblicher Tönung. Die Masse, welche zur Herstellung des Parians dient, ist sehr feldspathaltig; manchmal wird sie mit einer kalihaltigen Fritte schmelzbarer gemacht:

	I.	II.	III.	IV.
Kaolin	60	37,5	33	36
Ton	10	—	—	—
Feldspat	30	62,5	45	40
Cornish-stone	—	—	22	—
Fritte	—	—	—	24.

[1]) No. IV ist die härteste dieser Glasuren, sie brennt etwas über dem Segerkegel 1 gar.

Die Fritte der Masse IV wird hergestellt aus:

Quarzsand	80
Feldspat	35
Cornish-stone	15
Pottaschekarbonat	12.

Die Mischung erhält Biskuitbrand.

Parian weist verschiedene Zusammensetzungen auf. Salvétat[1]) gibt andere Massen an wie die vorhergehenden. Einige enthalten Kalkphosphat, andere Baryt. Um die Verglasung des Scherbens zu erzielen, gebraucht man, wie man sieht, verschiedene schmelzbare Materialien.

Parian wird zur Herstellung kleiner Figuren verwendet, er hat das Aussehen von Marmor ohne dessen weiße Farbe. Er läßt sich schwer formen, da er wenig plastisch ist, dafür kann man ihn leicht gießen.

3. Französisches Weichporzellan.

Dasselbe wird schon seit langem nicht mehr hergestellt. Die Fabrikation des Weichporzellans war sogar in seiner Glanzzeit wenig verbreitet, heute findet man es fast nirgends mehr. Die Sèvres-Manufaktur hat jedoch 1900 schöne Gegenstände ausgestellt; ebenfalls Herr Nodot, der verschiedene Stücke zur Schau stellte. Man kann diese beiden Fabrikanten als die einzigen betrachten, die sich heute noch für das französische Weichporzellan interessieren.

Die der Fabrikation dieser Töpferwaren eigenen Mängel haben schon frühzeitig die Aufgabe dieses Fabrikationszweiges zur Folge gehabt. Im Jahre 1727 haben die Gebrüder Chicoineau in St. Cloud einen Betrieb eröffnet, der, wie anzunehmen ist, der erste war. 1740 nahm Vincennes, die Vorgängerin von Sèvres, diese Fabrikation auf, die von der Nationalmanufaktur bis 1804 weiter geführt wurde.

Die Ausbeutung war also von kurzer Dauer. Einige Betriebe fuhren fort, sich mit Weichporzellan zu befassen, aber ihre Zahl verringerte sich, und man kann sagen, daß gegen Ende des 19. Jahrhunderts kein Weichporzellan mehr erzeugt wurde. Nur die Pariser Ausstellung rief ein kurzes Erwachen dieser Fabrikation hervor.

Zur Zeit, als diese Fabrikation noch sehr entwickelt war, waren die chemischen Kenntnisse noch gering. Daher ist es auch sehr schwer, alles was Weichporzellan betrifft, wiederzugeben. Die Aufzeichnnngen sind unvollständig und schlecht verfaßt, daher schwer zu verstehen.

Die verschiedenen Verfahren, deren sich die Fabrikanten von Weichporzellan bedienten, sind uns nicht mehr bekannt. Die einzigen hierüber bekannten Dokumente betreffen die Sèvres-Fabrikation.[2])

[1]) Technologie céramique S. 391.

[2]) Diese Dokumente sind Manuskripte von Hellot. Das Verzeichnis von Hellot enthält alle Rezepte und Verfahren: für die Bereitung der Masse, aus der

Wir entnehmen hieraus folgendes:

Die Masse bestand aus einer Fritte, der ein plastisches Material und Kreide zugefügt wurde. In diesem Falle spielte ein Mergel die Rolle des plastischen Materials. — Die Fritte wurde hergestellt aus:

Geschmolzenem Salpeter	220
Grauem Kochsalz	72
Alaun	36
Soda aus Alicante	36
Montmartre-Gips	36
Fontainebleau-Sand	600
	1000.

Die Mischung wurde unter dem Ofen gefrittet, in welchem der Biskuitbrand vorgenommen wurde. Man hatte auch eigens hierzu konstruierte Öfen. Alaun und Gips mußten vor der Mischung mit den anderen Materialien kalziniert werden, denn der Abgang des Kristallwassers würde ein Spritzen der Mischung verursacht haben.

Diese Fritte wurde gemahlen und ausgewaschen. Man bereitete die Masse mit:

Fritte	75
Weißer Kreide	17
Kalkhaltigem Mergel aus Argenteuil	8
	100.

Der Mergel wurde gewaschen, bevor er in die Masse eingeführt wurde.

Diese Mischung, gemahlen und gesiebt, ergab mit Wasser keine leicht zu verarbeitende Masse. Ein Aufdrehen war unmöglich, daher mußten die Stücke grob geformt und auf der Drehscheibe vollendet werden. Außerdem mußte man, um die Bindekraft der Masse etwas zu erhöhen, ein Bindemittel zufügen.

Letzteres bestand zuerst aus Schmierseife und Pergamentleim; später wurde die Schmierseife durch Tragant ersetzt.

Das schwierige Formen war nicht die einzige Ursache des Mißerfolges; der Biskuitbrand hatte immer eine große Schwindung der Masse zur Folge, weshalb man gezwungen war, Stützen für alle vorstehenden Teile zu benutzen. Diese Stützen waren so angebracht, daß sie die Schwindung während der ganzen Dauer des Brandes leiteten. So wurde ein umgestürzter Teller auf einer sich der Form genau anschmiegenden Unterlage gebrannt. Die Unterlagen, worauf die Stücke ruhten, mußten aus der gleichen Masse hergestellt werden. Das Anhaften wurde durch Bestreuen mit Sand vermieden; die Schwindung betrug $^1/_7$.

Biskuit gemacht wird, der Glasur, die es überzieht und wodurch es Porzellan wird, der Farben zur Dekoration und der Vergoldung zum Verschönern, 1753.

Das Brennen wurde in einem liegenden halbzylindrischen Ofen (Fig. 172) mit seitlicher Feuerung vorgenommen. Die Mündung *b* dieses Herdes diente als Pultfeuerung. Es waren zwei Brennräume *l* und *l'* vorhanden. In der untersten wurde der Biskuitbrand vorgenommen. Das Einsetzen bot nichts besonderes. Die Kapseln wurden aus tonhaltigem Mergel hergestellt und glasiert; dies jedoch nur, wenn sie glasierte Stücke enthielten. Die Ziehproben bestanden aus kleinen Tassen, welche durch eine in der Türe *p* angebrachte Öffnung herausgezogen wurden.

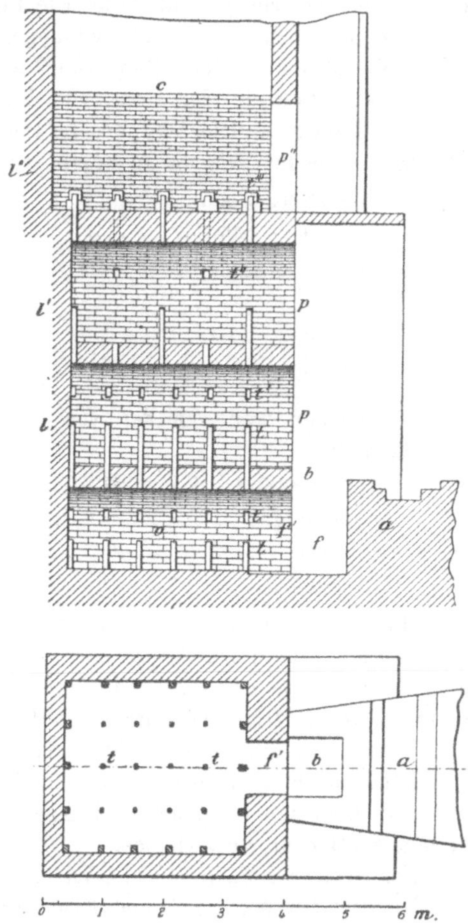

Fig. 172.

Wir haben diesen Ofen als Seltenheit hier abgebildet, denn er ist nur noch in wenigen Werken zu finden.[1]) Es ist eigentlich ein Steingutofen, welchem eine Kammer angefügt wurde. Die Flamme durchquert den vorderen und hinteren Herd *f* und *f'*, dann die Wölbung *v*, gelangt von dort in den ersten Brennraum *l*, in den zweiten *l'* und dann durch die Kanäle *t*, *t'* und *t''* in die Kammer, worin sich die Kamine *c* befinden.

In Sèvres dauerte der Biskuitbrand 75—100 Stunden.

Die Glasur bestand aus:

Bleiglätte	38
Sand von Fontainebleau	27
Kalziniertem Feuerstein	11
Pottasche	15
Soda	9
	100.

[1]) Brongniart, welcher in seinem Traité des Arts céramiques Apparate von nebensächlicher Bedeutung beschrieben hat, hat über diesen Ofen nichts

Die Glasur wurde durch Begießen aufgetragen. Die glasierten Stücke wurden ohne Bansen gebrannt. Der Glasurbrand dauerte 30 Stunden und zwar bei niedriger Temperatur wie für Biskuitbrand.

Man hat noch einige Aufzeichnungen von anderen Fabriken, worin ähnliche Verfahren zur Herstellung von Weichporzellan angewendet wurden.

1815 bestand in der Nähe von Valenciennes, in Saint-Amand-les-Eaux, eine Fabrik, welche 50 Jahre im Betrieb war. Die dort verwendete Fritte war einfacher wie die in Sèvres verwendete. Sie enthielt:

Alicante-Soda	2
Grauen Sand	7.

Die Masse enthielt:

Fritte	100
Kreide	9
Mergel	9—12.

Die Glasur war von der von Sèvres etwas abweichend, da sie Borax enthielt:

Quarzsand	16
Mennige	28
Borax	4
Salpeter	1.

Man fügte etwas Kobaltoxyd hinzu, um die gelbe Tönung zu mildern.

In Arras und Dorniek, wo auch zwei Fabriken bestanden, muß man die gleichen Massen und Glasuren verwendet haben. Der Masse, gleichwie derjenigen von Sèvres, mangelte es an Plastizität.

Zum Gestalten aller hohlen und mit Krümmungen versehenen Gegenstände benutzte man das Formen. Man befeuchtete die zum Formen bestimmte Masse mit Urin, der nach Angabe der Fabrikanten unentbehrlich war, um Plastizität zu verleihen.

Der Brand wurde in einem Ofen mit zwei Stockwerken vorgenommen.

Dieser Ofen war rund und hatte drei Feuerungen; er besaß daher viel Ähnlichkeit mit dem gewöhnlichen Porzellanofen. Er unterschied sich von diesem dadurch, daß im oberen Brennraum mehrere kleine Feuerungen angebracht waren.

In diesem Ofen fand der Biskuit- und Glasurbrand statt. Für ersteren benötigte man 15—16 Stunden, für letzteren 11—12. Bei Betrachtung dieser Zahlen fragt man sich mit Recht, warum der Brand in Sèvres von solch langer Dauer war.

Das französische Weichporzellan war immer schwer zu erzeugen, der Ertrag war auch ein geringer. Hellot gibt an, daß während seiner

erwähnt. Die Beschreibung desselben entnehmen wir einem Aufsatz, den Brongniart für den Dictionnaire téchnologique von Thomine Bd. XVII, 1830, S. 46—337 und Atlas Bd. I, S. 62 verfaßt hat.

Verwaltung in Vincennes nur der vierte oder höchstens der dritte Teil der in den Ofen gebrachten Gegenstände brauchbar war. Sein einziger Vorteil war eine für die Dekoration geeignete Bleiglasur.

Nachdem die Weichporzellanfabrikation aufgegeben war, wurde sie vermißt. Verschiedene Versuche brachten nur Enttäuschungen, und nur nach wiederholt aufgenommenen und wiederaufgegebenen Versuchen hat man die Fabrikation wieder eingeführt.

Auf der Weltausstellung von 1900 hat man den Vorteil dieses Porzellans erkannt, ließ aber die veraltete Dekoration, die seinen früheren Ruhm ausmachte, fort.

Hierfür hat man die Fabrikation von neuem aufnehmen müssen, da die Aufzeichnungen ja sehr unvollständig waren.[1])

Masse, Glasur, Farbkörper, alles hat man umarbeiten müssen.

Die letzten Veröffentlichungen hierüber verdanken wir Lauth und Dutailly.[2]) Sie kommen dazu, Stas-Glas als Fritte zu verwenden. Eine Masse aus folgenden Materialien ließ sich gut bearbeiten:

Sand von Fontainebleau	49,02
Stas-Glas	27,45
Kreide	16,66
Ton von Dreux	6,86.

Die Glasur enthielt:

Sand	36,98
Mennige	38,44
Soda	8,76
Salpeter	15,82.

Das Verfahren zur Herstellung der 1900 ausgestellten Gegenstände ist nicht offiziell veröffentlicht worden. Es ist eine Folge der Versuche, von denen wir gesprochen haben.

Kurz zusammengefaßt: Das französische Weichporzellan wird wahrscheinlich eine keramische Seltenheit bleiben. Die Masse ist kostspielig und schwer herzustellen und bedarf während der Herstellung einer vorsichtigen Behandlung. Außerdem können nur Stücke von mittlerer Größe erzeugt werden.

4. Bemerkungen über Frittenporzellan.

In einem Berichte des Kongresses für angewandte Chemie, in Berlin 1904, hat Dr. Heinecke[3]) die Ergebnisse der in der kgl. Porzellan-

---

[1]) Als Beispiel findet man in den Formeln: Bleu de roy, pulvérisez trois parties d'aigue marine en pain acheté chez le sieur Moniac, marchand, rue Quincampoix.

[2]) Génie civil 1884.

[3]) Bericht des V. internationalen Kongresses für angewandte Chemie 1903, S. 730 und Revue générale de Chimi pure et appliquée 1904, S. 270.

manufaktur in Charlottenburg gemachten Versuche bekannt gegeben. Die Versuche, die gemacht wurden, um Massen zu bilden, welche Kalkkarbonat als einziges Schmelzmittel enthielten, haben keine guten Resultate ergeben. Man hat dann Versuche angestellt, als Schmelzmittel nicht tonerdehaltige Silikate mit Kalk und Alkalienbasis zu verwenden. Diese Schmelzmittel wurden im Scharffeuer eines Porzellanofens geschmolzen und hatten das Aussehen eines mehr oder weniger durchsichtigen Glases. Ein Silikat wie K_2O, CaO, $6\,SiO_2$ gab durch seine Veränderung, wenn es in Berührung mit Wasser kam, schlechte Resultate. Man erzielte nur gute Gläser, welche das Naßmahlen gut ertrugen, indem man der Masse Tonerde zufügte. Unter diesen sind folgende die verwendbarsten:

$$K_2O,\ 2\,CaO,\ Al_2O_3,\ 18\,SiO_2$$

und

$$K_2O,\ 3\,CaO,\ Al_2O_3,\ 24\,SiO_2.$$

Sie dienten zur Herstellung folgender Massen:

$$R_2O,\ 2{,}4\,Al_2O_3,\ 16\,SiO_2,$$
$$R_2O,\ 3{,}0\,Al_2O_3,\ 18\,SiO_2,$$
$$R_2O,\ 3{,}0\,Al_2O_3,\ 21\,SiO_2.$$

Diese Massen sind zur Bearbeitung genügend plastisch, wenn man dem Schmelzmittel ein plastisches Material, wie Kaolin von Zettlitz, hinzufügt.

Die Masse I ergibt, bei Segerkegel 8 gebrannt, ein durchsichtiges Porzellan, welches sich sehr gut zur Unterglasurdekoration eignet.

Die Massen II und III ertragen, wenn sie zwischen Segerkegel 9 und 10 gebrannt werden, tonerde-bleihaltige, beim Silberschmelzpunkte aufgebrannte Glasuren, welche nicht haarrissig werden und können eine Dekoration zwischen zwei Glasuren, einer Scharffeuer- und einer Muffelglasur, erhalten; diese Massen widerstehen dem Brande gut.

Eine andere Masse R_2O, $2\,Al_2O_3$, $24\,SiO_2$ erhielt man, indem man als plastisches Material Kaolin von Zettlitz (30 %) und außerdem ein Glas hinzugab. Die Masse war kurz aber verarbeitbar und hatte anderen Porzellanscherben gegenüber den Vorteil, eine dick aufgetragene, nicht tonerdehaltige, borsäurehaltige und alkalische Glasur aufnehmen zu können. Diese haben im Vergleich zu den in der Steinguttechnik verwendeten Bleiglasuren einen großen Glanz. Bei Kegel 12 gebrannt, ist dieses Porzellan sehr durchsichtig. Im Scharffeuer eines Porzellanofens schmilzt es zu einem weißen Email. Dieses ist erklärlich, wenn man die besondere Beschaffenheit der Masse betrachtet, welche ein sehr saures, wenig tonerdehaltiges Glas bildet; ein Übergangserzeugnis zwischen Glas und Tonware.

5. Knöpfe.

Die Masse, welche zur Herstellung der Knöpfe dient, hat nicht immer dieselbe Zusammensetzung. In England verwendete Prosser, der diesen Industriezweig ins Leben rief, eine Mischung von schmelzbaren

Materialien, wie Kalkphosphat und Feldspat. Um die Masse bindend zu machen, wurde ein Fettkörper hinzugefügt. Die Mischung wurde pulverisiert, dann zusammengeballt und mittels kleinen Spindelpressen geformt. Die fertig geformten Knöpfe stellte man auf Unterlagen und brachte sie in einen Ofen, in welchem Knochenporzellan gebrannt wurde.

Bapterosses hat oben erwähntes Verfahren bedeutend verbessert. Die Masse besteht entweder aus einer Mischung von Feldspat und Kalkphosphat wie die vorherigen oder nur aus Feldspat. Letztere Zusammensetzung wurde weniger benutzt wie erstere. Um die Masse bindend zu machen, fügte man etwas Milch hinzu. Die Presse, anstatt die Knöpfe einzeln zu formen wie in den früheren Verfahren, fertigt deren jetzt 500 auf einmal.

Die Knöpfe werden nach Verlassen der Presse auf ein Papierblatt geordnet und auf eine Unterlage gelegt. Zum Brennen benutzt man Muffeln, die in einen besonderen Ofen gebracht werden. (Wir geben diesen Apparat als Beispiel an, sind jedoch nicht in der Lage, zu bestätigen, ob er noch in Verwendung ist, da hierüber in neuerer Zeit keine Berichte erfolgt sind.) Die Feuerung *B* (Fig. 173) ist in der Mitte angebracht wie bei den in den Glashütten gebräuchlichen Öfen.

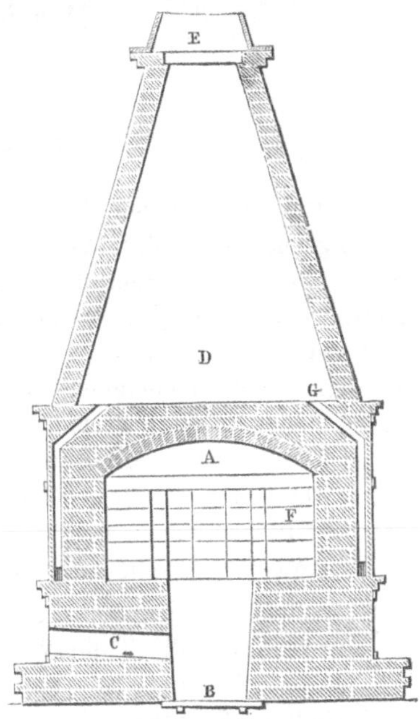

Fig. 173.

Eine bestimmte Anzahl von Bogen ist um den Herd herum verteilt, und in jedem befinden sich 6—7 übereinander gestellte Muffeln. Die Flamme steigt vom Herde bis zur Wölbung und schlägt dann in jedem Bogen *F* nieder. Sie umzüngelt die Muffeln, um am unteren Teile des Bogens in die Kanäle *G* zu gelangen, wo sie durch einen in der Mitte angebrachten Kamin abzieht. Je nachdem diese Öfen rund oder rechteckig sind, enthalten sie 60 oder 28 Muffeln. In jede derselben wird eine Schamotteplatte von entsprechender Größe geschoben. Ist letztere glühend, so wird das Papierblatt samt den Knöpfen daraufgelegt. Das Papier verbrennt, und die Knöpfe liegen direkt auf der Unterlage. Das Ganze wird in Muffeln gebracht und 10 Minuten lang der Glut ausgesetzt. Nach dieser Zeit wird die Platte entfernt und die darauf befindlichen Knöpfe abgestreift. Die Platte kann dann von neuem verwendet werden.[1])

[1]) Salvétat, Technologie céramique S. 396.

15. Abschnitt.

Dekoration.

I. Allgemeines.

Bei Besprechung der Keramik haben wir bisher die Fabrikation nur im engeren Sinne des Wortes behandelt und unsere Beschreibungen auf das einfache Herstellen der Töpferwaren beschränkt. Nun gewinnen die keramischen Erzeugnisse ein angenehmes Äußere nicht nur durch Schönheit der Form, sondern es ist auch möglich, mittels Farben mannigfaltige Verzierungen anzubringen, welche den Gegenständen reicheres Aussehen sowie höheren Wert verleihen.

Die Farben werden auf verschiedene Weisen angewendet, und die gegenwärtigen Verfahren sind mannigfaltig genug, um dem Dekorateur reiche Hilfsquellen zu bieten.

Gewöhnlich teilt man die Dekorationsverfahren in zwei Gruppen ein:

1. Scharffeuerdekoration, mit Farben, die im selben Feuer eingebrannt werden wie die Töpferwaren selbst;
2. Muffeldekoration, mit Farben, die in einem besonderen Feuer und bei niederer Temperatur wie erstere gebrannt werden.

1. Scharffeuerdekoration.

Farbige Glasuren. Die Glasuren besitzen die Fähigkeit, gewisse Körper aufzulösen und dabei eine Färbung anzunehmen; der Farbkörperzusatz soll aber ein solcher sein, daß die Glasur dadurch an Durchsichtigkeit nicht verliert. Die farbigen Glasuren sind eigentlich nichts anderes als in der Masse gefärbte Gläser. Werden sie auf ebene Flächen aufgetragen, so bilden sie einen gleichmäßig gefärbten Spiegel; auf geprägten Flächen sammeln sie sich in den Vertiefungen. Der Zusatz des Farbkörpers zu der Glasur kann Veränderungen der physikalischen Eigenschaften, Schmelzbarkeit und Ausdehnung mit sich bringen. Es ist daher auch notwendig, die farbige Glasur mit der Masse abzustimmen, denn die Glasur soll gleichzeitig mit der Masse gebrannt und nicht haarrissig werden.

Außer den einfarbigen Glasuren kann man auch solche erzeugen, in welchen die bei hoher Temperatur eingetretenen chemischen Reaktionen verschiedene Färbungen hervorgebracht haben. Hierher gehören die geflammten Glasuren (Flammés oder Flambés); in diesen hat das Feuer eine mehr oder weniger starke Reduktion und Verschiedenheiten in der Färbung verursacht. Obwohl die Farben meistens sehr verschiedenartig sind, machen sie doch keinen bunten Eindruck, sondern verlaufen so sanft ineinander, daß die Wirkung des Ganzen nicht störend ist.

Der Reiz der bereits erwähnten Kristallglasuren besteht in den Reaktionen, welche darin eintreten.

Die farbigen Glasuren werden ebenso wie die farblosen auf verschiedene Weisen aufgetragen: auf rohen, verglühten, gargebrannten unglasierten oder glasierten Scherben.

Farbige Massen. Setzt man einer Masse einen Farbkörper in genügender Menge zu, so färbt sich die Masse im Feuer. Die erzeugte Färbung hängt selbstverständlich von der Menge des hinzugefügten Farbkörpers ab, entwickelt sich aber besonders stark bei verglasten Massen; daher empfiehlt es sich, in eine wenig verglasbare zu färbende Masse den Farbkörper als Fritte einzuführen.

Unterglasurfarben. Farbige Massen eignen sich nicht gut zum Zeichnen, da sie dick aufgetragen werden müssen. Handelt es sich darum, einen Entwurf abzuzeichnen oder eine Farbfläche aufzulegen, so muß man zu handlicheren Mitteln, den Unterglasurfarben greifen. Dies sind färbende Verbindungen, welche auf die Masse aufgetragen und dann glasiert werden. Unter der Glasurschicht nimmt die Farbe einen besonders schönen Glanz an.

Die Unterglasurfarben erfüllen den gewünschten Zweck nur, wenn sich die Glasur im Feuer gleichmäßig darüber ausbreiten kann, ohne abzuspringen oder die Farben aufzulösen; auch sollen sie für die Bearbeitung eine gewisse Plastizität besitzen.

Begußmassen. Das bereits erwähnte Begießen oder Engobieren besteht darin, den Scherben mit einer weißen oder gefärbten Masse zu überziehen; dieser undurchsichtige Überzug verdeckt vollständig die Farbe des Scherbens und ändert sein Aussehen. Die Begußmassen werden gemahlen, mit Wasser zu einem dünnen Brei gerührt und meistens auf rohe Scherben, wie eine Glasur, aufgetragen, wobei der Gegenstand eine genügende Festigkeit besitzen muß, um das Eintauchen vertragen zu können. Öfters aber erstreckt sich das Engobieren nicht auf das ganze Stück, welches dann nicht eingetaucht, sondern begossen oder angespritzt wird.

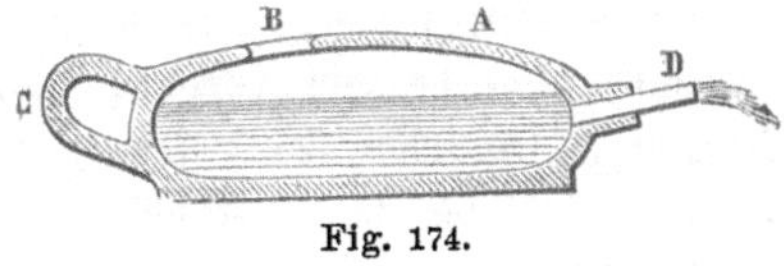

Fig. 174.

Nachdem sie eingetrocknet ist, kann die Begußmasse ausgeschnitten werden, um, mit dem ursprünglichen Scherben als Hintergrund, Verzierungen zu geben. Man kann ebenfalls die Verzierungen direkt auf dem Gegenstande aufzeichnen, indem man die Engobe mit einem Gefäße gießt, dessen Ausguß durch einen Strohhalm gebildet ist, wie aus der Fig. 174 ersichtlich. Das Engobieren wird hauptsächlich bei dem gewöhnlichen Steingut und den irdenen Töpferwaren angewendet.

2. Muffelfeuerdekoration.

Die Anzahl der Farbkörper, welche das Scharffeuer vertragen können, ist eine beschränkte; dagegen findet man unter den Körpern, die einer Temperatur bis zum Schmelzpunkte des Goldes ohne Veränderung widerstehen, genügend zahlreiche Verbindungen, um eine reiche Farbenskala zu bilden. Dadurch ist man in der Lage, die Gegenstände mit Verzierungen in den mannigfaltigsten Farben zu schmücken. Um auf glasierte Waren aufgetragen zu werden, müssen die Farben mit einem Fluß versetzt werden. Der Fluß ist ein schmelzbarer, glasartiger Stoff, dessen Rolle darin besteht, das Anschmelzen der Farbe an die Glasur zu ermöglichen. Das Einbrennen dieser Farben geschieht in Muffeln, daher der Name Muffel- oder Schmelzfarben.

Die Brenntemperatur beträgt gewöhnlich ca. 800°; ausnahmsweise bei den harten Muffelfarben, wie solche von Brongniart angeführt werden, bis zu 1000°.

Neben diesen Farben sind weitere Präparate zu erwähnen, die ebenfalls im Muffelfeuer gebrannt werden, das sind die Metalle und die Lüster.

Muffeln. Die gebräuchlichen Muffeln sind viereckige Kasten, aus feuerfestem Material hergestellt. Der obere Teil ist meistens gewölbt; der vordere läßt sich öffnen, um das Einsetzen der Waren zu ermöglichen. Die Muffeln müssen sorgfältig und aus besserem, feuerfestem Material hergestellt werden, da sie möglichst lange Zeit in Gebrauch stehen sollen, ohne Ausbesserungen oder Ersatz erforderlich zu machen. Bezüglich dieser Fabrikation verweisen wir auf S. 176.

Früher wurden die Muffeln durch einfaches Aufeinanderschichten von Tonwülsten hergestellt. Für größere Muffeln sind Formen unentbehrliche Hilfsmittel. Die Muffelkonstruktion ist in den letzten Jahren wesentlich verbessert worden; man verwendet öfters eigens dazu geformte Kacheln. Die Erfahrung lehrte schon seit längerer Zeit die Schwierigkeit kennen, welche das Instandhalten sehr großer Muffeln bietet. In Sèvres baut man die größeren Muffeln mit einzelnen, quadratischen Platten von 30—40 cm Seite, welche mit Nut und Feder versehen und mit feuerfestem Mörtel verbunden werden. Die Pollardschen Muffeln bestehen ausschließlich aus kleinen Hohlziegeln, die ineinander passen.

Da die Muffel von Flammen ganz umhüllt werden soll, wird sie über der Feuerung so angebracht, daß die Verbrennungsgase ringsherum streichen können. Zu diesem Zwecke umbaut man auf drei Seiten den Muffelkasten mit Mauerwerk und läßt die vordere Seite frei. Ist der Einsatz beendet, so schließt man diese Seite mit Ziegeln oder mit Platten und setzt eine zweite Ziegelreihe vor, um die Maueröffnung zu versperren. Jetzt steht der Muffelkasten zwischen vier vertikalen Mauern; die Flamme steigt zwischen den Mauern und den Muffelwänden auf und zieht dann in den Kamin ab.

Eine empfehlenswerte Anordnung besteht darin, daß die Muffelöffnung nicht auf derselben Seite angebracht wird wie die Feuerungsöffnung (im Gegensatz zu der Anordnung der Figuren 175 u. 176). Auf diese Weise vermeidet man, besonders wenn man Kohlen als Brennmaterial

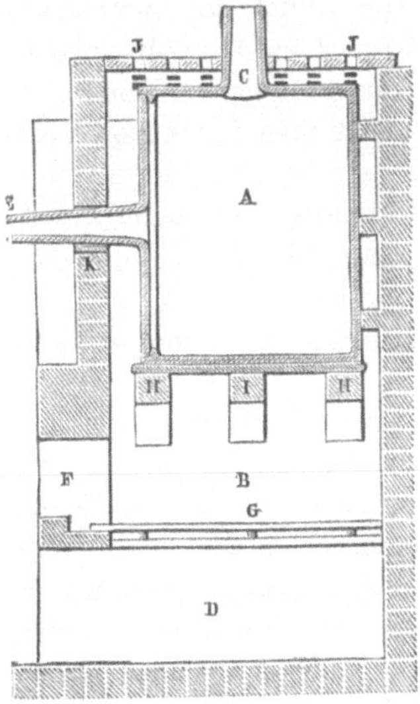

Fig. 175.

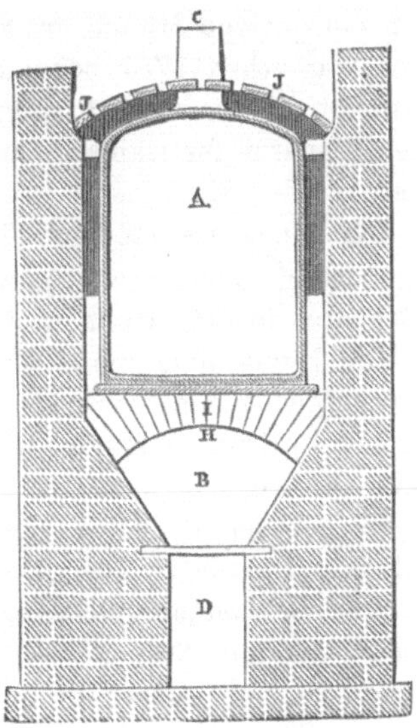

Fig. 176.

benutzt, ein leicht mögliches Verunreinigen der Waren durch Staub und Flugasche.

Der Einsatz soll aus Sparsamkeitsgründen und, um ein möglichst gleichmäßiges Verteilen der Wärme zu erzielen, sehr dicht sein, da sich locker eingesetzte Gegenstände schneller erwärmen als dicht eingesetzte. Je nach Höhe der einzelnen Gegenstände teilt man die ganze Muffelhöhe in mehrere Regale, indem man auf senkrechte Stützen Platten wagerecht legt, die als Unterlagen zum Tragen der Stücke dienen. Diese Unterlagen dürfen jedoch nicht so eng aneinander schließen, daß sie den nötigen Umlauf der heißen Gase, sowie das Entweichen der Öldämpfe verhindern.

Als Unterlagen können auch Blechplatten vorteilhaft verwendet werden. In das Muffelinnere darf kein Rauch eindringen; die Türe sowohl, wie auch etwaige Risse müssen sorgfältig verschmiert werden, da eine undichte Muffel kein befriedigendes Ergebnis liefern kann. Am oberen Teile der Muffel ist eine Öffnung freigelassen, damit die Dünste abziehen können und die Luft sich ausdehnen kann.

Die Muffeltüre ist mit einem Schauloch versehen, durch welches man in das Innere der Muffel sehen kann.

Für Gegenstände mit feiner Dekoration oder diejenigen, die Kohlenheizung nicht ertragen (wegen des Schwefels), wird Holz als Brennmaterial verwendet. Kohlen sind bedeutend billiger und werden nur da benutzt, wo es eben angeht. Kohlenrauch ist für die keramischen Farben und Glasuren sehr schädlich.

Man hat Muffeln mit ununterbrochenem Betrieb hergestellt. Der Gedanke ist nicht neu, denn in der Manufaktur von Vincennes hat schon Gérin eine solche Muffel aufgestellt. Die Muffel mit ununterbrochenem Betrieb war schon 1751 bekannt, auch Hélot erwähnt dieselbe in seinem Manuskript. Da man nicht genügend Waren erzeugen konnte, um einen solchen Apparat fortwährend anzufüllen, hat man ihn außer Verwendung gesetzt.

Um einen mehrtägigen Brand zu haben, ließ man die Ware in genügenden Mengen zusammenkommen, was großen Zeitverlust verursachte. Der Apparat leistete mehr wie die Produktion.

Die Herstellung dieser Muffeln ist seitdem mit vielen Verbesserungen wieder aufgenommen worden.

Die Fürbringer-Muffel hat die meiste Ähnlichkeit mit der Gérin-Muffel. Sie besteht aus zwei parallelen Tunnels A und B, verbunden mit einem dritten Tunnel C, der sich an das eine Ende der beiden ersten anschließt. Die Zufuhr der Ware geschieht in A und die Ausfuhr in B. Die Feuerung befindet sich inmitten des Quertunnels. Es ist eine Gasfeuerung, die mit Kohlen gespeist wird. Der eigentliche Verbrennungsprozeß findet nur außerhalb der Feuerung, um den Tunnel herum statt. Die Gase zirkulieren in umgekehrter Richtung wie die Schlitten.

Die zu brennenden Produkte werden auf Eisenschlitten, die auf Schienen gleiten, gestellt. Die Schlitten werden von außen in Bewegung gesetzt und müssen in drei verschiedenen Richtungen geschoben werden, da die Gänge rechtwinklig sind.

Die runde Hetzel-Muffel (Fig. 177) besteht aus einem hufeisenförmigen Tunnel. In der Mitte befindet sich eine Feuerung F, welche wie die vorhergehende angebracht ist. Die Flamme umzüngelt den Tunnel und gelangt von dort in den Kamin. Die Schlitten oder Wagen werden in A eingeführt und kommen bei B heraus. Sie werden durch Ketten aneinander befestigt und bilden einen Zug, der mit einer Winde gezogen wird. Bei der Feuerung und bei der Eingangsöffnung sind Schieber angebracht, damit die Hitze nicht verloren geht.

Der Raum zwischen den beiden Enden des Hufeisens hat die Länge von drei Wagen.

Die Bedienung der Muffeln ist bei diesem Apparate einfacher als bei dem vorhergehenden, wo mehr Arbeit erforderlich war, nämlich: Ausfahren eines Wagens aus *B*, Einfuhr eines solchen vom Tunnel *C* nach *B* durch Schieben des Zuges in Wagenlänge in *C*, Einfuhr des Wagens

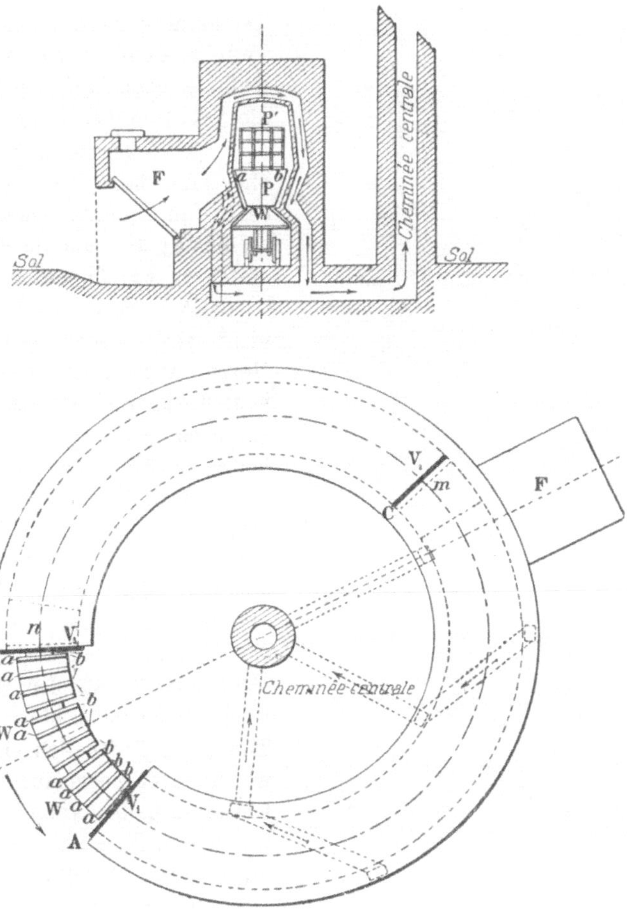

Fig. 177.

von *A* nach *C* durch Vorrücken des Zuges, und schließlich Einfuhr eines neubeladenen Wagens durch *A*.

Die runde Muffel ist einfacher zu bedienen: die beiden Schieber werden aufgehoben; den Zug läßt man in Wagenlänge vorrücken und schließt den Schieber wieder. Der Wagen mit der gebrannten Ware ist durch den Schieber *2* von der Feuerung getrennt und gelangt in den Kühlraum des Ofens, während ein nächster Wagen dessen Platz einnimmt. Ein Wagen kommt bei *B* heraus und ein anderer geht bei *A* hinein.

Die Ware bleibt 10 Min. in dem heißen Raum, wodurch man alle 10 Min. ein- und ausfahren kann. Die Leistung dieses Apparates ist trotz seiner geringen Maße eine bedeutende.

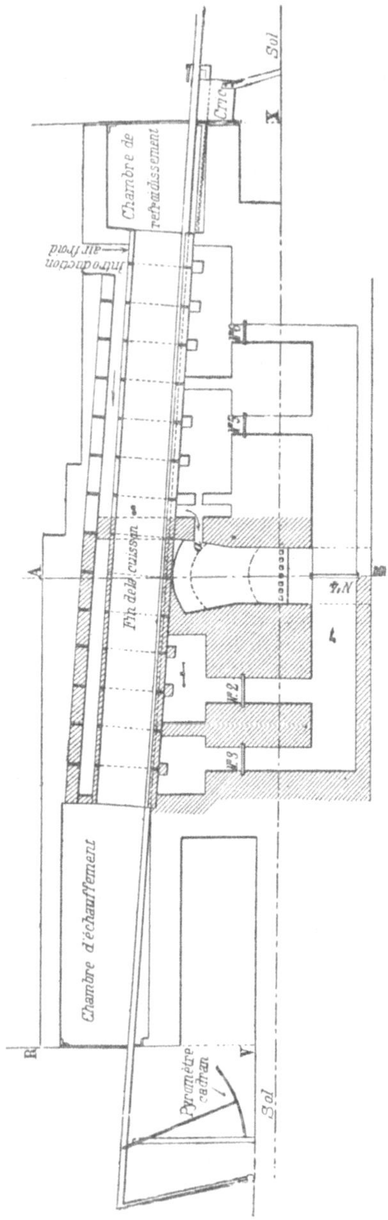

Fig. 178.

Es ist schwer, in der ganzen Höhe des Tunnels eine gleichmäßige Temperatur zu erzielen; im oberen Teile ist sie höher wie im unteren und muß dies beim Einfüllen der Waren in die Schlitten berücksichtigt werden.

Herr Geith hat diesem Tunnel eine einfachere Form geben wollen, er hat ihn gerade gebaut, mit einem kleinen Gefälle, um die Ware leichter einfahren zu können.

Wir geben hier das Original nicht wieder, sondern nur den von Herrn Marc Larchevêque umgebauten Apparat. Da dieser bedeutend einfacher ist, werden wir Einzelheiten darüber angeben.

Diese Muffel besteht aus einem geraden, leicht geneigten Tunnel, auf dessen Boden zwei Schienen angebracht sind, worauf die Wagen gleiten. Eine am äußersten Ende des Tunnels angebrachte Winde dient zum Ziehen der Wagen. Am vorderen sowie am hinteren Teile des Tunnels befindet sich eine Kammer, welche drei nebeneinander gestellte Körbe enthalten kann. Die vordere Kammer dient zum Vorwärmen, die hintere zum Abkühlen. Beide sind dem Tunnel angebaut und mit einer Tür versehen, die einem Korb entspricht und mittels eines Schiebers abgesperrt werden kann.

Die Gase der Feuerung, die sich in der Mitte des Apparates befindet, gelangen unter den Tunnel und folgen den Seitenwänden (Fig. 178).

Ein Mauerwerk teilt den Tunnel in zwei Abteilungen, eine zum Anwärmen und eine zum Abkühlen. Die Verbrennung der Flamme um den Tunnel herum wird durch Luftzug in *i* befördert. Die Luft gelangt in die Feuerung erst, nachdem sie den Tunnel umzüngelt und abgekühlt hat.

Zwei weitere Kanäle ermöglichen die Zufuhr von kalter Luft mit direktem Abzug in den Kamin und bewirkt diese Hilfsventilation ein besseres Abkühlen (Fig. 179).

Der Geith-Apparat (Fig. 180) ist umständlicher zu handhaben wie der runde Hetzel-Ofen, denn man muß einen Korb aus der Abkühlungskammer

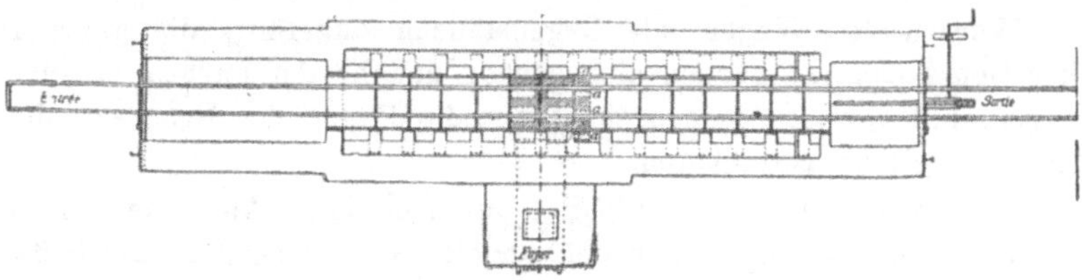

Fig. 179.

nehmen, einen seitlich verschieben und den ganzen Zug um eine Korblänge vorrücken, sodann einen Korb in den Tunnel schieben, einen der seitlich stehenden Körbe vor den Tunneleingang stellen und endlich einen eingesetzten Korb bereit halten. Bei jeder Verrichtung muß der entsprechende Schieber auf- und abgezogen werden.

Marc Larchevêque hat die äußersten Kammern so verlängert, daß der Vorwärmeraum um drei und der Kühlraum um zwei Wagenlängen

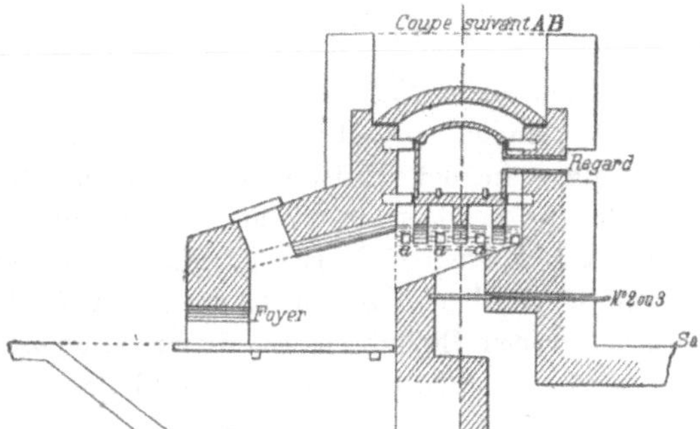

Fig. 180.

größer sind. Die Schienen sind vor dem Eingang des Apparates in genügender Länge gelegt, damit sie noch zwei Wagen, welche stets bereit stehen, um angehängt zu werden, aufnehmen können. So eingerichtet, braucht die Tunnelmuffel nunmehr zwei Schieber, je einen beim Ein- und Ausgang; ein Gegengewicht erleichtert die Handhabung.

Dieser Muffelofen kann in 12 Stunden 45 Wagen aufnehmen, welche Waren für $2^1/_2$ Muffeln von gewöhnlicher Größe, d. i. 0,750 cbm, aufnehmen; der Brand kann also schneller und billiger vorgenommen werden.

Die Muffeln mit ununterbrochenem Betriebe bieten außer dem Vorzug der Billigkeit noch andere wichtige Vorteile. Die Farben werden schneller gebrannt und dadurch glänzender; bei den gewöhnlich verwendeten Muffeln dagegen ist der Brand ein langsamer und bewirkt oft ein Entglasen, das durch das lange Verweilen der Farben in ziemlich hoher Temperatur verursacht wird.

Für harte Schmelzfarben dauert der Brand höchstens 20 Minuten.

Werden die Wagen mit Gegenständen angefüllt, die gleichartige Dekoration haben, so können die weichen und harten Farben zu gleicher Zeit gebrannt werden; man braucht nur die Dauer des Brandes mit der Schmelzbarkeit zu vereinbaren.

Vom geschäftlichen Standpunkt aus sind diese Apparate sehr nutzbringend, denn sie ermöglichen ein schnelles Entfernen der Ausschußware, was bei einer Muffel mit unterbrochenem Betrieb nicht der Fall ist.

Eine Art von Muffelöfen mit ununterbrochenem Betrieb ist auf demselben Prinzip aufgebaut wie die Ringöfen. Die Muffeln werden mit Generatorengas geheizt. Die heißen Gase, die durch das Heizen einer Muffel entstehen, heizen die nächste Muffel, während die Verbrennung durch Luft befördert wird, die sich durch Streichen über abkühlende Waren vorgewärmt hat.

Solche Muffeln werden u. a. von Mendheim gebaut.

3. Farbkörper.

Wir haben schon angegeben, wie man die zur Herstellung der Farben dienenden Verbindungen zubereitet; wir machen jedoch darauf aufmerksam, daß diese in den meisten Fällen nicht allein verwendet werden können. Um die gewünschte Tönung zu erhalten, muß man nicht nur chemisch reine und bestimmte Verbindungen haben, sondern sie auch in den nötigen physikalischen Zustand bringen. Auf viele Farbkörper hat die Temperatur großen Einfluß, z. B. nimmt Eisenoxyd je nach der Temperatur, der man es aussetzt, eine ganze Skala von Tönungen an. Die Zerkleinerung des Materials muß eine solche sein, daß die Mischung mit den hinzugefügten Körpern eine innige ist. Wenn grobe Körner vorhanden sind, kann die Tönung nicht gleichmäßig sein. Die Zubereitung der Farbkörper erfordert die Kenntnis gewisser Kniffe, die theoretisch nicht festgestellt werden können und die nur die Praxis lehrt. Die Mischung von Farbkörpern ist im allgemeinen schwer zu machen. Nehmen wir z. B. an, daß wir zwei Oxyde miteinander vermischen wollen. Einzeln zubereitet und zusammenverrührt, werden sie nur langsam eine innige Mischung ergeben. Nimmt man jedoch die beiden Metalle im Zustande von löslichen Salzen, durch Hitze zersetzbar, so kann man leicht durch Verdampfen der beiden vereinigten Lösungen und durch starkes Erhitzen des Rückstandes dieser Verdampfung eine innige Mischung erhalten.

In vielen Fällen verbindet man die Zubereitung des Farbkörpers mit der zu färbenden Masse. Dieses Verfahren ist dem Mischen vorzuziehen. Daher werden öfters Oxyde im Zustande von durch Hitze zersetzbarem Salz zugefügt. Das färbende Oxyd dringt in die Masse ein, ohne vorher eines langwierigen Mahlens zu bedürfen.

Die in der Keramik verwendeten Farbkörper sind meistens Oxyde. Einige jedoch sind Zusammensetzungen, wie Bleiantimoniat und Kobaltaluminat. Ihre Zahl ist klein, denn sie haben gewisse Bedingungen zu erfüllen: Sie sollen hohe Temperaturen ohne Veränderung ertragen. Außerdem müssen die Glasuren und Schmelzmittel ohne Einwirkung auf die Körper bleiben und dürfen ihre Färbung nicht beeinträchtigen.

Nur die Schwer- und Edelmetalle können diesen Anforderungen genügen und die gewünschten Zusammensetzungen geben, da nur diese farbige Verbindungen eingehen.

Wir geben hier die Farben an, welche die in der Keramik meist verwendeten Farbkörper ergeben.

Blau. Kobalt ergibt die blaue Farbe. Das Kobaltoxyd allein ist kein Farbkörper; wie man weiß ist es schwärzlich, und nur wenn es in glasigem Fluß aufgelöst ist oder in Verbindung mit einem Körper kommt, der fähig ist, eine farbige Zusammenstellung zu geben, kann es Färbung erzeugen. Die meisten seiner Salze werden zerstört und bei hoher Temperatur wieder in Oxydzustand gebracht, so daß der Gebrauch von Salzen, wie Karbonat und Nitrat, der gleiche wie von Kobaltoxyd ist. Man darf diesen Schluß nicht ziehen für Salze mit beständigen Säuren. Kobaltphosphat und -chromat haben auf das hier Gesagte keinen Bezug. Das Phosphat ergibt eine blaue und das Chromat eine grünliche Färbung.[1]) Ersteres wird manchmal als eigener Farbkörper benutzt.

In Verbindung mit einigen Anhydriden ergibt das Kobaltoxyd für die Dekoration wichtige Salze. Die Farbe ist stets blau, kann aber Abstufungen erhalten. Kobaltaluminat gibt ein lebhaftes Blau, das von hellerer Farbe ist als das Blau, das durch Lösung des Oxyds in einer Glasur erhalten wird. Zinkoxyd spielt dieselbe Rolle wie die Tonerde und ergibt eine Verbindung, welche zum Färben benutzt werden kann.

Gelb. Blei im Antimoniatzustand gibt eine gelbe Färbung, im Zustande von Bleichromat kann es ebenfalls als Farbkörper dienen. Diese haben den Nachteil, keine hohe Temperatur ertragen zu können. Für die Dekoration im oxydierenden Feuer ist Uran von großem Werte; seine Färbungen widerstehen dem Porzellanscharffeuer.

Bleiantimoniat wird durch das Vorhandensein von Zinkoxyd verändert; durch Zugabe von Eisenoxyd kann die Tönung dunkler werden.

---

[1]) Es ist wahrscheinlich, daß bei einer Temperatur nahe des Silberschmelzpunktes Kobaltchromat schon zerstört ist und daß der Farbkörper nur eine innige Mischung des Chromsesquioxyds und Kobaltoxyds ist.

Um orangegelbe Färbung zu erhalten, benutzt man Bleichromat.

Wenn Uran allein gebraucht wird, erhält man keine gelbe Tönung, denn seine Oxyde haben nicht diese Farbe. Uranoxydul ist schwarz, Uranoxyd lederfarbig, Uranuranat grün. Nur die Uranverbindungen im Uranatzustand besitzen eine gelbe Farbe. Der einzige Fall, wo durch Uranoxyd Färbung bewirkt wird, ist, wenn bei reduzierendem Feuer gebrannt wird. Die Uranate sind dann zerstört und das Oxyd wird in Oxydul verwandelt.

Einige wenig ausgesprochene gelbe Farben enthalten Kupfer. Ihre Beschaffenheit ist wenig bekannt. Das durch Titan hervorgerufene Gelb ist rötlich. Titangelb ist höchstwahrscheinlich ein Eisentitanat.

Rot. Eisenperoxyd gibt kein intensives Rot, es geht mehr oder weniger ins Braune über. Eisenoxyd verträgt keine hohe Temperatur.

Kupfer löst sich in den Glasuren auf und bildet einen feinen Niederschlag, indem es ein sehr beliebtes Rot ergibt.

Dieses Metallkupfer erhält man durch ein genügendes Erhitzen kupferhaltiger Glasuren bei reduzierendem Feuer. Gold gibt Purpur, Rosa und Karmin. Purpur ist ein Niederschlag und wird wie Cassius-Purpur mit Zinn- oder Antimonoxyd zubereitet. Goldrosa widersteht dem Scharffeuer; es entwickelt sich durch Niederschlag des Goldes aus einer Glasur, in der es sich auflöste.

Das basische Bleichromat mit geeignetem Flußmittel gibt ein feuriges Rot.

Grün. Chromoxyd ist ein das Scharffeuer gut ertragendes Grün. In oxydierender Atmosphäre und in Verbindung mit Basen neigt es durch Bildung von Chromaten zum Gelb.

Kupferoxyd löst sich in den Glasuren und färbt sie grün.

Kupfer in Verbindung mit einem bleihaltigen Flusse hat vor Entdeckung des Chroms zur Herstellung der grünen Farbe gedient; in Verbindung mit Alkalien geht es ins Blaue über.

Violett. Man erhält ein sehr schönes Violett, wenn man einem bleihaltigen Glas Manganoxyd zufügt. Goldpurpur kann ebenfalls ins Violette übergehen.

Weiß. Zinnoxyd ist ein großes Hilfsmittel für opakes Weiß. Man hat dazu auch andere ähnliche Oxyde, wie Arseniksäureanhydrid und Antimonoxyd, verwendet.

Im Scharffeuer erhält man das Weiß durch die mit einer durchsichtigen Glasur überzogene Masse selbst oder durch Engobieren.

Schwarz. Das einfachste Schwarz ist eine Mischung von Mangan-, Eisen- und Kobaltoxyd. Wird die Mischung in richtigen Verhältnissen vorgenommen, so gibt sie eine sehr widerstandsfähige schwarze Färbung.

Nickeloxyd gibt nur eine mehr oder weniger dunkelgraue Farbe.

Man hat auch Platin für graue Färbung gebraucht, für sehr dunkles Schwarz Iridium; in der Kopenhagener Manufaktur ist Vanadin der Farbkörper für Schwarz, in Meißen ein Gemenge von Iridium und Ruthenium. — Letztere vier Materialien werden indes wenig gebraucht.

II. Dekorieren der verschiedenen Töpferwaren.

1. Steingut.

Glasiertes Töpfergeschirr erhält sozusagen keine Dekoration, sondern nur eine gefärbte Glasur, um die Farbe des Scherbens zu verdecken.

Steingut für Bauzwecke wird auf zweierlei Arten dekoriert: Die eine besteht darin, dem Scherbon cine durchsichtige, gefärbte Glasur zu geben, die andere darin, eine opake Glasur aufzutragen. Die erstere kann nur auf wenig gefärbten Tonen angebracht werden, da sich sonst die Tönung der Glasur verändern würde.

Für gewöhnliches Steingut wird oft das Engobieren angewendet. Das Thuner Steingut z. B. wird meistens durch Engobieren dekoriert. Auf dem glasierten Steingut werden manchmal Malereien angebracht; letztere werden entweder auf die rohe oder auf die gebrannte Glasur aufgetragen. Im ersteren Falle werden sie im Scharffeuer gebrannt, im letzteren erhalten sie einen niedrigeren Brand.

Dem feinen Steingut gibt man sehr mannigfaltige Verzierungen und ist soweit darin gegangen, daß es dem Porzellan Konkurrenz macht. Sogar die billigsten Service werden dekoriert. Weißes Steingut wird immer weniger gekauft, da man für billige Preise selbst die einfachsten Gebrauchsgegenstände mit farbiger Verzierung erhalten kann.

In der Industrie muß das Dekorieren rasch und billig vor sich gehen. Hartsteingut wird hauptsächlich mit Unterglasurfarben dekoriert, die auf das Biskuit aufgetragen, glasiert und dann gebrannt werden. Dieses Verfahren ermöglicht eine angenehme Dekorwirkung und wird allgemein für Service angewendet. Außerdem benützt man auch gefärbte Massen und Glasuren sowohl wie auch Schmelzfarben, die auf Steingut besonders gelingen. Für Wandfliesen greift man auch zu alkalischen Emails.

2. Steinzeug.

Seiner Bestimmung entsprechend verlangt Steinzeug keine so feine Verzierung wie Porzellan oder Steingut. Steinzeuggeschirr gehört im Haushalt in die Küche. Trotzdem werden in England und Deutschland viele mit Farben verzierte Steinzeuggefäße hergestellt. Die englischen sind einfach gehalten, meistens sind es Gegenstände aus eintönig gefärbter Masse mit aufgelegten weißen Reliefs; die deutschen Erzeugnisse weisen eine reichere Farbenskala auf, welche in Muffeln eingebrannt wird. Im Beauvaisis erzeugt man ebenfalls Steinzeug mit blauer Verzierung, welche mit Kobaltoxyd erhalten und mit Salzglasur überzogen wird.

Architektonisches Steinzeug verlangt eine Flächenverzierung, wozu sich gefärbte Glasuren sehr gut eignen; diese Glasuren dürfen mehr oder weniger glänzend und sogar matt sein.

3. Porzellan.

Porzellan eignet sich zu sämtlichen Dekorationsarten. Die Großindustrie wendet fast ausschließlich Schmelzfarben an. Farbige Glasuren und Massen sowie Unterglasurfarben bleiben meistens nur für Luxusgegenstände reserviert. Allerdings macht sich in letzter Zeit ein Streben bemerkbar, die Schmelzfarben durch ein schöneres, dauerhafteres und mehr keramisches Dekorieren zu ersetzen. Schmelzfarben bekommen nicht den schönen Spiegel der Unterglasurfarben und stechen von der Glasur etwas matt ab. Die Anwendung der Unterglasurfarben bleibt aber immer noch ziemlich beschränkt wegen der Schwierigkeit im Auftragen und Brennen, sowie wegen der geringen Anzahl der verfügbaren Farben.

III. Dekorationsmittel.

(Farbige Glasuren und Massen, Unterglasurfarben, Emails, Schmelzfarben, Vergoldung, Lüster.)

1. Farbige Glasuren.

Farbige Glasuren stellt man her, indem man der farblosen Glasur einige Prozente eines Farbkörpers zusetzt. Letztere müssen sehr fein zerteilt und mit der Glasur aufs innigste vermischt werden. Zum Auftragen verrührt man die farbigen Glasuren mit Wasser; durchschnittlich setzt man das Glasurbad aus gleichen Gewichtsteilen trockner Glasur und Wasser zusammen. Wird roher oder verglühter Scherben glasiert, so empfiehlt es sich, der Glasur einen plastischen Bestandteil in kleiner Menge zuzusetzen, welcher beim Glasieren bereits gebrannter Gegenstände entbehrlich ist.

a) Glasuren für Hartporzellan von Sèvres.

Nachstehend zwei Versätze:

Blaue Glasur (sogen. Sèvres-Blau).

Glasur	20,00
Kobaltoxyd	80,00.

Im Glühofen kalzinieren.

Schildpattglasur.

Sand	37,69
Kaolin	35,38
Manganoxyd	21,54
Eisenoxyd	5,39.

Sehr scharf fritten, zerreiben und nochmals ausglühen.

Diese Formel ist besser als die von Brongniart angeführte, welche unbestimmte Bestandteile angibt. Wird die Schildpattglasur in der Muffel nochmals ausgeglüht, so gewinnt sie an Glanz.

Beide Glasuren werden auf fertig gebranntes Porzellan aufgetragen und gestupft.

b) Glasuren für das neue Porzellan von Sèvres.

Sämtliche Glasuren werden mit der farblosen, bereits früher angegebenen Glasur des neuen Porzellans hergestellt.

Farblose Glasur.

Feldspat	42,1
Quarzsand	27,2
Kaolin	13,0
Kreide	17,7.

Farbige Glasuren werden hergestellt, indem man in der farblosen Glasur den Kalk teilweise durch einen Farbkörper ersetzt, so z. B.:[1])

Blaue Glasur.

Kobaltoxyd	3,0
Feldspat	42,1
Quarzsand	27,2
Kaolin	13,0
Kreide	14,1.

Gelbe Glasuren.

No. 1	Uranoxyd	5,0
	Feldspat	42,1
	Quarzsand	29,3
	Kaolin	8,5
	Kreide	17,7.
No. 2	Eisenoxyd	5,0
	Feldspat	45,0
	Quarzsand	28,5
	Kaolin	11,0
	Kreide	13,0.

Grüne Glasuren.

No. 1	Chromoxyd	1,0
	Feldspat	42,1
	Quarzsand	27,2
	Kaolin	13,0
	Kreide	12,7.

[1]) Vogt, Notice sur la fabrication des grès à la Manufacture de Sèvres, 1900.

No. 2	Kupferoxyd	4,0
	Feldspat	42,1
	Quarzsand	27,2
	Kaolin	13,0
	Kreide	12,7.

Braunviolette Glasur.

Braunes Manganoxyd	5,0
Feldspat	45,0
Quarzsand	28,5
Kaolin	11,0
Kreide	13,0.

Rötlich-braune Glasur.

Nickelkarbonat	3,0
Feldspat	42,1
Quarzsand	27,2
Kaolin	13,0
Kreide	15,3.

Rosa Glasur.

Sand	30,5
Porzellanmasse	47,0
Kreide	24,0
Pinck	7,0.

Pinck stellt man sich her, indem man folgende Mischung stark kalziniert und dann auswäscht:

Zinnoxyd	100,0
Kreide	34,0
Kaliumbichromat	3,0.

Bläuliche Seladonglasur.

Sand	30,5
Kaolin	20,0
Kreide	24,0
Fritte	29,5.

Die Fritte besteht aus:

Pegmatit	30,5
Kupferoxyd	1,5
Zinnoxyd	2,7
Eisenoxyd	0,3.

Graue Seladonglasur.

Sand	30,5
Kaolin	20,5
Kreide	24,0
Fritte	38,0.

Die Fritte besteht aus:

Pegmatit	30,0
Kupferoxyd	4,0
Zinnoxyd	8,2
Eisenoxyd	0,9.

Seladonglasuren ergeben blasse, sehr geschätzte Färbungen. Da das Gelingen von der Umwandlung des Eisenoxyds in Eisenoxydul abhängt, müssen sie in reduzierendem Feuer gebrannt werden.

Geflammte Glasuren. Diese sind durch Kupfer gefärbte Glasuren. Die Färbung ist nicht gleichtönig, sondern weist Abwechselungen auf, welche von der Einwirkung der mehr oder weniger reduzierenden Gase herrühren.

Aller Wahrscheinlichkeit nach ist die Farbe durch metallisches Kupfer erzeugt; diese Frage wurde durch die Untersuchungen von Ebell wesentlich aufgeklärt. Der Farbkörper dürfte niedergeschlagenes Kupfer sein, welches in der Glasur aufgelöst wird; die Erscheinung wäre also derjenigen ähnlich, welche bei den Goldfarben auftritt.

Das sogen. Rot No. 51 von Sèvres erhält man mit folgender Glasur:

Pegmatit	40
Quarzsand	40
Kreide	18
Borax	12
Kupferoxyd	6
Zinnoxyd	3.

Die gut gemischte Glasur wird geschmolzen, sodann gemahlen.

In der Zusammensetzung weicht diese Glasur von den vorhergehenden ab. Der Zusatz von Borax wird durch zwei Gründe bedingt: dieser Körper bringt zuerst Schmelzbarkeit mit sich; dann aber verflüchtigt er sich, wodurch die Glasur allmählich schwerer schmelzbar wird. Das hervorgehende Endglas bildet einen Schutz für das Rot.

Die Glasur fließt während des Brandes ab, deshalb müssen die Gegenstände auf eine geeignete, leicht trennbare Unterlage gestellt werden.

Das Rot wird durch Reduktion des Kupfers erzeugt, weswegen die Atmosphäre reduzierend sein muß. Ist die Glasur einmal aufgeschmolzen, so ist weniger Gefahr vorhanden, daß das Metall oxydiert; der Brand kann folglich mit größerer Luftzufuhr, sogar oxydierend zu Ende geführt werden, jedoch ohne einen zu reichlichen Überschuß an Luft.

Laufglasuren (geflossene Glasuren). Borsäurehaltige Glasuren ergeben ein Ineinanderlaufen der Färbungen, durch welches eine Art Marmorierung und sogleich eine Abwechselung in den Farben entsteht. Zuerst werden eine oder mehrere farbige Glasuren aufgetragen und sodann mit der borsäurehaltigen Glasur überzogen.

Nachstehend eine gut verwendbare Zusammensetzung:

Pegmatit	40
Quarzsand	40
Geschmolzener Borax	12
Kreide	18.

Obige Stoffe werden gefrittet und gemahlen, sodann setzt man färbende Oxyde zu und frittet ein zweites Mal.

Schöne Wirkungen erzielt man mit Kupfer-, Mangan- und Kobaltoxyd; von diesen setzt man der borsäurehaltigen Glasur 4 % hinzu und frittet zusammen.

Die Laufglasuren werden nur auf dickwändige Gegenstände aufgetragen und oxydierend gebrannt. Man muß wie bei den geflammten Glasuren auf geeigneten Unterlagen brennen.

c) Glasuren des Steinzeuges von Sèvres.

Wie früher erwähnt, wurde das Steinzeug von Sèvres so zusammengesetzt, daß es sämtliche Glasuren des neuen Porzellans erhalten konnte. Nachstehende halbmatte oder kristallisierte Glasuren finden hauptsächlich bei diesem Steinzeug Verwendung; sie werden durch einfaches Vermischen hergestellt, auf rohen Scherben aufgetragen und bei Segerkegel 9 reduzierend gebrannt.

Halbmattglasuren. Die farblose, etwas milchige Glasur enthält:

Pegmatit	30,0
Kaolin	40,0
Quarzsand	28,5
Kreide	20,0.

Grünlich-graublaue Glasur.

Pegmatit	53,0
Kaolin	14,1
Quarzsand	14,0
Kreide	25,5
Rutil	12,0
Kobaltoxyd	1,2.

Rote Glasur.

Diese erfordert ein vorhergehendes Schmelzen der Bestandteile:

Pegmatit	108,0
Quarzsand	126,0
Zinkoxyd	15,5
Baryumkarbonat	36,0
Geschmolzener Borax	45,0
Wasserfreie Soda	16,5.

Die geschmolzene Masse wird gemahlen und mit Kupferoxalat und Zinnoxyd wie folgt gefärbt:

Obige Fritte	100
Kupferoxalat	2
Zinnoxyd	1.

Elfenbeinglasur.

Pegmatit	53,0
Kaolin	14,0
Quarzsand	14,1
Kreide	25,5
Rutil	9,6
Eisenoxyd	2,4.

Rötlich-gelbe Glasur.

Pegmatit	53,0
Kaolin	14,0
Quarzsand	14,1
Kreide	25,5
Rutil	9,6
Eisenoxyd	4,8.

Violette Glasur.

Pegmatit	33,60
Kaolin	12,89
Quarzsand	47,00
Kreide	15,00
Rutil	6,00
Eisenoxyd	6,00.

Gelbbraune kristallinische Glasur.

Pegmatit	33,60
Kaolin	12,89
Quarzsand	47,00
Kreide	15,00
Rutil	9,60
Eisenoxyd	9,60.

Goldbraune kristallinische Glasur.

Pegmatit	53,00
Kaolin	14,00
Quarzsand	25,50
Kreide	22,00
Rutil	17,50.

Dunkelgrüne kristallinische Glasur.

Pegmatit	30,85
Kaolin	25,35
Quarzsand	36,00
Kreide	28,00
Rutil	18,00
Kobaltoxyd	12,00.

Kristallglasuren. Man frittet folgende zwei Mischungen:

	Fritte 1	Fritte 2
Quarzsand	360	350,0
Kaliumkarbonat, trocken	138	69,0
Zinkoxyd	162	202,5.

Man erzielt die besten Resultate, indem man obige Fritten wie folgt vermischt:

Kristallglasur	Fritte 1	85
	Fritte 2	15.

Die Glasur wird auf gebrannten Scherben aufgetragen und wegen des Vorhandenseins von Zinkoxyd oxydierend gebrannt; es empfiehlt sich auch die Gegenstände auf geeignete Unterlagen zu stellen.

Setzt man der Grundglasur Rutil zu, so erhält man eine gelbe Glasur; ersetzt man den Rutil durch eine Titansäure, so wird die Glasur farblos; es scheiden sich aber andere Kristalle aus als mit Rutil.

Zu diesem Zwecke frittet man:

	Fritte 3
Quarzsand	300
Kaliumkarbonat	138
Zinkoxyd	162
Rutil	82

und setzt die Glasur zusammen aus:

Fritte 2	15
Fritte 3	85.

d) Englische farbige Glasuren für Hartsteingut.

Blau.

Feuerstein	10
Bleiweiß	60
Cornish-stone	30.

Zusammenfritten und 6 % Kobaltoxyd zusetzen.

Blaugrün.

Fritte	530
Cornish-stone	106
Bleiweiß	158
Feuerstein	104.

Zu 100 dieser Glasur setzt man 30 Farbkörper.

Die Fritte besteht aus:

Borax	135
Cornish-stone	112
Feuerstein	90
Kreide	90
Kaolin	68.

Der Farbkörper enthält:

Bleiweiß	62
Kobaltoxyd	8
Kupferoxyd	30.

Braune Glasur.

Zu 100 Teilen farbloser Glasur setzt man 50 Teile folgenden Farbkörpers:

Bleiweiß	83
Manganoxyd	17.

Gelbe Glasur.

Der Grundglasur setzt man 71 % folgender Mischung zu:

Bleiweiß	71
Farbkörper	29.

Der Farbkörper besteht aus:

Zinnoxyd	9
Antimonoxyd	21
Minium	27
Alaun	43.

Die Masse ist zu fritten.

Grüne Glasur.

Die Grundglasur versetzt man mit 16,5 % folgenden Farbkörpers:

Bleiweiß	67
Kupferkarbonat	33.

Selbstverständlich werden obige Glasuren nur als Beispiele angeführt.

2. Unterglasurfarben.

Unterglasurfarben erzielen ihre schönste Wirkung nur wenn die Glasur einen glänzenden Spiegel erhält; daher muß letztere leichtflüssig sein, ohne daß jedoch die Dekorschärfe darunter zu leiden hätte. Ein Farbkörper kann zu Unterglasurfarben nur verwendet werden, wenn er von der Glasur weder aufgelöst, noch angegriffen wird. Die in Betracht kommenden färbenden Oxyde sind nicht zahlreich, es sind folgende:

Kobaltoxyd für Blau.
Nickeloxyd für Braun.
Kupferoxyd für Grün und Blaugrün.
Manganoxyd für Braun und Violett.
Eisenoxyd für Gelb und Rot.
Uranoxyd für Gelb.
Chromoxyd für Grün und Rot.
Edelmetalle (Gold, Platin, Iridiumoxyd) für Rosa, Grau, Schwarz.

Dazu kommen noch Körper, welche keine eigene Farbkraft haben, deren Vorhandensein aber Änderungen in den Farbkörpern herbeiführen. Diese sind: Zinn- und Zinkoxyd, Antimonsäure, Tonerde, Kalk u. a.

Kobaltoxyd ist einer der gebräuchlichsten Farbkörper. Die Marke *RKO* ist ganz genügend; unreine Oxyde ergeben keine reine Farbe, da die Unreinigkeiten die Färbung beeinträchtigen. Das Kobaltoxyd ist eigentlich nicht das Protoxyd CoO, sondern ein höheres Oxyd, welches bei hoher Temperatur Sauerstoff abgibt; dieses Gasentweichen kann nur schädlich sein, da es die Glasur durchbrechen muß. Daher benützt man Kobaltaluminat, mit welchem eine Zersetzung des Oxydes nicht zu befürchten ist und welches die reduzierende Einwirkung der Gase besser verträgt als das blanke Oxyd. Dieses sowie das Aluminat ergibt Dunkelblau; durch Zusatz von Zinkoxyd wird die Farbe heller, und zwar um so mehr, je höher die Farbe kalziniert worden ist. Durch Zusatz anderer Farbkörper läßt sich die Tönung gleichfalls ändern.

Nickeloxyd ergibt je nach der Temperatur und der Natur der Glasur Färbungen, welche vom Grün bis zum Braun gehen. Es dient hauptsächlich zum Abtönen anderer Farbkörper.

Manganoxyd in reinem Zustande bietet wenig Hilfe. Wie Kobaltoxyd kann es nur in der höheren Oxydationsstufe verwendet werden und weist die gleichen Nachteile auf. Die Verbindung mit Tonerde oder das Manganphosphat sind dem Oxyde vorzuziehen.

Eisenoxyd ergibt eine Reihe brauner Töne; es ist allein wenig widerstandsfähig und kann daher nur unter leicht schmelzbaren Glasuren verwendet werden. Mit Chromoxyd versetzt, erzeugt es sehr widerstandsfähige braune bis schwarze Farben. Durch Zusatz von Tonerde geht das Braun ins graue Braun und durch Zusatz von Zinkoxyd ins Braunrot über; setzt man zugleich Tonerde und Zinkoxyd zu, so erzielt man gelbbraune Farben. Ein vorhergehendes Ausglühen bei hoher Temperatur ist unerläßlich.

Chromoxyd besitzt nicht weniger Bedeutung wie Kobaltoxyd, nicht nur wegen seiner eigenen Farbkraft, sondern auch wegen der Verwendbarkeit in Verbindung mit anderen Oxyden. An und für sich gibt es grüne Farben, in Verbindung mit Kalk, Zinn- oder Zinkoxyd Rosa. Je nach den Verhältnissen der einzelnen Bestandteile erhält man verschiedene Färbungen.

Uranoxyd kann zu Gelb verwendet werden, muß aber dann vor reduzierender Einwirkung des Feuers geschützt werden.

Antimonoxyd dient zu gelben Farbkörpern, vorausgesetzt, daß Bleioxyd vorhanden ist; durch Zusatz von Zinnoxyd werden diese Farbkörper widerstandsfähiger.

Titansäure hat an und für sich keine Farbkraft; im Vorhandensein von Eisenoxyd färbt sie gelb.

Von den Edelmetallen dient Gold zu Rosa, Platin und Iridiumoxyd zu Grau.

a) Unterglasurfarben nach Seger.

Seger[1]) setzte eine ziemlich reiche Farbenskala von Unterglasurfarben, welche für Steingut sowohl wie auch für Porzellan passen, zusammen. Um sie auf Porzellan aufzutragen, empfiehlt Seger, dem Farbkörper ca. 30 % Porzellanmasse zuzusetzen. Für Steingut versetzt man den Farbkörper mit 20 % einer Glasur der Formel:

$$Na_2O \,.\, BaO,\ 5\,SiO_2 \,.\, B_2O_3.$$

Auch für Porzellan kann man nur raten, dem Farbkörper ca. 15 % Glasur und 10 % Masse zuzusetzen.

Wie die Erfahrung gelehrt hat, widerstehen die Farbkörper am besten der auflösenden Einwirkung der Glasur, wenn sie die Formel eines Spinells aufweisen, d. h. wenn sie aus der Verbindung eines Monooxydes mit einem Sesquioxyde bestehen.

Schwarz.

Chromeisenstein $FeO \,.\, Cr_2O_3$ kann als Farbkörper für Schwarz dienen. Man kann ihn künstlich herstellen, mit einer Mischung von

Eisenoxyd	40,0
Chromoxyd	76,2,

welche ein grünliches Schwarz ergibt.

Beide Oxyde werden im Mühlentopf gemahlen und gemischt, getrocknet, gestoßen und im stärksten Feuer vorzugsweise reduzierend kalziniert. Die kalzinierte Masse wird dann fein gemahlen.

Mit höherem Gehalt an Eisenoxyd:

Eisenoxyd	80,0
Chromoxyd	76,2,

geht das Schwarz ins Braunschwarz über.

Durch Kobaltoxydzusatz erhält man ein bläuliches Schwarz:

Eisenoxyd	80,0
Chromoxyd	76,2
Kobaltoxyd	20,0.

---

[1]) Segers Schriften S. 518 und Tonindustrie-Zeitung 1888, S. 467.

Braun.

Braun erhält man, indem man Eisen- und Chromoxyd mit Tonerde und Zinkoxyd versetzt.

Rotbraun	Eisenoxyd	80,0
	Chromoxyd	76,2
	Tonerde	206,0.
Hellbraun	Eisenoxyd	80,0
	Chromoxyd	76,2
	Zinkoxyd	194,4.
Hellrotbraun	Eisenoxyd	80,0
	Chromoxyd	76,2
	Tonerde	51,5
	Zinkoxyd	243,0.
Gelbbraun	Eisenoxyd	80,0
	Chromoxyd	76,2
	Tonerde	103,0
	Zinkoxyd	324,0.

Erhöht man den Zusatz von Tonerde und Zinkoxyd, so ändert man kaum die Färbung, vermindert aber die Widerstandsfähigkeit des Farbkörpers. Es ist unerläßlich, die Mischung sorgfältig zu mahlen und stark zu kalzinieren.

Folgender Farbkörper paßt nur für Steingut und wird erhalten, indem man eine Lösung von

Alaun	17,40
Mangansulfat	13,85

durch eine Lösung von

Wasserfreier Soda	30,00

ausfällt. — Der Niederschlag wird ausgewaschen, getrocknet und kalziniert; man erhält auf diese Weise ein Brombeerbraun.

Manganphosphat bei Vorhandensein von Zinnoxyd ergibt Violettbraun.

Violettbraun	Manganphosphat	177,5
	Zinnoxyd	75,0.

Das Manganphosphat wird hergestellt durch Fällung bei gelinder Wärme von 41,6 Teilen Mangansulfat durch 35,8 Teile Natriumphosphat und 5,3 Teile Natriumkarbonat.

Blau.

Man geht entweder vom Oxyd oder vom Phosphat aus:

Dunkelblau	Kobaltphosphat	183,00
	Tonerde	103,00.

Kobaltphosphat erhält man durch Fällung von 19,5 Teilen Kobaltchlorid oder 40 Teilen Kobaltsulfat durch 53,8 Teile Natriumphosphat und 5,3 Teile Natriumkarbonat. Der Niederschlag wird ausgewaschen und kalziniert.

Dunkelblau . .	Schwarzes Kobaltoxyd	82,80
	Reine Tonerde . . .	103,00.
Blau	Zinkoxyd	35,50
	Kobaltphosphat . . .	34,50
	Tonerde	51,50.
Hellblau . . .	Zinkoxyd	35,50
	Kobaltphosphat . . .	8,60
	Tonerde	51,50.

Versetzt man das Kobaltoxyd mit anderen Farbkörpern, so ändert man die Färbung, z. B.:

Dunkelgraublau	Kobaltoxyd	50,00
	Nickeloxyd	50,00.
Dunkelblaugrün	Kobaltoxyd	165,60
	Chromoxyd	76,20
	Tonerde	154,50.
Hellblaugrün I .	Zinkoxyd	40,30
	Kobaltchromat . . .	56,40
	Tonerde	103,00.
Hellblaugrün II	Zinkoxyd	35,50
	Kobaltchromat . . .	7,00
	Tonerde	51,50.

Kobaltchromat erhält man durch Fällung einer Lösung von 154,8 Teilen Kobaltsulfat (wasserfrei) durch 97,1 Teile neutrales Kaliumchromat. Der ausgewaschene Niederschlag wird kalziniert und ausgelaugt.

Türkisblau . .	Kupferphosphat . . .	119,30
	Zinnoxyd	150,00.

Kupferphosphat erhält man durch Fällung von 37,4 Teilen Kupfersulfat durch 35,8 Teile Natriumphosphat und 5,3 Teile Natriumkarbonat. Der ausgewaschene Niederschlag wird ausgetrocknet und leicht kalziniert.

Grau.

Man versetzt Porzellanmasse mit Ammonium-Platinchlorid oder Iridiumoxyd. So z. B.:

Iridiumsesquioxyd	5
Porzellanmasse	95.

Zusammenmischen und bis zum Silberschmelzpunkt kalzinieren.

Grün.

Chromoxyd ist der Farbkörper für Grün; es ist wichtig, ein reines Oxyd anzuwenden, da geringe Eisenspuren es sehr beeinträchtigen.

Dunkelgrün . .	Nickeloxyd	169,6
	Chromoxyd	76,2.

Oder man erhitzt stark (bei Segerkegel 8), ohne Reduktion, folgendes Gemenge:

Hellgrün . . .	Kaliumbichromat . . .	36,0
	Quarzsand	20,0
	Kreide	20,0
	Flußspat	20,0.

Das kalzinierte Gemenge wird ausgewaschen und nochmals kalziniert, aber diesmal genügt eine niedere Temperatur (Segerkegel 06).

Hellgelbgrün .	Baryumchromat . . .	46,0
	Marmor	34,0
	Borsäure	20,0.

Dieser nur für Steinzeug passende Farbkörper wird bei Segerkegel 05 kalziniert.

Baryumchromat erhält man durch Fällung von 104 Teilen Baryumchlorid durch 97,5 Teile neutrales Kaliumchromat. Der Niederschlag wird ausgewaschen und leicht geglüht.

Rot.

Rot erzeugt man mit Pinck oder Gold. Eisenoxyd ist nur bei nicht hoher Temperatur anwendbar.

Pinck	Zinnoxyd	50
	Marmor	25
	Quarz	18.

Dem gut gemahlenen Gemenge setzt man 3 Teile Kaliumbichromat und 4 Teile Borax, in warmem Wasser aufgelöst, zu; sodann wird es eingedampft, gut zerstoßen, stark kalziniert und ausgewaschen. Dieser Farbkörper muß oxydierend gebrannt werden.

Setzt man eine größere Menge Zinnoxyd beim Fortfallen des Quarzes und Vermindern des Kalkes hinzu, so erhält man mehr violette Farben; so wird z. B. das Gemenge

Zinnoxyd	70
Marmor	23

gemahlen und mit derselben Bichromat- und Boraxlösung wie oben begossen, eingedampft, zerstoßen und kalziniert.

Bleibt der Marmor gänzlich aus, so erzielt man Lilafarben; diese sind jedoch für Porzellan nicht verwendbar.

Zinnoxyd	50
Kaliumbichromat	3
Borax	20.

Behandlung wie vorher.

Mit Gold kann man schöne Töne erzielen. Um Rotpurpur zu bereiten, setzt man 90 g reinweißem Kaolin 10 g Gold in Königswasser aufgelöst zu. Nun gießt man Sodalösung bis zur alkalischen Reaktion, sodann 20 g Traubenzucker hinzu und erhitzt $^1/_2$ Stunde lang.

Der erhaltene Niederschlag ist purpurrot, wird ausgewaschen und bei Segerkegel 08 geglüht, wobei die Farbe heller wird und nochmals gewaschen werden muß.

Rosa	Weißer Kaolin	98
	Gold (in Königswasser gelöst)	2.

Eisenfarben sind nur bei Steingut verwendbar. Eisenrot erhält man auf folgende Weise:

a) Eisenvitriol (in Wasser gelöst)	27,8
b) Alaun („ „ „)	189,8.

In die durch Salpetersäure überoxydierte Lösung a gießt man Lösung b und durch Ammoniak im Überschuß fällt man das Gemenge aus.

Zum Gebrauch nimmt man:

Farbkörper	70
Eisenhaltige Steingutglasur	30.

Gelb.

Farbkörper aus Bleiantimoniat können nur bei Steingut Verwendung finden.

Gelb	Bleinitrat	73,0
	Antimonoxyd	33,0
	Tonerde	12,2
	Kochsalz	100,0.

Das gemahlene Gemenge wird im Glasurofen gefrittet und dann ausgewaschen. Es bildet einen vielleicht zu leicht schmelzbaren Farbkörper, der sich durch Zusatz von 33,3 % Kalziumstannat erhärten läßt. Letzteres erhält man durch Kalzinieren von:

Zinnoxyd	75
Marmor	30.

Orangegelb	Minium	50
	Antimonoxyd	33
	Eisenoxyd	18
	Salpeter	25.

Zusammenmischen und im Glasurofen kalzinieren.

29*

Mit Titan erhält man ein kräftigeres Gelb; da Eisenoxyd nötig ist, wird das Titan als Rutil eingeführt:

Gelb	Rutil	41,0
	Zinkoxyd	40,6.

Eine zu leicht schmelzbare Glasur zerstört diese Farbe.

b) Unterglasurfarben nach Tenax.[1])

Für Hartsteingut empfiehlt Tenax folgende Farben:

Blau.

No. 1	Schwarzes Kobaltoxyd .	61,5
	Steingutmasse	38,5.
No. 2	Tonerde (geglüht) . . .	61,0
	Kobaltoxyd	7,5
	Zinkoxyd	31,5.

Am besten verfährt man folgendermaßen: Die abgewogenen Oxyde werden in Salpetersäure aufgelöst; sodann verdunstet man bis zur Trockne und kalziniert den Rückstand bei hoher Temparatur (im Biskuitofen).

Mattblau . . .	Ammoniakalaun	80
	Kobaltkarbonat	8
	Zinkoxyd	12.

Alaun und Zinkoxyd werden zusammengemischt und mit der Lösung des Kobaltkarbonates in Salpetersäure begossen; sodann verdunstet man zur Trockne, glüht im Biskuitofen und wäscht aus.

Dunkelblau . .	Tonerdehydrat	70
	Kobaltoxyd	20
	Kaliumnitrat	10.

Man verrührt in Wasser Tonerdehydrat und Kobaltoxyd, setzt das pulverisierte Kaliumnitrat hinzu, dampft ein und glüht im Biskuitofen aus. Der Rückstand wird dann ausgewaschen.

Blaugrün . .	Chromoxyd	20
	Kobaltoxyd	4
	Zinkoxyd	16
	Kieselsäure (geglüht) . .	32
	Borsäure	18
	Kaliumnitrat	10.

Gelb.

Neapelgelb erhält man durch Ausglühen und Auswaschen von:

Kaliumpyroantimoniat	1,0
Bleinitrat	2,0
Kochsalz	4,0.

[1]) Die Steingut- und Porzellanfabrikation S. 104.

Soll der Farbkörper ein starkes Feuer vertragen, so wird er wie folgt zusammengesetzt:

Voriges Gelb	1,5
Äscher (zu 25 % Zinn)	4,0
Antimonoxyd	2,0.

Grün.

Chromoxyd	20
Kieselsäure (geglüht)	40
Fluß	40.

Der Fluß besteht aus:

Kieselsäure	65
Borax	33
Kreide	2.

Im Biskuitofen zu fritten.

Hellgrün	Kaliumbichromat	36
	Kalziumchlorid	12
	Kieselsäure	20
	Kreide	20
	Flußspat	12.

Kalzinieren, auswaschen.

Braun.

Eisenvitriol	38
Zinkoxyd	38
Kaliumbichromat	24.

Kalzinieren, auswaschen.

Rosa (Pinck).

Zinnoxyd	50
Kreide	26
Kieselsäure (geglüht)	18
Kaliumbichromat	3
Borax	4.

Die Bestandteile (mit Ausnahme des Bichromates) werden zusammengemischt und mit der Bichromatlösung begossen, sodann eingedampft und im Biskuitofen kalziniert. Der Rückstand wird sorgfältig ausgewaschen.

Violett.

Zinnoxyd	100,0
Borsäure	10,0
Kobaltoxyd	1,0
Bleichromat	1,5.

Kalzinieren, auswaschen.

Die Farbe wird heller mit

Farbkörper	80,0
Bleiweiß	30,0

und geht ins Blaue über mit

Farbkörper	90,0
Dunkelblau	10,0.

Schwarz.

No. 1	Eisenoxyd	44
	Chromoxyd	44
	Braunstein	10
	Kobaltoxyd (RKO)	2.

Kalzinieren, auswaschen.

No. 2	Chromeisenoxyd	85
	Kobaltoxyd	5
	Manganoxyd	10.

Kalzinieren.

Chromeisenoxyd erhält man durch Ausglühen von 2 Teilen Eisenvitriol und 1 Teil Kaliumbichromat und Auswaschen des Rückstandes. Dieses Schwarz eignet sich gut zum Druck.

c) Unterglasurfarblösungen.

Diese erhält man durch Auflösung eines möglichst neutralen, färbenden Salzes in Wasser. Die Nitrate haben sich am besten bewährt, doch können auch Chloride und Sulfate verwendet werden. Zum Gebrauch setzt man Glyzerin zu. Es empfiehlt sich, die Mischung auf dem Wasserbad zu erwärmen; dadurch erzielt man eine vollständige Neutralisierung des Salzes, welche auf Kosten des Glyzerins geschieht.

Zu Blau nimmt man Kobaltnitrat. Zu 100 g Nitrat setzt man 700 ccm Glyzerin, erwärmt am Wasserbad und verdünnt dann mit Wasser zu 800 ccm.

Maisgelb erhält man mit 30 g Nickelnitrat, welche wie oben behandelt werden, nur verdünnt man zu 1000 ccm.

Schiefergrau erhält man mit 40 g Kobaltnickelsulfat. Behandlung wie beim Maisgelb.

Grün erhält man auf verschiedene Weise:

1. Man bereitet eine kalte und gesättigte Lösung von neutralem Natriumchromat.
2. Man nimmt 300 g Chromalaun und verfährt wie beim Maisgelb.
3. Man stellt eine neutrale Lösung von Chromnitrat her; gute Resultate erzielt man mit einer Lösung, welche 100 g Cr_2O_3 auf 1 l enthält.

Grau. Man benützt eine Platinchloridlösung zu 6 g Platin auf 1 l.

Rosa. Man verwendet Glanzgold zu $\frac{115}{1900}$ Feingold und verdünnt aufs Zehnfache.

Die Farblösungen eignen sich gut zu Farbmischungen. Nimmt man zum Beispiel:

Aluminiumnitrat	28 g
Kobaltnitrat	12 „
Mangannitrat	4 „

und setzt man 20 g Glyzerin zu, so kann man Dunkelblau erzeugen.

Die Unterglasurfarblösungen werden mit dem Pinsel aufgetragen; für größere Flächen benützt man vorteilhaft den Zerstäuber.

3. Farbige Massen.

Die farbigen Massen sind eigentlich plastische Unterglasurfarben, welche sich hoch auftragen lassen. Sie können hergestellt werden, indem man der Grundmasse einen Farbkörper zusetzt. Nachstehend einige unter den in Sèvres gebrauchten oder versuchten farbigen Massen.[1])

Blau.

Porzellanmasse	88
Farbkörper	12.

Der Farbkörper besteht aus:

Kobaltoxyd	1
Tonerdehydrat	3.

Braun.

Porzellanmasse	70
Künstlicher Chromeisenstein	30.

Gelb.

Porzellanmasse	94
Ammoniumuranat	4.

Grün.

Chromoxyd	10
Porzellanmasse	90.

Rosa.

Man erhält einen violetten Farbkörper, wenn man Chromaluminat herstellt. Dieses besteht aus:

Tonerde	1000
Kaliumbichromat	75.

---

[1]) De Luynes, Rapport sur la Céramique à l'Exposition de 1878. Notes de Salvétat S. 157.

Zur Rosamasse nimmt man:

Porzellanmasse	330
Glasur	120
Farbkörper	540.

Schwarz.

Porzellanmasse	50
Geglühtes Uranoxyd	50.

Zur Verzierung des neuen Porzellans benützte man anfangs farbige Massen, welche mit einer Fritte gefärbt waren,[1]) so z. B.:

Blau.

Fritte	Quarzsand	54
	Kaolin	45
	Kobaltoxyd	11.
Masse	Fritte	57
	Kaolin	45
	Porzellanmasse	71.

Grün.

Fritte	Quarzsand	30
	Kaolin	25
	Pegmatit	75
	Chromoxyd	20.
Masse	Kaolin	20
	Fritte	30
	Porzellanmasse	85.

Rosa.

Masse	Chromaluminat	30
	Pegmatit	20
	Porzellanmasse	100.

Schwarz.

Fritte	Kaolin	50
	Eisenchromat	15
	Kobaltoxyd	6.
Masse	Porzellanmasse	75
	Fritte	30.

4. Emails.

Die Emails unterscheiden sich von den Farben durch ihre Beschaffenheit; sie bestehen aus einem in einem geeigneten Fluß aufgelösten Farb-

[1]) Lauth et Vogt, Notice sur la fabrication de la Porcelaine nouvelle S. 24.

körper, während die Farben den Farbkörper nur als Emulsion enthalten. Daher besitzen die Emails eine Durchsichtigkeit, welche den Farben fehlt.

a) Bleihaltige, alkalische, zinnhaltige Emails.

Zu Töpfergeschirr und sogar Steingut verwendet man gern Emails, welche nach der Flußbeschaffenheit alkalische genannt werden. Der Fluß ist wohl alkali- und bleihaltig, enthält jedoch einen verhältnismäßig hohen Prozentsatz Alkalien. Auch verwendet man ausschließlich bleihaltige Flüsse. Als äußerste Grenze derselben kann man annehmen:

$$PbO\,.\,2\,SiO_2 \text{ bis } \left\{\begin{matrix} 0{,}55\,PbO \\ 0{,}45\,Na_2O \end{matrix}\right\} 2{,}15\,SiO_2.$$

Der folgende Fluß:

Quarzsand	30
Pottasche	12
Soda	8
Minium	30

entspricht der Formel:

$$2{,}0\,SiO_2\,.\,0{,}48\,PbO\,.\,0{,}56\,\left\{\begin{matrix} Na_2 \\ K_2 \end{matrix}\right\}O.$$

Manchmal steigt die Säuerungsstufe, so z. B.:

$$2{,}5\,SiO_2\,.\,0{,}58\,PbO\,.\,0{,}42\,\left\{\begin{matrix} Na_2 \\ K_2 \end{matrix}\right\}O.$$

Dem Flusse setzt man folgende Farbkörper zu:

	Blau	Türkis	Grün	Gelb	Violett
Kobaltoxyd	0,7	—	—	—	—
Kupferoxyd	4,3	7	3,4	3,5	—
Eisenoxyd	—	—	6,1	3,5	—
Manganoxyd	—	—	2,5	—	7
Fluß	95,0	93	88,0	95,0	93.

Die Zusammensetzung des Flusses ist von großer Bedeutung; für gewisse Färbungen verwendet man borsäurehaltige Flüsse, mit bleihaltigen Flüssen erhält Kupfergrün eine hellere Tönung.

Die alkalischen Emails besitzen einen schönen Glanz, den sie bei künstlichem Licht auch beibehalten. Mit zinnhaltigen Flüssen kann man opake Emails erzeugen, welche durch die Farbe der Unterlage nicht beeinflußt werden.

Die fein gemahlenen Emails werden mit Wasser vermischt und durch Eintauchen oder Begießen auf rohen oder gebrannten Scherben aufgetragen.

Will man die Farbe des Scherbens verdecken, so muß man ihn mit einer Engobe überziehen; sodann kann man alkalische Emails anwenden, welche farbreicher sind. Auf diese Weise werden oft Töpfergeschirr und gewöhnliches Steingut dekoriert.

b) Emails für neues Porzellan von Sèvres.

Der Fluß enthält:

Quarzsand	30,64
Minium	45,20
Kaolin	19,34
Kreide	5,65.

Weiß.

Fluß	90,00
Zinnoxyd	10,00.

Oder man setzt den Bestandteilen des Flusses 40 Teile Äscher zu (aus einer Legierung von 10 Teilen Zinn und 30 Teilen Blei hergestellt) und frittet das Ganze zusammen.

Rosa.

Fluß	80 g
Fluß mit 2 % Silber	30 „
Cassiuspurpur (1 g Purpur auf 1 l Wasser)	15 ccm.

Um den Fluß mit 2 % Silber zu erhalten, löst man 2 g Silber in Salpetersäure auf, setzt die Lösung zu 100 g Fluß, dampft ein und frittet.

Rubin.

Fluß	80 g
Fluß mit 2 % Silber	53 „
Cassius-Purpurflüssigkeit (wie oben)	93 ccm.

Zusammenmischen.

Gelb.

No. 1	Fluß	80
	Bleiuranat	4.
No. 2	Fluß	100
	Eisenoxyd	2.

No. 1 und 2 zusammenschmelzen.

No. 3	Fluß	100
	Bleiantimoniat	4.

Bleiantimoniat erhält mann durch Fritten von:

Minium	16
Zinkoxyd	16
Antimonsäure	24.

Grün.

No. 1	Fluß	100
	Kobaltchromat	2.

No. 2	Fluß	100
	Kupferoxyd	4.

No. 1 und 2 zusammenschmelzen.

Blau.

No. 1	Kobaltoxyd	1
	Fluß	100.
No. 2	Kobaltoxyd	4
	Fluß	100.

No. 1 und 2 zusammenschmelzen.

Braun.

Eisenoxyd	2
Manganoxyd	3,
Fluß	100.

Schwarz.

Fluß B	75,0
Eisenchromat (geglüht)	25,0.

Der Fluß B besteht aus:

Pegmatit	37,6
Quarzsand	10,6
Minium	34,8
Borsäure (geschmolzen)	17,0.

Türkis.

Quarzsand	50,0
Minium	25,0
Soda	21,0
Kupferoxyd	4,0.

5. Schmelzfarben.

Die Schmelzfarben bestehen aus einem Farbkörper in Verbindung mit einem Flußmittel, welches der Farbkörperbeschaffenheit entsprechen muß. Da die Schmelzfarben auf die Glasur aufgetragen werden, müssen sie derselben anhaften, einen schönen Glanz bekommen und nicht abspringen.

Eine der bekanntesten Schmelzfarbenskalen ist diejenige, welche Brongniart in seinem Traité des Arts Céramiques veröffentlicht hat und welche wir im nachfolgenden öfters benützen werden.

Die von Brongniart angeführten Flüsse, sieben an der Zahl, sind bleihaltige Silikate oder Borosilikate, mit Ausnahme des letzten. Die Flüsse I, II, IIa und VI sind die wichtigsten. — Die Flüsse weisen folgende Zusammensetzung auf:

	I.	II.	IIa.	III.	IV.	V.	VI.
SiO_2 . .	25,40	22,46	16,83	33,40	15,98	5,69	10
B_2O_3 . .	—	7,61	11,12	38,40	36,06	17,59	11
PbO . .	74,60	66,40	67,34	11,00	47,96	76,72	79
Na_2O . .	—	3,40	—	17,16	—	—	—

Der Bestimmung nach werden sie genannt:

I. Rocaillefluß. II. Graufluß. III. Karminfluß. IV. Purpurfluß. V. Violettfluß. VI. Grünfluß.

Der Fluß VII ist basisches Wismutnitrat und dient als Flußmittel für Gold, nach Zusatz von $^1/_{12}$ kalziniertem Borax.

Die Flüsse I—VI werden hergestellt durch Zusammenschmelzen von:

	I.	II.	IIa.	III.	IV.	V.	VI.
Quarzsand. . .	25	22,22	15	33,33	12,50	5,00	9
Minium . . .	75	66,66	60	11,11	37,50	67,50	73
Geschm. Borax .	—	11,11	25	55,55	—	—	—
Krist. Borsäure .	—	—	—	—	50,00	27,50	18.

Man unterscheidet weiche und harte Schmelzfarben. Es kommen jedoch fast ausschließlich die weichen in Betracht, welche auch hier allein behandelt werden sollen.

Weiß.

No. 1	Quarzsand	53
	Äscher (zu 15 % Zinn)	26
	Pottasche	21.
No. 2	Geschm. Borax	14
	Zinnoxyd	14
	Arsenigsäure	4
	Kristallglas C	68.

Das Kristallglas C besteht aus:

Quarzsand	45
Minium	37
Pottasche.	18.

Ein Weiß zum Mischen erhält man durch Zusatz von Fluß No. I zum Weiß 2.

Blau.

Indigo	Kobaltkarbonat	13
	Zinkkarbonat	26
	Fluß No. II.	61.
Türkis	Alaun.	92
	Kobaltkarbonat	6
	Zinkkarbonat	2.

Man löst den Alaun in Wasser und die Karbonate in Salzsäure auf und mischt die Lösungen zusammen. Man fällt dann mit Natriumkarbonat und wäscht den Niederschlag aus; bis zur Kirschrotglut erhitzt, nimmt dieser eine türkisblaue Färbung an; bei höherer Temperatur geht er ins Violett über. Der Fluß dazu besteht aus:

Quarzsand	60
Minium	20
Krist. Borsäure	20.

Luftblau	Kobaltkarbonat	11
	Zinkkarbonat	22
	Fluß No. II	67.

Ändert man das Verhältnis der Bestandteile, so kommt man zu:

Himmelblau	Kobaltkarbonat	7
	Zinkkarbonat	14
	Fluß No. II	29.
Königsblau	Kobaltkarbonat	29
	Quarzsand	29
	Pottasche	42.

Grün.

Man stellt zuerst folgenden Farbkörper her, der stark kalziniert wird

Blaugrün	Chromoxyd	50
	Kobaltkarbonat	25
	Zinkkarbonat	25

und nimmt als Farbe:

Farbkörper	20
Fluß No. III oder VI	80.

Zu Dunkelgrün kalziniert man:

Dunkelgrün	Kobaltkarbonat	25
	Chromoxyd	75

und nimmt:

Farbkörper	25
Fluß No. III oder VI	75.

Zu Meißner Grün stellt man einen ähnlichen Farbkörper her, welcher mit folgendem Fluß versetzt wird:

Fluß A	Quarzsand	18
	Borsäure	9
	Minium	73.

Man nimmt 16,5 Teile Farbkörper und 83,5 Teile Fluß A. Durch Zusatz von Gelb erzielt man Hellgrün und Grüngelb:

	Hellgrün A	Grüngelb B
Farbkörper	12,5	9,25
Gelb	25,0	72,25
Fluß	62,5	18,50.

Zu Hellgrün nimmt man Gelb A und zu Grüngelb Gelb B:

	A	B
Antimonoxyd	14,5	4,50
Zinkoxyd	9,0	4,50
Gelbes Eisenoxyd	4,5	—
Fluß A	72,0	—
Quarz	—	18,25
Minium	—	72,75.

Zu Blaugrün verwendet man einen anderen Fluß B:

Blaugrün	Farbkörper	5,75
	Zinkoxyd	5,75
	Zinnoxyd	5,75
	Fluß A	16,75
	Fluß B	66,00.
Fluß B	Minium	34,50
	Quarz	24,00
	Kaolin	12,00
	Feldspat	12,00
	Krist. Borsäure	17,50.

Gelb.

No. 1	Kaliumantimoniat	7
	Zinkkarbonat	14
	Fluß No. IIa	79.
No. 2	Gelb No. 1	33
	Weißes Email	67.
No. 3	Kaliumantimoniat	14
	Zinkkarbonat	7
	Fluß No. IIa	79.
No. 4	Kaliumantimoniat	17
	Zinkkarbonat	4
	Eisenoxyd	4
	Fluß	75.
No. 5	Uranoxyd	25
	Fluß No. I oder II	75.

No. 1, 3, 4 und 5 schmelzen.

Rot.

Mit Eisenoxyd erzielt man sämtliche Färbungen von Orangerot bis zum Dunkelviolettrot. Zu 1 Teil Farbkörper setzt man 3 Teile Fluß II oder IIa.

Korallenrot.

Dieses wird mit gelbem Bleichromat und einem wenig sauren Fluß erhalten:

Gelbes Bleichromat	28
Fluß	75

Schmelzen.

Der Fluß besteht aus:

Minium	85
Quarzsand	15.

Braun.

Als Farbkörper zu Gelbbraun nimmt man Eisenoxyd und setzt diesem Zink als Oxyd oder Karbonat zu.

Gelbes Eisenoxyd	8
Zinkkarbonat	15
Fluß No. II	77.

Für sehr dunkle Farben kann man bis zu 23 Teile Eisenoxyd nehmen und das Zinkkarbonat etwas vermindern; für helle Farben vermehrt man bis zu 80 den Prozentsatz an Fluß.

Rotbraune Farbkörper enthalten Eisenoxyd mit etwas Mangan- und Kobaltoxyd.

Braunes Eisenoxyd	25,0
Fluß	75,0.

Gefälltes Eisenoxyd	12,1
Kobaltkarbonat	3,0
Zinkkarbonat	12,2
Fluß No. IIa	72,7.

Vermehrt man den Gehalt an Kobalt, so kommt man zu Sepiabraun.

Gefälltes Eisenoxyd	11,8
Zinkkarbonat	11,8
Kobaltkarbonat	5,8
Fluß No. IIa	70,6.

Purpur und Karmin.

Diese sind Goldfarben, welche vom Cassiuspurpur abgeleitet werden. Man erhält den Purpurniederschlag, wenn man eine Goldchloridlösung mit Zinnchlorid behandelt. Die angewandten Herstellungsweisen sind zahlreich, hier wollen wir diejenige von Bunel wiedergeben.

Man löst 15 g Zinn in Königswasser auf, welches aus

Salpetersäure	4
Salzsäure	1
Wasser	10

besteht, verdünnt die Lösung mit 5 l Wasser und gießt sie langsam und unter fortwährendem Umrühren in die auf dasselbe Volumen verdünnte Goldlösung; zu 15 g Zinn nimmt man 5 g Gold. Der Niederschlag wird sorgfältig ausgewaschen.

Man kann auch das Gold mit Ammonium-Zinnchlorür ausfällen. Für das weitere Behandeln empfiehlt Brongniart folgendes:

Der feuchte Niederschlag wird auf einer Glaspalette ausgebreitet und mit dem dreifachen Volumen Fluß versetzt; man fügt noch einige Körner Silberchlorid hinzu, reibt aufs innigste fein und vergewissert sich durch eine Brennprobe, ob die Farbe richtig ist.

Vermehrt man den Flußzusatz, so erhält man einen weichen Karmin; eine zu matte Tönung erfordert Vermehrung des Flußzusatzes, eine gelbliche dagegen Verminderung des Silberchlorides. Es empfiehlt sich, zur Einführung des Silberchlorides dieses mit Karminfluß leicht vorzufritten. Die Karmine enthalten immer Silber. Setzt man im Flusse den Silbergehalt herab, so geht die Farbe in Purpur über; ohne Silber würde sie violett werden. Um Goldviolett zu erhalten, mischt man gleiche Volumina Purpur und Fluß No. I oder VI. Durch Überschuß an Blei im Fluß geht der Karmin ins Violett über.

Nach Tenax[1]) löst man 5 g neutrales Goldchlorid in 10 l destilliertem Wasser auf und fällt mit 7,5 g Zinnchlorürlösung von $D = 1{,}7$. Wie vorher, gießt man das Reagens langsam unter ständigem Umrühren zu. Der Niederschlag setzt sich ab, wenn man einige Tropfen Schwefelsäure hinzufügt. Der feuchte Purpur wird mit 10 g Fluß versetzt und gerieben; dem trockenen Gemenge setzt man dann noch 0,5 g Silberkarbonat zu. Will man Hellpurpur zubereiten, so löst man 0,5 g neutrales Goldchlorid in 10 l Wasser auf, fällt mit 2 g der vorigen Zinnchlorürlösung und mit 5 g Zinn in Königswasser gelöst. In die dunkelrot gefärbte Lösung gießt man dann 50 g Ammoniak, versetzt den ausgewaschenen und noch feuchten Niederschlag mit 20 g Fluß und trocknet aus. Sodann reibt man denselben mit 3 g Silberkarbonat.

Ein neueres Verfahren besteht in der Zubereitung eines Kaolinniederschlages, wobei das Gold wie früher ausgefällt wird.

Man rührt 24,5 g Kaolin in 8 l Wasser an und fügt 0,5 Gold in Königswasser gelöst zu. Die Fällung geschieht mit 2,5 g Zinn als Zinnchlorür, welches tropfenweise und unter ständigem Umrühren zugegossen wird. Es bleibt dann ein Rosaniederschlag, den man mit Wasser auf 500 ccm verdünnt.

---

[1]) Tenax, Die Steingut- und Porzellanfabrikation S. 207.

Die Farbe besteht aus:

Fluß	2,5 g
Fluß zu 2 % Silber	2,5 „
Niederschlag	14,8 ccm.

Der Fluß wird hergestellt mit:

Geschmolz. Borax	22,36
Feldspat	9,82
Minium	16,38
Quarzsand	34,32
Soda	3,21
Kreide	3,51.

Schwarz.

Kobaltkarbonat	10
Gefälltes Eisenoxyd	8
Fluß No. II a	82.

Fritten.

Die Färbung ändert sich mit der Menge Farbkörper; tiefes Schwarz erhält man mit:

Kobaltkarbonat	11
Gefälltem Eisenoxyd	11
Fluß No. II a	78.

Mit Iridiumsesquioxyd erzielt man eine schöne Farbe:

Iridiumoxyd	25
Fluß	75.

Grau.

Verdünnt man Schwarz mit Zinkoxyd, so erhält man graue Farben:

Grau	Kobaltkarbonat	6
	Gelbes Eisenoxyd	13
	Zinkkarbonat	13
	Fluß No. II a	68.

6. Auftragen der Metalle.

Die Metalle lassen sich auf Glasuren auftragen, wenn sie vorher mit einem Flußmittel versetzt wurden. Am meisten wird Gold verwendet. Die Herstellung des keramischen Goldes ist ziemlich heikel; nachstehendes Verfahren ermöglicht ein immer gleiches zerreibbares Gold zuzubereiten.

Man löst 50 g Feingold in folgendem Königswasser auf:

Salzsäure ($D = 1{,}19$)	250 ccm.
Salpetersäure ($D = 1{,}20$)	75 „

Die Auflösung geht auf kaltem Wege in 15 Stunden vor sich, ohne nitrische Dämpfe zu verbreiten; die Lösung wird dann $^1/_2$ Stunde auf dem Wasserbad erwärmt, der Abkühlung überlassen und zu 1250 ccm verdünnt. Als Gefäß dazu verwendet man vorteilhaft eine geeignete Porzellankaffeekanne. Man bereitet sich eine Eisenvitriollösung, indem man das 6fache Gewicht des Goldes chemisch reinen schwefelsauren Eisens in destilliertem Wasser, welchem man einige Tropfen Salzsäure zugibt, auflöst und die Lösung zu $2^1/_2$ l verdünnt. Nun gießt man die Goldlösung unter fortwährendem Umrühren in die Eisenvitriollösung. Die Flüssigkeit wird hellblau, braun und dann schwarz; man läßt sie einige Stunden stehen und gießt sie ab. Der dunkelbraune Goldniederschlag wird durch Abgießen ausgewaschen, und zwar 3—4mal mit Wasser; dann wiederholt man 4mal das folgende Verfahren: 1mal mit Salzsäure und 3mal mit Wasser waschen; der Niederschlag wird dabei hellbraun und wird schließlich noch mit einem Liter siedendem Wasser ausgewaschen. Sodann trocknet man ihn auf dem Wasserbad in einer Porzellanschale aus. Das auf diese Weise erhaltene Gold wird mit Wismutfluß versetzt und vorsichtig gerieben. Dieser Fluß besteht aus Wismutoxyd oder aus einem Gemenge von Wismutoxyd und basischem Nitrat, welches erhalten wird, wenn man die Flüssigkeit, aus welcher das basische Salz ausgeschieden, mit Ammoniak fällt.. Man mischt beide Niederschläge zusammen und setzt Borax zu.

Die aufgetragene Vergoldung wird in Muffeln aufgebrannt, und zwar gewöhnlich bei höherer Temperatur als die Schmelzfarben. Das Gold muß dann mit Hartsteinen, Achaten usw. poliert werden.

In der Industrie verwendet man, um billigere Vergoldung zu erhalten, die unter dem Namen Glanzgold bekannten Präparate.

Man setzt einem organischen Derivate ein Goldsalz zu und malt mit der erhaltenen Lösung. Auf diese Weise kommt das aufgebrannte Gold glänzend aus der Muffel und bedarf keines Polierens. Dieses Gold deckt gut, doch ergibt es ein zu glänzendes Metall, welches nicht sehr diskret wirkt. Dagegen läßt es sich sehr gut verwenden, wenn man 1 g Poliergold mit 10 Tropfen Glanzgold vermischt; es ergibt dann Mattgold. Anderseits kann man mit Glanzgold sehr solid dekorieren, wenn man dasselbe mit Pudergold überstäubt; trotz des hohen Preises des letzteren ist diese Art der Vergoldung in der Industrie als die billigste bekannt.

Die Lösungsmittel, mit denen man das Gold vermischt, sind verschiedener Natur, sie müssen im Feuer ohne Rückstände verschwinden. Zu dieser Kategorie gehören einige Quecksilberverbindungen, die Schwefelbalsame usw.

Beim Dutertre-Verfahren z. B. verwendet man ein Lösungsmittel, bestehend aus:

Schwefel	16
Venezianischem Terpentin	16
Terpentinöl	80.

Ist das Ganze geschmolzen, so gießt man 50 g Lavendelöl hinzu. Man setzt eine Lösung zu, die 32 g Gold, 0,12 g Chlorantimon und ebensoviel metallisches Zinn enthält.

Nun mischt man sorgsam, gießt dann die saure Flüssigkeit ab und setzt dem Rückstand zum Schlusse 65 g Lavendelöl und 100 g Terpentinöl zu.

Man löst das Ganze durch Erwärmen auf und läßt es auf Wismutfluß stehen (5 g).

Auf andere Weise erhält man auch ähnliche Resultate.

Man hat folgende Lösungsmittel empfohlen:

Schwefelbalsam	14
Amberöl	8
Rosmarinöl	5.

Meistens wird dem Glanzgold etwas Rhodium zugesetzt, um es widerstandsfähiger zu machen.

Was wir soeben vom Gold gesagt haben, kann auch auf andere Metalle, wie Silber und Platin, übertragen werden, die indes seltener verwendet werden.

7. Lüster.

Die Lüster unterscheiden sich von den Metallverzierungen durch ihr ganz besonderes Aussehen. Die fein zerteilten Metalle verbinden mit ihrem metallischen Glanz das Schillern in Regenbogenfarben, das durch das Spielen des Lichtes auf die feinen Teilchen hervorgebracht wird.

Die spanisch-maurischen Töpferwaren sind mit charakteristischen Lüstern verziert. Diese Lüster finden sich auch auf Porzellan.

Die spanisch-maurischen Lüster werden durch Mischen der Verbindung, welche das zerteilte Metall ergeben kann (z. B. Kupferoxalat), mit rotem Ocker hergestellt. Man bringt das Gemisch in dicker Schicht auf das glasierte Stück und brennt in Muffeln. Ist der Lüster gut heiß und nahe am Schmelzen, so verstopft man die obere Öffnung der Muffel, so daß Muffel und Inhalt verraucht werden. Es vollzieht sich eine Reaktion, wonach man alles erkalten läßt. Man wäscht die Stücke und befreit sie von dem Ockerüberzug, wodurch die regenbogenfarbigen Reflexe zum Vorschein kommen.

Ändert man das Verhältnis zwischen Ocker und metallischer Verbindung, oder setzt man Silber zu, so kann man die Farbtönungen dieser Lüster verändern.

Man kann auch andere weniger glänzende Lüster erhalten als die vorigen.

Die sogen. Lüster von Brianchon werden durch Zusatz metallischer Verbindungen zu Harzen und Ölen erhalten. — Eine Mischung bereitet man aus:

Salpetersaurem Wismut	10
Kolophonium	30
Lavendelöl	75.

Man schmilzt zuerst das Harz, setzt dann das Nitrat zu, und erst wenn alles geschmolzen ist, gießt man 40 Teile Öl hinein. Man entfernt vom Feuer und läßt alles erkalten, sodann schüttet man den Rest des Öles hinzu.

Der so zubereitete Stoff erzeugt nur Irisierungen ohne eigene Farbe. Mit Eisen erhält man eine rote, mit Uran eine gelbe Farbe usw.

Man brennt wie bei andern Malereien ein, nur etwas schwächer.

8. Zwischenglasurmalerei.

Dieses Verzierungsverfahren ist eine Zwischenart zwischen der Verzierung unter Glasur und derjenigen mit Muffelfarben. Die Farben werden auf die Glasur aufgetragen, wie bei der Muffelmalerei, und dann mit einer Glasur überdeckt, wie bei der Unterglasurdekoration.

Die Glasur, auf welcher man die Verzierung anbringt, kann eine Majolika-, Steingut- oder Porzellanglasur sein. Die Zusammensetzung der zweiten Glasur muß natürlich der Natur der unteren angepaßt sein.

Es seien hier zwei Beispiele[1]) aus der kgl. Porzellanmanufaktur Berlin angeführt.

Die erste dieser Glasuren wurde auf sogen. Segerporzellan aufgetragen, dessen Glasur die Formel aufweist:

$$\left.\begin{matrix} 0{,}3\ K_2O \\ 0{,}7\ CaO \end{matrix}\right\} 0{,}5\ Al_2O_3,\ 4\ SiO_2.$$

Zur Bedeckung dieser Glasur hatte Seger eine solche gewählt, die der folgenden Gruppe angehörte:

$$\left.\begin{matrix} 0{,}3\ K_2O \\ 0{,}7\ CaO \end{matrix}\right\} 0{,}5\ Al_2O_3 \left\{\begin{matrix} 2{,}66\ SiO_2 \\ 1{,}33\ B_2O_3. \end{matrix}\right.$$

Das Borsäureanhydrit ersetzt hier $^1/_3$ der Kieselsäure. Zu ihrer Herstellung frittet man:

Quarzsand	26,3
Marmor oder Kreide	17,1
Kristallisierten Borax.	24,6
Kristallisierte Borsäure	27,2
	95,2.

Nach dem Fritten reduziert sich die Masse auf 64 Teile, denen man 33 Teile Zettlitzer Kaolin zusetzt. Diese so zusammengesetzte Glasur schmilzt bei Kegel 07.

---

[1]) Segers Schriften S. 594 und Tonindustrie-Zeitung 1890, S. 769; 1905, S. 70.

Für Wandbekleidungsplatten hat man eine andere Glasur verwendet. Diese letztere ist bleihaltig und alkalienfrei:

$$\left.\begin{matrix}0{,}3\,PbO\\0{,}7\,CaO\end{matrix}\right\}\;0{,}1\;Al_2O_3\;\left\{\begin{matrix}2{,}7\,SiO_2\\0{,}3\,B_2O_3.\end{matrix}\right.$$

Man erhält sie durch Fritten von:

Sand	150
Marmor oder Kreide	30
Mennige	160
Kristallisierter Borsäure	55.

Der Fritte setzt man 26 Teile Kaolin zu.

Im allgemeinen muß man sich erinnern, daß es vorteilhaft ist, der das Ganze bedeckenden Glasur einen so hohen als möglichen Gehalt an Kalk und Tonerde zu geben. Beachtet man diese Regel nicht, so läuft man Gefahr, daß die Glasur die Farbkörper angreift.

IV. Auftragen der Dekorierung.

Die zubereiteten Dekorationsmittel müssen nun in einen Zustand gebracht werden, welcher das Auftragen ermöglicht. Zuerst werden sie dem Reiben unterworfen.

Das Reiben geschah lange Zeit hindurch in Mörsern, zumeist aus unglasiertem Porzellan bestehend. Diese Mörser (Fig. 181) besitzen eine Form, die von der der gewöhnlichen Mörser etwas verschieden ist. Am Boden erhebt sich ein Kegel, der eine kreisrunde Rinne bestimmt, in welche die Grundfläche eines hohlen Porzellanzylinders eingreift. Dieses Stück spielt die Rolle der Keule; es dreht sich um seine Achse und reibt beständig auf dem Mörserboden. Im oberen Teil befestigt man eine Blei- oder Metallscheibe, die den Zylinder schwerer machen soll. Mit einer an der Scheibe C befestigten Kurbel D kann dem Zylinder eine rotierende Bewegung erteilt werden.

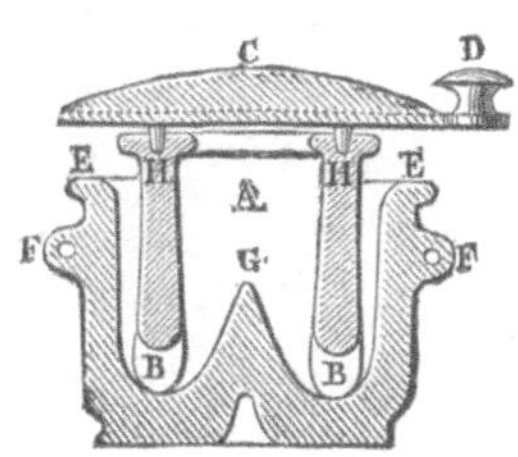

Fig. 181.

Man reibt den Stoff nicht trocken, sondern mit Wasser angefeuchtet.

Diese Mühlen können statt mit der Hand auch mechanisch angetrieben werden. Man stellt eine gewisse Anzahl derselben in Gruppen auf und treibt sie durch eine Transmission an. Der Ertrag dieser kleinen Mühlen ist gering, man ersetzt sie daher vorteilhaft durch Kugelmühlen (Fig. 182). Diese haben die Form eines Steinzeugtopfes und besitzen einen dichten Verschluß. Man schüttet den zu mahlenden Stoff, Wasser und Flintsteine hinein und stellt dann, nachdem man die Öffnung mit dem Deckel verschlossen hat, das Gefäß in eine Holz- oder Blechrinne, die sie vollkommen umgibt. Die Rinne dreht sich um ihre Achse und nimmt den Apparat mit.

Diese Mühlen werden aus Steinzeug oder Porzellan hergestellt. Sie besitzen einen Deckel aus demselben Material, der durch einen Bügel gehalten wird. Auf demselben Gestell kann man mehrere Rinnen unter-

Fig. 182.

bringen und mit geringem Kraftaufwand eine ziemlich große Anzahl Topfmühlen antreiben (Fig. 183).

Man gibt auch der Kugelmühle eine einfachere Form. Die eigentliche Mühle besteht dann aus einem zylindrischen Gefäß von geringer Höhe. Die Zuführung des Stoffes und der Flintsteine geschieht durch eine kreisrunde

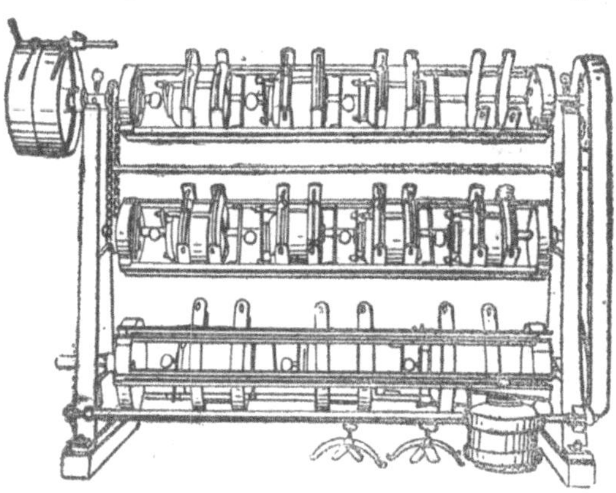

Fig. 183.

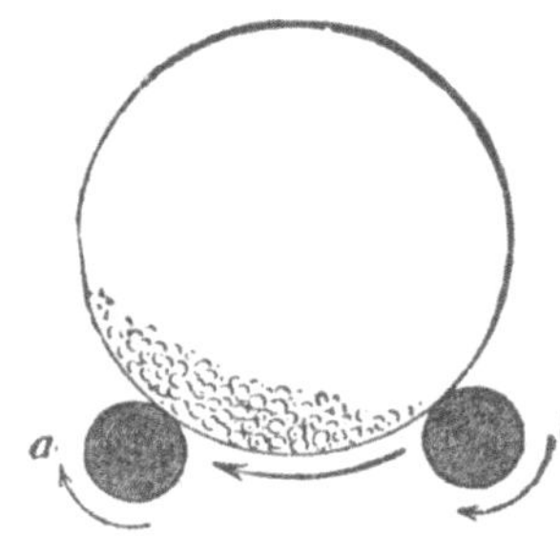

Fig. 184.

Öffnung, die in einer der Grundflächen angebracht ist und die durch einen Stöpsel geschlossen werden kann. Man stellt die Mühle nicht in einen Rahmen, sondern auf zwei parallele horizontale Wellen, welche sich im gleichen Sinne drehen. Die Bewegungsübertragung geschieht in diesem Falle auf äußerst einfache Weise (Fig. 184).

Zum Reiben kleiner Mengen bedient man sich der Glaspalette und des Läufers und kann dadurch ebenfalls ein äußerst feines Pulver erhalten.

Beim Reiben setzt man der Farbe Wasser zu. Da sich die Farbe auf der Palette ausbreitet, bringt man sie mit einer Spachtel nach der Mitte zurück. Beim Zerreiben ist die größte Reinlichkeit nötig.

1. Auftragen der Emails und Farben.

Die pulverisierte Zusammensetzung würde sich ohne Zuhilfenahme eines Bindemittels nicht befestigen lassen. Den Anforderungen der Keramik entsprechen nur wenige Stoffe.

Wasser allein kann zu diesem Zwecke kaum dienen; die mit Wasser angerührte Farbe trägt sich auf größere Flächen schlecht auf und verlangt besondere Handfertigkeit, um gute Resultate zu liefern. Eine glatte Fläche ist schwer zu erhalten. Eine Mischung von Wasser und Gummi ist bequemer und gestattet mehr Feinheit in der Behandlung der Farbe, welche besser anhaftet. Im Gegensatz zum Auflegen ist aber das Retuschiren sehr schwierig. Hauptsächlich wird gutes Terpentinöl mit einem Zusatz von Dicköl und manchmal auch etwas Lavendelöl von den Malern angewandt. Man nennt Dicköl das Erzeugnis, welches entsteht, wenn man Terpentinöl der Luft aussetzt. Dieses letztere oxydiert und verdickt sich, indem es verharzt. Das Öl hat nicht den Vorteil des Wassers, daß es ohne Rückstand verdampft, und muß durch Ausglühen entfernt werden.

Jungfernöl und Glyzerin werden ebenfalls verwendet; desgleichen können Lein- und Nußöle Dienste leisten, wenn sie durch Erhitzen auf Bleioxyd gereinigt sind.

Unter dem Namen Beize des Bruders Hyppolit gebraucht man den Saft, welcher durch achtstündiges Kochen von Knoblauchschoten und Zwiebeln erhalten wird.

Je nachdem die Fläche, auf der man die Farbe aufträgt, glatt oder rauh ist, wählt man den einen oder den anderen dieser Stoffe. Ein klebriger Stoff ist nötig, wenn man die Farbe auf die Glasur auftragen will; auf Biskuit oder verglühtes Geschirr kann eine wässerige Flüssigkeit genügen.

Das Auflegen der Farbe geschieht in den meisten Fällen mit dem Pinsel. Die geriebene Farbe wird mit dem Bindemittel angemacht und verwendet.

Handelt es sich um die Erzeugung einer größeren glatten Fläche, z. B. eines Fonds, so ist die Arbeit schwieriger. Die einzelnen Pinselstriche hinterlassen Ungleichmäßigkeiten, welche nicht zum Vorschein kommen dürfen. Mit einem Stupfpinsel mit breiter Fläche oder mit einem Ballen (Tampon) glättet man die Fläche durch Stupfen. Durch Auflegen zweier Schichten erzielt man größere Gleichmäßigkeit.

Will man eine gewisse Dicke erzeugen, so ist es notwendig, zu einem klebrigen Stoffe zu greifen, z. B. zu verdicktem Öl. Auf diese

Schichte bestreut man durch ein Sieb die pulverisierte Farbe und reinigt sodann die Fläche überall da, wo sie nicht überdeckt werden soll. Auf porösen Flächen, wie verglühtem oder rohem Geschirr, ist die Arbeit leichter, da klebende Mittel entbehrlich sind. Der Gebrauch der Zerstäuber ist sehr bequem, um große Flächen zu bedecken oder ineinander laufende Färbungen zu erzielen. Für feinere Verzierungen kann man mit großem Vorteile besonders konstruierte Zerstäuber verwenden. Der Aerograph der „Aerograph Co. Ltd.“ ist ein ausgezeichneter Apparat, der aber ziemlich teuer ist und außerdem mehrere kleine Federn, Gewinde und Ventile enthält, welche sehr empfindlich sind und, von unvorsichtigen Arbeitern gehandhabt, kaum in gutem Zustande gehalten werden können.

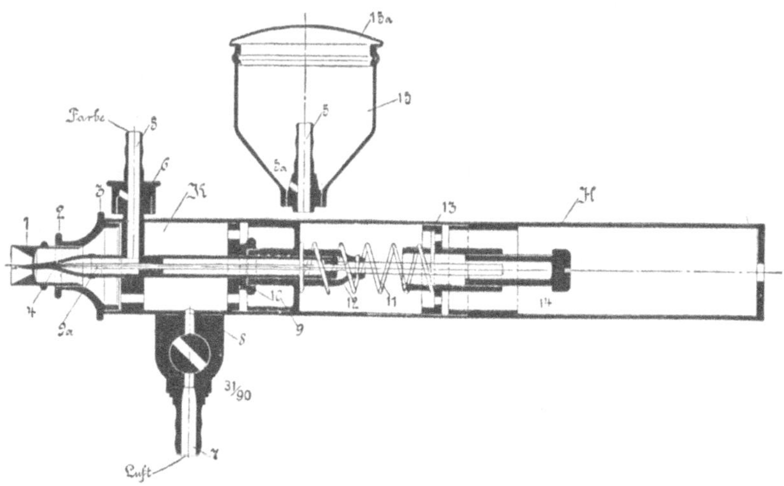

Fig. 185.

Der kürzlich von Gebr. Körting, A.-G. in Körtingsdorf, in den Handel gebrachte Pneumatograph (Fig. 185) dürfte diese Schwierigkeiten überwunden haben und wird sicher wesentlich zur Verbreitung der Spritzmalerei beitragen.

Manchmal ist es notwendig, Reservagen zu machen, d. h. verschiedene Stellen von der Farbe frei zu lassen. Beim Auftragen einer gefärbten Glasur durch Eintauchen kann man z. B. sich vornehmen, gewisse Stellen unglasiert zu lassen; diese Stellen werden mit einem fetten Stoffe angestrichen und nehmen dann keine Glasur an. Man verwendet dazu Öl, welches aber den Übelstand besitzt, in den verglühten Scherben einzudringen, Talg usw.

Beim Anspritzen der Farben werden die zu reservierenden Stellen mit einer Mischung von Weizenmehl, Kaolin und Öl bestrichen. In beiden Fällen muß man die fetten Stoffe durch Ausglühen entfernen. Sodann kann man auf das Ganze eine Glasur auftragen.

Man hat auch einen anderen Weg eingeschlagen. Man legt z. B. zuerst die Glasur, sodann auf die ganze Fläche den blauen Fond und kratzt die Stellen ab, welche weiß bleiben sollen.

2. Bedrucken.

Anstatt die Arbeit mit dem Pinsel vorzunehmen, was sehr langsam geht und teuer ist, verwendet die Industrie bei der jetzigen Herstellung billiger Gebrauchsgeschirre das mechanische Bedrucken. Die Zeichnung wird auf ein vorbereitetes Modell gedruckt; man überträgt dann diesen Abzug auf den Gegenstand.

Gravieren. Man benützt dazu Kupfer- oder in den meisten Fällen Stahlplatten. Das Eingravieren der Zeichnung geschieht entweder auf kaltem Wege mit Hilfe des Stichels, gleich dem früheren Verfahren des Kupfer- und Stahlstiches, oder auf warmem Wege, indem man die Platte mit einer Asphaltschicht überzieht, in diese die Zeichnung einritzt und nun mit Säure ätzt. Es ist dies das Verfahren, welches bei Radierungen angewendet wird. Als Ätzwasser nimmt man für Kupfer 1 Teil Salpetersäure von $D = 1{,}36$ und 6 Teile destilliertes Wasser und für Stahl gleiche Teile von Salzsäure und destilliertem Wasser.

Zum Binden der Farbe dient der Druckfirnis, welcher auf verschiedene Weise hergestellt wird.

Brongniart[1]) gibt ein auf folgende Weise hergestelltes Lein- oder Nußöl an: Man gießt in einen Topf das Öl so, daß es das Gefäß nur bis zu $^2/_3$ anfüllt, da sich die Flüssigkeit unter Einwirkung der Hitze aufbläht.

Ist das Öl bereits heiß und nahe am Entzündungspunkt, so wirft man Brotschnitten hinein. Das Brot wird versengt, brennt und das Öl wird klar.

Das auf dem Feuer gehaltene Öl erwärmt sich mehr und mehr und entzündet sich. Man läßt es verbrennen, zieht es aber vom Feuer weg. Man legt einen Deckel darauf. Wenn das Öl nicht heiß genug ist, um sich selbst zu entzünden, untersucht man mit einem Stab, ob es genügend klebrig geworden ist. Ist dieses Resultat nicht erreicht, so stellt man das Gefäß wieder auf das Feuer und läßt die Entzündung eintreten. Man setzt das Entzünden und Herausnehmen so lange fort, bis das Öl die gewünschten Eigenschaften besitzt.

Lambert[2]) befürwortet das gleiche Erhitzen folgender Mischung, ohne jedoch Brot zu verwenden:

Leinöl	2
Kolophonium	100

---

[1]) Loc. cit. S. 656.

[2]) Loc. cit. S. 187.

Bleiglätte	20
Essigsaures Blei	10
Kopalharz	10.

Durch mehrstündiges Kochen der folgenden Zusammensetzung erhält man ebenfalls befriedigende Resultate:

Leinöl	10
Rüböl	1.

Man setzt das Rüböl erst zu, wenn das Leinöl bereits ein einstündiges Kochen erlitten hat. Ist die Mischung kalt, so setzt man 1 Teil Holzteer zu.

Die Mischung der Farben und des Öles geschieht bei kleinen Mengen auf der Glaspalette; bei großen Mengen bedient man sich der Maschine.

Diese so zubereitete Farbe wird auf die vorgewärmte Platte aufgetragen, ausgebreitet und dann die überflüssige mit einem Tuchlappen von der Oberfläche weggeputzt. Man drückt dann die Platte mittels einer Presse auf ein Papier, indem man das Papier und die Platte zwischen zwei Walzen hindurch laufen läßt. Bei großem Bedarfe an gleichen Mustern ersetzt man Platten durch gravierte Walzen.

Das Papier ist nicht geleimt. Man löst es von der Platte los und übergibt es den Ausschneiderinnen, welche die verschiedenen Teile der Zeichnung abtrennen. Sodann trägt man das Papier auf der Töpferware auf, indem man es mit einer Gummirolle andrückt. Die Trennung geschieht durch Eintauchen des Gegenstandes und des bedruckten Papieres in Wasser. Das Papier wirft sich und geht von dem Abdruck ab, der auf dem Stück zurückbleibt.

Dieses Verfahren wird zu einfarbigem Unterglasurdruck vielfach verwendet.

Man erzeugt auf gleiche Weise Zeichnungsumrisse, die nur mehr mit Farben ausgefüllt zu werden brauchen.

Das Gold wird auf ähnliche Weise aufgetragen. Man rührt es mit Öl an, indem man ihm ein Drittel des Volumens an Kienruß zusetzt. Das Gemisch ist arm an Gold und ergäbe nur ein ungenügendes Vergolden, daher streut man noch Pudergold auf das noch feuchte Bild. Die Zeichnung wird dadurch verstärkt, daß eine geeignete Goldmenge anklebt.

Man hat versucht, die Vergoldung durch Abdruck zu erzeugen.

Chromolithographie (Buntdruck). Das Verfahren, keramische Erzeugnisse mit Hilfe von auf lithographischem Wege hergestelltem, mehrfarbigem Drucke in Art der bekannten Abziehbilder zu dekorieren, wird in Frankreich seit zirka 50 Jahren, in Deutschland erst seit etwa 20 Jahren angewendet und hat sich sehr viel verbreitet. Die Herstellung der Drucke erfolgt auf folgende Weise: Die betreffende Vorlage in Aquarell ausgeführt und mit Rücksicht auf die mit Schmelz- oder Unterglasurfarben erreichbare Wirkung erhält der Lithograph, um sie mit der Feder in Punktmanier auf die Modellsteine zu übertragen. Dieselben haben die Größe von 750 qcm.

Von den Modellsteinen macht der Drucker auf der Handpresse Abzüge, um die Verwendbarkeit bestimmen zu können und etwaige Ausbesserungen zu ermöglichen. Ist das Muster brauchbar befunden, so wird es vom Drucker auf große Steine umgedruckt, welche bis auf die äußersten Ecken ausgenützt werden. Der Druck erfolgt dann bei großem Bedarf auf der Schnellpresse; durch diese können täglich bis 3000 Bogen laufen, mit 2 Druckern zur Bedienung. Bei geringem Bedarf genügt die Handpresse, welche, von einem Mann bedient, 500 Bogen mit einer Farbe liefert.

Zum Drucke auf das mit einem Kleister überzogene Papier werden die gewöhnlichen Schmelz- bezw. Unterglasurfarben verwendet, welche selbstverständlich mit einem Druckfirnis verbunden sein müssen und mit Hilfe von mit Leder überzogenen Walzen auf die Steine aufgewalzt werden. Will man irgend einen Ton verstärken, so kann man trockene Farbe nochmals auf den noch nassen Druck stäuben.

Zur Auftragung auf den Gegenstand werden die Bogen, so wie es das Muster verlangt, zerschnitten und mit der Bildfläche auf den mit einem Lack überzogenen und dadurch klebrig gemachten verglühten oder fertig gebrannten Gegenstand aufgelegt. Nachdem man mit einer Gummirolle das Papier fest angedrückt und etwaige Luftblasen entfernt hat, taucht man das Stück ins Wasser, wodurch der auf dem Papier befindliche Kleister sich auflöst. Das Papier läßt sich dann abziehen und das Bild bleibt auf dem Gegenstande zurück.

16. Abschnitt.

Statistik der keramischen Industrie.

Es ist schwierig, eine genaue Wertschätzung einer Industrie vorzunehmen, wenn man einerseits ihre Arbeiterzahl und anderseits ihre Handelsbeziehungen nicht kennt.

Es seien hier einige Aufschlüsse über die wichtigsten Länder erteilt. Da wir uns den gegenwärtigen Stand jeder Nation im Jahre 1904 mit Sicherheit nicht verschaffen konnten, führen wir ältere zuverlässige Angaben an.

Frankreich. Die Berufszählung im Jahre 1896 ergab:

Industrien:	Arbeiter	Werke
Porzellan	10800	104
Steingut	10000	96
Steingut- und Porzellanmalerei	2500	82
Töpferei	6000	243
Fußbodenplatten	2200	64
Steinzeug	900	36
Dachziegel und Tonwaren . .	31000	1054
Ziegelsteine	15000	689.

Zusammen 78400 Arbeiter, die sich auf 2368 Werke verteilen.

Die Zollstatistik liefert folgende Daten über die Ein- und Ausfuhr im Jahre 1898:

	Einfuhr M.	Ausfuhr M.
Feuerfeste Produkte . .	12454600	1978120
Drainröhren.	2370	19300
Blumentöpfe	7700	62100
Tonpfeifen	54240	42650
Gewöhnliche Tonwaren .	115700	508000
Steinzeug	188500	678800
Bodenplatten	609400	3072500
Zu übertragen	13432510	6361470

	Einfuhr M.	Ausfuhr M.
Übertrag	13432510	6361470
Hartsteingut	1084500	2352200
Porzellan (weiß) . . .	472900	3510100
„ (dekoriert) . .	2465700	5671800
„ (Biskuit) . .	595100	23880
Zusammen	18050710	17889450.

Deutschland. Im Jahre 1898 zählte man:

Industrien:	Arbeiter	Werke
Porzellan	34030	187
Porzellanmalerei	872	72
Steinzeug	17087	70
Kaolingruben u. Schlämmereien	216	16
Kachelöfen	10083	343
Töpferei	1503	116
Bodenplatten	1021	18.

Bezüglich der Ein- und Ausfuhr im Jahre 1898 ergibt die Zollstatistik folgendes:

Einfuhr	3400000 M.
Ausfuhr	43400000 „

Davon trifft auf Steingut und Porzellan:

	Einfuhr M.	Ausfuhr M.
Steingut	2100000	9700000
Porzellan (weiß) . . .	200000	3400000
„ (dekoriert) . .	1100000	30500000.

Österreich-Ungarn. In diesem Land ist in Nordböhmen eine blühende Industrie vorhanden. Man zählt in der Umgebung von Karlsbad etwa 50 Werke.

Die Ein- und Ausfuhr im Jahre 1898 betrug 5975300 M. bezw. 18940100 M.

Die wichtigsten Ausfuhrstoffe Österreich-Ungarns sind: Weißes und verziertes Porzellan, dessen Wert auf 1338700 M. bezw. 8934500 M. geschätzt wird.

Großbritannien. Die englische keramische Industrie nimmt einen ganz bedeutenden Rang ein.

Hier folgen die Resultate des Jahres 1898:

	Einfuhr M.	Ausfuhr M.
Tonwaren und Steinzeug	18309800 (zusammen)	3406900
Steingut und Porzellan .		37430600.

Die andern europäischen Länder haben keine solche Bedeutung wie die oben angegebenen. Einige befinden sich im Entwicklungszustand, so z. B. Rußland und Italien, und werden bald die ausländischen Waren entbehren können.

Amerika. In den Vereinigten Staaten macht man gegenwärtig große Anstrengungen, die keramische Industrie zu heben; die Zahl der Fabriken ist bereits ansehnlich.

Der Stand der Industrie im Jahre 1898 war folgender:

Fabriken	6423	
Arbeiter	110896	
Produktion	381935400	M.
Einfuhr	32166500	„
Ausfuhr	3215600	„

17. Abschnitt.

Technologisches Wörterbuch.

I. Deutsch—französisch—englisch.

abblasen	époussseter par soufflage	blow off, blow out.
abbrennen	terminer la cuisson	burn off, finish firing.
abdrehen	tournasser	turn off, twist.
Abdrehmaschine	tour horizontal	finishing-machine.
Abdrehspindel	tour horizontal	finishing-machine.
Abfall	déchet	waste.
abkühlen	refroidir	cool.
Abschneideapparat	appareil coupeur	wire-cutter.
abschrecken	étonner	free deter.
absetzen	déposer	deposit, remove.
abstauben	épousseter	dust.
abstreichen	râcler	scrape, wipe off.
abstumpfen	épointer	blunt, shorten, round off.
Abziehbilder	chromolithographie	transfers.
abziehen	tirer	draw.
Achat	agate	agate.
Aerograph	aérographe	aerograph.
Akkumulator	accumulateur	accumulator.
Alabaster	albâtre	alabaster.
Alaun	alun	alum.
Albit	albite	albite.
anbacken	coller (à la cuisson)	stick (by heating), fix by firing.
anbrennen	commencer la cuisson	set on fire.
anfeuchten	humidifier	moisten, dampen.
Anguß	engobe	body, slip, engobe.
Anlage	installation	plant.
Anordnung	disposition	arrangement.
Anschluß	raccordement	joint, junction.
ansetzen	coller, garnir	join, decorate, apply to.
Anthrazit	anthracite	anthracite.
Antrieb	transmission	power, force.

anwenden	appliquer	use, apply, employ.
anzünden	allumer	light, set on fire.
Apparat	appareil	apparatus.
Äquivalenz	équivalence	equivalent.
Arbeit	travail	work.
Arbeiter	ouvrier	worker, workman.
Arbeitsform	moule	mould.
Asbest	amiante	asbestos.
Asche	cendre	ashes, cinders.
Aschenfall	cendrier	ash-pit.
Äscher	calcine	tin-ashes.
Äscherofen	fournette	frit-kiln.
ätzen	graver	etch.
Ätzkali	potasse caustique	caustic potash.
Ätzkalk	chaux vive	quick-lime.
Ätznatron	soude caustique	caustic soda.
aufbereiten	préparer	prepare.
aufdrehen	ébaucher	turn up.
Aufglasur	sur couverte	over-glaze.
aufschließen	attaquer	unfasten, release, treat.
Aufzug	ascensceur	lift, elevator.
ausbessern	réparer	mend, repair.
Ausdehnung	dilatation	expansion.
ausformen	démouler	turn out.
ausglühen	calciner	burn, calcine.
Ausguß	bec	sink, gutter, drain, spout.
Auskleidung	revêtement	uncovering.
ausnehmen	défourner	take out.
ausrücken	débrayer	throw out of gear.
ausschalten	décaler	throw out, loosen.
ausscheiden	séparer	separate.
Ausschlag	efflorescence	scum.
Ausschuß	rebut	waste.
ausstoßen	démouler	throw out.
auswechseln	rechanger	exchange.
auswettern	exposer aux intempéries	weather.
auswintern	hiverner	weather, expose to fros and cold.
backend	collant	sticking.
Backstein	brique ordinaire	common brick.
Bagger	excavateur	steam-navvy.
Ballen	balle	balls.
Baumaterialien	matériaux de construction	building materials.
Baumwolle	coton	cotton.
Becher	gobelet, godet	tank, bucket.
Becherwerk	élévateur à godets	bucket-elevator.
befeuchten	humidifier	moisten, dampen.
begießen	arroser, engober	sprinkle, body.
Beguß	engobe	body, slip, engobe.

behandeln	traiter	treat.
Beimengung	corps étranger	impurity.
Beize	mordant	corrosive.
belegen	réserver	cover, lay down, coat.
Bergkristall	cristal de roche	quartz crystal.
beschicken	charger	send to, prepare.
Bestandteil	élément, composant	constituent part.
bestauben	saupoudrer	dust over, sprinkle.
Betrieb	exploitation, fonctionnement	work, motion.
bewässern	mouiller	water, wet.
Biberschwanz	tuile à crochet	round-nosed tile.
biegen	plier	bend.
Bildsamkeit	plasticité	plasticity.
binden	lier, agglomérer	bind, fasten.
Bindemittel	liant, agglomérant	binding material.
Bindevermögen	plasticité	plasticity.
Biskuit	biscuit	biscuit.
Bittererde	magnésie	magnesia.
Blatt	feuille, housse	leaf, slab, sheet.
bläuen	bleuir	make blue.
Blech	tôle	foil.
Bleiglätte	litharge	litharge.
Bleiweiß	céruse	white lead.
Blende	blende	blende.
Blockmühle	moulin à blocs	block-mill.
Blumentopf	pot à fleurs	flower-pot.
bohren	percer	bore, drill.
Bohrloch	trou de perçage	bore-hole.
Bolzen	boulon	bolt.
Bolus	bol	coarse red pigment.
Bomse	support	prop.
Borsäure	acide borique	boric acid.
Böschung	talus	slope.
Bottich	cuve	tub, barrel.
Brand	cuisson	burning, fire.
Braunkohle	lignite	lignite, peat.
Braunstein	pyrolusite	pyrolusite.
Brechbacken	mâchoire	crushed brick.
Brechwalzwerk	lamineur-concasseur	stone-crusher.
Brechwerk	tailleuse	crusher.
Brei	bouillie	slip, slurry.
Bremse	frein	brake.
brennbar	combustible	combustible, burnable.
brennen	cuire	burn, fire.
Brennmaterialien	combustibles	fuel.
Brennofen	four	kiln.
Brennschwindung	retrait à la cuisson	contraction on burning, shrinkage in kiln.

Brikett	briquette	brick.
Büchsenmühle	moulin jarre	barrel-mill.
Cassiuspurpur	pourpre de Cassius	purple of cassius.
Chromeisenstein	fer chrômé	chrome-iron ore.
Chromgelb	jaune de chrôme	chrome-yellow.
Dachziegel	tuile	roofing tile, tile.
Deckel	couvercle	lid, cover, spotted.
Desintegrator	désintegrateur	disintegrator, crusher.
Dinasziegel	briques dinas	dinas bricks.
dicht	compact	tight, dense.
Dichtung	joint	joint.
Dolomit	dolomie	dolomite.
Draht	fil	wire.
Drahtseil	câble	wire-rope.
Drainröhre	tuyau de drainage	drain-pipe.
Drehbank	tour (à métaux)	lathe.
drehen	tourner	turn.
Drehscheibe	tour (de potier)	potter's lathe.
Drehspindel	arbre de tour	lathe-spindle.
Druck	pression	pressure.
Druckfestigkeit	résistance à la compression	resistance to pressure.
Eierschalig	coque d'œuf	eggshell.
eindrehen	mouler à la balle	turn, revolve.
einformen	mouler au tour	mould on a lathe.
einfüllen	encaster	fill in, cast.
einrücken	embrayer	engage.
Einsatz	enfournement	contents.
Einschnitt	échancrure	incision.
einsetzen	enfourner	place in, install.
einstellen	arrêter	stop.
einsumpfen	mettre en fosse	put to soak.
eintauchen	tremper	dip, immerse.
Eisenbeton	béton armé	ferro-concrete.
eisenhaltig	ferrugineux	ferruginous.
Email	émail	enamel, glaze.
engobieren	engober	body.
entfetten	dégraisser	de-grease.
entglasen	dévitrifier	de-vitrify.
entstäuben	épousseter	remove dust.
entwässern	raffermir	remove water.
entweichen	dégager	loosen.
Erde	terre	earth.
Erz	minerai	ore.
Fahne (eines Tellers)	marli	flag.
Fahrstuhl	monte-charges	lift.
Falzziegel	tuile à emboitement	self-locking tile.

Farbe	couleur	colour.
Farbkörper	colorant	colour.
Färbung	coloration	colouration.
faserig	filandreux	threadlike, fibrous.
faulen	pourrir	decompose, ferment.
Feder	plume, ressort	pen, spring.
Federweiß	talc	talc.
Feldbrand	cuisson à la volée	clamp-burning.
Feldofen	four de campagne	clamp-kiln.
Feldspat	feldspath	felspar.
Feldziegel	brique de campagne	clamp-brick.
Fels	roche, rocher	rock.
feuerbeständig	résistant au feu	fire-resisting.
feuerfest	réfractaire	refractory.
feuersicher	ignifuge	fire-proof.
Feuerstein	silex	flint.
Feuerung	foyer	furnace.
Filterpresse	filtre-presse	filter-press.
Filz	feutre	felt.
Firste	faîtière	ridge of a roof.
Flamme	flamme	flame.
flach	plat	flat, level.
Fläche	surface	surface.
Flaschenzug	moufle, palan	bottle-kiln, tackle.
Fliesen	carreaux de revêtement	wall-tiles.
Flintstein	galet, silex	flint.
flüchtig	volatil	volatile.
Flugasche	cendres entrainées	clinker.
Fluß	fondant	flux.
Flußmittel	fondant	flux ing material.
Flußspat	spath-fluor	fluorspar.
Form	moule	mould.
Formel	formule	formula, recipe.
formen	mouler, façonner	mould, shape.
freidrehen	ébaucher	rough out, turn easily.
Fritte	fritte	frit.
fritten	fritter	frit.
Frost	gelée	frost.
Fuchs	carneau	flue.
Fundament	fondation	foundation.
Fußboden	parquet	floor.
Fußbodenplatte	carreau de pavage	floor-tile.
Futter	revêtement	cover, lining, food.
Gabel	fourchette	gable.
Gambe	jambette, haie	jamb, pillar.
Garbrand	cuisson maximum	full-burning.
Gas	gas	gas.
Gasgebläse	chalumeau	blowpipe.

Gasgenerator	gazogène	gas-producer.
Gasofen	four à gaz	gas-fired kiln.
Gaspfeife	chamdelle	gas-pipe.
Gefäß	récipient	vessel, tank.
Gefüge	texture	joints.
Gegengewicht	contrepoids	balance-weights.
Gelenkarm	articulation	joining, assembling.
Gemenge	mélange	mixture.
Generator	générateur	producer.
Geräte	instruments	tools.
Gerüst	échafaudages, perchers	scaffold, frame, stand.
Geschirr	vaisselle	crockery, vessel.
Gestalt	forme	shape.
gestalten	façonner	shape, fashion.
Gestehungskosten	prix de revient	prime cost.
Gestell	support, bâti	support, prop.
Gewerbe	métier	trade.
Gewicht	poids	weight.
Gewinde	filetage	winding.
gewinnen	gagner, extraire	win, obtain.
Gewölbe	voûte	arch.
Gicht	gueulard	furnace-mouth.
Gießer	couler	pour, founder.
Gießerei	fonderie	foundry.
Gips	plâtre	plaster.
glänzend	brillant	shining, glossy.
Glanzgold	or brillant	glossy gold.
Glas	verre	glass.
glasartig	vitreux	glassy, vitreous.
Glashafen	pot de verrier	crucible for glass.
glasieren	glacer, émailler	glaze.
Glasur	glaçure, couverte, vernis	glaze.
Glattofen	laboratoire (eines Ofens)	finishing kiln.
Glattscherben	tesson	potsherds.
gleichmäßig	régulier	regular.
Gleis	voie	track.
Glimmer	mica	mica.
Glocke	cloche	bell.
glühen	calciner	heat to redness.
Glühofen	globe (eines Ofens)	hardening-on kiln.
Glut	incandescence	glow.
Gold	or	gold.
Granat	grenat	granite.
Graphit	graphite	graphite.
Großfeuer	grand feu	main fire, Full fire.
Grube	carrière	pit, quarry.
Grundstoff	base	chief material, base.
Grünspan	vert de gris	verdigris.
Gummi	gomme	rubber.

Haar	poil, cheveu	hair.
Haarrisse	tressaillures	hair-cracks.
Hafen	pot	crucible.
halbtrocken	demi-sec	half-dry.
Halde	aire	slope.
Handstrich	façonnage à la main	hand-made.
Hartporzellan	porcelaine dure	hard porcelain.
Hartsteingut	fayence feldspathique	felspathic stoneware.
Harz	résine	resin.
Hauptform	mére	master-mould.
Hebewerk	vérin	screw-jack.
Heber	siphon	siphon.
heiß	chaud, brûlant	hot.
heizen	chauffer	heat.
Heizwert	pouvoir calorifique	calorific power.
Henkel	anse	handle.
Hochdruck	haute pression	high pressure.
Hochofen	haut fourneau	kiln, furnace.
Hohlziegel	brique creuse	hollow brick.
Höllenstein	pierre infernale	lapis infernalis.
Holz	bois	wood.
Holzspäne	copeaux	sawdust.
Horn	corne	horn.
Hub	course	stroke.
Hubel	housse	hillock, pimple.
Infusorienerde	terre des infusoires	infusorial earth.
Inhalt	contenu, volume	contents, capacity.
Isolator	isolateur	insulator.
Kachel	carreau de poêle	dutch tile, stove-tile.
Kali	potasse	potassium, potash.
Kalk	chaux	lime.
Kalksandstein	brique silico-calcaire	lime-sand brick.
Kalkstein	calcaire	limestone.
Kalksteingut	terre de pipe	pipe-clay.
Kalkspat	carbonate de chaux	calcspar.
Kamin	cheminée	chimney.
Kammer	chambre	chamber.
Kanal	canal	canal.
Kanalofen	four canal	tunnel-kiln.
Kante	arête	arris, edge.
Kaolin	kaolin	kaolin, china clay.
Kaolinisierung	kaolinisation	kaolinisation.
Kaolinit	kaolinit	kaolinite.
Kappe	chape, globe	hood, cowl, cap.
Kapsel	gazette	cover, box, case, sagger.
Kapselscherben	débris de gazette	clay-scrapings, matter which drops from kiln, broken saggers.

Kapselton	terre à gazettes	sagger-clay.
Keramik	céramique	ceramic.
Kessel	chaudiére	boiler.
Kette	chaîne	chain.
Kiesel	gravier, silex	flint.
Kieselerde	silice	silica.
Kieselguhr	terre des infusoires	infusiorial earth.
Kieselsäure	silice	silica.
Kitt	mastic, colle	cement.
Klinker	klinker	clinker, blue-brick.
Klopfsieb	tamis à secousses	riddle with rapper.
Klumpen	grumeaux	balls, lumps.
Klebsand	coulis	grouting sand.
Knallpyrometer	pyromètre à explosion	explosion pyrometer.
kneten	pétrir	knead, mix.
Knochen	os	bone.
Knochenporzellan	porcelaine phosphatique	bone-china.
Knopf	bouton	button.
kochen	cuire, bouillir	boil, heat.
Kochsalz	sel de cuisine	common salt.
Kohle	charbon	coal.
Kohlenstoff	carbone	carbon.
Koks	coke	coke.
Kolben	piston	piston.
Kollergang	broyeur à meules verticales	edge-runner mill.
Kollerwerk	broyeur à meules verticales	edge-runner mill.
Königswasser	eau régale	aqua regia.
Korn	grain	kernal, grain.
Korund	corindon	corundum, emery.
Kostenanschlag	devis	estimate of cost.
Kreide	craie	chalk.
Kristall	cristal	crystal.
Kryolit	cryolithe	cryolite.
Kuchen	gâteau, galette	cake, slab.
Kugelmühle	moulin à billes	ball-mill.
Kupolofen	four à coupole	cupola-kiln, Hovel-kiln.
Kupplung	accouplement	coupling.
Kurbel	manivelle	corbel.
Kurve	courbe	curve.
Laboratorium	laboratoire	laboratory.
Lack	laque	lac.
Lager	gisement, palier	store.
Läufer	meule, molette	runner (of a mill).
Lehm	limon argileux	clay, loam.
Leiter f.	échelle	ladder.
Leiter m.	conducteur, chef	leader.
liegend	couchè, horizontal	lieing.
löschen	éteindre	put out, dissolve

Löß	lœss	loose.
löten	souder	solder.
Luft	air	air.
Lüster	lustre	lustre.
magern	amaigrir	make shorter.
Magerungsmittel	amaigrissant	material for diminishing plasticity.
Magnesit	magnesite	magnesite.
mahlen	broyer, moudre	grind.
Manometer	manométre	pressure-gauge.
Marmor	marbre	marble.
Maschine	machine	machine.
Masse	pâte	paste.
Mastix	mastic	mastic.
Maß	mesure	measure.
Material	matière, matériel	material.
Matrize	matrice	matrix.
Mauerwerk	maçonnerie	masonry.
mauken	pourrir	decompose, ferment.
mehrfach	multiple	manifold, compound.
Meißel	ciseau	chisel.
Membran	membrane	membrane.
Mennige	minium	red lead.
Mergel	marne	marl.
Mineral	minéral	mineral.
mischen	mélanger	mix.
Modellierholz	ébauchoir	modelling tool.
Mörser	mortier	mortar.
Mörtel	mortier	mortar.
Mosaik	mosaique	mosaic.
Muffel	moufle	muffle.
Muffenrohr	boisseau	socketed pipe.
Mühle	moulin	mill.
Mühlstein	meule	grind-stone.
Mundstück	filière	mouthpiece.
Muschelgold	or en coquille	oyster-shell gold.
Muster	échantillon, modèle	sample, pattern.
Nabe	moyeu	nave.
Nachpresse	presse à rebattre	re-press.
nachstellbar	règlable	regulable, alterable
Naphtha	naphte	naphta.
Nase	nez	nose.
naß	mouillé	wet.
Naßverfahren	voie humide	wet process.
Natron	soude	sodium, soda.
Niederdruck	basse pression	low pressure.
niederfällen	précipiter	precipitate.

Niederschlag	précipité	precipitate.
niedrig	bas	low.
Oberfläche	surface	surface.
Ofen	four, poêle fourneau	kiln, furnace.
Öl	huile	oil.
oxydieren	oxyder	oxydize.
Parian	parian	parian.
Pech	poix	pitch.
Preßling	produit pressé	pressed ware.
Petroleum	pétrole	petroleum.
Pfanne	crapaudine, panne	pan.
Pfeife	pipe	pipe.
Pferd	cheval	horse.
Pferdestärke	cheval-vapeur	horse-power.
Pflaster	pavage	plaster.
Pinne	pernette	pin, rivet.
Plastizität	plasticité	plasticity.
Porosität	porosité	porosity.
Porzellan	porcelaine	porcelain.
Presse	presse	press.
Probe	essai	trial, test.
probieren	essayer	try, test.
Produkt	produit	product.
Projekt	projet	project.
Prüfung	examen	testing.
Pultfeuerung	foyer alandier	firing on grate-bars.
putzen	nettoyer, ébarber	clean.
Putzmaschine	ébarbeuse	machine for cleaning off rough edges.
Putztisch	table à ébarber	grinding table.
Pyrometer	pyrométre	pyrometer.
Pyroskop	pyroscope	pyroscope.
Quarz	quartz	quartz
Quarzit	quartzite	quartzite.
Quecksilber	mercure	quicksilver.
Querschnitt	coupe, section	section.
quetschen	écraser	crush.
Quirl	délayeur, patouillard	whirl.
Rad	roue	wheel.
Rahmen	cadre	frame, edge.
Rand	bord, filet	edge.
Ränderscheibe	tournette	edge-cutter.
Rauch	fumée	smoke.
Reagens	réactif	reagent.
reduzieren	réduire	reduce.
reiben	frotter, broyer	rub.

Reibung	frottement	friction.
reinigen	épurer, purifier	clean, purify.
Rekuperator	récupérateur	recuperator.
Retorte	cornue	retort.
Riegel	verrou	rail, cross beam.
Riemen	courroie	strap, belt.
Ringofen	four Hofmann	hofmann-kiln.
Riß	fente	crack.
roh	crû, brut	raw.
Rohmaterialien	matières premières	raw materials.
Rohr, Röhre	tuyau, tube	tube, pipe.
Rohrmühle	tube broyeur	tube-mill.
Rolle	roulette, galet	roller.
Rost	grille	grate.
rösten	griller	grate, to roaste.
Roststab	barreau de grille	grate-bar.
Rückstand	résidu	residue.
Rührwerk	agitateur	stirrer.
Ruß	suie	soot.
Sack	sac	sack.
Sägespäne	sciure	sawdust.
Salpetersäure	acide azotique	nitric acid.
Salz	sel	salt.
Salzsäure	acide chlorhydrique	hydrochloric acid.
Sandstein	grès naturel	sandstone.
saugen	aspirer	pump.
Säule	colonne	pillar.
säurefest	inattaquable par les acides	acid-proof.
Schaber	racloir	scraper.
Schablone	calibre	model, mould, pattern.
Schacht	puits, cuve	layer.
Schachtofen	four coulant	shaft-kiln.
Schamotte	ciment, chamotte	fire-clay, grog.
Scharffeuer	grand feu	sharp fire.
Scharrwerk	racloir	scraper.
Schaukelelevator	élévateur à plateaux	shovel-elevator.
Schauloch	regard	spy-hole.
Scheibe	poulie, disque	pulley.
Scheidewasser	eau régale	aqua regia.
Schellack	gomme laque	shellac.
Schicht	couche	layer.
Schiebebühne	plan incliné	inclined plane, slope.
Schieber	tiroir, registre	damper.
Schiefer	ardoise, schiste	slate.
Schieferton	argile schisteuse	shale.
Schiene	rail	rail.
Schlacke	laîtier, scorie	slag.
Schlag	choc	blow.

Schlamm	limon, barbotine	slip, mud, washed clay.
schlämmen	laver	wash.
Schlauch	tuyau	hose-pipe.
Schlegel	batte	beater.
schleifen	user, polir	polish, smooth.
Schleifrad	roue à user	polishing wheel.
Schleppmühle	moulin à blocs	drog-mill.
Schleudermühle	désintégrateur	crusher.
Schlicker	barbotine	slip-outline.
Schlitz	fente, ouverture	slit, opening.
schöpfen	créer, puiser	create.
schmauchen	enfumer	smoke, Stove
schmelzbar	fusible	fusible.
Schmelze	fonte	melted mass.
Schmelzfarbe	couleur de moufle	enamel colour.
schmieden	forger	forge.
schmieren	graisser	lubricate, grease.
Schmirgel	émeri	emery.
Schnabel	bec	nib.
Schnecke	vis sans fin	catch, spiral.
Scholle	motte	clod.
Schornstein	cheminée	chimney.
Schraube	vis	screw.
Schürfloch	trou de forage	poke-hole.
schüren	charger	fire, stoke.
Schutt	décombres	rubbish.
Schüttloch	trou de charge	feed-hole.
Schwefel	soufre	sulphur.
Schwefelkies	pyrite	pyrites, iron stone.
Schwefelsäure	acide sulfurique	sulphuric acid.
Schwelle	traverse	sleeper.
Schwerpunkt	centre de gravité	centre of gravity.
Schwerspat	spath pesant	heavy spar, barytes.
Schwimmer	flotteur	float.
Schwindung	retrait	contraction, shrinkage.
Schwungrad	volant	fly-wheel.
Segerkegel	montre fusible	seger cone.
Seife	savon	soap.
Seil	câble	wire-rope, cable.
Senkspindel	aréomètre	hydrometer.
Sieb	tamis	sieve, riddle.
Siebtrommel	blutoir	revolving, riddle.
Siegelerde	silice	lemnian earth.
Sinterung	ramollissement	sintering.
Soda	soude	soda.
Sohle	sole	sole.
spalten	fendre, cliver	column.
Speckstein	ambre	amber.
speisen	alimenter	feed.

Spindelpresse	vis à balancier	screw-press.
Spiritus	alcool à brûler	alcohol.
Sprengstoff	explosif	explosive.
Sprung	fente	rent, crack.
Stab	barreau	stick, bar.
Stachelwalzwerk	lamineur à dents	rushing roller with teeth.
Stahl	acier	steel.
stampfen	pilonner, bocarder	stamp, crush.
Stampfwerk	bocard	stamp-press.
Stapel	tas	staple, pile.
Staub	poussière	dust.
stehend	debout, vertical	upright.
Stein	pierre, brique	stone, brick.
Steinbrecher	concasseur	stone-crusher.
Steingut	fayence	earthenware.
Steinkohle	houille	steam-coal.
Steinzeug	grès	stoneware.
Stempel	cachet, poinçon	stamp, seal.
Stoß	choc, pile	blow.
Strangpresse	presse à filière	pug.
Stütze	support, acôt	support.
Sturzflamme	flamme renversée	downward flame, reverberatory flame.
Sumpf	fosse	pit for wet clay.
Teer	goudron	tar.
Teig	pâte	paste.
Teller	assiette, plateau	plate.
Tiegel	creuset	crucible.
Ton	argile	clay.
Tonerde	alumine	alumina.
Tonreiniger	épurateur d'argile	stone-separator.
Tonschneider	malaxeur	pug-mill.
Tonsteingut	cailloutage	rough stoneware.
Topf	pot	pot.
Töpfer	potier	potter.
Töpferwaren	poteries	pottery ware.
Topfmühle	moulin jarre	colour-mill.
Torf	tourbe	turf, peat.
Treppenrost	grille étagée	stepped grate.
Trichter	entonnoir, trémie	funnel.
Trockenkasten	étuve	stove.
Trockenraum	séchoir	drier.
Trockentunnel	tunnel séchoir	tunnel-drier.
Trommelmühle	moulin alsing	ball-mill.
Türkis	turquoise	turquoise.
Überformen	mouler à la housse	shape on a to horse orann-side mould.

überschlagend	renversé	knocking over.
Ultramarin	outremer	ultramarine.
Unterglasur	sous-couverte	underglaze.
untersuchen	rechercher	experiment.
Urgestein	roche mère	primary rocks.
Ventil	soupape	opening in flue.
Verblender	brique de parement	facing brick.
verbrennen	brûler	scorch, overheat.
verfaulen	pourrir	putrify.
verflüchtigen	volatiliser	evaporate, volatilise.
verglühen	dégourdir	cool.
Versatz	dosage	proportion.
Verschleiß	usure	sale, worn out.
Versuch	essai	experiment.
verwittern	désagréger par le temps	decompose by exposure.
Vorgelege	train d'engrenages	gutter, gearing.
Vorrat	provision, stock	stock.
vorwärmen	réchauffer	smoke, warm up.
Wachs	cire	wax.
Wage	balance, bascule	scales, balance.
Walkerde	terre à foulon	fuller's earth.
Walze	cylindre lamineur	crushing roll.
Walzwerk	lamineur	crushing rolls.
Wand	mur, paroi	wall, partition.
Wasser	eau	water.
Wasserglas	verre soluble	water-glass.
Welle	arbre	axle-tree, shaft.
Werk	usine, ateliers, ouvrage	works.
wiegen	peser, couper	weigh, chop.
Wind	vent	wind, air.
Winde	cric	winch, worm of screw.
Wolfram	tungstène	tungsten.
Zaffer	safre	zaffre.
Zahnrad	roue dentée	cogged wheel.
Zange	pince	tongs.
Zapfen	tenon	plug, pivot, hook.
Zelle	cellule	cell.
Zement	ciment	cement.
zerlegen	démonter	dismount, take down.
zersetzen	décomposer	decompose.
zerstören	détruire	destroy.
Ziegel	brique	brick.
Ziegelei	briqueterie	brickworks.
Ziegler	briquetier	brickmaker.
Zink	zinc	zinc.
Zinn	étain	tin.

Zinnober	vermillon	vermillion.
Zug	tirage	draught, Train.
Zugmesser	manomètre de tirage	draught-gauge.
Zugmuffel	moufle continu	continuous muffle.
zusammensetzen	composer	compose, mix.
Zusatz	addition	additional matter.
Zylinder	cylindre	cylinder.

II. Französisch—deutsch—englisch.

accumulateur	Akkumulator	accumulator, collector.
accouplement	Kupplung	coupling.
acide azotique	Salpetersäure	nitric acid.
— borique	Borsäure	boric acid.
— chlorhydrique	Salzsäure	hydrochloric acid.
— sulfurique	Schwefelsäure	sulphuric acid.
acier	Stahl	steel.
acôt	Stütze	support.
addition	Zusatz	additional matter.
aérographe	Aerograph	aerograph.
aéromètre	Aerometer	hydrometer.
agate	Achat	agate.
agglomérant	Bindemittel	binding material.
agglomérer	binden	bind, fasten.
agitateur	Rührwerk	stirrer, mixer.
air	Luft	air.
aire	Halde	slope.
albâtre	Alabaster	alabaster.
alcool à brûler	Spiritus	alcohol.
alimenter	speisen	feed.
allumer	anzünden	light, set on fire.
alumine	Tonerde	alumina.
alun	Alaun	alum.
amaigrir	magern	to make leaner, shorten.
amaigrissant	Magerungsmittel	material for reducing plasticity of clay.
ambre	Speckstein	amber.
amiante	Asbest	asbestos.
anse	Henkel	handle.
anthracite	Anthrazit	anthracite.
appareil	Apparat	machine, apparatus.
appareil coupeur	Abschneideapparat	wire-cutting machine.
appliquer	anwenden	use, apply.
arbre	Welle	axle, Shaft.
arbre de tour	Drehspindel	lathe-spindle.
argile	Ton	clay.
argile figuline	Siegelerde	lemnian earth.
argile schisteuse	Schieferton	slate, shale.

ardoise	Schiefer	slate.
arête	Kante	edge, arris.
arrêter	einstellen	stop.
articulation	Gelenkarm	jointing.
ascenseur	Aufzug	lift, elevator, conveyor.
aspirer	saugen	suck, pump.
assiette	Teller	plate.
attaquer	angreifen, aufschließen	attack, treatwith.
ateliers	Werkstätte	workshops, studios.
balance	Wage	balance, scales, weighing machine.
balle	Ballen	lumps, balls.
barbotine	Schlicker, Schlamm	slip, slurry.
barreau	Stab	stick, bar.
bas	niedrig	low.
bascule	Wage	balance, scales.
base	Base, Basis	base, foundation.
basse pression	Niederdruck	low pressure.
bâti	Gestell	support, prop.
batte	Schlegel	beater.
bec	Schnabel, Ausguß	nib, projection.
béton armé	Eisenbeton	ferro-concrete.
biscuit	Biskuit	biscuit.
blende	Blende	blende.
bleuir	bläuen	to make blue
blutoir	Siebtrommel	revolving riddle.
bocard	Stampfwerk	stamping press.
bocarder	stampfen	crush.
bois	Holz	wood.
boisseau	Muffenrohr	socketed pipe.
bol	Bolus	coarse red pigment.
bord	Rand	edge.
bouillie	Brei	slip, slurry.
bouillir	kochen	boil, heat.
boulon	Bolzen	bolt.
bouton	Knopf	button, head.
brillant	glänzend	shining, glossy.
brique	Ziegel	brick.
brique ordinaire	Backstein	common brick.
brique creuse	Hohlziegel	hollow brick.
brique de campagne	Feldziegel	clamp brick.
brique Dinas	Dinasziegel	dinas brick.
brique de parement	Verblender	facing brick.
brique silico-calcaire	Kalksandstein	lime-sand brick.
briqueterie	Ziegelei	brick-yard.
briquetier	Ziegler	brick-maker.
briquette	Brikett	briquette, coal-brick.
broyer	mahlen, zerkleinern	grind.

broyeur à meules verticales	Kollergang, Kollerwerk	edge-runner mill.
brûler	brennen, verbrennen	burn.
brut	roh	raw, green.
câble	Seil	wire rope, cable.
cadre	Rahmen	frame, edge.
cailloutage	Tonsteingut	rough stoneware.
calcine	Äscher	tin ashes.
calciner	glühen, ausglühen	heat to redness.
calibre	Schablone	model, mould, pattern.
calibreuse	Eindrehmaschine	jigger.
canal	Kanal	canal.
carbone	Kohlenstoff	carbon.
carneau	Fuchs	flue.
carreau de pavage	Fußbodenplatte	floor tile.
— de poêle	Kachel	stove tile.
— de revêtement	Fliesen	wall tile.
choc	Stoß	blow, shock.
cellule	Zelle	cell.
cendre	Asche	ashes, cinders.
cendres entrainées	Flugasche	clinker.
cendrier	Aschenfall	ash-pit.
centre de gravité	Schwerpunkt	centre of gravity.
céramique	Keramik	ceramic.
céruse	Bleiweiß	white lead.
chaîne	Kette	chain.
chaine à godets	Becherwerk	bucket conveyor.
chalumeau	Gasgebläse, Lötrohr	blowpipe.
chambre	Kammer	chamber.
chandelle à gaz	Gaspfeife	gas-pipe.
chape	Kappe, Mantel	hood, cowl, cap.
charger	beschicken	feed, charge.
charbon	Kohle	coal.
chaudière	Kessel	boiler.
chaud	heiß	hot.
chauffer	heizen	heat.
chaux	Kalk	chalk.
chaux vive	Ätzkalk	quick-lime.
cheminée	Kamin, Esse, Schornstein	chimney.
cheval	Pferd	horse.
cheval-vapeur	Pferdestärke	horse-power (H. P.).
chromolithographies	Abziehbilder	transfers.
ciment	Schamotte, Zement	fireclay, grog.
cire	Wachs	wax.
ciseau	Meißel	chisel.
cliver	spalten	column, division, opening.
cloche	Glocke	bell, dome.
coke	Koks	coke.
collant	backend	sticking, adhering.

colle	Kitt, Leim	glue, cement.
coller	ansetzen	fasten to, stick.
coller à la cuisson	anbacken	fix by firing.
colombin	Wulst	swelling.
colonne	Säule	pillar, column.
colorant	Farbkörper	colour, stain.
coloration	Färbung	colouration, stain.
combustible	brennbar	combustible, inflammable.
combustibles	Brennmaterialien	fuel.
commencer la cuisson	anbrennen	light-up, start firing.
compact	dicht	dense, compact.
composant	Bestandteil	ingredient, portion.
composer	zusammensetzen	compose, mix.
concasseur	Steinbrecher	stone-crusher.
conducteur	Leiter	conductor, pipe.
contenu	Inhalt	contents.
contrepoids	Gegengewicht	balance-weight.
copeaux	Holzspäne	wood-shavings, sawdust.
coque d'œuf	eierschalig	egg-shell.
corindon	Korund	corundum, emery.
corps étranger	Beimengung	impurity, added matter.
corne	Horn	horn.
cornue	Retorte	retort.
coton	Baumwolle	cotton.
couche	Schicht	layer.
couché	liegend	lieing.
couler	gießen	pour.
couleur	Farbe	colour, stain.
couleur de moufle	Schmelzfarbe	majolica colour.
coulis	Klebsand	sand for facing.
coupe	Schnitt	cut, section.
courbe	Kurve	curve.
courroie	Riemen	strap, belt.
couvercle	Deckel	cover, lid, Spotted.
course	Hub	stroke of a piston.
craie	Kreide	chalk.
crapaudine	Pfanne	pan.
creuset	Tiegel	crucible.
cric	Winde	winch, worm of screw.
cristal	Kristall	crystal.
cristal de roche	Bergkristall	quartz.
cru	Roh	crude, raw, green.
cryolithe	Kryolit	cryolite.
cuire	brennen	burn, fire.
cuisson	Brand	burning, firing.
cuisson à la volée	Feldbrand	clamp-burning.
cuve	Bottich	tub, barrel.
cylindre	Zylinder	cylinder.
cylindre lamineur	Walze	crushing rolls.

debout	stehend	standing, upright, vertical.
débrayer	ausrücken	throw out of gear.
déchet	Abfall	waste.
décombres	Schutt	rubbish.
décomposer	zersetzen	decompose, take to pieces.
défourner	ausnehmen	take out.
se dégager	entweichen	loosen, run away.
dégourdir	verglühen	cool.
dégraisser	entfetten	de-grease, clean.
demi-sec	halbtrocken	semi-dry.
démonter	zerlegen	dismount.
démouler	ausstoßen, ausformen	turn out (of a mould), empty.
déposer	absetzen	deposit, leave behind.
désagréger par le temps	verwittern	weather.
désintégrateur	Desintegrator	disintegrator.
détruire	zerstören	destroy.
devis	Kostenanschlag	estimate of cost.
dévitrifier	entglasen	de-vitrify.
dilatation	Ausdehnung	expansion.
disposition	Anordnung	arrangement.
dolomie	Dolomit	dolomite.
dosage	Versatz	proportion.
eau	Wasser	water.
eau régale	Scheidewasser, Königswasser	aqua regia.
ébarber	putzen	clean.
ébarbeuse	Putzmaschine	cleaning wheel.
ébaucher	freidrehen, aufdrehen	to turn freely.
ébauchoir	Modellierholz	modelling tool.
échaffaudage	Gerüst	scaffold, frame, stand.
échancrure	Einschnitt	incision, notch, gap.
échantillon	Muster	sample.
échelle	Leiter	ladder, scale.
écraser	quetschen	crush.
efflorescence	Ausschlag	scum, efflorescence.
élément	Bestandteil	ingredient.
élévateur à plateaux	Schaukelelevator	shorel-Elevator.
émail	Emailglasur	glaze, enamel.
émailler	glasieren	glaze.
embrayer	einrücken	engage, insert.
émeri	Schmirgel	emery.
engobe	Beguß, Engobe	dip, engobe.
engober	begießen, engobieren	dip.
encaster	einfüllen	cast, fill up.
enfourner	einsetzen	place in.
enfournement	Einsatz	contents.
enfumer	schmauchen	smoke, stove, warm.
entonnoir	Trichter	funnel.

épointer	abstumpfen	make blunt.
épousseter	abstäuben	dust.
— par soufflage	abblasen	blow off.
épurateur d'argile	Tonreiniger	stone separator.
équivalence	Äquivalenz	equivalent.
essai	Probe, Versuch	test, trial.
essayer	probieren, versuchen	test, try, experiment.
étain	Zinn	tin.
éteindre	löschen	dissolve.
étonner	abschrecken	free deter.
étuve	Trockenkasten	stove.
examen	Prüfung	test.
excavateur	Bagger	steam-navvy.
exploitation	Ausbeutung	profit.
explosif	Sprengstoff	explosive.
exposer aux intempéries	auswittern	weather.
extraire	ausgraben	dig out, extract.
façonnage à la main	Handstrich	hand-made.
façonner	gestalten	shape, form.
faîtière	Firste	ridge of a roof.
fayence	Steingut	stoneware, fience.
fayence feldspathique	Hartsteingut	felspathic ware.
feldspath	Feldspat	felspar.
fendre	spalten, reißen	split, crack.
fente	Riß, Sprung	crack, dunt.
fer chrômé	Chromeisenstein	chrome iron ore.
ferrugineux	eisenhaltig	ferruginous.
feutre	Filz	felt.
fil	Draht	wire, thread.
filandreux	faserig	fibrous.
filet	Rand	edge, border.
filetage	Gewinde	winding.
filière	Mundstück	mouthpiece.
filtre-presse	Filterpresse	filter-press.
flamme	Flamme	flame.
flamme renversée	Sturzflamme	reverberatory flame, down-draught.
flotteur	Schwimmer	float.
fondant	Fluß, Flußmittel	flux.
fonderie	Gießerei	foundry.
fondation	Fundament	foundation.
fonte	Schmelze	fritt, melted mass.
forger	schmieden	forge.
forme	Gestalt	shape, form.
formule	Formel	formula.
fosse	Sumpf	soaking pit.
four	Ofen	kiln, furnace.
four à coupole	Kupolofen	cupola kiln.

four à gaz	Gasofen	gas-fired kiln.
four canal	Kanalofen	tunnel-kiln.
four coulant	Schachtofen	shaft-kiln.
four de campagne	Feldofen	clamp-kiln.
four Hofmann	Ringofen	hofmann kiln, continuous-kiln.
fourchette	Gabel	gable.
fournette	Äscherofen	frit-kiln.
foyer	Feuerung	furnace.
foyer alandier	Pultfeuerung	furnace with sloping grate.
frein	Bremse	brake.
fritte	Fritte	fritt.
frottement	Reibung	friction.
fumée	Rauch	smoke.
fusible	schmelzbar	fusible.
gagner	gewinnen	extract, obtain.
galet	Rolle, Flinstein	shingle, pebble.
galette	Kuchen	cake, slab.
garnir	ansetzen	decorate.
gâteau	Kuchen	cake, slab.
gaz	Gas	gas.
gazette	Kapsel	saggar, capsule, case.
gazogène	Gasgenerator	gas-producer.
gelée	Frost	frost.
gisement	Lager	store.
glaçure	Glasur	glaze.
globe	Glühofen	hardening-on kiln.
gobelet	Becher	tank, can.
godet	Becher	tank, can.
gomme	Gummi	rubber, caochouc.
gomme laque	Schellack	shellac.
goudron	Teer	tar.
grain	Korn	grain.
graisser	schmieren	grease, lubricate.
grand feu	Scharffeuer, Großfeuer	quick-fire, full fire.
graphite	Graphit	graphite.
graver	ätzen	etch.
gravier	Kiesel	gravel.
grès	Steinzeug	stoneware.
grès naturel	Sandstein	sandstone.
grille	Rost	grate.
grille étagée	Treppenrost	stepped grate.
griller	rösten	roast.
grumeaux	Klumpen	lumps.
gueulard	Gicht	furnace-mouth.
haie	Gambe	jamb, pillar.
haute pression	Hochdruck	highpressure.

haut fourneau	Hochofen	kiln.
hiverner	auswintern	weather, winter.
horizontal	liegend, wagerecht	horizontal, level.
houille	Steinkohle	steam-coal.
housse	Hubel, Blatt	hillock, pimple.
huile	Öl	oil.
humide	naß, feucht	damp, moist.
humidifier	befeuchten	moisten, dampen.
ignifuge	feuersicher	fireproof.
inattaquable par les acides	säurefest	acid-proof.
incaudescence	Glut	glowing, white hot.
isolateur	Isolator	insulator.
installation	Anlage	plant.
instruments	Geräte	machines, tools.
jambette	Gambe	jamb, pillar.
jaune de chrôme	Chromgelb	chrome yellow.
joint	Dichtung	joint.
kaolin	Kaolin	kaolin.
kaolinisation	Kaolinisierung	kaolinisation.
kaolinite	Kaolinit	kaolinite.
klinker	Klinker	clinker.
laboratoire	Laboratorium	laboratory.
— (eines Ofens)	Glattofen	finishing kiln, glost kiln.
laitier	Schlacke	slag.
lamineur	Walzwerk	crushing rolls.
lamineur à deuts	Stachelwalzwerk	toothed crushing rolls.
lamineur-concasseur	Brechwalzwerk	crushing rolls.
laque	Lack	lac.
laver	schlämmen, waschen	wash.
liant	Bindemittel	binding material.
lier	binden	bind, fasten.
lignite	Braunkohle	lignite, peat.
limon boueux	Schlamm	slip, slurry.
limon argileux	Lehm	loam.
litharge	Bleiglätte	litharge.
loess	Löß	loose.
lustre	Lüster	lustre.
luter	schmieren, verkitten	lute, make tight.
machine	Maschine	engine.
machine à marcher	Schlagmaschine	machine to test resistance to blows.
mâchoire	Brechbacken	crushed brick.
maçonnerie	Mauerwerk	masonry.
magnésie	Magnesia, Bittererde	magnesia.
magnésite	Magnesit	magnesite.

malaxeur	Tonschneider	pug-mill.
manivelle	Kurbel	corbel.
manomètre	Manometer	manometer.
manomètre de tirage	Zugmesser	draught-gauge.
marbre	Marmor	marble.
marli	Fahne	flag.
marne	Mergel	marl.
mastic	Mastix	mastic.
matériaux de construction	Baumaterialien	building materials.
matériel	Material	material.
matière	Stoff, Material	matter.
matières premiéres	Rohstoffe, Rohmaterialien	raw materials.
matrice	Matrize	matrix.
mélange	Gemenge, Mischung	mixture.
mélanger	mischen	mix.
membrane	Membran	membrane.
mercure	Quecksilber	quicksilver, mercury.
mère	Hauptform	master mould.
mesure	Maß	measure.
mettre en fosse.	einsumpfen	soak.
meule	Mühlstein, Läufer	mill-stone, runner.
mica	Glimmer	mica.
minerai	Erz	earth, ore.
minéral	Mineral	mineral.
minium	Mennige	red lead.
modèle	Modell, Muster	model, sample.
molette	Läufer, Reiber	runner (of mill).
monte-charges	Fahrstuhl	lift, elevator.
montre fusible	Segerkegel	seger, cone.
mordant	Beize	corrosive.
mortier	Mörser, Mörtel	mortar.
mosaique	Mosaik	mosaic.
motte	Scholle	clod.
moufle	Muffel	muffle.
moufle continu	Zugmuffel	continuous muffle.
mouiller	bewässern	sprinkle, wet.
moule	Form	mould.
mouler	formen	mould.
mouler à la balle	eindrehen	grind in a ball mill.
mouler à la housse	überdrehen, überformen	mould on an inside mould.
mouler au tour	einformen	mould on a lathe.
moulin	Mühle	mill.
moulin à bloc	Blockmühle, Schleppmühle	block mill.
moulin alsing	Trommelmühle	alsing cylinder, ball mill.
moulin jarre	Topfmühle, Büchsenmühle	barrel-mill.
moulin à billes	Kugelmühle	ball-mill.
moyeu	Nabe	nave, nib.
multiple	mehrfach	multiple, manifold.
mur	Mauer, Wand	wall.

naphte	Naphta	naphtha.
nettoyer	putzen, reinigen	clean.
nez	Nase	nose, pro jection.
or	Gold	gold.
or brillant	Glanzgold	brilliant gold, glossy gold.
or en coquille	Muschelgold	shell-gold.
os	Knochen	bone.
outremer	Ultramarin	ultramarine.
ouvrage	Werk	work.
ouvrier	Arbeiter	workman.
oxyder	oxydieren	oxydize.
palan	Flaschenzug	tackle.
palier	Lager	store.
panne	Pfanne	pan.
parian	Parian	parian.
paroi	Wand	partition, side.
parquet	Fußboden	floor.
pâte	Masse, Teig	paste.
patouillard	Quirl	whirl.
pavage	Pflaster	paving.
percer	bohren	bore, pierce.
pernette	Pinne	pin, rivet.
percher	Trockengerüst	hack, open-air dryer.
peser	wiegen	weigh.
pétrir	kneten	knead, mix.
pétrole	Petroleum	petroleum.
pierre	Stein	stone.
pierre infernale	Höllenstein	lapis infernalis.
pile	Säule, Stoß	pile.
pilonner	stampfen	stamp.
pince	Zange	tongs.
pipe	Pfeife	pipe.
piston	Kolben	piston.
plan incliné	Schiebebühne	slope, inclined plane.
plasticité	Plastizität, Bindevermögen, Bildsamkeit	plasticity.
plat	flach	level.
plateau	Teller, Untersatz	plate, level place.
plâtre	Gips	plaster.
plier	biegen	bend.
plume	Feder	feather, spring.
poêle	Kachelofen	domestic stove.
poids	Gewicht	weight.
poil	Haar	hair.
poix	Pech	pitch.
polir	schleifen	polish.
porcelaine	Porzellan	porcelain.

porcelaine dure	Hartporzellan	hard porcelain.
porcelaine phosphatique	Knochenporzellan	bone china.
porcelaine tendre	Weichporzellan	soft porcelain.
porosité	Porosität	porosity.
pot	Topf, Hafen	pot.
pot à fleurs	Blumentopf	flower-pot.
pot de verrier	Glashafen	glass-maker's crucible.
poteries	Töpferwaren	pottery.
potier	Töpfer	potter.
potasse	Kali	potash.
potasse caustique	Ätzkali	caustic potash.
poulie	Scheibe	pulley.
pourpre de Cassius	Kassiuspurpur	cassius' purple.
pourrir	faulen, mauken	decompose, ferment.
poussière	Staub	dust.
pouvoir calorifique	Heizwert	calorific power.
précipité	Niederschlag	precipitate.
précipiter	niederfällen	precipitate.
préparer	vor-, zu-, aufbereiten	prepare.
presse	Presse	press.
presse à balancier	Spindelpresse	screw-press.
presse à filière	Strangpresse	press for wire-cutting.
presse à rebattre	Nachpresse	re-press.
pression	Druck	pressure.
prix de revient	Gestehungskosten	prime cost.
produit	Produkt	product.
produit moulé	Förmling	moulded article.
produit pressé	Preßling	pressed article.
projet	Projekt	plan, project.
provision	Vorrat	stock.
puits	Schacht	layer.
purifier	reinigen	clean, purify.
pyrite	Schwefelkies, Eisenkies	pyrites, iron-stone.
pyrolusite	Braunstein	pyrolusite, manganese ore.
pyromètre	Pyrometer	pyrometer.
pyromètre à détonation	Knallpyrometer	wiborg's explosion pyrometer.
pyroscope	Pyroskop	pyroscope.
quartz	Quarz	quartz.
quartzite	Quarzit	quartzite.
raccordement	Anschluß	junction.
râcler	schaben	scrape.
râcloir	Schaber, Scharrwerk	scraper.
raffermir	entwässern	dry.
rail	Schiene	rail.
ramollissement	Sinterung, Erweichung	softening.
réactif	Reagens	reagent, chemical

rechanger	auswechseln	exchange.
réchauffer	vorwärmen	re-heat, warm.
rechercher	untersuchen	experiment, search, try.
récipient	Gefäß	vessel, tank, receiver.
récupérateur	Rekuperator	recuperator.
réduire	reduzieren	reduce.
refroidir	abkühlen	cool.
réfractaire	feuerfest	refractory.
regard	Schauloch	spy-hole, trial-hole.
registre	Schieber	damper.
réglable	nachstellbar	regulable.
régulier	gleichmäßig	regular, even.
renversé	überschlagend	turning downward.
réparer	ausbessern	mend, repair.
résidu	Rückstand	residue.
résine	Harz	resin.
résistance à la pression	Druckfestigkeit	resistance to pressure.
résistance à la traction	Zugfestigkeit	tensional strength.
résistant au feu	feuerbeständig	fire-resisting.
ressort	Feder	spring.
retrait	Schwindung	contraction, shrinkage.
retrait à la cuisson	Brennschwinduug	shrinkage through firing.
retrait au séchage	Trockenschwindung	shrinkage on drying.
revêtement	Futter, Auskleidung	cover, lining, food.
roche	Gestein	rock.
roche mère	Urgestein	primary rock.
rocher	Fels	rock.
roue	Rad	wheel.
roulette	Rolle	roller, revolving plate.
roue à user	Schleifrad	polishing wheel.
roue dentée	Zahnrad	cogged wheel.
sac	Sack	sack.
safre	Zaffer	zaffre.
saupoudrer	bestreuen	strew, sprinkle, dust on.
savon	Seife	soap.
séchoir	Trockenraum	drier.
section	Querschnitt	section.
sel	Salz	salt.
sel de cuisine	Kochsalz	common salt.
séparer	ausscheiden	separate.
service	Betrieb, Dienst	service.
schiste	Schiefer	shale.
sciure de bois	Sägespäne	sawdust.
scorie	Schlacke	slag.
silex	Feuerstein, Flintstein	flint.
silice	Kieselerde, Kieselsäure	silica.
siphon	Heber	siphon.
sole	Sohle	sole, floor.

soude	Natron	soda.
soude caustique	Ätznatron	caustic soda.
soude commerciale	Soda	washing soda.
souder	löten	solder.
soufre	Schwefel	sulphur.
soupape	Ventil	fan, damper-opening.
sous-converte	Unterglasur	under-glaze.
spath fluor	Flußspat	fluorspar.
spath pesant	Schwerspat	heavy spar, barytes.
suie	Ruß	soot.
support	Bomse, Stütze	support, stand.
sur-couverte	Aufglasur	over-glaze.
surface	Fläche, Oberfläche	surface.
table à ébarber	Putztisch	cleaning-table.
tailleuse	Brechwerk	crusher, cutter.
talc	Federweiß	talc.
talus	Böschung	slope, angle.
tamis	Sieb	sieve.
tamis à secousses	Klopfsieb	sieve with beating arrangement.
tas	Stapel	heap, pile.
tenon	Zapfen	tenon.
terminer la cuisson	abbrennen	finish firing.
terre	Erde	earth.
terre à foulon	Walkerde	fuller's earth.
terre de pipe	Kalksteingut	pipe-clay.
terre des infusoires	Infusorienerde, Kieselguhr	infusorial earth.
tesson	Scherben	potsherds.
texture	Gefüge	texture, appearance.
tirage	Zug	draught.
tirer	ziehen, abziehen	draw, pull.
tiroir	Schieber	damper
timbre	Stempel	stamp.
tôle	Blech	foil, sheet.
tour à métaux	Drehbank	lathe.
tour de potier	Drehscheibe	potter's wheel.
tour horizontal	Abdrehmaschine	finishing machine, lathe.
tourbe	Torf	turf, peat.
tournasser	abdrehen	turn off, twist.
tourner	drehen	turn.
tournette	Ränderscheibe	edge-cutter.
train d'engrenages	Vorgelege	gearing.
traiter	behandeln	treat.
transmission	Antrieb	shafting.
travail	Arbeit	work.
traverse	Schwelle	cross-bar.
trémie	Trichter	funnel.
tremper	eintauchen	dip.

tressaillure	Haarriß	hair-cracks.
trou de charge	Schütt-, Heizloch	feed-hole.
tube broyeur	Rohrmühle	tube-mill.
tuile	Dachziegel	tile.
tuile à crochet	Biberschwanz	roofing tile.
tuile à emboîtement	Falzziegel	self-fastening roof-tile.
tungstène	Wolfram	tungsten.
tunnel-séchoir	Trockentunnel	tunnel-drier.
turquoise	Türkis	turquoise.
tuyau	Rohr, Röhre, Schlauch	tube, pipe.
tuyau de drainage	Drainröhre	drain-pipe.
usine	Fabrik, Werk	works.
vaiselle	Geschirr	vessel.
vent	Wind	wind.
vérin	Hebewerk	screw-jack.
vermillon	Zinnober	vermillion, cinnobar.
verre	Glas	glass.
verrou	Riegel	bolt.
vert de gris	Grünspan	verdigris.
vertical	vertikal, stehend, senkrecht	vertical, upright.
vis sans fin	Schnecke	endless-screw.
vitreux	glasartig	vitreous, glassy.
voie	Gleis	track, way.
voie humide	Naßverfahren	wet-process, plastic process.
volant	Schwungrad	fly-wheel.
volatil	flüchtig	volatile.
volatiliser	verflüchtigen	volatilise.
voûte	Gewölbe	arch.

III. Englisch—deutsch—französisch.

accumulator	Akkumulator	accumulateur.
acid proof	säurefest	inattaquable par les acides.
additional matter	Zusatz	addition.
aerograph	Aerograph	aérographe.
agate	Achat	agate.
air	Luft	air.
alabaster	Alabaster	albâtre.
alcohol	Spiritus	alcool à brûler
alsing cylinder	Trommelmühle	moulin alsing.
alumina	Tonerde	alumine.
alum	Alaun	alun.
amber	Speckstein	ambre.
anthracite	Anthrazit	anthracite.
apparatus	Apparat	appareil.
apply	anwenden	appliquer.

aqua regia	Scheidewasser	eau régale.
arch	Gewölbe	voûte.
arragement	Anordnung	disposition.
asbestos	Asbest	amiante.
ashes	Asche	cendre.
ash-pit	Aschenfall	cendrier·
attack	aufschließen	attaquer.
axle	Welle	arbre.
balance	Wage	balance.
balance-weight	Gegengewicht	contrepoids.
ball-mill	Kugelmühle	moulin à billes.
balls	Ballen	balle.
bar	Stab	barreau.
barrel mill	Topfmühle	moulin à jarre.
base	Grundstoff	base.
beater	Schlegel	batte.
bell	Glocke	cloche.
bend	biegen	plier.
bind	binden	lier, agglomérer.
binding material	Bindemittel	liant, aggloméraut.
biscuit	Biskuit	biscuit.
blende	Blende	blende.
block mill	Blockmühle	moulin à blocs.
blow off	abblasen	épousseter par soufflage.
blow pipe	Gasgebläse	chalumeau.
boil	kochen	bouillir.
boiler	Kessel	chaudière.
bolt	Bolzen	boulon.
bone china	Knochenporzellan	porcelaine phosphatique.
bore	bohren	percer.
borie acid	Borsäure	acide borique.
brake	Bremse	frein.
brick	Ziegel	brique.
brick-maker	Ziegler	briquetier.
brick-yard	Ziegelei	briqueterie.
brilliant gold	Glanzgold	or brillant.
bucket conveyor	Becherwerk	chaine à godets.
building materials	Baumaterialien	matériaux de construction.
burn	brennen	cuire.
burnable	brennbar	combustible.
burning	Brand	cuisson.
button	Knopf	bouton.
cake	Kuchen	gâteau, galette.
calorifie power	Heizwert	pouvoir calorifique.
canal	Kanal	canal.
carbon	Kohlenstoff	carbone.
cassius' purple	Kassiuspurpur	pourpre de Cassius.

cast	einfüllen	encaster.
caustic potash	Ätzkali	potasse caustique.
caustic soda	Ätznatron	soude caustique.
cell	Zelle	cellule.
centre of gravity	Schwerpunkt	centre de gravité.
ceramic	Keramik	céramique.
chain	Kette	chaine.
chalk	Kreide	craie.
chamber	Kammer	chambre.
chimney	Kamin, Schornstein	cheminée.
chisel	Meißel	ciseau.
chrome iron ore	Chromeisenstein	fer chrômé.
chrome yellow	Chromgelb	jaune de chrôme.
clamp-brick	Feldziegel	brique de campagne.
clamp-burning	Feldbrand	cuisson à la volée.
clamp-kiln	Feldofen	four de campagne.
clay	Ton	argile.
clayworker	Tonindustrieller	chaufournier.
clean	putzen, reinigen	nettoyer, ébarber.
cleaning-table	Putztisch	table à ébarber.
cleaning-wheel	Putzmaschine	ébarbeuse.
clinker	Flugasche	cendres entrainêes.
clinker	Klinker	klinker.
clod	Scholle	motte.
coal	Kohle	charbon.
coal-brick	Brikett	briquette.
coarse red pigment	Bolus	bol.
cogged wheel	Zahnrad	roue dentée.
coke	Koks	coke.
colour	Farbe	couleur.
colouration	Färbung	coloration.
column	spalten	cliver.
common brick	Backstein	brique ordinaire.
common salt	Kochsalz	sel de cuisine.
compact	dicht	compact.
compose	zusammensetzen	composer.
conductor	Leiter	conducteur.
contents	Einsatz	enfournement.
continuous muffle	Zugmuffel	moufle continu.
contraction	Schwindung	retrait.
cool	abkühlen	refroidir.
corbel	Kurbel	manivelle.
corrosive	Beize	mordant.
coupling	Kupplung	accouplement.
cover	Futter	revêtement.
crack	Riß	fente.
cross-bar	Schwelle	traverse.
crucible	Tiegel	creuset.
crude	roh	cru.

crush	quetschen, zermalmen	écraser.
crusher	Brechwerk	tailleuse.
crushing-roll	Walzwerk	lamineur.
cryolite	Kryolith	cryolithe.
crystal	Kristall	cristal.
cupola-kiln	Kupolofen	four à coupole
curve	Kurve	courbe.
cut	Querschnitt	section.
cylinder	Zylinder	cylindre.
damp	naß	mouillé.
dampen	befeuchten	humidifier.
damper	Schieber	registre, tiroir.
decompose	zersetzen	décomposer.
decorate	ansetzen	garnir.
de-grease	entfetten	dégraisser.
deposit	absetzen	déposer.
destroy	zerstören	détruire.
de-vitrify	entglasen	dévitrifier.
dinas-brick	Dinasziegel	brique Dina.
dip	eintauchen	tremper.
disintegrator	Desintegrator	désintégrateur.
dismount	zerlegen	démonter.
dissolve	löschen	éteindre.
dolomite	Dolomit	dolomie.
domestic stove	Kachelofen	poële.
drain-pipe	Drainröhre	tuyau de drainage.
draught	Zug	tirage.
draught-gauge	Zugmesser	manométre de tirage.
draw	ziehen	tirer.
drier	Trockenraum	séchoir.
dry	trocken	sec.
dunt	Sprung	fente.
dust	entstauben	épousseter.
dust	Staub	poussière.
earth	Erz, Erde	minerai, terre.
edge	Rand, Kante	bord, filet.
edge-cutter	Ränderscheibe	tournette.
edge-runner mill	Kollergang	meules verticales.
egg-shell	Eierschale	coque d'œuf.
emery	Schmirgel	émeri.
enamel	Email	émail.
endless-screw	Schnecke	vis sans fin.
engage	einrücken	embrayer.
engine	Maschine	machine.
engobe	Engobe, Beguß	engobe.
equivalent	Äquivalent	équivalent.
estimate of cost	Kostenanschlag	devis.

etch	ätzen	graver.
exchange	auswechseln	rechanger.
expansion	Ausdehnung	dilatation.
explosion pyrometer	Knallpyrometer	thermophone.
explosive	Sprengstoff	explosif.
extract	ausgraben	extraire.
facing brick	Verblender	brique de parement.
fan	Ventil	soupape.
fasten to	ansetzen	coller.
feather	Feder	plume.
feed	speisen, beschicken	alimenter, charger.
feed-hole	Schüttloch	trou de charge.
feldspathic ware	Hartsteingut	fayence feldspathique.
felspar	Feldspat	feldspath.
felt	Filz	feutre.
ferment	faulen, mauken	pourrir.
ferro-concrete	Eisenbeton	béton armé.
ferruginous	eisenhaltig	ferrugineux.
fibrous	faserig	filandreux.
filter-press	Filterpresse	filtre-presse.
finish-firing	abbrennen	terminer la cuisson.
finishing-kiln	Glattofen	laboratoire.
finishing-machine	Abdrehmaschine	tour horizontal.
fire-clay	Schamotte	chamotte, ciment.
fire-proof	feuersicher	ignifuge.
fire-resisting	feuerbeständig	résistant au feu.
fix by firing	anbacken	coller à la cuisson.
flag	Fahne	marli.
flame	Flamme	flamme.
flint	Flintstein	galet.
float	Schwimmer	flotteur.
floor	Fußboden	parquet.
floor tile	Fußbodenplatte	carreau de pavage.
flouer-pot	Blumentopf	pot à fleurs.
flue	Fuchs	carneau.
fluorspar	Flußspat	spath-fluor.
flux	Fluß	fondant.
fly-wheel	Schwungrad	volant.
forge	schmieden	forger.
formula	Formel	formule.
foundation	Fundament	fondation.
foundry	Gießerei	fonderie.
frame	Rahmen	cadre.
free	abschrecken	étonner.
friction	Reibung	frottement.
frit-kiln	Äscherofen	fournette.
fritt	schmelzen, fritten	fondre, fritter.
frost	Frost	gelée.

fuel	Brennmaterialien	combustibles.
fuller's earth	Walkerde	terre à foulon.
full fire	Großfeuer	grand feu.
funnel	Trichter	entonnoir, trémie.
furnace	Feuerung	foyer.
furnace-mouth	Gicht	gueulard.
fusible	schmelzbar	fusible.
gable	Gabel	fourchette.
gas	Gas	gaz.
gas-fired kiln	Gasofen	four à gaz.
gas-pipe	Gaspfeife	chandelle.
gas-producer	Gasgenerator	gazogène.
gearing	Vorgelege	train d'engrenages.
glass	Glas	verre.
glass-maker's crucible	Glashafen	pot de verrier.
glaze	Glasur	glaçure, couverte.
glowing	Glut	incandescence.
glue	Kitt	colle.
gold	Gold	or.
gravel	Kiesel	gravier.
grain	Korn	grain.
graphite	Graphit	graphite.
grate	Rost	grille.
grind	mahlen	broyer.
grog	Zement	ciment.
hack	Trockengerüst	percher.
hair	Haar	cheveu.
hair-cracks	Haarrisse	tressaillures.
handle	Henkel	anse.
hand-made	Handstrich	façonnage à la main
hardening-on kiln	Glühofen	globe.
hard porcelain	Hartporzellan	porcelaine dure.
heap	Stapel, Halde	tas, aire.
heat	heizen	chauffer.
heat to redness	ausglühen	calciner.
heavy spar	Schwerspat	spath pesant.
high pressure	Hochdruck	haute pression.
hillock	Hubel	housse.
Hofmann-kiln	Ringofen	four Hofmann.
hollow brick	Hohlziegel	brique creuse.
hood	Kappe	chape.
horn	Horn	corne.
horse	Pferd	cheval.
horse-power (H. P.)	Pferdestärke	cheval-vapeur.
hot	heiß	chaud.
hydrochloric acid	Salzsäure	acide chlorhydrique.
hydrometer	Areometer	aréomètre.

impurity	Beimengung	impureté.
incision	Einschnitt	échancrure.
infusorial earth	Infusorienerde	terre des infusoires.
ingredient	Bestandteil	élément.
insulator	Isolator	isolateur.
iron-stone	Schwefel, Eisenkies	pyrite.
jamb	Gambe	haie, jambette.
joint	Dichtung	joint.
jointing	Gelenkarm	articulation.
junction	Anschluß	raccordement.
kaolin	Kaolin	kaolin.
kaolinisation	Kaolinisierung	kaolinisation.
kiln	Ofen	four.
knead	kneten	pétrir.
laboratory	Laboratorium	laboratoire.
lac	Lack	laque.
ladder	Leiter	èchelle.
lapis infernalis	Höllenstein	pierre infernale.
lathe	Drehbank	tour (à métaux).
lathe-spindle	Drehspindel	arbre de tour.
layer	Schicht	couche.
level	flach	plat, horizontal.
lemnian earth	Siegelerde	argile figuline.
lift	Fahrstuhl	monte-charges.
light	anzünden	allumer.
lignite	Braunkohle	lignite.
lime	Kalk	chaux.
lime-sand brick	Kalksandstein	brique silico-calcaire.
litharge	Bleiglätte	litharge.
loam	Lehm	limon.
loose	Löß	löss.
loosen	entweichen	se dégager.
Low	niedrig	bas.
low pressure	Niederdruck	basse pression.
lubricate	schmieren	graisser.
lumps	Klumpen	grumeaux.
lustre	Lüster	lustre.
lute	verschmieren	luter.
lying	liegend	couché.
magnesia	Magnesia, Bittererde	magnésie.
magnesite	Magnesit	magnésite.
majolica colour	Schmelzfarbe	couleur de moufle.
marble	Marmor	marbre.
marl	Mergel	marne.
masonry	Mauerwerk	maçonnerie.

master mould	Hauptform	mère.
mastic	Mastix	mastic.
material	Material	matériel.
matrix	Matrize	matrice.
matter	Material, Stoff	matière.
measure	Maß	mesure.
membrane	Membran	membrane.
mend	ausbessern	réparer.
mica	Glimmer	mica.
mill	Mühle	moulin.
mill-stone	Mühlstein	meule.
mineral	Mineral	minéral.
mix	mischen	mélanger.
mixture	Gemenge	mélange.
model	Modell	modèle.
modelling tool	Modellierholz	ébauchoir.
moisten	bewässern	mouiller.
mortar	Mörtel	mortier.
mosaic	Mosaik	mosaique.
mould	Form, formen	moule, mouler.
moulded article	Förmling	produit moulé.
mould on a lathe	einformen	mouler au tour.
mould on an inside mould	überformen	mouler à la housse
mouthpiece	Mundstück	filière.
muffle	Muffel	moufle.
multiple	mehrfach	multiple.
naphtha	Naphta	naphte.
nave	Nabe	moyeu.
nib	Schnabel	bec.
nitric acid	Salpetersäure	acide azotique.
nose	Nase	nez.
obtain	gewinnen	extraire.
oil	Öl	huile.
over-glaze	Aufglasur	sur-couverte.
oxydize	oxydieren	oxyder.
pan	Pfanne	panne, crapaudine.
parian	Parian	parian.
paste	Masse, Teig	pâte.
pattern	Schablone	calibre.
paving	Pflaster	pavage.
pebble	Flintstein	silex.
petroleum	Petroleum	pétrole.
pile	Säule, Stoß	colonne, pile.
pillar	Stoß, Gambe	pile, jambette.
pimple	Hubel	housse.
pipe	Pfeife, Röhre	pipe, tuyau, tube.

pipe-clay	Kalksteingut	terre de pipe.
pin	Pinne	pernette.
piston	Kolben	piston.
pitch	Pech	poix.
place in	einsetzen	enfourner.
plant	Anlage	installation.
plaster	Gips	plâtre.
plasticity	Plastizität	plasticité.
plate	Teller	plateau, assiette.
polish	schleifen	polir, user.
polishing wheel	Schleifrad	roue à polir.
potash	Kali	potasse.
porcelain	Porzellan	porcelaine.
porosity	Porosität	porosité.
pot	Topf	pot.
potter	Töpfer	potier.
potter's wheel	Drehscheibe	tour de potier.
pottery	Töpferware	poterie.
potsherds	Scherben	tesson.
pour	gießen	couler.
precipitate	Niederschlag	précipité.
prepare	vor-, auf-, zubereiten	préparer.
press	Presse	presse.
pressed article	Preßling	produit pressé.
press for wire-cutting	Strangpresse	presse à filière.
pressure	Druck	pression.
primary rock	Urgestein	roche mère.
prime cost	Gestehungskosten	prix de revient.
product	Produkt	produit.
profit	Ausbeutung	exploitation.
project	Projekt	projet.
prop	Gestell	bâti.
proportion	Versatz	dosage.
pug-mill	Tonschneider	malaxeur.
pulley	Scheibe	poulie.
pyrolusite	Braunstein	pyrolusite.
pyrometer	Pyrometer	pyromètre.
pyroscope	Pyroskop	pyroscope.
quartz	Quarz	quartz.
quick-fire	Scharffeuer	grand feu.
quick-lime	Ätzkalk	chaux vive.
quick-silver	Quecksilber	mercure.
rail	Schiene	rail.
raw	roh	brut.
raw materials	Rohmaterialien	matières premières.
reagent	Reagens	réactif.
recuperator	Rekuperator	récupérateur.

red lead	Mennige	minium.
reduce	reduzieren	réduire.
refractory	feuerfest	réfractaire.
regulable	nachstellbar	réglable.
regular	gleichmäßig	régulier.
re-heat	vorwärmen	réchauffer.
re-press	nachpressen	represser.
residue	Rückstand	résidu.
resin	Harz	résine.
resistance to pressure	Druckfestigkeit	résistance à la compression.
retort	Retorte	cornue.
reverberatory-flame	Sturzflamme	flamme renversée.
revolving riddle	Siebtrommel	blutoir.
ridge of a roof	Firste	faîtière.
roast	rösten	griller.
rock	Gestein	roche.
roller	Rolle	roulette.
roofing tile	Biberschwanz	tuile à crochet.
rough stoneware	Tonsteingut	cailloutage.
rubber	Gummi	caoutchouc.
rubbish	Schutt	décombres.
runner	Läufer	meule verticale.
sack	Sack	sac.
sagger	Kapsel	gazette.
salt	Salz	sel.
sample	Muster	échantillon.
sand for facing	Klebsand	coulis.
sandstone	Sandstein	grés naturel.
saw-dust	Sägespäne	sciure.
scaffold	Gerüst	échaffaudage.
scales	Wage	bascule.
scrape	schaben	râcler.
scraper	Scharrwerk	râcloir.
screw-jack	Hebewerk	vérin.
screw-press	Spindelpresse	presse à balancier.
scum	Ausschlag	efflorescenee.
search	untersuchen	rechercher.
seger cone	Segerkegel	montre fusible.
self-fastening roof-tile	Falzziegel	tuile à emboitement.
semi-dry	halbtrocken	demi-sec.
separate	ausscheiden	séparer.
set-on fire	anbrennen	commencer la cuisson.
shaft-kiln	Schachtofen	four coulant.
shafting	Antrieb	transmission.
shale	Schiefer	ardoise, schiste.
shape	Gestalt	forme, façon.
shellac	Schellack	gomme laque.
shell-gold	Muschelgold	or en coquille.

sheet	Blech	tôle.
shingle	Rolle	galet, roulette.
shinning	glänzend	brillant.
shock	Stoß	choc.
shorten	magern	amaigrir.
shrinkage on drying	Trockenschwindung	retrait au séchage.
shrinkage through firing	Brennschwindung	retrait à la cuisson.
sieve	Sieb	tamis.
sieve with beating arrangement	Klopfsieb	tamis à secousses.
silica	Kieselsäure	silice.
siphon	Heber	siphon.
slag	Schlacke	laitier, scorie.
slate	Schiefer	ardoise.
slip	Schlicker, Brei	barbotine.
slope	Böschung	talus.
slurry	Schlamm	barbotine.
smoke	Rauch	fumée.
soak	einsumpfen	mettre en fosse.
soaking pit	Sumpf	fosse.
soap	Seife	savon.
socketed pipe	Muffenrohr	boisseau.
soda	Soda	soude.
softening	Sinterung	ramollissement.
soft porcellain	Weichporzellan	porcelaine tendre.
solder	löten	souder.
sole	Sohle	sole.
soot	Ruß	suie.
split	spalten	fendre.
spring	Feder	ressort.
sprinkle	bewässern	mouiller.
spy-hole	Schauloch	regard.
stamp	Stempel	timbre.
stamping press	Stanzpresse	presse à poinçon.
standing	stehend	debout.
steam, coal	Steinkohle	houille.
steam-navvy	Bagger	excavateur.
steel	Stahl	acier.
stepped grad	Treppenrost	grille étagée.
sticking	backend	collant.
stirrer	Rührwerk	agitateur.
stock	Vorrat	provision, stock.
stone	Stein	pierre.
stone-crusher	Steinbrecher	concasseur.
stone separator	Tonreiniger	épurateur d'argile.
stoneware	Steinzeug	grès.
stop	einstellen	arrêter.
store	Lager	gisement.
stove	Trockenkasten	étuve.

stove tile	Ofenkachel	carreau de poêle.
strap	Riemen	courroie.
strew	bestreuen	saupoudrer.
suck	saugen	aspirer.
sulphur	Schwefel	soufre.
sulphuric acid	Schwefelsäure	acide sulfurique.
support	Bomse, Stütze	support, acôt.
surface	Fläche	surface.
swelling	Wulst	colombin.
tackle	Flaschenzug	palan.
take out	ausnehmen	défourner.
talc	Federweiß	talc.
tank	Becher	gobelet, godet.
tar	Teer	goudron.
tenon	Zapfen	tenon.
tile	Dachziegel	tuile.
tin	Zinn	étain.
tin ashes	Äscher	calcine.
tools	Geräte	instruments.
toothed crushing rolls	Stachelwalzwerk	lamineur à dents.
to turn freely	freidrehen, aufdrehen	ébaucher.
tongs	Zange	pince.
track	Gleis	voie.
transfers	Abziehbilder	chromolithographies.
treat	behandeln	traiter.
trial	Versuch	essai.
tub	Bottich	cuve.
tube	Schlauch	tuyau.
tube-mill	Rohrmühle	tube broyeur.
tungsten	Wolfram	tungstène.
tunnel-drier	Trockentunnel	tunnel séchoir.
tunnel-kiln	Kanalofen	four canal.
turf	Torf	tourbe.
turn	drehen	tourner.
turn off	abdrehen	tournasser.
turn out	ausformen	démouler.
under-glaze	Unterglasur	sous-couverte.
upright	senkrecht	vertical.
verdigris	Grünspan	vert de gris.
vermillion	Zinnober	vermillon.
vessel	Gefäß, Geschirr	récipient, vaisselle.
vitreous	glasartig	vitreux.
volatile	flüchtig	volatil.
volatilise	verflüchtigen	volatiliser.
wall	Wand	mur, paroi.
wall-tiles	Fliesen	carreaux de revêtement.

wash	waschen, schlämmen	laver.
washing soda	Soda	soude commerciale.
waste	Abfall	déchet.
water	Wasser	eau.
wax	Wachs	cire.
weather	auswintern, auswettern	hiverner.
weight	Gewicht	poids.
wet process	Naßverfahren	voie humide.
wheel	Rad	roue.
whirl	Quirl	patouillard.
white lead	Bleiweiß	céruse.
winch	Winde	cric.
wind	Wind	vent.
winding	Gewinde	filetage.
wire	Draht	fil.
wire-cutting maschine	Abschneideapparat	appareil coupeur.
wire rope	Drahtseil	câble.
wood	Holz	bois.
wood-shavings	Holzspäne	copeaux.
work	Werk, Arbeit	ouvrage, travail, usine
workshops	Werkstätte	ateliers.
workman	Arbeiter	ouvrier.
yard	Fabrik	usine.
zaffre	Zaffer	safre.

Alphabetisches Sachregister.

GPSR Compliance

The European Union's (EU) General Product Safety Regulation (GPSR) is a set of rules that requires consumer products to be safe and our obligations to ensure this.

If you have any concerns about our products, you can contact us on ProductSafety@springernature.com

In case Publisher is established outside the EU, the EU authorized representative is:

Springer Nature Customer Service Center GmbH
Europaplatz 3
69115 Heidelberg, Germany

Batch number: 10682323

Printed by Printforce, the Netherlands